永磁同步电机
实用设计及应用技术

邱国平

主编

上海科学技术出版社

图书在版编目(CIP)数据

永磁同步电机实用设计及应用技术 / 邱国平主编. ——
上海:上海科学技术出版社,2020.1(2022.12重印)
ISBN 978 - 7 - 5478 - 4636 - 0

Ⅰ.①永… Ⅱ.①邱… Ⅲ.①永磁同步电机-设计
Ⅳ.①TM351.02

中国版本图书馆 CIP 数据核字(2019)第 222470 号

永磁同步电机实用设计及应用技术
邱国平 主编

上海世纪出版(集团)有限公司 出版、发行
上 海 科 学 技 术 出 版 社
(上海市闵行区号景路 159 弄 A 座 9F-10F)
邮政编码 201101   www.sstp.cn
上海盛通时代印刷有限公司印刷
开本 787×1092   1/16   印张 27.75
字数:700 千字
2020 年 1 月第 1 版   2022 年 12 月第 3 次印刷
ISBN 978 - 7 - 5478 - 4636 - 0/TM·64
定价:128.00 元

　　邱国平,浙江南浔人,1946 年生,产业教授、民建会员,全国科学重大科研项目主要负责人,曾获"江苏省科技先进工作者"称号、全国科学大会奖。

　　自 1971 年起,邱国平从事光机电仪器及电动机设计、制造和理论研究工作,设计过直流电动机、交流电动机、齿轮电动机、步进电动机、无刷电动机、永磁同步电机等多种类型电动机。对电动机设计理论有独特见解,并提出了电动机的目标设计方法。在国际和国内发表过多篇电动机学术论文,著有《永磁直流电机实用设计及应用技术》《永磁直流无刷电机实用设计及应用技术》两本著作。

关于本书

永磁同步电机是最有发展前途和广泛应用前景的机电一体化的电机。

本书是一本实用的电机设计工程书，从工程技术设计角度出发，研究和讨论了永磁同步电机设计时必须涉及的实际问题及其解决问题的实用设计方法和技巧。本书着重介绍了永磁同步电机的设计要素和设计准则、电机设计软件的操作方法，对电机设计时的各种参数进行了深入分析和讲解，其中有永磁同步电机设计多方面关心的问题，这些都是相关内容的专题讨论，著述的内容丰富、实用、新颖，使读者对永磁同步电机的各种设计参数有一个较深刻的认识，对电机的设计观念有所启发。

本书介绍了永磁同步电机设计复杂问题简单化的设计方法，用多个永磁同步电机快速设计实例，讲述如何对各种不同的永磁同步电机用不同的方法、从不同的设计角度进行分析、判断。应用这些设计方法，设计人员就可以在很短时间内，快速、准确地把永磁同步电机的方案设计出来。

本书以一切从生产实践出发阐述永磁同步电机的实用设计方法，对即将从事或正在从事与永磁同步电机有关的研究开发、设计、生产、控制和应用的科技人员，管理人员，以及高等院校教师、学生会有很大的帮助。

前　言

永磁同步电机的机电一体化程度相当高,比无刷电机、步进电机在运行和伺服性能上具有更多优点,在许多应用场合,永磁同步电机正逐步替代无刷电机和其他类型的电机。

这些年,许多电机专家对永磁同步电机的运行原理、控制技术、生产工艺进行了研究,使我国永磁同步电机生产和应用得到蓬勃发展。永磁同步电机成为一种非常热门的新兴电机,在国防军事、科学研究、通信、汽车、医用器械、计算机、机械、纺织、工业自动化等方面都有广泛应用。

由于永磁同步电机的生产需要,如何很好、快速、简捷设计永磁同步电机对于企业的电机设计工作者而言尤为需要,但专业介绍永磁同步电机实用设计的书不多。

与直流电机和无刷电机相比,永磁同步电机的设计是"高、大、上",电机设计涉及的理论非常深奥,迷惘于永磁同步电机设计许多相关的复杂理论。如何转为工程设计应用理论和方法,把永磁同步电机设计的"复杂设计问题简单化",把重点放到"解决实际问题上",立足于讨论用什么具体实用方法去设计永磁同步电机,力求把阐述的电机设计理论和方法必须能用到电机设计工作中去,能为广大电机设计人员掌握和应用,这是作者多年思考和努力的问题及愿望。

作者从事多年的电机设计和研究,在永磁同步电机实用设计方面做了一些尝试,找出电机内部简单、基本的内在关系,从这些关系出发,提出一套实用的永磁同步电机设计方法,并用场、路结合的方法对永磁同步电机进行核算、分析,从而快速、有效、准确地设计永磁同步电机。

本书对永磁同步电机的基本结构、性能参数、电机内部和外部特征进行了详细的讨论和分析,介绍了永磁直流同步电机的设计要素和设计准则,研究和讨论了永磁同步电机设计时必须涉及的问题,其中包括:永磁同步电机的设计要素、永磁同步电机的特性和机械特性曲线的分析、电机的工作点和选用、电机的最大输出功率、峰值转矩、最高转速、电机的不弱磁和弱磁提速的分析和计算方法、弱磁最高转速的求取、电机的效率与效率平台、电机的风摩耗和设置原则、感应电动势和感应电动势常数的设置技术和求取方法、电机的转矩和转矩常数及计算、永磁同步电机的矢量转换、电机的功率因数、不同控制模式的电机输入电压之间关系、PWM 的调制比及其计算、电机单位体积与电机的温升、电机电流密度与绝缘等级的控制、电机槽满率和槽利用率的分析与控制、电机的转动惯量、电机的电阻与电感、电机绕组和绕组设计、电机的齿槽转矩、齿槽转矩错位的分析与计算、电机谐波和转矩波动、电机自定义设置、电机的参数化分析和优化方法的分析与操作、电机设计符合率和容错性、永磁同步电机和无刷电机设计上的等同性等。本书对这些问题都做了专题分析和讨论,提出了许多新的观点,介绍了在设计电机时对这些参数处理的实用、有效方法,内容丰富、观点新颖、方法实用、简捷快速。

本书介绍了运用电机基本理论和电机设计软件相结合的快速设计方法和技巧,如电机实用磁链计算法、目标设计法、目标推算法、电机实验测试设计法、电机设计软件快速目标设计三步法、电机参数化分析等方法,可以在很短时间内,快速、准确地把永磁同步电机的方案设计出来。掌握了这些方法,永磁同步电机设计就变得非常简捷。

本书介绍了用 Maxwell、MotorSolve 软件进行电机快速设计的具体操作方法,运用这些电机设计软件按照一定的设计顺序和方法,能够简捷地把永磁同步电机设计出来,并进行各种参数的分析和优化,达到很好的设计符合率。

本书介绍了多个永磁直流同步电机快速设计实例,综合本书讲解的永磁同步电机设计各种相关快速设计理念和设计方法,读者可以从不同的设计角度进行分析、判断,从而选择最简捷、实用的方法应用于实际的永磁同步电机设计中,由此进一步加深并巩固读者对永磁同步电机的快速设计方法和技巧的认识。设计实例包含了永磁同步电机的目标推算法的应用,定子冲片合理设计方法,既快捷又准确地对电机进行全新设计和系列化设计。设计实例介绍了拼块式定子冲片的永磁同步电机的设计、电动汽车电机设计、DDR 直驱电机设计、不同控制模式永磁同步电机设计分析、永磁同步电机和无刷电机对等性的设计分析、谐波齿轮电机的设计、电机和控制器通信操作的方法、编码器安装调整方法,还介绍了弱磁提速永磁同步电机的设计,讲解了电机单位损耗温升法对电机体积的计算方法,电机结构的综合考虑方法,自定义槽对电机的影响,用多种软件对电机进行弱磁最高转速的分析计算,电机弱磁工况下的转子磁钢退磁分析,定、转子模型的 DXF 导出和导入,电机谐波分析和用多种软件对电机温升分析。以上多个设计实例,电机功率从数十瓦至数百千瓦,涵盖了永磁同步电机的多种应用行业,这些设计实例的设计介绍内容丰富、翔实,都是经验之谈,这是永磁同步电机设计方法的导读,对读者而言非常具有参考意义,读者从中可以得到更深的电机设计体会。

本书还介绍了永磁直流同步电机重要性能参数的实用测量和电机性能调整方法,便于读者判别永磁同步电机主要参数的设计符合率,进行电机性能调整,从而达到永磁同步电机的性能要求。

本书是一本永磁同步电机设计指导参考书,站在电机设计者的角度,从解决永磁同步电机的快速设计实际出发,讲述的设计方法和技巧通俗、易懂,富有新意,没有晦涩的内容与语言,有些内容是传统的电机设计著作中没有提及和分析过的,反映了本书作者多年设计电机丰富实际工作的经验和研究成果。这对即将从事或正在从事永磁同步电机开发、生产的应用人员、高等院校师生的电机设计工作会有很大的帮助,能提高电机设计能力和水平,达到能够"实战"的目的,使设计人员少走弯路。读者阅读本书后,会觉得永磁同步电机设计不是一种"高、大、上"的高深理论和技术,这仅是一种技巧和方法,设计一个永磁同步电机方案会觉得不是一件很困难的工作,高中以上文化水平的读者就可以用较短的时间,快捷、方便、独立设计出较完美的永磁同步电机。

本书仅是作者对永磁同步电机设计经历主观认识的阐述,对电机的认识是沧海一粟,有许多局限性,水平有限,只是起到抛砖引玉的作用,错误和不当之处请读者和同行批评、指正。如果读者能够用作者介绍的理论、经验、方法去分析和设计一个完整的永磁同步电机,作者就觉得无限的宽慰了。

作者编写本书乃至出版,得到了许多同行、专家和厂家的大力支持,常州御马精密冲压件有限公司、常州亚美柯宝马电机有限公司、苏州绿的谐波传动科技股份有限公司、常州旭泉精密电机有限公司、江苏开璇智能科技有限公司、常州富山智能科技有限公司、绍兴市上虞华灵电器厂对作者写本书给予了极大的鼓励和支持,为此作者表示诚挚的感谢。

本书由南京大学黄润生教授、哈尔滨工业大学李铁才教授、上海交通大学姜淑忠教授、常州工学院蒋渭忠教授主审,广州大学王孝伟教授、常州工学院张建生院长对本书进行了技术性审核。感谢谭洪涛、郑江的技术支持和帮助。全书由邱国平、冷小强、吴震、吕智、王镇、薛紫、宋斌、赵均军合作编写,全书图表由段亚凤、刘婧燕完成。其他参加本书编写人员在相关章节中标明。

全书文图由陈启柑整理和审阅。

主编　邱国平
于江苏省常州戚墅堰
2019 年 10 月

总　目

目　录

第3章 永磁同步电机的基本特性   47

第4章 永磁同步电机内部特征的控制   91

第8章　永磁同步电机机械特性测量与调整　　　407

第1章
永磁同步电机概述

1.1 永磁同步电机简介

随着电力电子工业的飞速发展,许多高性能半导体功率器件相继出现和高性能永磁材料的问世及控制技术的发展,均为永磁同步电机(本书为了阐述方便,把永磁直流同步电动机称为永磁同步电机)的广泛应用奠定了坚实的基础。与交流同步电机、步进电机和直流有刷电机等相比,永磁同步电机有着它们不具备的优点,此类电机在某些场合基本可以用永磁同步电机替代。

永磁同步电机主要有以下优点:

(1)具有很好的机械特性和调节特性,无级调速,运行稳定,调速范围广,过载能力强。

(2)具有传统直流有刷电机的所有优点,同时又取消了电刷、集电环结构。

(3)可以低速大功率运行,省去减速器,直接驱动大的负载。

(4)转矩特性优异,中、低速转矩性能好,启动转矩大,启动电流小。

(5)软启软停、制动特性好,可省去原有的机械制动或电磁制动装置。

(6)没有励磁损耗和电刷损耗,效率高,综合节电效果好。

(7)体积小、重量轻、出力大。

(8)可靠性高、稳定性好、适应性强、维修与保养简单。

(9)耐颠簸震动、噪声低、震动小、运转平滑、寿命长。

(10)不产生火花,特别适合公共场所,抗干扰,安全性能好。

永磁同步电机由于使用了高性能永磁材料做磁极,电机体积小、重量轻、效率高,其转矩特性与永磁直流有刷电机一样,具有调节控制方便、调速范围广、动态响应好等特点,因此越来越受到重视。它不但能代替一般的永磁直流有刷电机使用,而且在数控机床、加工中心、智能机器人等要求高精度的应用场合,可以作为交流伺服永磁同步电机来应用。永磁同步电机在较大的转速范围内可以获得较高的效率,更适合家用电器变频调速的需要,在空调、冰箱、洗衣机等产品中,逐步由常规的单相异步电机转向变频调速永磁同步电机。因此,永磁同步电机具有广阔的发展前景。

随着控制器的小型化、模块化,以前做得较大的控制器现在可以做得更小,有的可以和永磁同步电机做在一起,使永磁同步电机使用起来非常方便。研究、开发、生产永磁同步电机是一种新的趋势,这方面的论著也比以往多了起来。

图1-1-1所示是常用的永磁同步电机。

图1-1-1 常用的永磁同步电机

1.2 永磁同步电机的结构

永磁同步电机的品种非常多,结构各不相同,归根结底由永磁体等组成转子,线圈绕组和铁心组成定子,由伺服元件以及永磁同步电机控制器一起组成了永磁同步电机系统。转子分为

丁立参加了本章的编写。

外转子和内转子,转子上由多极块形磁钢或环形磁钢组成,定子极上有绕组,在定子上的特定位置安放电机伺服元件。图1-2-1所示是永磁同步电机的结构。

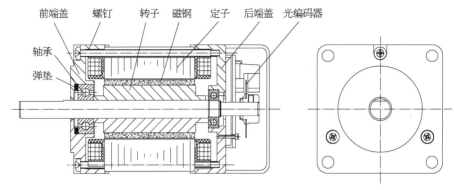

图1-2-1　永磁同步电机结构

1.3　永磁同步电机的性能比较

可以理解永磁同步电机是用电子换向的方法替代永磁直流有刷电机中机械换向器的一种电机。表1-3-1列出了永磁直流有刷电机和永磁同步电机的基本性能比较。

表1-3-1　驱动电机的基本性能比较

项　目	永磁直流有刷电机	永磁同步电机
功率密度	低	高
峰值效率(%)	85～89	90～97
负载效率(%)	60～80	85～97
效率平台范围	窄	宽
转速范围(r/min)	1 000～10 000以上	每分钟数转至数万转
可靠性	一般	优秀
运行寿命	短	长
结构坚固性	差	一般
控制操作性能	好	好
控制器成本	低	高(但在逐步降低)

从表1-3-1可以看出,永磁同步电机在功率密度、峰值和负载效率、效率平台范围、转速范围、可靠性、运行寿命、结构坚固性、控制操作性能方面比永磁直流有刷电机强,仅是控制器的成本上高于永磁直流有刷电机,显示了永磁同步电机比永磁直流有刷电机具有更强大的优势。随着电子控制技术的迅速发展和普及,控制器的成本会更低,体积会更小,功率会更大,相信永磁同步电机会在更多的场合取代永磁直流有刷电机。

1.4　永磁同步电机的基本工作模式

永磁同步电机是在永磁直流有刷电机的基础上发展出来的,随着电子控制技术的发展,永磁同步电机电源波形从方波,发展到正弦波输入和矢量控制同步运行。如果控制信号根据转子运行情况而采用矢量控制技术,使转子在一定的转矩范围内能同步运行,这就是永磁同步电机(PMSM),这种矢量控制的永磁同步电机控制复杂。

永磁同步电机是一个机电一体化的产品,由永磁同步电机、传感器、电机控制器构成,位置传感器检测转子的磁极信号,控制器对比该信号进行逻辑处理,并产生相应的开关信号,开关信号以一定的顺序触发功率开关器件,将电源电流以一定的逻辑关系分配给电机的各相绕组,使电机旋转并产生连续的转矩,图1-4-1所示是永磁

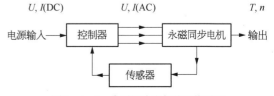

图1-4-1　永磁同步电机的工作原理

同步电机的工作原理。

可以把永磁同步电机系统分作两部分看：一部分是永磁同步电机的控制电路；另一部分是永磁同步电机的本体。

从永磁同步电机系统看，永磁同步电机的控制电路是单相或三相交流电源通过整流变成直流电源或直流电源通过控制器的脉宽调制（PWM），调频、调压转换成三相交流正弦波电源，输入永磁同步电机定子线圈。

永磁同步电机的本体主要是电机的磁路：电机的转子磁钢产生的磁力线，通过电机定、转子之间的气隙，定子齿（包括定子齿上通电的线圈），经过定子轭，再回到定子齿，再经过定、转子之间的气隙，通过转子某些路径再到磁钢。

1.5 永磁同步电机的运行特性

永磁同步电机的特性具体体现在电机的运行特性上。永磁同步电机有区别于其他电机的运行特性，特别是电机的同步性能、恒转矩和恒功率性能，体现出不同的机械特性。

永磁同步电机是转子与由定子设定的旋转频率的旋转磁场同步转动的，这一点体现在电机运行的每一个工作点上。

如果永磁同步电机在整个电机运行点上都采用同一个频率，该电机的转矩-转速曲线就是一条平行于转矩坐标线的直线（图1-5-1）。坐标中变量是转矩T，自变量是转速n。

如果该电机在各个工作点以同一负载转矩、不同的工作频率（转速）运行，该电机的转速-转矩曲线仍是平行于转速坐标线的一条直线（图1-5-2）。坐标中变量是转速n，自变量是转矩T。

不论哪种方式运行，在特性曲线的各个点，都遵循电机同步运行规律。

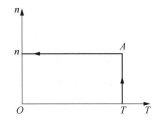

图1-5-1 电机同一频率恒转速运行

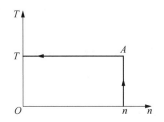

图1-5-2 电机同一负载恒转矩运行

电机在某一工作频率且无负载（所有负载都没有）的情况下转动时，定子某一旋转磁场中心与磁钢中心是重合的，如果永磁同步电机轴有了负载，那么旋转磁场中心与磁钢中心便不重合，两者相差一个角度，称为转矩角，负载越大，电机的转矩角越大，直至电机失步。转矩角与电机的输入电流、电机效率、电磁功率相关，因此可以把转矩角作为变量，把电流、效率和电磁功率等作为自变量，形成一个典型的机械特性图（也可以用其他函数作为变量），如图1-5-3所示。

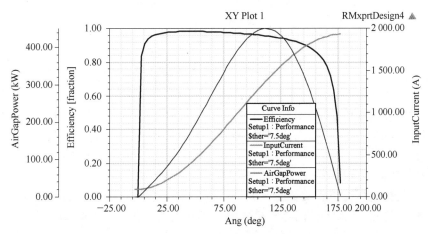

图1-5-3 电机的机械特性曲线（转矩角为变量）

在 RMxprt 中也用图 1-5-4 表示电机运行 的转速-转矩特性。

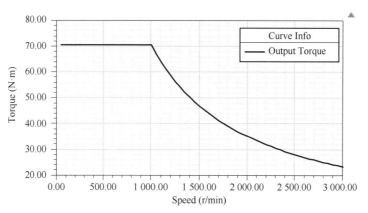

图 1-5-4　电机的转速-转矩曲线(转速为变量)

1.6　永磁同步电机的能量转换

永磁同步电机遵循电机能量基本转换定律,是把电能转换成机械能的一种装置。单位时间内旋转永磁同步电机输出的机械能 P_2 用功率表示,即

$$P_2(\text{W}) = F(\text{N}) \times r(\text{m}) \times \omega(\text{arc/s})$$
$$= T(\text{N·m}) \times \left(\frac{2\pi}{60} \times n\right)(\text{r/min})$$
$$= \frac{Tn}{9.549\,3}(\text{W}) \qquad (1-6-1)$$

式中:P_2 为输出功率(W);n 为额定转速(r/min);T 为额定转矩(N·m)。

从永磁同步电机输入电能的功率看,要从两个角度考虑:

(1) 如果把永磁同步电机的控制器和电机看作一个永磁同步电机系统,永磁同步电机输入的是电能,以每小时输入永磁同步电机控制器的功即功率来表示,称为输入功率,用 P_{1d} 表示

$$P_{1d} = U_d I_d \qquad (1-6-2)$$

式中:P_{1d} 为输入控制器功率(W);U_d 为输入控制器额定电压(V, DC);I_d 为输入控制器电流(A, DC)。

(2) 如果只从输入永磁同步电机的电源端考虑,输入电机的线电压是三相交流正弦波,假如电机是三相 Y 接法,那么永磁同步电机的输

入功率为

$$P_{1\text{电机}} = \sqrt{3}U_{\text{线}}\cos\varphi I_{\text{线}} \qquad (1-6-3)$$

式中:$P_{1\text{电机}}$ 为输入电机功率(W);$U_{\text{线}}$ 为输入电机的额定线电压(V, AC);$I_{\text{线}}$ 为输入电机的额定线电流(A, AC)。

从电能转换到机械能是有损耗的,损耗的大小体现在电机的效率上。永磁同步电机的效率有以下三种:

(1) 永磁同步电机系统效率。

$$\eta_{\text{系统}} = (P_2/P_{1d}) \times 100\% \qquad (1-6-4)$$

(2) 单个永磁同步电机效率。

$$\eta_{\text{电机}} = (P_2/P_{1\text{电机}}) \times 100\% \qquad (1-6-5)$$

(3) 控制器效率。

$$\eta_{\text{控制器}} = (P_{1\text{电机}}/P_{1d}) \times 100\%$$
$$(1-6-6)$$

因此看永磁同步电机的电能转换应该比直流有刷电机的效率和输入功率的计算要复杂一些,读者务必注意。

本书程序及例子中所有物理量,考虑到国际通用性,除了特殊说明外一律采用下列单位:

长度—cm;面积—mm²;体积—cm³;质量—kg;转矩—N·m;转速—r/min;功率—W;电压—V;电流—A;电流密度—A/mm²;磁通—Wb;磁通密度—T;磁场强度—A/m。

1.7　永磁同步电机的转矩

永磁同步电机中的通电导体在磁场中受力产生电磁转矩,单根导体的电磁转矩为

$$T' = Fr = Bli_a r = Bli_a \frac{D_a}{2} \quad (1-7-1)$$

式中:F 为作用在导体上的电磁力(N);B 为磁场中磁通密度(Wb/m²);i_a 为导体中的电流(A);l 为导体在磁场中的长度(m);D_a 为永磁同步电机磁钢的表面直径(m)。

永磁同步电机的电磁转矩为永磁同步电机的通电线圈 N 根导体所产生的转矩总和。

B 用平均磁通密度 B_{av} 代替,再乘以有效线圈 N 根导体而得电磁转矩为

$$\begin{aligned}
T' &= B_{av}li_a D_a N/2 \\
&= \frac{B_{av}\pi D_a l N i_a P}{2P\pi} = \frac{\varphi N i_a P}{\pi} = \frac{\varphi NIP}{\pi a} \\
&= \frac{\varphi NI \times 2P}{2\pi a} = \frac{(\varphi \times 2P)NI}{2\pi a} \\
&= \frac{1}{a}\frac{\Phi NI}{2\pi}(\text{N} \cdot \text{m}) \quad (1-7-2)
\end{aligned}$$

其中　$\varphi = B_{av}\pi D_a l / 2P$

$\Phi = \varphi \times 2P$

$i_a = I/a$(永磁同步电机 Y 接法)

式中:φ 为电机每极与线圈交链的有效工作磁通;Φ 为电机磁钢与线圈交链的工作总磁通;i_a 为电机线圈电流;a 为电机线圈并联支路数(不是并联支路对数);P 为电机定子磁极对数。

若 I 用安(A)表示,Φ 是整个电机的磁极与线圈交链的有效磁通之和,用韦(Wb)来表示,则算得的 T' 的单位为牛·米(N·m)。

如果式(1-7-1)改写为电机的电磁转矩是常数 K_T 和电流 I 的乘积,则

$$T' = K_T I \quad (1-7-3)$$

因此　　　$K_T = \frac{1}{a}\frac{N\Phi}{2\pi}(\text{N} \cdot \text{m/A}) \quad (1-7-4)$

如果并联支路数 $a=1$,则

$$K_T = \frac{N\Phi}{2\pi}(\text{N} \cdot \text{m/A}) \quad (1-7-5)$$

每一个永磁同步电机的 a、N、Φ 是确定的,因此 K_T 是一个常数,称 K_T 为转矩常数,这是一个非常有用的常数。

1.8　永磁同步电机的感应电动势

永磁同步电机磁钢旋转,电机线圈切割磁钢产生的磁力线就会产生感应电动势,根据电磁感应定律,电枢绕组中一根导体的感应电动势可以用 $e = Blv$ 来表示。不同导体元件的电动势是不同的,把电枢每条支路所有导体的总电动势 E 求出,B 用平均磁通密度 B_{av} 代替,磁钢的极距为 τ,$v = 2p\tau n/60$,如果每极的磁通 φ 已知,$B_{av} = \varphi/l\tau$,则电动势 E(幅值)由下式决定

$$E = B_{av}lv\frac{N}{a} = \frac{\varphi}{l\tau}lv\frac{N}{a} = \frac{Np}{60a}\varphi n = \frac{1}{a}\frac{N\Phi n}{60}(\text{V})$$

$$(1-8-1)$$

如式(1-8-1)改写成

$$E = K_E n \quad (1-8-2)$$

则　　　$K_E = \frac{E}{n} = \frac{1}{a}\frac{N\Phi}{60}[\text{V/(r/min)}]$

$$(1-8-3)$$

如果并联支路数 $a=1$,则

$$K_E = \frac{N\Phi}{60}[\text{V/(r/min)}] \quad (1-8-4)$$

每一个永磁同步电机的 a、N、Φ 是确定的,因此 K_E 是一个常数,称 K_E 为感应电动势常数,这也是一个非常有用的常数。这里的 N 是指永磁同步电机工作线圈通电总导体数,磁通 Φ 是磁钢与线圈交链的有效总磁通。

感应电动势常数中,永磁同步电机的转速 n 与感应电动势 E 成正比,在永磁同步电机技术条件中,把永磁同步电机被动旋转 1 000 r/min 时电机发出的感应电动势的有效值作为永磁同步电机的感应电动势常数。在电机理论计算上,感应电动势常数用电机的感应电动势的幅值和电机转速之比来考核。这点往往被忽视和混淆,使电机设计和性能测试产生误判。

永磁同步电机的磁链 $N\Phi$ 和转速 n 的乘积

决定了电机的感应电动势常数并与其成正比：$E = \dfrac{N\Phi n}{60}$。在一定转速，电机的感应电动势 E 仅与电机的磁链相关，这给永磁同步电机的设计和制作带来重要的判断依据。

公式 $E = \dfrac{N\Phi n}{60}$ 中的 E 是电机感应电动势的幅值。

1.9　永磁同步电机的磁链和磁链常数

电机的转矩常数和感应电动势常数为

$$K_T = \frac{N\Phi}{2\pi}, \quad K_E = \frac{N\Phi}{60}$$

两个常数仅与电机的 $N\Phi$ 有关，N 是电机有效通电导体根数，Φ 是工作磁通。$N\Phi$ 即称电机的"磁链"。

电机做成后，每个电机的磁链是固定的，$N\Phi$ 是一个常数，称为磁链常数。

把式（1-7-5）、式（1-8-4）转换后，得

$$K_T = \frac{60}{2\pi} K_E = 9.549\,3 K_E \qquad (1-9-1)$$

通过以后的章节可以知道永磁同步电机的性能与电机 K_T、K_E 有关，因此永磁同步电机的性能与电机的磁链常数有关。

1.10　永磁同步电机的电磁功率

从永磁同步电机外部看，永磁同步电机能量转换的功率为电磁功率 P'，电磁转矩 T' 和永磁同步电机转子的角速度 ω 的乘积。即

$$P' = T'\omega \qquad (1-10-1)$$

从永磁同步电机内部看，永磁同步电机绕组与负载组成的闭合回路中，存在电枢电势 E 和电枢电势 E 产生的电流 I，从而产生了永磁同步电机的电磁功率 P'。

$$P' = EI \qquad (1-10-2)$$

综合式（1-10-1）和式（1-10-2），有

$$T'\omega = EI$$

$$T' = \frac{EI}{\omega} = EI\,\frac{60}{2\pi n} \qquad (1-10-3)$$

把式（1-10-3）改为

$$\frac{T'}{I} = \frac{E}{n}\,\frac{60}{2\pi} \qquad (1-10-4)$$

即

$$K_T = \frac{60}{2\pi} K_E = 9.549\,3 K_E$$

上式是从永磁同步电机的电磁功率的角度把永磁同步电机的转矩常数 K_T 和感应电动势常数 K_E 联系起来。当永磁同步电机被通以一定频率的额定电压，并受到一个恒定的负载转矩后，永磁同步电机转速会趋向恒定，由于永磁同步电机的电枢回路有内阻 R_1 和 D 轴及 X 轴电抗，如果电机的端电压为 U，根据电路定律可以得出电势和电压的关系为

$$\dot{U} = \dot{E} + \dot{I}_1 R_1 + (j\dot{I}_d X_d + j\dot{I}_q X_q) \qquad (1-10-5)$$

用电枢电流 I_1 乘式（1-10-5）各项，得

$$\dot{U}I_1 = \dot{E}I_1 + I_1[\dot{I}_1 R_1 + j(\dot{I}_d X_d + \dot{I}_q X_q)] \qquad (1-10-6)$$

上式表明，永磁同步电机的输入功率等于输出功率与电枢回路内总电抗所消耗的功率之和，即

$$P_1 = P_2 + \Sigma P \qquad (1-10-7)$$

式中：ΣP 为永磁同步电机的总损耗功率。

另外，可以从式（1-10-1）推导出

$$P' = T'\omega = T'\,\frac{2\pi n}{60} = \frac{T'n}{9.549\,3} \qquad (1-10-8)$$

这和一般的电机输出功率计算是一样的。

1.11　永磁同步电机技术要求

永磁同步电机的技术要求一般会在电机的铭牌和技术规格书中列出。永磁同步电机在铭牌上标明了电机的额定值和相关的技术数据，如图 1-11-1 所示。

图 1 - 11 - 1　交流伺服电机铭牌

主要有：公司名称：Panasonic；电机名称：AC SERVO
MOTOR；

电机输入：三相交流线电压 121 V（AC）、电流
2.4 A（AC）；

电机型号：MSMF042L 1U2M；

电机输出：额定输出功率 0.4 kW、额定频率
250 Hz、额定转速 3 000 r/min、恒转矩 1.27 N•m、
工作等级 S1、绝缘等级 F 级（155°）、电机防护等
级 IP65；

绕组连接方式：Y；工作温度：40 ℃；编号和生产
日期；

还有相关的认证：CE、US、TUV；甚至标明了公
司产品的生产地。

从铭牌看,电机应该符合铭牌上所列的技术
要求。图 1 - 11 - 1 所示铭牌是永磁同步电机铭
牌中内容比较全的,也有较简单电机性能表,这
样就不能反映该电机的一些性能。

电机的技术要求在电机的规格书中会列入,
如图 1 - 11 - 2 所示。

规　格			AC200 V 用
电机型号 *1	IP65		MSMF042L1□□
适用驱动器	型号	多功能型	MBDLT25SF
		通用通信型 *2	MBDLN25SG
		位置控制型 *2	MBDLN25SE
	外形标识		B 型
电源设备容量	(kVA)		0.9
额定输出	(W)		400
额定转矩	(N·m)		1.27
堵转转矩	(N·m)		1.27
瞬时最大转矩	(N·m)		3.82
额定电流	(A rms)		2.4
瞬时最大电流	(A o-p)		10.2
再生制动器频率 (次 / 分) 注1)	无选购部件		无限制 注2)
	DV0P4283		无限制 注2)
额定转速	(r/min)		3000
最高转速	(r/min)		6000
转子惯量 (×10⁻⁴ kg·m²)	无制动器		0.27
	有制动器		0.30
对应转子惯量的推荐负载惯量比 注3)			30 倍以下
旋转式编码器规格 *3			23bit 绝对式
	每旋转 1 圈的分辨率		8388608

图 1 - 11 - 2　交流伺服电机的技术规格

在永磁同步电机设计中,有时还得考核电机
的电机效率、效率平台、功率因数、电流密度甚至
噪声等指标。

1. 12　永磁同步电机负载

电机对负载做功可以分为负载拖拉、提升、
旋转等形式。

1.12.1　拖拉负载的电机输出功率计算

拖拉分水平拖拉和斜拖拉,如图 1 - 12 - 1
所示。

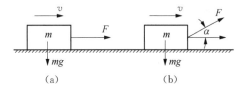

图 1 - 12 - 1　水平拖拉和斜拖拉力的分解

（a）水平拖拉；（b）斜拖拉

电机在以上两种拖拉情况下就是克服物体
重力与平面产生的摩擦力所要做的功。这在普
通物理书上讲得很明白了,此处不再赘述。

$$W = \frac{mg\mu L}{\cos \alpha}(J) \qquad (1 - 12 - 1)$$

式中：g 为重力加速度,取 9.81 m/s²；μ 为摩擦
系数；L 为物体移动距离（m）；m 为物体质量
（kg）。

1.12.2　旋转负载的电机输出功率计算

如图 1 - 12 - 2 所示,一个负载拖动转动的
物体,并且要求该物体有一定的转速,那么电机
就需要旋转转矩。

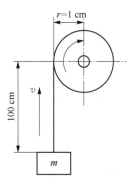

图 1 - 12 - 2　旋转负载的力的分解

如需要举起 10 kg 重的物体,并举高 1 m,则电机所做的功为

$$W = 10 \times 9.81 \times 1 = 98.1(\text{J})$$

如果需要 5 s 左右做完,则电机输出功率为

$$P_2 = W/t = 98.1/5 = 19.62(\text{W})$$

电机的输出功率必须大于 19.62 W。

如果电机卷盘的直径为 2 cm,其半径为 1 cm,那么电机受的力矩为

$$T = 10 \times 9.81 \times 0.01 = 0.981(\text{N} \cdot \text{m})$$

圆盘的直径为 0.02 m,圆盘圆周长

$$L = \pi D = 3.14 \times 0.02 = 0.062\,8(\text{m})$$

5 s 要提升 $L_s = 1$ m,即电机转速为

$$n = \frac{L_s}{L}\frac{60}{t} = \frac{1}{0.062\,8} \times \frac{60}{5} = 191(\text{r/min})$$

核算电机的输出功率,有

$$P_2 = \frac{Tn}{9.549\,3} = \frac{0.981 \times 191}{9.549\,3} = 19.621\,4(\text{W})$$

当然,电机设计时还要考虑电机的效率,把各种综合因素考虑进去后,才能求出电机额定点的输入功率。

电机的旋转负载用的地方很多,很多地方要求电机输出的是旋转转矩。旋转负载必须有两个量:负载的旋转速度 n 和负载的旋转转矩 T。

负载的旋转速度 n 非常容易测量,并且是要求的。主要是负载的旋转转矩的确定,有些旋转负载的力矩也可以用测力计、弹簧秤等在负载旋臂顶端测量,当能拉动旋转负载时的力乘上该旋臂长就是该旋转负载的旋转转矩。但是风扇风叶的旋转负载和风叶的旋转速度有关,所以这种旋转转矩应该从风扇的要求风量和风压方面去考虑。

如风机输出功率的公式为

$$P_2 = \frac{KQp}{60\eta}(\text{W}) \qquad (1-12-2)$$

式中:K 为系数,一般取 $1.1 \sim 1.5$;Q 为风量(m^3/min);p 为风压(Pa);η 为风机效率。

如果电机是直接带动负载,那么旋转负载的

转矩和电机输出转矩相等,即

$$T_\text{负}n_\text{负} = T_\text{电机}n_\text{电机} \qquad (1-12-3)$$

1.12.3　电机其他负载的转矩计算方法和间接确定

从上述介绍可以看到求取电机负载功率的方法也是比较简单的,思路也是比较清晰的。只要求出负载运行时要做出的功和时间就可以求出其功率。电机转速要考虑连接机构或如齿轮变速变矩结构对负载的速度改变量。在不考虑机械结构效率的损失,那么电机的输出转矩与该速度的乘积等于负载运行的功率。实际电机的输出功率要大些,因为需考虑机械的效率损耗。

如某一旋转负载以 300 r/min 的速度旋转,运行功率为 200 W,电机带有减速比为 25 的齿轮箱,齿轮箱效率为 0.8。求电机的输出转矩。

(1)求出电机的额定转速

$$n = 300 \times 25 = 7\,500(\text{r/min})$$

(2)电机的输出功率为

$$P_2 = \frac{200}{0.8} = 250(\text{W})$$

(3)电机输出功率的计算公式为 $P_2 = \frac{Tn}{9.549\,3}$,所以

$$T = \frac{P_2 \times 9.549\,3}{n} = \frac{250 \times 9.549\,3}{7\,500}$$
$$= 0.318\,3(\text{N} \cdot \text{m})$$

负载的确定很简单,只要按照能量守恒定律,负载运行所消耗的功,必须由电机来付出。如果从负载到电机中间有机械传动机构,那么这个机械消耗的功也要电机来付出。关键就是要掌握负载运行的速度通过传动机构转换成电机需要产生的旋转速度,这点必须要计算正确。

从以上计算可以看出,求取电机负载的方法主要有以下四个关键点:

(1)正确求取负载所做的功和做功的时间,正确求取负载运行的速度 $n_\text{负载}$。

(2)正确求取传动机构的速度传动和力矩传动的变化 K,包括该传动机构的效率 η。

(3)正确求出通过传动机构后负载所需要

的转矩 T_N 和转速 n_N，这就是电机的额定输出功率 P_2 点。

（4）确定电机的最大输出转矩 T_D，求出电机的空载转速 n_0，以便进行电机设计。

1.12.4　电机的功率增长率

电机通电加了负载后会从静止状态到稳态转动运行，这要有一个过程，相反电机从稳态运行到电机停止转动也要有一个过程，这个过程可以称为电机的响应时间。电机的响应时间和电机所匹配的负载有很大的关系。有时这个响应时间是有要求的。电机的响应时间主要与负载和电机的转子有关。

电机带负载运行从静止到额定转速匀速运行，其输出功率从零逐渐增加直到要求的电机额定输出功率。这个时间电机的功率增长，可以用单位时间的功率增长来判断和分析电机的功率增长的速度。

功率增长率可以用下式表示

$$功率增长率 = \frac{T_D^2}{J_M} = 4 J_L \alpha^2 \quad (1-12-4)$$

式中：T_D 为电机的最大转矩（N·m）；J_M 为电机的惯量（kg·m²）；J_L 为电机的负载惯量（kg·m²）；α 为负载角加速度（rad/s²），$\alpha = \dfrac{\mathrm{d}W_L}{\mathrm{d}t}$。

由这个公式可知，要知道负载的角加速度 α，求出电机的功率增长率即可。

例：电机的最大转矩为 2 kgf·cm，转子的惯量为 1 kg·m²，负载惯量为 3 kg·m² 时，求负载的角加速度。

解：最大转矩 $T_D = 2$ kgf·cm $= 2 \times 9.81 \times 10^{-2} = 0.196\,2$（N·m）

负载角加速度 $\alpha = \sqrt{\dfrac{T_D^2}{J_M \times 4 J_L}} = \dfrac{T_D}{\sqrt{4 J_M J_L}} =$

$\dfrac{0.196\,2}{\sqrt{4 \times 1 \times 3}} = 0.056\,6$（rad/s²）

即可以在 1 s 内从 0 加速到 0.056 6 rad/s。

如果将角速度单位转换成 r/min，即

$$n = 0.056\,6 \times 9.549\,3 = 0.54（r/min）$$

即电机在 1 s 可以把负载从 0 加速到 0.54 r/min。

1.13　永磁同步电机的磁路

图 1-13-1 所示为两种永磁同步电机结构的磁路图，磁钢的磁力线都是经过电机气隙再通过电机定子齿的。线圈绕在通过磁力线的齿上与磁力线交链。

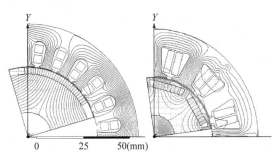

$$Y$$

0　25　50(mm)

图 1-13-1　永磁同步电机的磁路

电机的磁路和电机的电路形式相同，遵循磁路欧姆定律。永磁同步电机的磁路比有刷电机的磁路复杂。

磁路计算在永磁同步电机的设计和计算中是一项非常重要的工作。在磁路中，每一个磁路段中的磁通是不相同的。电机磁钢产生的磁通和气隙磁通、齿磁通、轭磁通是不一样的。这样给电机的设计、计算带来了麻烦。要精确计算永磁同步电机各段磁路上的磁场状况比较复杂，以往的计算都是把电机的磁场用路的方法简化，使得电机设计、计算简单化。现在计算机功能非常强大，借用计算机对永磁同步电机从磁场的角度进行计算，可以用有限元等数值分析方法进行计算。

1.14　永磁同步电机与无刷电机

永磁同步电机的定子绕组输入三相正弦交流电，在永磁同步电机的气隙中产生旋转磁场，转子上的磁极磁场力与定子线圈产生的磁场对齐，因此产生了同步转速和转矩。永磁同步电机若要启动，必须有转子位置检测元件，定子磁链与转子磁场必须始终呈 90° 相位差，永磁同步电机的控制原理和控制机构比较复杂。

如果永磁同步电机输入交流电压的频率发

生变化,转速相应变化,这种永磁同步电机一般被称为交流变频永磁同步电机。如果永磁同步电机的输入频率取决于外部电网或控制器的变频器的频率,这种永磁同步电机称为他控式永磁同步电机,是用频率进行调速的开环控制方式的永磁同步电机,一般用于非伺服系统动力驱动的工作场合。

如果控制器输入永磁同步电机电压的工作频率或基波波幅的改变不是由外部确定的,而是取决于永磁同步电机自身旋转速度,即该永磁同步电机装有能检测转子位置的传感器,其输出信号反映永磁同步电机转子磁极中心与定子绕组中心的相对位置,并以此信号输入控制器,使控制器输入永磁同步电机的电流能控制各相定子绕组的导通顺序、导通速率,从而达到电机同步运行。这种控制方式的永磁同步电机称为具有伺服性能的自控式永磁同步电机(PMSM)。自控式永磁同步电机必须具备位置传感器。

自控式永磁同步电机的负载一旦改变,转子转速相应改变的同时,控制器有两种方法可以对永磁同步电机进行控制:

(1)永磁同步电机的负载发生变化,仅使永磁同步电机在原频率或基波波幅下转矩角发生变化,定子磁场转速与转子还是保持原有转速的同步运行。这样的机械特性是标准的永磁同步电机的机械特性。

(2)变频器的频率或基波波幅改变,使永磁同步电机在新的频率和基波波幅的负载点实现新的同步点的同步运行。如果负载增大后永磁同步电机的转速相应变慢时永磁同步电机的工作频率或基波波幅相应减小,即转子每转过一对极,控制变频器输出电量变化一周期,使定子磁场转速与转子速度同步,这样永磁同步电机的机械特性和一般的无刷电机的机械特性相同。

自控式永磁同步电机可以分电磁式和永磁式两种,现在永磁同步电机转子大多是永磁式的。

自控式永磁同步电机是一种有信号反馈的伺服永磁同步电机,必须和带有信号反馈的控制系统结合后才能正常工作,形成一个闭环控制的伺服系统。这种永磁同步电机称为自同步永磁同步电机伺服系统。自控变频方式的永磁同步

电机不会产生振荡、失步、噪声大、运行不平稳等现象,这样永磁同步电机就可以用于精密的控制系统中。

永磁同步电机的结构可以和无刷电机的结构一样,把无刷电机(BLDCM)改为自控式永磁同步电机,用一般无刷电机常用的霍尔元件作为永磁同步电机的位置传感器,无刷电机内部什么都不改变,只要改变控制器和控制方式,就可以把无刷电机转化为自控式永磁同步电机,脉宽调制(PWM)使电流有效值的波形为正弦波,那么就称正弦波脉宽调制(SPWM)自控式永磁同步电机,也称自控式正弦波无刷电机。

永磁同步电机和无刷电机结构和形式上非常相近,实际上无刷电机也可以认为是一种永磁同步电机。方波、正弦波无刷电机和永磁同步电机在本质上并无多大差异,都可以归纳为永磁同步电机范畴。如果无刷电机用三相正弦波驱动,那么这种电机就成为一种正弦波永磁同步电机,也就是人们所说的正弦波无刷永磁电机。

从另一个角度看,尽管正弦波无刷永磁电机的绕组电流是正弦波波形,看起来和一般的方波无刷永磁电机(BLDCM)有所不同,可是这种带角位置传感器和电子换向电路的正弦波永磁同步电机,其电磁基本关系和机械特性可以与一般的永磁无刷电机相一致,因此这种永磁同步电机也可以归入永磁无刷电机(BLDCM)类型,所以可以称为正弦波无刷电机。因此从以上两种观念看,正弦波无刷电机既是一种无刷电机,又是一种永磁同步电机。

他控式永磁同步电机的控制方式比较简单,只是在运行过程中永磁同步电机自始至终按照输入永磁同步电机的电源频率和波形运行,永磁同步电机负载的改变不会影响输入永磁同步电机电源。同一永磁同步电机用他控式或自控式驱动,在相同的工作点,两者的电磁基本关系和性能是相同的。因此可以将永磁同步电机以他控式方式驱动状态作为永磁同步电机的设计状态,那么在设计时,影响永磁同步电机的因素大为减少,简化了永磁同步电机的设计过程。因此清楚他控式永磁同步电机的设计,那么自控式永磁同步电机的设计和他控式永磁同步电机设计原则是相同的。

第 2 章

永磁同步电机的设计和要素

2.1 永磁同步电机实用快速设计

电机设计就是要计算出达到电机性能要求的电机结构尺寸、内部绕组、工艺要求的各项参数。

电机设计程序或方法基本上有两种模式：第一种是沿用了多年典型的磁路设计方法，这种方法是把电机的各种磁场流向简化成磁路，根据电机的形状，求出电机各段磁路的磁阻、磁压降和电机的工作磁通，然后计算出电机的各种数据。

这是一种电机核算的方法，要求设计者输入电机的各种已知的电磁参数、结构尺寸、绕组形式参数和额定点等技术参数，代入电机的性能核算程序，然后进行电磁核算。如果核算结果符合电机认定的技术要求，那么电机设计就算是成功的，否则要求电机设计人员对电机某些参数进行调整，再对电机重新进行核算，这样要往复多次，直至电机的各种参数符合设计目标要求，电机设计才算完成。用"磁路"方法计算，是把电机各段复杂的磁场结构变成磁路，影响磁路的因素较多，设计程序中许多地方用经验系数、公式等对电机设计程序进行修正，典型的电机用磁路法设计计算的符合率还是非常好的。这种磁路法设计程序，计算一个电机的公式有数百个之多，反复循环计算，手工计算花费的时间太多，用计算机编程后计算就非常方便，分分秒秒就能完成以前数天甚至数十天手工计算的工作量。在没有有限元的磁场分析理论和方法出现时，电机设计采用的都是磁路法计算的，如单相、三相交流感应电动机的设计程序，国内有多个电机研究所、大专院校编出了标准的设计程序，程序内容比较丰富，并将电机进行了系列化设计，作为设计数据库，便于设计人员提取、参照、改动，然后进行计算，这给电机设计带来了极大的方便。其设计

计算精度并不亚于现有的电机设计软件。由于磁路法计算比较直观，计算精度完全符合工程设计的需要，因此现在许多大型电机设计软件都保留了磁路计算方法，但这还是电机核算方法。

第二种是用磁场的方法进行电机分析设计，凭借计算机进行有限元场分析。这还是一种电机的核算方法，也就是在电机设计之前，先要确定电机的结构参数，才能计算电机的性能。

还有"路"和"场"结合计算方法，就是先用"路"的方法对电机建立初始模块，然后对电机的结构参数进行多次调整，计算出一个设计者认为比较理想的电机结构，再对该电机进行"场"分析计算，从而达到预期的设计目的。

在设计电机前无法知道设计后的电机的各种确切的电磁、结构、绕组参数。现在的电机设计一般都是用电机核算的方法，就是先初步确定电机的一些电磁、结构、绕组参数，再对这些初步确定的电机结构、参数进行核算，这就是电机设计普遍采用的"试凑法"。当然用"试凑法"第一次计算的结果往往不是目标要求的结果，有时甚至连结果都算不出来，如果设计者不太熟悉电机设计，那么更不知所措，这样一个电机设计往往要反复多次，非常耗费时间和精力。

一些高端电机设计软件可以借用大型计算机对电机进行优化设计，优化设计是一种寻找确定最优设计方案的技术。如果要对电机进行优化设计，必须把电机各种目标特征设置成一定的范围，交叉变成成千上万个数据点，根据这些数据形成的电机进行计算，这样的电机在数百个以上，再对这些电机中的成千上万个数据进行人工、电脑判别和筛选。将筛选出的电机数据由人工输入程序，再进一步核算，然后人工设置判别依据或人工判别进行筛选，直至达到要求。这是一种"从面的搜索达到一个点"的设计方法，而且

电机设计需要数个或数十个"面"分别搜索，人工判断数十个较好的点，再由数十个较好的点组成十数个"面"，再进行搜索，人工判断出一个最佳点。这种地毯式搜索的方法，是"穷沧海而取其一粟"。求得一个好的电机设计结果，要耗费数天甚至更多时间，如果用3D"场"来分析，耗费时间就更多。

电机设计者都能体会到，不管用什么软件，电机计算的结果和根据计算结果制造出电机的测试结果会有较大的出入，除了电机设计人员对软件的理解程度和经验是否足够外，电机设计本身也存在许多不确切的因素，如电机的各种损耗就不能完全精确地计算，一些损耗也只能进行估算。如风摩耗，一般的设计程序都要靠设计人员自己设定。电机设计软件并不能细化到磁钢充磁头的形状和充磁形式不同造成的磁钢磁场波形的不同，电机各段磁通的求取也不是十分精准，因此电机主要尺寸的计算和电机制造后的结果往往有一段相当大的差距。设计制造出的电机性能和要求的电机性能相差很多的情况屡屡发生，电机设计还与设计人员的设计经验有关。

在作者数十年电机设计实践中，发现电机的形式复杂多变，电机中的各种参数纷杂众多。电机设计的理论可以研究得非常细致，但是它们的本质关系应该是非常简洁的，电机设计应该是一种以实用为前提的应用科学。

对电机工程计算而言，电机设计的方法就应该是"大道至简"，越简单，越方便越好，设计的精度不需要无限精确，只要达到应用精度就行。因此电机实用设计的目的是能够在较短的时间内，用较简捷的方法计算出具有一定精度并符合技术要求的电机，这应该是广大电机设计工作者所追求的目标。

在工厂中，设计一个电机不可能花费数天或数十天的时间。如何能够确保电机设计性能的同时做到电机的快速设计是在企业工作的电机设计工作者迫切关心的问题。作者从事电机设计数十年，发现永磁同步电机的设计并不是想象中的那么"高、大、上"，永磁同步电机的工程设计还是可以掌握的，掌握了正确、有序的设计方法，永磁同步电机的快速设计还是能够实现的。

作者认为应该找出相关电机性能参数的主要矛盾，运用电机基本理论和电机设计软件相结合快速设计方法和技巧，永磁同步电机设计应该有多种方法。作者在本书中力图把永磁同步电机设计"复杂问题简单化""简单而通用"，主要介绍适应工厂生产的一些永磁同步电机快速设计的方法，包括永磁同步电机的磁链设计法、目标设计法、快速推算法、多种目标参数的快速建模方法、正确设定永磁同步电机各种参数的方法、电机性能的核算和参数化分析方法、电机设计软件的快速设计法、电机快速目标设计三步法等。应用这些设计方法，就可以在很短的时间内，快速、准确地把永磁同步电机的方案设计出来，并能有较好的设计符合率。

这些都是永磁同步电机设计实践中的实用经验和方法，读者可以在永磁同步电机设计中多一些设计理念和方法，丰富自己的设计实践，能够用这些理念和方法很好地对永磁同步电机进行设计。这些电机设计理念和方法可以应用到其他电机的设计中去。

要把电机设计从"核算—修正—核算"的设计思路转换到电机"目标设计"思路，进行永磁同步电机的目标设计：

（1）用目标设计方法快速建立电机设计模块，模块的各种参数要与设计目标电机模块的目标参数越接近越好。

（2）对建立的电机设计模块用电机设计软件进行"路、场"电机性能的必要核算，并对电机核算值与目标值进行对比，然后快速修改，最终达到目标设计要求。

实践证明目标设计法设计计算永磁同步电机是一种简捷、实用的设计方法。

2.2 Maxwell 软件简介

电机设计的方法随着科学的发展，从"路"算到"场"算，大型电机设计软件相继出现，如Maxwell、MotorSolve、MotorCAD等。综观这些软件，都是非常好的电机设计软件，都有各自的优点，特别是后来推出的电机设计软件，软件编程者以工程应用为核心，力求最精简的编程，模块化的编程，提高计算效率，使电机使用更为简捷，有些参数的计算只要一键即可完成，期望现有的各种电机设计软件能百花齐放、百家争鸣，能进一步改进，有利广大电机设计工作者高效、正确的设计操作。

本节主要介绍 Maxwell 在永磁同步电机设计中的基本操作，在本书的永磁同步电机实用设计的介绍中，作者经常用 Maxwell 对电机例证进行设计、核算，并考核实用设计法与 Maxwell 计算结果的符合率，以证明各种实用设计法可用性的程度，同时也足以说明 Maxwell 设计程序的设计精度是可靠的，设计功能是十分强大的。

本节对 Maxwell RMxprt 软件的永磁同步电机设计基本知识、操作方法进行简单介绍，使读者能够对 Maxwell RMxprt 有一个初步的认识，知道程序的基本操作方法，有利本书的讲解。同时使读者能够掌握一种用很好的电机设计软件来设计永磁同步电机的方法，把该软件用到电机生产实践中去。

Maxwell 是 ANSYS 公司开发的一个功能非常强大的设计软件，Maxwell 的 2D/3D 电磁场有限元分析，广泛应用于各类电磁部件的设计，包括电机、电磁传感器、变向器等，通过电磁仿真，计算电场和磁场分布，利用可视化的动态场分布图对器件性能进行分析，从而得到与实测相吻合的力、扭矩、电感等参数。

Maxwell 是一个可以计算多种电机的设计软件，其中包含了用磁路法计算电机的 RMxprt 软件，能分析 10 多种典型电机，如三相感应电机、单相感应电机、三相同步电机和发电机、永磁直流同步电机、永磁同步电机和发电机、永磁直流电机、开关磁阻电机、自启动永磁同步电机、通用直流电机和发电机、爪极交流电机等。随着其版本的提高，电机设计种类和模块也随之增加，这给电机设计工作者带来极大的方便。在 RMxprt 建立电机模块后，用 RMxprt 磁路法计算出的电机结果与制造出的电机参数相比是符

合的，并可以在 RMxprt 中一键生成 2D 模块进行场分析，这是一个非常好的电机设计软件。在电机界用 Maxwell 软件设计各种电机已经非常普遍，因为 ANSYS 公司对该软件的推广和普及，电机设计人员对 Maxwell 已经有了一个逐步熟悉和认识过程，加上确实在电机设计中用得非常好，所以越来越受到电机设计人员的欢迎。

2.2.1　永磁同步电机工程模型的引入

Maxwell 电机设计基于电磁场分析，有 2D 和 3D 的电磁场分析，在 Maxwell RMxprt 中是从磁场"路"角度设计电机的，设计思路比较简捷，电机设计的各方面考虑得比较全面，操作简单，输出的内容和形式丰富完整。用 Maxwell RMxprt 的"路"计算的某些数值和用有限元的"场"的分析计算结果相比还是比较接近的，软件计算结果与样机制造后的测试结果比较的设计符合率也是不错的。

Maxwell RMxprt 内容非常丰富，具体操作和电机设计可以参看 RMxprt 用户手册，还可以参看其他关于 Maxwell 电机设计书籍。

RMxprt 是基于电机等效电路和磁路的设计理念来计算、仿真各种电机，具有建立模型简单快捷、参数调整方便等优点，同时具备一定的设计精度和可靠性，此外又为进一步的 2D 和 3D 有限元求解奠定了基础，熟练使用 RMxprt 模块可以在电机设计上事半功倍。在 RMxprt 中，永磁同步电机的工程模型可以引入软件中的典型电机工程模型，引入后再把该模型的各项参数修改为需要的参数，待参数全部修改完成后，对新的永磁同步电机工程模型进行计算即可，这样非常方便，能够满足大多数永磁同步电机工程设计的需要。

软件提供的永磁同步电机典型模块位置如图 2-2-1 所示，路径如下：

C:\Program Files\AnsysEM\Maxwell16.0 \win64\Examples\RMxprt\assm

图 2-2-1　永磁同步电机典型工程模块的位置

另外,可以引用自己或他人设计计算过的永磁同步电机同类工程计算模型,再进行数据修改后对新永磁同步电机工程模型进行计算。

例 ws - 1 永磁同步电机,鼠标双击 ![assm-1.maxvl], 就可以打开如图 2 - 2 - 2 所示界面。

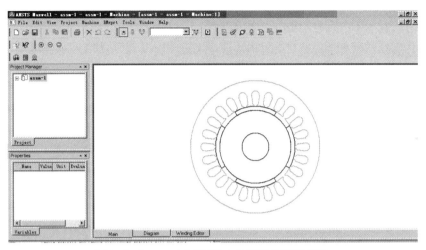

图 2 - 2 - 2　ws - 1 永磁同步电机模型打开后的界面

2.2.2　永磁同步电机的参数设定

Maxwell RMxprt 是一个核算程序,永磁同步电机的初始数据必须全部提供给 RMxprt。永磁同步电机的初始数据分为两大部分:

(1)电机性能技术参数。在电机性能技术参数中,程序需要提供电机额定点数据,包括额定工作电压、额定转矩、额定转速、额定输出功率,设置电机工作环境温度、提供电机的风摩耗等。

(2)电机结构参数。在电机结构参数中,程序需要提供的参数更多、更复杂,如永磁同步电机定子冲片形状尺寸和材料牌号,定子绝缘纸和槽楔的厚度,转子形状尺寸和材料牌号,磁钢的形状尺寸和材料主要性能参数,定子绕组形式以及绕组具体匝数和导线线径和漆膜厚度,轴是否导磁等。

这些参数都要正确地、一个不漏地输入程序,否则无法很好地完成永磁同步电机的核算。

RMxprt 的计算过程就是用电机的结构参数来核算电机的性能、技术参数的过程。

以一台 1 kW 永磁同步电机设计用 RMxprt 进行计算为例,该永磁同步电机定子外径为 103 mm,12 槽 8 极,额定电压为 113 V AC,因此电机型号定义为 103 - 12 - 8j - 113 V - ASSM。电机要求:额定转速 3 000 r/min,额定输出功率

1 kW。该电机的定子冲片如图 2 - 2 - 3 所示,转子结构如图 2 - 2 - 4 所示,电机结构与绕组如图 2 - 2 - 5 所示。

绕组数据:0.8 线,79 匝,并联支路数 2,三相绕组接线如图 2 - 2 - 6 所示。这是一台分数槽集中绕组的永磁同步电机。

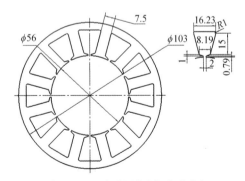

图 2 - 2 - 3　永磁同步电机定子冲片

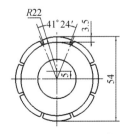

图 2 - 2 - 4　永磁同步电机转子结构

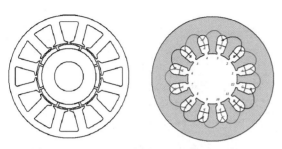

图 2 - 2 - 5　Maxwell 程序显示的电机结构与绕组

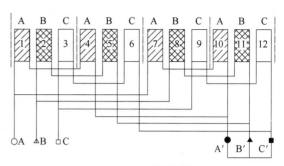

图 2 - 2 - 6　三相绕组接线

2.2.3　永磁同步电机的参数输入

利用 ws - 1 永磁同步电机模块,在该模块上输入电机的各种参数。

1) 电机性能参数和形式输入　如图 2 - 2 - 7 所示,这里"Load Type"是在规定功率(Const Power)条件下求取永磁同步电机额定点的性能。

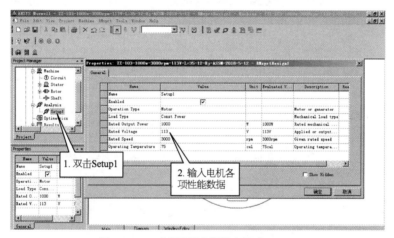

图 2 - 2 - 7　电机性能参数输入界面 General

如图 2 - 2 - 8 所示,永磁同步电机有三种电源输入形式:DC、PWM、AC。如果选取 AC 形式计算,则无须设置控制器相关数据。本书基本上采用 AC 形式计算永磁同步电机。

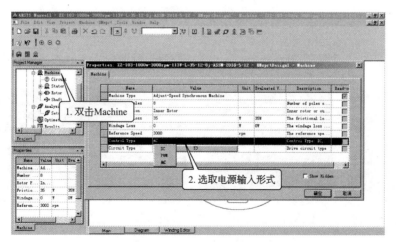

图 2 - 2 - 8　电机计算设置界面 Machine

2) 磁钢极数、绕组接线形式和风摩耗输入   如图 2-2-9 所示。

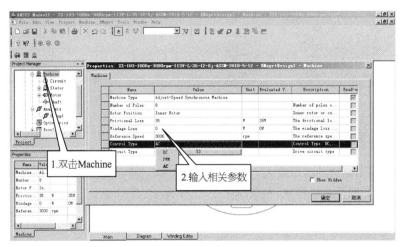

图 2-2-9   电机相关数据输入 Machine

3) 定子参数输入   如图 2-2-10 所示,这里定子叠压系数取 0.97,冲片牌号取用 DW310-35,选取了 3 号槽形,永磁同步电机有 4 种槽形图可供选择,如图 2-2-11 所示

图 2-2-10   定子参数输入 Stator

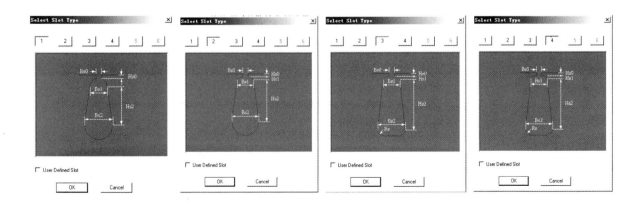

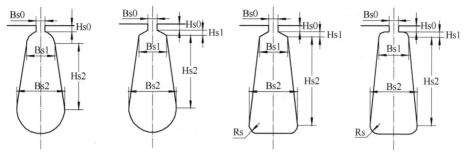

图 2 - 2 - 11　永磁同步电机的 4 种槽形图和对应图号

永磁同步电机定子槽形只有 4 种,基本上够用,但是有些电机的槽形与这 4 种槽形有所区别,只要定子冲片齿宽不变,即使电机的槽形有些改变,只是槽面积有些改变,那么电机的槽满率略有改变,电机的性能改变不大,槽面积改变后,可以修正槽满率。还有一种办法是自己开槽,用 CAD 导入。

4)输入绕组数据　如图 2 - 2 - 12 和图 2 - 2 - 13 所示,设置槽满率限值 0.68,其他以后考虑。

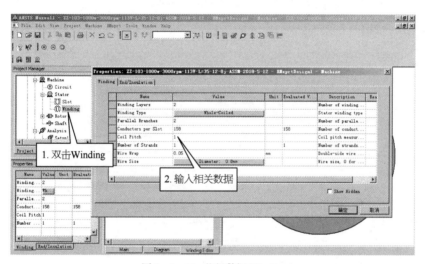

图 2 - 2 - 12　绕组数据 Winding

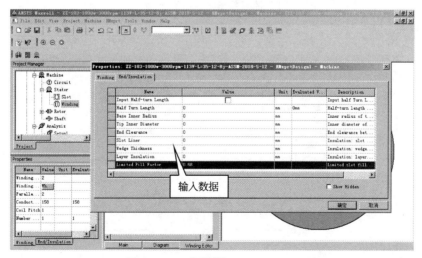

图 2 - 2 - 13　绕组数据 End/Insulation

5）选取绕组形式　如图 2-2-14 所示。

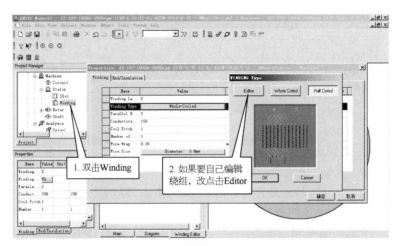

图 2-2-14　选择绕组形式 Winding Type

6）输入线径　如图 2-2-15 所示。

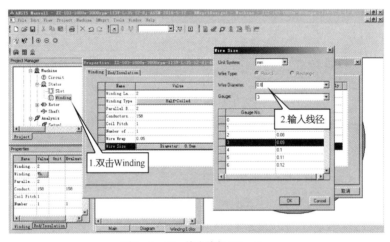

图 2-2-15　输入线径 Wire Size

7）输入转子数据　如图 2-2-16 所示。

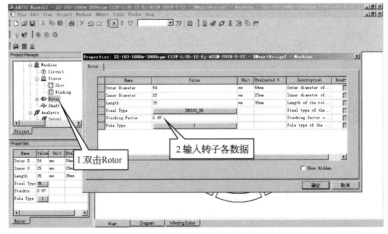

图 2-2-16　输入转子数据 Rotor

8）选定转子磁钢形式　如图 2－2－17 和　　图 2－2－18 所示。

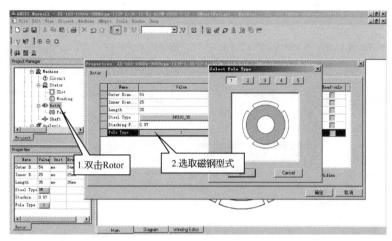

图 2－2－17　选取转子的磁钢形式 Pole Type

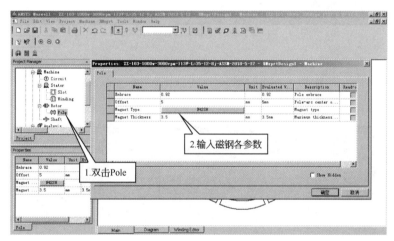

图 2－2－18　设置转子的磁钢参数 Pole

9）确定轴是否导磁　如图 2－2－19 所示。

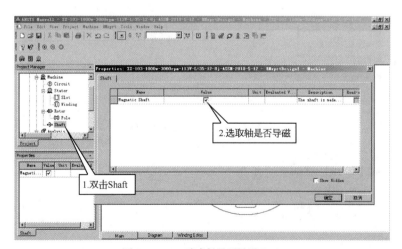

图 2－2－19　确定轴是否导磁 Shaft

2.2.4 永磁同步电机的参数计算

1）参数检查　如图 2-2-20 所示。

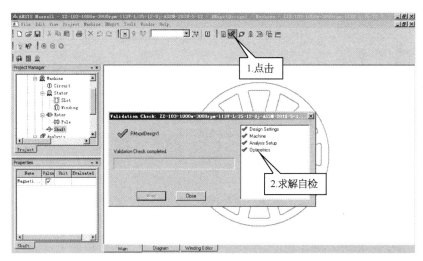

图 2-2-20　数值求解自检对话框

2）电机性能计算　如图 2-2-21 所示。

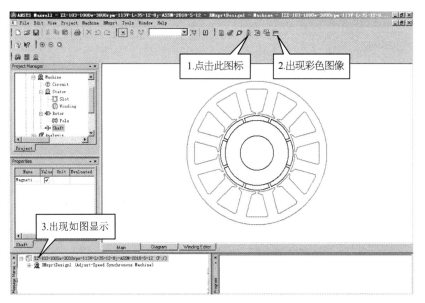

图 2-2-21　电机计算操作过程

2.2.5 永磁同步电机计算结果的查看

计算结果查看界面如图 2-2-22 所示。

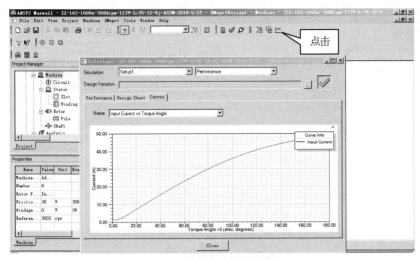

图 2 - 2 - 22　计算结果的查看界面

1）查看部分数据　各种典型数据的查看如　图 2 - 2 - 23 所示。

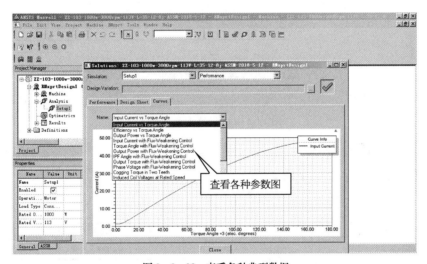

图 2 - 2 - 23　查看各种典型数据

注意：如果在 Setup 的设置中，选择"Time"或"Frequency"（图 2 - 2 - 24），显示的曲线类型和内容是不一样的，电机计算单参数显示也不一样，如图 2 - 2 - 25 所示。

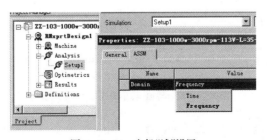

图 2 - 2 - 24　电机"域"设置

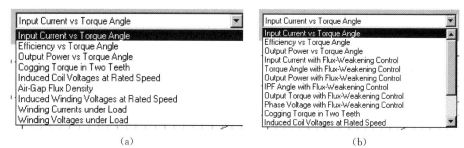

(a) (b)

图 2 - 2 - 25　Setup 设置后的显示

(a)选择"Time"；(b)选择"Frequency"

2）查看各种曲线并导出　如转速-转矩曲　线如图 2 - 2 - 26 所示。

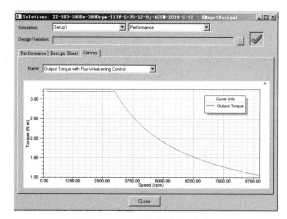

图 2 - 2 - 26　转速-转矩曲线

在图框中鼠标右键点击"Copy Image"，则可　所示。
把曲线图片复制，然后粘贴导出，如图 2 - 2 - 27

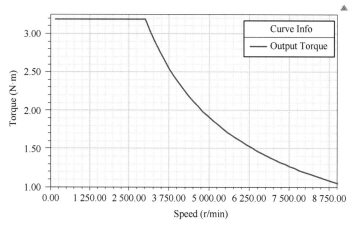

图 2 - 2 - 27　转速-转矩曲线复制粘贴导出

3）查看计算报告　如图 2 - 2 - 28 所示，该　导出，如图 2 - 2 - 29 所示。
报告也可以用鼠标右键单击选中，然后复制粘贴

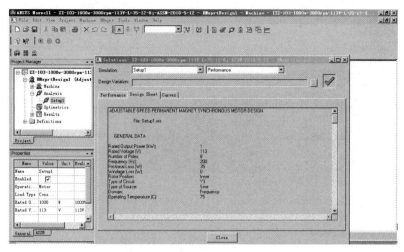

图 2 - 2 - 28 查看计算报告 Design Sheet

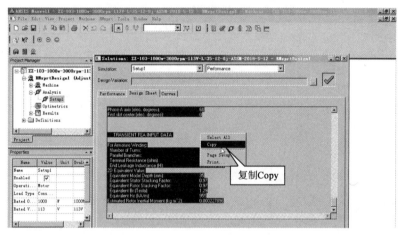

图 2 - 2 - 29 复制电机性能计算书

4）快速创建永磁同步电机的机械特性曲线 具体步骤如图 2 - 2 - 30 所示。其中，电流曲线如图 2 - 2 - 31 所示，效率曲线如图 2 - 2 - 32 所示。

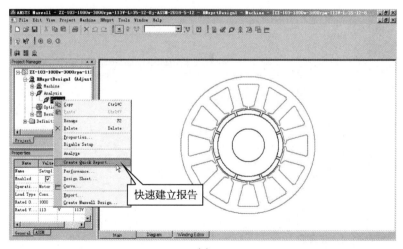

（a）

(b)

图 2-2-30　快速创建电机机械特性曲线

(a)步骤 1;(b)步骤 2

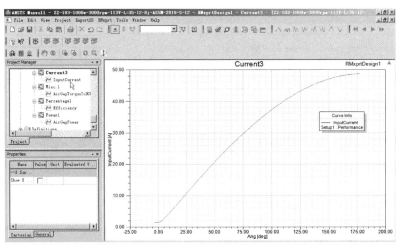

图 2-2-31　电流曲线

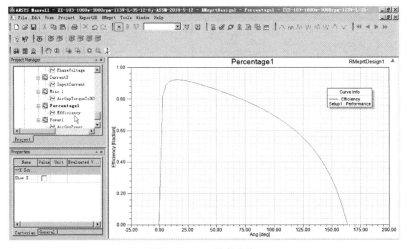

图 2-2-32　效率曲线

5）建立以 x 轴为转矩角的电机机械特性多种曲线　如图 2-2-33 所示，点击某一曲线，点击"New Report"，则出现图 2-2-34 所示曲线。

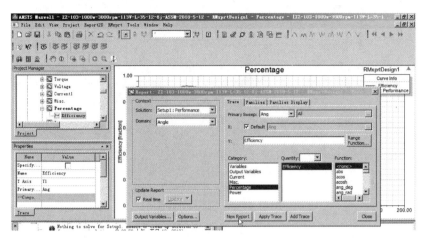

图 2-2-33　选中曲线并点击"New Report"

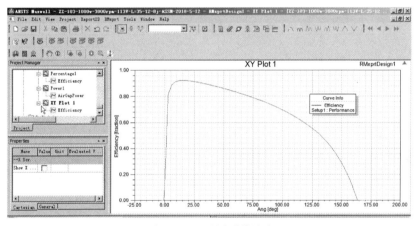

图 2-2-34　效率曲线显示

如图 2-2-35 所示，把能显示的曲线加入机械特性曲线图中，结果如图 2-2-36 所示。

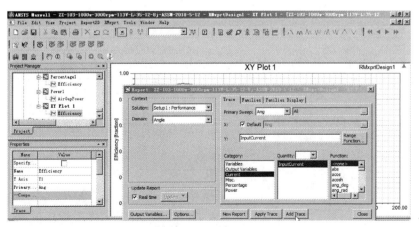

图 2-2-35　把能显示的曲线加入机械特性曲线图中

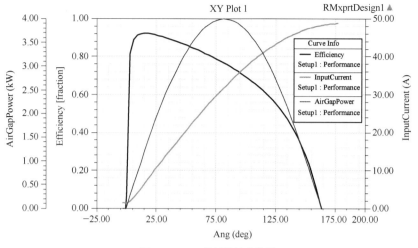

图 2 - 2 - 36　机械特性曲线图

6）查看额定点数据　如图 2 - 2 - 37 所示。

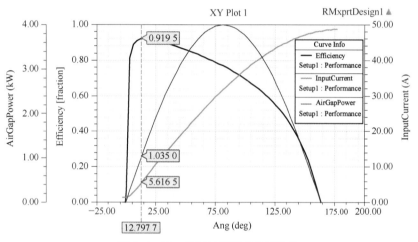

图 2 - 2 - 37　查看机械特性曲线额定点

7）机械特性表格显示　如图 2 - 2 - 38～　图 2 - 2 - 40 所示。

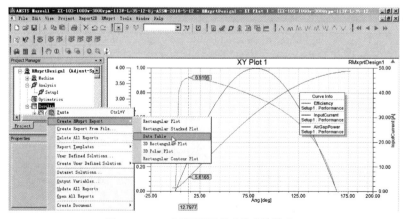

图 2 - 2 - 38　电机机械特性曲线表格显示 1

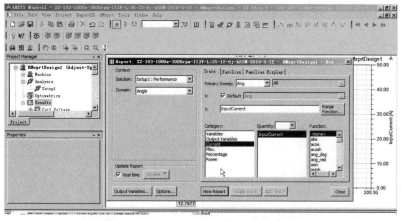

图 2 - 2 - 39　电机机械特性曲线表格显示 2

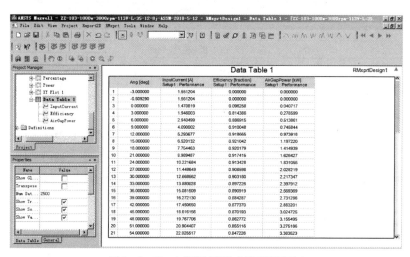

图 2 - 2 - 40　电机机械特性曲线表格显示 3

8）机械特性的数据导出（Excel）　如图 2 -　见表 2 - 2 - 1。
2 - 41 和图 2 - 2 - 42 所示，导出的机械特性数据

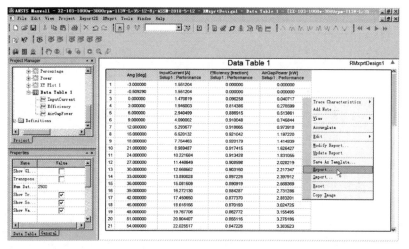

图 2 - 2 - 41　机械特性的数据导出（Excel）1

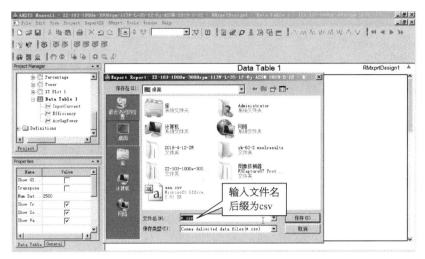

图 2 - 2 - 42　机械特性的数据导出（Excel）2

表 2 - 2 - 1　机械特性数据

角度(°)	输入电流(A)	效率	气隙功率(kW)	角度(°)	输入电流(A)	效率	气隙功率(kW)
0	1.470 819	0.096 257 76	0.040 716 537	72	28.379 087	0.794 668 04	3.783 695 921
3	1.946 003	0.814 386 04	0.278 598 732	75	29.369 284	0.784 923 49	3.807 684 637
6	2.940 499	0.886 915 38	0.513 861 204	78	30.338 087	0.774 849 12	3.819 383 687
9	4.090 002	0.910 047 82	0.745 843 757	81	31.284 971	0.764 419 87	3.818 840 054
12	5.293 677	0.918 664 84	0.973 918 067	84	32.209 414	0.753 607 74	3.806 130 208
15	6.520 132	0.921 042 31	1.197 219 998	87	33.110 657	0.742 384 45	3.781 367 289
18	7.754 463	0.920 178 56	1.414 938 637	90	33.988 455	0.730 712 14	3.744 687 323
21	8.989 487	0.917 414 79	1.626 427 349	93	34.842 145	0.718 554 06	3.696 264 195
24	10.221 684	0.913 428 18	1.831 055 13	96	35.671 258	0.705 866 68	3.636 297 843
27	11.448 649	0.908 597 78	2.028 219 177	99	36.475 378	0.692 600 47	3.565 012 451
30	12.668 562	0.903 150 06	2.217 347 05	102	37.254 011	0.678 701 22	3.482 665 518
33	13.880 028	0.897 226 23	2.397 911 896	105	38.006 756	0.664 106 33	3.389 534 019
36	15.081 509	0.890 918 86	2.569 368 669	108	38.733 134	0.648 746 88	3.285 931 936
39	16.272 13	0.884 286 53	2.731 285 779	111	39.432 934	0.632 538 95	3.172 162 038
42	17.450 65	0.877 369 58	2.883 200 889	114	40.105 666	0.615 393 28	3.048 589 193
45	18.616 156	0.870 193 02	3.024 724 906	117	40.750 96	0.597 205 35	2.915 588 459
48	19.767 706	0.862 772 37	3.155 494 679	120	41.368 535	0.577 852 45	2.773 540 488
51	20.904 407	0.855 115 94	3.275 185 554	123	41.958 246	0.557 187 8	2.622 810 726
54	22.025 517	0.847 225 71	3.383 522 745	126	42.519 642	0.535 051 06	2.463 853
57	23.130 092	0.839 100 87	3.480 244 441	129	43.052 451	0.511 248 5	2.297 103 634
60	24.217 42	0.830 735 68	3.565 148 477	132	43.556 413	0.485 551 37	2.123 014 666
63	25.286 573	0.822 123 19	3.638 051 025	135	44.031 288	0.457 687 26	1.942 050 704
66	26.337 073	0.813 250 33	3.698 837 801	138	44.476 999	0.427 318 57	1.754 625 042
69	27.368 134	0.804 104 05	3.747 405 826	141	44.892 922	0.394 078 04	1.561 396 674

（续表）

角度(°)	输入电流(A)	效率	气隙功率(kW)	角度(°)	输入电流(A)	效率	气隙功率(kW)
144	45.279 25	0.357 455 21	1.362 705 487	156	46.523 563	0.162 762 96	0.524 267 208
147	45.635 601	0.316 867 94	1.159 142 228	159	46.758 703	0.096 460 55	0.306 351 295
150	45.961 879	0.271 564 85	0.951 196 174	162	46.963 233	0.019 568 4	0.086 166 086
153	46.257 911	0.220 601 58	0.739 394 45	163	47.030 723	0	0

9）电机的各种特性曲线

（1）电流。电机的相电流曲线如图 2-2-43　所示。

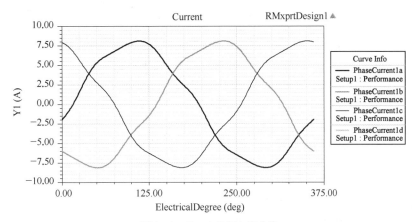

图 2-2-43　电机相电流曲线

（2）线和相感应电动势。电机感应电动势　曲线如图 2-2-44 所示。

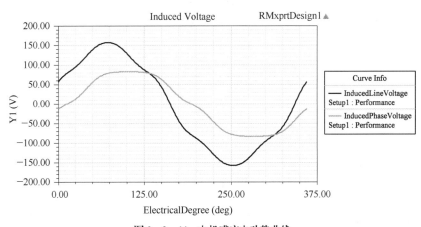

图 2-2-44　电机感应电动势曲线

（3）线和相电压。电机线电压和相电压曲线如图 2-2-45 所示。

（4）气隙磁通密度。如图 2-2-46 所示。

注意：磁通密度单位显示有误，用 18.1 版就会显示正确。

（5）不斜槽时定位转矩。定子不斜槽的齿槽转矩如图 2-2-47 所示。

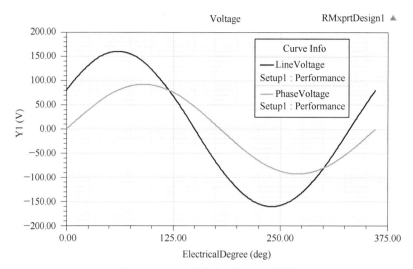

图 2 - 2 - 45　电机线电压和相电压曲线

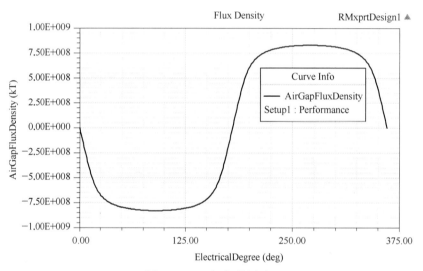

图 2 - 2 - 46　气隙磁通密度

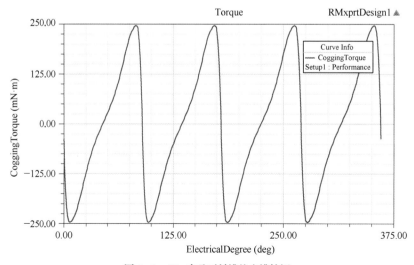

图 2 - 2 - 47　定子不斜槽的齿槽转矩

（6）斜半个槽时定位转矩。定子斜半个槽　　的齿槽转矩如图 2-2-48 所示。

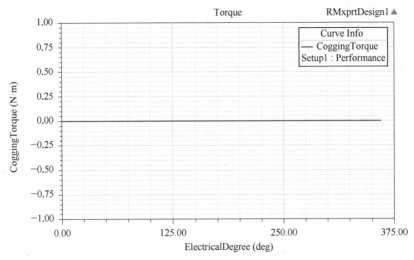

图 2-2-48　定子斜半个槽的齿槽转矩

2.2.6　RMxprt 导入 Maxwell 2D 有限元模块

RMxprt 模型采用一键式导入 Maxwell 2D 界面中（图 2-2-49），自动完成几何模型绘制、材料定义、激励源添加、边界条件给定、网格剖分和求解参数设置等前处理项，用户只需要简单进行求解和后处理即可。需要着重强调的是，这种一键式导入方式仅限于 2D 的瞬态场，若要进行其他场分析，需要用户自己更改设置。

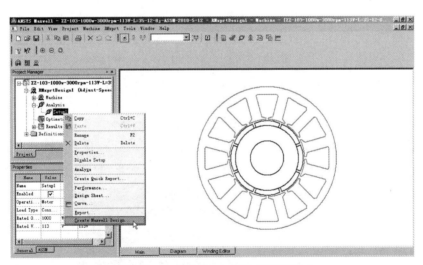

图 2-2-49　导入 Maxwell 2D 有限元模块 1

在运行完的 RMxprt 项目文件中，单击菜单栏中的 RMxprt/Analysis Setup1\Create Maxwell Design，会弹出一个对话框，如图 2-2-50 所示。

图 2-2-50 中，可以看到有两个下拉三角。第一个是选定导出的有限元模型，分别有

图 2-2-50　"Create Maxwell Design"对话框

Maxwell 2D Design 和 Maxwell 3D Design，这里选择 2D 输出选项。

第二个下拉三角"Solution Setup"选项中仅有一项，就是 Setup1，因为前述的电机模型仅分析了一种工况，所以这里只有一个选项。另外，在"Auto setup"前有个选择框，此处选中此框，让软件自行设置。所有的设定完毕后，可以直接单击"OK"按钮退出设置界面。软件开始自行生成电机模型，默认 Maxwell 2D 求解器为瞬态场求解器。生成的新有限元模型名称为 Maxwell 2D Design1，如图 2-2-51 所示。

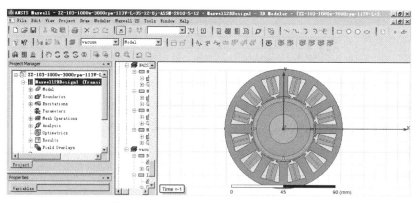

图 2-2-51　工程树中新生成的有限元模型

从工程树中可以清晰地看出，电机已经自动生成了模型、边界条件、激励源、网格剖分和仿真设置等选项。在这里软件自动生成的模型为瞬态计算模型，从而可以计算出各种数据。

1）网格剖分　如图 2-2-52～图 2-2-55 所示。

2）磁力线分布图　如图 2-2-56 所示。

3）磁通密度云图　如图 2-2-57 所示。

4）电流密度　如图 2-2-58 所示。

5）额定转速点瞬态转矩曲线　如图 2-2-59 和图 2-2-60 所示。

6）瞬态相电流曲线　如图 2-2-61 所示。

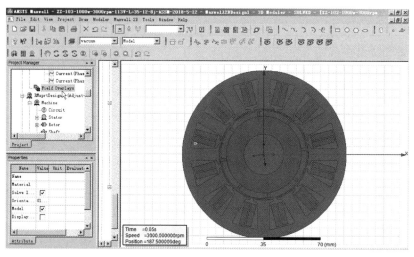

图 2-2-52　网格剖分 1

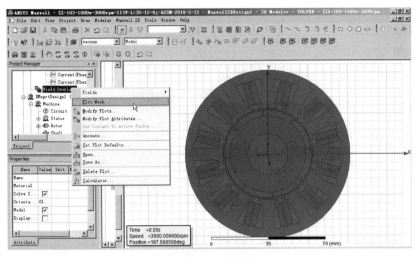

图 2 - 2 - 53　网格剖分 2

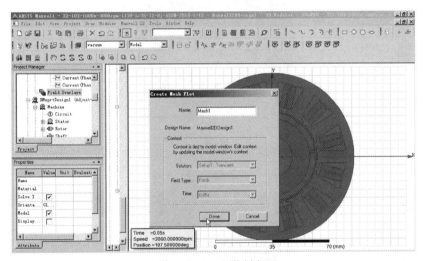

图 2 - 2 - 54　网格剖分 3

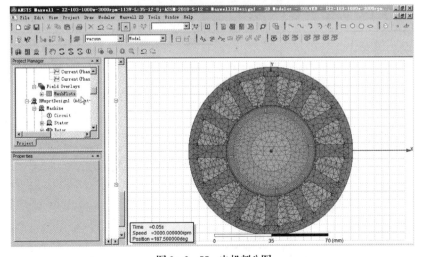

图 2 - 2 - 55　电机剖分图

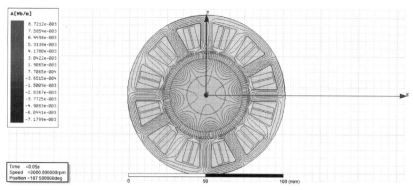

图 2 - 2 - 56　磁力线分布

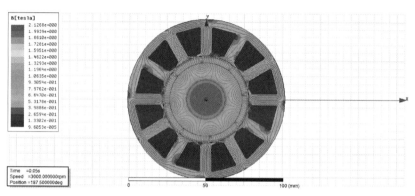

图 2 - 2 - 57　磁通密度云图分布

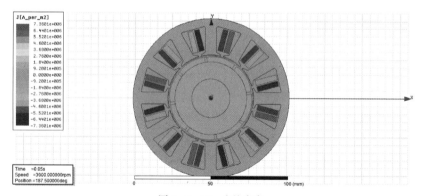

图 2 - 2 - 58　电流密度

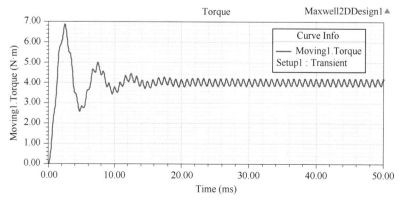

图 2 - 2 - 59　电磁转矩曲线

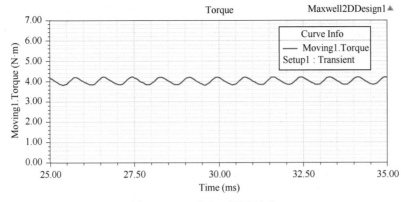

图 2 - 2 - 60　截取一段转矩曲线

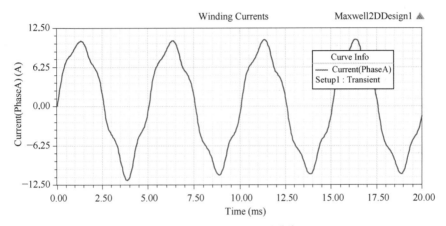

图 2 - 2 - 61　A 相绕组电流曲线

2.3　MotorSolve 软件简介

MotorSolve 是一个路场结合可以计算多种电机的设计软件,是一个可视化程度相当高的软件,操作非常简单,尽量减少了许多电机设计的附加设置,将许多电机复杂的计算、设置简单化。因为 MotorSolve 是一个用 2D 场计算电机性能的软件,不限于几种电机槽形和转子结构的路的计算,有多种电机定子结构和转子磁钢类型可供选择,这样定、转子结构尺寸的计算也不会产生误差,特别是还提供了非常简单的电机定、转子结构的导入。

MotorSolve 电机设计软件计算某些电机的参数非常方便,如电机弱磁性能的计算,电机磁场的计算和显示,电机退磁的分析,电机热场的分析,谐波分析,d、q 轴相关参数的计算,电机电抗、感抗的计算、比较等都非常方便。该软件全面考虑到电机设计人员和工厂生产的实际操作,计算、显示功能非常强大,有多种参数表达和显示形式。特别要指出,该软件操作特别简单、方便,处处为电机设计者着想,是一款"平民化"的非常有特色的电机设计专用软件。

因为 MotorSolve 电机设计软件在设计永磁同步电机时设定了电机线电流作为限定项,这是从永磁同步电机系统和控制器的角度考虑的,是以控制器电源的电压、频率(电机转速),控制电机的输入线电流(指定频率),求出电机要达到该线电流时输入电机的线电压、电机的输出功率(转矩)以及电机在运行点的性能,这给设计人员设计电机时确定电机电流带来某些不便,但是和电机设计成功后测试电机性能时的方法相对应。

MotorSolve 电机设计软件中的许多功能都非常强大,特别是电机 2D 的磁场、热场分析,该软件在磁场、热场分析中数值"即指即现"的功能非常简捷、直观,电机设计工作者对电机磁场分析"省时省工"。

MotorSolve 电机设计软件中特别是电机磁钢厚度设置和对应的磁钢退磁预测的分析非常简易、直观,对确定永磁同步电机的磁钢厚度、磁钢的结构形式有非常大的帮助。作者在 RMxprt 设计计算后,根据 RMxprt 计算的电机模块再用 MotorSolve 软件建模进行磁钢结构、厚度、退磁的分析和确定,因为操作简单、直观。用 MotorSolve 对永磁同步电机进行谐波的分析、电机最大转速等的分析计算非常方便,确实有该软件的优越之处。

限于篇幅,本节不介绍 MotorSolve 电机设计软件的具体操作方法,操作方法将在本书相关章节进行介绍,特别在第 7 章"永磁同步电机设计实例"中结合实例介绍 MotorSolve 电机设计操作方法。

2.4　永磁同步电机设计要素

2.4.1　永磁同步电机内外特征的关系

在物理学,磁场、线圈、通电电流、电动势和力之间最基本的原理是:通电线圈在磁场中会产生力,从而使线圈运动。另外,在磁场中运动的线圈切割磁力线产生电动势。

通过第 1 章的讲述,可以清楚地知道

$$T' = N\Phi I/2\pi \qquad (2-4-1)$$

$$E = N\Phi n/60 \qquad (2-4-2)$$

也就是说,线圈 N 通过电流 I 在磁场中会产生电磁转矩 T';另外,线圈 N 以速度 n 切割磁力线就会产生感应电动势 E。

转换成常数概念,则有

$$K_T = \frac{N\Phi}{2\pi} = \frac{T'}{I} \qquad (2-4-3)$$

$$K_E = \frac{N\Phi}{60} = \frac{E}{n} \qquad (2-4-4)$$

永磁同步电机的输入、输出和电机内部之间关系如图 2-4-1 所示。

图 2-4-1　永磁同步电机的输入、输出和电机内部之间关系

图 2-4-1 和图 2-4-2 的两个图框把永磁同步电机的内部和外部特征基本表达出来了,读者可以清楚地看到电机之间的关系并不是那么复杂,电机设计工作者只要把电机中各种复杂的关系去粗取精,把握电机设计的主要矛盾,掌握以上简单的关系,精确确定电机的磁链 $N\Phi$,那么永磁同步电机设计就会简单化、实用化,电机设计的大方向就错不了。

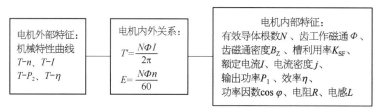

图 2-4-2　永磁同步电机外部特征和内部特征与电机之间关系

永磁同步电机设计的基本理论:根据电机的机械特性求出相应的磁链 $N\Phi$。N 在电机中对应什么,Φ 在电机中对应什么,用什么方法能够精确地或从实用角度去求取它,这是电机设计问题的关键。

2.4.2　永磁同步电机电源输入形式

永磁同步电机是一个比较复杂的机电控制系统,典型的自控式永磁同步电机系统(图 2-4-3)包括:①交流或纯直流电源;②逆变器、控制器;③永磁同步电机;④传感器。

———————————
朱益利参加了本节的编写。

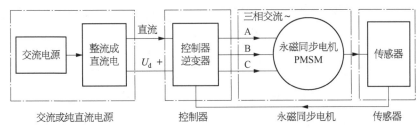

图 2 - 4 - 3　自控式永磁同步电机系统结构

这是一个机、电或光、机、电综合的电机伺服控制系统,任何一个环节的参数改变都会影响电机的机械特性,所以设计自控式永磁同步电机比设计直流电机和无刷电机要复杂。

在 RMxprt 中,如果用 PWM、DC 形式计算永磁同步电机,那么程序中输入控制器的电压为 U_d,是交流电源经过整流成直流或直接是直流电源电压,指的是直流电压的幅值(有效直流电压值)。如果用 AC 形式计算永磁同步电机,则程序中指的是输入永磁同步电机的没有脉宽调制的、纯粹的三相交流线电压,是电压的有效值。

如果用 PWM 控制方式计算永磁同步电机(图 2 - 4 - 4),那么要考虑如下因素:

Name	Value	Unit	Evaluated V.
Transistor Drop	1	V	
Diode Drop	0.5	V	
Modulation Index	0.85		0.85
Carrier Frequency Times	40		40

图 2 - 4 - 4　PWM 控制方式计算永磁同步电机

(1) **Transistor Drop**:三极管压降。

(2) **Diode Drop**:二极管压降。

(3) **Modulation Index**:正弦波与三角载波的幅值比(调制比 M)。

(4) **Carrier Frequency Times**:三角载波与正弦波的频率比。

如果用 DC 控制方式计算永磁同步电机(图 2 - 4 - 5),那么要考虑如下因素:

Name	Value	Unit	Evaluated V.
Trigger Pulse Width	120	deg	120deg
Transistor Drop	1	V	
Diode Drop	0.5	V	

图 2 - 4 - 5　DC 控制方式计算永磁同步电机

(1) **Trigger Pulse Width**:触发脉冲宽度(电角度)。

(2) **Transistor Drop**:三极管压降。

(3) **Diode Drop**:二极管压降。

如果用 AC 控制方式计算,则控制器、逆变器的影响因素完全不用考虑,这是考虑问题最少的一种控制方式。

2.4.3　永磁同步电机的输入电源

自控式永磁同步电机的输入电源分为两大类:直流电源和交流电源。常用的永磁同步电机的直流电源电压有:24 V、36 V、48 V、72 V 等,甚至有更高的电压。电机功率越大,电池电压选择要越高,这样电流就可以小些;电压越低,则选择的控制器的电流就越大。电机的最大电流要小于控制器最大输出电流,选择电源电压与电流的值要与电源和控制器结合,设计时要充分考虑电机电源电压的因素。直流电源供电,就无须进行整流和滤波,直流电源直接供给逆变器进行 DC/AC 逆变。

交流电源在我国一般指市电单相 220 V AC、三相 380 V AC,或者市电经过变压成需要的单相或三相电压,并要考虑变压器的容量是否满足电机的使用。在电机功率不算太大时,一般都取用单相交流电直接供电,在家用电器、仪器仪表、机床控制等方面较多使用单相交流电源。

2.4.4　交流电源的整流

大多数自控式永磁同步电机的交流电源供电也必须经过整流成直流电后供逆变器逆变,即 AC/DC/AC 过程。交流电源的整流有单相整流滤波和三相整流滤波两种,最典型的是单相、三相全波整流形式,如图 2 - 4 - 6 所示。

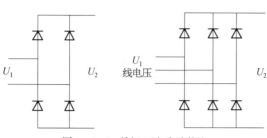

图 2 - 4 - 6   单相、三相全波整流

1）单相全波整流后的平均电压   单相全波整流在一个周期内（0～π），其输出电压波形如图 2 - 4 - 7 所示。

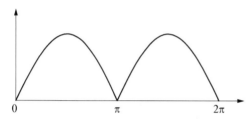

图 2 - 4 - 7   单相全波整流波形

因此可以按半周期电压的平均积分求出全波整流的直流电压平均值，即

$$U_2 = \frac{1}{\pi}\int_0^{\pi}\sqrt{2}U_1\sin\omega t\,\mathrm{d}(\omega t) = \frac{2}{\pi}\sqrt{2}U_1 = 0.9U_1$$

$$(2 - 4 - 5)$$

其峰值为

$$U_F = \sqrt{2}U_1 \qquad (2 - 4 - 6)$$

单相电源整流后的脉动直流电压的平均值是脉冲峰值的 $0.636\,4\left(\dfrac{0.9U_1}{\sqrt{2}U_1}\right)$ 倍。

如：单相线电压 220 V，整流后的平均电压为

$$U_2 = 0.636\,4U_F = 0.636\,4\times\sqrt{2}U_1$$
$$= 0.9\times 220\text{ V}$$
$$= 198\text{ V（脉动直流的平均电压）}$$

2）三相全波整流后的平均电压   三相全波整流在一个周期内（0～π），其输出三相电压波形如图 2 - 4 - 8 所示。

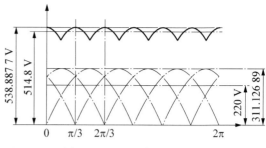

图 2 - 4 - 8   三相全波整流波形

因此可以按 $\dfrac{\pi}{3}$ 周期内电压波形的平均值进行计算，即

$$U_2 = \frac{1}{\frac{\pi}{3}}\int_{\frac{\pi}{3}}^{\frac{2\pi}{3}}\sqrt{6}U_1\sin\omega t\,\mathrm{d}(\omega t) = 2.34U_1$$

$$(2 - 4 - 7)$$

其峰值为

$$U_F = \sqrt{3}\times\sqrt{2}U_1 = \sqrt{6}U_1$$

整流后的脉动直流电压的平均值是脉冲峰值的 $0.955\,3\left(\dfrac{2.34U_1}{\sqrt{6}U_1}\right)$ 倍。

380 V 的线电压通过整流成脉冲直流，其直流平均电压是 380 V 峰值的 0.955 3 倍。

如：三相线电压 380 V，相电压为 220 V，整流后的平均电压为

$$U_2 = 2.34U_1 = 2.34\times 220\text{ V} = 514.8\text{ V}$$

$$U_F = \sqrt{6}\times 220\text{ V} = 538.887\,7\text{ V}，即线电压的$$

$\sqrt{2}$ 倍。

单、三相全波整流后的直流电波形都是脉动直流，但是从纹波因素看，三相比单相的效果好得多。

整流二极管的压降损耗在低电压供电时必须认真考虑，整流桥内的二极管有正向压降，单只硅二极管的正向压降理论值是 0.7 V，但实际在线的整流二极管的正向压降则在 1～2 V，这样低电压供电的有用电压就会降低。

2.4.5   整流电源的滤波

交流电经过全波整流，成为脉动直流，纹波较大；如果单相半波整流，纹波很大。为了削减交流纹波，采用滤波电容，所谓"滤波"，就是电容起到"填平补缺"的作用，使整流出的脉动直流的

波形更平稳。

单相和三相全波整流和电容滤波电路如图
2-4-9 和图 2-4-10 所示。

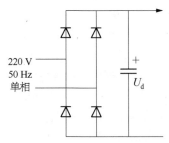

图 2-4-9　单相全波整流滤波

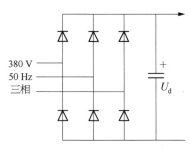

图 2-4-10　三相全波整流滤波

滤波电容一般要选用容量大的电解电容,电容越大,滤波效果越好。电容滤波对工频整流而言只适用于小功率,从经验看,要达到低纹波电流输出,输出 0.5 A 电流就需要 1 000 μF 电容滤波,输出 2 A 电流就需要 4 000 μF 电容滤波,输出 10 A 的单相全波整流器,其滤波电容要达 0.1 F以上,许多场合都不可能配置如此大的电容。如1 500 W 左右自控式永磁同步电机的滤波电容一般只选用 330~470 μF,如果没有负载,单相220 V 整流滤波后输出的是平稳的 311 V 直流电压(图 2-4-11),如果接入负载,有效直流电压下降至 301 V,并出现一定的纹波(图 2-4-12)。如果滤波电容加大,那么接入负载后,有效电压下降就少。这样比单相全波整流后不加滤波的情况有了很大改善,整流相数越多,纹波系数越小。

三相全波整流滤波后,无负载时输出电压$U_F = \sqrt{6} U_1$,即输出电压是相有效电压 U_1 的 $\sqrt{6}$倍。如相电压为 220 V,那么 $U_F = \sqrt{6} U_1 = \sqrt{6} \times$220 V=538.887 7 V,即 380 V 有效值的峰值。

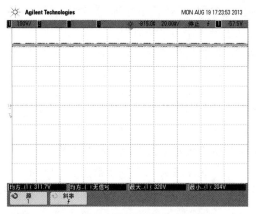

图 2-4-11　单相全波整流滤波无负载输出电压

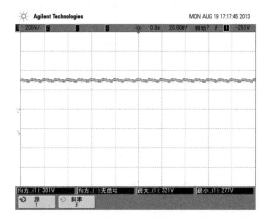

图 2-4-12　单相全波整流滤波有负载输出电压

如果有负载,那么输出电压不会低于$2.34 U_1$,即在 $(0.955\ 3 \sim 1) U_F$ 之间,也就是在$\sqrt{6}(0.955\ 3 \sim 1) U_1 = (2.34 \sim 2.45) U_1$ 之间。有了电容滤波,不可能等同于没有电容滤波,所以不可能为 $2.34 U_1$,电容不可能无穷大,所以也不可能达到 $2.45 U_1$,因此三相整流滤波的输出直流电压介于 $(2.34 \sim 2.45) U_1$,可以取平均值:$(2.34 + 2.45) U_1 / 2 = 2.4 U_1$,如三相电源的相电压为 220 V,那么通过整流滤波输出的直流平均电压为 $2.4 U_{相} = 2.4 \times 220$ V$=528$ V,以 528 V 作为输入逆变器的幅值直流电压。

在三相电网中,会发现电压是波动的,输入三相电网的电压整流滤波后,直流输出的电压最大值会比较大:$U_d = \sqrt{2} U \partial = \sqrt{2} \times 380$ V$\times 1.1 =$591 V,其中,U 为电网电压有效值,∂ 为波动系数。

滤波电容大小对输出电压会有一定影响,最

好预先检测一下实际的控制器整流后输出电压，以这个电压作为电动机设计的工作电压，这样电机设计的符合率会更好。总体而言，应注意以下几点：

（1）交流电通过全波整流和滤波后的有效值会大于交流电压的有效值，是一个比交流电压幅值略小的直流电压。滤波电容能起到提升直流电压的有效值和改善电压纹波的作用。

（2）电容滤波在单相全波整流中起的作用较大，原先是整流后的脉冲直流电压的平均值是脉冲峰值的 $\frac{0.9}{\sqrt{2}}=0.6364$ 倍，滤波后能达到 $\frac{301}{311}=0.97$ 倍。在三相全波整流滤波中，电容滤波的作用不是很大，因为不滤波时的纹波就不是很大，整流后的脉冲直流电压的平均值是脉冲峰值的 $\frac{2.4}{\sqrt{6}}=0.98$ 倍，即三相全波整流不滤波与单相全波整流滤波的作用相当。

（3）单相全波整流并通过滤波后输出的直流电压有效值大概是输入交流电压幅值的 0.9 倍以上。

（4）三相全波整流并通过滤波后输出的直流电压有效值大概是输入交流电压幅值的 0.95 倍以上，在 $(0.9553\sim1)U_F$ 之间，估计在 $2.4U_1$ 左右。

（5）在电机设计过程中，必须对滤波后的直流电的情况有一个很好的了解，应测定整流滤波电源的输出电压和波形。

（6）各地的电网波动不一样，电压有最大值，最大值比名义值会高，在设计永磁同步电机时，最好测出整流滤波后带负载的电压波形，作为永磁同步电机设计输入电压的依据，这样计算永磁同步电机的数据就会比较准确。

2.4.6　逆变器和逆变电压的输入和输出

直流电或经过整流的直流电输入逆变器，通过逆变器进行逆变，输出三相可控的交流电供自控式永磁同步电机作电源用。因自控式永磁同步电机的性能需要，逆变器输出电压和频率与电网电压和频率不可能相同，在设计自控式永磁同步电机时不考虑逆变器输出与交流电网关联，因此讨论的逆变器都是无源逆变器。一般逆变器都采用 PWM 控制技术，限于篇幅，本节只对与永磁同步电机实用设计相关的 PWM 控制技术进行分析和讨论，不涉及整个逆变器的控制方法和控制手段的细节。

不论自控式永磁同步电机的控制系统如何复杂，逆变器输入的是整流后的直流电，输出的是调制的三相交流电，如图 2-4-13 所示。如果是他控式永磁同步电机，直接将调制好的电源接入永磁同步电机。

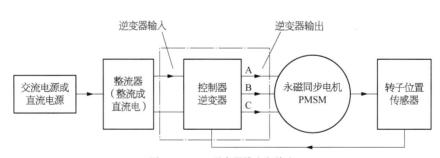

图 2-4-13　逆变器输入和输出

永磁同步电机的通电模式有三种：AC、DC、PWM。现在逆变器输出三相交流电波形的形式主要是 PWM 形式可调制的正弦波，他控式永磁同步电机经常用 AC 模式，直接取用电网电源或通过变压器变压成永磁同步电机所需的三相交流电压，供电机使用。三种典型波形如图 2-4-14～图 2-4-16 所示。

永磁同步电机使用 PWM 控制技术，特别是自控式永磁同步电机，使用 SPWM、SVPWM 控制技术。输入电机的电源电压是 PWM 形式可调制的脉冲直流电压，其幅值与输入逆变器的电压幅值基本相同，有效波形（基波）是期望的正弦波形，幅值不大于 PWM 形式可调制的脉冲直流电压幅值。图 2-4-14 中，PWM 形式可调制的

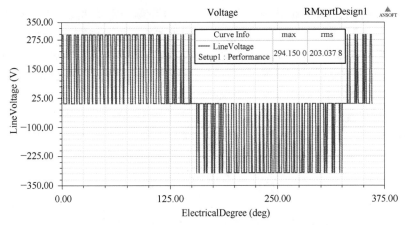

图 2 - 4 - 14　PWM 模式逆变器输入电机的电压波形

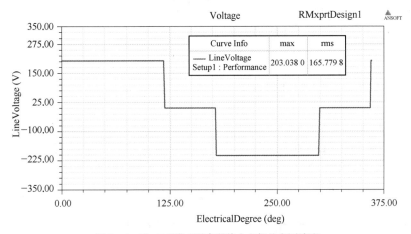

图 2 - 4 - 15　DC 模式逆变器输入电机的电压波形

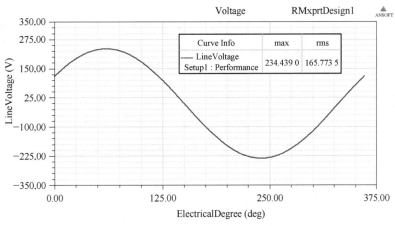

图 2 - 4 - 16　AC 模式输入电机的电压波形

脉冲直流形成的是正弦波,那么该波形的幅值为 294.15 V,有效值是 203.037 8 V,其峰值为

$$203.037\ 8 \times \sqrt{2}\ \text{V} = 287.139\ \text{V} < 294.15\ \text{V}$$

在 RMxprt 中,调制比 M 是可以改变设置的,设置 M 大小可以改变该波形的有效值。

SPWM 容易实现对电压的控制,控制的线性度好,但存在电压利用率低的问题,采用一般的线性调制方法,调制波的幅值不超过载波幅值。

自控式正弦波永磁同步电机组成一个系统,该系统包括电源、电源整流、控制器、逆变器、位置传感器和无刷电机等部件。

图 2-4-17 所示为电机电流控制的原理框图,采用速度控制策略,给定转速通过外部改变电压所获取,经过 10 位 A/D 转换后输入 DSC

中。检测霍尔信号相邻两次跳变沿的时间差,得到正弦波电流的周期,继而计算电机实际转速,再由给定转速和实际转速之差经 PID 调节器产生正弦波的幅值。根据位置元件信号确定转子所在的区间,由实际转速计算出每个 PWM 周期内转子相角的增量,即可确定转子的位置和正弦波的相位。正弦波发生器根据正弦波电流的幅值和相位参数产生 SVPWM 波,驱动电机运转。

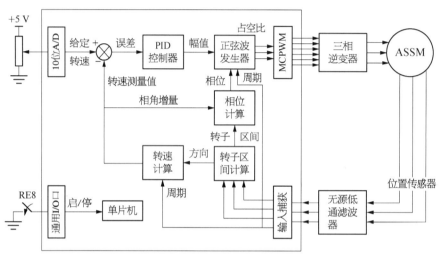

图 2-4-17　正弦波 PWM 控制原理

SVPWM 是通过三相交流逆变桥 6 个开关不同的导通模式产生不同的电压基本矢量,通过矢量合成法来合成矢量,并确定矢量的大小,也就是 SPWM 的调制原理。图 2-4-18 所示是 AC/DC/AC 变换器电路图,如果把逆变器看作永磁同步电机中一个独立工作单元,逆变器的输入是直流电源或交流电通过整流和滤波的直流电源,逆变器输出的是三相可调制的交流电,交流电的波形可以是有效值为正弦波的 SPWM 形

式的脉宽调制方波。如果有三相变频电源直接供给永磁同步电机,则可以不用逆变器。

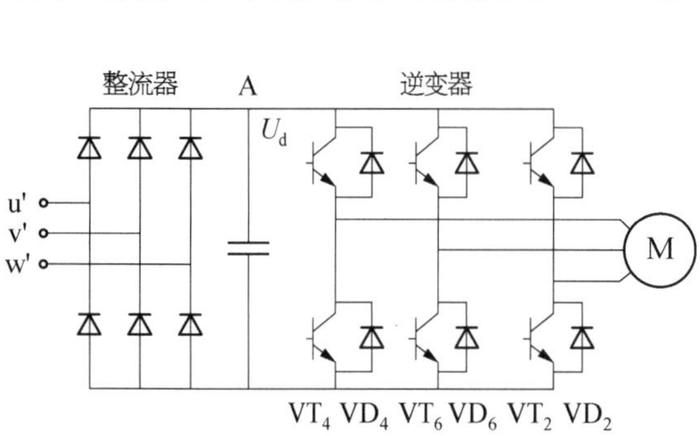

永磁同步电机定子绕组和一般无刷电机相同,最典型的绕组形式是三相 Y 接法,是用三相调制正弦波通电。电机的三相正弦波交流电都来自电机的控制器,可以是直流电或单相、三相交流电整流成直流电通过控制器的脉宽调制技术(PWM)变为有效值可调制的正弦波三相交流电。图 2-4-19 所示为单相交直交电压型自控式永磁同步电机的结构示意图,如果是直流供电,只要去掉图中的全波整流滤波结构,直接用直流电输入即可。

控制器输入电机的是通过 SPWM 可调制的正弦波电压,实际该电压幅值是一个恒值,电流是一个可调制的变量,其电流有效值的波形为正弦波。如果电源是直流电,那么电动机的工作电压就是电源的直流电压;如果电源是单相交流电,那么交流电压在全波整流并加以滤波的情况下,$0.9\sqrt{2}U$ 作为永磁同步电机电源的直流电压

图 2-4-18　三相 AC/DC/AC 变换器

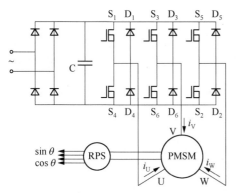

图 2-4-19　单相交直交电压型自控式永磁同步
电动机控制原理

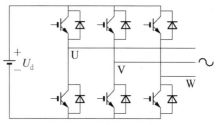

图 2-4-20　驱动电机纯直流供电电源图

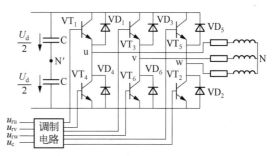

图 2-4-21　电压型三相半桥逆变电路

（根据滤波电容的大小，0.9 取值可以达 0.95 左右），$U_d = 0.9\sqrt{2}U$，实际 220 V 输入经过了整流和滤波。

　　如果是车载电机，因其是移动的，只能用直流蓄电池供电。设供电直流电源电压为 $U_d(DC)$，通过 SPWM 调制供给驱动电机，如图 2-4-20 所示。

　　单相电源输入、功率较小的自控式永磁同步

电机一般采用三相半桥逆变电路（图 2-4-21）。如果输入电压为 $U_d(DC)$，那么经过逆变器后的三相交流电（PWM）的电压波形如图 2-4-22 所示。

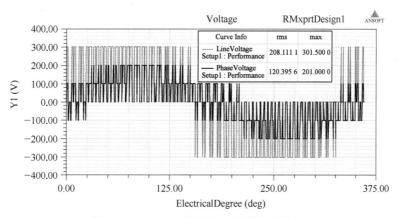

图 2-4-22　PWM 控制相电压波形图（粗线条）

$\dfrac{201}{301.5} = \dfrac{2}{3}$，即相电压幅值为 $\dfrac{2}{3}$ 线电压幅值。

2.4.7　不同控制模式的电机输入电压之间关系

　　现在分别对 PWM、DC、AC 模式逆变器的输出电压性能和关系进行分析。

　　PWM 模式逆变器输出电压的波形如图 2-4-23 所示。

　　从图 2-4-23 可以看出，斩波幅值的最大值为 294.15 V，是该永磁同步电机的输入电压幅值 U_d，203.037 8 V 是斩波的直流电压均方根值，这个电压对永磁同步电机做功。因为这个直流电压是通过脉宽调制后的正弦波电压波形，其幅值为 294.15 V，其有效值为 $294.15/\sqrt{2} \approx$ 203.037 8 V，等效于 203.037 8 V 直流电压，所以可以看作：用 PWM 模式供电，相当于用 203.037 8 V 交流电压电源对永磁同步电机进行供电。所以

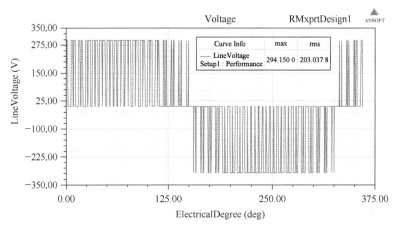

图 2 - 4 - 23　PWM 控制相电压波形图

该 203.037 8 V 的交流正弦波有效值电压相当于幅值为 203.037 8 V 的直流电压,这个电压就是用 DC 模式的输入电压。

DC 模式逆变器输入自控式永磁同步电机的正弦波线电压的有效值为

$$U_{UV} = \sqrt{\frac{1}{2\pi}\int_0^{2\pi} U_d^2 \mathrm{d}(\omega x)} \quad (2-4-8)$$

代入数据,则有

$$U_{UV} = \sqrt{\frac{1}{2\pi}\int_0^{2\pi} U_d^2 \mathrm{d}(\omega x)} = 0.816U_d$$
$$= 0.816 \times 203.038 \text{ V} = 165.679 \text{ V}$$

203.038 V 就是 DC 模式永磁同步电机输入电压(直流),165.679 V 是电机该电压的有效值,如图 2 - 4 - 15 所示。

假设控制器的损耗不另算,那么在 RMxprt 三种计算模式电机性能相同的计算输入电压的关系见表 2 - 4 - 1。

PWM 模式供电:$U_{PWM} = 294.15$ V(该电压是实测 U_d 有效值 203.037 8 V)

$$(U_d = 203.037 \text{ 8 V} \times \sqrt{2} = 287.139 \text{ V})$$

DC 模式供电:$U_{d\text{-}DC} = U_{d\text{-}PWM}/\sqrt{2} = 287.139$ V$/\sqrt{2} = 203.038$ V

AC 模式供电:$U_{AC} = 0.816U_{d\text{-}DC} = 0.816 \times 203.038$ V $= 165.679$ V

如果逆变器用 SPWM 形式,输入逆变器的直流电压 $U_d = 294.15$ V,那么其输入永磁同步电机的线电压幅值要比 294.15 V 低些,母线电压的数值和基波幅值与载波幅值之比(调制指数)M 有关,M 越大,电压越高,当 M 接近 1 时,线电压最高。

特别要指出的是:在 Maxwell 中 PWM、DC 输入电压以母线电压 U_d(直流)的幅值表示,AC 交流输入电压以有效值表示。

一般自控式永磁同步电机用 SPWM 的逆变器,因此以 SPWM 逆变器为准,要使同一个永磁同步电机用 SPWM、DC 或 AC 不同驱动模式,要求电机性能一样,计算时输入电机的线电压是不相同的,三者之间关系见表 2 - 4 - 2。这里没有考虑控制器三极管的压降。

表 2 - 4 - 1　三种计算模式电机性能相同的计算输入电压

计算模式	RM 输入电压	备注
PWM	U_d	输入控制器直流峰值
DC	$U_d/\sqrt{2}$	输入控制器直流峰值
AC	$0.816(U_d/\sqrt{2})$ $= 0.577U_d$	输入电机纯理想三相电有效值

表 2 - 4 - 2　U_d 输入驱动各种计算模式等值表
（不考虑控制器压降）

U_d 输入逆变器电压直流电压(V)	K(考虑滤波负载和压降)单相 $K = 0.95 \sim 0.97$	PWM (V)	DC (V)	AC (V)
294.15	1.00	294.15	208.00	169.72

　　AC 模式计算比较方便,许多电机设计人员都用纯粹的 AC 模式对永磁同步电机进行计算,那么用单相 220 V 或三相交流 380 V 电输入逆变器,逆变器输出三相交流电压应该是多少? 如果逆变器输入的是 220 V 单相交流电,其 $U_{d\text{-PWM}}=\sqrt{2}\times220\ \text{V}=311\ \text{V}$(电压幅值),有负载后 $U_d=310\ \text{V}$(表 2-4-3)。

PWM 模式供电: $U_{d\text{-PWM}}=\sqrt{2}U_1=\sqrt{2}\times220\ \text{V}=311.13\ \text{V}$(电压幅值)

DC 模式供电: $U_{d\text{-DC}}=311.13\ \text{V}/\sqrt{2}=220\ \text{V}$(电压幅值)

AC 模式供电: $U_{AC}=0.816\times220\ \text{V}=179.52\ \text{V}$(电压有效值)

表 2-4-3　单相 220 V 输入驱动模式计算表

单相电源输入				三种通电形式的等效电压其电机性能基本相同		
U_1 输入交流电压(V)	U_2 整流后的脉冲直流(平均值)(V)	U_d 整流滤波后直流电压(最大幅值)(V)	K(考虑滤波负载和压降)单相 $K=0.95\sim0.97$	PWM 计算电压(V)	DC 计算电压(V)	AC 输入电机线电压有效值(V)
220	198.00	311.13	1.00	311.13	220.00	179.52

　　如果逆变器输入的是 380 V 三相交流电(不考虑控制器压降)(表 2-4-4):

PWM 模式供电: $U_{d\text{-PWM}}=\sqrt{2}U_1=\sqrt{2}\times380\ \text{V}=537.4\ \text{V}$(电压幅值)

DC 模式供电: $U_{d\text{-DC}}=537.4\ \text{V}/\sqrt{2}=380\ \text{V}$(电压幅值)

AC 模式供电: $U_{AC}=0.816\times380\ \text{V}=310.08\ \text{V}$(电压有效值)

表 2-4-4　三相电源输入驱动模式计算表

U_1(线电压)输入交流电压(V)	U_2 整流后的脉冲直流(平均值)(V)	U_d 整流滤波后直流电压(最大幅值)(V)	K(考虑滤波负载压降)三相 $K=0.98$ 左右	PWM 计算电压(V)	DC 计算电压(V)	AC 输入电机线电压有效值(V)	AC(SVPWM)线电压,有效值(V)
380	513.38	537.40	1.00	537.40	380.00	310.08	356.59

　　为了便于实用计算,永磁同步电机控制器用 PWM 模式,输入变换器的电压是交流,那么用 AC 模式对电机进行同性能计算的话,计算线电压必须乘上一个输入控制器的电压折换系数 0.816。

　　最好能够从图 2-4-18 变换器的 A 处测量出实际的 U_d 或 $U_d/\sqrt{2}$,以测量值输入永磁同步电机的交流 AC 线电压为

$$U_{AC}=0.816(U_d/\sqrt{2})$$

这种方法计算电机是比较准的。

　　也可以从另外一个角度看逆变器输入输出电压的关系。

　　SPWM 控制方式线电压计算值为

$$U_{AC}=\left(\frac{U_d}{2}\times\frac{1}{\sqrt{2}}\right)\times\sqrt{3}\times M \qquad (2-4-9)$$

　　当三相线电压是 380 V 时,$U_d=538\ \text{V}$,设调制比 $M=0.94$,那么

$$\begin{aligned}
U_{AC}&=\left(\frac{U_d}{2}\times\frac{1}{\sqrt{2}}\right)\times\sqrt{3}\times M\\
&=\left(\frac{538}{2}\times\frac{1}{\sqrt{2}}\right)\times\sqrt{3}\times0.94=310(\text{V})
\end{aligned}$$

　　也就是说,一个永磁同步电机当用 SPWM 控制模式,输入变换器的三相交流线电压为 380 V,经过逆变器输出的调制正弦波电压为 310 V 输入永磁同步电机,这与用纯粹的三相 310 V 的正弦波交流电供给永磁同步电机的性能相当,因此 SPWM 的电压利用率不是很高。

　　许多永磁同步电机是用 SVPWM 模式控制的,SVPWM 控制方式线电压计算值为

$$U_{AC} = \left(\frac{U_d}{2} \times \frac{1}{\sqrt{2}}\right) \times \sqrt{3} \times M \times 1.155$$

$$(2 - 4 - 10)$$

如果该公式前面不变,那么相当于电压提高了 1.155 倍,即 0.816 的系数乘以 1.155 即为 0.924 倍,这和输入电源电压值相差不大,如果 M 值接近 1,在用 SVPWM 模式控制的情况下,完全可以用电源电压作为电机输入电压。如果用 SPWM 模式要使永磁同步电机达到同样的性能,则输入变换器的交流电压值就要大于用 AC 模式的交流电压值。因此 SVPWM 的电压利用率就比 SPWM 提高了 15.5%。应该特别注意逆变器输出的三相可控电源波形、电压的幅值和有效值等重要参数,这样可以作为设计永磁同步电机的重要依据。

永磁同步电机用 PWM 模式计算,电机的调制比 M 可以根据式(2 - 4 - 9)和式(2 - 4 - 10)求出。

第3章

永磁同步电机的基本特性

3.1 永磁同步电机的机械特性

3.1.1 电机的机械特性

永磁同步电机的机械特性就是电机输入电能、输出机械能的特性。由于永磁同步电机是同步运行的,如果输入永磁同步电机的三相电源是固定频率的电源,那么电机在一定范围的转矩作用下,其转速是恒定不变的;如果在运行过程中,永磁同步电机电源的频率是变化的,那么电机转速是随电源频率变化而变化的,但是在某一频率下永磁同步电机保持该同步转速运行。因此,永磁同步电机具有较为复杂的特定的机械特性。

3.1.1.1 电机的转矩角

永磁同步电机是一种定子磁场和转子磁场同步旋转的电机,当电机空载时(附加转矩假设为0),电机转子磁钢的磁场中心与定子通电绕组的磁场中心重合。当电机有负载时,电机转子磁钢的磁场中心与定子通电绕组的磁场中心相隔一个角度θ,这个角度称为转矩角,如图3-1-1所示。负载转矩T越大,转矩角θ就越大。

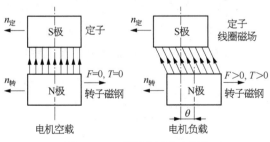

图 3-1-1 转矩角形成示意图

电机的电磁功率

$$P_{M} = mUI_{N}\cos\varphi = \frac{mUE_{0}}{X_{S}}\sin\theta$$

式中:m为电机的相数;U为相电压;E_{0}为空载感应电动势;X_{S}为同步电抗;θ为转矩角。

在永磁同步电机输入电压U、电压频率f(即永磁同步电机转速n)确定后,电机的感应电动势E和同步电抗X_{S}也就确定了。当电机负载一定时,电机的转矩角一定,那么电磁功率$P_{M} = \frac{mUE_{0}}{X_{S}}\sin\theta$是一个定值。随着负载的变化,永磁同步电机转矩角相应产生变化,电机的电流、效率、电磁功率相应变化,形成了以永磁同步电机转矩角为自变量,电机电磁功率、效率、电流为因变量的机械特性曲线,如图3-1-2所示。

特别要注意,这个机械特性曲线是该电机在固定电压、固定频率下,电机承受不同的转矩产生了相关的输出功率、电流、效率点的集合,形成了三条曲线。如果仅给电机一个额定电磁转矩,那么电机的机械特性曲线上额定点显示的是三个点,即效率点0.8668,输出电磁功率点0.42 kW、电流点2.3275 A,这对以后电机性能分析有重要意义。

3.1.1.2 电机的功率因数

永磁同步电机是一种高功率因数($\cos\varphi$)的电机,功率因数是其最具实用价值的特征指标。永磁同步电机的转子是磁钢,可以不从电网上吸收无功电流来建立磁场,从而能减小自身控制器的容量。永磁同步电机功率因数的内涵和三相感应电机一样,但永磁同步电机的功率因数高,则其无功功率就小。

功率因数的大小与电路的负荷性质有关,电阻负荷的功率因数为1,一般具有电感性负载的

刘培培、刘健参加了本章的编写。

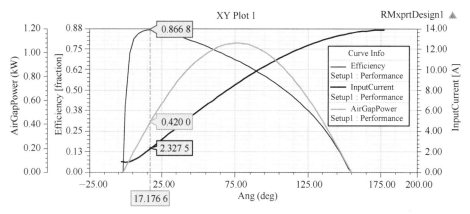

图 3-1-2   以转矩角为自变量的机械特性曲线

电路功率因数都小于 1。永磁同步电机的功率因数可以做到接近 1,这是难能可贵的。

功率因数是电力系统中一个重要的技术数据,是衡量电气设备效率高低的一个指标。功率因数低,说明电路用于交变磁场转换的无功功率大,从而降低了设备的利用率,增加了线路供电损失。所以,供电部门对用电单位的功率因数有一定的标准要求。许多使用永磁同步电机的场合就会考核电机的功率因数,如油田抽油机由感应电机换作永磁同步电机后功率因数大大提高,节电效果非常明显。电机的功率因数小,电流就会增大,永磁同步电机在设计中应该考虑电机的功率因数。

由于永磁同步电机结构的特殊性,所以可以从多个角度看永磁同步电机,如图 3-1-3 所示。

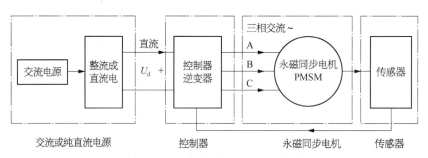

图 3-1-3   永磁同步电机系统示意图

(1) 把永磁同步电机的控制器和电机作为一个电机整体(图 3-1-4),那么该电机输入的是直流电,相当于一台永磁直流电机,电机输入是直流电压 U_d、直流电流 I_d,因此该电机就无须考虑功率因数问题。

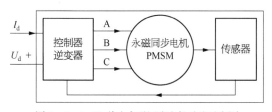

图 3-1-4 U_d 输入永磁同步电机系统示意图

如果在 RMxprt 中把永磁同步电机系统当作一直流电机,那么计算单中体现的是电机的转矩常数: $K_T = \dfrac{T'}{I_d}$,其中 T' 是额定点的电磁转矩,由图表中额定点求出。I_d 是电机输入控制器的直流电流。 现以一 400 W、3 000 r/min、121 V AC 永磁同步电机进行验证,其中

$$T' = 9.549\ 3 P_2'/n = 9.549\ 3 \times 420/3\ 000 = 1.337(\text{N} \cdot \text{m})(P_2' = 420\ \text{W},从图 3-1-5 中求得)$$

$$K_T = \frac{T'}{I} = \frac{1.337}{2.326\ 44} = 0.574\ 7(\text{N} \cdot \text{m/A})$$

一般的概念中,直流电机才有 K_T,这里 RMxprt

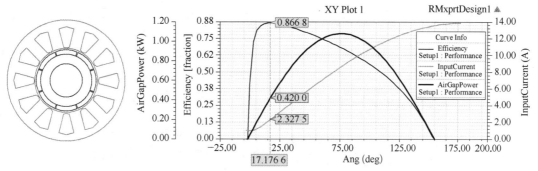

图 3-1-5　电机结构与机械特性曲线

取用的是输入电机的线电流,因为输入控制器的直流电流 I_d 与控制器有关,比较难求,因此 RMxprt 不是取用输入控制器的直流电流 I_d,而是取用 RMxprt 计算单上输入电机的线电流 2.326 44 A,这点应该注意。

RMxprt 计算结果如下:

Maximum Output Power(W)：　　　1 058.92

Torque Constant KT(N·m/A)：　　0.574 912

$$\Delta_{K_T} = \left| \frac{0.574\ 7 - 0.574\ 912}{0.574\ 912} \right| = 0.000\ 37$$

由以上分析可以看出,当系统被当作一直流电机,则只考虑电机的转矩常数,不考虑电机的功率因数,所以这时计算单上没有电机功率因数(图 3-1-6)。

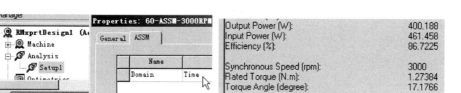

图 3-1-6　用 Time 模式计算结果不显示电机功率因数

(2) 由于永磁同步电机的相量图比较复杂,不同状况对应不同的向量图,计算的关系相对麻烦。

图 3-1-7 中,R_1、X_d、X_q 分别为定子电枢的电阻、d 轴同步电抗和 q 轴同步电抗。

$$X_d = X_1 + X_{ad}$$
$$X_q = X_1 + X_{aq}$$

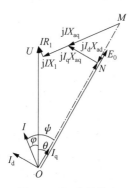

图 3-1-7　矢量关系

式中：X_1 为电枢绕组漏电抗;X_{ad}、X_{aq} 分别为 d 轴电枢反应电抗和 q 轴电枢反应电抗。

以输入电压 U 为参考矢量,I 滞后 U 的角度为 φ,称 φ 为功率因数角,则电流矢量为

$$I = I\ \underline{/-\varphi} \qquad (3-1-1)$$

令 I 滞后 E_0 的角度为 ψ,称为内功率因数角,则可得 d 轴和 q 轴的电流为

$$\boldsymbol{I} = \begin{bmatrix} I_d \\ I_q \end{bmatrix} = I \begin{bmatrix} \sin\psi \\ \cos\psi \end{bmatrix} \qquad (3-1-2)$$

故　　　　　　$\psi = \arctan \dfrac{I_d}{I_q}$ 　　　(3-1-3)

图中,电压矢量 U 和电动势矢量 E_0 之间的夹角即电机的转矩角 θ。从矢量图看,永磁同步电机比较复杂,直接考虑的是三相正弦波交流电源输入永磁同步电机(图 3-1-8),在某一点,这和三相交流感应电机运行特征相似。

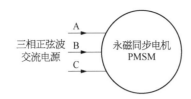

图 3 - 1 - 8　永磁同步电机输入三相正弦波

永磁同步电机输入的是三相正弦波交流电，因此其输出功率应该符合三相电机的基本计算公式（这里忽略了电机的绕组电阻，不考虑电机的磁阻转矩等因素）

$$P_1 = \sqrt{3} I_{线} U_{线} \cos\varphi = m I_{相} U_{相} \cos\varphi$$
$$= \frac{m U_{相} E_0}{X_S} \sin\theta$$

式中：P_1 为电机输入功率；$I_{线}$ 为电机线电流；$U_{线}$ 为线电压；$I_{相}$ 为电机相电流；$U_{相}$ 为相电压；$\cos\varphi$ 为功率因数；E_0 为空载感应电动势；X_S 为同步电抗；θ 为转矩角。

这样关系就比较简洁，应该说永磁同步电机的各种关系总体上还是符合三相交流感应电机功率的基本计算公式。在 RMxprt 中用 Frequency 计算模式可以从计算单中看到永磁同步电机的功率因数 $\cos\varphi$（图 3 - 1 - 9），得出的机械特性曲线如图 3 - 1 - 10 所示。

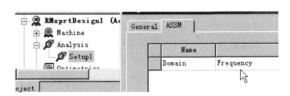

图 3 - 1 - 9　用 Frequency 模式

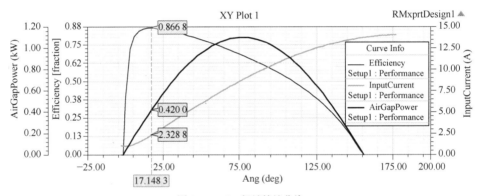

图 3 - 1 - 10　机械特性曲线

Rated Voltage(V)：121

Root-Mean-Square Line Current(A)：2. 327 74

Output Power(W)：400. 188

Efficiency(%)：86. 715 6

Power Factor：0. 930 774

Synchronous Speed(r/min)：3 000

Rated Torque(N・m)：1. 273 84

用三相交流感应电机的电机输出计算公式计算永磁同步电机的输出功率，则

$$P_2 = \sqrt{3} I U \cos\varphi \eta$$
$$= \sqrt{3} \times 2. 327\,74 \times 121 \times 0. 930\,774 \times 0. 867\,156$$
$$= 393. 75(W)$$

$$\Delta_{P_2} = \left| \frac{393.75 - 400.188}{400.188} \right| = 0.016$$

从以上分析可以看出，用三相交流感应电机的计算公式求取永磁同步电机的相互关系是合理可靠的，这是永磁同步电机快速设计的重要思想之一。

用 AC 控制模式计算永磁同步电机，当电机的感应电动势（幅值）与输入永磁同步电机线电压幅值相近时，电机的功率因数 $\cos\varphi$ 就会接近 1。永磁同步电机的感应电动势与电机的磁链 $N\Phi$ 有关，$E = N\Phi n/60$，在额定转速 n 下，调整电机的磁链 $N\Phi$ 就可以使永磁同步电机的功率因数接近 1，这样电机的电流最小、效率最高。将在永磁同步电机设计章节详细讲述提高电机功率因数的观点和设计方法。

3.1.1.3　电机的特性曲线

永磁同步电机的机械特性一般是指电机的自然机械特性,其中包括永磁同步电机的机械特性曲线。永磁同步电机在工作电压 U 和一定的电源频率 f 下,电机的输出轴会随施加的转矩 T 大小以恒定的转速 n 输出不同的功率 P_2 ,永磁同步电机输入不同的输入功率 P_1 和电流 I ,并有相应效率 η 。

电机的机械性能是由其机械特性曲线体现的,由于永磁同步电机的特点,在不同的状态下,体现出不同的特性:

(1)如果对永磁同步电机输入同一电压和频率,对电机加以由小到大的转矩,永磁同步电机具有电机转速不随电机输出轴受到的转矩不同而改变的特点。电机输出轴受到不断增加的转矩的作用,电机转速保持恒定。但是电机的磁钢中心与绕组磁场中心的角度(转矩角 θ)随之变大,直至电机失步。

以永磁同步电机的转矩角 θ 为变量,电机的电流、输出功率、效率组成电机的一组机械特性曲线,称为恒转速机械特性曲线,如图 3-1-11 所示。

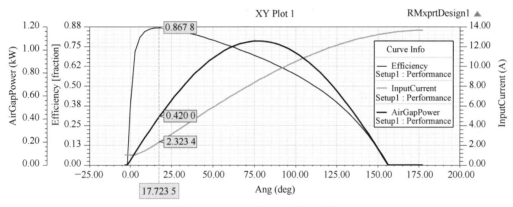

图 3-1-11　恒转速机械特性曲线

(2)如果对永磁同步电机加以恒定的转矩,调节电机电压和频率从低向高,转速随之不断提高,如果以转速为变量,电机的转矩会呈现一条水平的恒转矩曲线,因此还可以分别有不同的转矩、相电流、相电压、输出功率多条机械特性曲线(图 3-1-12~图 3-1-15)。

图 3-1-12 中,恒转矩水平曲线直至 3 000 r/min

时出现拐点,拐点左边是电机的恒转矩曲线,拐点右边是电机的恒功率曲线,所以该机械特性曲线是以拐点作为计算点,拐点左边的各个运行点组成了一条水平的恒转矩曲线,即电机加一个恒定的转矩,电机的输入相(线)电压和电源频率从 0 开始调高,那么电机的转速和输出功率正比例地提高,直至电机转速为拐点(基点)转速,这时

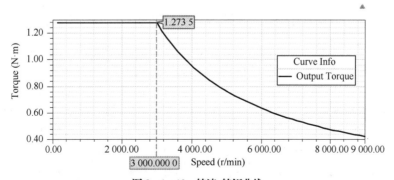

图 3-1-12　转速-转矩曲线

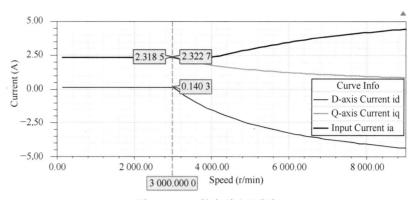

图 3 - 1 - 13　转速-线电流曲线

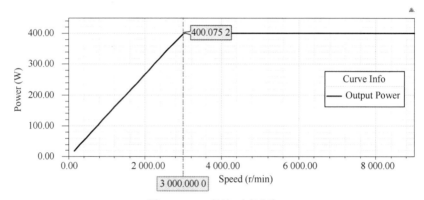

图 3 - 1 - 14　转速-功率曲线

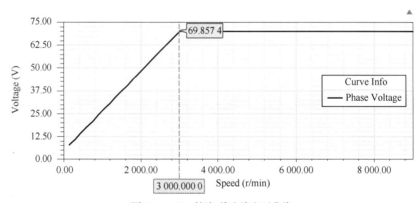

图 3 - 1 - 15　转速-输入线电压曲线

电机的感应电动势幅值与输入电机的线电压幅值相近(图 3 - 1 - 15)。如果输入电机的电压是控制器能输出的极限电压,那么就无法通过提高电源频率来提高电机转速,因为如果电机能够提高转速,则意味着电机的感应电动势要大于电机输入的线电压。因此电机要再提高转速,只能进行"弱磁"提速。在基点的右边就是电机恒功率的"弱磁"提速区。在恒功率曲线上,电机的转矩

比基点小,转速比基点大,其输出功率和基点相同。所以在 RMxprt 的这个曲线中,只要计算了电机基点,就可以知道电机恒转矩各点的性能。在基点右边,进入弱磁区,那么弱磁区的输入电机电压、要求的电机输出功率与基点相同,RMxprt 计算了弱磁区不同转速会产生的 d 轴、q 轴电流和输入电机电流。可以看出电机用弱磁提速,转速越高,电机的电流相比基点的电流就

越大,但上升并不太快。图 3-1-12 所示的曲线称为电机的恒转矩-恒功率曲线。

(3)除了以上两种电机机械特性表示的曲线外,还有一种永磁同步电机机械特性表示的曲线,这种曲线是把额定工作曲线和瞬时、间歇工作曲线放在一张机械特性曲线图上,这样可以很清楚地看到电机的连续工作和瞬时工作状态。在一些电机说明书中都是用这种方法表示的,如图 3-1-16 所示。

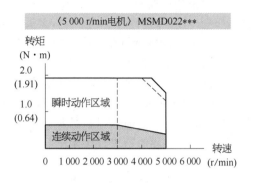

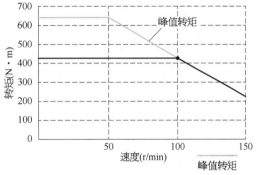

图 3-1-16　不同表示的机械特性曲线

(4)当永磁同步电机转矩作为变量、转速作为自变量,电源频率(电机转速)不变,永磁同步电机的转矩-转速曲线是一条恒转速的水平线,RMxprt 在程序中没有设置这种永磁同步电机转矩-转速曲线。

最常用的是第一、第二种机械特性曲线,以定子外径 130 mm,12 槽 8 极的永磁同步电机为例,图 3-1-17 所示是该电机在 176 V AC、166.667 Hz(2 500 r/min)下的机械特性曲线。这一曲线是在输入电机的电压和电源频率(转速)恒定,供电电流不设限制的条件下成立的。

电机输出轴受到由小变大的力矩后,电机仍按同步转速运行,电机的感应电动势不变,电机的输出功率、电流、效率会发生变化,这时电机的转矩角 θ 也由小到大发生改变,这是恒转速运行的永磁同步电机的机械特性曲线。RMxprt 要求输入一个额定工作点的条件:额定电压 U、电机转速 n_N(即相对应的电源频率)、电机额定输出功率 P_2,并计算该点的各种机械特性,在永磁同步电机上称为恒转速控制。这种控制是在电机转速不变的条件下进行转矩控制。

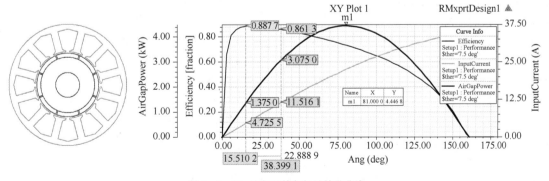

图 3-1-17　电机结构与机械特性曲线

如果输入的电压 U 和频率 f 不变,仅改变输入的计算功率 P_2,该电机的机械特性曲线不会发生变化,而只是计算了两个不同负载工作点的性能。在转矩角 15.510 2°和 38.399 1°分别对应了该永磁同步电机输出功率 1.3 kW、3 kW 的电流、效率和电磁输出功率。

如果在 RMxprt 中输入该永磁同步电机的相关结构数据和某一额定输出功率的工作点,则程序会计算出该输出功率工作点相关的电机各种参数的计算报告,供电机设计人员分析和参考。

在永磁同步电机的机械特性曲线中能够清晰地看出永磁同步电机的机械特性,电机设计人员必须非常熟悉电机的机械特性曲线,这样对电机的设计、电机性能的调整、电机的改进和优化都非常有用,对永磁同步电机的选购和使用带来了极大的方便。

永磁同步电机恒定转速 n 的数值设置是由电机控制器产生的三相正弦波的频率 f 来决定的,这与电机的转子极对数 P 有关 $\left(n=\dfrac{60f}{P}\right)$。

3.1.2 电机的工作点和选用

每台电机在使用时会长期工作在某个工作点上,这个工作点称为电机的额定工作点。与额定工作点对应的是电机的额定输入电压、电流、电压波形和频率,而电机输出轴受到一定的转矩后输出一定的转速和功率。永磁同步电机的转速是电源频率所确定的,给予电机一定的转矩,电机以频率相对应的转矩输出一定功率,转矩越大,电机向控制器索取的电流越大,电机输出功率越大,直至电机因为转矩过大不能同步运行而失步。

有些永磁同步电机工作在电机某一工作区域,可能是长时运行,也可能在超额定工作点的区域短时工作。所以永磁同步电机有时要考核电机的运行极限,如电机的最高输出功率、最大电流、峰值转矩、峰值转速,以考核电机的超负载性能。电机的超负载性能越大,则电机的峰值参数要比电机的额定参数值大很多。如果电机要考虑在超额定功率情况下长时或短时工作,那么一般峰值参数要比额定参数大数倍或更多,以确保电机在峰值或电机系统最大点的工作要求。这里的确保,是指考虑电机在这些满足电机工作参数工作点的工作状态中的电流密度大小、发热程度,而不至于使电机受到损坏。

3.1.3 电机的额定工作点

永磁同步电机的额定工作点包括三个重要参数:额定输出功率 P_2、额定转矩 T、额定转速

n。电机三者关系为:$T=9.549\ 3\ P_2/n$,在 RMxprt 计算中,输入的是 P_2、n,程序自动计算出 T。

一台永磁同步电机在一个电压和频率下,只对应一条电机机械特性曲线,且是唯一的,但是在这条机械特性曲线上有无数的从小到大不同的输出功率点与之对应。理论上说,该永磁同步电机可以运行在机械特性曲线上的各种不同点作为电机的额定工作点。

如图 3-1-18 所示,如果确定了该电机 176 V AC 和转速 2 500 r/min 在 2 kW 输出功率的额定点,那么可以输入电机数据,RMxprt 对该额定点各种技术参数进行计算。

Name	Value	Unit	Evaluated V.
Name	Setup1		
Enabled	✓		
Operation Type	Motor		
Load Type	Const Power		
Rated Output Power	2	kW	2kW
Rated Voltage	176	V	176V
Rated Speed	2500	rpm	2500rpm
Operating Temperature	75	cel	75cel

图 3-1-18　额定性能的输入

Rated Output Power(kW):2

Rated Voltage(V):176

Number of Poles:8

Frequency(Hz):166. 667

Stator Slot Fill Factor(%):58. 343

Stator-Teeth Flux Density(T):1. 747 22

Stator-Yoke Flux Density(T):1. 583 64

Rotor-Yoke Flux Density(T):0. 585 85

No-Load Line Current(A):0. 247 615

No-Load Input Power(W):99. 848 2

Cogging Torque(N・m):0. 871 407

Maximum Line Induced Voltage(V):261. 549

Root-Mean-Square Line Current(A)7. 325 62

Armature Current Density(A/mm²):9. 327 26

Output Power(W):2 000. 2

Input Power(W):2 254. 88

Efficiency(%):88. 705 1

Power Factor:0. 998 853

Synchronous Speed(r/min):2 500

Rated Torque(N・m):7. 640 18

Torque Angle(°)：24. 148 6

Maximum Output Power(W)：4 371. 8

从上面 2 kW 额定点的主要机械特性数据可以看出,电机槽满率、效率、转速、功率因数、输出功率、效率都还不错,只是电机的电流密度有些高($9.327\,26\ \text{A/mm}^2$),如果电机连续运行,而冷却条件不太好,那么该电机绕组会发热,用该电机作为 2 kW 电机使用是有问题的。如果该电机作为 1.3 kW 电机使用,那么经计算电流密度降至 $6\ \text{A/mm}^2$(图 3 - 1 - 19),这样电流密度的永磁同步电机可以连续工作。

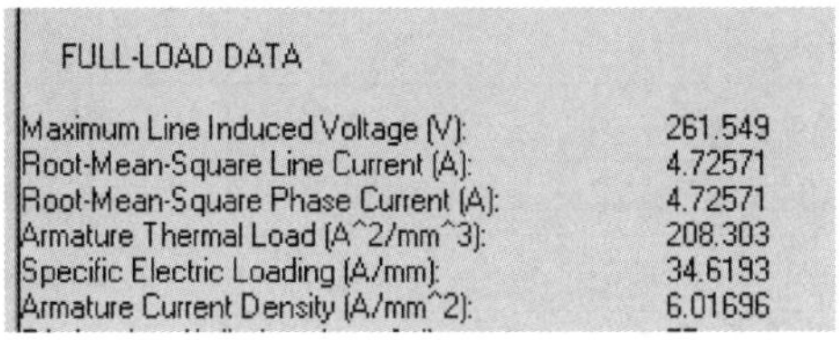

FULL-LOAD DATA

Maximum Line Induced Voltage (V):	261.549
Root-Mean-Square Line Current (A):	4.72571
Root-Mean-Square Phase Current (A):	4.72571
Armature Thermal Load (A^2/mm^3):	208.303
Specific Electric Loading (A/mm):	34.6193
Armature Current Density (A/mm^2):	6.01696

图 3 - 1 - 19　额定点部分性能

所以当一台电机确定后,电机的额定工作点应该选择比较合理的工作点;反之,设计电机时,确定了合理的电机工作点,必须设计适合这个额定工作点的各项参数的永磁同步电机。

3.1.4　电机的最大输出功率

每台永磁同步电机都有一个最大输出功率,在 RMxprt 计算单显示某 130 电机的最大输出功率为 4 371.8 W,在机械特性曲线上显示的则是该电机的最大输出电磁功率：4.446 8 kW。最大输出功率与电机转子体积、圆柱体轴截面 $D_i L$ 有关,$D_i L$ 越大,则电机输出功率越大。从理论上讲,如果电机冲片确定,电机叠厚增加,那么电机的最大输出功率也会增加。

永磁同步电机的最大输出功率与电源输入的工作频率即电机的转速有关,永磁同步电机额定点的转速越高,则电机在该转速的最大输出功率就越大。当永磁同步电机的体积确定后,电机的最大输出功率还取决于电机运行的转速工作条件。所以用最大输出功率考核电机是有转速条件的。永磁同步电机提出峰值功率概念(表 3 - 1 - 1),可以认为是在该额定转速(频率)下的最大输出功率。

表 3 - 1 - 1　电机额定点与峰值点性能表(工作电压 350 V)

额定数据		峰值数据		倍率
额定功率(kW)	18	峰值功率(kW)	38	2.11
额定转矩(N・m)	65	峰值转矩(N・m)	200	3.08
额定转速(r/min)	3 000	峰值转速(r/min)	7 000	2.33

永磁同步电机的最大输出功率与额定输出功率各参数之比在 2～3 倍是正常的。

有的永磁同步电机就不提最大输出功率,而是用控制电机最大转矩、转速、电流来控制电机的最大输出功率：

Machine type：	PM-Motor(HSM)
Maximum torque M_{max}：	250 Nm
Maximum speed n_{max}：	11. 400 1 r/min
Voitage range：	250～400 V
Maximum phase current I_{leff}：	400 A
Number of pole pairs p：	6
Weight：	appr. 65 kg
Cooling：	Liquid

在 RMxprt 中,永磁同步电机机械特性曲线中的电流完全放开,假设电机的控制器电流是没有限制的。因此电机机械特性曲线中的电机功率曲线的最高点就是电机在该运行转速下的最大输出功率,这代表电机最大输出功率的实际能力,在曲线上表示最大输出功率点所对应的电流值。最大输出功率的右边,输出功率和效率都下降,仅电机电流在增加,因此不适宜作为电机运行工作点,RMxprt 不能计算最大输出功率点右边的各种参数。

在实际工作中,控制器输出的电流受到控制器的限制,同时也考虑到选用控制器容量大小的成本问题、电机的电流密度受电机发热的控制,因此控制器的电流一般选用比永磁同步电机的额定工作电流大 2～3 倍。电机电流是一条从小到大的向上曲线,由于永磁同步电机最大输出功率受到控制器电流的限制,所以控制器电流限制点就是该电机系统受到电流限制时的最大输出功率,该功率会小于电机的实际最大输出功率。在一般的永磁同步电机技术条件中,电机的最大输出功率一般指电机受到电流限制的输出功率,以确保电机不会损毁;有的技术条件中指出电机的最大输出功率还受到电机运行时间和运行方式的限制,以防止电机长时间过载而损坏。

1) 如何提高永磁同步电机的最大输出功率

一旦永磁同步电机制作完成,那么电机在一定频率的最大输出功率便已确定,最大输出功率与额定输出功率之比也为定值。如果设计的电机的最大输出功率与额定输出功率之比过小,若要求提高比值,并维持原有电机的输入线电压、槽满率,那么可以增加电机定、转子叠长,进行绕组匝数自动设计,槽内绕组匝数会减少,绕组线径会加大,电机的电流密度会降低,电机最大输出功率与额定输出功率之比便会增大。

在电机体积受到限制的条件下,减少绕组的匝数,电机的最大输出功率会加大,这样电机的其他参数会相应改变(表 3-1-2)。在一些限制体积并要求有较高输出功率的永磁同步电机中,可以考虑降低电机的功率因数、增大电流和电流密度,从而提高最大输出功率或额定输出功率(图 3-1-20),这种方法在某些使用场合的永磁同步电机设计时会用到。

表 3-1-2 减少电机绕组匝数提高电机的最大输出功率对比

FULL-LOAD DATA	原样机性能	减少匝数后性能
Number of Conductors per Slot	424	380
Maximum Line Induced Voltage(V)	238.299	213.57
Root-Mean-Square Line Current(A)	2.747 5	2.989 5
Armature Current Density (A/mm^2)	8.030 81	8.738 19
Output Power(W)	750.119	750.155
Input Power(W)	839.246	842.195
Efficiency(%)	89.380 1	89.071 4
Power Factor	0.982 469	0.906 172
Synchronous Speed(r/min)	3 000	3 000
Rated Torque(N·m)	2.387 7	2.387 82
Torque Angle(°)	24.272 1	20.623 8
Maximum Output Power (W)	1 651.42	1 842.21

注:本表直接从 MaxWell 软件计算结果中复制,仅规范了单位。

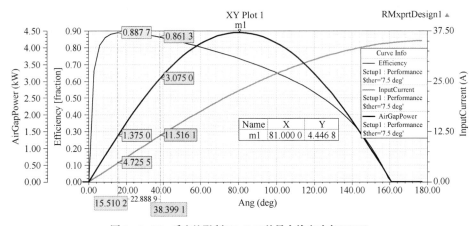

图 3-1-20 受电流限制(11.5 A)的最大输出功率(3 kW)

在 RMxprt 永磁同步电机恒转矩计算中,电机的拐点性能就是以电机输入的额定功率、额定电压和额定转速的条件下计算的,这点就是电机界定义的基点(图 3-1-21)。这个曲线是转速-转矩曲线,在基点左边每一点的输出功率均是该点的横坐标与纵坐标数值的乘积。因此在该电机状态中,电机转速越低,则电机的输出功率越小,那么电机的最大输出功率在基点。实际上不可以如此简单地认为基点就是电机的最大输出功率点,只是把额定点作为电机的基点(拐点)时,比基点转速低的工作点的输出功率要小。实际的最大输出功率点要看在规定转速下能够输出的最大功率。130 电机的最大输出电磁功率是 4.446 8 kW,在计算单中给出了 Maximum Output Power(W):4 371.8 的做功的输出功率。

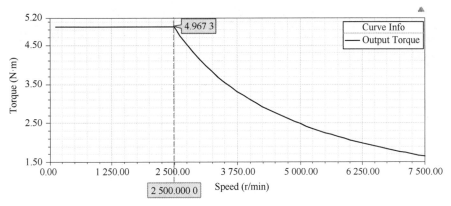

图 3 - 1 - 21　电机 2 500 r/min 的基点

2）基点、拐点和额定工作点　在恒转矩曲线中有一个拐点,该拐点是代表设置的计算工作点。一般而言,电机设置的工作点就是电机的额定工作点,那么这个拐点就是电机的额定工作点,即电机恒转矩下的基点。

但是电机的额定工作点不一定设置在电机的拐点,可以设置在拐点左边一定距离比拐点转速低的某一点上。即电机超过额定点转速后,电机仍能提速运行,直至电机提速后产生的感应电动势的幅值与输入电机的线电压幅值相等。

在 MotorSolve 设计软件中,程序编制者主要注意电机机械特性曲线中的转速-转矩曲线（图 3 - 1 - 22）。其他如电流、转矩曲线都是瞬态曲线,如图 3 - 1 - 23 和图 3 - 1 - 24 所示。

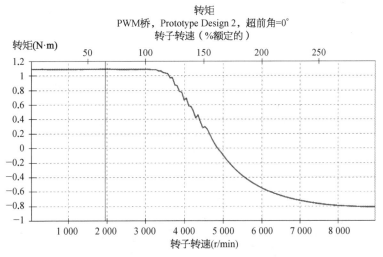

图 3 - 1 - 22　MotorSolve 的转速-转矩曲线

MotorSolve 软件在分析电机的转速-转矩曲线时,规定了电机的工作电流（图 3 - 1 - 25）。如果是弱磁的设定,则用超前角形式表示,如果输入电流是线电流的 100%,就是该软件在计算前设置的电机额定工作电流。计算时就是在该设置转速下的额定转速-转矩曲线,如果设置电流超过额定电流,则显示的是在不同工作点的转速-转矩曲线,电机也可以设置一个最大工作点的电流,则相对应的是最大工作点的转速-转矩曲线。与 RMxprt 最大的不同是,随着输入电流倍数的不同,输入电机的线电压会改变,即电机在这样的工作电流和转速-转矩曲线下,可以求出电机的输入线电压。作者认为各种电机设计软件都有可取之处,对某一个软件用惯了就是最好的。

在 MotorSolve 设计软件中,计算电机的机

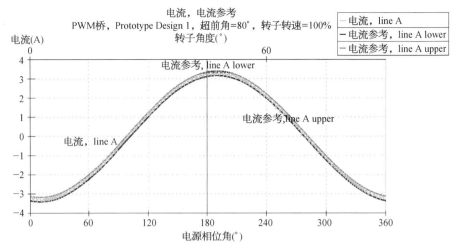

图 3 - 1 - 23   MotorSolve 的电流曲线

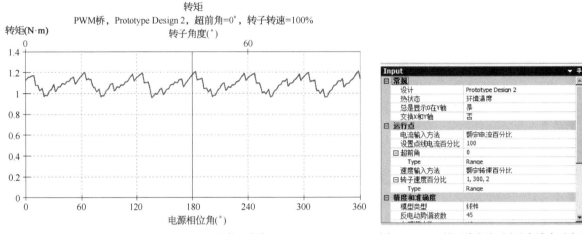

图 3 - 1 - 24   MotorSolve 的转矩曲线

图 3 - 1 - 25   设置线电流百分比和速度百分比

械特性时考虑的是电机工作电流的实际值,因此要设置电机在相应电流条件下的电机性能(图 3 - 1 - 26)。

综上所述,同样的电机,转速相同,当输入电机的电流不同时,电机的转矩相差很大(图 3 - 1 - 27 和图 3 - 1 - 28),即电机的输出功率相差亦很大。

特别在电动汽车用的永磁同步电机,电机的最大输出功率是非常重要的指标,它既要考虑到电机的额定工作点,又要考虑到电机的瞬间加速、

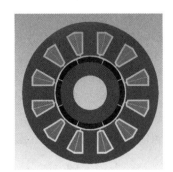

图 3 - 1 - 26   设置工作线电流是额定线电流的 300%

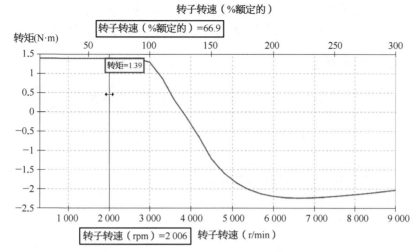

图 3-1-27　电机在额定线电流时的转速-转矩曲线

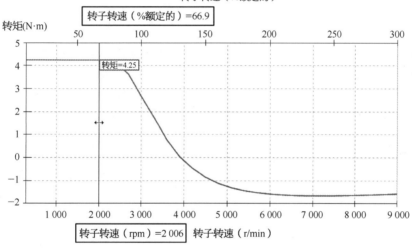

图 3-1-28　电机在 3 倍额定线电流时的转速-转矩曲线

负载的加大、爬坡等因素引起的最大输出功率的需求,因此这种车用永磁同步电机的额定输出功率、电机系统最大输出功率、电机自身最大输出功率的合理分配和设置就显得非常重要。

不同的电机设计软件分析的理念不尽相同,读者应注意。

3.1.5　电机的峰值转矩

永磁同步电机的额定数据遵循:$P_2 = Tn/9.549\,3$,而电机的峰值数据和额定数据不一样,峰值功率、峰值转矩、峰值转矩并不适用该公式进行计算。在电机运行中,往往追求某一个峰值数据,并不要求兼顾其他数据的相互关系。

同一个电机要求提高电机的转矩,相应地降低电机的运行转速,使两者之间的输入功率相近,这样电机的转矩会成倍增加。当然这种大转矩的使用是短时的,甚至是瞬时的,所以峰值转矩的提高带来的电机电流和电流密度的增加,不至于对电机带来很大损伤。控制好控制器的最大输出电流和电机工况下承受的电流,就可以确定该永磁同步电机的峰值转矩。永磁同步电机设计也要遵循这一原则,并达到所需要的峰值转矩。实际上许多场合电机的负载是恒定的,那么考虑电机额定点的性能要比考虑电机的峰值点更重要。

3.1.6　电机的不弱磁最高转速

永磁同步电机的机械特性还可以用其他方式表示，在 RMxprt 中，可以通过图 3 - 1 - 29 所示方法求出电机的机械特性。

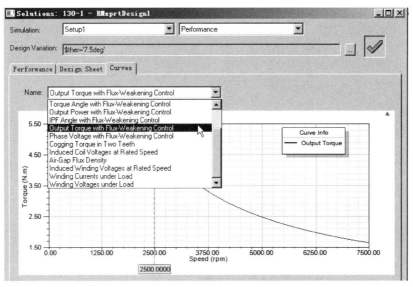

图 3 - 1 - 29　电机转速–转矩曲线的求取方法

提取图像如图 3 - 1 - 30 所示。该曲线是 130 永磁同步电机的转速–转矩曲线，电机转速为 0～2 500 r/min，即给予电机恒定的转矩，从确定的转速和转矩可以求出电机的输入功率，这一段水平曲线是恒转矩曲线，A 点是该永磁同步电机的基点，基点左边是电机的恒转矩曲线，基点右边是电机的恒功率曲线。当输入电机的线电压幅值与工作点 A 的感应电动势的幅值相同时，该永磁同步电机不弱磁的最高转速为 2 500 r/min。

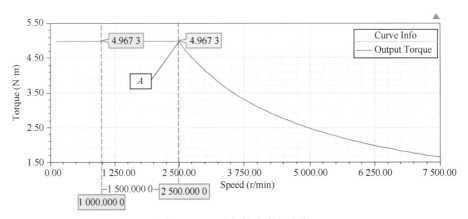

图 3 - 1 - 30　电机转速–转矩曲线

该电机在 2 500 r/min 时的感应电动势为：Maximum Line Induced Voltage(V)：245.029，这是线感应电动势的峰值，与软件计算值完全相同（图 3 - 1 - 31）。

电机的输入线电压为 176 V AC，如果该电机的感应电动势波形为正弦波，那么其峰值为 $\sqrt{2} \times 176$ V $= 248.9$ V，一般电机绕组的感应电动势峰值不超过输入电压的峰值，不考虑控制器降压的话，其电机的最高转速为

$$n_{\max} = 2\,500 \times \frac{248.9}{245.029} = 2\,539.5(\text{r/min})$$

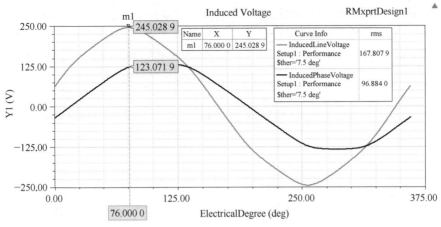

图 3 - 1 - 31　电机的感应电动势

在 RMxprt 设计电机过程中，如果把电机定子槽内绕组的导体根数设置为 0，那么电机会自动设计电机的槽内导体根数，RMxprt 以这个导体根数的绕组产生的感应电动势幅值与控制器输给电机的线电压幅值相等为原则，这时电机的功率因数接近 1（在 RMxprt 中却采用了绕组自动设计时的绕组匝数满足电机感应电动势的有效值与输入电机的线电压的有效值相同的理念，这时电机感应电动势如果不是正弦波，其幅值会大于输入电机线电压的峰值）。可以认为当电机感应电动势的幅值与控制器输给电机的线电压的幅值相等时，电机额定点（基点）的转速（基速）就是电机的最高转速。

Maximum Line Induced Voltage(V)：245.029
Root-Mean-Square Line Current(A)：4.777 3
Armature Current Density(A/mm²)：6.082 65

Output Power(W)：1 300.6
Input Power(W)：1 466.04
Efficiency(%)：88.715 1
Power Factor：0.989 968
Synchronous Speed(r/min)：2 500
Rated Torque(N·m)：4.967 92
Torque Angle(°)：15.809
Maximum Output Power(W)：420

由图 3 - 1 - 32 可以看出，当电机转速要从 2 500 r/min 降到 1 250 r/min 时仍受 4.967 92 N·m 的恒转矩作用，并保持原有控制器控制的电流时，输出功率为原有的一半即 0.65 kW，电源频率要降低一半，电源的电压必须相应降低。

控制器先调频由原先的 166.667 Hz 降一半至 83.333 Hz，把电流限制在原有电流值 4.777 3 A，降低控制器输出电压，使输出电流达到控制电流

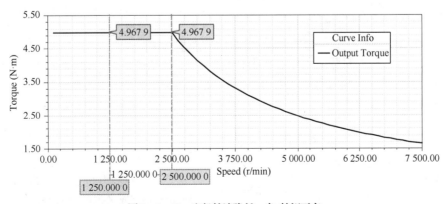

图 3 - 1 - 32　电机转速降低一半，转矩不变

4.777 3 A,那时的电压值 92.374 5 V 即为所要求的电压值。因此在恒转矩区工作,保持控制器所限定的电流,电机必须调频调幅(表 3 - 1 - 3)。

表 3 - 1 - 3 控制电机电流相同必须调频调幅

电机性能项目	原样机性能	调频调幅后性能
Rated Output Power(kW)	1.3	0.65
Rated Voltage(V)	176	92.374 5
Number of Poles	8	8
Frequency(Hz)	166.667	83.333 3
Maximum Line Induced Voltage (V)	245.029	128.712
Root-Mean-Square Line Current (A)	4.777 3	4.780 54
Output Power(W)	1 300.6	650.349
Input Power(W)	1 466.04	774.733
Efficiency(%)	88.715 1	83.944 9
Synchronous Speed(r/min)	2 500	1 250
Rated Torque(N·m)	4.967 92	4.968 3

注:本表直接从 Maxwell 软件计算结果中复制,仅规范了单位。

转矩 4.967 92 N·m 的一条水平直线是永磁同步电机的恒转矩直线,这条直线就是由转矩为 4.967 92 N·m、转速从 0 到 2 500 r/min 无数个可运行点所形成。

当电机在基速时(恒转矩的转折点这里是 2 500 r/min)的端电压已经达到逆变器所能提供的最大电压,而电机的感应电动势峰值已经和端电压峰值相等,那么只能在基速以下进行恒转矩调速(降速)。要对电机进行提速,超过基速,则要用恒功率方法对电机进行弱磁调速。

如果电机的功率不变,电流控制在基点电流,要提高转速,电机的转矩势必下降。如果在电机基点时的感应电动势幅值与输入电压幅值相等,那么电机转速无法再提高。

一旦永磁同步电机制作完成,电机的感应电动势只与电机的转速有关,而设计电机的输入电压必须小于控制器的最大输出电压。在电机基点以后,$E = \dfrac{N\Phi n}{60}$,电机感应电动势 E 保持定值,对电机进行弱磁控制,减少电机的工作磁通 Φ,

相应提高了电机转速 n。这样在电机输出功率不变的条件下,提高电机的输出转速,减小电机的负载转矩,便形成了一条以基点为分界线的 n-T 恒转矩和恒功率曲线。

在设计中,假设控制器输入电机的最高线电压为 176 V AC,电机最高转速是 3 000 r/min,最高转速时的感应电动势等于电机输入电压的幅值,那么最高转速时的感应电动势为

$$V_E = 176 \times \sqrt{2} = 248.9(\text{V})$$

如果最高转速是额定转速的 1.25 倍,则电机额定转速为 2 400 r/min。感应电动势为 248.9 V/1.25 = 199.12 V,那么控制器输入电机的线电压为 199.12 V/$\sqrt{2}$ ≈ 140 V。

这样就可以确定电机额定工作点的技术要求:输入电机线电压 140 V AC,2 400 r/min,5 N·m,额定输出功率 1.256 kW。由此可见,电机的最高转速与额定转速比就是电机控制器能输出的最高电压与输入电机的工作线电压之比。

Rated Output Power(kW):1.3
Rated Voltage(V):140
Maximum Line Induced Voltage(V):194.955
Root-Mean-Square Line Current(A):6.120 31
Output Power(W):1 300.72
Input Power(W):1 500.09
Efficiency(%):86.709 3
Power Factor:0.995 234
Synchronous Speed(r/min):2 400
Rated Torque(N·m):5.175 4

在 RMxprt 计算中,如果设置了电机的额定工作点,那么电机的 n-T 恒转矩和恒功率曲线的基点就是电机额定工作点,这个基点并不是电机的最高转速。

求取电机可以达到的最高转速,则可以把额定点的转速乘上控制器能够输出的最高电压与输入电机的工作线电压之比,即

$$n_{\max} = n_N \frac{U_{\max}}{U_N} \qquad (3-1-4)$$

这是永磁同步电机在不弱磁情况下确定电机的最高转速,或者说是把基点的转速提高的方法。永磁同步电机的控制器不对电机进行"弱

磁"控制,那么控制器操作就简单得多。为了使永磁同步电机工作在额定工作点以外,要提高电机的转速,那么设置电机额定工作点的线电压要小于控制器能够输出的线电压,只要提高控制器对电机的输入线电压值,那么电机的转速和感应电动势相应提高,直至电机的感应电动势幅值与控制器能够输出的电压幅值相等。

3.1.7 电机的不弱磁提速

电机的提速可以分为两种:不弱磁提速和弱磁提速。不弱磁提速在设计原理和设计操作上都是一种不错的提速方法。永磁同步电机是控制器加电机的一个系统。电机输入控制器的是直流电压 U_d、直流电流 I_d,经过控制器输出给永磁同步电机的是调频调幅(最好是正弦波)的三相交流电 U_x。假设控制器没有压降,如果 U_d 为 311.129 V DC,那么经过控制器后输入永磁同步电机的最高线电压为

$$U_x = U_d / \sqrt{2} = 311.129 / \sqrt{2} = 220(\text{V AC})$$

如果把 220 V AC(有效值)作为电机的线电压,为了使电机的功率因数和效率最大化,设计电机的感应电动势经常是与输入电机的线电压幅值相近,这个工作点就是基点,一般取用基点作为电机的额定工作点。该点的转速就是电机的最大转速,如果想使电机转速高于电机基点的转速,那么电机的感应电动势(幅值)会大于输入电机线电压幅值,因此电机不可能提高转速了。也就是说,这样设计的电机不靠弱磁技术是不能提速的。在 RMxprt 计算单中显示的是感应电动势幅值,应该是输入线电压(有效值)的 $\sqrt{2}$ 倍左右(感应电动势不一定是标准的正弦波)。

永磁同步电机不弱磁调速原则要使电机的感应电动势小于输入电机的线电压,在实际设计中有三种办法:

(1) 如果在设计电机的额定点时,使电机的线电压刻意小于控制器能输出的最高线电压,那么电机如果要提速,电机的感应电动势相应提高,控制器输入的电压也相应提高以适应电机的感应电动势。这样电机的提速幅度比是控制器能够输给电机的最大线电压与电机额定工作时设置的电压比。

如果控制器可以输出最大线电压为 220 V AC,

而电机设计的工作线电压为 121 V AC,额定点(基点)转速为 3 000 r/min,那么该电机可以通过控制器调幅,提高输入电机线电压值,其电机提速后的最高转速可达

$$n_{\max} = \frac{220}{121} \times 3\,000 = 5\,455(\text{r/min})$$

(2) 使电机额定点的感应电动势幅值小于线电压幅值并成一定比例。电机若要调速,可以提速到感应电动势幅值等于线电压幅值时的速度,这样提速幅度比是控制器能够输给电机的最大线电压幅值与电机额定工作时感应电动势幅值之比。

(3) 把电机额定工作电压设置在小于控制器能输出的最大电压,又设计电机的感应电动势小于额定线电压,这样调速调度会更大些。

如果控制器能够输出最大线电压为 220 V AC,设置永磁同步电机的额定线电压为 121 V AC,电机设计感应电动势(有效值)小于电机的线电压,设置为 92 V AC(假设输入电机线电压为正弦波),这样电机的最大提速比为

$$K = \frac{控制器输出最大线电压}{感应电动势有效值} = \frac{220}{92} = 2.39$$

如果 $K = 2.39$,则电机提速后的最高转速可达

$$n_{\max} = \frac{220}{92} \times 3\,000 = 7\,174(\text{r/min})$$

这样输入控制器电压为 220 V AC,控制器输入电机三相交流电 121 V AC,电机的感应电动势有效值为 92 V AC,幅值为 $\sqrt{2} \times 92\,\text{V} = 130\,\text{V}$。这样的永磁同步电机的控制器只要进行简单的调频、调幅就可以使电机的最高转速倍数达 2 倍以上。这种提速方法就是电机不弱磁提速。电机的不弱磁提速在电机设计时就需要考虑到,如果一台永磁同步电机的额定转速设定在电机的基点,那么电机就不可能进行不弱磁提速。

3.1.8 电机的弱磁提速

由于逆变器直流侧电压达到最大值后会引起电流调节器的饱和,在基速以上高速运行时实现恒功率调速,需要对电机进行弱磁控制。永磁同步电机用另外一种办法使电机的转速大于电

机的基点转速,起到增速效果。现在一般采用弱磁原理,通过弱磁永磁同步电机就会有较大的增速。

弱磁的原理为:$K_E = \dfrac{N\Phi}{60} = \dfrac{U}{n}$,电机弱磁就是减弱了电机的工作磁通 Φ,电机的有效导体数 N 不变的前提下,K_E 就变小了,在输入电机的电压 U 不变的情况下,n 就可以增大,从而达到增速效果。另外,如果通过弱磁电机的磁通 Φ 减小了,那么同样转速的感应电动势就小了,这样还可以增加电机的转速,使电机的感应电动势提高与控制器输入的电压幅值相近,达到永磁同步电机提速目的。

当他励直流电机进行调磁控制,其端电压达到最大电压时,只能通过降低电机的励磁电流,减小励磁磁通,使电机能恒功率运行于更高的转速,不致使电机感应电动势大于控制器的输入电压。也就是说,他励直流电机可以通过降低励磁电流的线圈磁通,达到弱磁扩速的目的。永磁同步电机的转子是永磁体,其工作磁通直接由永磁体产生,磁钢一旦确定,那么电机的磁通 Φ 不能随意改变。在电机机械特性的基点右边,电机要提高运行速度,则只能进行弱磁。只能通过调节定子电流,即增加定子直轴去磁电流分量来维持高速运行时电压的平衡,达到弱磁扩速的目的。当电机感应电动势达到逆变器输出电压的极限时,如果要继续提高电机的转速,则只能靠调节直轴和交轴电流 I_d 和 I_q,减小电机的工作磁通 Φ 来实现,这就是电机的弱磁运行方式。增加直轴去磁电流分量 I_d 和减小交轴电流分量 I_q,以维持电压平衡,从而达到弱磁效果。但是为确保相电流不超过极限值,应保证弱磁控制时增加 I_d 的同时必须相应减小 I_q。

定子电流矢量在变化的过程中,I_d 逐步增大,削弱了永磁体磁通,在逆变器容量不变的情况下,达到了弱磁扩速的目的,并且转速越高,输出的转矩会越小。

弱磁是永磁同步电机控制器和电机结构相互作用的结果。控制器有各种弱磁控制的方法,为了使永磁同步电机很好地弱磁,研究出了适应电机弱磁的各种结构。

电机的弱磁操作中,控制器控制技术水平的高低对电机的弱磁产生重大作用,电机结构对产生 I_d、I_q 也有很大影响,本书着重讲述电机设计上的弱磁问题。

永磁同步电机的弱磁方法是加大直轴去磁电流分量 I_d 和交轴电流分量 I_q 的比值,达到电机去磁目的。通过控制 I_d 可使逆变器输出功率不变,将电机运行范围扩大到高速区域。调整 I_d、I_q,控制电流矢量轨迹,避免电流调节器饱和,从而使 PMSM 由恒转矩调速平稳、快速地过渡到弱磁工作模式。

从电机设计角度看,要加大直轴去磁电流分量 I_d 和交轴电流分量 I_q 的比值,可使电机的转子结构由表贴式改为内嵌式(图 3-1-33)。

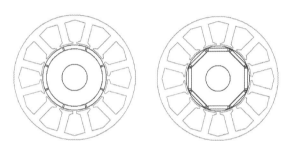

图 3-1-33　表贴式转子和径向内嵌式转子结构比较

表贴式:
d-Axis Reactive Reactance Xad(Ω): 0.470 636
q-Axis Reactive Reactance Xaq(Ω): 0.470 636
内嵌式:
d-Axis Reactive Reactance Xad(Ω): 0.787 014
q-Axis Reactive Reactance Xaq(Ω): 1.672 36

d 轴反应电抗 X_{ad} 越小,则 I_d 越大,q 轴反应电抗 X_{aq} 与 d 轴反应电抗 X_{ad} 两者之比 X_{aq}/X_{ad}(电机的凸极率)越大,则电机的弱磁能力就越强。永磁同步电机内嵌式转子比表贴式转子的 X_{aq}/X_{ad} 相差大,而表贴式的 X_{aq}/X_{ad} 两者相同(图 3-1-34)。

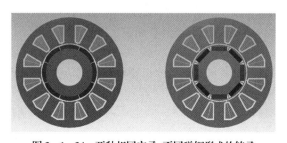

图 3-1-34　两种相同定子,不同磁钢形式的转子

图 3-1-35 所示曲线中,用同样的超前角进行弱磁,内嵌式电机(Prototype Design2)的提速明显比表贴式(Prototype Design1)强很多。

电机的弱磁最高转速指电机带有负载时,电机通过弱磁能够达到的最高转速。如图 3-1-36 所示,如果电机需要 2.2 N·m 转矩,通过弱磁能够达到 5 642.6 r/min 的最高转速,电流为 6.874 A(图 3-1-37)。一般永磁同步电机测试空载时的电机最高转速,不加负载,那该电机的最高转速至少要大于 7 500 r/min。

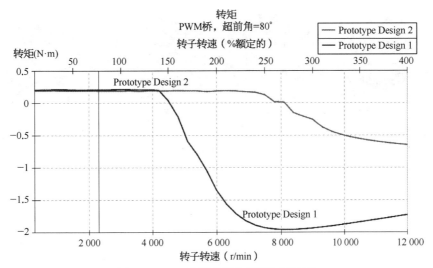

图 3-1-35 不同结构转子的弱磁功能比较

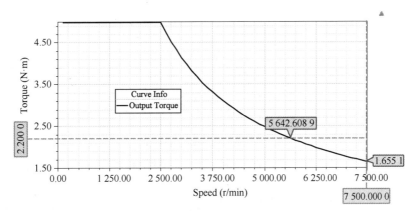

图 3-1-36 恒功率曲线的弱磁分析

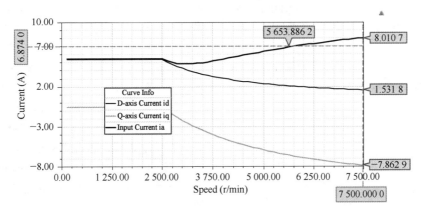

图 3-1-37 弱磁电流的求取

对电机设计工作者,重要的是要知道哪种永磁同步电机转子结构对电机弱磁贡献最大,在设计时挑选合适的转子结构,使电机的弱磁作用发挥到较好的水平。图3-1-38所示是四种相同定子和输入数据,其转子结构不一,用MotorSolve 对某60永磁同步电机进行弱磁分析,取用超前角为80°,分析结果显示第四种内嵌式分段磁钢结构的弱磁能力比其他结构好(图3-1-39),而且结构简单,工艺并不是太复杂,可以用于电动汽车电机等永磁同步电机。

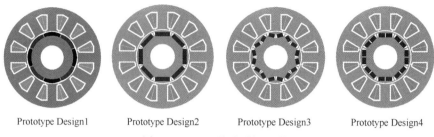

Prototype Design1   Prototype Design2   Prototype Design3   Prototype Design4

图3-1-38　四种不同转子结构

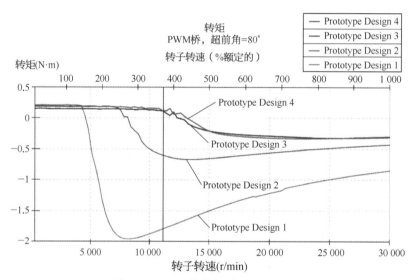

图3-1-39　四种不同结构弱磁性能对比

从图3-1-39看,Prototype Design 3 和 Prototype Design 4 转子结构的弱磁能力比其他两种要强。但是这两个弱磁能力相近的转子结构,从电机的感应电动势分析,Prototype Design 3 的感应电动势的波形没有 Prototype Design 4 的波形好(图3-1-40),因此 Prototype Design 4 是比较理想的弱磁结构,工艺性也不复杂。

有的产品设计成如图3-1-41和图3-1-42所示的转子冲片和磁钢结构,在磁钢下面的转子开一条槽,如果要使该处的磁钢磁通密度大大小于槽边上的磁通密度,目的是形成一个相当于上述第四种内嵌式分段磁钢基本相同的磁路和性能,使感应电动势波形得到改善,但是经MotorSolve 的感应电动势分析对改善感应电动势的波形影响不大(图3-1-43~图3-1-46)。因此采取一些结构改进措施时最好借助一些较好的电机设计分析软件进行分析,这样可以起到事半功倍的效果。

MotorSolve 能简捷、直观地分析和比较电机结构的弱磁能力,这是电机场分析的优点。

影响电机弱磁能力的因素还有很多,例如增加磁钢厚度、降低齿磁通密度的饱和程度、增加磁钢矫顽力、转子采用偏心圆弧,甚至可以把定

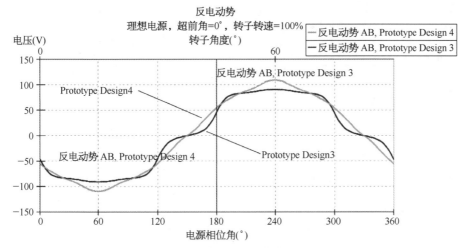

图 3 - 1 - 40　两种不同内嵌式转子的感应电动势波形比较

图 3 - 1 - 41　转子冲片图　　图 3 - 1 - 42　转子图　　图 3 - 1 - 43　内嵌式电机结构　　图 3 - 1 - 44　内嵌式电机开槽结构

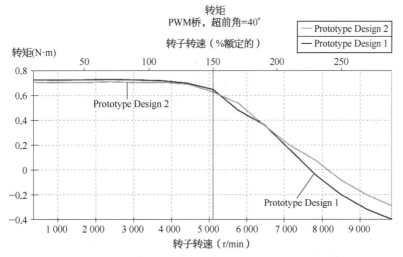

图 3 - 1 - 45　两种转子结构的弱磁性能对比

子绕组做成适合额定和高速的两种绕组使永磁同步电机在额定转速和高速运行时的性能得到最佳等,这些都会对永磁同步电机的弱磁起到较好的作用,设计人员可以对永磁同步电机弱磁作用的大小、电机制作工艺的难度、电机成本等多方面进行分析,抓住影响电机弱磁的关键项,然后对电机进行设计。需注意的是,电机通过弱磁得到提速和电机选用的控制器有极大的关系,功能强大的控制器对永磁同步电机的转速提升有极大的作用。

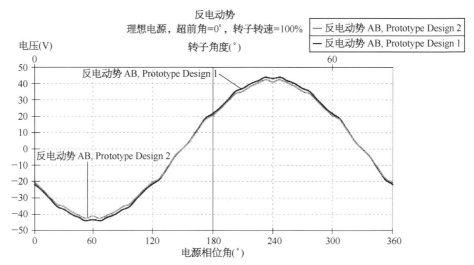

图 3 - 1 - 46 两种转子结构的感应电动势比较

永磁同步电机的最高转速或者通过电机的弱磁进行提速的程度与控制器和电机相互作用的关系很密切,同样一台电机,有的控制器能把永磁同步电机的转速提得很高,有的则不然,所以设计工作者应该尽量把能够使电机提速的因素在电机设计中先考虑,这样才能使永磁同步电机整个系统得到一个很好的提速。

MotorSolve 分析、比较各种电机的参数是非常方便的,设计人员并不需要知道很多电机相关理论的推导和计算,只要熟练掌握电机设计软件对电机进行分析,实行目标设计,就能很好地设计出一般的永磁同步电机。

通过对永磁同步电机结构的调整,电机对弱磁的贡献和电机的增速会得到很大的提升。

3.1.9 电机的弱磁最高转速

3.1.9.1 永磁同步电机的功率和电角速度之间关系

在普通弱磁控制时,永磁同步电机中功率和电角速度之间关系为

$$\omega = \frac{u_{\lim}}{\sqrt{(\psi_f + L_d i_d)^2 + (L_q i_q)^2}} \quad (3-1-5)$$

式中:ω 为电机角速度;$u_{\lim}$ 为输入电机极限相电压;L_d 为直轴电感;L_q 为交轴电感;i_d 为直轴电流;i_q 为交轴电流。

从图 3 - 1 - 47 看,当满足弱磁率 $\xi < 1$(即 $\psi_f/L_d > i_{\lim}$)条件时,永磁同步电机的电压极限椭圆中心 C 点落在电流极限圆的外部,此时电机

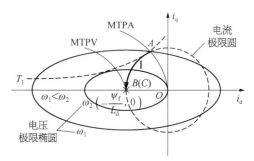

图 3 - 1 - 47 电机电压、电流极限圆

只存在普通的弱磁控制区(即 AB 段弱磁 I 区),由于实际电机结构参数设计的限制,这种情况下永磁同步电机的弱磁扩速比很难超过 2。当满足 $\xi = 1$(即 $\psi_f/L_d = i_{\lim}$)条件时,电机电压极限椭圆中心 C 点与电流极限圆重合,此时虽然也只存在普通弱磁控制区(即 AB 段弱磁 I 区),但在普通弱磁控制下达到 B 点时,电机定子电流满足 $i_d = -i_{\lim} = -i_s$,$i_q = 0$,忽略损耗时,根据式(3-1-5),可以得出

$$\omega_{\max} = \frac{u_{\lim}}{\psi_f - L_d i_{\lim}} \quad (3-1-6)$$

当满足弱磁率 $\xi = 1$(即 $\psi_f/L_d = i_{\lim}$)时,由式(3-1-6)可以看出,电机的空载理想最高转速可达无穷大。且定义空载理想最高转速与基速之比是永磁同步电机的理想弱磁扩速比。但是理想弱磁扩速比不等于永磁同步电机实际的弱磁扩速比,两者存在较大的区别(图 3-1-48)。因

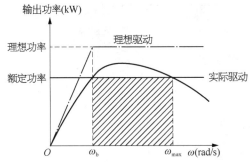

图 3 - 1 - 48　永磁同步电机弱磁扩速范围示意图

为在实际永磁同步电机中,弱磁扩速比是指在一定带载条件下永磁同步电机对应的最高转速与基速之比。

实际上,在弱磁区运行的电机存在铜耗和高速运行的铁耗等影响,随着电机转速不断提高,电机的功率因数会在达到最高值后急剧减小,从而导致电机的输出功率急剧降低。

通常定义实际弱磁扩速比 k_ξ 来表征永磁同步电机的弱磁扩速能力,即

$$k_\xi = \frac{n_{\max}}{n_j}$$

电机定子电流满足 $i_d = -i_{\lim} = -i_s$,$i_q = 0$,忽略损耗时,电机的最大转速计算公式为

$$\omega_{\max} = \frac{u_{\lim}}{\psi_f - L_d i_{\lim}}$$

上面分析了电机实际最大转速是被电机的控制器、电机本身的结构所限制的,所以电机实际最高转速运行时,电机 $i_q \neq 0$,电机的最高转速为

$$\omega_{\max} = \frac{u_{\lim}}{\sqrt{(L_q i_q)^2 + (\psi_f + L_d i_d)^2}}$$

$$(3 - 1 - 7)$$

3.1.9.2　软件中弱磁最高转速的分析

式(3 - 1 - 7)是一个理论公式,在 RMxprt 中,将电机在恒功率区弱磁下的电机特性用弱磁转速-电流曲线表示,如图 3 - 1 - 49 所示。

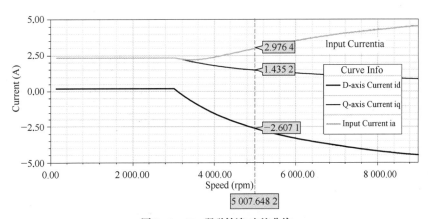

图 3 - 1 - 49　弱磁转速-电流曲线

事实上,这是一种电机恒功率区的弱磁特性曲线,理论上电机的最高转速可以很高,这时电机的输入电流相应增高,但电机的电流受控制器的功率、电机的电流密度和单位热损耗功率的限制,所以不能很高,故限制了电机的最高转速。根据控制器和电机的结构,纯粹用弱磁来对永磁同步电机进行提速,提速的幅度有限,表贴式永磁同步电机的弱磁提速倍数在 1.5～2,内嵌式永磁同步电机的弱磁提速倍数也仅为 2.5～3。

在 MotorSolve 中,提出了超前角的概念,电机超前角不可能超过 90°,在用超前角分析电机的最大转速时,必须先设定电机弱磁控制时允许通过的最大电流,再分析电机在不同超前角时的最大转速。在电机弱磁控制时,电机的弱磁电流大小对弱磁提速影响很大。如图 3 - 1 - 50 和图 3 - 1 - 51 所示,弱磁电流为 100% 额定电流和 300% 额定电流,同样是 80° 超前角,弱磁提速就相差很大(表 3 - 1 - 4)。同理,在图中可以看出电机的超前角越大,弱磁提速就越高。

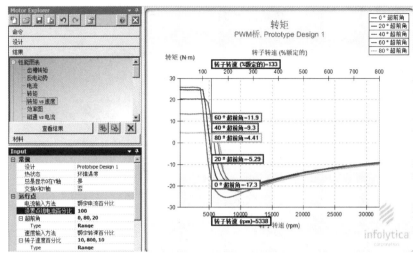

图 3-1-50   额定电流下不同超前角转速-电流曲线

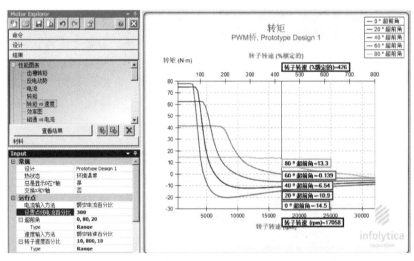

图 3-1-51   300%额定电流下不同超前角转速-电流曲线

表 3-1-4   弱磁电流对弱磁提速的影响

弱磁电流/额定电流	100%	300%	弱磁提速之比
80°超前角	5 338 r/min	17 058 r/min	3.19

3.1.9.3   用软件分析电机弱磁最高转速的方法

以 130-12-8j、1.3 kW 永磁同步电机(图 3-1-52)为例介绍弱磁提速方法。130 电机用 RMxprt 计算的主要特性如下:

Rated Output Power(kW)：1.3
Rated Voltage(V)：176
Maximum Line Induced Voltage(V)：255.881
Root-Mean-Square Line Current(A)：4.799 21

Output Power(W)：1 300.29
Input Power(W)：1 468.46
Efficiency(%)：88.547 8
Power Factor：0.990 919
Synchronous Speed(r/min)：2 500
Rated Torque(N·m)：4.966 74

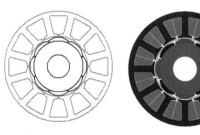

图 3-1-52   130-12-8j 永磁同步电机结构

要求 130 电机从基点 2 500 r/min 弱磁提速到 4 000 r/min,提速比为 1.6。用 RMxprt 恒功率弱磁分析:弱磁电流为 5.553 6 A(图 3 - 1 - 53),弱磁转矩为 3.104 2 N·m(图 3 - 1 - 54)。

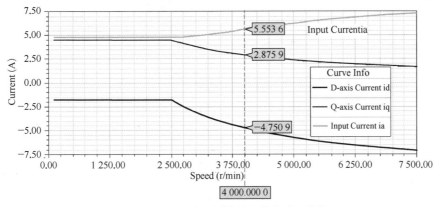

图 3 - 1 - 53　弱磁恒功率提速的转速-电流曲线

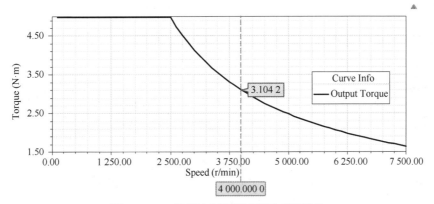

图 3 - 1 - 54　弱磁恒功率提速的转速-转矩曲线

要恒功率弱磁,弱磁提速到 4 000 r/min,但是功率应该在 1.3 kW。

$$K_n = 4\ 000/2\ 500 = 1.6 = 160\%$$
$$K_A = 5.553\ 6/4.799\ 21 = 1.15 = 115\%$$

用 MotorSolve 进行弱磁验证分析,弱磁计算设置如图 3 - 1 - 55 所示。

由图 3 - 1 - 56 可以看出,在 4 000 r/min 时超前角为 60°时的转矩为 3.18 N·m,与 3.10 N·m 相近,因此该点就是电机在超前角 60°弱磁提速点。由图 3 - 1 - 56 分析,电机的电流控制在 5.553 6 A,超前角为 60°时,电机的最高转速可达 5 000 r/min 左右。

用 MotorSolve 进行"运动分析",求该点的电机性能(图 3 - 1 - 57),检查要恒功率弱磁,弱磁提速到 4 000 r/min,但是功率应该在 1.3 kW。

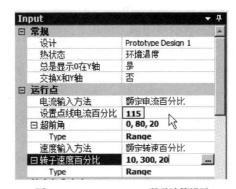

图 3 - 1 - 55　MotorSolve 弱磁计算设置

综上,电机能够进行恒功率超前角 60°弱磁提速达 4 000 r/min、功率 1.3 kW、转矩为 3.1 N·m,用 RMxprt 和 MotorSolve 弱磁提速分析结果是一致的。

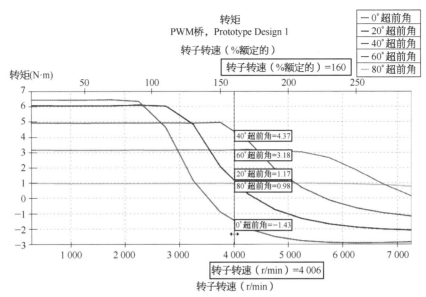

图 3 - 1 - 56　不同超前角弱磁提速曲线

图 3 - 1 - 57　用 60°超前角求取电机性能

3.1.9.4　电机在小于基点功率下的弱磁

RMxprt 计算了恒功率下的弱磁提速曲线。在 RMxprt 的计算中输入的是电机的基点功率，弱磁提速是基于恒基点功率的弱磁提速，在弱磁提速的恒功率曲线上取任意一点，可以求取该点

的其他曲线和参数。如图 3 - 1 - 58 所示，通过 3 000 r/min 的垂线和恒功率曲线所包围的阴影部分电机"弱磁区"，RMxprt 并不提供该区域的弱磁提速参数和性能。实际该电机在这个"弱磁区"中的任意一点也可以进行弱磁提速，但是该

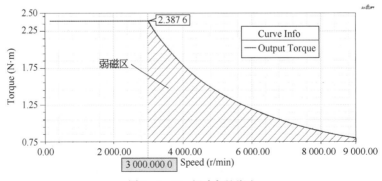

图 3 - 1 - 58　恒功率弱磁区

点的输出功率小于电机恒功率曲线上的功率值。有些电机如果要弱磁提速,则电机的功率要下降,其弱磁提速点便落在了该"弱磁区"内。这样只要在"Setup1"中的"Rated Output Power"数值框中输入小于或大于基点的功率,作为"新的基点"进行额定转速计算,求出新基点的参数,包括"新基点的电流",建立恒功率弱磁曲线,再选择所需要的弱磁转速,求出电机"新基点的弱磁电流"及相应的弱磁性能。

用 MotorSolve 进行弱磁提速分析,只要根据 RMxprt 计算出的"新的基点"输入参数:电压、转速和电流,进行电机计算,根据 RMxprt 的"新基点的弱磁电流",设置"线电流百分比"(新基点的弱磁电流/新基点电流),并用不同的"超前角"进行电机弱磁分析,查看在选定的弱磁转速和转矩所对应的"超前角",即为电机在该超前角时所产生的弱磁提速。

电机的弱磁性能不但与控制器的性能有关,而且与永磁同步电机的凸极率 $\rho(\rho = L_d/L_q)$ 有很大关系,因此从永磁同步电机的设计看,提高永磁同步电机的凸极率,对永磁同步电机的弱磁提速有极大的帮助。

3.1.9.5　电机弱磁最高转速控制原则

前已提及,理想弱磁,电机的最高转速可以趋向于无穷大,但是由于永磁同步电机和控制器各方面的原因,电机弱磁最高转速倍数不能很大,永磁同步电机用恒功率进行弱磁,电机弱磁最高转速的控制应遵循以下原则:

(1) 大功率、大电流电机首先要考虑的是电机的弱磁电流是否超出控制器的最大电流;其次考虑电机弱磁时的电流密度,确认其是否过大;

最后应使电机控制的超前角不能太大。

(2) 小功率电机首先要考虑的是电机在弱磁时的电流密度是否合适;其次才考虑控制器的功率选用;最后查看电机弱磁时的超前角。

(3) 可以用电机弱磁时要求的最高转速核算电机的电流、电流密度和超前角,也可以限定电机的电流、电流密度求取电机的最高弱磁转速。

3.1.10　电机的效率与效率平台

永磁同步电机的机械特性中,效率是区别于其他电机的一个非常有特色的量。一般的无刷电机或直流电机较高效率的区域是很窄的,电机的负载转矩稍有变化,其效率很快变化。而永磁同步电机在电机加载过程中的效率变化不快。即在很大的负载范围内,永磁同步电机可以保持相对很高的效率。考核效率这一特性,在电机界称为电机的效率平台。这样说无刷电机和永磁直流电机的效率平台很窄,而永磁同步电机的效率平台非常宽,这是其他电机不可比拟的。在许多电机应用场合就需要很宽的效率平台。如电动车用电机,在电机整个运行状态时就需要电机在较高效率下运行,这样能最大限度地节省电能。永磁同步电机效率平台很宽的特性恰好符合车用电机的需要,为此电动车都制定了电机效率平台的相关要求。

电动自行车电机的效率平台要求也是比较宽的,常用电动自行车电机的效率平台规定如下:在转矩 7~20 N·m 范围内的效率不低于 80%,或者说电动自行车电机 80% 的效率平台在转矩 7~20 N·m 范围内。这样确保了电动自行车电机在一定运行范围内保持着较高的效率。

如图 3-1-59~图 3-1-61 所示三种电机

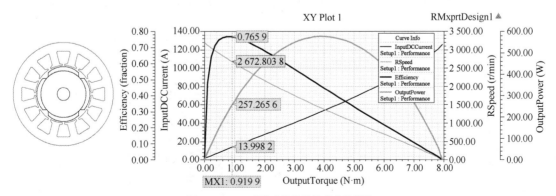

图 3-1-59　表贴式结构的效率曲线形状

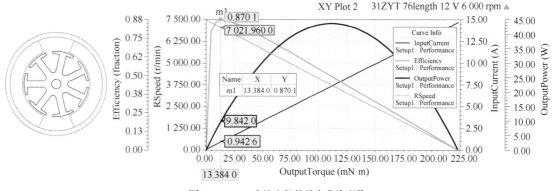

图 3-1-60　直流电机的效率曲线形状

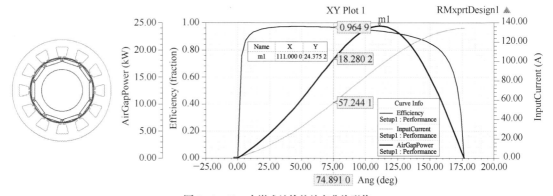

图 3-1-61　内嵌式结构的效率曲线形状

中,内嵌式转子的永磁同步电机效率曲线的效率平台最宽。因此在永磁同步电机设计时,不但要看电机额定点的技术要求,而且要看电机峰值点的要求;另外根据电机应用需要,设计时应该兼顾电机效率平台的要求。

3.1.11　电机的风摩耗和设置原则

电机设计软件中不管是 RMxprt 还是 MotorSolve,电机设置都是绕不过去的一个坎(图 3-1-62)。在这些软件中,电机的风摩耗都要设计人员自己设置,风摩耗在电机设计中是个

"虚无缥缈"的参数,其大小对电机的性能有直接影响,特别是对电机的效率、电流等技术参数都有一定的影响。许多很有经验的电机设计人员对电机的风摩耗都觉得棘手,但是用电机设计软件必须要设置电机风摩耗的数值,而且要设置得"比较正确",不至于过多影响电机计算性能的正确性。

应该从电机损耗的基本概念着手来分析电机的风摩耗。永磁同步电机的效率,一般设计人员应该了解的,还可以用同类电机作为参照。根

Name	Value	Uni
Machine Type	Adjust-Speed Sync...	
Number of Poles	8	
Rotor Position	Inner Rotor	
Frictional Loss	45	W
Windage Loss	0	W
Reference Speed	1500	rpm
Control Type	AC	
Circuit Type	Y3	

全局	
外径	230
气隙厚度	0.8
堆叠高度	40
说明	
转子	
转子位置	内部
转子类型	IPM with lateral magnets
极数	10
定子	
定子类型	Square
相数	3
槽数	12
机械损耗	
摩擦损耗	0.045
风阻损耗	0
杂散损耗因数	0

图 3-1-62　两种不同软件都要人为设定电机的风摩耗

据电机要求的输入功率,电机的总损耗就可以算出。假设在最大效率时,电机的总机械损耗与电机的铜耗相等,那么电机的总机械损耗是电机总损耗的一半,再假设电机的铁耗与风摩耗相等,那么风摩耗占电机总损耗的 1/4。一般电机的风摩耗比电机的铁耗小,因此可以把电机的输出功率作为总功率。例如,某一永磁同步电机输出功率为 500 W,电机效率为 80%,那么电机的总损耗为 100 W,电机的风摩耗则为 100 W/4 = 25 W。有了对风摩耗的估算,在电机设计时对电机的风摩耗设置心中有数。

可以在设置风摩耗后对电机进行一次性能计算,计算出的电机铜耗和铁耗不会有太大变化,查看电机计算单的铁耗数值,设置电机的风摩耗数值与电机铁耗相同,再进行计算,这样的设置作为电机风摩耗设置的终值,计算后的风摩耗不会与电机的铁耗相等,但是从实践看,一般的电机用该方法设置风摩耗是可行的。

3.1.12　永磁同步电机的运行分析

(1) 大多数永磁同步电机采用 PWM 控制技术,特别是自控式永磁同步电机,采用了 SPWM、SVPWM 控制技术。

(2) 输入电机的电源电压是 PWM 形式可调制的脉冲电压,其幅值与输入逆变器的电压幅值基本相同,有效波形(基波)是期望的正弦波形,其幅值不大于 PWM 形式可调制的脉冲直流电压幅值。

(3) 电机的控制器有两种 PWM 方式:电流滞环方式和矢量控制方式。

三相 PWM 逆变器中的滞环电流控制因其控制方式简单、易于硬件实现、工作可靠、无跟踪误差、动态响应快等优点得到了广泛的重视与应用。PWM 控制技术的变压变频器一般都是电压源型的,它可以按需要方便地控制其输出电压,但是在交流电机中,实际需要保证的应该是正弦波电流,因为在交流电机绕组中只有通入三相平衡的正弦电流才能使合成的电磁转矩为恒定值,不含脉动分量。因此,若能对电流实行闭环控制,以保证其正弦波形,显然将比电压开环控制能够获得更好的性能。

电流滞环跟踪控制方法的精度高、响应快、易于实现,但受功率开关器件允许开关频率的限制,仅在给定电流峰值处才发挥出最高开关频率,而其他情况下器件的允许开关频率都未得到充分利用。为了克服这个缺点,可以采用具有恒定开关频率的电流控制器或者在局部范围内限制开关频率,但这样对电流波形都会产生影响。

采用滞环比较方式的电流跟踪型 PWM 交流电路有以下特点:

(1) 硬件电路简单。

(2) 属于实时控制方式,电流反应快。

(3) 不需要载波,输出电压波形中不含有特定频率的谐波分量。

(4) 与计算法及调制法相比,相同开关频率时输出电流中高次谐波含量较多。

(5) 闭环控制,这是各种跟踪型 PWM 交流电路的共同特点。

电流滞环的环宽是为防止系统在某一电流值上下波动时引起系统反复动作,产生振荡而设置。即电流必须大于某个值才能动作,反之,当电流小到另一值时才解除动作,环宽决定了动作的间隔时间。环宽小动作灵敏且频繁,环宽大动作迟缓。这是一对矛盾的因素,实用中应在充分利用器件开关频率的前提下,正确选择尽可能小的环宽。设定一个电流,当电流高于上限关断开关,低于下限开通,在三相输出端检测电流,与给定的电流相比较,当反馈电流小于给定电流一定值时,关闭下桥臂 IGBT,打开上桥臂 IGBT,提高输出电压从而提高输出电流。反之,当反馈电流超过给定电流一定值时,关闭上桥臂 IGBT,打开下桥臂 IGBT。这样输出电流就在给定电流附近做来回振荡。优点是电流波形非常好,基本在给定电流附近;缺点是 IGBT 开关频率不固定,取决于给定变化快慢和开关区间的大小。永磁同步电机的电磁转矩基本上取决于定子电流在 q 轴上的分量。由于永磁同步电机的转子磁链恒定不变,所以普遍采用按转子磁链定向的矢量控制,控制的实质就是通过对定子电流的控制来实现交流永磁同步电机的转矩控制。转速在基速以下时,在定子电流给定的情况下,控制 $i_d = 0$ 可以更有效地产生转矩,这时电磁转矩 $T_{em} = Pni_q\psi r$,可见电磁转矩就随着 i_q 的变化而变化,这种控制方法最为简单。然而转速在基速以上时,因为永久磁铁的励磁磁链为常数,电机感应电动势随着电机转速成比例地增加,电机感应电压也随之提高,但是又受到与电机端相连的逆变器的电压上限的限制。

在实际控制中,系统检测到的是流入电机的三相定子电流,所以必须进行坐标变换,把三相定子坐标上的电流分量经 Park、Clarke 变换成转子坐标系上的电流分量。要实现定子坐标系到转子坐标系的变换,必须在控制中实时检测电机转子的位置,常用的转子位置检测传感器有增量式光电编码器、绝对式光电编码器和旋转变压器。位置信号指令与检测到的转子位置相比较,经过位置控制器的调整,输出速度指令信号;速度指令信号与检测到的转子速度信号相比较,经速度调节器的调节,输出控制转矩的电流分量 i_q;电流分量给定信号与经过坐标变换的电机实际电流分量比较,通过电流控制器计算,其输出量经反 Park 变换用于计算产生 PWM 驱动IGBT,产生可变频率和幅值的三相正弦电流输入电机定子,驱动电机工作。

3.2 电机的电气特性

3.2.1 电机的感应电动势

永磁同步电机的感应电动势是举足轻重的参数,贯穿电机机械特性、电机内部磁链和电机性能的检验、判断。在永磁同步电机设计中,由于影响电机的感应电动势 E 只与电机的磁链 $N\Phi$ 有关,所以能准确计算,并用感应电动势和感应电动势常数能非常方便和准确地考核电机的相关参数。因此在永磁同步电机设计中,有必

要对电机的感应电动势及感应电动势常数加以重视,并有相当的认识,并以此用于永磁同步电机设计和生产。在许多文章中称感应电动势为反电动势,本书中一律称为感应电动势。

3.2.1.1 用 RMxprt 计算永磁同步电机的感应电动势

有一永磁同步电机:

Rated Output Power(kW):0.75

Rated Voltage(V):125

Number of Poles:10

Frequency(Hz):250

Synchronous Speed(r/min):3 000

Rated Torque(N·m):2.387 68

Torque Angle(°):46.337 7

用 RMxprt 计算该电机,其计算单中标明电机额定转速时的感应电动势,如图 3-2-1 所示。

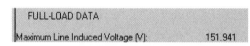

图 3-2-1 电机感应电动势计算值

也就是说,该 0.75 kW 的永磁同步电机在控制器给予电机 125 V AC、250 Hz 的额定电压,转速为 3 000 r/min 时,该电机的感应电动势峰值为 151.941 V,如图 3-2-2 所示。

由于电机的结构不同,电机的感应线电动势不会很好地呈现标准正弦波形状,如图 3-2-3 所示,因此不可能用正规的正弦波求取波形有效值的方法求取该波形的有效值,因此感应电动势用峰值来表示。

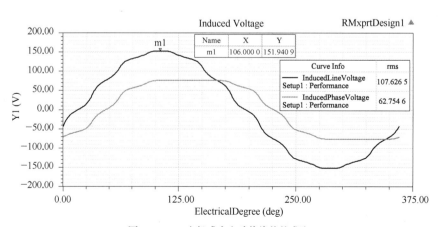

图 3-2-2 电机感应电动势峰值的求取

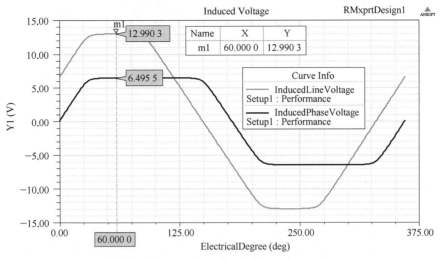

图 3 - 2 - 3　另一种感应电动势波形

3.2.1.2　永磁同步电机的感应电动势波形讨论

为了使永磁同步电机很好地进行矢量控制，其感应电动势的波形应该是尽量好的正弦波。感应电动势波形的形状与电机的结构有关，特别是和电机转子的磁钢形式有非常大的关系。

相同定子的永磁同步电机，转子分别是径向内嵌式磁钢、切向内嵌式磁钢和表贴式偏心斜极磁钢（图 3 - 2 - 4～图 3 - 2 - 6），三种电机的感应电动势如图 3 - 2 - 7～图 3 - 2 - 9 所示，很明显表贴式转子的感应电动势波形更接近正弦波形状，非常平滑。

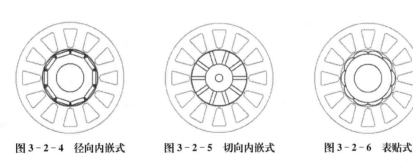

图 3 - 2 - 4　径向内嵌式　　　图 3 - 2 - 5　切向内嵌式　　　图 3 - 2 - 6　表贴式

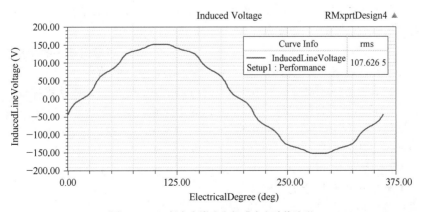

图 3 - 2 - 7　径向内嵌式电机感应电动势波形

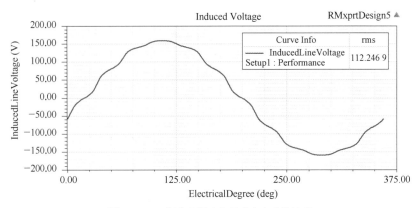

图 3 - 2 - 8　切向内嵌式电机感应电动势波形

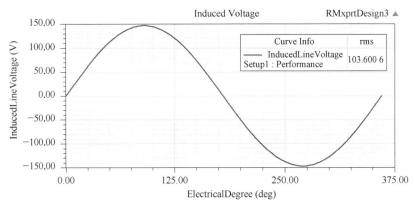

图 3 - 2 - 9　表贴式电机感应电动势波形

3.2.1.3　感应电动势的设置技术

虽然内嵌式转子其 d、q 轴的反应电抗相差大,对电机弱磁起很大作用,但是其感应电动势波形不算太好,这样控制器的矢量控制算法就比较复杂,要求较高,否则会带来震动、噪声等问题。因此用表贴式转子进行偏心和斜槽,适当降低控制器输出电压和输入电压比值,使电机的感应电动势有效值与电机的输入电压相等或相近。这样电机的功率因数就会接近 1,设定的电机工作点会接近电机最大效率点。只要提高输入永磁同步电机的电压并提高输入电机的电压频率,电机的转速可以相应提高,电机的感应电动势可以随转速的上升而提高且不会超过输入永磁同步电机的线电压值,这样不用弱磁控制同样也达到了提高永磁同步电机转速的目的。而且控制器的算法简单,成本降低,运行平稳。用控制器输入电机的三相斩波电压较低于电源电压作为永磁同步电机的额定电压不是没有道理的。松下 A5 型交流伺服电机就采用了这种方案,国内

许多生产永磁同步电机的厂家也采用了表贴式转子的形式,取得了很好的效果。

内嵌式转子也可以使感应电动势波形成平滑的正弦波,如图 3 - 1 - 40 所示 Prototype Design 4 形状的内嵌式磁钢转子,也能较好地使电机感应电动势形成平滑的正弦波,所以永磁同步电机的转子磁钢结构很大程度影响了电机的感应电动势波形,这是在设计永磁同步电机时应该考虑的。

3.2.1.4　感应电动势的测量

测量感应电动势时,用负载拖动电机与被试电机用联轴器连接。原动机拖动被试电机在某同步转速下作为空载发电机运行,记录观测其波形,同时分别测量被试电机的三个出线端感应电动势幅值,取其平均值作为线感应电动势 E,用下式计算感应电动势常数。

$$K_E = \frac{E}{n}$$

式中：K_E 为感应电动势常数；E 为电机线感应电动势幅值；n 为被试电机的转速。

3.2.1.5　空载与负载的感应电动势

永磁同步电机的感应电动势为 $E = \dfrac{N\Phi}{60}n$，一旦电机制作完成，电机的磁链 $N\Phi$ 便是固定的，电机的感应电动势 E 大小仅与转速 n 有关。永磁同步电机从空载到负载状态，如果电源频率不变，转速恒定不变，因此电机的感应电动势始终不变，没有空载和负载感应电动势区别。

如图 3-2-10 所示，某永磁同步电机的负载感应电动势为 236.631 V。

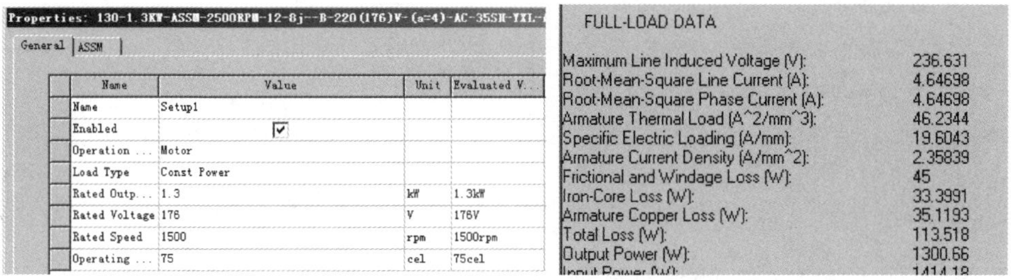

图 3-2-10　RMxprt 输入 1.3 kW、176 V 和输出感应电动势数据

在空载时，电机输入电压改变，电机转速不变，则电机的感应电动势仍为 236.631 V，如图 3-2-11 所示。

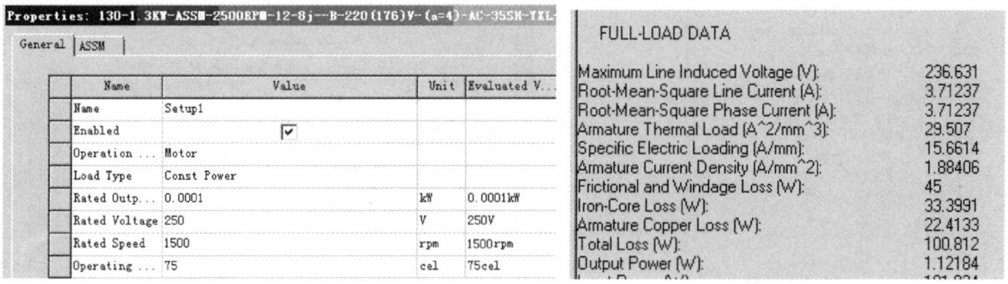

图 3-2-11　RMxprt 输入 0.000 1 kW、250 V 和输出感应电动势数据

从图 3-2-10 和图 3-2-11 对比看，只要电源频率相同，永磁同步电机的空载和负载的感应电动势是相同的。

3.2.1.6　感应电动势的求取

以 130 永磁同步电机为例，分别用 RMxprt、Maxwell-2D 和 MotorSolve 设计计算电机感应电动势，以及根据 RMxprt 计算的永磁同步电机结构、数据生产的电机实测感应电动势数值。

RMxprt 计算单如图 3-2-12 所示，求取的感应电动势曲线如图 3-2-13 所示。

用 Maxwell-2D 分析方法也可以求取电机空载感应电动势，方法如下：

（1）进行 Maxwell-2D 分析，分析结果如图 3-2-14 所示。

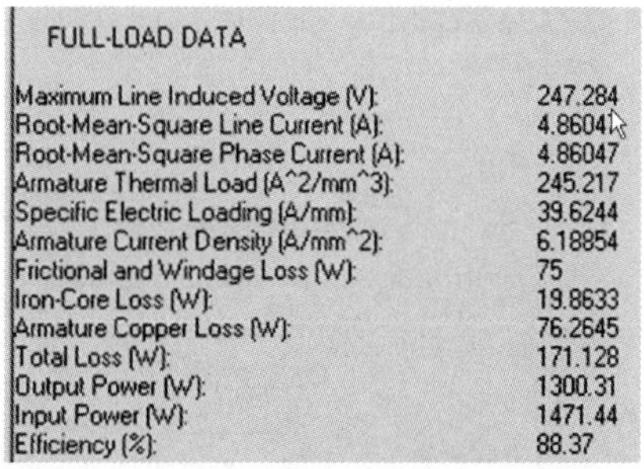

图 3-2-12　130 永磁同步电机感应电动势

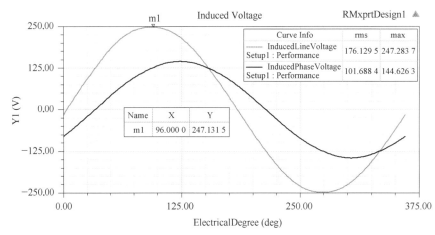

图 3-2-13　RMxprt 求取的感应电动势曲线

双击图中的 ⊞▥ PhaseA，出现如图 3-2-15 所示结果。

点击"Type"的"Voltage"框，选中"Current"并确定，如图 3-2-16 所示。

图 3-2-14　RMxprt 模块一键生成 2D 模块

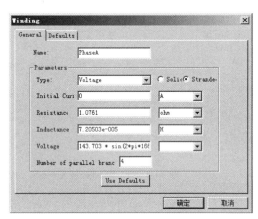

图 3-2-15　A 相数据框

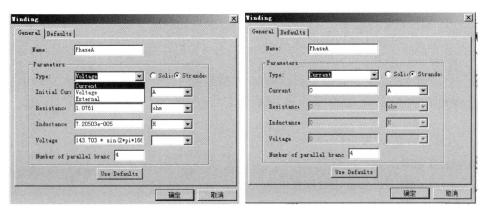

图 3-2-16　A 相电流设置为 0,使其成为空载电流状态

以上实质上是使电机电流为零,即求取电机空载感应电动势。在无刷电机、直流电机等非同步电机中,电机的空载和负载的感应电动势是不等的,因为 RMxprt 是多类型电机设计软件,所以要求取空载电机感应电动势时,都要有设置电机电流为零的步骤。B、C 相做法相同。

(2) 双击"Setup1"(图 3-2-17),改停止时间和时间步长,如图 3-2-18 所示。

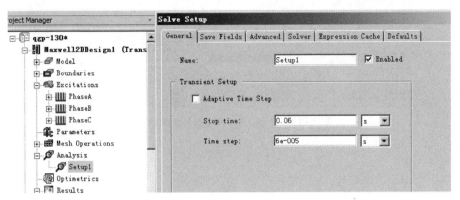

图 3-2-17　Solve Setup 显示

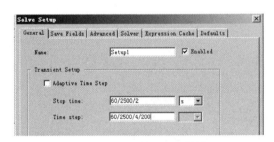

图 3-2-18　Solve Setup 设置

Stop time 取电机 1 对极(共有 4 对极)产生 2 个波形周期所需的时间:60/2 500/2(一般取产生一个周期波形的时间 60/2 500/4 即可)。

Time step 取产生显示波形一个周期时间的 1/200 时间:60/2 500/4/200。

(3) 对 Setup1 进行分析:点击"Analyze",软件对设置的电机进行 2D 分析(图 3-2-19)。

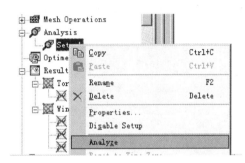

图 3-2-19　点击"Analyze"进行电机分析

(4) 右键点击"Results",出现建立瞬态报告,点击"Rectangular Plot"(图 3-2-20),出现图 3-2-21,选择 Winding 的 A 相感应电动势 InducedVoltage (Phase A),点击"New report",出现 A 相感应电动势,如图 3-2-22 所示。

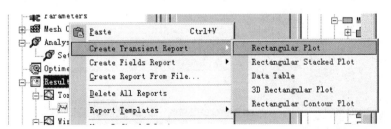

图 3-2-20　建立瞬态报告步骤 1

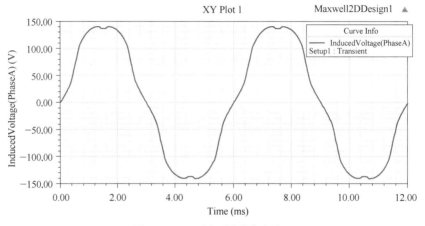

图 3 - 2 - 21　建立瞬态报告步骤 2

图 3 - 2 - 22　建立瞬态报告步骤 3

如果选择两相感应电动势(图 3 - 2 - 23),点击"New Report",出现 A、B 相感应电动势,如图 3 - 2 - 24 所示。

(5) 永磁同步电机线感应电动势的求取。电机的感应电动势就是相当于电机三相发电,永

磁同步电机若是三相绕组,一般有两种接法:Y 接法和△接法(图 3 - 2 - 25),因此有相电压和线电压之分。相电压是端线与地线(中线)间的电压,线电压是端线之间的电压。

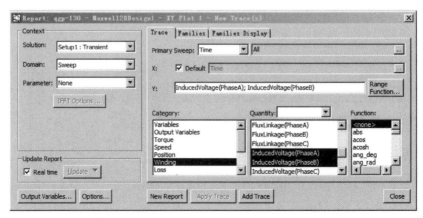

图 3 - 2 - 23　建立瞬态报告步骤 4

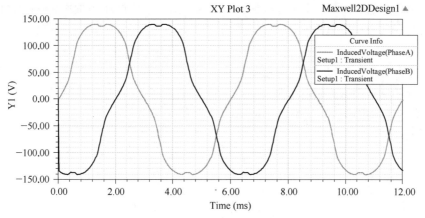

图 3-2-24　两相感应电动势曲线

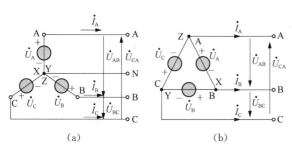

图 3-2-25　永磁同步电机 Y、△绕组电压关系图

（a）Y 接法；（b）△接法

线电压与相电压之间关系为

绕组 Y 接法

$$\dot{U}_{AB} = \dot{U}_{AN} - \dot{U}_{BN} = \sqrt{3}U\angle 30°$$

$$\dot{U}_{BC} = \dot{U}_{BN} - \dot{U}_{CN} = \sqrt{3}U\angle -90°$$

$$\dot{U}_{CA} = \dot{U}_{CN} - \dot{U}_{AN} = \sqrt{3}U\angle 150°$$

绕组△接法

$$\dot{U}_{AB} = \dot{U}_{A} = U\angle 0°$$

$$\dot{U}_{BC} = \dot{U}_{B} = U\angle -120°$$

$$\dot{U}_{CA} = \dot{U}_{C} = U\angle 120°$$

如果绕组是 Y 接法，要求 A、B 两相线感应电动势，则是两相感应电动势之差。则需把图 3-2-26 的 Y 图框中的分号";"改成减号"-"，再点击"New Report"，出现 A、B 两相线感应电动势，并求取其幅值（266.204 6 V），其波形如图 3-2-27 所示。

图 3-2-26　线感应电动势设置方法

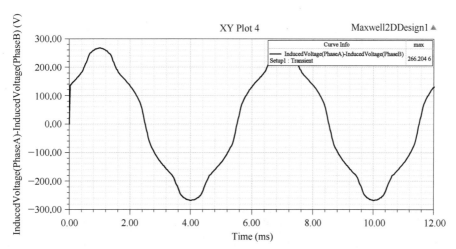

图 3-2-27　线感应电动势曲线

因为电机感应电动势不一定是标准的正弦波,所以线电压与相电压之间的关系不可能是纯粹的$\sqrt{3}$关系。

如果绕组是△接法,要求 A、B 两相线感应电动势,则是永磁同步电机的相电压波形。

如果要在相感应电动势图中看线感应电动势,则把鼠标放在图框中,点击右键(图 3-2-28),点击"Modify Report",出现如图 3-2-29 所示对话框。把 Y 图框中分号";"改为减号"一",点击"Add Trace",则出现如图 3-2-30 所示波形,并可求取线感应电动势的幅值(266.204 6 V)。

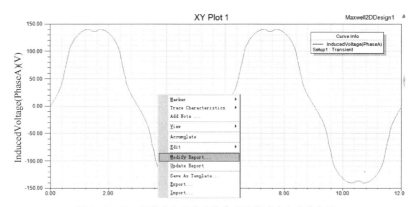

图 3-2-28　相感应电动势曲线中求取线感应电动势方法 1

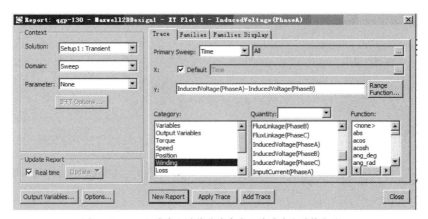

图 3-2-29　相感应电动势曲线中求取线感应电动势方法 2

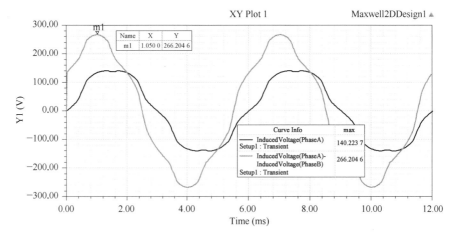

图 3-2-30　相感应电动势和线感应电动势曲线

（6）用 MotorSolve 求线感应电动势就非常简单。电机模块如图 3-2-31 所示，用 MotorSolve 求取的感应电动势曲线如图 3-2- 32 所示。

根据 RMxprt 计算数据设计制造的电机实测的电机感应电动势见表 3-2-1。

图 3-2-31　电机模块

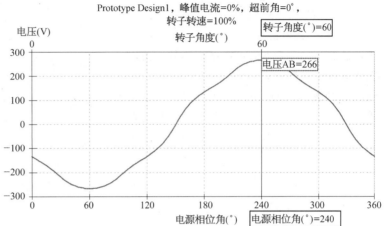

图 3-2-32　MotorSolve 求取的感应电动势曲线

表 3-2-1　130-M05025 性能表

型号	电压(V)	转矩(N·m)	额定转速(r/min)	电流控制(A)	输出功率(kW)	L(mm)	匝数(匝)	线径(mm)	接线形式	感应电动势[V/(1 000 r/min)]	感应电动势(V)
130-M05025	220	5	2 500	5	1.31	42	286	0.5	4 并	68	68

计算其感应电动势为

$$E=68\times2.5\times\sqrt{2}=240.416(V)$$

3.2.1.7　感应电动势的误差分析

（1）Maxwell-2D 与 MotorSolve-2D 计算相对误差。

$$\Delta E=\left|\frac{266.204\ 6-266}{266}\right|=0.000\ 769$$

（2）RMxprt 计算与制造符合率。

$$\Delta E=\left|\frac{240.416-247.284}{240.416}\right|=0.028\ 6$$

（3）Maxwell-2D 计算与制造符合率。

$$\Delta E=\left|\frac{240.416-266.204\ 6}{240.416}\right|=0.107\ 3$$

综上，用 RMxprt 或者 Maxwell-2D 计算的结果与试制电机的感应电动势相比，其设计符合率虽有差距，但是还在 10% 之内，可以看出，用 RMxprt 计算的电机感应电动势的数值还是有参考意义的。

3.2.1.8　感应电动势在电机设计和生产中的应用

永磁同步电机的感应电动势 E 是电机结构性能的综合反映。电机结构和材料的变化，都会对一定转速的感应电动势波形和数值产生改变。另外，永磁同步电机也是根据电机感应电动势的波形和数值进行控制的。因此永磁同步电机的感应电动势在电机设计和生产中占有重要的位置。

1）感应电动势在永磁同步电机的输入电压设置中的应用　永磁同步电机中，如果感应电动势 E（幅值）与输入永磁同步电机的线电压的幅值相近，则永磁同步电机的功率因数可以接近于 1，电机效率最大。这样可以在电机设计中使电机的感应电动势幅值与输入永磁同步电机的线电压的幅值相等。

2）技术条件中求取电机的感应电动势　一般技术条件中并不会标明电机感应电动势，某永磁同步电机的技术条件中：

反电势 Voltage constant(V/1000r/min)	28

即拖动该永磁同步电机在 1 000 r/min 时所发出的电压即为 28 V，该电机额定转速为 3 000 r/min，该电机在 3 000 r/min 所发出的电压就是 $E=28\ V\times3=84\ V$，即该电机的感应电动势 E 在额定转速 3 000 r/min 时为 84 V（有效值）。在许多永磁同步电机的技术条件中就把电机线绕组在 1 000 r/min 时发出的电压称为感应电动势系数。如果该感应电动势的波形与正弦波相近，其峰值为

$$E_{峰}=\sqrt{2}\times84=118.8(V)$$

3）感应电动势的设置　根据该技术条件用 RMxprt 设计该电机时，考虑到市电有 ±10% 的电压波动，这样可以取用输入电机 AC 斩波调频调幅电压为 $U=84\ V\times1.1=92.4\ V\ AC$，这就是在铭牌上标明的输入三相交流线电压的最大值。考虑到控制器可以把电机最高转速提到额定转速的 2 倍，那么经过控制器调制后输入永磁同步电机的线电压 $U=84\ V\times2\times1.1=184.8\ V$，没有超过电源电压 220 V。

不可能把最高转速与额定转速之比无限提高，如果该电机设想把最高转速与额定转速比定为 2.5 倍，那么电源电压 $U=84\ V\times2.5\times1.1=231\ V$，这就超过了单相电源供电的 220 V。换言之，如果该永磁同步电机是表贴式磁钢的转子，电机额定转速为 3 000 r/min，那电机的最高转速会在 6 000 r/min 左右，不可能达到 7 500 r/min，除非进行弱磁控制，但表贴式转子的弱磁能力有限，要提高电机的转速比有两种办法：

（1）设计时把输入永磁同步电机的额定工作电压再降低。

（2）改变转子结构，换成内嵌式各种磁钢型式。

但是，如果电机本身功率较大，输入电机的电压不宜太低，电机功率大，电压低，相应电机的工作电流大，线径大，这样电流会受到控制器晶体管电流的限制。绕组线径大，受到机绕和焊接等工艺的限制。如果考虑转子用内嵌式磁钢，那

么电机就会产生震动、噪声等问题，还要考虑电机的控制器功能是否相当大，是否能承受控制器价格等因素。另外，用同样体积的外形转子，内嵌式磁钢的转子产生的磁通就小于表贴式转子，如果要达到同样的电机性能，要么提高磁钢的性能，要么增大转子的体积，这样就相应提高了电机成本。因此电机的输入电压和感应电动势是一个应综合考虑的问题。

4）永磁同步电机感应电动势波形的控制　永磁同步电机的感应电动势波形对电机控制影响较大，其波形尽量保证正弦波，这样有利于电机的控制。如果永磁同步电机感应电动势的波形与标准的正弦波波形相差很大，那么对高精度的伺服电机控制是不利的。如果波形与正弦波波形相差太大，那么应采取改变磁钢形状、定转子进行斜槽等措施，使电机感应电动势的波形尽量接近正弦波。

5）测试永磁同步电机感应电动势控制电机的性能　设计永磁同步电机后算出电机的感应电动势，按设计数据进行永磁同步电机的试制，如果试制出来的永磁同步电机进行发电机感应电动势的测量，所测出的感应电动势的大小与设计时的永磁同步电机的感应电动势相差甚大，那么电机生产中的某些环节肯定出现问题。

首先检查设计中是否有哪些环节出现问题，一直检查到没有问题为止。其次检查电机的制造过程中电机结构、材料是否与设计数据相同，再检查电机绕组匝数和接线是否正确，转子磁钢材料是否是设计所指定的材料，材料供应商是否给错了磁钢牌号等，这样最终会做出一个与设计相近的永磁同步电机。

所以永磁同步电机在设计和制造生产过程中，电机设计人员必须对永磁同步电机的感应电动势有相当多的研究和关注，只要电机设计人员在永磁同步电机设计、制造中抓住了感应电动势的主要矛盾，那么永磁同步电机的设计和制造便不会出现很大的偏差。

3.2.2　电机的转矩和转矩常数

转矩常数 K_T 表示永磁同步电机在单位电流时所能产生的转矩，这是一个常数，所以也可以把转矩常数转换成

$$K_T = \frac{T'}{I_{线}} = \frac{\Delta T}{\Delta I} = \frac{T' - T_0}{I_{线} - I_0} = \frac{T}{I_{线} - I_0}$$

因此转矩常数有两个表达式

$$K_T = \frac{T'}{I_{线}} = \frac{T}{I_{线} - I_0} \qquad (3-2-1)$$

表明永磁同步电机电磁转矩 T' 与电机的工作电流 $I_{线}$ 成正比，或者说电机的转矩 T 与电机有效工作电流 $(I_{线} - I_0)$ 成反比。

3.2.2.1　RMxprt 中的转矩常数

在 RMxprt 中用 Time 模式计算，可以算出电机的转矩常数 K_T，从 RMxprt 中定义：永磁

同步电机的转矩常数是单位线电流的电磁转矩。电磁转矩可以从计算机械特性曲线中提取。

$$K_T = \frac{T'}{I_{线}}、\quad T' = 9.55 P_2'/n$$

$$K_T = \frac{9.55 P_2'}{n I_{线}} = \frac{9.55 \times 1\,375}{2\,500 \times 4.890\,94}$$
$$= 1.073\,92(\text{N} \cdot \text{m/A})$$

Torque Constant KT(N·m/A)：1.074 2
Root-Mean-Square Line Current(A)：4.890 94

其中，P_2' 的电磁功率从图表中求取(图 3-2-33)，$I_{线}$ 由计算单中求取。

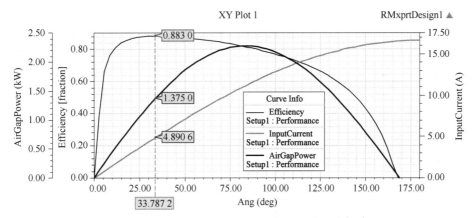

图 3-2-33　电机机械特性曲线中求取电磁输出功率 P_2'

$$\Delta K_T = \left| \frac{1.073\,92 - 1.074\,2}{1.074\,2} \right| = 0.000\,26$$

RMxprt 中的转矩常数 K_T 是一种特定的规定，规定永磁同步电机中单位线电流产生的电磁转矩定为转矩常数。由于电磁转矩 T' 在实际应用中不能直接度量，所以一般永磁同步电机的技术参数中转矩常数定义为：$K_T = \frac{T}{I}$，两者是有区别的，读者务必注意。

要求得理论上可行的永磁同步电机的转矩常数的概念应该是：电机输出转矩除以电机产生有效转矩的电流，即

$$K_T = \frac{T}{I_{线} - I_0} = \frac{4.967\,38}{4.890\,94 - 0.248\,613}$$
$$= 1.070\,1(\text{N} \cdot \text{m/A})$$

需指出的是，这里的 I_0 是在电机空载时，输

入电机的线电流，不是输入控制器的空载电流，在 RMxprt 的计算书中有显示：

No-Load Line Current(A)：0.248 613
No-Load Input Power(W)：95.170 1
Cogging Torque(N·m)：1.006 85e-012

其数值要比 $K_T = \frac{T}{I}$ 大一些，特别是机械损耗比较大的电机。

T、I、I_0 在 RMxprt 的计算书上都有显示，在电机测试中可以得到，因此用 $K_T = \frac{T}{I - I_0}$ 求取永磁同步电机的转矩常数更有利工程应用，更方便，更合理。

电机的感应电动势常数

$$K_E = \frac{E}{n} = \frac{247.284}{2\,500} = 0.098\,913\,6[\text{V/(r/min)}]$$

如果按上节用 Maxwell-2D 计算的感应电

动势 $E = 266.204\ 6\ \text{V}$，则

$$K_\text{E} = \frac{E}{n} = \frac{266.204\ 6}{2\ 500} = 0.106\ 48[\text{V}/(\text{r}/\text{min})]$$

应该讲公式 $K_\text{T} = \frac{60}{2\pi} K_\text{E} = 9.549\ 3\ K_\text{E}$ 是公认的，因此用该公式由 K_T 求取电机的感应电动势常数是合理的。

$$K_\text{E} = \frac{K_\text{T}}{9.55} = \frac{1.074\ 2}{9.55}$$
$$= 0.112\ 48[\text{V}/(\text{r}/\text{min})](\text{RMxprt 用 } 9.55)$$

RMxprt 计算

$$\Delta K_\text{E} = \left|\frac{0.112\ 48 - 0.098\ 913\ 6}{0.098\ 913\ 6}\right| = 0.137$$

Maxwell - 2D 计算

$$\Delta K_\text{E} = \left|\frac{0.112\ 48 - 0.106\ 48}{0.106\ 48}\right| = 0.056$$

从用 RMxprt 和 Maxwell - 2D 两种方法求取的 K_E 转换成 K_T 相比，估计 Maxwell - 2D 计算出的电机感应电动势 E 比 RMxprt 计算出的 E 要大些且更准确。

3.2.2.2　永磁同步电动机的矢量转换

永磁同步电机是以输入调频、调幅的三相正弦波交流电形式作为电源的，因此其工作电流的效能不能和直流电效能相等，对于交流三相电机来说，情况就不像直流无刷电机那样简单，交流三相电机的转矩公式是

$$T' = C_\text{T} \varPhi I_\text{线} \cos\varphi \qquad (3 - 2 - 2)$$

式中：T' 为电磁转矩；C_T 为转矩系数；I 为电枢电流；$\varPhi$ 为磁通；φ 为功率因数角。

从上式可以看出，交流三相电机的转速不仅与转子电流 I 和气隙磁通 $\varPhi$ 有关，而且与电动机的功率因数 $\cos\varphi$ 有关，转子电流 I 和气隙磁通 $\varPhi$ 两个变量既不正交，彼此也不是独立的，这种转矩的复杂性是交流电机难以控制的根本原因。如果能将交流电机的物理模型等效地变换成类似直流电机的模式，分析和控制就可以大大简化。坐标变换正是按照这条思路进行的。

实际上交流电机的有功电流应该是

$$I_\text{有功} = I_\text{线} \cos\varphi \qquad (3 - 2 - 3)$$

那么交流电机的转矩公式就变为

$$T' = C_\text{T} \varPhi I_\text{有功} \qquad (3 - 2 - 4)$$

从式(3 - 2 - 4)看，交流电机和直流电机的转矩公式形式完全一样，如果把交流电机的转矩起作用的电流看作有功电流 $I_\text{有功} = I\cos\varphi$，那么交流三相电机的模型和直流电机模型等效，两电机的电磁转矩相等，这是一种简化的电机矢量变换。

直流电机的转矩、转矩常数为

$$T' = \frac{N\varPhi I}{2\pi} \text{、} K_\text{T} = \frac{T'}{I} = \frac{N\varPhi}{2\pi}$$

永磁同步电机的转矩、转矩常数为

$$T' = \frac{N\varPhi(I_\text{线} \cos\varphi)}{2\pi} \text{、} K_\text{T} = \frac{T'}{I_\text{d}} = \frac{T'}{I_\text{线} \cos\varphi} = \frac{N\varPhi}{2\pi}$$

$$K_\text{T} = \frac{T'}{I_\text{线} \cos\varphi} = \frac{9.55 \times 1\ 375/2\ 500}{4.890\ 94 \times 0.979\ 733}$$
$$= 1.096\ 139(\text{N} \cdot \text{m}/\text{A})$$

$$\Delta K_\text{T} = \left|\frac{1.096\ 139 - 1.073\ 92}{1.073\ 92}\right| = 0.020\ 7$$

$$K_\text{E} = K_\text{T}/9.55 = 1.096\ 139/9.55$$
$$= 0.114\ 779[\text{V}/(\text{r}/\text{min})]$$

$$\Delta K_\text{E} = \left|\frac{0.114\ 779 - 0.106\ 48}{0.106\ 48}\right| = 0.077\ 94$$

Power Factor：0.979 733

Root-Mean-Square Line Current（A）：4.890 94（用 Time 模式计算的电流值）

3.2.2.3　永磁同步电机系统的电流关系

可以用能量守恒的观点去计算永磁同步电机系统(图 3 - 2 - 34)的电流关系。

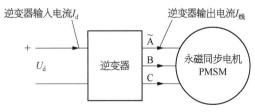

图 3 - 2 - 34　逆变器的输入和输出

当永磁同步电机系统工作时，逆变器输入电压为 U_d DC、输入电流为 I_d DC、输入功率为 $P_\text{1d} = U_\text{d} I_\text{d}$、逆变器效率是 $\eta_\text{逆变器}$，设逆变器输出

是三相标准的正弦波交流电,那么逆变器输入电机的功率为 $P_1 = \sqrt{3} U I_线 \cos \varphi$,因此

$$P_{1d} \eta_{逆变器} = P_1$$
$$U_d I_d \eta_{逆变器} = \sqrt{3} U_线 I_线 \cos \varphi$$

因此电机的线电流为

$$I_线 = \frac{U_d I_d \eta_{逆变器}}{\sqrt{3} U_线 \cos \varphi} \qquad (3-2-5)$$

输入逆变器电流为

$$I_d = \frac{\sqrt{3} U_线 I_线 \cos \varphi}{U_d \eta_{逆变器}} \qquad (3-2-6)$$

可以从这个测试比较准确的 3 kW 永磁同步电机实例进行验算。

因此电机的线电流为

$$I_线 = \frac{U_d I_d \eta_{逆变器}}{\sqrt{3} U_线 \cos \varphi} = \frac{(31.1 \times \sqrt{2}) \times 72.9 \times 0.983}{\sqrt{3} \times 31.1 \times 0.711}$$
$$= 82.3 (\text{A})$$

注:这里把输入永磁同步电机的线电压当作是正弦波,其幅值算作 U_d,实际表上电流为 83.8 A。

可以从另外的角度求出永磁同步电机的线电流。

$$I_线 = \frac{Tn}{9.549\,3 \times \sqrt{3} U_线 \cos \varphi \eta_{电机}}$$
$$= \frac{9 \times 3\,021}{9.549\,3 \times \sqrt{3} \times 31.1 \times 0.711 \times 0.887}$$
$$= 83.8 (\text{A AC})$$

$$I_d = \frac{Tn}{9.549\,3 U_d \eta_{逆变器} \eta_{电机}}$$
$$= \frac{9 \times 3\,021}{9.549\,3 \times 46.1 \times 0.953\,3 \times 0.887}$$
$$= 73.04 (\text{A DC})$$

可以把逆变器的效率与电机效率的乘积称为永磁同步伺服电机系统的系统效率,即 $\eta_{系统} = \eta_{逆变器} \eta_{电机}$,那么

$$I_d = \frac{Tn}{9.549\,3 U_d \eta_{系统}} = \frac{9 \times 3\,021}{9.549\,3 \times 46.1 \times 0.846}$$
$$= 73 (\text{A DC})$$

3.2.2.4　永磁同步电机系统与电机的转矩常数

电机电磁转矩 T' 与电机的磁链 $N\Phi$ 和通过绕组的电流 I 的乘积有关,$T' = \frac{N\Phi I}{2\pi}$,永磁同步电机的绕组线圈交链的电流为电机的线电流 $I_线$,如果把永磁同步电机系统看作一个电机,是一个输入直流电源的直流电机,输入永磁同步电机系统的输入电压为 U_d、电流为 I_d,那么电机的输入电流 I_d 不和永磁同步电机的磁链直接交链,用永磁同步电机系统的 $K_T = \frac{T'}{I_d}$ 求取电机的转矩常数是不精确的。

永磁同步电机中转矩和电流之间关系非常清楚,可以非常明确地知道:

(1) 当电机受到 T' 电磁转矩时,电机会产生 $I_线 = T'/K_T$ 的电流。

(2) 当电机的电流为 $I_线$ 时,电机受到的转矩 $T' = K_T I_线$。

(3) 电机的 K_T 越大,单位电流所产生的转矩就越大。

(4) 电机的 K_T 越大,电机产生一定转矩所需要的电流 $I_线$ 就越小。

(5) 当电机的转矩常数 K_T 是电机电枢通电有效导体数 N 与电机磁钢的工作磁通 Φ 的乘积,如果要求某电机达到指定的转矩常数,只要使 N 与 Φ 的乘积达到预定值即可。

(6) 当电机的形式 (a, P) 确定以后,K_T 仅与 N 与 Φ 两个变量有关,所以只要抓住电机的 N、Φ,那么就抓住了电机设计的主要关键。而 N 与 Φ 是电机的"硬特征",因此,电机的转矩常数 K_T 是电机设计中的关键常数。

(7) 永磁同步电机的转矩常数 K_T 在电机与驱动器配合时要录入驱动器,因此永磁同步电机的转矩常数要有深刻的了解。

以上转矩常数的概念既简单又重要,这是永磁同步电机设计和调整的重要依据和方法。

电机相关书籍中常把 $C_T = \frac{pN}{2\pi a}$ 作为电机转矩常数,与本书的转矩常数不同,作者认为,C_T 是转矩系数的定义,也没有错,但没有体现"转矩常数"这一概念。在永磁同步电机中能与电机

磁链正确关联的应该是 $K_T = \dfrac{T'}{I_{线}} = \dfrac{T}{I_d - I_0} = \dfrac{N\Phi}{2\pi}$，这体现了转矩常数在永磁同步电机中内外参数关联的基本电磁公式，这是一个真正意义上的常数，并与电机磁链有关。

另外，对于新建的永磁同步电机，必须在驱动器中录入新建的永磁同步电机的主要参数，这样驱动器和永磁同步电机才能配合好，电机才能正常运行，其中电机的转矩常数 K_T 是必须录入的，因此求取正确的转矩常数 K_T 是很有必要的。

第4章

永磁同步电机内部特征的控制

4.1 电机单位体积与电机温升

电机温升是电机设计中一个重要参考量,温升过高会使绕组铜损加大,效率降低,电机性能下降,使磁钢退磁,电机的运行可靠性降低,影响电机运行寿命。电机温升受到各种因素的约束,本节主要对电机温升控制进行分析。

4.1.1 电机单位体积的转矩

1) 电机单位体积转矩概念 MotorSolve 程序中提出了电机单位体积转矩的概念:

封闭小电机 7～14 kN·m/m³

钕铁硼电机 14～42 kN·m/m³

大型液体冷却电机 100～250 kN·m/m³

如单位体积转矩是 7～14 kN·m/m³,即 7～14 N·m/dm³。如果有一台电机体积为 1 dm³,电机可以输出 7～14 N·m 的转矩。MotorSolve 的单位体积转矩中的体积是指定子气隙直径形成的体积 $D_i^2 L$。

某电机,用 MotorSolve 设计软件自带模块进行设计,如图 4-1-1 所示。

电机单位体积的计算见表4-1-1和图4-1-2。

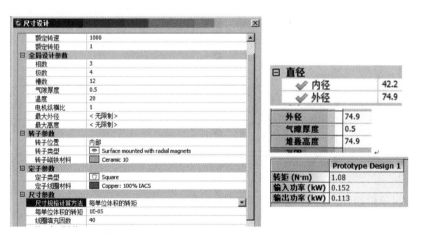

图 4-1-1 MotorSolve 自带模块电机的设置数据

表 4-1-1 根据 MotorSolve 自带模块进行计算

D(mm)	D_i(mm)	L(mm)	$V = D^2 L$ (mm³)	$V_i = D_i^2 L$ (mm³)	T(N·m)	T/V(N·m/mm³)	T/V_i(N·m/mm³)
74.9	42.2	74.9	420 189.7	133 384.9	1.08	0.000 002 570 26	0.000 008 096 86

	Prototype Design 1
转矩 (N·m)	1.08
输入功率 (kW)	0.152
输出功率 (kW)	0.113
效率 (%)	74.3
RMS电压 (V)	12.5
RMS电流 (A)	7.85
RMS电流密度 (A/mm²)	5.23
功率因数	0.895
每单位体积的转矩 (N·m/mm³)	1.08E-05

图 4-1-2 电机单位转矩计算结果

结果 $T/V_i = 0.809\,687 \times 10^{-5}$ N·m/mm³ 与 1.08×10^{-5} N·m/mm³ 相近,即证明了 MotorSolve 电机单位体积是指定子气隙直径形成的圆柱体体积。

2)永磁同步电机体积公式(设 $K_{FE}=1$,下面相同)

$$D_i^2 L = \frac{3T_N' D_i \times 10^4}{B_r \alpha_i Z A_S K_{SF} j} \quad (4-1-1)$$

永磁同步电机的气隙体积与 D_i、B_r、α_i、Z、A_S、K_{SF}、j 有关,见表 4-1-2。

表 4-1-2　无刷电机的气隙体积与各种电机参数的关系

无刷电机气隙体积	额定电磁转矩	磁钢参数	定子冲片参数	工艺和发热控制参数
$D^2 L$	T_N'	B_r、α_i	D_i、Z、A_S	K_{SF}、j、K_{FE}

一旦无刷电机气隙体积参数 D_i、L 确定,设计目标 B_r、α_i、Z、A_S、K_{SF}、j 确定后,电机的气隙体积与电磁转矩之间关系就确定了:$T' = D_i L B_r \alpha_i Z A_S K_{SF} j/(3 \times 10^4)$。从公式可以看出,如果一台电机的设计目标 B_r、α_i、Z、A_S、K_{SF}、j 中任何一项改变,则相同体积的单位转矩会做相应改变,当一台电机的内部结构参数和各种材料决定后,电机的电磁转矩也就决定了,则该电机的单位体积转矩也就确定。不能简单地说电机的单位转矩仅与电机的形式(封闭小电机、钕铁硼电机和大型液体冷却电机之分)有关。电机单位体积的转矩在电机设计中的不确定因素较多,用电机单位体积转矩的观念设计电机的可操作性和目的性的难度较大。因此选定单位体积转矩作为求取电机气隙体积的方式是比较难控制的。

4.1.2　电机单位面积的转矩

对式(4-1-1)进行转换,有

$$\frac{T_N'}{D_i L} = \frac{B_r \alpha_i Z A_S K_{SF} j}{3 \times 10^4} \quad (4-1-2)$$

即电机电磁转矩与气隙圆柱体最大轴截面之比,这就是电机气隙圆柱体最大轴截面的单位面积所能产生的电磁转矩。从物理上看,就是这一截面在电机转子旋转时能最多切割定子产生的磁力线。对一电机来讲,电机的电磁转矩和电机气隙圆柱体最大轴截面积之比是一个定值。用单位面积转矩表示某一电机的力能特定性能是比较贴切的。

对式(4-1-2)进行转换

$$Z A_S K_{SF} j = A_S' \frac{I}{q_{Cu}} = \frac{A_S' I}{q_{Cu}} = NI \quad (4-1-3)$$

所以式(4-1-2)可以简化为

$$\frac{T_N'}{D_i L} = \frac{B_r \alpha_i NI}{3 \times 10^4} \quad (4-1-4)$$

因此电机单位面积转矩是与电机的安匝数以及电机磁钢的剩磁有关的一个量。电机的磁钢性能越好,电机能容纳的安匝数越大,则电机单位面积的转矩就越高。只要有强大的磁钢和足够的安匝数就能产生巨大的单位面积转矩,这与电机的形式无关。公式也表示了单位面积产生的转矩和磁钢剩磁与由电流密度控制的安匝数有关,这是电机单位面积转矩的要点所在。

4.1.3　电机的转切应力密度

在有些书籍中提出电机的转切应力密度,其概念是:电机转子圆柱体单位表面能够输出的转矩。这与上面提出的单位面积转矩相似。

$$\frac{T_N'}{\pi D_i L} = \frac{B_r \alpha_i NI}{3 \times 10^4 \pi} \quad (4-1-5)$$

所以转切应力密度的概念还是有依据可循的。

如额定转矩 6 000 N·m,转子外径大约 770 mm,那么转切应力为 $6\,000\,\text{N·m} / \left(\frac{0.77}{2}\,\text{m}\right) = 15\,584.4\,\text{N}$,轴长 550 mm,那么转子表面面积是 $\pi \times 0.77\,\text{m} \times 0.55\,\text{m} = 1.33\,\text{m}^2$,那么转切应力密度是 $15\,584.4\,\text{N}/1.33\,\text{m}^2 = 11\,717.6\,\text{N/m}^2$。

4.1.4　电机的功率密度

电机的功率密度可以用 kW/kg 来表示,现在媒体介绍电机较高的功率密度可以达到 4.0 kW/kg。就是说在一个体积大概为 0.5 dm³ 的电机(铁)能够输出 4.0 kW 的功率。

电机的输出功率随电机转速的增加而增加,$P_2 = T_N n/9.55$,同样的气隙体积,只要电机转速或者其他参数提高,电机的输出功率就提高,电机的功率密度就相应增加。

$$P_2 = \frac{T'n}{9.55} = \frac{D_i L B_r \alpha_i Z A_S K_{SF} j n}{3 \times 9.55 \times 10^4}$$

$$\frac{P_2}{D_i^2 L} = \frac{T'n}{9.55 D_i^2 L} = \frac{B_r \alpha_i Z A_S K_{SF} j}{3 \times 9.55 \times 10^4 \times D_i} n$$

$$(4-1-6)$$

可以看出,电机的功率密度是在许多特定条件下才与电机转速成正比的一个量,因为这些条件都在变化,所以设计时很难考量。

电机的转矩与电机的转速(包括功率)无关。同样的电机体积,电机的转速越高,其输出功率就越大,因此在同一种结构和材料设置时,电机功率密度的概念是不适用的,电机的功率密度与电机的转速有关,这里也没有考虑电机的发热问题。

这里用同一永磁同步电机结构($L = 10$ cm,$D_i = 5.46$ cm),设计三种不同转速的实际数据(3 000 r/min、6 000 r/min、400 r/min),电机的输出转矩相同,仅电机绕组不同,但是电机的输出功率是不同的(3 000 W、6 000 W、400 W)。三者的单位体积转矩相同,但是其单位体积的功率密度相差了数倍。

该电机主要参数:$D_i = 5.46$ mm,$L = 10$ mm,$B_r = 1.29$ T,$\alpha = 0.73$,$Z = 12$,$A_S = 192.192$ mm^2,$K_{SF} = 0.383\,4$,$j = 6.846$ A/mm^2。

(1) 3 000 r/min,3 000 W。

$$T'_N = \frac{D_i L B_r \alpha_i Z A_S K_{SF} j}{3 \times 10^4}$$

$$= \frac{\begin{matrix}5.46 \times 10 \times 1.29 \times 0.73 \times 12 \\ \times 192.192 \times 0.383\,4 \times 6.846\end{matrix}}{3 \times 10\,000}$$

$$= 10.38 (\text{N} \cdot \text{m})$$

$$P_2 \approx \frac{T'n}{9.55} = \frac{10.38 \times 3\,000}{9.55} = 32.61(\text{W})$$
$$= 3.261(\text{kW})$$

单位体积(kg)功率密度为

$$\frac{P_2}{D_i^2 L} = \frac{3.261}{0.546^2 \times 1} = 10.925(\text{kW/dm}^2)$$
$$= 1.4(\text{kW/kg})$$

(2) 6 000 r/min,6 000 W。

$$T'_N = \frac{D_i L B_r \alpha_i Z A_S K_{SF} j}{3 \times 10^4}$$

$$= \frac{\begin{matrix}5.46 \times 10 \times 1.29 \times 0.73 \times 12 \\ \times 192.192 \times 0.332\,834 \times 7.865\,9\end{matrix}}{3 \times 10\,000}$$

$$= 10.35(\text{N} \cdot \text{m})$$

$$P_2 \approx \frac{T'n}{9.55} = \frac{10.35 \times 6\,000}{9.55} = 6\,503(\text{W})$$
$$= 6.503(\text{kW})$$

单位体积(kg)功率密度为

$$\frac{P_2}{D_i^2 L} = \frac{6.503}{0.546^2 \times 1} = 21.8(\text{kW/dm}^2)$$
$$= 2.79(\text{kW/kg})$$

(3) 400 r/min,400 W。

$$T'_N = \frac{D_i L B_r \alpha_i Z A_S K_{SF} j}{3 \times 10^4}$$

$$= \frac{\begin{matrix}5.46 \times 10 \times 1.29 \times 0.73 \times 12 \times \\ 192.192 \times 0.371\,7 \times 7.362\,9\end{matrix}}{3 \times 10\,000}$$

$$= 10.82(\text{N} \cdot \text{m})$$

$$P_2 \approx \frac{T'n}{9.55} = \frac{10.82 \times 400}{9.55} = 453(\text{W})$$
$$= 0.453(\text{kW})$$

单位体积(kg)功率密度为

$$\frac{P_2}{D_i^2 L} = \frac{0.453}{0.546^2 \times 1} = 1.52(\text{kW/dm}^2)$$
$$= 0.195(\text{kW/kg})$$

如果电机气隙体积保持不变,其中某些参数略做变化,其单位体积的功率密度也发生变化,因为功率密度参与的因素较多,而且功率密度没有考虑电机的散热,所以以电机单位体积的功率密度作为电机设计依据也很难控制。

4.1.5　电机单位体积的热损耗功率

电机的输入功率一部分转为电机的输出电磁功率,另外一部分就是电机的损耗功率,其中包括电机的风摩耗、电机轴承的摩擦损耗,余下的就是电机的发热损耗,包括绕组电阻发热、电机铁心发热损耗等。设电机在最大效率点附近工作,那么电机的铜耗是总损耗的一半,另一半是风摩耗和铁耗,铁耗是要发热的,实际摩擦损耗也要发热,即使损耗功率中有 3/4 是发热损耗功率,这部分发热损耗功率会在电机定子和转子中产生热量并散发出来。

如果把电机用一个"圆柱体"并用 D^2L 来表征,那么,电机单位体积发热损耗功率为 $\dfrac{P_{hw}}{D^2L}$。

从直观角度看,就相当于一个 P_{hw}(W)的灯泡在 D^2L 体积内的发热。如一电机的功率密度为 4.0 kW/kg,假设电机的效率是 90%,那么余下的损耗功率为 400 W,这样就有 300 W 是发热损耗功率,就是说在相当于 50 mm³ 的一个固体内有一个 300 W 灯泡亮着,或者说在一个体积为 50 mm³ 的铁块中有一个 300 W 电熨斗在通电,那一会儿就很烫了。

单位体积的发热损耗功率和物理上的热容量概念相当,电机由铁心和铜线组成,若绕组是铜线,铜的比热小于铁的比热,如果假设整个电机是铁,那么可以控制该电机单位体积的热损耗功率,间接就控制了电机的温升。

某物质的热容量是某物质的比热与该物质质量的乘积,即 Cm。摩尔热容量的定义:即 1 mol 物质温度升高(或降低)1 K 时所吸收(或放出)的热量,用 C 表示,单位是 J/(mol·K),比热的单位为 cal/(kg·℃)。

功率的定义:在 1 s 时间做 1 J 的功就称 1 瓦秒,即 1 h(3 600 s)做 3 600×1 000 J 的功定义为 1 W·h,简称度。铁的比热为 0.46×10³ J/(kg·℃),它表示 1 kg 的铁,温度降低 1 ℃,放出 0.46×10³ J 的热能。

[铁比热容 0.46×10³ J/(kg·℃),铜比热容 0.39×10³ J/(kg·℃),铝比热容 0.88×10³ J/(kg·℃)]

例如,一个电机 300 W,电机效率 80%,而热损耗功率为

$$P_{hw}=300\times(1-\eta)\times(3/4)$$
$$=300\times(1-0.8)\times 3/4=45(W)$$

假设,电机体积为 $D=80$ mm, $L=100$ mm,设电机均为铁,其质量为

$$W_{Fe}=D^2L\times 7.87/1\,000\,000$$
$$=80^2\times 100\times 7.87/1\,000\,000$$
$$=5.036\,8(kg)$$

$$K=\frac{P_{hw}3\,600}{460W_{Fe}}=\frac{45\times 3\,600}{460\times 5.036\,8}=69.92(K)$$

这表明:热损耗功率为 45 W 的电机在 1 h 内发热温升达 69.92 K。

该电机的单位发热损耗功率为

$$\frac{P_{hw}}{D^2L}=\frac{45}{0.8^2\times 1}=70(W/dm^2)$$

该电机的单位热损耗功率在 70 W/dm² 时,电机工作 1 h,温升达 70 K 左右。

可以发现,电机的单位热损耗功率和电机的温升非常相近,所以只要求出电机的单位热损耗功率就基本上知道电机的温升;反过来,只要控制电机的单位热损耗功率,那么电机的温升就基本控制。

4.1.6　电机 1 h 绝对温升和电机热平衡温升的转换

电机 1 h 绝对温升是电机热损耗功率在 1 h 内发热产生的温升,这个温升计算是外界绝热的,热是没有传导的,但是人们关心的是电机在热平衡时的电机温升。把绝对温升与电机热平衡的温升进行转换,必须做些技术连接。

观点 1:电机 1 h 热损耗产生的温升会高于电机自然冷却时热平衡的温升,就是说一般电机不需要 1 h 热损耗的能量就能达到热平衡时的温度,因此可以把电机的输入功率折算成电机的输出功率来求取电机 1 h 热损耗,这样产生的温度会低于电机绝对温升,达到与电机热平衡时的温升相近(表 4-1-3)。这样转换的电机热损耗功率的计算公式为

$$P_{hw}=P_2(1-\eta)\times\frac{3}{4}\quad (4-1-7)$$

观点 2:电机测量温升主要测量电机绕组端部的温升,如电机铁损及电机摩擦产生的温升不会影响绕组线圈的温升,作为散热所去除的热能,所以电机热损耗只能计算电机损耗功率的 1/2(表 4-1-4),这样电机的热损耗功率计算公式为

$$P_{hw}=(P_1-P_2)\times\frac{1}{2}=\left(\frac{P_2}{\eta}-P_2\right)\Big/2$$
$$=P_2\times\left(\frac{1-\eta}{\eta}\right)\Big/2\quad (4-1-8)$$

表 4-1-3　各种电机的温升计算方法 1

电机温升计算													
电机型号	输出功率(W)	电机效率	D (mm)	L (mm)	比热	比热系数 K_B	热损功率(W)	D^2L (dm³)	电机重(kg)	温升(K)	单位损耗功率(W/dm³)	电机实测温升	温升比
单相交流风机	145	0.53	139.1	26.0	460	1.0	51.1	0.50	3.96	101.03	101.6	105	1.04
6 kW 电动汽车	6 000	0.94	180.0	156.4	460	1.0	270.0	5.07	39.88	52.98	53.3	55	1.04
注塑机	260 000	0.98	520.0	423.0	460	1.0	4 875.0	114.38	900.16	42.38	42.6	48	1.13
空调风机	40	0.69	88.0	25.0	460	1.0	9.4	0.19	1.52	48.23	48.5	45	0.93
电摩	1 440	0.87	188.0	52.0	460	1.0	137.2	1.84	14.46	74.21	74.6	77	1.04
20 kW 电动汽车	20 000	0.94	180.0	156.4	460	3.3	885.0	5.07	39.88	52.63	174.6	58	1.10
单相 140 电机 4 极	145	0.53	139.1	26.0	460	1.0	51.1	0.50	3.96	101.03	101.6	100	0.99
单相 83 空调电机 4 极	150	0.55	83.0	63.0	460	1.0	50.5	0.43	3.42	115.74	116.4	93.5	0.81
单相电阻启动 160 水空调电机 4 极	245	0.62	160.0	36.0	460	1.0	69.8	0.92	7.25	75.34	75.8	61	0.81
单相电阻启动 160 水空调电机 6 极	82	0.46	160.0	36.0	460	1.0	33.2	0.92	7.25	35.83	36.0	45	1.26
单相 120 空调电机 6 极	165	0.57	120.0	54.0	460	1.0	53.2	0.78	6.12	68.05	68.4	78	1.15
单相电容 139 空调电机 6 极	200	0.62	139.0	33.0	460	1.0	57.6	0.64	5.02	89.84	90.3	99	1.10
三相交流 2 极电机	750	0.70	110.0	62.0	460	3.3	168.8	0.75	5.90	67.78	224.9	65	0.96
HC130E	450	0.83	124.0	35.0	460	1.0	57.4	0.54	4.24	106.02	106.6	73.4	0.69
HC130F	800	0.841 8	124.0	55.0	460	1.0	94.9	0.85	6.66	111.61	112.2	75	0.67
HX80X03	500	0.812 7	77.0	80.0	460	1.0	70.2	0.47	3.73	147.25	148.1	91.6	0.62

注：最后三种电机都是用红外温度测量仪测量的电机表面温度。

表 4-1-4　各种电机的温升计算方法 2

电机温升计算													
电机型号	输出功率(W)	电机效率	D (mm)	L (mm)	比热	比热系数 K_B	热损功率(W)	D^2L (dm³)	电机重(kg)	温升(K)	单位损耗功率(W/dm³)	电机实测温升	温升比
单相交流风机	145	0.53	139.1	26.0	460	1.0	64.3	0.50	3.96	127.09	127.8	105	0.83
6 kW 电动汽车	6 000	0.94	180.0	156.4	460	1.0	191.5	5.07	39.88	37.58	37.8	55	1.46
注塑机	260 000	0.98	520.0	423.0	460	1.0	3 333.3	114.38	900.16	28.98	29.1	48	1.66
空调风机	40	0.69	88.0	25.0	460	1.0	9.1	0.19	1.52	46.80	47.1	45	0.96
电摩	1 440	0.87	188.0	52.0	460	1.0	104.7	1.84	14.46	56.67	57.0	77	1.36
20 kW 电动汽车	20 000	0.94	180.0	156.4	460	3.3	627.0	5.07	39.88	37.29	123.7	58	1.56

（续表）

电机型号	输出功率(W)	电机效率	D(mm)	L(mm)	比热	比热系数 K_B	热损功率(W)	D^2L(dm³)	电机重(kg)	温升(K)	单位损耗功率(W/dm³)	电机实测温升	温升比
单相140电机 4极	145	0.53	139.1	26	460	1.0	64.3	0.50	3.96	127.09	127.8	100	0.79
单相83空调电机 4极	150	0.55	83.0	63	460	1.0	61.1	0.43	3.42	140.03	140.8	93.5	0.67
单相电阻启动160水空调电机 4极	245	0.62	160.0	36	460	1.0	75.1	0.92	7.25	81.01	81.5	61	0.75
单相电阻启动160水空调电机 6极	82	0.46	160.0	36	460	1.0	48.1	0.92	7.25	51.93	52.2	45	0.87
单相120空调电机 6极	165	0.57	120.0	54	460	1.0	62.2	0.78	6.12	79.59	80.0	78	0.98
单相电容139空调电机 6极	200	0.62	139.0	33	460	1.0	62.3	0.64	5.02	97.22	97.8	99	1.02
三相交流2极电机	750	0.70	110.0	62	460	3.3	160.7	0.75	5.90	64.56	214.2	65	1.01
HC130E	450	0.83	124	35.0	460	1.0	46.1	0.54	4.24	85.16	85.6	73.4	0.86
HC130F	800	0.8418	124	55.0	460	1.0	75.2	0.85	6.66	88.39	88.9	75	0.85
HX80X03	500	0.8127	77	80.0	460	1.0	57.6	0.47	3.73	120.79	121.5	91.6	0.76

　　可以看出用第一种转换公式计算的绝对温升和实测温升更接近，所以可以考虑用第一种转换公式转换电机的温升。

　　计算算例中第2～5的四种电机结构如图4-1-3所示。

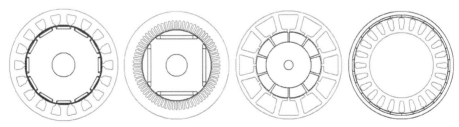

图4-1-3　四种不同结构的电机

　　从表4-1-4看，小至40 W大到260 000 W的电机，其结构各有很大的不同，但是通过温升折算后，电机求取的温升和实测温升比较接近，电机体积尺寸设计恰当，都在常规电机的温升允许范围，并且单位体积的热损耗功率与电机的温升相互对应，并几乎相近。这说明了单位体积热损耗功率和电机的体积 D^2L 与电机的温升 K 有直接关联。

　　可以用逆向思路，以温升 K 为目标参数，根据 $K=\dfrac{P_{hw}3\,600}{460W_{Fe}}$ 的关系，求取电机的外形尺寸见表4-1-5和表4-1-6。

$$D=\sqrt{\frac{3\,600P_2(1-\eta)\times3/4}{460L\times7.87\,K}}\qquad(4-1-9)$$

表 4 - 1 - 5　根据温升计算定子外径 D

电机型号	电机输出功率（W）	电机效率	L（mm）	比热	设置温升（K）	热损功率（W）	D（mm）	D^2L（dm³）	单位热损耗功率（W/dm³）
	145	0.53	26	460	*101.03*	51.11	139.10	0.503	101.6

$$L = \frac{3\,600 P_2 (1 - \eta) \times 3/4}{460 D^2 \times 7.87\,K}$$

表 4 - 1 - 6　根据温升计算定子长度 L

电机型号	电机输出功率（W）	电机效率	D（mm）	比热	设置温升（K）	热损功率（W）	L（mm）	D^2L（dm³）	单位热损耗功率（W/dm³）
	145	0.53	139.1	460	*101.03*	51.11	26.00	0.503	101.6

电机输出功率是设计电机性能中必须设定的,电机的效率根据电机的不同从经验或同类电机中可以得到参考值,再设定电机的外径或长度,就可以求出电机定子的另外一个参数,这样一定温升 K 的电机的体积尺寸就能方便求得,电机的 D^2L 就能控制住,不至于设计心中无数。求出在一定温升条件下的电机 D^2L,再进行电机各参数的设计,那么能保证设计出的电机各参数均符合电机温升条件。

4.1.7　电机的热稳定

在电机测温升时,都是电机达到热稳定后测试电机的温升的,图 4 - 1 - 4 所示是某电机用 MotorSolve 生成的温升曲线。就是说,电机带负载运行,随着时间的推移,电机的温度会趋向稳定。一般电机的热稳定时间在 1～4 h,个别大于 4 h。小电机的热稳定时间短,大电机的热稳定时间长。如数百瓦的电机在 1.5 h 左右就稳定了,100 kW 的电机在 4 h 左右稳定,相隔 15 min 或半个小时可记录一次数据,两次测量温升值不超过 0.5 ℃就可以认为电机达到了热稳定状态。这个温度与环境温度的差值就是电机的温升。

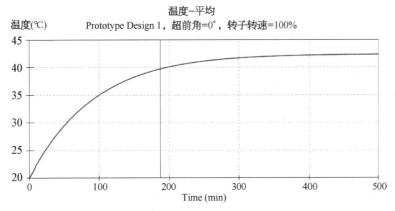

图 4 - 1 - 4　MotorSolve 的电机温升曲线

从热平衡过程看,当电机的发热功率和散热功率相等时,电机即达到热稳定状态。在这个过程中,电机的发热功率基本是恒定不变的,随着散热表面与冷却介质的温差增大,散热功率逐步增大,直至与发热功率相等达到热平衡的稳定状态,在夏天冷却介质温度较高,热量不容易散发出去,散热较慢,要达到同样散热功率所需的时间会增加。

在电机测温升时可以先过载,增大发热功率,使电机加快发热,尽快达到额定散热功率所要求的温度,然后再额定负载运行,运行一段时间发热功率与散热功率会很快达到热平衡状态,缩短了热稳定时间。

从各种电机热稳定时间看,一般都大于1 h,就是说由于电机的散热,把大于1 h的电机发热的热能散发到相当于1 h的发热热能并使电机达到热平衡。表4-1-3中各种常温运行电机的1 h理想温升和实测温升相当。即常温电机的单位热损耗功率相当于电机达到热稳定的温升值。这样常温电机的热温升控制设计只要控制电机的单位热损耗功率。

4.1.8   电机的热传导

电机达到热平衡,不是说整个电机的温度是均匀的,而是温度从电机最容易发热的部位向外传导,由电机机壳散发出来,这个电机的不均匀热状态不再改变时,就达到了热平衡。特别要指出的是,上面介绍的几个电机测量温升是指电机绕组用电阻法在电机绕组端部用热电偶测出的温升,这也是电机测量温升的规范测试方法。用红外线测温仪测量电机表面温度是有差别的,测出的温升低,而且误差大,同一性不好。

图4-1-5所示是电机定子和绕组边上不同部位的温升上升曲线,可以看出,这两个部位的温升始终有个差距,差距大小和电机的热传导有关。电机机壳加散热片的比不加散热片的要散热快,电机绕组槽满率高的比槽满率低的热传导快,电机浸漆要比电机不浸漆的传导快。电机浸漆没有烘干,线圈的温升较难传导出来,甚至会使电机绕组发热烧毁。

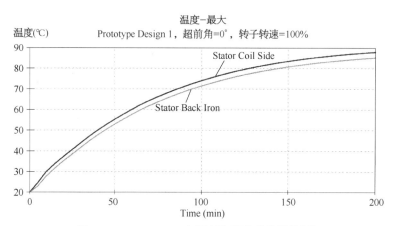

图4-1-5   MotorSolve电机计算不同部位的温升曲线

图4-1-6所示是用MotorSolve软件进行热场分析的电机各部位的温度分布,说明绕组端部的温度最高,机壳端盖的温度最低,即使电机达到了热平衡,整个电机的温升分布还是不均匀的。

图4-1-6   MotorSolve软件电机热场分析

4.1.9   电机的比热系数 K_B

电机的工作状态和电机运行时的外界环境不同,同样单位热损耗功率,而电机达到热稳定的时间和温升有所不同。为了对这些电机在设计中进行电机温升的基本控制,有必要引入电机的比热系数 K_B 这一概念。表4-1-7给出了常规电机比热系数值,供参考。比热系数 K_B 越大,则电机散热条件越好,电机的温升就越小。读者在设计实践中可以对表中电机比热系数进行修改和充实。

$$K = \frac{3\,600 P_{hw}}{460 W_{Fe} K_B} = \frac{3\,600 P_{hw}(1-\eta) \times 3/4}{460 W_{Fe} K_B}$$

$$(4-1-10)$$

表 4-1-7　各种通用电机在不同结构和环境条件下的比热系数

电机型式	封闭电机常温	通孔电机常温	封闭电机风扇	通孔电机风扇	通孔电机风扇 10 kr/min 以上	水冷电机
比热系数 K_B	1	1.2~1.3	1.2~1.5	1.7	2~2.2	3.3~3.5

　　如同一台电动汽车电机,常温环境的电机输出为 6 kW,如果用水冷,电机的比热系数不同,电机输出功率可达 20 kW,而两者温升基本相同(表 4-1-8)。可以用 6 kW 电机,仅换了水冷机壳,铭牌贴为 20 kW,则销售价格截然不同。

表 4-1-8　体积相同,功率和电机比热系数不同的温升计算对比

电机型号	输出功率(W)	效率	D (mm)	L (mm)	比热	比热系数 K_B	热损耗功率(W)	D^2L (dm³)	电机重(kg)	温升(K)	单位热损耗功率(W/dm³)	实测温升(K)
6 kW 电动汽车	6 000	0.94	180	156.4	460	1.0	270.00	5.06	39.88	**52.98**	53.3	**55**
20 kW 电动汽车	20 000	0.941	180	156.4	460	3.3	885.00	5.06	39.88	**52.63**	174.6	**54**

4.1.10　电机温升折算系数 K_Z

　　通过上面的技术处理,因各种电机的结构形式和测试方法不同等,电机的计算温升和热平衡的实测温升仍有一定差距。这些都可以用技术手段进一步进行整合和弥补,以求达到一般电机的计算温升和实测温升相近的目的,解决电机设计中的温升与结构的简易关系。从而可以在电机设计的初始阶段不用温度场分析就可以通过简单的关系式,把电机温升作为设计目标值进行电机结构的实用设计计算。

　　因为电机的结构不同,有的机壳是钢板机壳,有的是铝机壳并带有散热片等,有的工厂测试温升仅用红外线温度测试仪在电机表面进行点温度测量,因此和电机绕组端部的实际温升有较大的差距,这种差距是同一类电机或同一种温升测试方法不同而产生的,可以因不同而归类,引入不同的电机温升折算系数 K_Z 进行修正。

　　修正方法是对同一类电机,规定测试方法并计算出多个电机实测温升和单位热损耗温升计算值之比的平均值,该平均值即可作为电机的温升折算系数 K_Z。把单位热损耗温升计算值乘以温升折算系数 K_Z,求出的电机折算的计算温升即与实测温升相近,这样就可以达到电机设计实用阶段。表 4-1-9 给出了温升折算系数 K_Z 的实例,用 Excel 表格形式计算。

表 4-1-9　各种电机的温升计算

电机型号	输出功率(W)	电机效率	D (mm)	L (mm)	比热	比热系数 K_B	折算系数	热损功率(W)	D^2L (dm³)	电机重(kg)	单位损耗功率(W/dm³)	温升(K)	折算温升	实测温升(K)	实测/计算	实测/折算
												电机温升计算				
单相交流风机	145	0.53	139.1	26.0	460	1.0	1.00	51.1	0.50	3.96	101.6	101.03	100.6	105	1.04	1.04
6 kW 电动汽车	6 000	0.94	180.0	156.4	460	1.0	1.00	270.0	5.07	39.88	53.3	52.98	52.7	55	1.04	1.04
注塑机	260 000	0.98	520.0	423.0	460	1.0	1.00	4 875.0	114.38	900.16	42.6	42.38	42.2	48	1.13	1.14
空调风机	40	0.69	88.0	25.0	460	1.0	1.00	9.4	0.19	1.52	48.5	48.23	48.0	45	0.93	0.94
电摩	1 440	0.87	188.0	52.0	460	1.0	1.00	137.2	1.84	14.46	74.6	74.21	73.9	77	1.04	1.04
20 kW 电动汽车	20 000	0.94	180.0	156.4	460	3.3	1.00	885.0	5.07	39.88	174.6	52.63	52.4	58	1.10	1.11

（续表）

电机型号	输出功率(W)	电机效率	D(mm)	L(mm)	比热	比热系数 K_B	折算系数	热损功率(W)	D^2L(dm³)	电机重(kg)	单位损耗功率(W/dm³)	温升(K)	折算温升	实测温升(K)	实测/计算	实测/折算
单相140电机4极	145	0.53	139.1	26.0	460	1.0	1.00	51.1	0.50	3.96	101.6	101.03	100.6	100	0.99	0.99
单相83空调电机 4极	150	0.55	83.0	63.0	460	1.0	1.00	50.5	0.43	3.42	116.4	115.74	115.2	93.5	0.81	0.81
单相电阻启动160水空调电机4极	245	0.62	160.0	36.0	460	1.0	1.00	69.8	0.92	7.25	75.8	75.34	75.0	61	0.81	0.81
单相电容139空调电机6极	200	0.62	139.0	33.0	460	1.0	1.00	57.6	0.64	5.02	90.3	89.84	89.4	99	1.10	1.11
三相交流2极电机	750	0.70	110.0	62.0	460	3.3	1.00	168.8	0.75	5.90	224.9	67.78	67.5	65	0.96	0.96
															1.00	1.00
HC130E	450	0.83	124.0	35.0	460	1.0	0.66	57.4	0.54	4.24	106.6	106.02	70.20	73.4	0.69	1.05
HC130F	800	0.8418	124.0	55.0	460	1.0	0.66	94.9	0.85	6.66	112.2	111.61	73.90	75	0.67	1.01
HX80X03	500	0.8127	77.0	80.0	460	1.0	0.66	70.2	0.47	3.73	148.1	147.25	97.50	91.6	0.62	0.94
															0.66	1.00

可以看出表中所列上面11种电机的计算温升和实测温升比较接近，所以温升折算系数仍为1，但是下面3种电机，因为是用红外测温仪，实测表面温升比较低。

表中HC130E电机，用计算法算出电机线圈温升为106.02 ℃，用红外测试仪表面实测温升为73.4 ℃，两者差32.62 ℃，$\Delta t = \left| \dfrac{32.62 - 32}{32} \right| = 0.019$，这样反过来求证了，用热损耗功率求取电机温升的正确性。

可以求出两种温度的折算系数为0.66，以后用红外测温仪，就可以用0.66的温升折算系数计算出电机内部的大概温升。或者说，如果一台电机用红外测温仪测出表面温升为70 K，那么电机内部绕组端部的温升估计就要106 K了。上面有两台电机是用水和油进行冷却的，所以比热系数 K_B 取用了3.3。

4.1.11　电机的运行时间和运行模式

以上电机温升的分析是电机在一定的热损耗功率时，连续运行1 h电机的温度升高。如果电机仅工作0.5 h，那么电机温度不会升高到与1 h相等。短时间工作，则电机温升不会很高。如果电机在一定时间是有规律的间断运行，那么电机的温升会更低些。

电机短时工作，电机绕组所产生的热量不会立即传导到整个电机，仅是绕组导线是否能承受导线的温升。如果频繁短时工作，那么变成电机间断工作状态，这就要考虑电机运行时间的占空比。

例如，某电机工作10 min、停止10 min，间断工作制电机的线圈温升曲线如图4-1-7～图4-1-9所示，可以看出电机工作10 min后，电机线圈的温度没有马上回到20 ℃，而是在32.3 ℃往下降，降到28.7 ℃的20 min时在此温升上又继续上升。在整个60 min内，电机因为断续工作仅下降了

$$\Delta t = 2 \times (32.3 - 28.7) + (46.1 - 40.8) = 12.5 (℃)$$

电机在50 min时达46.1 ℃，温度相对下降

$$\Delta t = \left| \dfrac{46.1 - 12.5}{46.1} \right| = 0.729$$

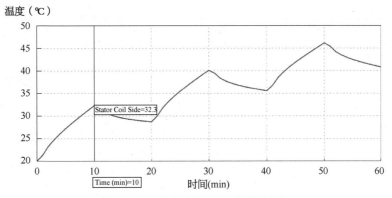

图 4 - 1 - 7 电机工作 10 min 的温度曲线

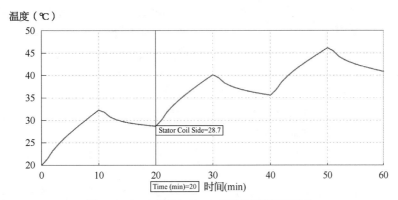

图 4 - 1 - 8 电机停止 10 min 经散热后的温度曲线

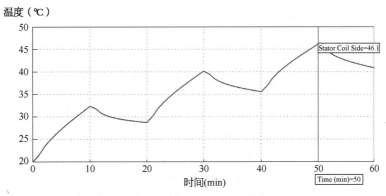

图 4 - 1 - 9 电机间歇工作 50 min 的温度曲线

电机在不通电时的下降温度与电机不通电时间及散热有关。如果工作 10 min、停止 20 min，用 MotorSolve 分析（图 4 - 1 - 10），可以看出在 10～30 min 时间段电机温度在缓慢下降。相对温度下降为 $\Delta t = \left| \dfrac{32.3 - 4.3}{32.3} \right| = 0.866$，总之断续运行电机的温升比连续运行电机的温升低。

如果有能力控制连续运行电机的温升和相应的体积，那么断续运行电机的体积和温升就基本上能够控制了。

当一电机结构设计确定后，要详细且正确知道电机各个部位的温升，MotorSolve 确是一个很好的软件，计算起来既简单又正确，很直观。

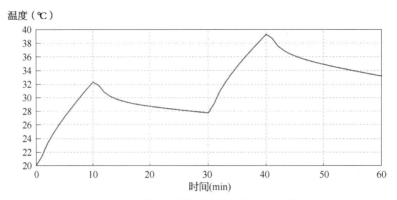

图 4-1-10 电机间歇工作的温度曲线(工作 10 min 停止 20 min)

4.2 电机的电流密度

4.2.1 电机电流密度的控制

在电机设计中,电流密度 j 是一个重要参数。电流流过导线,就产生了通过电流大小与导线截面选择的问题,单位导线截面面积流过的电流称为电流密度,一般用 A/mm^2 表示。

电流密度大,导线就容易发热,当电流密度大到一定程度时,导线就会发烫、发光,以致在空气中氧化、烧毁。

家庭装修时,最容易遇到这样的问题,一般都是以电器的功率求出电器需用的电流,选择一个合理的电流密度,求出导线的截面积,从而算出安装导线的直径。家用安装导线的电流密度的选择主要是考虑导线长期通过这样的电流而不使导线的温升过高、软化甚至熔化导线外表 PVC 绝缘层。一般室内安装导线的电流密度选择在 $5\sim6$ A/mm^2,那么导线的温升应该在 45 ℃ 左右,加上环境温度 40 ℃,导线最高温度应该在导线绝缘 PVC 能容许的软化温度以下,这个总温度不应该超过 100 ℃。也就是说,导线在电流密度 5 A/mm^2 的条件下的温升不超过 45 ℃。这个环境条件是在一个密封的套管内穿多条同样电流密度的导线,套管外是不太容易散热的水泥或砖墙体,在这样的环境下,导线要长期工作数十年。

小型电机绕组的漆包线,绕组外面与定子铁心之间是绝缘纸,定子制作完成后要进行绝缘漆的浸渍、烘干。因此电机的传热要比家庭的安装导线好,如果一个长时间工作的密封小型电机的绕组电流密度小于 5 A/mm^2,电机的体积设计合理,这样电机的温升一般不会太高。

MotorSolve 要求电机设计的电流密度控制范围求取电机的结构:

额定电流密度:导体中的额定电流密度

经典值:

△全封闭式的电机　$1.5\sim5$ A/mm^2

△冷却风扇电机　$5\sim10$ A/mm^2

△液体冷却电机　$10\sim30$ A/mm^2

应该说 MotorSolve 对电机电流密度的选择和安装导线电流密度选择的思想是一致的。实践也证明,一般全封闭式的电机的电流密度选择在 5 A/mm^2 时还是比较合理的。

MotorSolve 规定,风扇冷却最高的电流密度是 10 A/mm^2,实际并不是最高,如转速达 $10\ 000\sim20\ 000$ r/min 的串励电机加了风扇,电机设计取用电流密度可达 15 A/mm^2 左右。这样就有了一个安全可靠的电机电流密度设计范围的参考值。

在各种电机设计参考书中也列出了电机的各种电流密度,参考值相差并不大。

交流电机电流密度的取值见表 $4-2-1$。

———————————

陶文俊参加了本节的编写。

表 4 - 2 - 1　Y 系列不同机座号电磁负荷控制值

电磁负荷	Y(IP44)			Y(IP23)
	H80～112	H132～160	H180 及以上	H160 及以上
定子电流密度(A/mm²)	5.5～7.0	3.5～5.9	3.2～5.5	5.4～6.6

4.2.2　电机电流密度的计算

电流密度取值一般是经验法估值,其实电机的电流密度是可以计算的,计算的思路如下:

在《直流无刷电机实用设计及应用技术》书中第 90 页中推导出

$$D_i L = \frac{3T'_N \times 10^4}{B_r \alpha_i K_{SF} Z A_S j} \quad (4-2-1)$$

当电机冲片形状、电机绕组的槽利用率、磁钢材料性能确定后,电机定子内径圆柱体最大横截面 $D_i L$ 与电机的电流密度成反比。电机的电流密度越大,则电机的体积越小,电机单位体积的热损耗功率就越大,电机就容易发热。

用单位体积热损耗功率求出一定电机温升要求的电机体积 $D_i^2 L$,求出相应的电机冲片结构,确定电机绕组的槽利用率、磁钢材料性能,则电机的电流密度控制值为

$$j = \frac{3T'_N \times 10^4}{B_r \alpha_i K_{SF} Z A_S D_i L} \quad (4-2-2)$$

求出的电流密度控制值 j 是在电机设定的"单位体积热损耗功率"温升下的电流密度,小于该计算电流密度,那么电机温升的误差不会太大。

4.2.3　MotorSolve 电流密度的计算

MotorSolve 计算电流密度在图 4 - 2 - 1 所示对话框设置中可以得出。

图 4 - 2 - 1　MotorSolve 中电流密度的求取

但是值得提出的是,MotorSolve 显示的电流密度仅在电机绕组并联支路数 $a = 1$ 时是成立的,如果设计时电机设置的并联支路数大于 1,MotorSolve 只是把电机总电流除以电机绕组支路导体截面积,因此此时的电流密度显示值是真正的电流密度数值的 a 倍,要把 MotorSolve 计算出的电流密度数值除以电机绕组的并联支路数 a,这样得出的电流密度值才是电机绕组真正的电流密度值,请读者务必注意!

4.2.4　电流密度与绝缘等级的关系

上面介绍了 MotorSolve 一般电机的电流密度取用原则,只是说这些电机电流密度的取用原则是经过无数电机的实践得出的经验数值。实际上,电机的电流密度选用还与电机的绝缘等级有关。电机的绝缘等级要耐得住绕组导线因电流密度的关系产生温度。电机的绝缘等级高,则耐得住电机绕组因电流密度大而产生的温度。如一个电筒的小电珠,内部钨丝的电流密度很

高，可以发光，但是由于有了一个真空的玻璃灯泡，因此把小电珠放在手上都没有关系，也不至于使整只手都热起来。说明绕组电流密度的取用只要确保绕组电流密度的温升低于电机的绝缘等级即可。至于电机的温升是由电机的单位体积热损耗功率所决定的。MotorSolve 确定了全封闭式电机的电流密度 1.5～5 A/mm^2，这是根据全封闭式电机不同的绝缘等级给出了一个电流密度的范围，电机的绝缘等级低，则电流密度小，对于全封闭式电机电流密度的经验值应该在 5 A/mm^2 之内。

电流密度在永磁同步电机设计中是一个非常重要的因素，其决定了永磁同步电机绕组的线径，也间接影响了电机的发热程度和电机转子的体积。因此在电机设计中读者务必要对电机的电流密度加以重视。

电机的绝缘等级可分 8 种等级，也可以称耐热等级，见表 4-2-2。

表 4-2-2　绝缘等级和相关温度

耐热等级	A	E	B	F	H	C	N	R
最高温度(℃)	105	120	130	155	180	200	220	240
绕组温升限值(℃)	60	75	80	105	125	135	150	170
性能参考温度(℃)	80	95	100	120	145	155	170	190

电机绝缘材料的耐热等级包容了电机的漆包线和整个电机的允许耐热程度。式(4-2-3)对绕组漆包线的耐热温度、电机运行的环境温度、绕组导线径允许通过的电流可以计算出来，从而可以算出电机绕组导线的电流密度。

$$I=(\pi/2)\times\{[1\times10^3/(1.7241\times(1+0.00393(T-\theta)))](T-\theta)\}^{1/2}D^{3/2} \qquad (4-2-3)$$

式中：I 为电流(A)；T 为漆包线耐热温度；θ 为周围温度；D 为导体直径(cm)。

作者把该公式用 Excel 编了个程序，并算出导线的电流密度，如图 4-2-2 所示。

漆包线许容电流计算					
输入参数	T 漆包线耐热温度℃	θ 环境温度℃	D 线径(mm)	D1 线径(cm)	qcu 导线截面(mm^2)
	130	40	0.30	0.030	0.071
分解计算	$(\pi/2)$	$D^{\frac{3}{2}}$	$\{[1*10^3/(1.7241*(1+0.00393*(T-\theta)))]*(T-\theta)\}^{\frac{1}{2}}$		
结果	1.570796327	0.0051962	196.372		
I (A) =	1.6028				
j(A/mm^2)=	22.675				

在电机等电气设备中，绝缘材料是最为薄弱的环节。绝缘材料尤其容易受到高温的影响而加速老化并损坏。不同的绝缘材料耐热性能有区别，采用不同绝缘材料的电气设备其耐受高温的能力就有不同。因一般的电气设备都规定其工作的最高温度

耐热等级	A	E	B	F	H	C	N	R
最高温度℃	105	120	130	155	180	200	220	240
温升限值℃	60	75	80	105	125	135	150	170
性能参考温度℃	80	95	100	120	145	155	170	190

耐熱等級(B)　130 ℃　導電度100%下之許容電流概算值.

mm　T-θ	20 110	30 100	40 90	50 80	60 70	70 60	80 50	90 40	100 30	110 20	120 10
0.21	1.0089	0.9754	0.9387	0.8981	0.8530	0.8022	0.7442	0.6768	0.5964	0.4957	0.3571
0.22	1.0818	1.0459	1.0065	0.9631	0.9146	0.8601	0.7980	0.7258	0.6395	0.5316	0.3829
0.23	1.1564	1.1180	1.0759	1.0295	0.9777	0.9195	0.8530	0.7758	0.6836	0.5682	0.4093
0.24	1.2326	1.1917	1.1469	1.0973	1.0422	0.9801	0.9092	0.8270	0.7286	0.6057	0.4363
0.25	1.3105	1.2670	1.2193	1.1666	1.1080	1.0420	0.9667	0.8792	0.7747	0.6439	0.4638
0.26	1.3899	1.3438	1.2932	1.2373	1.1751	1.1051	1.0252	0.9324	0.8216	0.6829	0.4920
0.27	1.4708	1.4220	1.3685	1.3094	1.2435	1.1695	1.0850	0.9868	0.8694	0.7227	0.5206
0.28	1.5533	1.5018	1.4452	1.3828	1.3133	1.2350	1.1458	1.0421	0.9182	0.7632	0.5498
0.29	1.6372	1.5829	1.5233	1.4575	1.3842	1.3018	1.2077	1.0984	0.9678	0.8045	0.5795
0.30	1.7227	1.6655	1.6028	1.5336	1.4565	1.3697	1.2707	1.1557	1.0183	0.8465	0.6097

图 4-2-2　漆包线容许电流计算

从图中看，电机的绝缘等级为 B 级，环境温度是 40 ℃，绕组导线直径为 0.3 mm，则允许的电流为 1.6 A，电流密度为 22.67 A/mm^2，这个电流密度高了。这个公式只是考虑到电机绕组的最高工作温度，并没有考虑到电机运行寿命。一般电机的槽绝缘材料必须等于或高于漆包线的绝缘等级，选用漆包线的绝缘等级与电机运行的工作温升和寿命有关，绝缘等级越高，电机的工作温度越低，则电机的运行寿命就越长。漆包线工作温度、采用的绝缘等级与工作寿命的关系如图 4-2-3 所示。

从图 4-2-3 看，这个图表虽然只是一个参

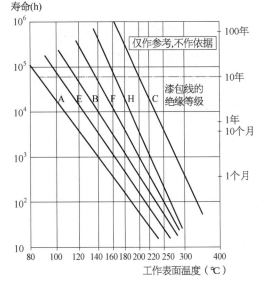

图 4-2-3　漆包线的寿命和工作表面温度、绝缘等级的关系

考图表,但是漆包线的寿命和表面温度、绝缘等级之间关系就比较明了。要求电机运行时间达 10 年,漆包线的表面工作温度在 120 ℃,则应考虑电机的绝缘等级选用 B 级绝缘。

永磁同步电机的温升、绝缘等级、电流密度设计思考的步骤如下:

(1) 首先应该明确电机的工作温度和运行寿命,根据工作温度和运行寿命选取电机的绝缘等级(图 4-2-3)。

(2) 求出根据电机单位体积热损耗功率生成的温升的运行温度的电机的定子体积。

(3) 求取电机确定的绝缘等级、运行温度和额定电流下的最大电流密度。但是一般这个电流密度比电机设计经验取值的电流密度要高[式(4-2-3)]。

(4) 取用不同电机电流经验值[MotorSolve 提供值和式(4-2-2)的电流密度计算值]作为电机绕组电流密度的控制值,必要时电机的电流密度可以取比经验值大些的电流密度,但绝对不能超过第 3 点计算出的漆包线的最大电流密度值的 1/2(图 4-2-2 的计算方法)。

总之,只要先控制电机的单位体积热损耗功率生成的温升,电机的电流密度控制在电机绝缘等级的控制范围内,再参看一些经验的电机工况状态的绝缘等级和电流密度取值,最后用 MotorSolve、MotorCAD 等比较简捷的电机热分

析软件进行电机温升分析,这样电机电流密度的取值不会出现太大的问题。

4.3　电机的槽满率和槽利用率

4.3.1　定子的槽满率

槽满率是电机设计制造中的一个重要指标,一般是指电机在冲片槽内的导线面积与冲片槽面积之比。这表征电机导线能在槽内占有多少面积,占的面积越大则槽满率越高,即槽的利用率越高。由于对电机槽满率的定义不同就衍生出电机各种槽满率的计算,但归根结底槽满率是电机绕组面积对槽面积占有率的比值,以此判别绕组在槽内的利用情况。

4.3.2　槽满率对电机设计主要因素的影响

槽满率高对电机有非常大的好处,即同样槽内能够填充更多的导线 N,在电机的定子长度 L 一定,就代表了电机的磁通 Φ 已经固定,如果电机在槽内能填进尽量多的有效导线 N,则该电机的转矩常数 K_T 就会变得最大:$K_T = N\Phi/2\pi$。也就是说,如果电机设计时,在电机转矩常数 K_T 一定的条件下,电机的槽满率达到可以绕制的最高槽满率,则电机的长度就可以最短,电机的定子体积最小,实现了电机体积最小化的设计。尽量提高电机的槽满率,是电机做得小型化,减少电机材料用量的最简捷途径。国内外电机设计人员为了提高电机的槽满率,构思了各种巧妙的方法去实现电机槽满率的最大化和同样电机功率的体积最小化,国内外许多提高槽满率的优秀设计结构是值得学习和借鉴的。

4.3.3　RMxprt 的槽满率

RMxprt 规定:电机槽内导线总面积 A_m 和电机冲片能绕线的有效槽面积 A_s' 之比称为槽满率。这里 RMxprt 规定了不论电机导体是圆的还是方的,一律认为 A_m 是方形并带有导线绝缘厚度计算槽内导线总截面积,而电机冲片的槽计算面积是以电机的槽面积去掉电机因绝缘和结构用途占有的面积后的电机槽能下线的净面积 A_s',这样去掉了计算槽满率时的许多不确切因素,使电机的槽满率计算非常规范。因此电机的槽满率理论上最高可以达到 1。电机槽满率的计算公式为

$$S_f = \frac{A_m}{A_s'} = \frac{d_m^2 N a'}{A_s'} \qquad (4-3-1)$$

式中：d_m 为绕组导线外径，包括裸导线外的漆层 δ_S 厚，因此绕组导线的 $d_m = d_1 + 2\delta_s$；a' 为导线并绕股数，这是考虑了绕组多股导线的槽满率；N 为绕组导线槽内实际根数，不是有效导体根数（不要把并绕的导线根数计算在内）；A_m 为绕组导线包括导线绝缘层作方处理后的总面积；A_s' 为冲片槽面积去掉了电机因绝缘和结构用途占有的面积后电机槽能下线的净面积。

式(4-3-1)表明 N 是电机导体总根数，在三相 Y 接法的无刷电机中，电机线圈是两两导通的，因此 N 并不代表电机的有效导体数，$N = 3N_{有效}/2$。这点读者必须注意。

RMxprt 把导线作为方导线计算导线面积，不用一般的圆导线计算的面积公式：$S_s = \pi d^2/4$。方导线设置的好处是统一了绕组导线的排列形式，避免了绕组是并绕式还是骑马式的形式对电机槽满率的影响，并且这样绕组的槽满率不受线径的影响。

（1）计算电机的槽满率，导线应该以方形面积计算，一旦电机槽形状、槽绝缘的形式和材料、电机下线工艺确定，那么该电机的最大槽满率就确定了，设计时不受该电机绕组导线粗细的影响。

（2）槽面积应该是槽实际面积 A_s 去掉槽绝缘和槽楔等余下的槽有用面积，即称净槽面积 A_s'。

（3）电机槽满率的计算公式最终应该为

$$S_f = \frac{A_m}{A_s'} = \frac{d_m^2 N a'}{A_s'} = \frac{(d_1 + 2\delta_s)^2 N a'}{A_s'}$$
$$(4-3-2)$$

（4）RMxprt 中电机槽满率的计算公式为

$$S_f = \frac{(d_1 + \delta_s)^2 N a'}{A_s'} \qquad (4-3-3)$$

例如，某永磁直流同步电机，裸线径 0.5 mm，漆层厚 0.045 mm，槽内导线计算根数 576，绕组导线并联股数 1，槽面积 328.536 mm²，槽净面积 307.523 mm²，RMxprt 计算单摘要如图 4-3-1 所示。

Number of Parallel Branches:	4
Number of Conductors per Slot:	576
Type of Coils:	21
Average Coil Pitch:	1
Number of Wires per Conductor:	1
Wire Diameter (mm):	0.5
Wire Wrap Thickness (mm):	0.09
Slot Area (mm^2):	328.535
Net Slot Area (mm^2):	307.532
Limited Slot Fill Factor (%):	67
Stator Slot Fill Factor (%):	65.1984

图 4-3-1 RMxprt 槽满率的计算单

注意：这里 Wire Wrap Thickness 即 δ_S，其数值为 0.09，则

$$S_f = \frac{(d_1 + \delta_s)^2 N a'}{A_s'} = \frac{(0.5 + 0.09)^2 \times 576 \times 1}{307.523}$$
$$= 0.652$$

这里 δ_S 应该是 2 倍的漆层厚，因此，RMxprt 中的 Wire Wrap Thickness(mm)：0.09 应该是漆包线绝缘层厚的 2 倍，而不是漆包线的线绝缘层单厚，在设计时如果漆包线的绝缘层厚是 0.045，那么代入 RMxprt 程序中的应该是 0.09。这里的 Wire Wrap 不应看作漆包线的绝缘层厚，设计时应该注意。许多电机设计人员使用 RMxprt 时把漆包线漆层厚代入了 Wire Wrap 中，这样对槽满率计算会有影响。

一旦电机的槽、槽绝缘、槽楔和绕组下线工艺确定后，该电机的最大槽满率就确定了，也就是说电机的工艺决定了电机的最大槽满率。电机槽满率的因素除了与各工厂的嵌线工艺和操作人员的熟练程度有很大的关系外，要特别指出，设计者采用何种绝缘等级、绝缘形式、何种材料、何种形式冲片和下线工艺也有很大关系。

（1）槽绝缘的形式和厚度加上槽楔这些因素决定了电机可利用的槽面积，在 RMxprt 中是 Net Slot Area 这一项是电机槽的净槽面积，当然在槽面积一定的情况下，槽净面积越大则可绕的线就越多。

（2）电机绕组下线的工艺与电机结构有关，大电机可以用手工下线，这样可以把绕组线圈的导线一根根依次嵌入槽内，线与线之间尽量不交错，这样尽量能多下一些线，提高电机的槽满率。如果细一点的导线，可以机绕，机绕可以分乱绕和机器排线绕法，乱绕的槽满率当然没有排绕的

槽满率高。机器绕线,要考虑到槽内允许有一条导线和绕线头的通道,这样就会影响电机的槽满率。为了使电机下线容易,又要提高电机的槽满率,电机设计工作者设计出许多冲片形式,如 T 形拼块式冲片,实现了机器绕线的工艺简单化和提高电机的槽满率做到了极致。

（3）槽满率的公式 $S_f = \dfrac{(d_1 + \delta_s)^2 Na'}{A_s'}$ 的意义在于:在确定了电机的净槽面积和绕线工艺后,电机的槽满率仅与电机的绕组 Na' 有关。这给冲片相同、绝缘形式和绕线方式相同的系列电机快速设计带来了极大的方便。

（4）槽满率的概念最大的缺点是:不能很好地判断一个电机的导体截面与槽面积的真正比例,即导线总截面积对冲片槽面积 A_s 的实际利用率。

图 4-3-2 所示是一个 T 形拼块式冲片,该电机冲片槽面积 A_s 为 80.46 mm²,如果用了 0.2 mm 厚的槽绝缘纸,其净槽面积 A_s' 为 73.75 mm²,右边的 T 形冲片是塑料槽绝缘骨架,其厚为 0.8 mm,这时其净槽面积 A_s' 仅为 47.184 mm²,两种形式的净槽面积 A_s' 与冲片槽面积 A_s 之比为

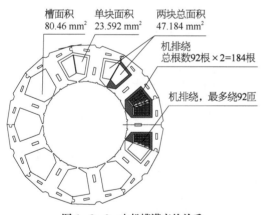

槽面积　　单块面积　　两块总面积
80.46 mm²　23.592 mm²　47.184 mm²

机排绕
总根数92根×2=184根

机排绕,最多绕92匝

图 4-3-2　电机槽满率的关系

用 0.2 mm 槽绝缘纸　$\dfrac{A_s'}{A_s} = \dfrac{73.75}{80.46} = 0.9166$

用 0.8 mm 厚塑料槽绝缘骨架　$\dfrac{A_s'}{A_s} = \dfrac{47.184}{80.46} = 0.5864$

就是说,用塑料槽绝缘骨架,如果把导线 100% 充满净槽面积 A_s' 中,导线面积 A_m 对冲片槽面积 A_s 比,充其量仅为 58.64%。如果用 0.2 mm 槽绝缘纸,则可以达到 91.66%。

该永磁直流同步电机冲片,用塑料槽绝缘骨架,每槽只能放 0.4 线,60 匝单线,最多也就绕不下了,用 QZ-2,漆包线的漆层厚为 0.025 mm,其导线总面积 A_m 为

$$A_m = (d_1 + 2\delta_s)^2 Na'$$
$$= (0.4 + 2 \times 0.025)^2 \times (2 \times 60) \times 1$$
$$= 24.3 \ (\text{mm}^2)$$

因此其槽满率为

$$k_{SF} = \frac{A_m}{A_s'} = \frac{24.3}{47.184} = 0.515 = 51.5\%$$

只能说明这种机器乱绕法槽的利用率 58.64% 不是太高。

如果用机器排线(没有精密排线控制),净槽内可以放入 188 根 0.4 mm 的漆包线,可以计算出

$$A_m = (d_1 + 2\delta_s)^2 Na'$$
$$= (0.4 + 2 \times 0.025)^2 \times (2 \times 94) \times 1$$
$$= 38.07 \ (\text{mm}^2)$$

因此其槽满率为

$$k_{SF} = \frac{A_m}{A_s'} = \frac{38.07}{47.184} = 0.8068 = 80.68\%$$

与理想的把导线 100% 充满净槽面积比较接近,如果导线粗细能控制得很好,绕线机能精密控制(精密控制绕线机),槽满率会更高,这样更能充分利用电机的净槽面积。

即使充分利用了净槽面积,但是由于用了比较厚的塑料槽绝缘骨架(绝缘层厚 0.8 mm),导线面积对冲片槽面积的实际占有率仍不高,用导线面积与电机槽面积比计算该电机的槽满率,则

$$\frac{A_m}{A_s} = \frac{38.07}{80.48} = 0.473 = 47.3\%$$

这个 0.473 说明电机的实际占有率,即导体截面(包括漆皮)与实际槽面积的比不是很大,说明这种塑料槽绝缘骨架的导线槽利用率是比较低的。

上例中,由于 0.4 mm 线 60 匝,导线总截面积 24.3 mm²(包括漆皮)与实际槽面积的比为

$$\frac{A_{\mathrm{m}}}{A_{\mathrm{S}}}=\frac{24.3}{80.48}=0.302=30.2\%$$

用了 0.8 mm 厚的塑料槽绝缘骨架,导线对冲片槽的实际利用率仅为 30.2%,有必要审视这种骨架的设计是否合理,其厚度 0.8 mm 是否太厚,槽口处的塑料层设计是否合理(图 4 - 3 - 3)。可以适当减小骨架厚度,槽口处的塑料层面积可以大大减小,这样槽净面积就可以增大,同样性能的电机,槽利用率提高多少这就意味着电机的长度可以按比例减少多少,绕组电阻相应降低,这对降低电机成本、电机重量和提高电机效率和性能会起到重要作用。

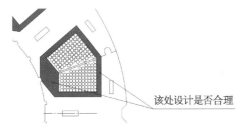

图 4 - 3 - 3　判别槽实际利用率

4.3.4　MotorSolve 的槽满率和线圈填充系数

电机的槽满率在各个设计书或设计软件中也有不同的表达和计算,造成同一电机绕组的槽满率在不同的设计软件中计算出不同的数值。

把电机 T 形拼块式冲片导入 MotorSolve 软件中,为了说明问题,把塑料槽绝缘骨架去掉,认为冲片槽内部面积就是槽面积(图 4 - 3 - 4 和图 4 - 3 - 5),用冲片半齿的 dxf 图纸尺寸导入 MotorSolve。

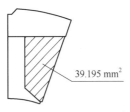

图 4 - 3 - 4　槽面积示意图

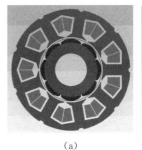

(a)　　　　　　　　(b)

图 4 - 3 - 5　槽绝缘面积

(a)槽绝缘面积大;(b)槽绝缘面积小

导线仍为 0.4 mm,每齿绕 60 匝,槽内导体根数为 120 根,该导体总面积为

$$A_{\mathrm{m}}=\frac{\pi d_1^2}{4}Na'=\frac{\pi\times0.4^2}{4}\times120\times1$$
$$=0.125\,66\times120=15.079\,2(\mathrm{mm}^2)$$

如果没有槽绝缘(图 4 - 3 - 6),则 $A_{\mathrm{S}}'=A_{\mathrm{S}}$,该槽净面积为

线圈截面	
线圈布放方法	边靠边
槽衬(槽绝缘)厚度	0
线圈层间绝缘厚度	0
槽楔厚度	0

图 4 - 3 - 6　槽绝缘面积设置为 0

$$A_{\mathrm{S}}'=39.195\times2=78.39(\mathrm{mm}^2)$$

$$S_{\mathrm{f}}=\frac{A_{\mathrm{m}}}{A_{\mathrm{S}}'}=\frac{\frac{\pi d_1^2}{4}Na'}{A_{\mathrm{S}}'}=\frac{\frac{\pi\times0.4^2}{4}\times120\times1}{78.39}$$
$$=\frac{15.079\,2}{78.39}=0.192\,36=19.24\%$$

软件计算(图 4 - 3 - 7)和公式计算非常吻合。

端部绕组电阻 = 0.6729 Ω
端部绕组电感 = 46.91 μH
裸线槽面积 = 78.39 mm²
导线面积 = 0.1257 mm²
槽满率 = 19.24%
线圈填充系数 = 19.24%

图 4 - 3 - 7　MotorSolve 计算槽满率和填充系数

MotorSolve 把电机的槽面积称为裸线槽面积,这点要注意的。

如果设置了槽绝缘和层间绝缘,设均为 0.3 mm,那么软件中槽内橘红色部分会变小,表明橘红色部分就是电机能下线的槽面积区域,即所谓的裸线槽面积(图 4-3-8)。橘红色部分是按该区域的外沿减去槽绝缘和层间绝缘,该面积是 31.444 mm² ,净槽面积为

$$A'_s = 2 \times 31.444 = 62.888 (\text{mm}^2)$$

该电机此时的槽满率为

$$S_f = \frac{A_m}{A_s} = \frac{15.079\,2}{78.39} = 0.192\,36 = 19.24\%$$

$$S_f = \frac{A_m}{A'_s} = \frac{15.079\,2}{62.888} = 0.239\,78 = 23.98\%$$

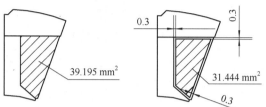

图 4-3-8　槽面积、净槽面积和计算单

至此,可以看出 MotorSolve 讲的槽满率的定义是

$$槽满率 = \frac{槽内导体净面积}{槽面积}$$

$$线圈填充系数 = \frac{槽内导体净面积}{槽净面积} \quad (4-3-4)$$

可以看出,MotorSolve 提出槽满率的概念与本书提出的槽利用率的概念是完全一致的。因此同一电机,用 RMxprt 计算出槽满率和 MotorSolve 计算出槽满率的值相差会很大。所以在判断电机绕组的槽满率时,要看是用什么观点理解和计算电机的槽满率。

在 MotorSolve 中,槽满率还有“边靠边”与“上下重叠”两种绕组绕法,即常说的“并绕式”和“骑马式”(图 4-3-9),精细设置和计算电机的绕组槽满率还是非常需要的。但是 MotorSolve 和 RMxprt 设计程序中槽满率的计算公式无法区别这两种形式,因此这两种绕线形式的槽满率计算数值是一样的,但是在实际绕制中,两种绕制形式的导线占有槽面积的比例是不同的。用作图法计算绕组槽满率就能清楚地看出两者之间数值的区别。这也说明 MotorSolve 和 RMxprt 设计程序计算还只能粗略地计算电机绕组的槽满率,要精准地确定电机的槽满率,就需要对绕组线圈在槽内的排列进行作图,使电机绕组导线能尽量多地放入电机冲片槽内。国内外某些公司设计制作的电机就是这样做的。

 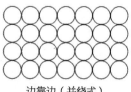 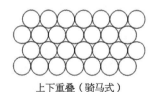

MotorSolve 绕线形式　　　　边靠边（并绕式）　　　　上下重叠（骑马式）

图 4-3-9　MotorSolve 对绕线形式的定义

可以清楚地看出,同样导体,绕组多层骑马式绕法的实际占有面积仅为并绕式面积的 0.75～0.85 倍,层数和排数越多,越接近 0.75,这是不争的事实。

可以推算出边靠边和上下重叠的面积比计算公式为

$$\frac{A_{S骑}}{A_{S并}}=\frac{(0.134+0.866X)\times(0.134+0.866Y)}{XY}$$

$$(4-3-5)$$

式中：X 为层数；Y 为排数。

如 8 层 10 排的骑马式绕组面积与并绕式绕组面积之比为

$$\frac{A_{S骑}}{A_{S并}}$$
$$=\frac{(0.134+0.866\times8)\times(0.134+0.866\times10)}{8\times10}$$
$$=0.776$$

因此同一槽形、同一槽满率，骑马式绕组比并绕式绕组可以绕更多的导体，也可以说，定子改为骑马式绕组后，定子长度可以比并绕式绕组导线缩短为定子原长的 0.776 左右，绕组电阻大大降低，电机性能会得到很大提高。但是两种软件都不能对绕组槽满率进行这样的细化计算。

提高绕组槽占有率有如下考虑：

（1）在不影响电机总性能的前提下，提高电

机齿磁通密度和轭磁通密度，减少齿宽和轭宽。

（2）减小槽绝缘层厚度，提高电机绕组绝缘等级。

（3）采用高强度薄型成形槽绝缘。

（4）合理提高绕组电流密度，做好绕组散热工艺。

（5）采用 T 形拼块式冲片（图 4-3-10）。

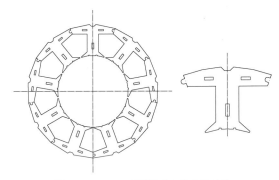

图 4-3-10　T 形拼块式电机定子冲片

（6）采用整体齿镶入轭工艺（图 4-3-11）。

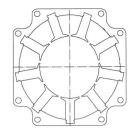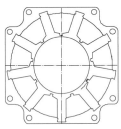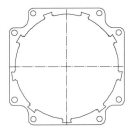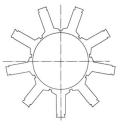

图 4-3-11　整体齿镶入轭电机定子冲片

（7）采用环氧树脂溶槽绝缘工艺。

（8）机器智能排绕下线。

（9）大电机绕组，人工嵌线。

（10）采用较合理的绕组系数的绕组形式。

采用图 4-3-12 绕组形式的分布绕组，其

优点是绕组系数（winding factor）为 1，即该绕组形式使绕组每一根导体都成为有效导体。图 4-3-13 所示同样的 24 槽 8 极和总根数，如果采用集中绕组，该绕组系数仅为 0.5，相对而言利用

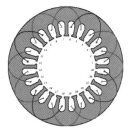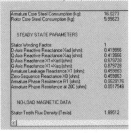

图 4-3-12　单层分布绕组及绕组系数

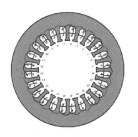

图 4-3-13　双层集中绕组及绕组系数

率就提高了 $\Delta = \left| \dfrac{1-0.5}{0.5} \right| = 1 = 100\%$，其槽满率就相应提高了 100%。

图 4 - 3 - 12 所示绕组形式每槽仅有一组线圈，避免了绕组的相间绝缘，同时提高了电机的槽满率。从上面的分析看，合理选取定子槽数、

极数之间的配合，采取合适的绕组形式对提高电机绕组的绕组系数有很大帮助，从而提高电机的槽满率。

4.3.5 槽满率的比较

两种电机设计软件的槽满率的定义和计算方法总结见表 4 - 3 - 1。

表 4 - 3 - 1 槽满率的比较

软件	名称	符号	计算方法	计算公式
RMxprt	槽满率	S_f	$\dfrac{\text{槽内导体外径（作方）面积}}{\text{槽净面积}}$	$S_{fR} = \dfrac{A_m}{A_S'} = \dfrac{d_{mF}^2 N a'}{A_S'} = \dfrac{(d_1 + 2\delta_S)^2 N a'}{A_S'}$
MotorSolve	槽满率（槽利用率）	S_f	$\dfrac{\text{槽内导体净面积}}{\text{槽面积}}$	$S_{fm} = \dfrac{A_m{}'}{A_S} = \dfrac{\frac{\pi d_1^2}{4} N a'}{A_S}$
	线圈填充系数	S_{fd}	$\dfrac{\text{槽内导体净面积}}{\text{槽净面积}}$	$S_{fd} = \dfrac{A_m{}'}{A_S'} = \dfrac{\frac{\pi d_1^2}{4} N a'}{A_S'}$
	有效槽面积占有率	K_{AS}	$\dfrac{\text{槽净面积}}{\text{槽面积}}$	$K_{AS} = \dfrac{A_S'}{A_S}$

注：S_{fR}—RMxprt 槽满率；S_{fm}—MotorSolve 槽满率；S_{fd}—MotorSolve 线圈填充系数；K_{AS}—有效槽占有率；A_m—槽内导体（作方）面积；A_m'—槽内导体净面积；A_S—槽面积；A_S'—槽净面积；d_{mF}—槽内单根导体外径（包括漆皮）；d_1—槽内单根导体裸线直径；δ_S—漆包线漆层厚（单）；N—槽内绕组计算根数；a'—槽内绕组并联股数。

电机的净槽满率仅能判断导体在槽净面积中占有的比例是否与绕组下线工艺相适应及是否合理，但不能判断电机绕组在冲片槽中的利用率是否合理。如果电机绕组对槽实际面积的利用率不高，这个电机的设计还是不合理的。RMxprt 只列出了电机净槽满率，电机净槽满率很高，不一定绕组对槽面积的利用率很高，这样只计算电机的净槽满率就会影响对导线实际利用率的判断，这就是现在这种槽满率计算的问题所在，所以应该计算两种槽满率，一种是

$$S_f = \dfrac{A_m}{A_S'} = \dfrac{d_m^2 N a'}{A_S'} = \dfrac{(d_1 + 2\delta_S)^2 N a'}{A_S'}$$

求导线净槽满率，以检验绕线工艺是否是最佳。

另一种是

$$S_f = \dfrac{A_m}{A_S} = \dfrac{d_m^2 N a'}{A_S} = \dfrac{(d_1 + 2\delta_S)^2 \times N a'}{A_S}$$

求导线实际槽利用率，以检验槽绝缘设置是否合理。

MotorSolve 考虑了这两种情况。因此用RMxprt 设计电机槽满率时，可以先用 A_S'/A_S 计算一下实际槽占有率，检验真正可以用来绕线的槽面积占冲片槽面积的比例大小，判别电机绝缘形式设置是否妥当。调整好电机槽绝缘面积设置后，再进行槽满率的计算。

4.3.6 影响槽满率的因素

电机绕组下线工艺基本有手工嵌线、整片机械化全绕组下线、整片机器乱绕、整片机器排线、T 形冲片机器乱绕、T 形冲片机器排绕等。下线方法先要看电机定子是整片还是拼块式 T 形冲片，当然还有其他冲片形式；其次再决定电机的下线工艺。

定子冲片用整片的场合还是比较常见的，槽数较多，是分布式绕组的，永磁直流同步电机绕组和一般三相交流异步电机的绕组形式是完全相同，完全可以参照三相交流异步电机定子绕组进行下线和控制槽满率。一般可以进行人工下线或机器绕组整体下线。

电机是整片冲片如采用集中绕组，功率大、

线径太大的绕组只能人工下线,功率小、线径小些的就可以采用机器绕线。机器绕线又可以分为机器乱绕和机器排线,机器排线要比机器乱绕的槽满率好得多。图4-3-14所示是生产机器绕线机工厂的机绕排线图,机器绕线就要根据这个排线图编好程序然后进行绕线,可以看出槽内有5 mm宽的地方是不能排线的,要留下绕线的线嘴通道,对于槽面积较小的电机,槽内不能排线的面积占槽面积有很大的比例,所以机绕的槽利用率不是很高。

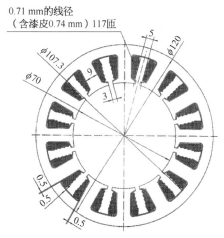

图4-3-14　机绕要留下绕线线嘴通道

特大型电机和各种中小型电机都可以做成拼块式冲片,现在中小型电机采用T形拼块式冲片越来越多了。T形拼块式冲片绕组绕制工艺比较简单,机械化程度高,槽内可利用空间很大,在槽的净面积内几乎都可以放导线,不需要考虑在槽净面积内还要留下导线绕制时的工艺面积,这样相应的槽满率就会比其他下线工艺高很多。

4.3.7　槽满率的选取方法

槽满率在电机设计、制造中是一个重要考虑因素,电机设计工作者要很清楚设计的电机的槽满率适当的取值,否则电机设计结构体积大小相差很大。

1) 首先要确定在设计电机或判别电机的槽满率是用什么概念的槽满率　从以上槽满率的分析看,取用与RMxprt对槽满率相同的概念和计算方法是和常规槽满率的概念相一致的。就

是说,槽满率的概念是导体算作方形面积计算,即

$$槽满率 = \frac{槽内导体外径(作方)面积}{槽净面积}$$

$$S_{fR} = \frac{A_m}{A'_s} = \frac{d_{mF}^2 Na'}{A'_s} = \frac{(d_1 + 2\delta_s)^2 Na'}{A'_s}$$

$$(4-3-6)$$

设计时,一定要考虑电机的槽利用率,MotorSolve中指的是线圈填充系数,即

$$槽利用率 = \frac{槽内导体净面积}{槽面积}$$

$$S_{fm} = \frac{A'_m}{A_s} = \frac{\frac{\pi d_1^2}{4} Na'}{A_s} \quad (4-3-7)$$

这样选用RMxprt设计、计算永磁直流同步电机时不会存在槽满率的概念误解。以这个概念作为设计电机的依据,经常设计、计算就会对电机槽满率的概念固定化,在判断电机槽满率时不会有差池。有了两种判断,这样既控制了电机下线的工艺,又控制了电机槽可利用的净面积,在设计电机时可以比较好地把握电机槽满率。

2) 选取电机的下线工艺和方法,确定电机的最大槽满率限定值(Limited Fill Factor),在设计时计算出的槽满率务必小于电机最大槽满率的限定值　最大槽满率限定值的求取方法一般有经验法、类比法、试验法和作图法。

(1) 经验法。平时要细心观察身边电机的绕组参数,对一些批量生产的电机进行槽满率的计算,列出这些电机的槽绝缘结构、绕组下线方法、线径、槽满率的计算值、实际线圈下线是否困难,甚至对下线的电机定子进行拍照留档,以供今后设计时借鉴参考。对合理槽满率的电机参数留作自己设计时作设计参考。也可以参考表4-3-2所列各种工艺的最高槽满率范围(适合RMxprt槽满率概念),进行设计,电机试制后,计算真实电机槽满率,再与该表对照,可以对该表进行完善。这种方法可以用于电机开冲片的设计。

(2) 类比法。如果有一个成熟的经典电机,其槽满率完全满足生产工艺和电机技术的要求,

表 4 - 3 - 2　各种工艺的最高槽满率范围(适合 RMxprt 槽满率概念)

绕组 绕线工艺	手工嵌线	机械化 全绕组下线	整片机器 乱绕	整片机器 排线	T形冲片 机器乱绕	T形冲片 机器排绕
最高槽满率	70%～75%	60%～65%	55%～60%	65%～75%	58%～62%	85%～90%

那么用该冲片和工艺的系列电机就可以用两种电机槽内安匝数相同的原则来确定电机的线径和匝数,确保电机的槽满率。

　　(3)试验法。如果有现成电机定子,粗估电流密度后,确定电机线径,进行一次试绕,绕到容许达到的槽满率后,进行计算,因为用绕组线径作方计算槽满率,所以可以用这种方法算出该工艺下的槽满率作为电机设计的槽满率限定值,这种冲片和这种工艺基本上就可以用这个槽满率限定值。该方法可以用于已有电机定子的电机系列设计。

　　(4)作图法。作图法就是把定子槽形画出来,再画出电机的槽绝缘、匝间绝缘和槽楔,还有因为绕线工艺用的空隙面积,余下的槽净面积用并绕式逐个画出含漆层的漆包线。

$$用槽满率 = \frac{槽内导体外径(作方)面积}{槽净面积}$$

求出电机槽满率再适当放些余量,用该槽满率作为设计电机槽满率的限定值。绕线机生产厂家都在应用这种方法,厂家精细画出槽内逐层可以绕制的匝数,然后算出该槽可以绕制多少根绕组导体,以便进行自动绕线机自动绕线的编程。甚至电机设计软件如 MotorCAD 都显示了绕组导线在槽内分布图。

4.3.8　各种工艺的最高槽满率

　　由于各工厂的工艺差别,绕组的最高槽满率也有所区别,相同的下线工艺,由于下线"手法"不同,最高槽满率还是有差距的,但仅是量的变化,最高槽满率相差不是很大。作者把各种工艺最高槽满率的范围列于表 4 - 3 - 2,供读者参考。希望读者在实践过程中对各种工艺的槽满率进行考核,确定生产单位的槽满率的最高值,提供确切的下线工艺最高槽满率数值给设计人员参考,这样可以使电机设计符合率更高,这是电机设计很关键的一步。

4.3.9　RMxprt 中特殊槽形的简捷计算

　　电机冲片的槽数比较多的时候,直线和圆弧槽底的槽面积相差不多;而在槽数少的时候,两者的槽面积就相差较大。在少槽电机中,不把电机冲片设计成平底槽,否则电机冲片的槽净面积就大大减小,而电机的性能却没有多大的改善(图 4 - 3 - 15)。

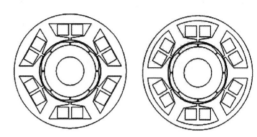

图 4 - 3 - 15　少槽电机的平底槽和圆底槽

　　在 RMxprt 计算平底槽电机中,电机显示的轭磁通密度是电机轭部最窄部位的磁通密度,相当于电机是圆底槽的冲片的性能,所以计算电机的平底槽性能,相当于计算电机的圆底槽性能,只是 RMxprt 计算时电机的槽面积和槽净面积是平底槽的实际面积。所以可以用 RMxprt 计算电机平底槽来计算电机的圆底槽,在判别电机的真正槽满率就只要把 RMxprt 计算出的平底槽时的槽满率乘以圆弧槽面积与平底槽之比就可以了(不考虑槽楔的变化因素)。这样大大简化了少槽电机用 RMxprt 计算时的槽形问题的比较复杂的设置。而电机槽数大于 12 后,冲片平底槽的面积与圆弧槽的面积相差很小,因此完全可以把电机的平底槽和圆底槽等同计算,槽满率相差不大,性能上也非常接近(图 4 - 3 - 16)。

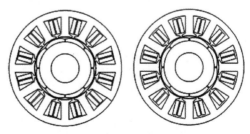

图 4 - 3 - 16　多槽电机的平底槽和圆底槽

RMxprt 计算异形槽，特别是 T 形槽，有槽形设置的方法，但是如 RMxprt 设置 T 形槽后，经计算，电机冲片因电机槽内某些角度有所变化引起齿宽变化，对于已有冲片的电机设计，那么齿宽的变化是不太适宜的。另外这样设置后，简捷改变齿宽就不容易，这对调整电机冲片结构带来较大的麻烦，为此可以在设计 T 形槽电机时，电机齿宽不变，用平底槽形来设计，保证平底槽的最小轭宽和 T 形槽最小轭宽相同，计算实际槽满率时只要把 RMxprt 的槽满率的计算值乘一个平底槽和 T 形槽面积之比即可。总之 RMxprt 设计、计算中可以用平底槽来计算异形槽，计算时只要确保电机冲片齿宽和最小轭宽与异形槽相同，RMxprt 计算后的槽满率去乘以两者槽净面积比就行，这样可以达到电机设计的快速、简捷且保证电机的设计符合率。

4.3.10　电机最大槽满率的设置方法

电机用不同工艺方法下线时有不同的最大槽满率，这是非常关键的，比如在 T 形拼块式冲片用塑料槽绝缘骨架，用机器乱绕线，其最大净槽槽满率为 58.6%，而用机器有序排绕，则其最大净槽槽满率为 89.9%，这些数据可以作为电机制作时每槽绕组最多下线匝数的依据及设计人员设计电机时设置电机槽满率限定值的依据。

在 RMxprt 中有绕组槽满率设置限定值一项，必须填入经过深思熟虑的槽满率的限定值，如图 4-3-17 所示。

RMxprt 为常规电机设计考虑了槽绝缘厚(Slot liner)、槽楔厚度(Wedge Thickness)、层间绝缘厚(Layer Insulation)的设置，如果槽绝缘、层间绝缘、槽楔都考虑了，那么只要设置该电机下线方式下的电机槽满率限定值就可以了。

Winding　End/Insulation

Name	Value	Unit
Input Half-turn Length	☑	
Half Turn Length	0	mm
Base Inner Radius	0	mm
Tip Inner Diameter	0	mm
End Clearance	0	mm
Slot Liner	0	mm
Wedge Thickness	0	mm
Layer Insulation	0	mm
Limited Fill Factor	0.75	

图 4-3-17　槽满率的限定值

4.3.11　关于 RMxprt 自动生成槽楔的问题

如果用的是特殊形状的槽绝缘，在 RMxprt 中，电机槽满率的计算公式最终应该为

$$S_f = \frac{A_m}{A'_S} = \frac{d_m^2 Na'}{A'_S} = \frac{(d_1 + 2\delta_S)^2 Na'}{A'_S} \tag{4-3-8}$$

这里的 A'_S为槽净面积，在 RMxprt 中理论上讲应该是槽面积减去槽绝缘、槽楔面积、槽层间绝缘。在 RMxprt 中如果把这三者设置为零(图 4-3-18)，则应该是槽面积等于槽净面积，但是计算结果，槽面积不等于槽净面积，自动生成了一个厚度为 2.333 96 mm 的槽楔，如图 4-3-19 所示。

Slot Liner	0	mm
Wedge Thickness	0	mm
Layer Insulation	0	mm
Limited Fill Factor	0.75	

图 4-3-18　槽绝缘设置为零

Type of Steel:	DW315_50
Designed Wedge Thickness (mm):	2.33396
Slot Insulation Thickness (mm):	0
Layer Insulation Thickness (mm):	0
End Length Adjustment (mm):	0
Number of Parallel Branches:	4
Number of Conductors per Slot:	420
Type of Coils:	21
Average Coil Pitch:	1
Number of Wires per Conductor:	1
Wire Diameter (mm):	0.25
Wire Wrap Thickness (mm):	0.025
Slot Area (mm^2):	51.1568
Net Slot Area (mm^2):	43.6867
Limited Slot Fill Factor (%):	80
Stator Slot Fill Factor (%):	72.7053

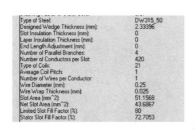

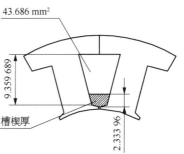

图 4-3-19　槽绝缘设置为零后会自动生成槽楔厚度

这种 T 形镶块式冲片的绕组是不需要槽楔的,槽楔的地方需要放绕组导线,如果计算中自动增加了槽楔面积,相应的有用的槽净面积就少了许多。RMxprt 是可以自动求取电机绕组匝数的,如果在自动求取匝数时被添加了槽楔,在规定槽满率设置限定值后,电机的绕组匝数就变少了,特别是小电机,槽楔面积占的份额太大,这样起不到对电机槽满率的精确设计控制。因此对一些不要加槽楔的计算中要限制 RMxprt 自动设置槽楔。

特别是一些特殊槽形进行转换后如何进行槽满率的计算,可以判断该电机的导体总面积与槽面积之比

$$S_{fR} = \frac{A_m}{A_{SR}}, \quad S_f = \frac{A_m}{A'_S}, \quad S_{fR} \times A_{SR} = S_f A'_S$$

所以

$$S_{fR} = S_f \frac{A'_S}{A_{SR}} \quad (4-3-9)$$

RMxprt 计算槽满率限定值的具体操作是

$$\text{RMxprt 槽满率限定值 } S_{fR}$$
$$= \frac{\text{实际净面积 } A'_S}{\text{RMxprt 计算净面积 } A'_{SR}}$$
$$\times \text{设计需要的槽满率 } S_f \quad (4-3-10)$$

这样就可以避免了 RMxprt 自动生成槽楔而造成设计过程中的设计问题。电机转换槽形设计的换算见表 4-3-3。

表 4-3-3　电机转换槽形设计的换算

功率 (W)	实际净 面积 (mm²)	设计需要 槽满率 (%)	RMxprt 计算 出净面积 (mm²)	RMxprt 槽 满率限定值 (%)
50	12.69	89	16.921 6	66.744
100	12.69	89	18.266	61.831
200	**35.486**	90	**43.686 7**	73.106
400	35.486	90	43.686 7	73.106
750	71.452	80	80.706 2	70.827
1 000	145.61	75	158.918	68.719

注:因为 200 W 电机的槽绝缘厚 0.55 mm,所以电机净面积反而比 RMxprt 不设置槽绝缘厚度、自动生成槽楔后的净面积要小(图 4-3-20)。

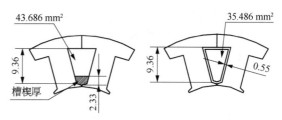

图 4-3-20　槽骨架厚 0.55 mm 时比不设槽绝缘自动生成槽楔的净面积还要小

RMxprt 中设置槽绝缘非常重要,如果在 RMxprt 中把槽绝缘设置得过薄或没有设置,而实际骨架却非常厚,那么即使设置的槽满率不高,但是实际上却绕不下,所以要降低在 RMxprt 的槽满率限定值。

因为要设置好后电机进行计算,才能自动给出 RMxprt 计算净面积,这样代入上面公式计算出电机设计的槽满率限定值,再进行计算,数值就比较准确。

另外,如果让 RMxprt 自动设计线径,设计出的漆包线的漆层有时会过厚,会超过国产漆包线的最大外径,造成槽满率过高,因此要根据裸线径,查出我国漆包线的漆层厚度,再输入 RMxprt,这样计算槽满率才会正确。

MotorSolve 设计软件在确定电机冲片形状后,设计电机和计算电机槽满率还是比较方便的,只要在软件中先设置好电机定子和转子内外径尺寸,然后导入定子半个齿的图形,这样很快产生了该电机的模块,再进行电机的性能分析,包括电机槽满率的分析。特别是对于定子特殊槽形,MotorSolve 导入和设计计算(2D)是非常方便和简捷的。

4.4　电机的转动惯量

4.4.1　电机的转动惯量简介

如果一个物体在转动,该物体具有一定的转动惯量。转动惯量是刚体绕轴转动的惯性的度量,是表征刚体转动惯性大小的物理量,它与刚体的质量、质量相对于转轴的分布有关。

永磁同步电机的转动惯量实际上指的是电机转子在转动时产生的惯量,这是永磁同步电机的一项重要指标,对于电机的加减速和响应控制来说相当重要。

一般电机转子是一个圆柱体,因此电机的转动惯量是指圆柱体转子转动惯量。

物理学上讲,物体的能量为

$$E = \frac{1}{2}mv^2 = \frac{1}{2}m(\omega r)^2 = \frac{1}{2}\omega^2(mr^2)$$

$$(4-4-1)$$

对于一个圆柱形刚体,其质量 m 和半径 r 是不变的,可以用 J 表示:$J = mr^2$,J 称为该物体的转动惯量。

不连续刚体质量的转动惯量为

$$J = \sum m_i r_i^2$$

连续刚体质量的转动惯量为

$$J = \int r^2 \mathrm{d}m$$

作为一般永磁同步电机圆柱体转子的转动惯量为

$$J = \frac{1}{2}mr^2 \qquad (4-4-2)$$

式中:m 为转子的质量;r 为转子半径。

设质量为 m、半径为 r 的圆盘,转轴过圆盘中心并垂直于圆盘,求取圆盘的转动惯量(图 4-4-1)。取圆盘环形微分圆

$$\mathrm{d}m = \sigma 2\pi r \mathrm{d}r$$

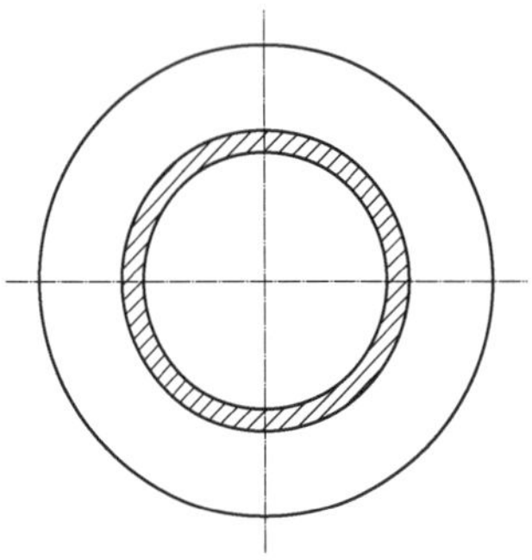

图 4-4-1　圆盘转动惯量的求取

推导如下

$$J = \int r^2 \mathrm{d}m = 2\pi\sigma \int_0^r r^3 \mathrm{d}r = 2\pi \frac{m}{\pi r^2} \frac{r^4}{4}$$
$$= \frac{1}{2}mr^2 (\mathrm{kg \cdot m^2}) \qquad (4-4-3)$$

如果设圆盘直径为 D,则 $D = 2r$,即

$$J = \frac{1}{2}mr^2 = \frac{1}{8}mD^2 (\mathrm{kg \cdot m^2}) \qquad (4-4-4)$$

可以看出,电机转子的转动惯量与转子的质量有关,与转子半径的平方成正比,与转子转速无关。转子的转动惯量是转子和轴的转动惯量之和。转子的转动惯量与转子的直径存在平方关系,因此直径越大的转子的转动惯量就越大。一般电机轴径比较小,因此轴对转子的转动惯量的影响不是太大。

4.4.2　电机转动惯量对电机的影响

电机的转动惯量大,那么要电机很快地启动或停止就比较困难,所以要快速、频繁运行的电机的转动惯量应该较小。特别在伺服电机中,要求电机高速且往复运动性能要好,那么电机设计必须使转子的转动惯量小。

4.4.3　电机外接负载的转动惯量与匹配

电机工作时,一定要带有负载才有意义,电机的负载有大有小,形状和连接形式各有不同。但是只要电机带动负载转动运行,那么负载的转动惯量与电机转子的转动惯量一起对电机的运行产生影响。

电机转子和负载的转动惯量之间有什么关系呢,从经验上讲,一般伺服电机的负载转动惯量小于 3 倍为电机的转动惯量,最大不超过 5 倍的电机转动惯量。一般启动没有太大要求的伺服电机,电机负载的转动惯量可以达到电机转子转动惯量的 10 倍左右。但是国外的伺服电机负载也取用 10～20 倍电机的转动惯量,因此电机的转动惯量是负载转动惯量的几分之一,最好进行试验确定。

例:已知负载圆盘质量为 2 kg,圆盘直径为 100 mm,要求电机带动负载以 3 000 r/min 转速运行,选择合适的永磁同步电机。

(1)求取负载的转动惯量

$$J = \frac{1}{8}mD^2 = \frac{1}{8} \times 2 \times 0.1^2 = 0.002\,5 (\mathrm{kg \cdot m^2})$$

(2)求取电机的转动惯量。按照经验,电机转子的转动惯量应该是负载转动惯量的 $\frac{1}{5}$～$\frac{1}{3}$,因为是伺服电机,取 $\frac{1}{3}$ 计算,那么电机的转动惯量为

$$J = \frac{0.0025}{3} = 0.000\,833(\text{kg}\cdot\text{m}^2)$$
$$= 0.833\times10^{-3}(\text{kg}\cdot\text{m}^2)$$

选择永磁同步电机 110ST-M06030,其电机的转动惯量为 $0.76\times10^{-3}(\text{kg}\cdot\text{m}^2)$(表 4-4-1)。

表 4-4-1　110ST 系列永磁同步电机性能表

电机型号	110ST-M02030	110ST-M04020	110ST-M04030	110ST-M05030	110ST-M06020	110ST-M06030
额定功率(kW)	0.6	0.8	1.2	1.5	1.2	1.8
额定线电压(V)	220	220	220	220	220	220
额定线电流(A)	2.5	3.5	5.0	6.0	4.5	6.0
额定转速(r/min)	3 000	2 000	3 000	3 000	2 000	3 000
额定力矩(N·m)	2	4	4	5	6	6
峰值力矩(N·m)	6	12	12	15	12	18
反电势[V/(1 000 r/min)]	56	79	54	62	83	60
力矩系数(N·m/A)	0.8	1.14	0.8	0.83	1.3	1.0
转子惯量(kg·m²)	0.31×10^{-3}	0.54×10^{-3}	0.54×10^{-3}	0.63×10^{-3}	0.76×10^{-3}	0.76×10^{-3}
绕组(线间)电阻(Ω)	3.6	2.41	1.09	1.03	1.46	0.81
绕组(线间)电感(mH)	8.32	7.3	3.3	3.43	4.7	2.59
电气时间常数(ms)	2.3	3	3.0	3.33	3.2	3.2

永磁同步电机 110ST-M06020 和 110ST-M06030 的电机转动惯量都是 $0.76\times10^{-3}(\text{kg}\cdot\text{m}^2)$,说明两种电机的转子形状、尺寸和结构完全一样,仅是电机定子绕组不同使电机额定转速不同。

4.4.4　永磁同步电机转动惯量的求取

电机转动惯量的求取有试验法、公式求取法、RMxprt 计算法和三维图像求取法等方法。

1) 试验法　电机转子的转动惯量求取有多种试验方法,有悬挂转子扭摆法、辅助摆锤法、落重法、时间常数法等,这些方法都要在电机设计、制造出来后才能进行,而在电机设计和生产前是不能进行测试和知晓的,而且这些方法比较烦琐,测试误差大。

2) 公式求取法　电机转子的转动惯量的计算公式很简单,也很明确,因此一般电机转子的转动惯量可以用公式 $J=\frac{1}{8}mD^2(\text{kg}\cdot\text{m}^2)$ 进行计算,转子和轴可以分段计算,然后相加。

如:用 Excel 把公式编一个小程序,那么计算非常方便简单,如图 4-4-2 所示。

图 4-4-2　转子转动惯量的计算

如果轴是台阶轴,可以用多个小段的转动惯量进行求和。可以看出,转轴对电机的转动惯量的贡献并不大。

3) RMxprt 计算法　RMxprt 在电机计算结果中就有电机转子的转动惯量这一项,可以求取转子的转动惯量。

图 4-4-3 所示转子的转动惯量为 $0.000\,642\,773\ \text{kg}\cdot\text{m}^2$,具体见 RMxprt 计算单

（图 4 - 4 - 4）。

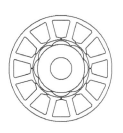

图 4 - 4 - 3　电机转子形状

图 4 - 4 - 4　RMxprt 转动惯量计算

这里要说明：

（1）RMxprt 仅算出了以转子外径和转子长度组成的圆柱体，设定密度为 7.8 g/cm³ 的转动惯量。如果转子内部有不对称的或不能表达的结构，则程序不能算出其转动惯量。这与公式求取法计算结果相同。

（2）电机转子铁心内的轴不管导磁与否按转子铁的密度计算了转子圆柱体的转动惯量。

（3）该程序不计算电机转子伸出轴的转动惯量。

（4）一般 RMxprt 计算出的电机转动惯量基本上可以表达电机的转动惯量，是一种估算，软件也声明：Estimated Rotor Inertial Moment（kg·m²）：0.000 642 773，因此不必太苛求。

4）用三维造型求取电机转动惯量　用三维造型求取转动惯量可以计算得非常准确，而且方便。Solidworks 在装配体中对转子进行三维造型，建模后，设定不同材料的密度。在装配体中，点击"工具"，再点击"质量特性"，就显示出转子装配体的质量特性（图 4 - 4 - 5）。其中就有惯性主轴和惯性力矩，就表示了该转子三个维度中的转动惯量（图 4 - 4 - 6）。

这是一种很准确的电机转动惯量的计算方法，既快又准确、方便，很直观，这是一种最佳的转动惯量的求取方法。这种方法对转子内部不对称、空心轴等形状，都可以很快地求出转子的转动惯量。因此计算永磁同步电机的转动惯量，作者建议对转子用三维建模法求取电机的转动惯量。

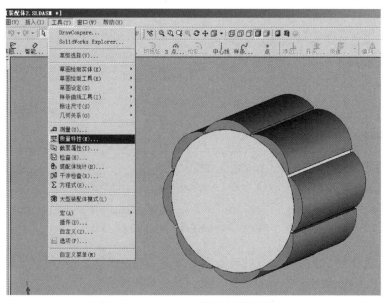

图 4 - 4 - 5　Solidworks 求取转动惯量步骤 1

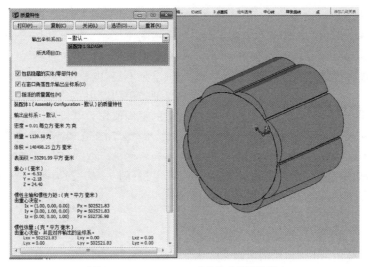

图 4 - 4 - 6 Solidworks 求取转动惯量步骤 2

三维空间有三个坐标的转动惯量,对于柱状转子,其中两个转动惯量数值一样,一个数值不一样,不一样的那个转动惯量就是转子的转动惯量(图 4 - 4 - 7)。

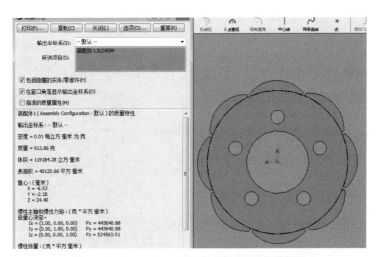

图 4 - 4 - 7 Solidworks 求取转子轴减重的转动惯量

4.4.5 不同形状负载的转动惯量

电机负载的形状不一定是圆盘或圆柱体,也有其他形状,有规则形状的转动惯量比较容易求取,如图 4 - 4 - 8 所示。

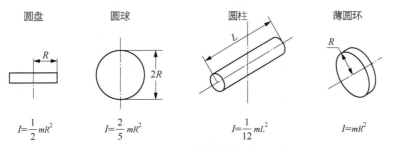

圆盘　　　　　圆球　　　　　圆柱　　　　　薄圆环

$$I = \frac{1}{2}mR^2 \qquad I = \frac{2}{5}mR^2 \qquad I = \frac{1}{12}mL^2 \qquad I = mR^2$$

图 4 - 4 - 8 不同形状负载的转动惯量计算

如果是异形的负载就比较难求，但是用 3D 造型，则异形负载的转动惯量照样可以求出，因此熟练使用 Solidworks 等 3D 设计软件对求取物体的转动惯量很有帮助。

4.5　电机的电阻与电感

永磁同步电机的各种参数中，包含了电机的电阻与电感。电阻与电感是电机内部参数，其分别产生阻抗和感抗。每个电机都存在电抗，只是大小不同。在永磁同步电机中，电抗会影响电机的性能，也会影响控制器的控制。控制器要和永磁同步电机很好地配合，就需要用户提供电机的电阻和电感参数。控制器厂家要求输入电机参数不一定全部需要，但是电机的电阻和电感这两项必须输入。

4.5.1　电机的电阻

永磁同步电机中的线圈产生了电阻，如果电机是 Y 接法，那么线-线电阻就是电机两相绕组串联后的电阻值。

电机的电阻可以用以下两种方法求取：

(1) 在电机的输入三相线中任意抽两根，用电阻测量仪即可测出电机线-线电阻。

(2) 在 RMxprt 电机设计计算中，电机设计软件会计算出电机的电阻值(图 4-5-1)，供设计人员参考。

STEADY STATE PARAMETERS

Stator Winding Factor:	0.866025
D-Axis Reactive Reactance Xad (ohm):	1.88254
Q-Axis Reactive Reactance Xaq (ohm):	1.88254
D-Axis Reactance X1+Xad (ohm):	5.80807
Q-Axis Reactance X1+Xaq (ohm):	5.80807
Armature Leakage Reactance X1 (ohm):	3.92553
Zero-Sequence Reactance X0 (ohm):	0.744342
Armature Phase Resistance R1 (ohm):	0.964555
Armature Phase Resistance at 20C (ohm):	0.793424

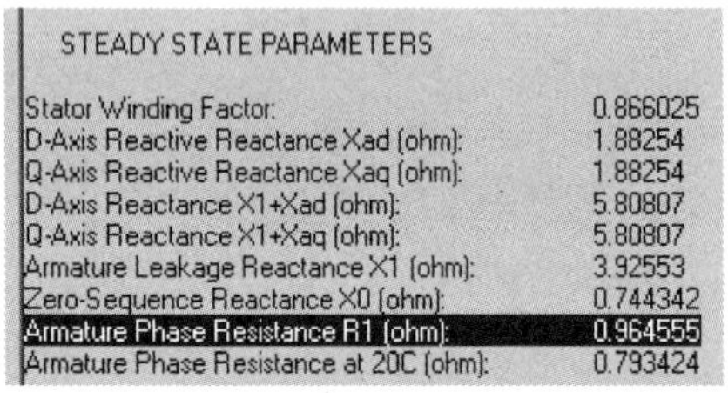

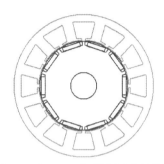

图 4-5-1　RMxprt 计算单中的电阻计算值

图 4-5-1 中显示的是电枢相电阻，在 Y 接法中，电机的线电阻是相电阻的 2 倍。这里的电阻值是电机设定计算温度时的电阻值。

4.5.2　Maxwell 求电机的电感

永磁同步电机的电感概念相对比较复杂，电感的求取也可以用两种方法：

1) 在电机的输入三相线中任意抽两根，用电感测量仪即可测出电机线-线电感　由于转子在电机定子内相对位置不同，如果电机直轴和交轴电感不等，电机的线电感值会有大小，因此可以把转子相对电机定子的不同位置测出的电感值的平均值作为电机的线电感值。

2) 在 Ansoft 瞬态场中可以求出电机的相电感和线电感　以 3 kW-ASSM-12-10j 永磁同步电机(图 4-5-2)为例，方法如下：

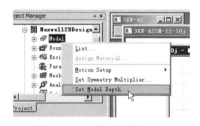

图 4-5-2　3 kW 永磁同步电机结构图

(1) 通过 RMxprt 一键有限元生成 2D 模型，然后按图 4-5-3 操作。

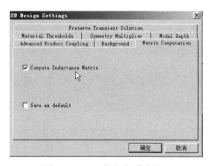

图 4-5-3　求取电感步骤 1

因为软件默认不计算电感，所以要手动设置，如图 4-5-4 所示。

图 4-5-4　求取电感步骤 2

陈伦琼、秦月梅参加了本节的编写。

（2）再点击计算，如图4-5-5所示。

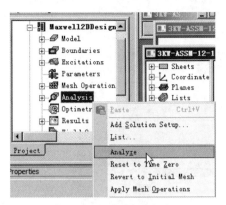

图4-5-5　求取电感步骤3

（3）计算完成后，点击"Result"，如图4-5-6所示。

图4-5-6　求取电感步骤4

（4）相电感计算。点击"Winding"，在Y框内填入：L（PhaseA，PhaseA），如图4-5-7所示。

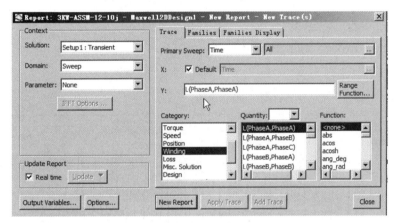

图4-5-7　相电感设置

（5）点击"New Report"，出现A相电感曲线（图4-5-8），并求取曲线RMS值（83.223 8 μH）。

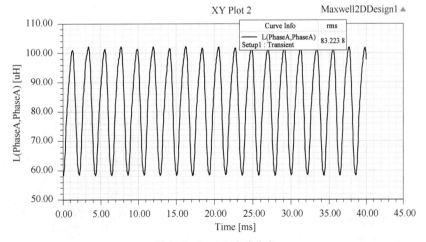

图4-5-8　A相电感曲线

（6）线电感计算。点击"Winding"，在 Y 框内填入：L（PhaseA，PhaseA）＋L（PhaseA，PhaseB）－2＊L（PhaseA，PhaseB）（注：这种方法使用求解 Y 形接法的线电感，L（A－B）＝Laa＋Lbb－2＊Lab），如图 4－5－9 所示。

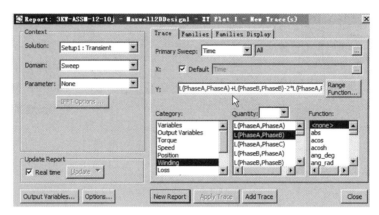

图 4－5－9　线电感设置

（7）点击"New Report"，求出线电感曲线（图 4－5－10），并求取曲线 RMS 值（172.896 2 μH）。

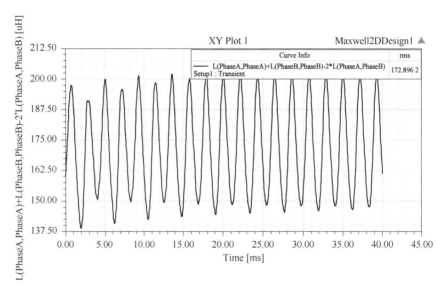

图 4－5－10　线电感曲线

4.5.3　MotorSolve 中求电机的电阻和电感

在 MotorSolve 中求电机的电阻和线电感非常方便，只要能准确地建模，就能一键求出电机的相电阻、线电感、直轴和交轴电感。

以 3 kW－ASSM－12－10j 永磁同步电机为例，用 MotorSolve 进行建模，如图 4－5－11 所示。

建模成功后，进行如下操作：

（1）点击"结果"，找出"分析图表"项中的"集总参数"，如图 4－5－12 所示。

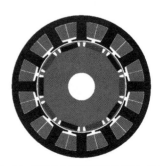

图 4－5－11　3 kW 永磁同步电机 MotorSolve 建模

图 4 - 5 - 12　求取电感步骤 1

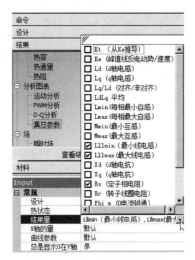

图 4 - 5 - 13　求取电感步骤 2

（2）点击"结果量"，选择勾取要计算的电阻、电感参数，如图 4 - 5 - 13 所示。

（3）点击"查看结果"，如图 4 - 5 - 14 所示。

（4）MotorSolve 即会显示要求出的永磁同步电机的电阻和电感，这里显示了 3 kW 电机的相电阻为 0.002 82 Ω，电机最小线电感为 0.166 mH，最大线电感为 0.152 mH，如图 4 - 5 - 15 所示。

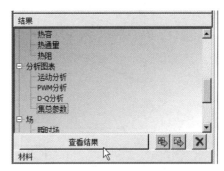

图 4 - 5 - 14　求取电感步骤 3

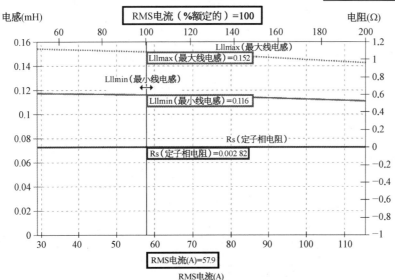

图 4 - 5 - 15　线电感与电阻曲线

（5）可以求取其他电机参数，如 d 轴、q 轴电感，电抗、每相自感，还有许多电机设计中重要参数只要在"结果量"中的方框中勾出，选择好，都可以一键计算出来，如图 4 - 5 - 16 所示。

（6）求取电机的反电动势、K_E、RMS 电流值，如图 4 - 5 - 17 所示。

图 4 - 5 - 16　各项电气性能求取的设置

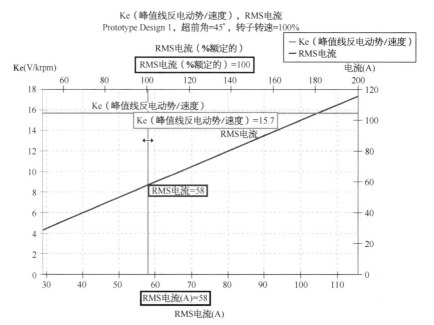

图 4 - 5 - 17　电机 K_E 和电流曲线

3 kW 永磁同步电机的电感 MotorSolve 一　键求取结果如图 4 - 5 - 18 所示。

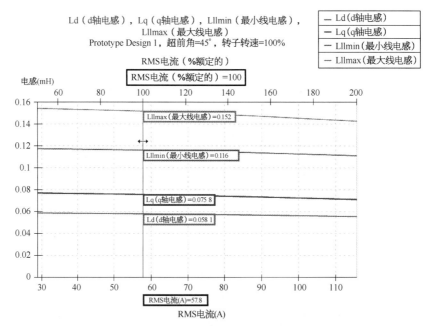

图 4 - 5 - 18　电机线电感和直、交轴电感曲线

只要设置运行点，，则 MotorSolve 显示电机该额定点的电感数据，如图 4-5-19 所示。

图 4-5-19　电机求取额定点电气性能设置

MotorSolve 额定电流点永磁同步电机综合电气性能计算显示如图 4-5-20 所示。

	Prototype Design 1
Kt（从Ke推导）(N·m/A)	0.183
Ke（峰值线反电动势/速度）(V/krpm)	15.7
Ld (d轴电感) (mH)	0.0581
Lq (q轴电感) (mH)	0.0758
Lq/Ld（对齐/非对齐）	1.31
LdLq 平均 (mH)	0.0669
Lmin（每相最小自感）(mH)	0.0489
Lmax（每相最大自感）(mH)	0.0774
Mmin（最小互感）(mH)	-0.00556
Mmax（最大互感）(mH)	-0.00205
Llmin（最小线电感）(mH)	0.116
Llmax（最大线电感）(mH)	0.152
Xd (d轴电抗) (Ω)	0.0851
Xq (q轴电抗) (Ω)	0.111
Rs (定子相电阻) (Ω)	0.00282
Phi_m (0电流磁通) (Wb)	0.0295
反电动势（峰值线-线）(V)	43.3
RMS电流 (A)	57.8

图 4-5-20　电机综合电气性能计算显示

因此，MotorSolve 电机设计软件场分析十分便捷，非常直观，许多 2D 复杂计算都可以一键搞定。两种软件对同一永磁同步电机求取电机的同一电感数值相差不大，用软件求取永磁同步电机电感应该是可信的。

4.5.4　永磁同步电机直、交轴电感的计算

永磁同步电机的电感不同于其他电机，有相电感、线电感、直轴和交轴电感等。控制器对新建电机，必须输入电机的某些参数，包括电机的电感。因控制器厂家程序编写要求不同，要求输入的电感种类不同，有的要求输入电机的线电感，有的要求输入电机相电感，有的要求输入电机的直轴和交轴电感。

线电感 L_{AB} 和交轴电感 L_d、交轴电感 L_q 之间关系为

$$L_{AB} = L_d + L_q + (L_q - L_d)\cos\left(2\theta_e + \frac{\pi}{3}\right)$$

式中：θ_e 是转子的电角度。

L_d、L_q 表征了相电感在转子在定子 d 轴、q 轴位置的电感情况。

A、B 两相的线电感 L_{AB} 与转子电角度之间关系如图 4-5-21 所示。

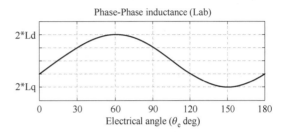

图 4-5-21　电角度与电感曲线

对于表贴式转子，直轴电感 L_d 与交轴电感 L_q 是相等的，因此

$$L_d = L_q = \frac{1}{2}L_{AB}$$

对于内嵌式、嵌入式转子，直轴电感 L_d 与交轴电感 L_q 不等

$$L_d = \frac{\min(L_{AB})}{2}, \ L_q = \frac{\max(L_{AB})}{2}$$

在永磁同步电机设计时，可以用 MotorSolve 电机设计软件一键求出电机相关的 L_A、L_B、L_{AB}、L_d 和 L_q。在 Maxwell 中，读者可以按照本节介绍的方法求电机的 L_{AB}，从而计算出 L_d 和 L_q。

在电机制作完成后，用道尔顿法求电机的 L_d 和 L_q，再从 L_{AB}、L_d 和 L_q 三者关系求出电机的 L_{AB}。

道尔顿法：使用 LCR 电桥分别对电机绕组的 AB、BC、CA 相进行测试，能够得到三组电感值，记为 X、Y、Z。定义

$$K_L = \frac{X+Y+Z}{3},$$

$$M_L = \sqrt{(Y-K_L)^2 + \frac{(Z-X)^2}{3}}$$

则　$L_d = \frac{K_L - M_L}{2}, \ L_q = \frac{K_L + M_L}{2}$

4.5.5 电阻和电感对永磁同步电机性能的影响

电机的电阻增大,在电阻上的压降就增加,电机铜耗增加,从而使电机效率降低。

电机的电感增大,同步电机电抗就增大,影响电机输出功率,电感过大还会造成电机机电时间常数过大,响应速度变慢。

在内嵌式永磁同步电机中,交直轴电感不相等,在交轴电感 L_q 一定、直轴电感 L_d 增加的情况下,电机的弱磁能力增加,电机恒功率区域会增加。在直轴电感 L_d 一定、交轴电感增加情况下,电机恒转矩会增加。

第 5 章
永磁同步电机结构和性能控制

5.1 永磁同步电机结构的设计

5.1.1 永磁同步电机的结构形式

永磁同步电机的结构基本由电机定子、转子、轴、端盖、编码器等零件组成。电机的转子和定子产生转矩，由转子轴输出。端盖支撑转子转动。图 5-1-1 所示是微型电动车永磁同步电机的典型结构。

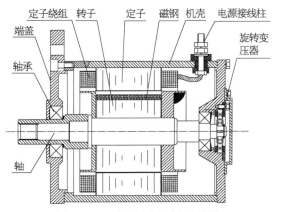

图 5-1-1 永磁同步电动机结构图

电机的定、转子冲片结构如图 5-1-2 所示。

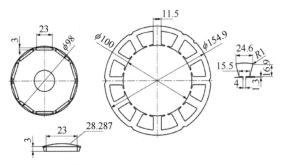

图 5-1-2 电机定、转子结构图

袁洪春参加了本节的编写。

5.1.2 电机定子外径的选取

在电机设计中，首先要确定电机的外径，在确定电机定子的外径时，就会涉及定子结构的两个概念：一个是电机定子的外径和定子叠长之比，即细长比；另一个是电机内径和定子外径之比，即裂比。

电机的细长比决定了电机的形状，电机定子外径大于定子叠长，这样的电机称为扁电机，这种电机的细长比就大；如果电机定子外径小于定子叠长，那么这个电机就称为细长电机，这种电机的细长比就小。

电机性能和电机的转子圆柱截面积 $D_i L$ 有关，而

$$D_i L = \frac{3T'_N \times 10^4}{B_r \alpha_i Z A_S K_{SF} j} \qquad (5-1-1)$$

电机的 D_i 确定后，如果冲片齿宽不变，电机定子外径 D 越大则冲片的槽面积就越大，槽内同样电流密度的导线 N 就放得越多，$K_T = \frac{N\Phi}{2\pi}$，因此同样的转矩常数 K_T 时，电机的有效工作磁通 Φ 就可以减小，定子和转子的长度 L 就可以减小。电机槽面积大些是有好处的，同样的槽内有效导体数 N，电机的电流密度和槽满率可以做得低些，将会改善电机的温升和绕线工艺。因此电机的裂比 D_i/D 需要好好考虑。

从式(5-1-1)看，电机 $D_i L$ 与电机的输出功率 P_2 无关，而是与电机电磁转矩 T'_N 成正比，式(5-1-1)可以转换成

$$L = \frac{3T'_N \times 10^4}{B_r \alpha_i Z A_S K_{SF} j D_i} \qquad (5-1-2)$$

确定电磁转矩 T'_N 一定后，一旦电机的冲片齿数 Z、磁钢 B_r、α_i、电流密度 j 和槽利用率 K_{SF}、裂比 D_i/D 确定，定子的 D_i/D 越小，则电

机的槽面积 A_s 越大,电机长度 L 与电机 D_i 和 A_s 的乘积成反比,乘积越小,则电机的长度 L 就越大,长度的递增很快;反之,电机 D_i 增大,则电机长度 L 能有较大比例地减小。

电机外径 D 的大小对应着电机的机座号,在正常情况下,机座号大的电机输出功率大,机座号小的电机输出功率相对就小。

常规的永磁同步电机,电机的细长比基本上在 $1/3\sim3$,对于某个确定的电机机座号(电机的外径)与电机输出功率相对应。有特殊要求情况下的电机有许多细长比,要么很大,要么很小。图 5-1-3 所示是云台电机和深井泵电机,这是典型的细长比走极端的电机。

图 5-1-3　两种不同细长比电机的比较

从理论上分析,不考虑电机的最大转矩和转动惯量,定子直径的大小是不受限制的,最小的定子直径和最大的定子直径都能满足设定的转矩、电流密度和槽满率的要求,只是电机的细长比不同。这样对于永磁同步电机定子直径的确定有何依据和方法,这个问题经常困扰一些电机设计人员。确定电机定子的常用方法有以下几种。

1) 有定子外径尺寸要求的电机设计　如果用户有电机外形尺寸要求,那么就按照用户的尺寸要求来设计永磁同步电机,在满足电机要求的前提下求取合理的定子长度。

2) 用户无定子外形尺寸要求的电机设计可以参照同类性能的永磁同步电机的定子外形尺寸。例从某一工厂的永磁同步电机的技术条件中可以看出,不同电机的机座号(定子外径)对应着电机的额定转矩和输出功率(表 5-1-1),可以根据用户提出的电机额定转矩和输出功率确定电机的定子直径。

表 5-1-1　机座号与输出功率、转矩关系

机座号	60	80	90	110	130	150	180
输出功率(kW)	0.2~0.6	0.4~1	0.75~1	0.6~1.8	1~3.8	3.8~5.5	2.7~2.9
转矩(N·m)	0.64~1.9	1.27~4	2.4~4	2~6	4~15	15~27	17.2~27

因为永磁同步电机的定子和三相交流感应电机结构非常相似,同功率的定子外径和体积相差不大。行业中经常用三相交流感应电机冲片做永磁同步电机,可以查看输出功率类似的三相交流感应电机的定子冲片外径和体积来确定相应的永磁同步电机的定子外形尺寸。三相交流感应电机 Y2 系列电机,型号从 Y2-631($D=96\,\text{mm}$, $D_i=50\,\text{mm}$, $P_2=0.18\,\text{kW}$) 到 Y2-355($D=590\,\text{mm}$, $D_i=445\,\text{mm}$, $P_2=160\,\text{kW}$) 共 118 种电机可供参考,电机的覆盖范围非常广,足以作为永磁同步电机定子外形尺寸的参考。作者在设计永磁同步电机时经常这样参考,非常可靠和方便,而这些数据在电机设计手册中可以查到。

3) 永磁同步电机定子外形尺寸的推算法相似的永磁同步电机结构尺寸与电机的转矩有关,可以根据已知的永磁同步电机的转矩和要设计的永磁同步电机的转矩比 K 乘以已知永磁同步电机的直径即为要设计电机的直径。

$$\sqrt[4]{\frac{T_{N2}'}{T_{N1}'}}=K=\frac{D_2}{D_1}$$

因此　　$$D_2=\sqrt[4]{\frac{T_{N2}}{T_{N1}}}D_1=KD_1 \qquad (5\text{-}1\text{-}3)$$

例:某电机直径为 $60\,\text{mm}$,转矩为 $1.27\,\text{N·m}$,现要设计一转矩为 $3.18\,\text{N·m}$ 的永磁同步电机,其直径为多少?

解:

$$D_2=\sqrt[4]{\frac{T_{N2}}{T_{N1}}}D_1=\sqrt[4]{\frac{3.18}{1.27}}\times60$$
$$=1.26\times60=75.6(\text{mm})$$

可以选取定子冲片直径 $75\,\text{mm}$ 左右,加上机壳厚度,该电机是 80 机座号的电机。

5.1.3　电机的裂比

在有些电机书籍中,谈到定子内径与定子外径之比就是所谓的裂比(有的地方称定子外径与内径之比为裂比)。一台电机的定子内外径比是有一定范围的,不可能定子外径一定时,定子内径很大或很小。如果定子外径很大,因为裂比有一定范围,所以电机的转子相应很大,这样的电机成了"铁"电机,电机的工作磁通大,定子槽面积较小,容不得多少绕组,电机的有效导体数少,这时转子的外径就大,裂比就大,电机的转动惯量相应就大,这样的电机就是所谓的大惯量电机。反之,如果定子内径小,其裂比就小,这样就成了"铜"电机,电机的转动惯量就小。正常的裂比范围为 0.45～0.65,许多低转速、大转矩的电机的裂比往往大于 0.65,见表 5 - 1 - 2。

表 5 - 1 - 2　惯量与裂比

惯量分类	低转动惯量	中转动惯量	高转动惯量
裂比	0.45～0.55	0.55～0.65	0.65 以上

需要注意的是:定子直径 D 确定后,如果电机裂比大,电机的输出功率大,同时电机的转动惯量也大。如果电机的裂比小,电机定子槽大,绕组可以多绕导体数,成了"铜"电机,绕组的电阻会增大,绕组压降会加大,可用以做功的电压下降,这样足以使电机不能输出额定功率。事实上,在永磁同步电机设计中不应该单纯用裂比来考虑电机的转动惯量和设计电机,要使电机转动惯量小,那么电机的定子外径要小,再选取合适的裂比。

图 5 - 1 - 4 所示电机是 DDR 旋转云台电机,电机额定转速为 50 r/min,转矩为 105 N·m。该电机定子外径为 244 mm,内径为 162 mm,裂比为 0.664,是一种低转速、大转矩、高转动惯量的电机。

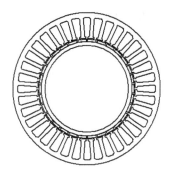

图 5 - 1 - 4　DDR 电机结构

从影响电机性能的角度看,电机的 D_i 和 D(裂比)与电机性能有密切关系。本书作者编了一个永磁同步电机多目标实用参数化设计的程序,设置一个电机的直径,就可以得到各种裂比的电机方案,程序设置起始定子内径为 5 cm,步长为 0.1 cm,共 23 个方案(图 5 - 1 - 5)。电机裂比为 0.42～0.59。

永磁同步电机直径比多目标实用参数化设计（求冲片形状和电机主要数据）														
目标值	U	T	n	Z	cosφ	η	j	Y	hj/(Y×bt)	Br	计算	Ku	E	KE	KT
	176	14.65	1500	12	0.99756	0.9368	3.1118	1	0.79	1.23		1.04	258.86	0.173	1.814
	D	BZ	ksf	KFE	Hs0	Hs1	a	a'	Di步长	αi		I	qcu	d	St/bt
	12.2	1.93	0.438	0.95	0.169	0.1389	4	1	0.1	0.67		8.077	2.596	0.91	1.34

序号	Di	bt	St	hj	Dj	AS	Hs2	N	Φ	L	Di/D	Di/L	D^2*L	j kgm^2
1	5.00	0.559	0.750	0.44	11.32	475.97	2.71	161	644	0.016078	13.07	0.41	0.38	1946	6.26E-04
2	5.10	0.570	0.765	0.45	11.30	467.51	2.66	158	632	0.016383	13.06	0.42	0.39	1944	6.77E-04
3	5.20	0.581	0.780	0.46	11.28	459.05	2.60	155	620	0.016700	13.06	0.43	0.40	1944	7.31E-04
4	5.30	0.592	0.795	0.47	11.26	450.60	2.54	152	608	0.017030	13.06	0.43	0.41	1944	7.89E-04
5	5.40	0.604	0.810	0.48	11.25	442.15	2.49	149	596	0.017373	13.08	0.44	0.41	1947	8.52E-04
6	5.50	0.615	0.825	0.49	11.23	433.71	2.43	146	584	0.017730	13.11	0.45	0.42	1951	9.18E-04
7	5.60	0.626	0.840	0.49	11.21	425.27	2.38	144	576	0.017976	13.05	0.46	0.43	1943	9.83E-04
8	5.70	0.637	0.855	0.50	11.19	416.83	2.32	141	564	0.018359	13.10	0.47	0.44	1949	1.06E-03
9	5.80	0.648	0.870	0.51	11.18	408.40	2.26	138	552	0.018758	13.15	0.48	0.44	1957	1.14E-03
10	5.90	0.660	0.885	0.52	11.16	399.97	2.21	135	540	0.019174	13.21	0.48	0.45	1967	1.23E-03
11	6.00	0.671	0.900	0.53	11.14	391.55	2.15	132	528	0.019610	13.29	0.49	0.45	1978	1.32E-03
12	6.10	0.682	0.915	0.54	11.12	383.13	2.10	129	516	0.020066	13.37	0.50	0.46	1991	1.42E-03
13	6.20	0.693	0.930	0.55	11.10	374.72	2.04	126	504	0.020544	13.47	0.51	0.46	2005	1.52E-03
14	6.30	0.704	0.945	0.56	11.09	366.30	1.98	124	496	0.020875	13.47	0.52	0.47	2005	1.63E-03
15	6.40	0.715	0.960	0.57	11.07	357.90	1.93	121	484	0.021374	13.59	0.52	0.47	2023	1.75E-03
16	6.50	0.727	0.975	0.57	11.05	349.50	1.87	118	472	0.021937	13.72	0.53	0.47	2042	1.88E-03
17	6.60	0.738	0.990	0.58	11.03	341.10	1.82	115	460	0.022509	13.87	0.54	0.48	2064	2.01E-03
18	6.70	0.749	1.005	0.59	11.02	332.71	1.76	112	448	0.023112	14.03	0.55	0.48	2088	2.16E-03
19	6.80	0.760	1.020	0.60	11.00	324.32	1.70	109	436	0.023748	14.20	0.56	0.48	2113	2.32E-03
20	6.90	0.771	1.035	0.61	10.98	315.93	1.65	107	428	0.024192	14.26	0.57	0.49	2122	2.47E-03
21	7.00	0.783	1.050	0.62	10.97	307.55	1.59	104	416	0.024880	14.45	0.57	0.48	2152	2.66E-03
22	7.10	0.794	1.065	0.63	10.95	299.17	1.54	101	404	0.025629	14.68	0.58	0.48	2184	2.86E-03
23	7.20	0.805	1.080	0.64	10.93	290.80	1.48	98	392	0.026414	14.92	0.59	0.48	2220	3.07E-03

图 5 - 1 - 5　电机直径比多目标设计

用图 5-1-5 中的数据,代入 RMxprt 进行计算,计算结果符合率较好(图 5-1-6 和图 5-1-7)。程序中,电机的转动惯量是估算值,方法和结果与 RMxprt 计算相同。

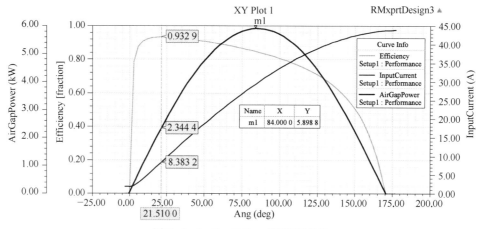

图 5-1-6　D_i=5.5 cm 机械特性曲线

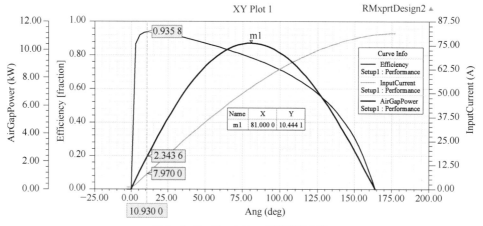

图 5-1-7　D_i=6.7 cm 机械特性曲线

$$K_{P2-1} = \frac{P_{2max}}{P_2} = \frac{5.8988}{2.3444} = 2.516$$

$$\frac{D_i}{D} = \frac{5.5}{12.2} = 0.45 \quad L = 13.11 \text{ cm}$$

$$K_{P2-1} = \frac{P_{2max}}{P_2} = \frac{10.4441}{2.3436} = 4.456$$

$$\frac{D_i}{D} = \frac{6.7}{12.2} = 0.55 \quad L = 14.03 \text{ cm}$$

以上两种方案,电机定子外径相同,额定点几乎相同,因为 D_i 不同,电机的最大输出功率相差了一倍。在电机定子外径确定后,裂比大,则转子直径大,电机的最大输出功率相应增加。

5.1.4　电机的机座号

电机的外径基本上就体现了电机的机座号。电机的机座号有两种定义:一般端面安装的用电机定子外径作为电机的机座号,卧式电机的机座号则采用电机的中心高。

一般电机的定子长度不可能无限伸长,即电机的细长比不可能很小,只有某些泵电机才会做得又细又长。如果伺服电机要求电机的功率较大,电机的转动惯量要比较小,那么只有取用较小的定子外径,加长定子的长度达到目的。由于有电机裂比和细长比的限制,所以对于确定的某个机座号的系列电机,电机的转动惯量有一定的范围。表 5-1-3 统计了某厂生产的永磁同步

表 5-1-3　机座号与转动惯量、输出功率、转矩关系

机座号	60	80	90	110	130	150	180
转动惯量 $(10^4\ \text{kg}\cdot\text{m}^2)$	0.17~0.438	1.05~2.97	2.45~3.7	3.1~7.6	8.5~27.7	38.8~68	34~61
输出功率 (kW)	0.2~0.6	0.4~1	0.75~1	0.6~1.8	1~3.8	3.8~5.5	2.7~2.9
转矩 (N·m)	0.64~1.9	1.27~4	2.4~4	2~6	4~15	15~27	17.2~27

电机的转动惯量。

这样,可以根据电机负载的转动惯量,求出电机所需的转动惯量,查阅该转动惯量的电机机座号,确定电机的定子外径尺寸。这里机座号 60~80、110~130、130~150 的转动惯量都没有很好的过渡,因此 60~180 的 7 种机座号中,电机的转动惯量有缺失的区间。可以增加 80、130、150 机座号的短定子型号,降低电机转子的转动惯量,使电机的转动惯量区间连贯起来。

在电机设计时,对选取电机机座号心中无数时,可以参照相应的厂家永磁同步电机的说明书,查看电机相应的输出功率、转矩和转动惯量,选取与三者相吻合的电机机座号。因此借鉴在电机设计中是很重要的,查看同类电机越多,分析得越彻底,体会越深,自己设计的电机会越成功。

5.1.5　电机极、槽的选取

现在绝大部分的永磁同步电机绕组采用三相绕组,永磁同步电机有两种典型的绕组:分数槽集中绕组和大节距分布绕组。由于电机的绕组型式不同,所以电机极、槽配合也有所不同。常用绕组的极、槽配对见表 5-1-4~表 5-1-6。

表 5-1-4　分数槽集中绕组

槽数 Z	极数 2P	极对数 P	每极每相槽数 q	分区数 t
6	4	2	1/2	2
9	6	3	1/2	3
9	8	4	3/8	1
12	8	4	1/2	4
12	10	5	2/5	2
27	30	15	3/10	3
36	30	15	2/5	6
36	40	20	3/10	4
54	60	30	3/10	6

表 5-1-5　常用分数槽大节距绕组永磁同步电机的极数和槽数

极对数 P	槽数 Z
2	15, 30, 45, 54
3	24, 27, 45, 48,
4	36, 45, 54, 60,
5	36, 45, 54,
6	45, 54,

表 5-1-6　常用整数槽大节距绕组永磁同步电机的极数和槽数

极对数 P	单层绕组槽数 Z	双层绕组槽数 Z
2	**24**、**36**、48,	12、**24**、**36**、48、60
3	**36**、54	18、**36**、54、72
4	**24**、48、72	**24**、48、72,
5	30	60
6	**36**	**36**

5.1.6　分数槽集中绕组的极、槽配合求法

分数槽集中绕组的槽数有如下特点:槽数必须是 3 的倍数,如 36 槽,36/3=12,求出 12 的约数:2、2、3、1。它们的组合为:1、2、4、6、12。因为磁钢数必须为偶数,36±1 的磁钢数是奇数,故不成立。所以磁钢数可以为:36±2、36±4、36±6、36±12,共 8 种槽数和磁钢数的配合,即 36-38j、36-34j、36-40j、36-32j、36-42j、36-30j、36-48j、36-24j。即 36 槽的电机可以组成 2、4、6、12 分区电机各 2 个。

```
3 | 36      3 | 15
2 | 12      5 | 5
2 | 6           1
3 | 3
    1
```

如 15 槽：15/3＝5，求出 5 的约数：5、1。所以磁钢数可以为：15±1、15±5，电机应该有 15－16j、15－14j、15－20j、15－10j，这样 4 种磁钢都是偶数，15 槽的电机可以组成 1、5 分区电机各 2 个。但是电机定子只有 1、5 分区的 2 种绕组，如图 5－1－8 和图 5－1－9 所示。

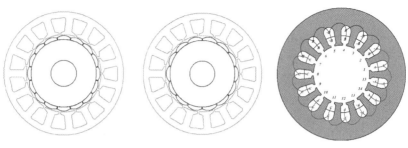

图 5－1－8　电机 15－16j、15－14j 为 1 个分区的绕组分布

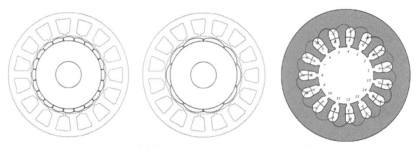

图 5－1－9　电机 15－20j、15－10j 为 5 个分区的绕组分布

5.1.7　永磁同步电机的转速与极数关系

永磁同步电机的同步转速与输入电机电源频率 f 成正比，与电机的极对数 P 成反比：$n＝60f/P$。简单地说，输入永磁同步电机的三相调频调幅的正弦波电源是由控制器从直流电源中通过 PWM 方法处理得来的，其三相交流电源的频率是一个载波频率。要求电机高速运转，那么该载波频率 f 要相应提高，而这个载波频率是通过晶体管的工作来完成的，那么晶体管脉宽调制的工作频率更高。如果永磁同步电机的转子磁钢极对数较多，而且要产生很高的转速，载波频率就要很高，如果永磁同步电机要求有较高转速（如电机做成每分钟数万转甚至更高），对应的晶体管要产生较高的工作频率，把永磁同步电机磁钢的极对数 P 要求较少，这样 f 就可以相应降低。另外，由于受晶体管工作频率的限制，要想使永磁同步电机达到较高的转速 n，那么减少电机转子的极对数 P 是很好的选择。因此高速电机的极对数不会很多，交流高速变频电机的极数有 2 极、4 极，最多就是 6 极。由于直流永磁同步电机转子一般由磁钢组成，两极（1 对极）电机的转子结构不是那么好处理，因此高速永磁同步电机的转子常用 4 极磁钢，6 极以上就不用在高速电机上。此外，电机的磁钢极数多后，电机的输出转矩曲线波形的脉动频率提高，波幅相应降低，提高了电机的运行稳定性。低速永磁同步电机中电机极对数就比较多，有些旋转平台就选择了 36 槽 30 极或者 40 极。电动自行车的转速仅为 300～400 r/min，因此电机就采用了多槽和多极数的配合，如 63 槽 56 极、54 槽 60 极等。

5.1.8　冲片槽形和圆底槽的设置

永磁同步电机定子的冲片槽形有多种，RMxprt 中，就设置了四种典型的槽形，如图 5－1－10 所示。

图 5－1－10 标注的参数都可以设置，以达到所需的槽形。但是在这四种槽形中，槽底都是平底槽或半圆槽（图 5－1－11），许多永磁同步电机冲片的槽底都是和定子外圆同心的，最近用得比较多的 T 形拼块式定子冲片。

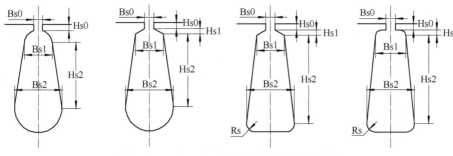

图 5-1-10　RMxprt 中的四种永磁同步电机槽形

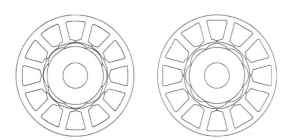

图 5-1-11　RMxprt 平底槽和圆底槽形区别不大

可以看出在定子冲片槽数多时,平底槽和同心圆底槽的槽面积是相近的,轭宽也相近,所以多槽电机用 RMxprt 设计时,用平底槽形替代同心圆底槽是没有什么大问题的。但是在少槽电机中问题较大,其中槽形面积相差很大,轭宽相差也较大(图 5-1-12)。

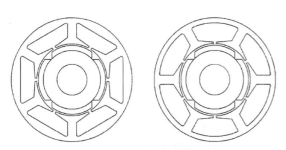

图 5-1-12　RMxprt 少槽电机的平底槽和圆底槽形区别很大

在 RMxprt 中,有方法使定子槽形改成同心圆槽或者 T 形槽。

1)方法 1:RMxprt 中用"User Defined Slot"(用户定义槽)

(1)点击"Stator",出现如图 5-1-13 所示页面。

点击"Slot Type 3",并勾选下边空白框

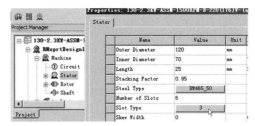

图 5-1-13　RMxprt 平底槽改为圆底槽步骤 1

(User Defined Slot)(图 5-1-14),并点击"OK",则将平底槽改为圆底槽(图 5-1-15),再点击"确认",则出现如图 5-1-16 所示曲线。

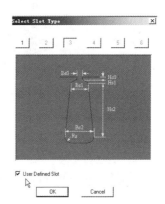

图 5-1-14　RMxprt 平底槽改为圆底槽步骤 2

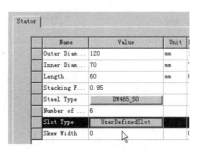

图 5-1-15　RMxprt 平底槽改为圆底槽步骤 3

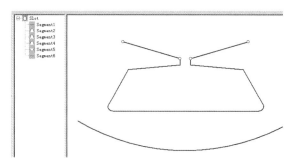

图 5-1-16　RMxprt 平底槽改为圆底槽步骤 4

选取线段为圆弧，并点击，如图 5-1-17 和　图 5-1-18 所示。

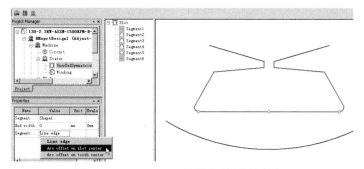

图 5-1-17　RMxprt 平底槽改为圆底槽步骤 5

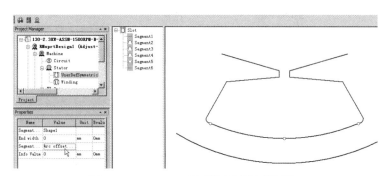

图 5-1-18　RMxprt 平底槽改为圆底槽步骤 6

点击"Machine"，定子同心圆冲片设置完成，　如图 5-1-19 所示。

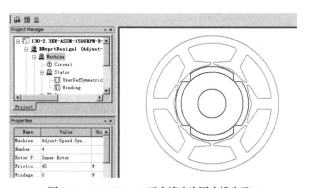

图 5-1-19　RMxprt 平底槽改为圆底槽步骤 7

（2）T 形拼块式定子冲片槽的设置。原平底冲片如图 5 - 1 - 20 所示，要改为图 5 - 1 - 21 所示的 T 形槽冲片。

修改步骤如图 5 - 1 - 22～图 5 - 1 - 29 所示，最终完成的 T 形槽如图 5 - 1 - 30 所示。

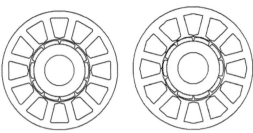

图 5 - 1 - 20　原平底冲片　　图 5 - 1 - 21　T 形槽冲片

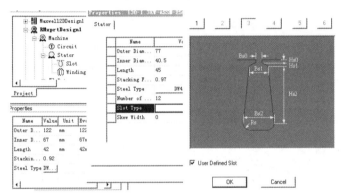

图 5 - 1 - 22　步骤 1

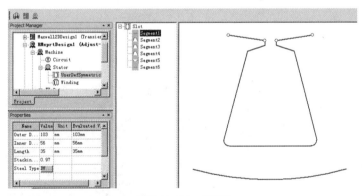

图 5 - 1 - 23　步骤 2

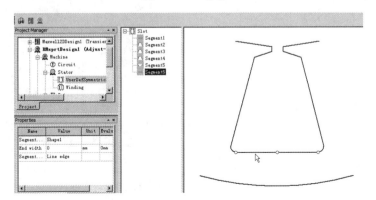

图 5 - 1 - 24　步骤 3

图 5 - 1 - 25　步骤 4

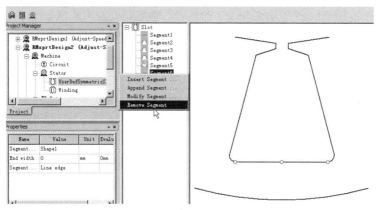

图 5 - 1 - 26　步骤 5

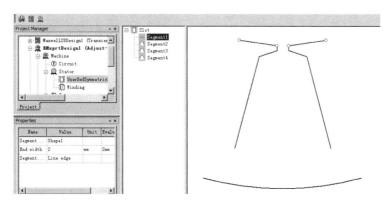

图 5 - 1 - 27　步骤 6

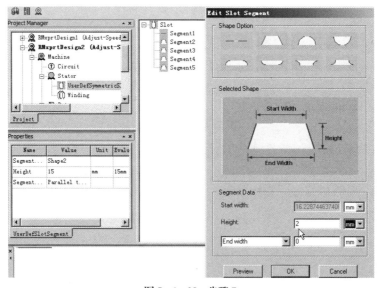

图 5 - 1 - 28　步骤 7

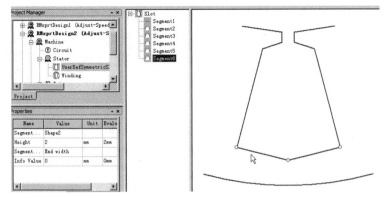

图 5 - 1 - 29 步骤 8

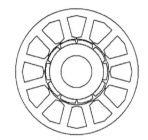

图 5 - 1 - 30 修改结束成为 T 形槽

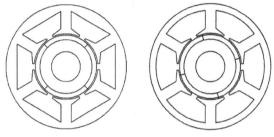

图 5 - 1 - 31 平底槽改为圆底槽槽底最好不要倒圆

必须指出的是：RMxprt 中用"User Defined Slot"(用户定义槽)的方法产生同心圆底槽和 T 形槽，会产生一些问题：

(1) 把平底槽定义成同心圆底槽后，电机槽面积还是按平底槽面积计算的，在多槽电机中两种槽形的面积相差不大，对设计者而言，判断电机的槽满率影响不大。但是如果是少槽电机，那么影响就大，同样线径和匝数的绕组，如果在平底槽中已经满了，但是在同心圆底槽内可能很宽松，但是 RMxprt 的计算报告单显示的却是和平底槽一样的槽满率，这样会使设计者造成误判。6 槽 4 极的定转子配合在微型的永磁同步电机是经常采用的，因此设计人员应注意 RMxprt 中的这个问题，如何纠正这个计算误差，读者可以看本书槽满率相关的章节。

把平底槽定义成同心圆底槽时，如果原槽形中有槽底圆 R_s，那么改成同心圆后在 RMxprt 的计算单中电机的齿宽会有较大的变化，随之电机的计算齿磁通密度等都有一定的变化。在平底槽改成同心圆底槽时，最好设置 $R_s=0$，这样可以简化槽尺寸的复杂计算关系，如图 5 - 1 - 31 所示。

实际上电机的原模块尺寸齿宽尺寸没有变化，对改成同心圆底槽的 RMxprt 模块进行 2D 计算，导出电机结构 dxf 平面图，则齿宽还是没有改变，所以这只是 RMxprt 导出计算单的计算齿宽出现了问题，引起和齿宽相应的一些电机参数的改变。

(2) 把平底槽定义成 T 形镶块式冲片，RMxprt 性能计算单中，齿宽会发生较大的改变，某些与齿宽相关联的参数也会产生一定的变化。

表 5 - 1 - 7 是平底槽改成同心圆底槽($R_s=0$)和 T 形槽的齿宽变化对比表，表中数值是 RMxprt 计算值。

表 5 - 1 - 7 圆底槽改为 T 形槽齿宽变化

Type of Stator Slot	3	Edited	Edited
Stator Slot	平底槽	圆底槽	T 形槽
hs0(mm)	0.8	0.8	0.8
hs1(mm)	0.5	0.5	0.5
hs2(mm)	7	7	7
bs0(mm)	0.3	0.3	0.3
bs1(mm)	6.725 99	6.725 99	6.725 99

			(续表)
bs2(mm)	11.821 6	11.821 6	11.821 6
rs(mm)	0	0	0
Top Tooth Width(mm)	5	4.989 97	5.309 04
Bottom Tooth Width(mm)	5	4.989 97	5.309 04
Slot Area(mm²)	66.913 1	66.913 1	79.627 2

注：本表直接从 Maxwell 计算结果中复制，仅规范了单位。

电机用 2D 计算，导出电机结构的 dxf 文件格式的平面图，则齿宽还是没有改变，图 5 - 1 - 32 中槽面积是测量值，和 RMxprt 相同，只是圆底槽面积应该为 72.687 mm²，不应仍是 66.931 mm² 的平底槽的槽面积。RMxprt 在计算单中计算圆底槽面积时，套用了平底槽面积计算公式，引起了计算误差。

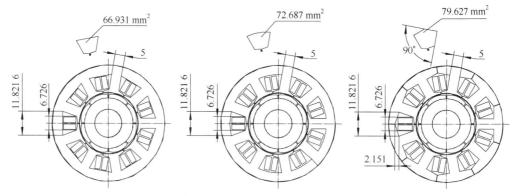

图 5 - 1 - 32 不同槽形的槽面积计算

为了能用 RMxprt 快速、方便、正确地计算永磁同步电机，这些问题必须做一些简单的处理，作者将会在相应的章节介绍这些问题的处理方法。

2）方法 2：RMxprt 中用 User Defined Data 在 2D 建模，槽底为圆弧的设置方法 RMxprt 中设置圆弧槽的方法如下，可以按图示逐一操作：User Defined Data 在 RMxprt 中可以找到，并点击"Design Settings …"，出现图 5 - 1 - 33 所示图框，点击"User Defined Data"并填入：ArcBottom 1（注意：ArcBottom 1 中的 A、B 必须是大写），如图 5 - 1 - 34 所示，并确认。

在填写框内填写 ArcBottom 1 冲片为圆底槽，填写 ArcBottom 0 冲片为平底槽，填写后点击"确定"即可。

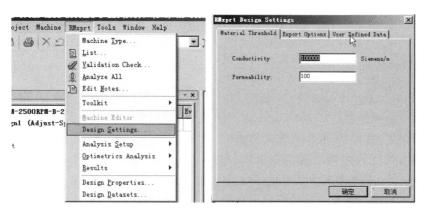

图 5 - 1 - 33 用 User Defined Data 法改平底槽步骤 1

图 5 - 1 - 34　用 User Defined Data 法改平底槽步骤 2

但是在 RMxprt 中,点击"Machine",软件右方框并不能显示该冲片变为圆底槽,并且计算槽面积仍是原来的平底槽面积。

在 RMxprt 中用 User Defined Data 设置槽底为圆弧的方法后,用 RMxprt 进行计算,并不是用槽底为圆弧的定子冲片计算的,仍旧是用平底槽形计算的,其槽面积仍是平底槽的面积(图 5 - 1 - 35)。也就是说,用 User Defined Data 设置槽底为圆弧的方法对 RMxprt 计算电机是不起作用的,只有对该模块进行 2D 场分析后才会显示冲片是圆底槽,并可以进行圆底槽冲片电机的磁场等 2D 分析(图 5 - 1 - 36)。用 User Defined Data 设置槽底为圆弧的方法在 RMxprt 设计计算中,不影响电机的齿宽。

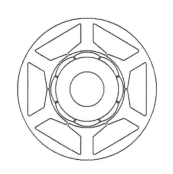 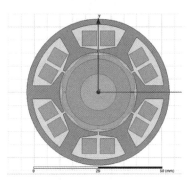

图 5 - 1 - 35　用 User Defined Data 法改平底槽步骤 3

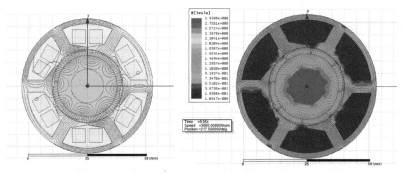

图 5 - 1 - 36　圆底槽场分析图

RMxprt 在 2D 场分析中可以按色条对比判别冲片磁场强度的大概值,但是 2D 可以通过在需要测量的位置画曲线的方法得到磁通密度大小,而 MotorSolve 则能由鼠标点击冲片任何位置便显示出该位置的磁场强度数值,可以用直线或圆规定区域求取各种磁场分析,MotorSolve 在磁场分析功能上则是非常强大且使用简捷。

5.1.9　2D 导出电机结构 dxf 平面图方法

(1) RMxprt 的 Stator 中用"User Defined Slot"(用户定义槽)定出电机槽形,并进行电机模块计算,完成的 T 形槽冲片如图 5 - 1 - 37 所示。

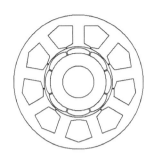

图 5 - 1 - 37　已经修改完成的 T 形槽冲片

（2）进行一键 2D 建模，如图 5 - 1 - 38 所示。

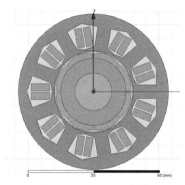

图 5 - 1 - 38　2D 冲片图

（3）从 Modeler 中点击"Export"（图 5 - 1 - 39）出现输出文件位置，用 dxf 文件格式（×××. dxf）保存即可，如图 5 - 1 - 40 所示。

图 5 - 1 - 39　输出文件操作 1

图 5 - 1 - 40　输出文件操作 2

应该注意的是，Maxwell 的版本应该高于 V16.0，否则生成的电机结构图（dxf）或转化为 cad、caxa 等图的圆弧是由多根直线组成的（图 5 - 1 - 41），直线等均由点组成，不能在图上方便地量出各种结构尺寸数值，因此不宜直接用于工厂生产图。

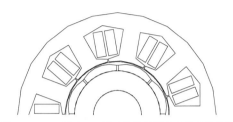

图 5 - 1 - 41　输出 dxf 图冲片的外圆由多根直线连接

5.1.10　电机的磁通和磁通密度

永磁同步电机的转子转动时，转子每一块磁钢的磁力线都要被定子齿上的绕组线圈所切割，所以电机的齿工作磁通 Φ 应该是电机各块磁钢的磁通在旋转时与齿上线圈交链的磁通的总和。即在不考虑漏磁和齿磁通密度饱和的情况下，所有磁钢发出的有效磁通就是电机的工作磁通。电机磁钢的磁通产生了电机气隙平均磁通，这个圆周气隙磁通均匀地进入定子所有齿，形成定子齿磁通，产生齿磁通密度 B_Z。那么通过整个定子齿的齿磁通就相当于电机磁钢的工作磁通，因此电机的工作磁通等效于整个电机定子的齿总磁通。

磁钢的充磁、形状等因素使磁钢的磁力线分布不是一个方波，它的有效值为 $\alpha_i B_r$，α_i 称为极弧系数。因此下式成立

$$\Phi = Z B_Z b_t K_{FE} L \times 10^{-4} (\text{Wb})$$
$$= \alpha_i B_r (\pi D_i) L \times 10^{-4} (\text{Wb}) \quad (5 - 1 - 4)$$

5.1.10.1　齿磁通和齿磁通密度的分析

电机定子齿是转子磁钢的磁力线通道，只要齿磁通密度不太饱和，所有转子的磁力线都会通过齿和定子线圈交链。齿磁通密度只是表征磁力线通过齿的"疏密"程度。齿磁通密度低，齿可以狭窄一些，让槽面积大些，在齿磁通密度不是太高的情况下，通过齿总的电机工作磁通 Φ 不变，在电机有效导体根数 N 不变（绕组匝数相同）的情况下，电机的转矩常数 $K_T = N\Phi/2\pi$ 不

变,那么永磁同步电机的性能不会有很大的改变。

图 5 - 1 - 42 所示是三种不同齿宽的电机, 齿宽改变后的电机性能对比见表 5 - 1 - 8。

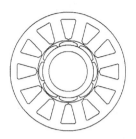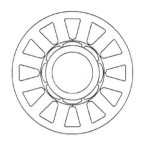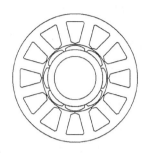

图 5 - 1 - 42　不同齿宽的电机结构

表 5 - 1 - 8　不同齿宽电机的性能计算

ADJUSTABLE. SPEED PERMANENT MAGNET SYNCHRONOUS MOTOR DESIGN			
File：Setup1. res			
GENERAL DATA			
Rated Output Power(kW)	0. 4	0. 4	0. 4
Rated Voltage(V)	121	121	121
Number of Poles	8	8	8
Frequency(Hz)	200	200	200
Frictional Loss(W)	20	20	20
Windage Loss(W)	0	0	0
Rotor Position	Inner	Inner	Inner
Type of Circuit	Y3	Y3	Y3
Type of Source	Sine	Sine	Sine
Domain	Time	Time	Time
Operating Temperature(℃)	75	75	75
STATOR DATA			
Number of Stator Slots	12	12	12
Outer Diameter of Stator(mm)	77	77	77
Inner Diameter of Stator(mm)	40. 5	40. 5	40. 5
Type of Stator Slot	3	3	3
Stator Slot			
$hs0$(mm)	0. 57	0. 57	0. 57
$hs1$(mm)	0. 8	0. 8	0. 8
$hs2$(mm)	11. 38	11. 38	11. 38
$bs0$(mm)	0. 34	0. 34	0. 34
$bs1$(mm)	4. 131 75	4. 545 86	5. 374 08
$bs2$(mm)	10. 230 3	10. 644 4	11. 472 6
rs(mm)	0. 78	0. 78	0. 78

（续表）

	7.2	6.8	6
Top Tooth Width(mm)	**7.2**	**6.8**	**6**
Bottom Tooth Width(mm)	7.2	6.8	6
Skew Width(Number of Slots)	0	0	0
Number of Conductors per Slot	240	240	240
Wire Diameter(mm)	0.45	0.45	0.45
Slot Area(mm^2)	91.420 9	96.622 2	107.025
Stator Slot Fill Factor(%)	**80.919 2**	**74.780 2**	**64.426 6**
NO. LOAD MAGNETIC DATA			
Stator. Teeth Flux Density(T)	**1.408 29**	**1.486 95**	**1.656 76**
Stator. Yoke Flux Density(T)	1.175 2	1.171 9	1.152 12
FULL. LOAD DATA			
Maximum Line Induced Voltage(V)	152.494	152.066	149.499
Root. Mean. Square Phase Current(A)	2.273 96	2.282 41	2.337 92
Armature Current Density(A/mm^2)	7.148 89	7.175 44	7.349 97
Output Power(W)	400.194	400.157	400.169
Input Power(W)	449.758	450.047	451.434
Efficiency(%)	88.979 8	88.914 4	88.643 9
Synchronous Speed(r/min)	3 000	3 000	3 000
Rated Torque(N·m)	1.273 86	1.273 74	1.273 78
Torque Angle(°)	19.814 7	18.751 3	17.139 1
Maximum Output Power(W)	1 034.34	1 074.26	1 129.66
Torque Constant KT(N·m/A)	0.588 188	0.585 96	0.572 06

注：本表直接从 Maxwell 计算结果中复制，仅规范了单位。

以上分析说明，电机齿宽变化后，齿磁通密度发生改变，只要齿磁通密度不达到饱和程度，电机除了槽满率发生较大的变化外，永磁同步电机的主要机械性能变化不大。

5.1.10.2　气隙槽宽与齿宽比的设定

为了对电机磁通密度分布做进一步的分析研究，很好地求出电机齿磁通密度，作者提出了一个气隙槽宽和气隙齿宽比的概念，用 K_{tb} 表示。

$$K_{tb} = S_t/b_t \qquad (5-1-5)$$

式中：S_t 为气隙槽宽；b_t 为气隙齿宽。

如图 5-1-43 所示的气隙槽宽为 12.85 mm，气隙齿宽为 12.7 mm。

气隙槽宽和气隙齿宽比这个概念非常重要，这是快速判断齿磁通密度的重要方法。

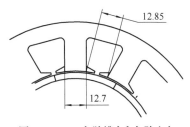

图 5-1-43　气隙槽宽和气隙齿宽

5.1.10.3　齿磁通密度和剩磁之间的关系

可以估算一下磁钢剩磁 B_r 和齿磁通密度 B_Z 之间的关系，这样就可以估算出电机的齿磁通密度，为永磁同步电机的定子冲片结构尺寸的决定起到一个参考作用。具体推导参见《永磁直流无刷电机实用设计及应用技术》。

$$B_Z = \alpha_i B_r \left(1 + \frac{S_t}{b_t}\right) \qquad (5-1-6)$$

5.1.10.4　电机齿磁通密度变化的分析

要把齿磁通作为电机的工作磁通,就要对齿磁通密度进行一些量的分析,找出一些与齿磁通密度相关的量及与齿磁通密度的相关关系,以便在永磁同步电机设计时作为判断和设计分析的依据。对电机磁钢、定子和冲片的相关数据与齿磁通密度之间关系进行一些分析,为了分析时比较直观,阐述方便,用 Maxwell 对某些永磁同步电机进行计算,求出电机齿磁通密度,从而得出一些相关的结论。

(1)冲片不变,长度变,磁路数据几乎不变,齿磁通密度几乎不变。

(2)改变齿宽,在齿不饱和的情况下,齿磁通密度与齿宽成反比,误差很小。

(3)磁钢材料改变,B_Z 与 B_r 成正比,误差在设计符合率之内。

(4)冲片磁钢形状按比例放大或缩小,电机磁路性能、气隙磁通密度和齿磁通密度几乎不变。

(5)磁钢形式相同的两个冲片,其气隙槽宽与齿宽比 K_{tb} 相等,齿磁通密度是相等的。

(6)冲片为其他形状如槽口等改变对齿磁通密度影响不大。

(7)表贴式磁钢的机械极弧系数对电机定子齿磁通密度影响不是太大。

以上结论对用 RMxprt 计算永磁同步电机是有参考价值的。

在实际中,电机齿磁通密度计算是计算其平均齿磁通密度,齿磁通密度与电机的电极弧系数相关。

$$B_Z = \frac{\pi D B_r \alpha_i}{Z b_t K_{FE}} \qquad (5-1-7)$$

5.1.10.5　齿磁通密度在设计软件中的求取

在电机设计软件中可以从多个方面求取永磁同步电机的定子齿磁通密度。

1)从 RMxprt 的计算单中求取电机的齿磁通密度　齿磁通密度计算结果如图 5-1-44 所示。

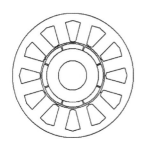

图 5-1-44　齿磁通密度计算结果

2)在 Maxwell-2D 中求取齿磁通密度图像　磁通密度云图如图 5-1-45 所示。

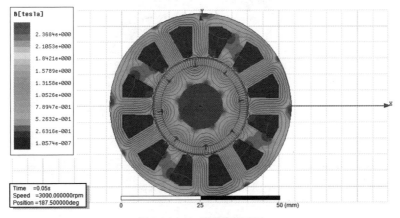

图 5-1-45　磁通密度云图

3）在 Maxwell - 2D 中求取齿磁通密度数值   如图 5 - 1 - 46 和图 5 - 1 - 47 所示。

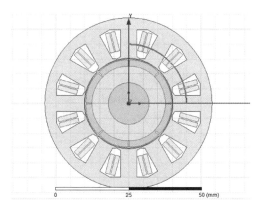

图 5 - 1 - 46   齿磁通密度计算

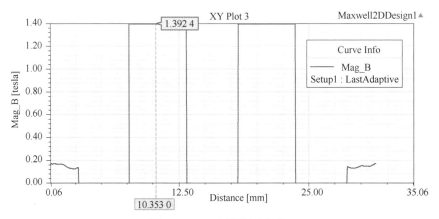

图 5 - 1 - 47   齿磁通密度曲线

4）在 MotorSolve 中求解   如图 5 - 1 - 48   和图 5 - 1 - 49 所示。

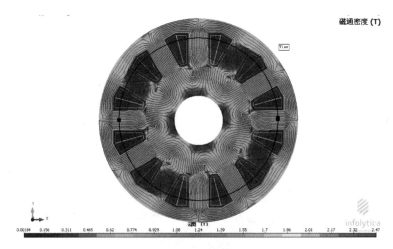

图 5 - 1 - 48   磁通密度云图

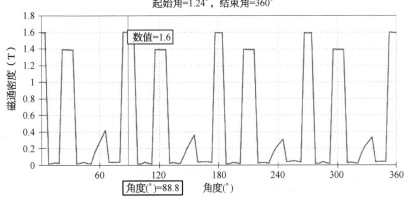

图 5-1-49 齿磁通密度分布曲线

5) 关于 Maxwell-2D 计算的齿磁通密度低于 RMxprt 计算的齿磁通密度的问题

(1) RMxprt 计算的磁通密度是平均值,是铁磁物质中的实际磁通密度。由于电机中存在叠压系数、通风沟以及定转子长度不等的影响。在二维有限元分析的时候,所有的部件都必须等效到同一个长度下,一般都等效在定子铁心长度下。

(2) Maxwell-2D 计算的是具体的磁通密度分布,分析结果中的云图是等效后的磁通密度分布,不是铁磁物质中的实际磁通密度。因此,应该先将 Maxwell-2D 中的磁通密度换算成实际磁通密度后,再与 RMxprt 的计算值比较。

(3) 换算方法。

Maxwell-2D 磁通密度
=RMxprt 磁通密度 × 长度等效系数(小于 1)

RMxprt 输出一键有限元模型的时候,会自动进行长度等效,长度等效系数在材料属性上显示,因此 Maxwell-2D 磁通密度比 RMxprt 磁通密度小。

从 RMxprt 用路计算和 MotorSolve 用场计算看,计算的齿磁通密度是相近的,有

$$\Delta B_z = \left| \frac{1.599\,02 - 1.6}{1.6} \right| = 0.000\,61$$

因此用 RMxprt 计算的齿磁通密度是有参考价值的。

5.1.10.6 电机工作磁通的计算单位

磁场强度和矫顽力用国际单位(SI)是安培/米(A/m),在电机设计中可用奥斯特(Oe)。

$$1\,A/m = 4\pi \times 10^{-3}\,Oe = 1.255\,6 \times 10^{-2}\,Oe$$
$$1\,Oe = (1/4\pi) \times 10^3\,A/m = 79.577\,A/m$$

磁通密度和剩磁的国际单位(SI)是特斯拉(T),并与米·千克·秒制(MSK)中的(Wb/m²)相等,在以前的电机设计中常用高斯(G)作单位。

$$1\,T = 10^4\,G$$
$$1\,G = 10^{-4}\,T$$

磁通量(简称磁通)国际单位(SI)是韦伯(Wb),与"高斯单位"的麦克斯威尔(Mx)的关系是

$$1\,Wb = 10^8\,Mx$$
$$1\,Mx = 10^{-8}\,Wb$$

在电机设计中,一般将电机的机械长度尺寸 L 单位用 cm 表示,磁路的面积 A 用 cm^2 表示,磁通密度 B_z 单位用 T 表示,则电机的磁通为

$$\Phi(Wb) = A(cm^2) \times B_z(T) \times 10^{-4}$$

5.1.10.7 永磁同步电机磁路中的最大磁通

永磁同步电机的各段磁路中,明确哪段可以获得最大磁通,即哪段的磁路最宽,对分析永磁同步电机的工作磁通有很大帮助。

1) 磁钢能产生的最大磁通 当磁钢的磁通密度等于磁钢的剩磁时,磁钢能产生最大磁通。

$$\Phi_1 = \pi D a_i L B_r \times 10^{-4} \quad (5-1-8)$$

2) 齿能通过的最大磁通 当电枢冲片的磁通密度是冲片的最大磁通密度时即是齿能通过的最大磁通,齿能通过的最大磁通为

$$\Phi_3 = Z b_t B_Z L K_{Fe} \times 10^{-4} \quad (5-1-9)$$

3) 轭最大磁通

$$\Phi_4 = 2 h_j B_Z L K_{Fe} \times 10^{-4} \quad (5-1-10)$$

如果电机轴是导磁体,则轭的最大磁通应考虑到电机轴能通过一定的磁力线来计算它,因此可以根据轴的导磁性能与冲片的导磁性能相比较把轴的半径折算成相当于冲片的长度,加到轭宽上去。如轴是45钢,其导磁性能较硅钢片的导磁性能差,可以把轴半径的70%作为轭的宽度加到轭宽上去,因此该电机的计算轭宽为

$$h_j' = h_j + 0.7 \times \frac{D}{2} \quad (5-1-11)$$

轭最大磁通为

$$\Phi_4 = 2 h_j' B_Z L K_{Fe} \times 10^{-4} \quad (5-1-12)$$

分析 Φ_1、Φ_2、Φ_3、Φ_4 永磁同步电机各段磁路的磁通,磁钢的磁力线通过气隙不可能全部进入定子的齿,而轭的磁通密度往往比齿的最大磁通密度小,因为轭磁路比较长,为了减少磁压降,一般轭要选择磁通密度低于齿磁通密度。因此无刷定子的齿成为电机磁路中的瓶颈,产生了磁路中的瓶颈效应,而齿中的磁通才真正与电枢的线圈相交链,起到电机的出力作用,为此把齿磁通作为电机的工作磁通来认识和计算是非常有实用意义的。这样又避免了因为转子磁路形式的多样化造成计算磁通的复杂性。

5.1.10.8 永磁同步电机齿饱和磁通密度

齿能通过的最大磁通是多少呢?齿就像一根自来水管,磁力线就像是流过自来水管的水。齿磁通密度小,相当于源头水少,自来水管里流动的水就少,源头的水都可以通过管子流走。如果源头有的水很多,自来水管又很细,那么,尽管

源头水量很大,但是管子流出的水受到了限制,只能流出那么多,这时水管流量就饱和了。齿磁通的现象和水流进管子的现象是一样的,齿磁通密度不饱和时,磁钢的磁力线都会通过齿,那么磁钢产生的磁通就几乎等于齿磁通,如果磁钢的磁通很大,而定子的齿面积不大,这样定子的齿磁通就要饱和,齿饱和的磁通密度就称为齿饱和磁通密度。

齿能通过的最大磁通可以这样确定,当电枢冲片的磁通密度是冲片的最大磁通密度时即是齿能通过的最大磁通。一般的硅钢片的饱和磁通密度在2.4 T左右。

在齿磁通密度不饱和时,齿总磁通为

$$\Phi = Z b_t B_Z L K_{Fe} \times 10^{-4} \quad (5-1-13)$$

在齿磁通密度饱和时,可以达 $B_Z = 2.3 \sim 2.5$ T。但是设计时,不能把齿磁通密度用到齿饱和磁通密度,否则电机的磁压降增大,损耗增大,电机效率降低。

5.1.10.9 RMxprt中的计算磁通密度

在RMxprt的计算单中有电机各种部位磁通密度的数据,其中有定子齿、轭磁通密度,转子轭磁通密度,气隙磁通密度和磁钢磁通密度,如图5-1-50所示。

NO-LOAD MAGNETIC DATA

Stator-Teeth Flux Density (Tesla):	1.80566
Stator-Yoke Flux Density (Tesla):	0.985698
Rotor-Yoke Flux Density (Tesla):	0.754929
Air-Gap Flux Density (Tesla):	0.936358
Magnet Flux Density (Tesla):	1.00427

图 5-1-50 空载电机磁密计算

在Results中也可以看到电机气隙磁通密度曲线(图5-1-51),并可以查出气隙磁通密度的有效值和最大值,但是在Maxwell的RMxprt中该图的数值单位似乎有些问题。

用同样电机模块在Ansys V17以上版本进行计算(图5-1-52),软件进行了修正,其结果和各种版本在计算单上计算的气隙磁通密度数值是相同的。

实际上永磁同步电机用RMxprt设计时,应该更多关注电机的齿磁通密度,因为齿磁通密度关系到电机磁力线通过齿的多少,通常电机设计

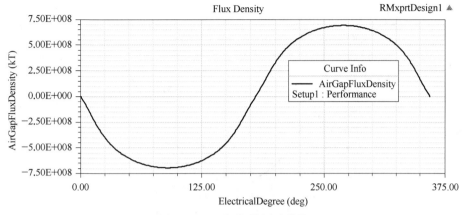

图 5 - 1 - 51　气隙磁通密度曲线

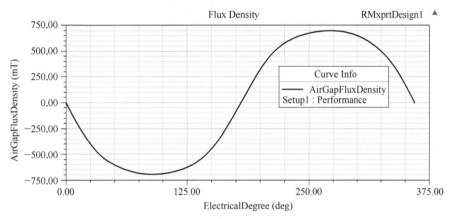

图 5 - 1 - 52　高版本气隙磁通密度曲线

时,电机的齿磁通密度有一个衡量值。在交流感应电机设计中齿磁通密度经常取用 1.4～1.6 T,在永磁同步电机中可以在 1.5～1.8 T 中取用,甚至更高些。齿磁通密度低些,电机磁损耗少些,效率相应提高些,但是槽面积会减少,单位体积输出的功率要略小。

各种版本的计算单中,各种磁通密度的计算基本上都是正确的。可以从 Results 中看电机气隙磁通密度的波形状况(图 5 - 1 - 53 和图 5 - 1 - 54),供设计时参考。

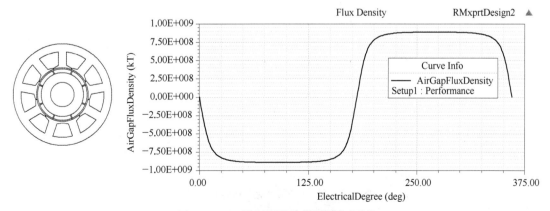

图 5 - 1 - 53　同心圆磁钢气隙磁通密度曲线

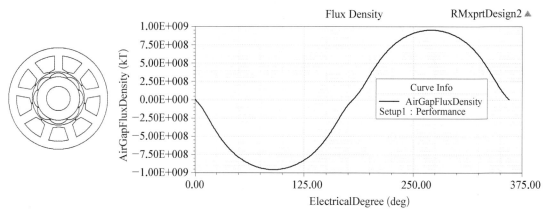

图 5 - 1 - 54　偏心圆磁钢气隙磁通密度曲线

　　但是最终要看的是感应电动势的波形（图 5 - 1 - 55 和图 5 - 1 - 56），从控制技术来讲，电机的感应电动势是否是较好的正弦波至关重要，应该说偏心圆磁钢感应电动势的波形更接近正弦波波形。

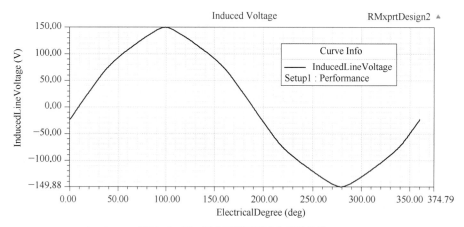

图 5 - 1 - 55　同心圆磁钢感应电动势曲线

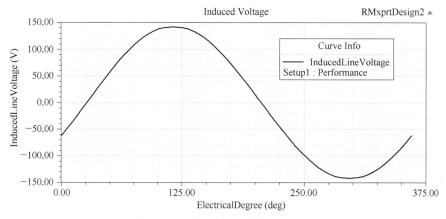

图 5 - 1 - 56　偏心圆磁钢感应电动势曲线

5.1.11　T形拼块式定子冲片

在本书讲述齿槽转矩一节中介绍了 T 形拼块式定子冲片。T 形拼块式定子电机的齿槽转矩能够做得很小。但是 T 形拼块式定子的槽满率可以做得很高,因为常规整块式电机冲片的绕组是从槽口用人工或机器下线的。大批量生产的小型永磁同步电机不可能用人工嵌线,用机绕要容许导线喷头由槽口把线导入槽内,槽内必须留有该通道的面积不能绕线,因此电机的槽满率不会很高,从实践看很多小电机用机绕的槽满率仅在 30% 左右。槽满率越高,槽内导线就可以放得越多,$K_T = N\Phi/2\pi$,电机要想得到同样的转矩常数 K_T,这样电机的 Φ 可以减少,即电机的定子叠长就可以减少,电机的体积就可缩小。

5.1.12　电机磁钢的选取和形状设计

永磁同步电机转子的磁钢有径向磁钢和切向磁钢之分,如图 5-1-57 和图 5-1-58 所示。

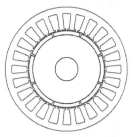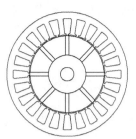

图 5-1-57　径向磁路　　图 5-1-58　切向磁路

图 5-1-59a 所示电机的磁钢结构是表贴式磁钢转子形式。也有转子结构采用内嵌式磁钢(内置式),如图 5-1-59b、c 所示电机是内嵌式转子结构的永磁同步电机。

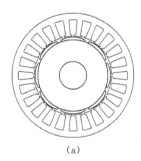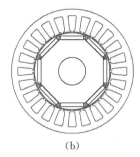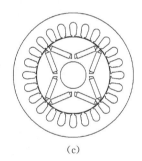

(a)　　　　　(b)　　　　　(c)

图 5-1-59　永磁同步电机各种不同形式的转子结构

从转子结构形式看,磁钢贴在转子表面的称为表贴式转子,磁钢嵌在转子内部的称为内嵌式转子。

从电机性能上看,表贴式转子的 d、q 轴电枢反应电抗和 d、q 同步电抗是相等的,内嵌式转子是不等的。表贴式和内嵌式电机的计算单数据如图 5-1-60 和图 5-1-61 所示。

在 RMxprt 的调速永磁同步电机模块中,由于 RMxprt 的计算是路计算,复杂的定子槽形和转子结构,计算关系非常复杂,难以用公式表达,因此计算中往往会出现一些误差。转子结构有五种类型(图 5-1-62),能应付常规的调速永磁同步电机设计之用。前两种属于表贴式磁钢的转子,d、q 轴电枢反应电抗和 d、q 同步电抗是

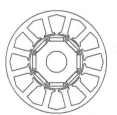

D-Axis Reactive Reactance Xad (ohm): 2.331 37
Q-Axis Reactive Reactance Xaq (ohm): 2.331 37
D-Axis Reactance X1+Xad (ohm): 7.192 8
Q-Axis Reactance X1+Xaq (ohm): 7.192 8

图 5-1-60　表贴式磁钢的 d、q 轴电抗

D-Axis Reactive Reactance Xad (ohm): 3.819 75
Q-Axis Reactive Reactance Xaq (ohm): 8.789 7
D-Axis Reactance X1+Xad (ohm): 8.723 96
Q-Axis Reactance X1+Xaq (ohm): 13.693 9

图 5-1-61　内嵌式磁钢的 d、q 轴电抗

相等的,后三种 d、q 轴电枢反应电抗和 d、q 同步电抗是不等的。

如果要用其他转子磁钢结构,那么就要导入,并进行设置,要进行 2D 场分析和计算。

在 MotorSolve 中,转子的磁钢结构就比较多(图 5-1-63),提供给设计人员的选择余地就大,设置、选择和计算比较方便。另外,MotorSolve 的性能计算直接就是 2D 场计算,计算也很简捷且方便,异形磁钢的图形导入和材料设置也比较方便。

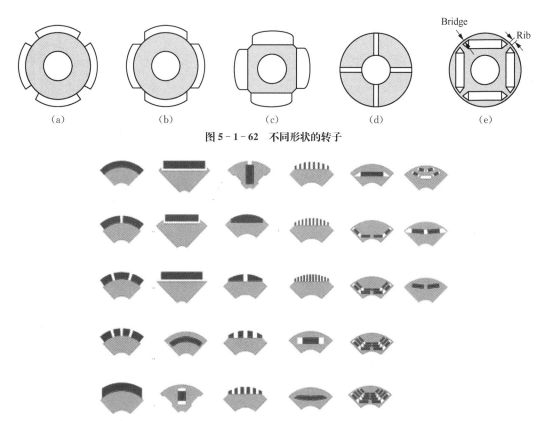

图 5-1-62　不同形状的转子

图 5-1-63　MotorSolve 转子结构

永磁同步电机的性能和力能指标和电机的电枢反应的电抗参数 X_{ad} 和 X_{aq} 相关。其中直轴电枢反应电抗 X_{ad} 与电机转矩幅值大小和失步转矩倍数相关。电磁转矩中的磁阻转矩也取决于交、直轴电枢反应电抗 X_{aq} 与 X_{ad} 之差。相差越大,电机的磁阻转矩幅值就越大,永磁同步电机的功率密度和过载能力相应得到提高。特别需要弱磁扩速的电机,电机的电枢反应电抗参数 X_{ad} 和 X_{aq} 要相差大些为好,所以要取用内嵌式磁钢的转子形式。

表贴式磁钢的永磁同步电机在弱磁提速方面虽不及内嵌式磁钢,但是有其特点,表贴式磁钢的永磁同步电机用一些方法也可以实现电机额定转速以外的提速。

一般电机的转子结构形式定下后,应考虑电机磁钢厚度的选择问题。磁钢厚度选择的原则有三点:①磁钢用料最少;②在电机最大负载时不至于磁钢退磁;③要确保磁钢的机械强度,不至于电机在生产和使用过程中发生碎裂现象。

在 RMxprt 中,没有计算磁钢退磁的一项分析,要进行 2D 分析对电机磁钢退磁做出分析。MotorSolve 中有退磁分析功能,操作还是比较简单的。

一般设计电机多了,参考一下同类电机磁钢的厚度进行 RMxprt 设计电机,问题是不会太大的。0.5～5 kW 永磁同步电机转子磁钢厚度(h_m)的参考见表 5-1-9。

表 5 - 1 - 9　电机参数与磁钢厚度参考表

功率 (kW)	定子外径 (mm)	额定电压 (V)	额定转速 (r/min)	h_m(mm)	B_m(mm)	L_m(mm)	永磁体体积 (mm³)
0.5	100	79	2 650	2.21	26.73	39.16	2 313
1.0	125	110	2 100	2.35	33.56	50.99	4 021
1.5	150	140	1 600	2.36	40.37	58.03	5 528
2.2	175	180	1 150	2.59	42.89	97.00	10 775
3.6	200	220	1 000	2.90	54.17	95.00	14 924
5.0	220	220	1 000	2.88	59.56	98.51	16 897

如取用钕铁硼磁钢,其矫顽力很大,即使磁钢较薄,磁钢退磁的现象也比较少。有一种小惯量电机,转子用一块盘式钕铁硼轴向磁钢,磁钢厚仅0.8 mm,数千转转速,十数瓦功率,电机磁钢仍不退磁。考虑到磁钢机械强度,磁钢厚度一般会取大些。

5.1.13　转子磁钢退磁

永磁同步电机的磁钢退磁有多种原因,主要有以下几种:

1) 磁钢自身原因

(1) 如果选择的电机磁钢材质欠佳,电机的矫顽力(H_c)小,那么这种磁钢就容易退磁。

(2) 如果磁钢材质容易氧化(如钕铁硼磁钢),磁钢的外表没有很好地进行防氧化处理,磁钢很容易氧化,整个磁钢会氧化得像豆腐渣,这样的磁钢磁性大大降低,甚至不起作用。

(3) 如果磁钢本身的退磁温度很低,电机运行后温升一旦升高,达到磁钢退磁温度,磁钢就会产生不可逆的退磁。

(4) 磁钢的老化退磁。

2) 磁钢外界原因

(1) 电机的安匝数过高,电机制成后绕组匝数便确定了,电机绕组通过电流的大小会影响磁钢的退磁。如果电机启动或正反方向启动频繁,会产生较大的交流电流,引起交流失磁,电机启动电流大大超过电机的额定电流,则磁钢会发生永久性退磁。

(2) 电机受到外界高频交变磁场的影响,则磁钢也容易退磁。

(3) 电机受到剧烈振动,使磁钢磁畴的排列结构发生改变,这样也会使磁钢产生退磁。

3) 磁钢和电机结构设计原因

(1) 磁钢厚度设计过薄,引起磁钢退磁。在电机磁钢牌号确定后,如果发现退磁,可以增加磁钢的厚度。

(2) 磁钢选用牌号不妥,引起磁钢退磁。可以选用高一些矫顽力(H_c)的磁钢牌号。

(3) 磁钢和电机定子形状结构设计不妥,也会引起磁钢退磁。表贴式磁钢转角倒圆是防止磁钢退磁的重要方法。

(4) 限制电机的峰值电流。设计时应减小峰值线电流和额定线电流的倍数,并控制好控制器对电机的输入最高电流的限制。

5.1.14　MotorSolve 中电机磁钢退磁分析方法

在 MotorSolve 中电机磁钢退磁分析就比较简单,对一些要精确定磁钢厚度的电机,可以先用 RMxprt 进行电机设计,设计出符合要求的电机结构和性能后,将该电机模块数据导入 MotorSolve。

进行磁钢退磁分析,非常简单、直观,可在 MotorSolve 中对电机磁钢结构和厚度进行局部修改。如图 5 - 1 - 64 所示 60 永磁同步电机,用瞬时场分析,云图场选用"退磁预测",取用了峰值线电流是额定线电流的 300%,点击"查看结果",如图 5 - 1 - 65 所示。

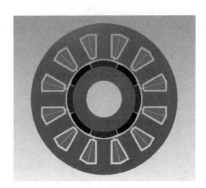

图 5 - 1 - 64　用 MotorSolve 对 60 永磁同步电机建模

图 5 - 1 - 65　电机退磁预测分析的设置

结果如图 5 - 1 - 66 所示,退磁预测图中,在磁钢边角出现有可能退磁的区域。

在 MotorSolve 中电机磁钢退磁分析后可以采取防止退磁的措施,设计改善后再进行退磁分析。把以上磁钢的外转角进行倒圆 0.8 mm 后,峰值线电流和额定线电流的倍数由 300% 改为 250%,而且磁钢厚度从 2.2 mm 改薄到 1.5 mm,磁钢退磁得到改善,磁钢仍没有退磁。如图 5 - 1 - 67 所示。磁钢厚度适当放大些,留有一些余地也是应该考虑的,因此该例取用磁钢厚 2.2 mm 还是恰当的,只是磁钢的外转角需要倒角,这样的磁钢结构在该电机上是不会退磁的。某工厂把该定子外径 60 mm、400 W 的永磁同步电机磁

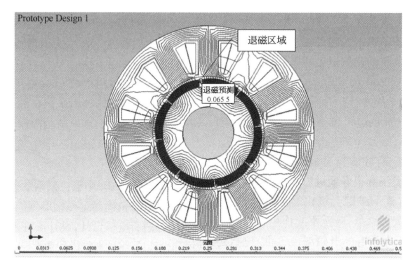

图 5 - 1 - 66　退磁预测场分析出现退磁区域

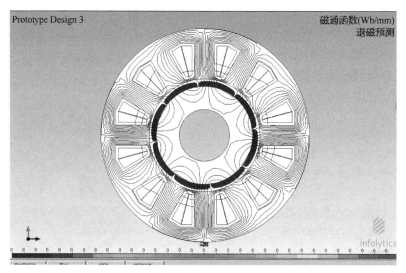

图 5 - 1 - 67　磁钢倒角后,消除了退磁区域

钢厚度设置为 3.5 mm,如果单从退磁角度看,好像是厚了一些,但是磁钢厚后电机最大转矩会增加,所以以任何设计要考虑得全面些。

5.1.15　电机轴径的计算

轴是电机中传递力矩的主要元件。电机轴径的选取在一般的机械设计手册中已有很详细的介绍,常用计算最小实心轴的公式为

$$d = A\sqrt[3]{\frac{P_2}{n}} \text{(mm)} \qquad (5-1-14)$$

式中:P_2 为电机输出功率(kW);n 为电机轴转速(r/min);A 为轴材料常数(表 5 - 1 - 10)。

表 5 - 1 - 10　轴材料与 A 的选取参考表

材料牌号	Q235,20	35	45	1Cr18Ni9Ti	40Cr13,20CrMnTi,35SiMn
A	118~135	118~135	107~118	125~148	98~100

可以看到,该公式中 n 不能等于 0,但是实际电机在被堵转即 $n=0$ 时,轴受力最大。把该式转换一下,使该式在电机堵转时也能计算轴的直径,即

$$d = A\sqrt[3]{\frac{P_2}{n}} = A\sqrt[3]{\frac{p_2}{1\,000n}}$$

$$= \frac{A}{10} \times \sqrt[3]{\frac{T \times n}{9.549\,3 \times n}} = \frac{A\sqrt[3]{T}}{21.2} \text{(mm)}$$

即

$$d = \frac{A\sqrt[3]{T}}{21.2} \text{(mm)} \qquad (5-1-15)$$

注:转矩 T 单位为 N·m。

例:60 永磁同步电机,$T = 1.27$ N·m,400 W,3 000 r/min,最大转矩倍数为 2.5,取用 45 钢做轴材料,计算轴的最小直径为

$$d = \frac{A\sqrt[3]{T}}{21.2} = \frac{112 \times \sqrt[3]{1.27 \times 2.5}}{21.2} = 7.76 \text{(mm)}$$

为了安全起见,取用 8~10 mm 轴。

轴的详细计算内容较多,读者可以参看相关的机械设计手册。

5.2　电机绕组和绕组设计

永磁同步电机的绕组决定了电机的机械性能,因此非常重要。电机的绕组包括绕组的概念和绕组的排列。搞清电机的绕组和绕组的排列设计是电机设计的重要环节。

5.2.1　电机的绕组

永磁同步电机的定子由定子冲片、绕组线圈所组成。与定子绕组相关的概念有:绕组匝数、绕组并联支路数、绕组导体根数、绕组有效导体根数、绕组导体并联根数、绕组系数、绕组节距等。这些概念是电机的基本概念。考虑到本书的完整性,所以本节再简要介绍一下。

永磁同步电机定子绕组、控制器、位置传感器相配合,构成了永磁同步电机定子绕组的形式,其目的是使电机正常运行。永磁同步电机的定子绕组形式非常多,可以是单相、三相或多相组成。在三相绕组中,有 Y 接法和△接法。绝大多数场合,永磁同步电机都采用三相绕组,本节着重介绍永磁同步电机三相绕组的相关内容,如果把永磁同步电机的三相绕组理解清楚和透彻,那么其他绕组情况就非常容易理解了。

1) 永磁同步电机的集中绕组　把定子绕组集中绕在永磁同步电机定子的每个齿上,其节距等于1,定子的每个齿上绕一个线圈,这种绕组是集中绕组。集中绕组内转子电机的定子如图 5 - 2 - 1 和图 5 - 2 - 2 所示。

集中绕组的线圈端部长度短,端部损耗就小,电机效率相对就高。尤其是分数槽集中绕组

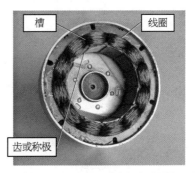

图 5 - 2 - 1　永磁同步电机定子图示

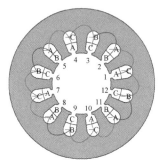

图 5-2-2 永磁同步电机定子绕组示意图

电机定位转矩小,绕线工艺并不复杂,槽数可以做得很多,这样可以做成转矩大、转速慢的直驱电机(DDR)。数十千瓦的分数槽集中绕组的永磁同步电机也是普遍应用的。

2) 永磁同步电机的大节距绕组 永磁同步电机的一个线圈跨过多个齿,本书指定电机线圈跨过几个齿,其节距就为几。线圈跨过多于1个齿,称节距大于1,这种永磁同步电机定子绕组形式和三相交流感应电机定子绕组形式的接线方法完全一样,称这种绕组为大节距绕组(图 5-2-3)。大节距绕组内转子电机的定子如图 5-2-4 所示。

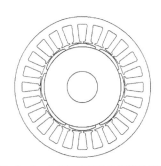

图 5-2-3 大节距绕组电机定转子结构图

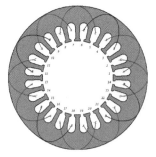

图 5-2-4 大节距绕组电机定子绕组图

一般大节距绕组用于功率较大的永磁同步电机中,但是大节距绕组节距大,线圈端部较长,电机损耗较大。槽数多的大节距绕组的绕组形式变化多,也可以是正弦绕组形式(图 5-2-5),好多不利于电机运行的谐波就减少了,这样电机运行就比较平稳。

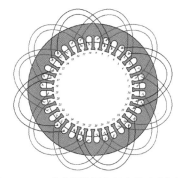

图 5-2-5 大节距绕组电机定子正弦绕组图

3) 永磁同步电机三相绕组 Y-△接法 永磁同步电机绕组最普遍的是采用三相绕组。电动机绕组 Y 接法就是把绕组的三个尾巴连接起来,三个头接电源,形成 Y 形连接(图 5-2-6)。而△接法是三个线圈头尾相连(图 5-2-7)。绕组的 Y、△接法之间的关系和交流三相感应电机的定子绕组相同,多相绕组在常用的永磁同步电机中不大采用。

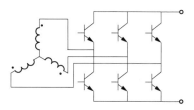

图 5-2-6 Y 接法电机通电形式

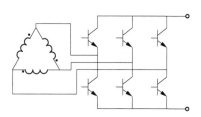

图 5-2-7 △接法电机通电形式

永磁直流永磁同步电机的 Y、△等效绕组和交流三相电机绕组关系一样,即△绕组的每相匝数是 Y 绕组的 $\sqrt{3}$ 倍,绕组电流是 $1/\sqrt{3}$ 倍,绕组导体截面积是 $1/\sqrt{3}$ 倍,即

$$N_\triangle = \sqrt{3} N_Y \qquad (5-2-1)$$

$$I_\triangle = I_Y / \sqrt{3} \qquad (5-2-2)$$

$$q_{Cu\triangle} = q_{cuY} / \sqrt{3} \qquad (5-2-3)$$

这两种不同绕组接法的永磁同步电机,绕组和线径按 $\sqrt{3}$ 关系计算,若用同一个驱动器,它们的空载转速基本一样,由于两个电机的绕组接法不一样,每相线圈匝数相差 $\sqrt{3}$ 倍,因此电机的内部电阻、桥臂电压、电源内阻和换向电阻压降是不一样的。但是表征它们基本性能的反电动势常数和转矩常数应该是一样的。

事实上,△接法的内阻小,工作电流大,驱动器的晶体管压降就大,加在电机上的电压反而小,特性则较软。

因为反电动势常数和转矩常数在电机的机械特性中具有唯一性,所以在永磁无刷直流电机的产品规格中,经常用测量的电机线反电动势常数换算出电机的反电动势常数和转矩常数来表示电机的基本机械性能。

如果两电机每相绕组相同,接法不同,那么 Y 接法的电压为△接法的 $\sqrt{3}$ 倍时,它们的空载转速应该是相等的。如果 Y 接法的电机的额定电压为 36 V DC,那么接成△接法的话,其电压就应该为 $U_\triangle = 36$ V $/\sqrt{3} = 20.78$ V,因为△接法的电机的特性软些,所以一般用 24 V 作为△接法电机的工作电压,虽然空载时的转速高些,但在负载时可以和 Y 接法电机的性能相近。

永磁同步电机可以认为是一个电子换向的直流电机,因此与永磁直流电机在性能上有惊人的相似,该电机的转矩常数 K_T 和永磁直流电机相似。

$K_T = T'/I$,其中 I 是电源输入电流,各种永磁同步电机的测试机械特性的测功仪也是用该观点测量和计算的。这里的转矩常数 K_T 应该认为是对永磁同步电机 Y 接法而言的,在电机△接法时计算电机的转矩常数 K_T 要把有效导体数 $N_\triangle$ 转换成 Y 接法的有效导体数 N_Y,这

样电机的性能是相近的。

$$K_T = K_{TY} = N_Y \Phi / 2\pi = N_\triangle \Phi / 2\pi\sqrt{3} \qquad (5-2-4)$$

在计算电机的电流时,也应该把电源输入电流 $I(I_Y)$ 代入相关公式计算

$$K_T = K_{TY} = T'/I = T'/I_Y \quad (5-2-5)$$

在计算电机的导线电流密度时应该以 $I_\triangle$ 计算

$$j = I_\triangle / q_{Cu} = I_Y / \sqrt{3} q_{cu} \quad (5-2-6)$$

在设计永磁同步电机时,一般都可以用 Y 接法分析和计算电机,如果永磁同步电机要转换成△接法,只要把绕组匝数乘以 $\sqrt{3}$、线径截面积除以 $\sqrt{3}$,电机的机械特性和性能、电流密度、槽利用率可以基本相同。这样整个电机的设计过程就比较单一,思路也比较清晰。

应该指出:△接法可在小功率、低压永磁同步电机中使用。因为永磁同步电机的气隙磁场通常是非正弦波,感应电势也是非正弦波,绕组△接法,反电势中的谐波分量(例如 3 次反电势谐波)将会短路而形成环流和发热。

$\sqrt{3}$ 的等等关系,都基于将永磁同步电机等价为正弦波的电路获得的。而永磁同步电机的气隙磁场通常是非正弦波,反电势也是非正弦波,所以 $\sqrt{3}$ 的等等关系是近似关系。但是用 $\sqrt{3}$ 的关系来转换绕组 Y 接法为△接法,计算方法的思路是正确的,从实用设计的观点看误差不会太大,转换后电机性能如有误差,稍加调整即可。

4)永磁同步电机线圈的并联支路数 a

(1)如果永磁同步电机功率比较大,电流就相应大,如果线圈导线用单根的话,导线的截面积就非常大,这样永磁同步电机的定子下线时因为导线非常硬,下线和其他工艺操作就非常困难,另外,电流在导线中通过,因为有集肤效应,所以同样面积的单根导线就不如同样面积的多根导线的效果好。大电流和大功率永磁同步电机的定子线圈都是多股并绕的。

(2)永磁同步电机采用分数槽集中绕组也较普遍,当电机槽数比较多,电机工作电压比较

低,电流比较大时,会有图5-2-8所示的接法。这是一个12槽三相直流永磁同步电机的定子,属于分数槽集中绕组形式。它由4个相同的"单元电机"并联而成。如果电机通电线圈有效导体根数 N 是4个单元电机通电线圈有效导体根数的总和,那么该电机线圈的并联支路数 $a=4$。

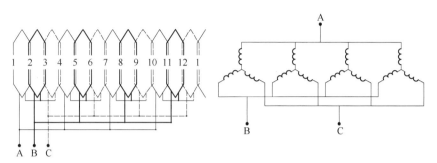

图5-2-8　单元电机并联绕组

5) 永磁同步电机的绕组系数 K_{dp}　在电机理论和设计计算中,都引入了电机的绕组系数这一概念,电机中的线圈导体根数不是全都有用,线圈有效导体根数与电机的绕组系数有关,绕组系数大,电机线圈有效导体根数就多。绕组系数等于1,那么电机的有效导体数等于电机线圈的导体数。

一个线圈绕组的绕组系数是它的短矩系数 K_p 和绕组的分布系数 K_d 的乘积,即

$$K_{dp}=K_pK_d \qquad (5-2-7)$$

K_p 是短矩线圈的反电动势与整矩线圈反电动势之比。整矩线圈反电动势等于两边线圈反电动势的代数和。短矩线圈反电动势等于两边线圈反电动势的向量和。分布系数是电机 q 个分布线圈合成反电动势与 q 个集中线圈合成反电动势之比。因分布线圈的合成反电动势等于 q 个线圈反电动势的向量和,而集中线圈的合成反电动势等于 q 个线圈反电动势的代数和,因此分布系数不大于1。

绕组系数是一个不大于1的数值,大多数电机的绕组系数只是略小于1,否则绕组的利用值就很低了。从常规电机设计的观点看,电机的绕组系数大些,线圈的电磁作用会相应提高。在作者提出的"磁链设计法"中,是不涉及电机绕组的绕组系数的,这是两种电机设计的概念问题,请读者注意。

6) 永磁同步电机的有效通电导体根数　永磁同步电机的反电动势 $E=N\Phi n/60$,这里的 N 是电机线圈通电导体总根数。电机通电导体数和电机线圈导体数是不同的,三相Y接法的永磁同步电机运行与永磁无刷电机相当,相当于电机定子两相线圈通电工作,一相不工作,如果该永磁同步电机线圈总导体根数为300,那么该电机的有效通电导体根数为200,就是说 $N=200$。这200根导体是通电并参与电机工作的,在计算电机的槽满率时是槽内导体实际根数,而不是电机参与计算性能的有效导体根数,请读者务必注意。

5.2.2　电机绕组排列

电机绕组形式的多样化使电机设计初学者眼花缭乱,有些设计人员对永磁同步电机常用的槽、极数配合的绕组比较熟悉,槽、极数稍有变化就会不知所措。实际上,大多数永磁同步电机的定子绕组是三相绕组,与三相交流异步感应电机的定子绕组基本相同。如果对三相交流异步电机比较熟悉,那么对永磁同步电机定子绕组的理解就没有什么困难。

三相交流异步感应电机的绕组有各种形式,如单层绕组、双层绕组、集中绕组、分布绕组、同心式绕组、同心式正弦波绕组、叠绕组、分数槽绕组和整数槽绕组、整距绕组、短距绕组,有的绕组节距大于1,有的绕组节距等于1等,这些绕组形式都可以用在同步电机的定子绕组上。

永磁同步电机的定子绕组形式中,绕组节距等于1又是分数槽的双层绕组尤为引人注意。这种绕组就是在定子每个齿上绕一个线圈,每相每极的槽数是分数。这种特别的三相分数槽集

中绕组具有许多优点，是永磁同步电机绕组的一个分支，广泛用于各种永磁同步电机中。这种每个齿上绕一个线圈的分数槽集中绕组，将在本章详细阐述，为了讲述方便，作者称这种绕组为分数槽集中绕组，不再每次都提及绕组的节距等于1。

三相交流感应电机绕组的排列和三相感应电机一样，内容是非常丰富的，作者将介绍多种方法对永磁同步电机的绕组进行排列设计。在电机学中，对三相感应电机的讲述较为详细，对三相绕组嵌线布线接线有专门的讲述，这同样适用于永磁同步电机定子绕组的排列设计。

5.2.3　电势星形法绕组排列设计

电势星形法绕组排列设计是一种常用的方法，电机学中基本都有讲述。这种方法原理清晰、判断明确，但是用这种方法画图麻烦，不能直观分辨各种绕组形式，特别是电机槽数和磁钢的极对数多后，用电势星形法操作起来就显得麻烦且混乱，画好电势星形图后还得根据电势星形法画出绕组排列图。

例：永磁同步电机定子 $Z=24$ 槽，转子 $2P=4$ 极，绕组相数 $m=3$。根据王正茂、阎治安等著《电机学》中电势星形图的画法：

电机每极每相槽数

$$q = \frac{Z}{2Pm} = \frac{24}{2 \times 2 \times 3} = 2 (槽)$$

每槽电角度

$$\alpha = \frac{P \times 360^\circ}{Z} = \frac{2 \times 360^\circ}{24} = 30^\circ$$

因此电机可以用如图 5-2-9 所示电势星形图表示。

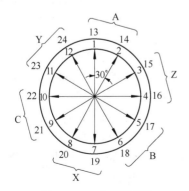

图 5-2-9　电势星形图

并用手工画出同心式、链式和交叉式绕组排线、接线图，如图 5-2-10～图 5-2-12 所示。

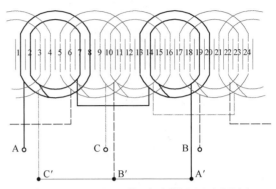

图 5-2-10　3相24槽4极大节距同心式绕组图

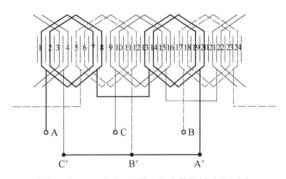

图 5-2-11　3相24槽4极大节距链式绕组图

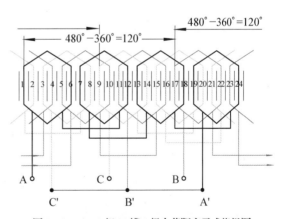

图 5-2-12　3相24槽4极大节距交叉式绕组图

从绕组排列图看电势星形图是可以理解的，要从电势星形图画出绕组排列图确实要花些功夫。如果槽数多后，如三相分数槽集中绕组 $m=3$，$Z=51$，$2P=46$，其磁动势相量星形图如图 5-2-13 所示，要从这个势相量星形图中正确画出绕组的排列和接线方法，操作起来就不是那么容易和简捷。课堂上讲原理时好用,在工厂实际工作中这种方法就显得不太方便。

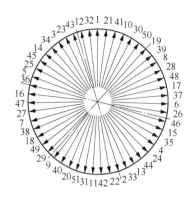

图 5-2-13 《现代无刷永磁直流电动机》图 7-9

5.2.4 RMxprt 绕组排列编辑器

RMxprt 有一个非常强大的电机绕组排列编辑器,RMxprt 绕组编辑器自动画出绕组排列、接线图,操作非常简捷、直观、灵活、正确,大大节约了画电机绕组分布图的时间和设计技术

人员的精力。

RMxprt 的使用说明书中有专门讲述电机绕组一章,内容非常丰富(共有 31 页),介绍了绕组的基本知识和操作方法。RMxprt 绕组排列编辑器也是根据绕组电势星形法基本原理编程的,读者可以设法参看一下 RMxprt-V12 使用说明书,对电机绕组的认识会提高一大步。

在一些大型电机设计软件中,都有电机绕组编辑器用以替代人工对绕组排列的分析和制图。如 MotorSolve 就有电机绕组编辑器,功能同样强大。

5.2.5 RMxprt 绕组排列设计示例

本小节对永磁同步电机定子 $Z=24$ 槽,转子 $2P=4$ 极,绕组相数 $m=3$ 的绕组用 RMxprt 进行绕组排列设计。

首先在 RMxprt 中设置好永磁同步电机的槽数、极数,把冲片初步设置后,达到 RMxprt 能运行成功的状态,那么 RMxprt 会显示该电机的结构图(图 5-2-14)。

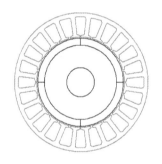 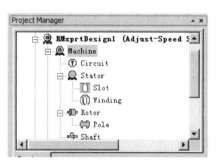

图 5-2-14 建立电机模块

双击图中的"Winding",会显示绕组编辑器框,如图 5-2-15 所示。

Name	Value	Unit
Winding Layers	2	
Winding Type	Half-Coiled	
Parallel Branches	1	
Conductors per Slot	0	
Coil Pitch	6	
Number of Strands	1	
Wire Wrap	0.07	mm
Wire Size	Diameter: 0.5mm	

图 5-2-15 绕组编辑器

绕组编辑器框中各项定义如下:

Winding Layers　绕组层数　[注:点击"Value"可选择 1 层(单层)和 2 层(双层)]

Winding Type　绕组类型

Parallel Branches　绕组并联支路数

Conductors per Slot　每槽导线根数

Coil Pitch　线圈跨齿数

Number of Strands　股数

Wire Wrap　导线漆层总厚

Wire Size(Diameter)　裸导线直径

特别要指出的是:

(1)如果槽内绕组层数为 1,绕组为整矩绕组,线圈跨齿数自动生成,则不显示。如果槽内绕组层数为 2,绕组为短矩绕组,线圈跨齿数则显示,需填写。

(2) 绕组类型分三种:人工编辑(Editor)、全极绕组(Whole Coiled)、半极绕组(Half Coiled)。

全极绕组又称显极绕组,在显极绕组中,每个(组)线圈形成一个磁极,绕组的线圈(组)数与磁极数相等,为了使磁极的极性 N 和 S 相互间隔,相邻两个线圈(组)中的电流方向必须相反,即相邻两个线圈(组)的连接方式必须首端接首端、尾端接尾端(电工术语为"头接头、尾接尾"),也即反接串联方式。

半极绕组又称庶极绕组,在庶极绕组中,每个(组)线圈形成两个磁极,一个磁极为"隐极",

所以绕组的线圈(组)数为磁极数的一半,因为另半数磁极由线圈(组)产生磁极的磁力线共同形成。在庶极绕组中,每个线圈(组)所形成的磁极的极性都相同,因而所有线圈(组)里的电流方向都相同,即相邻两个线圈(组)的连接方式应该是尾端接首端(电工术语为"尾接头"),即顺接串联方式。

在 RMxprt 中,不能自动产生同心式绕组等接法,如果需要,选择人工编辑可以进行绕组人工编辑。

5.2.6　绕组形式对电机性能的影响

可以用单层全极绕组、单层半极绕组、双层全极绕组、双层半极绕组(图 5-2-16~图 5-2-19)计算,四种绕组形式的绕组系数中,第四

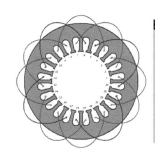

图 5-2-16　24 槽 4 极单层全极(显极)绕组排列

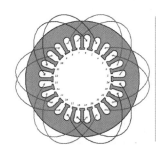

图 5-2-17　24 槽 4 极单层半极(庶极)绕组排列

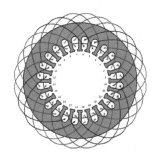

图 5-2-18　24 槽 4 极双层全极(显极)绕组排列

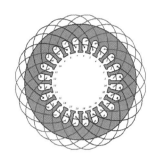

图 5-2-19　24 槽 4 极双层半极(庶极)绕组排列

种与前三种绕组相比,绕组系数相差较大,但四种永磁同步电机的性能几乎相同。说明只要槽内绕组导体数相同,绕组形式与绕组系数对永磁同步电机的负载性能影响不大(表 5-2-1)。第一种绕组的工艺最简单,所以选取绕组形式首先是考虑永磁同步电机的绕组加工工艺。

表 5-2-1　永磁同步电机 24 槽 4 极多种绕组形式性能计算对比

ADJUSTABLE-SPEED PERMANENT MAGNET SYNCHRONOUS MOTOR DESIGN	单层全极	单层半极	双层全极	双层半极	双层同心
GENERAL DATA					
Rated Output Power(kW)	1.3	1.3	1.3	1.3	1.3
Rated Voltage(V)	176	176	176	176	176
Number of Poles	4	4	4	4	4
Frequency(Hz)	83.333 3	83.333 3	83.333 3	83.333 3	83.333 3
Frictional Loss(W)	75	75	75	75	75
Windage Loss(W)	0	0	0	0	0
Rotor Position	Inner	Inner	Inner	Inner	Inner
Type of Circuit	Y3	Y3	Y3	Y3	Y3
Type of Source	Sine	Sine	Sine	Sine	Sine
Domain	Frequency	Frequency	Frequency	Frequency	Time
Operating Temperature(℃)	75	75	75	75	75
STATOR DATA					
Number of Parallel Branches	1	1	1	1	1
Number of Conductors per Slot	84	84	84	84	84
Type of Coils	11	12	21	22	20
Average Coil Pitch	5	6	6	6	6
Number of Wires per Conductor	1	1	1	1	1
Wire Diameter(mm)	0.95	0.95	0.95	0.95	0.95
Stator Slot Fill Factor(%)	69.273 5	69.273 5	69.734 3	69.734	69.73
Coil Half-Turn Length(mm)	137.529	152.969	152.969	152.969	152.97
STEADY STATE PARAMETERS					
Stator Winding Factor	0.965 93	0.965 93	0.965 93	0.836 5	0.966
FULL-LOAD DATA					
Maximum Line Induced Voltage(V)	232.514	232.514	232.514	230.47	232.5
Root-Mean-Square Line Current(A)	5.308	5.433 49	5.490 36	5.470 1	5.463

（续表）

ADJUSTABLE-SPEED PERMANENT MAGNET SYNCHRONOUS MOTOR DESIGN	单层全极	单层半极	双层全极	双层半极	双层同心
Root-Mean-Square Phase Current(A)	5. 308	5. 433 49	5. 490 36	5. 470 09	5. 463 1
Armature Current Density(A/mm^2)	7. 488 48	7. 665 53	7. 745 76	7. 717 2	7. 707
Output Power(W)	1 300. 14	1 300. 17	1 300. 51	1 300. 7	1 301
Efficiency(%)	79. 821	77. 927 9	77. 659 4	77. 759	77. 8
Power Factor	0. 997 695	0. 998 561	0. 991 923	0. 994 43	0. 991 9
Synchronous Speed(r/min)	2 500	2 500	2 500	2 500	2 500
Rated Torque(N・m)	4. 966 19	4. 966 28	4. 967 57	4. 968 1	4. 969
Torque Angle(°)	26. 863 3	29. 834 6	26. 506 6	21. 629	26. 26
Maximum Output Power(W)	2 292. 16	2 083. 38	2 215. 46	2 257. 93	1 986. 5
Torque Constant KT(N・m/A)	0. 982 65	0. 956	0. 961 99	0. 938 5	0. 962

可以看出,永磁同步电机的绕组变化对电机性能影响不大,读者可以自行分析。

5.2.7　绕组人工编辑(Editor)的方法

要对永磁同步电机绕组进行同心式编辑,那么绕组同一极必须有两个以上线圈,现在对 24 槽 4 极双层全极(显极)绕组(图 5 - 2 - 20)进行同心式绕组排列编辑。

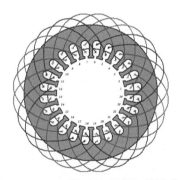

图 5 - 2 - 20　24 槽 4 极双层全极(显极)绕组

(1) 把绕组编辑器框中改为"Editor",如图 5 - 2 - 21 所示。

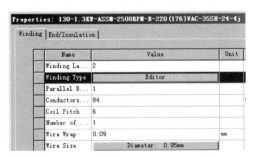

图 5 - 2 - 21　绕组编辑器中设置 Editor

(2) 鼠标指向图 5 - 2 - 22 第一行,右键单击,点击"Edit Layout ...",出现图 5 - 2 - 23 所示页面。

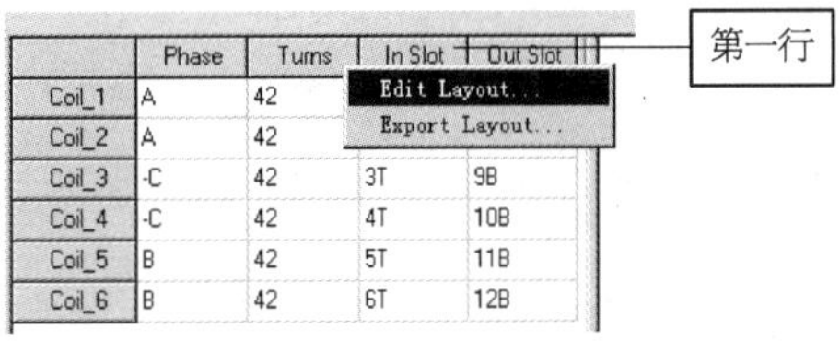

图 5 - 2 - 22　绕组编辑操作 1

这时图 5 - 2 - 23 中绕组数和绕组出线槽号列为灰色,表明这两列数据不可更改,去掉图下方两个勾,出现图 5 - 2 - 24 所示页面,表格背景全部呈白色,这表明绕组参数全部可以更改。分别把 A、B、C 三相线圈出线槽号数字互换,并点击框中"OK"键,屏幕即显示该电机绕组为同心

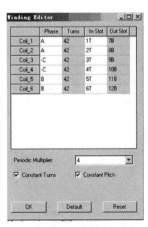

图 5 - 2 - 23　绕组编辑操作 2

式绕组,如图 5 - 2 - 25 所示。对该同心式绕组的永磁同步电机进行 RMxprt 计算,其结果为表 5 - 2 - 1 中最后一列数据,其性能参数与前四种电机绕组性能参数基本相同。

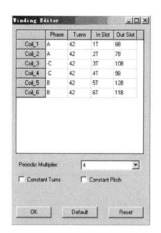

图 5 - 2 - 24　绕组编辑操作 3

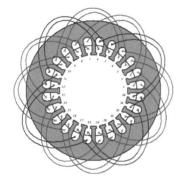

图 5 - 2 - 25　生成同心式绕组

人工编辑绕组也非常方便,但是要事先确定同心式绕组编号及走向。最好把绕组先设置并生成叠式绕组,这样再转换成同心式绕组就方便得多。三相 4 极 24 槽半极式单层叠绕组如图 5 - 2 - 26 所示,三相 4 极 48 槽全极式单层叠绕组如图 5 - 2 - 27 所示。

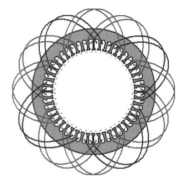

图 5 - 2 - 27　4 极 48 槽全极式单层叠绕组

5.2.8　RMxprt 显示一相绕组的方法

在槽数较多时,如果三相绕组一同显示,若没有区分每相绕组的颜色或不同种类的线条,就会非常混淆,三相绕组区分不出来,因此一般电机设计人员只要看一相绕组的分布情况,就知道整个三相绕组的排列情况。RMxprt 可以显示一相绕组,方法如下:RMxprt 在显示图 5 - 2 - 28a 后(局部放大图像),用鼠标右键点击要显示的相数字,如红色的 A 相,会显示图 b,有下拉菜单显示:Connect all coil(连接所有线圈)、

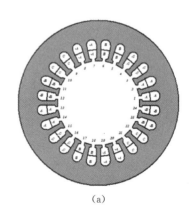

(a)

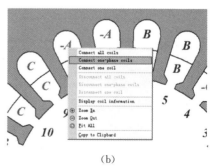

(b)

图 5 - 2 - 28　显示一相绕组的操作方法 1

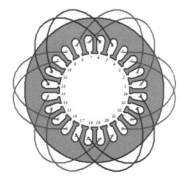

图 5 - 2 - 26　4 极 24 槽半极式单层叠绕组

Connect one-phase coils（连接一相线圈）、Connect one coil（连接一个线圈）三项。

用鼠标点击"Connect one-phase coils"，则仅 A 相线圈会显示，如图 5-2-29 所示。在这个画面上再选择 B 相一个线圈，则会在这个画面上叠加 B 相这个线圈，如图 5-2-30 所示。

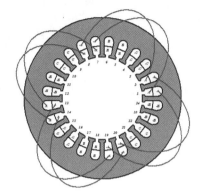

图 5-2-29　显示 A 相绕组

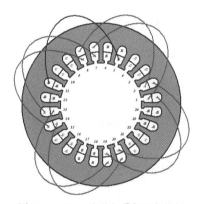

图 5-2-30　A 相绕组叠加 B 相绕组

局部放大绕组视图，则可以清晰地看到槽编号和每相绕组的走向，如图 5-2-31 所示。

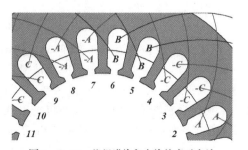

图 5-2-31　绕组进线和出线的表示方法

5.2.9　电机绕组的分区

手工方法画电机绕组图，用分区概念是非常清楚和方便的。特别是分数槽集中绕组的绕组排列与接线，用分区法非常直观、简捷。作者在《永磁直流无刷电机实用设计及应用技术》中提出的电机分区概念是一种电机绕组认识的新概念，详细讲述了这种不同于单元电机概念的分区法在绕组设计上的应用，对电机设计工作者设计绕组分布与排列有极大的帮助。这里作者用一个实例演示分区法在永磁同步电机绕组设计中的应用。

$Z=36$，$2P=30$ 的一个旋转平台电机，电机结构如图 5-2-32 所示。

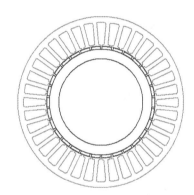

图 5-2-32　36 槽 30 极电机结构

用电机学关于磁电势量星形图的作法，对于分数槽集中绕组，永磁同步电机定子 $Z=36$ 槽，转子 $2P=30$ 极，绕组相数 $m=3$，根据王正茂、阎治安等著《电机学》中电势星形图的画法

电机每极每相槽数

$$q=\frac{Z}{2Pm}=\frac{36}{2\times15\times3}=\frac{2}{5}（槽）$$

每槽电角度

$$\alpha=\frac{P\times360°}{Z}=\frac{15\times360°}{36}=150°$$

因此电机用势量星形图表示有些困难。

用 RMxprt 较容易地作出了该电机全极绕组排列图，如图 5-2-33 和图 5-2-34 所示。

放大看，A、B、C 相邻三相的起头绕组是不一致的（图 5-2-35），因此在电机绕组接线时必须注意这个问题。

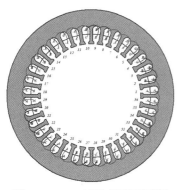

图 5-2-33　三相全极绕组排列图

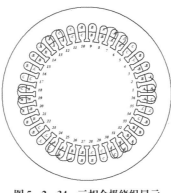

图 5-2-34　三相全极绕组显示
一相排列图

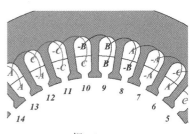

A相　6+　7-
B相　8-　9+
C相　10+　11-

图 5-2-35　绕组进线和出线的表示

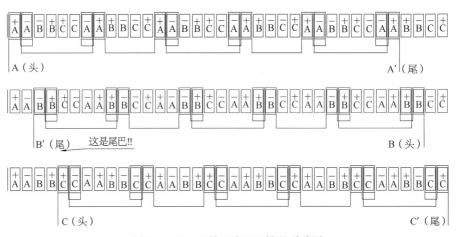

图 5-2-36　36 槽 30 极绕组排列、接线图

　　然后根据 RMxprt 的绕组图手工画出适合工厂车间工艺操作的电机绕组排线、接线图,如图 5-2-36 所示。

5.2.10　用分区法绕组排线、接线图的做法

　　例 1:$Z = 36$ 槽,转子 $2P = 30$ 极,绕组相数 $m = 3$。从上计算知该电机为分数槽集中绕组电机。

　　(1)确定该分数槽集中绕组电机的分区数

$$K_F = |\ Z - 2P\ | = |\ 36 - 30\ | = 6\ 分区$$

　　(2)画出 6 个分区绕组各相,如图 5-2-37 所示。

| A B C | A B C | A B C | A B C | A B C | A B C |

图 5-2-37　36 槽 30 极 6 个分区,每分区三相绕组

　　(3)计算出分区中每相绕组个数(2 个),用 +、-(2 个)符号标记在每相字母上方(图 5-

2-38),注意相邻相绕组方向必须相同。

$$R = \frac{Z}{Km} = \frac{36}{6 \times 3} = 2(齿)$$

| +-+ -+- | +-+ -+- | +-+ -+- | +-+ -+- | +-+ -+- | +-+ -+- |
| A B C | A B C | A B C | A B C | A B C | A B C |

图 5-2-38　36 槽 30 极 6 个分区中,每相两个线圈排列

　　(4)按照图 5-2-38 进行绕组排列和接线,A 相接线图如图 5-2-39 所示。

　　(5)如果 A、B、C 三相起头均在第一个分区中,由于 B 相绕组电流方向应和 A、C 相反,为了便于生产,应使电机每个线圈绕法顺序一致,那么电机第三齿 B 相起头应改为尾端。B 相绕组末端作为起端输入电流。还可以把 B 相起头改为在第 4 分区的第 21 齿(相隔 18 齿,$Z/m = 36/3 = 18$),B 相线圈作为起头线圈即可。把三相线圈的尾连接起来组成 Y 连接。

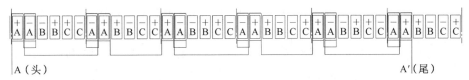

图 5 - 2 - 39　36 槽 30 极 6 个分区的 A 相线圈接线图

例 2：$Z = 24$ 槽，转子 $2P = 4$ 极，绕组相数 $m = 3$。

（1）求电机每极每相槽数。

$$q = \frac{Z}{2Pm} = \frac{24}{2 \times 2 \times 3} = 2（槽）$$

（2）确定该整数槽集中绕组电机的分区数。

$K_F = P = 2$ 分区（整数槽分区等于电机极对数）

三相大节距直流永磁同步电机线圈的排列方法与三相感应电机的绕组排列方法基本相同。

（3）根据转子磁钢极性确定电机的每相分区：24 槽 4 极，电机是 2 对极，那么电机的每相分区数是 2。把 24 槽分成 2 个分区，如图 5 - 2 - 40 所示。

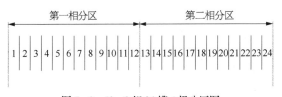

图 5 - 2 - 40　3 相 24 槽 4 极分区图

（4）可以看出如果是单层绕组，整个电机有 12 个线圈，每分区有 12 个槽，一个线圈要占据 2 个槽，因此有 6（12/2）个线圈。如果电机是三相绕组，那么每相线圈就是 6/3＝2 个。这 2 个线圈应该组成一相两个极的全极电机（N、S 极），因此每个极一个线圈。

（5）极距

$$\tau = \frac{Z}{2P} = \frac{24}{2 \times 2} = 6$$

采用短节距 $y = 5$，使一相 2 个线圈在一个分区中均布，如图 5 - 2 - 41 所示。

（6）第一分区线圈连接后，第二分区线圈形式和第一分区线圈排布是一样的，两个分区每相绕组可以是串联或并联形式，串联排列图如图

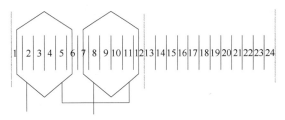

图 5 - 2 - 41　分区内一相线圈排列图

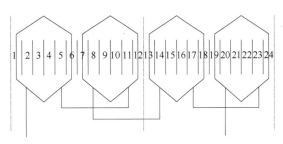

图 5 - 2 - 42　两个分区内一相线圈串联排列图

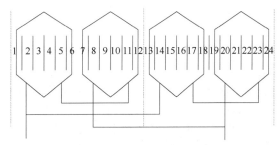

图 5 - 2 - 43　两个分区内一相线圈并联排列图

5 - 2 - 42 所示，并联排列如图 5 - 2 - 43 所示。

从分区的角度认为，在第一分区中 A、B、C 三相起头应该均匀分布，因此 B 相应该在第一分区 B 相第一个线圈（第 5 槽）起头，如图 5 - 2 - 44 所示；而 C 相应该在第一分区 C 相第一个线圈（第 9 槽）起头，如图 5 - 2 - 45 所示。

用分区法设计永磁同步电机的绕组排列和接线是非常直观、简捷的，是一种很好的绕组排线、接线方法。

从分区的角度认为在第一分区中 A、B、C 三相起头应该均匀分布，C 相应该在第一分区 C 相第一个线圈（第 9 槽）起头。

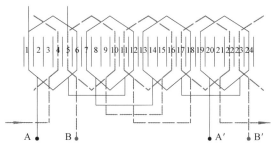

图 5-2-44　A相和B相线圈排列图

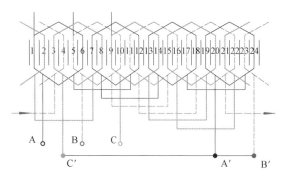

图 5-2-45　A相、B相和C相在第一分区中线
圈均布的排列图

（7）把三相线圈的尾连接起来组成 Y 连接。

至此用分区概念完成了电机线圈排列和接线（两相分区线圈是串联排列），概念是非常明确的，方法是比较简单的。

作者提出的电机绕组分区的新概念较好地把电机绕组的排列简单化、通俗化，易理解、可操作。分区的内容是比较多的，作者在《永磁直流无刷电机实用设计及应用技术》第 4 章有详细的讲解，因篇幅关系本书不再重复，读者可以参看该书第 4 章。

5.3　电机的齿槽转矩

永磁同步电机为了克服转子磁钢对定子齿槽相互作用力而产生的转矩称为电机的齿槽转矩。由于电机的磁钢极数和齿数不同，磁钢的磁力线会以最短的路径进入定子齿内，在转子磁钢和定子之间的特定位置进行定位，克服电机定位作用的转矩称为定位转矩。

由于磁钢中心从一个齿中心到另一个齿中

心是一个跳跃式的运动，因此电机的齿槽转矩是脉动的。这种脉动的齿槽转矩是电机一种有害的附加转矩，虽然不会对电机的平均有效转矩有影响，但会对电机产生震动、噪声、增加电机输入功率、降低电机效率等不良影响。

一些小的永磁同步电机，用手旋动电机输出轴时发现电机转动时发生"打顿"，觉得"手感不好"，这就是电机的脉动齿槽转矩引起的，要求平稳运行的伺服电机，电机的齿槽转矩就要降到最低程度。必须对电机的齿槽转矩和齿槽转矩的削减进行分析和讨论，从中找出一些行之有效的方法。

降低电机的齿槽转矩，不仅是无刷电机和永磁同步电机的专利，感应异步电机时就用转子斜槽来削弱电机的齿槽转矩，只是现在无刷电机和永磁同步电机转子磁钢的磁性能太强，电机的齿槽转矩太大，不想些办法减小电机的齿槽转矩，齿槽转矩大的电机有时启动都会困难，电机真的会运行不起来。

电机齿槽转矩称为 cogging torque，在 RMxprt 和 MotorSolve 中都能计算，供设计时分析和参考。

5.3.1　齿槽转矩的大小和平稳性

典型的永磁同步电机（图 5-3-1）的齿槽转矩如图 5-3-2 所示。

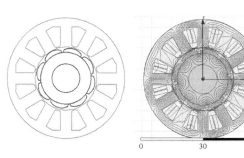

图 5-3-1　典型的永磁同步电机结构

可以看出，旋转电机转子 360°电角度，电机产生 4 次转矩波动周期，峰值为 4.475 mN·m，均方根值为 3.060 1 mN·m，这就是电机的齿槽转矩。齿槽转矩越大，电机运行就越不平稳。

如果电机定子斜槽 7.5°，则电机齿槽转矩的

本节技术资料由常州御马精密冲压件有限公司提供。

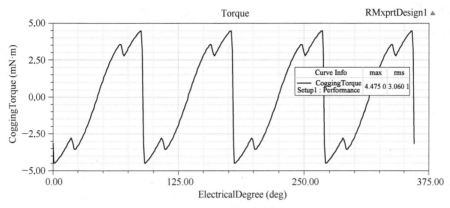

图 5 - 3 - 2　电机的齿槽转矩

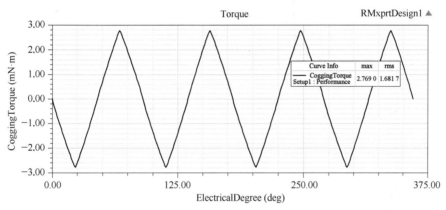

图 5 - 3 - 3　定子斜槽 7. 5°的齿槽转矩

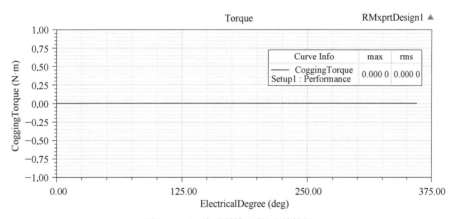

图 5 - 3 - 4　定子斜槽 15°的齿槽转矩

波形比图 5 - 3 - 2 好,齿槽转矩已经有所减弱,电机运行也比较平稳,如图 5 - 3 - 3 所示。

如果电机定子斜槽 15°,则电机齿槽转矩为零(图 5 - 3 - 4),说明电机在该状态下不受电机齿槽转矩的影响,电机手感很好,不会有任何因齿槽转矩引起的卡滞现象,电机运行应该很平稳。

如果对永磁同步电机用定子斜槽来减弱电机的齿槽转矩,那么电机的齿槽转矩会有明显的减弱。并不是所有电机都要减小电机的齿槽转矩,有些电机要求电机停电时转子很快停下,有的电机甚至要用电磁制动器,那么没有太大必要采取齿槽转矩的减弱措施。

　　一般电机如果其齿槽转矩小于该电机额定转矩的 $1\% \sim 2\%$，那也没有必要采取削弱齿槽转矩的措施。

　　电机的齿槽转矩在一个周期内的脉动数、形状与电机的磁钢数、磁钢形状、定子槽数、形状等因素有关。图5-3-5所示是一个24槽26极的电动自行车电机的结构和齿槽转矩。旋转电机，在一个 $360°$ 电角度上产生了26个脉动周期。

　　图5-3-6所示是18槽12极电机的结构和齿槽转矩图，在一个 $360°$ 电角度周期中仅产生了4个脉冲周期。

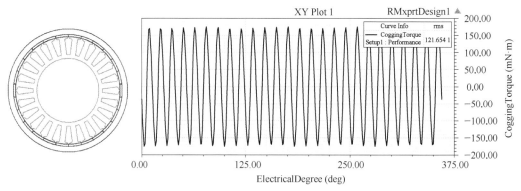

图5-3-5　24槽26极的齿槽转矩

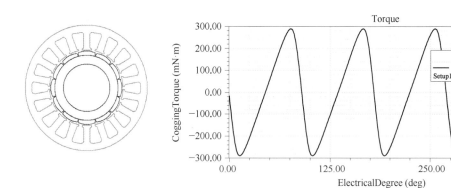

图5-3-6　18槽12极的齿槽转矩

　　现在大多数对于齿槽转矩的分析都基于如下概念，对于表贴式集中绕组电机，电机的齿槽转矩表达式为

$$T_{\text{cog}}(\alpha) = \frac{\pi Z L_{\text{Fe}}}{4\mu_0}(R_2^2 - R_1^2)\sum_{n=1}^{\infty} n G_n B_{r\frac{nZ}{2P}} \sin nZ\alpha$$

$$(5-3-1)$$

式中：Z 为定子槽数；L_{Fe} 为定子铁心有效长度；R_2 为定子轭半径；R_1 为定子内径；G_n 为比磁导平方的傅里叶分解系数；$B_{r\frac{nZ}{2P}}$ 为气隙磁通密度平方的傅里叶分解系数。

　　由式（5-3-1）可以看出，齿槽转矩的基波周期是 nZ，而 n 要满足使 $nZ/2P$ 为整数的条件，即在 Z，$2P$ 为最大公约数 $\text{GCD}(Z，2P)$ 时。当 $\frac{nZ}{2P}$ 最简形式时，$\frac{nZ}{2P} = \frac{nz'}{p'}$（$z'$、$p'$ 互为最简质数），即 $p' = 2P/\text{GCD}(Z，2P)$，那么电机转动一周产生的齿槽转矩数 γ 为

$$\gamma = 2PZ/\text{GCD}(Z，2P) = \text{LCM}(Z，2P)$$

$$(5-3-2)$$

　　一个槽的基波齿槽转矩周期数为

$$N_P = \gamma/Z = 2P/\text{GCD}(Z，2P)$$

$$(5-3-3)$$

　　也就是说，一个槽的基波齿槽转矩周期数是极数除以槽数和极数的最小公倍数。那么两个

槽的基波齿槽转矩周期数就是 $2N_P$。这就和 RMxprt 计算的图表的齿槽转矩数相一致了。

注：最小公倍数用 LCM(a,b) 表示；最大公约数用 GCD(a,b) 表示。

例：12 槽 8 极，$2P=8$，LCM$(Z,2P)=24$，GCD$(Z,2P)=4$。

$$N_P = \gamma/Z = 2P/GCD(Z,2P) = 8/4 = 2$$

两齿的齿槽转矩周期数 $2N_P = 2 \times 2 = 4$，有 8 个脉冲，上下各 4 个。

例：24 槽 26 极，$2P=26$，LCM$(Z,2P)=312$，GCD$(Z,2P)=2$

$$N_P = \gamma/Z = 2P/GCD(Z,2P) = 26/2 = 13$$

两齿的齿槽转矩周期数 $2N_P = 2 \times 13 = 26$，有 52 个脉冲，上下各 26 个。

5.3.2　齿槽转矩的削弱方法

根据电机齿槽转矩生成的原因，从齿槽转矩生成的因素着手，是削弱电机齿槽转矩最好的方法。

(1) 因为电机定子有槽，产生了间隔气隙槽距的定子齿，为此产生了齿槽转矩。因此只要电机没有槽或齿，则电机就不产生齿槽转矩。一些空心杯电机就是无槽无齿电机，这种电机就没有齿槽转矩。

(2) 电机定子斜槽，定子斜一个槽时，定子各个齿面分布是连续的，这样转子磁钢的磁力线能均匀地进入定子齿。斜槽使电机电磁转矩各次谐波的幅值均有所减小，根据这个思想可以计算出电机定子斜槽的最小槽数。

(3) 电机转子斜槽，可以斜一个定子槽，使转子各个磁钢面相对定子的分布是连续的，这样转子磁钢的磁力线能均匀地进入定子齿。根据这个思想可以计算出电机转子斜槽的最小槽数。

(4) 转子分段直极错位，各段之间错位累积角度与单块转子斜槽相同，这样产生近似电机转子单块磁钢的斜槽效果。

(5) 转子磁钢极弧偏心，形成磁钢与定子不等气隙，磁钢产生的气隙磁场趋向于正弦波形状，使磁钢与齿之间过渡平滑，从而减小电机的齿槽转矩。理论上，磁钢偏心越大，则齿槽转矩越小，但是磁钢的有效工作磁通就越小。

(6) 有槽电机槽口变小，甚至为零，并且槽口斜肩高不应太小，要有相当厚度，不要使槽口斜肩处的齿磁通密度太饱和，这样相当于电机的各个齿是连续分布在电机气隙圆周面上，使磁钢磁力线均匀地从一个齿进入另一个齿，这样电机的齿槽转矩会很小。槽口变小会使电机齿与齿之间漏磁增加，减小了电机的工作磁通。

(7) 开口槽加磁性楔，这与电机槽口变小相似，也可以削弱电机的齿槽转矩。

(8) 尽量采用多槽数，槽数越多，电机齿槽转矩的频率就越高，齿槽转矩的幅值就越小，以达到减小电机齿槽转矩的目的。

(9) 合理取用电机槽与磁钢数的配合，尽量采用分数槽，减少分区数以求达到电机最小齿槽转矩。此方法可以提高齿槽转矩基波的频率，使齿槽转矩脉动量明显减少。采用分数槽后，各极下绕组分布不对称，从而使电机的有效转矩分量部分被抵消，电机的平均转矩也会因此而相应减小。

(10) 定子齿上开槽，使电机产生虚拟齿数，从而减小电机齿槽转矩。

(11) 对于跨槽数为 1 的集中绕组，齿面可以设计成与气隙直径不同心圆，以减小电机的齿槽转矩。

(12) 增大电机气隙，减小电机齿槽转矩。

(13) 磁钢不等宽，减小电机齿槽转矩。

(14) 消除电机的机械不平衡和磁不平衡，减小电机的齿槽转矩。

(15) 改变机械极弧系数，从而改变电机的计算极弧系数，减小电机齿槽转矩。

(16) 磁钢平行充磁情况下电机气隙磁场和反电势波形更接近正弦波，平行充磁对转矩脉动影响较小。

(17) 电机极对数越多，转矩脉动越小。

本节介绍和分析几种常用削弱齿槽转矩的方法，这些方法广泛被采用，在削弱电机齿槽转矩方面取得了很好的效果，读者通过这些介绍可以明白如何有效削弱永磁同步电机齿槽转矩。

5.3.3　定子和转子的斜槽

电机的定子或转子的斜槽会减小电机的齿槽转矩，斜槽数值相同，电机的齿槽转矩相当。如果把电机适当斜槽，则电机的齿槽转矩可以削弱，以至为零。把定子斜一个槽，不考虑电机端部绕组情况,那么电机的齿槽转矩是零,但是电机性能不一定为最佳。电机可以斜小于 1 个槽数同样使电机的齿槽转矩为零,这就是电机的最小斜槽角度。电机定子齿槽转矩最小斜槽角度为

$$\theta_{SK} = \frac{360°}{N_C} \qquad (5-3-4)$$

式中:θ_{SK} 为电机磁钢总错位角度;N_C 为电机槽数 Z 和极数 $2P$ 的最小公倍数。

如某电机,6 槽 4 极的最小公倍数 N_C 为 12,则

$$\theta_{SK} = \frac{360°}{N_C} = \frac{360°}{12} = 30°$$

6 槽电机每槽的机械角度为 $\frac{360°}{6} = 60°$,因此定子只要斜 0.5 定子槽就可以了。同样若转子斜 30° 即 0.5 个定子槽,那么电机的齿槽转矩仍为零。所以电机斜槽是以定子槽槽数为基准的,在 RMxprt 和 MotorSolve 中,电机斜槽均是以定子槽数计算的,并且计算电机的齿槽转矩也不考虑电机定子端部绕组对齿槽转矩的影响。电机斜槽或转子斜极是改善永磁同步电机齿槽转矩的重要方法之一。斜槽的具体操作方法如图 5-3-7 所示。

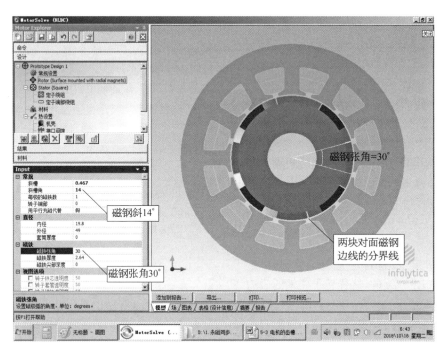

图 5-3-7　转子磁钢斜 14°

可以看出,MotorSolve 电机模块,12 槽 8 极,每极占圆周 45°。磁钢张角 30°,斜槽 0.5 即斜 0.5 个定子槽,$\frac{360}{12} \times 0.5 = 15°$,如果磁钢以边计算,那么两磁钢端面的边线错位正好是 15°(图 5-3-8),则磁钢底面边线与另一块磁钢对面边线正好重合,为了看清交界线,这里磁钢斜了 14°,可以看出两块对面磁钢边线有一条明显的明亮交线(交界线为 1°),因此证明:单块磁钢的斜极角度是以两端面边线在"转子圆截面"形成

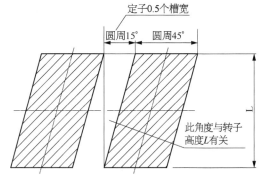

图 5-3-8　磁钢圆柱面展开图,磁钢斜 15°圆心角

的圆心角,而不是转子圆柱面上展开的磁钢倾斜角。

5.3.4　磁钢的极弧圆偏心对齿槽转矩的影响

磁钢的极弧圆偏心则说明是不等厚磁钢,等厚磁钢的气隙磁通波形近似方波,不等厚磁钢产生的气隙磁通近似正弦波,厚度相差越大,则越趋近正弦波。方波的气隙磁通(图5-3-9)肯定比正弦波的气隙磁通(图5-3-10)所产生的齿槽转矩大,因此对磁钢进行不等厚设计是改善电机齿槽转矩的重要方法。

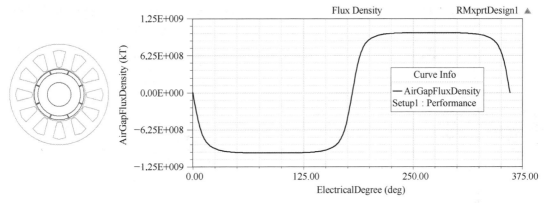

图 5-3-9　同心圆磁钢和气隙磁通密度

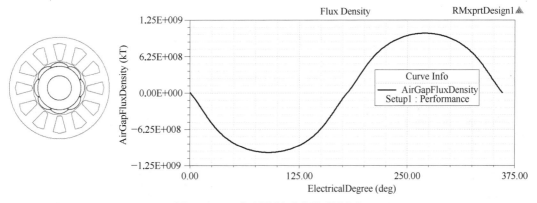

图 5-3-10　偏心圆磁钢和气隙磁通密度

图5-3-11所示是典型的不等厚磁钢结构图,也称偏心圆磁钢。

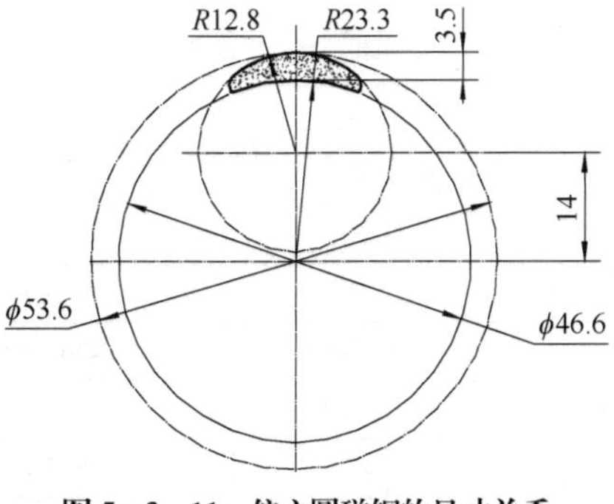

图 5-3-11　偏心圆磁钢的尺寸关系

在 RMxprt 中,程序设置了磁钢偏心值(Offset)一项,如图5-3-12所示。

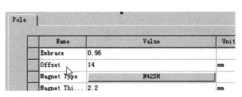

图 5-3-12　RMxprt 设置磁钢偏心值和磁钢厚

在 MotorSolve 中,程序设置了磁钢不等厚值,即磁铁尖部深度,如图5-3-13所示。

只要磁钢设置了偏心值或者不等厚值,那么

图 5 - 3 - 13　MotorSolve 设置磁钢偏心的磁铁尖部深度

磁钢的形状就基本确定,磁钢所产生的气隙磁通形状以及磁钢对电机齿槽转矩的贡献也就确定了。

现在的内转子电机,大多的偏心圆磁钢是从磁钢外表面减薄(图 5 - 3 - 14),不从内表面减薄,除非是外转子磁钢。

磁钢偏心会减小电机的齿槽转矩,偏心越大,齿槽转矩被削弱越多,但是不能使电机齿槽转矩为零。从 Maxwell 的设计观点看,磁钢偏心(图 5 - 3 - 15),电机的齿磁通密度 Φ 和电机工作磁通会减小,带来的是电机的反电动势 E 减小,工作电流 I 相应增大,电流密度 j 会有所上升。要想达到和不偏心的磁钢一样的电机性能,必须增加绕组匝数,这样电机的绕组槽满率就会增大。具体的计算分析见表 5 - 3 - 1。

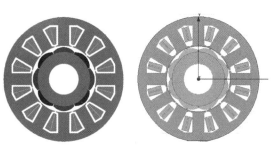

图 5 - 3 - 14　两种软件显示的偏心圆磁钢的电机结构

图 5 - 3 - 15　直极偏心圆磁钢转子

表 5 - 3 - 1　磁钢偏心、匝数变化对齿槽转矩的影响

	磁钢偏心	不偏心	偏心加匝数
STATOR DATA			
Number of Conductors per Slot	200	200	242
Stator Slot Fill Factor(%)	84.273 9	84.273 9	101.971
ROTOR DATA			
Polar Arc Radius(mm)	6.75	14.75	6.75
NO-LOAD MAGNETIC DATA			
Stator-Teeth Flux Density(T)	1.393 52	1.556 03	1.393 52
Stator-Yoke Flux Density(T)	1.216 25	1.571 25	1.216 25
Air-Gap Flux Density(T)	1.024 91	1.014 08	1.024 91
Magnet Flux Density(T)	1.028 2	1.017 34	1.028 2
Cogging Torque(N·m)	**0.004 345 7**	**0.019 598 9**	**0.004 346**
FULL-LOAD DATA			
Maximum Line Induced Voltage(V)	137.498	166.777	166.372
Root-Mean-Square Line Current(A)	2.582 17	2.179 77	2.190 23
Armature Current Density(A/mm²)	11.384 1	9.610 02	9.656 11
Output Power(W)	400.038	400.243	400.157
Efficiency(%)	85.613 7	87.421 1	86.617
Power Factor	**0.853 21**	**0.984 95**	**0.994 399**
Synchronous Speed(r/min)	3 000	3 000	3 000
Rated Torque(N·m)	1.273 36	1.274 01	1.273 74

实际上,永磁同步电机也没有必要都进行齿槽转矩的消除措施,如上面的算例,其额定转矩为 1.273 36 N·m,未进行偏心处理时的齿槽转矩为 0.019 598 9 N·m,则

$$\Delta T = \frac{0.019\ 598\ 9}{1.273\ 36} = 0.015\ 4 = 1.54\%$$

应该说,这个齿槽转矩不是很大,对电机的性能影响不是太大,对一些用于出力驱动用电机来说应该是可以接受的。这样就避免了增加绕组匝数、加长定子长度、提高磁钢性能等不必要

的措施。

在有些伺服电机中,电机运行平稳是追求的目标,这种应用场合的电机就需要考虑进行削减电机齿槽转矩的工作。

等厚磁钢不偏心,电机的感应电动势波形不是太好(图 5 - 3 - 16),在永磁同步电机中,对电机的矢量控制会受影响,搞控制的技术人员有时会向电机设计人员提出,电机的反电动势波形要是正弦波(图 5 - 3 - 17),那么磁钢进行偏心处理就显得有必要了。

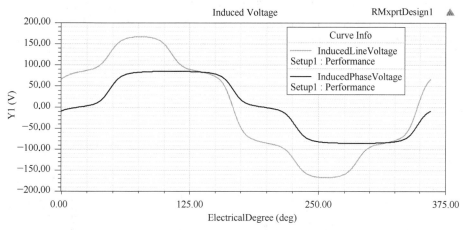

图 5 - 3 - 16　等厚磁钢感应电动势波形

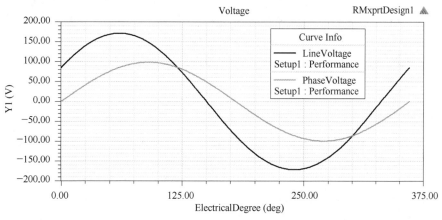

图 5 - 3 - 17　不等厚磁钢感应电动势波形

5.3.5　电机转子分段直极错位

要消除电机的齿槽转矩,最理想的是电机定子斜槽。但是定子斜槽在工艺上有些困难,比如绕组下线,不论是集中绕组还是分布绕组,绕组

机器下线就显得比较困难。因此可用转子斜极来实现电机齿槽转矩的改善。如果永磁同步电机的转子是黏结的,那么做一个斜的充磁头进行斜充磁即可。但是现在电机磁钢采用烧结钕铁

硼磁钢的较多,做成整块斜极磁钢的工艺复杂,价格比直极磁钢高很多。电机烧结钕铁硼磁钢直接做成环形,进行斜极充磁虽然已经有产品上市,但现在用得比较多的还是用转子分段直极错位来替代磁钢整段斜极。这样电机转子成本不是很高,转子分段直极错位的工艺性工厂还是能够接受的,其性能与单块斜极磁钢比,相差不是太大。特别是大型电机,整块磁钢不可能做得很长,为了减小磁钢涡流也必须多段拼接,因此转子在拼接时,分多段错位就显得很容易实现。

转子分段直极错位涉及电机如何分段和如何错位的问题。

电机的最小齿槽转矩转子每相邻两段错位的角度 θ_{SS} 为

$$\theta_{SS} = \frac{\theta_{SK}}{N_S} = \frac{360°}{N_C N_S} \qquad (5-3-5)$$

其中

$$\theta_{SK} = \frac{360°}{N_C}$$

式中:θ_{SK} 为电机磁钢总错位角度;N_C 为电机槽数 Z 和极数 $2P$ 的最小公倍数;N_S 为电机分段数。

就是把一个单块斜极磁钢,一分为二,画出两块磁钢的极中心,再把单块磁钢"扶正",形成了两段转子分段直极错位。从图 5-3-18 可以看出,单块斜极磁钢的度数是以磁钢一条边的两边端点斜的度数,角度值为 30° 的话,如果用两块直极磁钢错位,其两个磁钢中心(从转子圆柱体端面方向看,即圆截面)的夹角(圆心角)仅为 15°。从图中看,两段转子分段直极错位磁钢的错位面积能大部分覆盖单块斜极磁钢的面积,但是无论如何,两块错位"扶正"磁钢的效果肯定不及单块斜极磁钢。

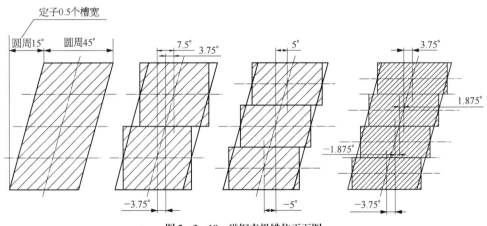

图 5-3-18　磁钢直极错位平面图

如某电机,12 槽 8 极的最小公倍数 N_C 为 24,分段数 N_S 为 2,则

$$\theta_{SS} = \frac{\theta_{SK}}{N_S} = \frac{360°}{N_C N_S} = \frac{360°}{24 \times 2} = 7.5°$$

即第一段为基准不动,第二段与第一段中心错位 7.5° 机械角度(圆心角)。

电机分段数越多,电机总错位角度越趋向电机磁钢总错位角度 θ_{SK},见表 5-3-2。

表 5-3-2　转子磁钢直极错位计算

转子直极错位分段计算		
槽数	极数	最小公倍数
12	8	24
总错位角度	相当槽数	
15	0.50	
直极错位分段计算		
段数	总错位角度(°)	两段间错位角度(机械角度)(°)
2	7.500 0	7.500 0

（续表）

段数	总错位角度(°)	两段间错位角度 （机械角度）(°)
3	10.000 0	5.000 0
4	11.250 0	3.750 0
5	12.000 0	3.000 0
6	12.500 0	2.500 0
7	12.857 1	2.142 9
8	13.125 0	1.875 0
300	14.950 0	0.050 0

综上所述，不是说电机的定子槽数和转子磁钢数定了，那么电机转子的总错位角度就定了，而电机每段磁钢的直极错位角度除了与电机定子槽数和转子磁钢数有关，还和电机的分段数有关。对于同心圆表贴式磁钢、槽口比较大的电机，转子分段数越多，则电机的齿槽转矩就越小。对偏心圆磁钢再进行分段错位，用这种方法错位，那么段数分多了，电机的齿槽转矩未必会减小，有时甚至会增大。

如图 5 - 3 - 19 和图 5 - 3 - 20 所示，2 段偏心直极错位要比 2 段同心直极错位的齿槽转矩小。2 段偏心直极错位要比 4 段偏心直极错位的齿槽转矩小（图 5 - 3 - 21）。同心直极错位中还是遵循错位段数越多，则电机的齿槽转矩越小的规律的。偏心和同心直极错位齿槽转矩的比较见表 5 - 3 - 3。

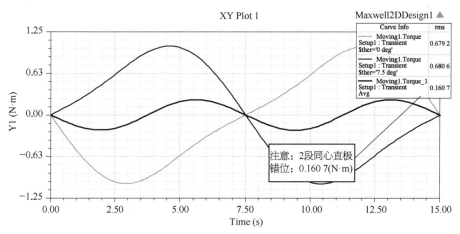

图 5 - 3 - 19　2 段同心直极错位齿槽转矩

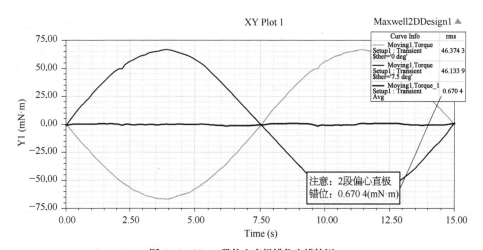

图 5 - 3 - 20　3 段偏心直极错位齿槽转矩

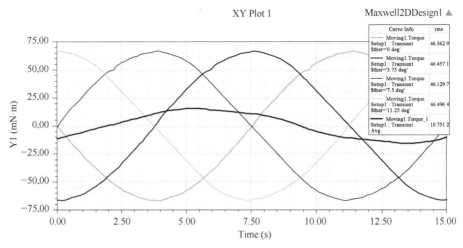

图 5 - 3 - 21　4 段偏心直极错位齿槽转矩

表 5 - 3 - 3　偏心和同心直极错位齿槽转矩的比较

直极错位段数	2 段	3 段	4 段
同心直极错位(N·m)	0.160 7	0.170 2	0.155 9
偏心直极错位(mN·m)	0.670 4	11.529 7	10.751 2

另外还有一种直极错位的方法,这种错位保持了最外面两块磁钢的中心错位角不变(图 5 - 3 - 22)。这样转子每段之间错位夹角是相等的,总错位角度等于电机单槽错位角度。即错位时,先算出电机的总错位角度,然后除以"段数减 1"就是两段之间的夹角。经计算,这样的直极错位除了 2 段错位不太理想,其他段数错位都还可以,特别是偏心圆磁钢分段后,达到了段数增加,电机齿槽转矩减小的效果。因此可以在电机 2 段错位时采用第一种方法错位,其他分段就用第二种方法,这样不至于分段越多,有时电机的齿槽转矩反而大了,具体见两种转子分段错位的分析。

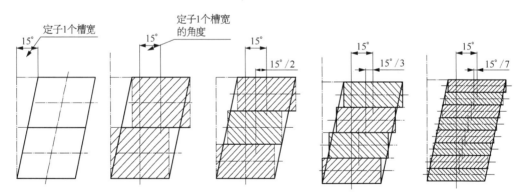

图 5 - 3 - 22　第二种磁钢多段直极错位法

两种多段直极错位法进行齿槽转矩比较见表 5 - 3 - 4。

表 5 - 3 - 4　两种多段直极错位法进行齿槽转矩比较

同心直极错位	2 段	3 段	4 段
方法 1(N·m)	0.160 7	0.170 2	0.155 9
方法 2(N·m)	**0.679 1**	**0.160 7**	**0.006 6**

(续表)

偏心直极错位	2 段	3 段	4 段
方法 1(mN·m)	0.679 1	11.529 7	10.751 2
方法 2(mN·m)	**0.679 1**	**0.835 4**	**0.464 5**

4 段偏心直极错位的齿槽转矩设置方法如图 5 - 3 - 23 所示。

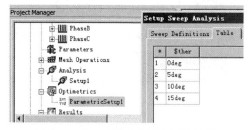

图 5-3-23　4 段偏心直极错位设置方法

用电机分段直极磁钢错位只能降低电机的齿槽转矩，不能完全消除电机的齿槽转矩。Maxwell 中的电机分段齿槽转矩的计算是电机各段的齿槽转矩波形的合成，电机极、槽形成的波形、位置决定了波形的合成的电机齿槽转矩波形的有效值。电机的齿槽转矩随着电机分段数的增加而逐步降低的结论对同心圆磁钢是对的，对偏心圆磁钢并不适用。

现在用 MotorCAD 软件计算分段直极错位齿槽转矩证明这个结论。

MotorCAD 磁钢分段的齿槽转矩分析：如图 5-3-24 和图 5-3-25 所示磁钢，分段设置如图 5-3-26～图 5-3-29 所示。转子磁钢直极错位计算见表 5-3-5。

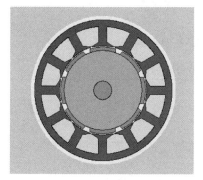

图 5-3-24　同心圆磁钢

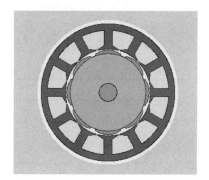

图 5-3-25　偏心圆磁钢

图 5-3-26　1 段直极分段

图 5-3-27　2 段直极分段

图 5-3-28　3 段直极分段

图 5-3-29　4 段直极分段

表 5-3-5　转子磁钢直极错位计算

转子直极错位分段计算			
槽数	极数	最小公倍数	最大公约数
12	8	24	4
总错位角度	相当槽数	槽数/最小公倍数	极数/最大公约数
15	0.50	0.50	2
直极错位分段计算			
段数	总错位角度(°)	两段间错位角度(机械角度)(°)	
2	7.500 0	7.500 0	
3	10.000 0	5.000 0	
4	11.250 0	3.750 0	

　　磁钢同心圆分段齿槽转矩如图 5-3-30～　图 5-3-33 所示。

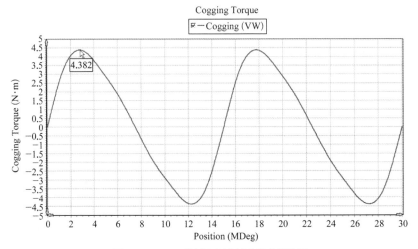

图 5-3-30　1 段同心圆直极分段齿槽转矩

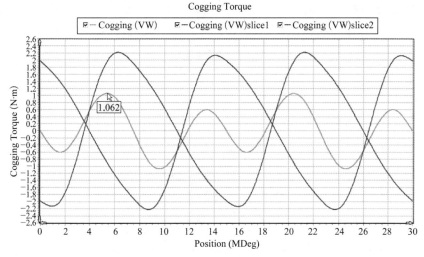

图 5‐3‐31　2 段同心圆直极分段齿槽转矩

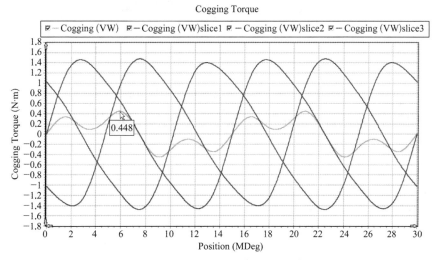

图 5‐3‐32　3 段同心圆直极分段齿槽转矩

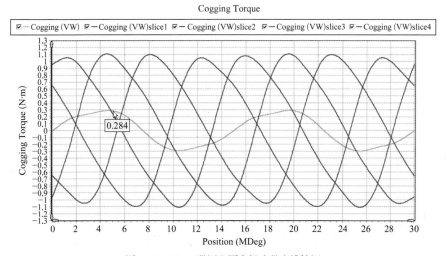

图 5‐3‐33　4 段同心圆直极分段齿槽转矩

磁钢偏心圆分段齿槽转矩如图 5 - 3 - 34～   图 5 - 3 - 37 所示。

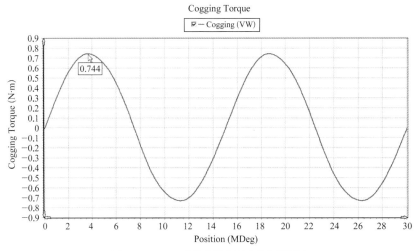

图 5 - 3 - 34   1 段偏心圆直极分段齿槽转矩

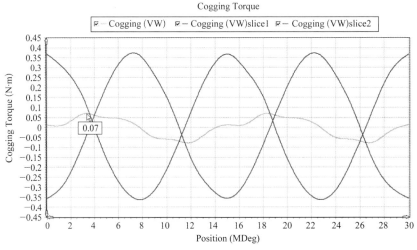

图 5 - 3 - 35   2 段偏心圆直极分段齿槽转矩

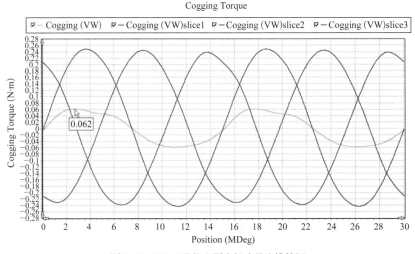

图 5 - 3 - 36   3 段偏心圆直极分段齿槽转矩

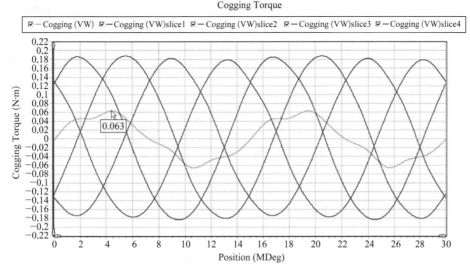

图 5 - 3 - 37　4 段偏心圆直极分段齿槽转矩

两种多段直极错位法进行齿槽转矩比较见表 5 - 3 - 6。

表 5 - 3 - 6　两种多段直极错位法进行齿槽转矩比较

直极错位段数	1 段	2 段	3 段	4 段
同心直极错位(N·m)	4.382	1.062	0.448	0.284
偏心直极错位(N·m)	0.744	0.07	0.062	0.063

用 MotorCAD 分析齿槽转矩,可以看出"随着分段数 N_S 增加,齿槽转矩的幅值逐步降低"

的概念对同心圆磁钢分段直极错位是对的,但是对偏心圆磁钢分段直极错位并不适用。增加偏心圆磁钢的分段数不能更多地达到减少电机齿槽转矩的作用,偏心圆磁钢 2 段直极错位消除电机齿槽转矩的作用已比较好。

对 12 槽 8 极电机,2 段直极错位从电机工艺上讲比 4 段错位加工容易,但是同心圆 2 段直极错位齿槽转矩不是最小,其感应电动势波形不是太好,特别是波峰区域,如图 5 - 3 - 38 所示。

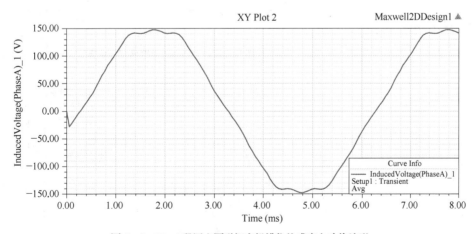

图 5 - 3 - 38　2 段同心圆磁钢直极错位的感应电动势波形

对于永磁同步电机,感应电动势以平滑的正弦波形状为佳,为了既要减弱电机的齿槽转矩,又要考虑到电机的感应电动势波形,现在许多永磁同步

电机都采用偏心圆磁钢 2 段直极错位,这样电机的齿槽转矩较小,感应电动势波形得到了较好的改善,波形完全呈现正弦波形状,如图 5 - 3 - 39 所示。

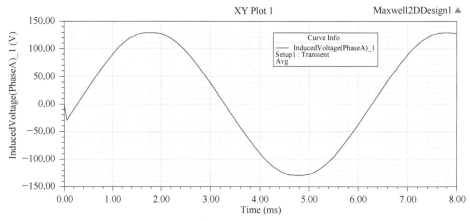

图5-3-39   2段偏心圆磁钢直极错位的感应电动势波形

永磁同步电机中,经常采用不等厚磁钢(偏心)进行分段直极错位,进一步降低电机的齿槽转矩。伺服电机采用钕铁硼磁钢,采用了同半径磁钢(偏心较小的不等厚磁钢,图5-3-40),这样磁钢加工时材料利用率最高。如果只是用单块直极磁钢,那么其感应电动势波形(图5-3-41)也和等厚磁钢的波形相差不大,齿槽转矩(图5-3-42)不是最小。

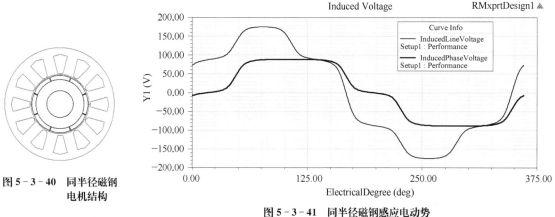

图5-3-40   同半径磁钢电机结构

图5-3-41   同半径磁钢感应电动势

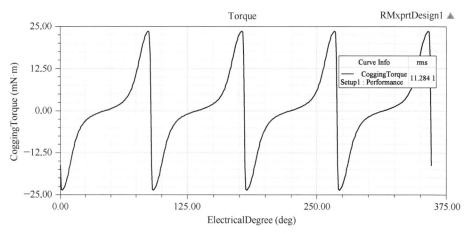

图5-3-42   同半径磁钢齿槽转矩

为了改善波形,磁钢形状不变,进行 2 段直　　极错位,其齿槽转矩如图 5 - 3 - 43 所示。

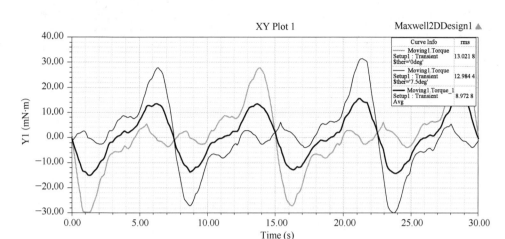

图 5 - 3 - 43　同半径磁钢 2 段直极错位的齿槽转矩

从电机齿槽转矩看,2 段直极错位后的齿槽转矩减弱相对不是太多。可以在分 2 段的基础上加大电机磁钢的不等厚,使电机的齿槽转矩进一步减弱。

图 5 - 3 - 44 所示是一种典型电机的结构图,电机转子分了 4 段错位。2 段直极错位磁钢的齿槽转矩如图 5 - 3 - 45 所示。

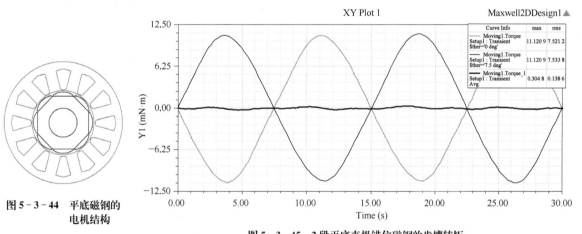

图 5 - 3 - 44　平底磁钢的电机结构

图 5 - 3 - 45　2 段平底直极错位磁钢的齿槽转矩

4 段直极错位时齿槽转矩反而大了许多,如图 5 - 3 - 46 所示。

这种类型的电机在大量生产,其实电机只要分 2 段直极错位就够了,不必分 4 段错位。

5.3.6　定子槽口形状对齿槽转矩的影响

在分析电机的齿槽转矩时,是以矩形磁钢和齿槽口宽等于气隙槽宽为原型分析的。定子齿磁通密度不饱和的情况下,当齿槽口有相当的厚度,足以使齿斜肩部位的磁通密度不饱和,可以认为电机气隙圆周齿宽是对齿槽转矩起作用的主要因素。分析槽口对齿槽转矩的影响,实际上是分析气隙圆周齿宽与气隙槽距之比对齿槽转矩的影响。

电机槽口宽等于气隙槽宽的时候,电机槽口因素造成的齿槽转矩最大,减小槽口宽,电机的齿槽转矩会有所下降,但是槽口宽趋向零时,齿

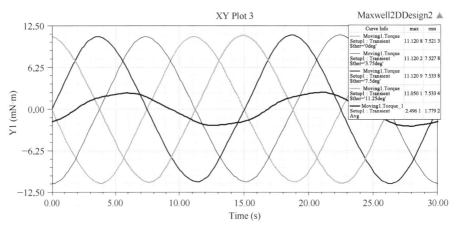

图 5-3-46　4 段平底直极错位磁钢的齿槽转矩

槽转矩有一个变化,改变电机槽口的大小不能使电机的齿槽转矩为零。

在 RMxprt 中,槽口至少要给予一定的宽度。槽口越小,槽口之间的漏磁越大,电机的工作磁通就越小,电机闭口槽仍存在齿槽转矩。

在定子槽口问题上有许多限制,电机的气隙齿宽与气隙槽宽之比(S_t/b_t)受齿磁通密度选取的限制,定子槽口宽受绕组线径大小和下线工艺的限制。对于定子整块冲片的槽口的设计,是以绕组导线至少能够顺利进入槽口作为设计最小槽口的依据。尽量减小槽口对电机齿槽转矩的影响。

103 永磁同步电机结构如图 5-3-47 所示,现分析槽口变化引起电机齿槽转矩的变化。

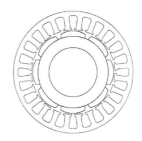

图 5-3-47　103 永磁同步电机结构

把 103 永磁同步电机的槽口宽作为变量,进行电机的齿槽转矩计算,可以看出,在槽口某些尺寸上电机的齿槽转矩会显得较小。因此根据槽口的需要再选择在槽口尺寸附近的较小的齿槽转矩的尺寸作为槽口最终的选定尺寸,可以进行槽口对齿槽转矩的参数化分析,得出图表(图 5-3-48),进行槽口尺寸的选择。

槽口与齿槽转矩

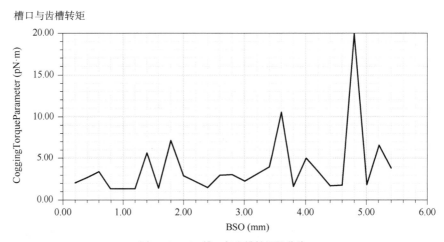

图 5-3-48　槽口与齿槽转矩的曲线

5.3.7　T形拼块式定子冲片对齿槽转矩的削弱

一 130 电机,磁钢用同心圆,直磁,不斜槽,冲片的槽口在 0.1 mm,经计算,电机的额定转矩为 4.966 74 N·m,齿槽转矩为 0.004 083 99 N·m,两者之比为 0.004 083 99/4.966 74=0.000 822=0.082 2%。

可以看出电机的齿槽转矩相当小,如果不考虑电机感应电动势的波形,那么电机的齿槽转矩已经达到了常规电机的要求。如此小的槽口,绕组导线当然不能从槽口引入。为了能够使电机槽口较小,又能方便地进行绕组绕线,电机设计工作者提出了 T 形拼块式定子冲片的方案。T 形拼块式定子冲片的电机结构的槽口可以做得很小,不但能降低电机的齿槽转矩,其槽满率能大大提高,使同样出力的电机中体积能大大减少,极大地节约了电机材料。因此这种电机的定子加工工艺虽然麻烦一些,但是其优点极大地掩盖了加工工艺的麻烦,成为电机优化设计的最佳方案。越来越多的电机设计工作者都采用这种方案,这种电机的加工工艺进一步得到整合和提高,因此生产效率也逐步提高,完全适合批量生产。

T 形拼块式冲片的电机结构如图 5-3-49 所示,冲片结构如图 5-3-50 所示。

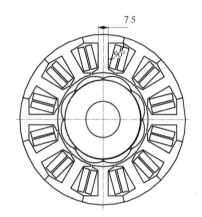

图 5-3-49　T 形拼块式冲片的电机结构

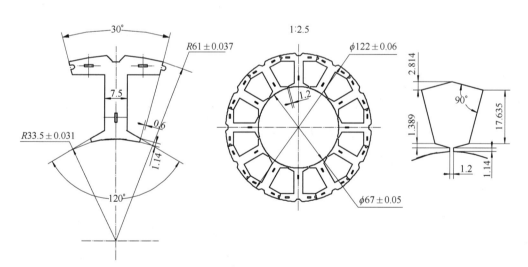

图 5-3-50　T 形拼块式冲片结构图

槽口为 1.2,b_t=7.5 mm,转子 2 段直槽错位电机的齿槽转矩、感应电动势和气隙磁通密度如图 5-3-51～图 5-3-53 所示。

从该电机的性能曲线看,电机的齿槽转矩、感应电动势、气隙磁通密度、运行转矩都非常理想。从图 5-3-54 可以看出,T 形拼块式定子的槽满率要比整体式冲片的槽满率(图 5-3-55)高很多,这种电机的绕线工艺,电机的槽满率可达 80%～90%,比一般槽口进线的电机槽满率高 2 倍左右,即同样的电机性能要求,用 T 形拼块式定子的电机的体积可以做到小于槽口进线的电机体积的 1/2。电机的各个方面都达到了一个比较理想的状态。

现在最新的 T 形拼块式和 T 形拼块式斜槽定子已经问世,把 T 形拼块式定子的齿做成斜槽,这样解决了转子分段直极错位的繁复工艺,

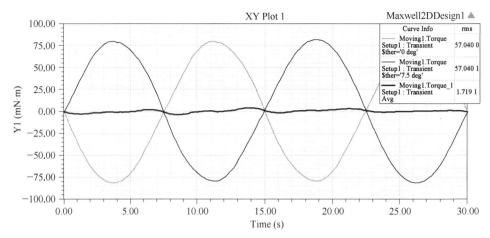

图 5 - 3 - 51　转子 2 段直槽错位电机的齿槽转矩

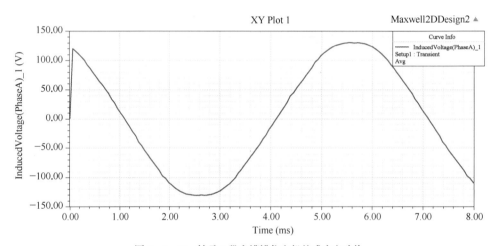

图 5 - 3 - 52　转子 2 段直槽错位电机的感应电动势

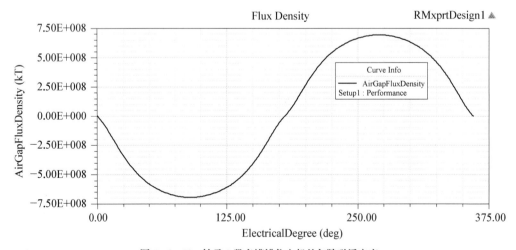

图 5 - 3 - 53　转子 2 段直槽错位电机的气隙磁通密度

图 5 - 3 - 54　T 形拼块式绕线定子

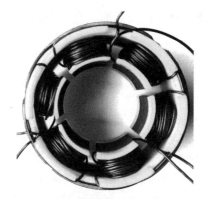

图 5 - 3 - 55　整体式冲片绕线定子

大大节约了电机的加工成本,从理论上做到电机的齿槽转矩为最小。T 形拼块式定子是一个了不起的创举。各种 T 形定子的冲片图如图 5 - 3 - 56 所示。

　　图 5 - 3 - 57 所示是 12 槽 10 极 T 形拼块式斜槽定子照片和尺寸,该定子冲片的最小公倍数为 60,定子最小斜槽为 $\theta = \frac{360°}{60} = 6°$。

　　T 形拼块式斜槽定子的设计是经过深思熟虑的,如果用 12 槽 8 极,最小公倍数为 24,那么斜槽要达 15°,定子叠铆加工起来有些困难,特别是绕线,一个齿斜肩过长,一个斜肩过短。另外,12 槽 10 极最小公倍数大,齿槽转矩也会小很多。用这种冲片的定子,转子不要单块斜槽或多段直极错位,就能使电机齿槽转矩达到最小,感应电动势、气隙磁通密度、运行转矩都非常理想,电机结构和工艺就变得非常简单了。

图 5 - 3 - 56　各种 T 形冲片定子图

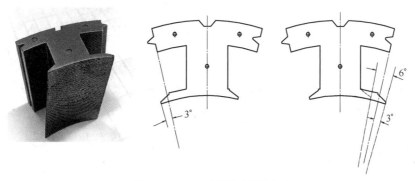

图 5 - 3 - 57　T 形拼块式斜槽定子

　　作者认为,电机定子冲片设计中最具有设计水平的就是 T 形拼块式斜槽定子冲片的设计。读者应该注意的是,T 形拼块式斜槽定子中,实际定子的齿没有斜,只是气隙齿面按斜槽角度旋转了,在计算 T 形拼块式斜槽定子时就认为是电机齿与气隙齿面一起斜来计算。

5.3.8　槽数和极数的配合对齿槽转矩的影响

在电机设计中,首先要确定电机冲片的外形尺寸和电机的槽数与其相对应的电机转子极数。电机槽数和极数的配合不仅与电机绕组、电机性能有密切关系,也与电机的齿槽转矩密切相关,在考虑电机的槽数和极数配合的同时,也要充分考虑电机的齿槽转矩对电机的影响。

在一个齿距内的定转子相对位置变化,齿槽转矩则呈周期性变化。齿槽转矩的变化与电机极数和槽数有关。由极数与极槽数的最大公约数之比 K_G 可以判断电机齿槽转矩的周期变化和大小。K_G 越大,则电机的齿槽转矩就越小。

$$K_G = \frac{2P}{GCD(Z, 2P)} \qquad (5-3-6)$$

式中:$GCD(Z, 2P)$ 为电机齿、极数的最大公约数;$2P$ 为电机极数。

另外,也可以用电机的极槽数的最小公倍数判断一个齿距内的定转子相对位置变化,齿槽转矩呈周期性的变化函数,提高电机的最小公倍数,使基波得到提高,从而抑制其他高次波,使电机的齿槽转矩得到改善。以电机的齿数与极槽数的最小公倍数之比作为判断电机齿槽转矩的依据,K_L 越小,则电机齿槽转矩就越小。

$$K_L = \frac{Z}{LCM(Z, 2P)} \qquad (5-3-7)$$

在永磁同步电机中,电机的极槽数有 12 槽 8 极(图 5-3-58)和 12 槽 10 极(图 5-3-59)。一般电机设计用 12 槽 8 极最多,12 槽 10 极用得较少,其原因是 12 槽 8 极是 4 分区,绕组排列非常正规、简单,而 12 槽 10 极是 2 分区,每分区每相线圈数是偶数,绕组排列和接线比较复杂。

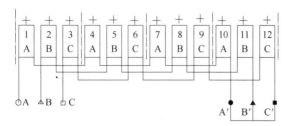

图 5-3-58　12 槽 8 极电机绕组排列和接线

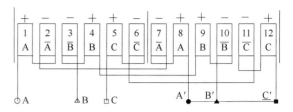

图 5-3-59　12 槽 10 极电机绕组排列和接线

但是,这两种电机的槽数与电机的最小公倍数之比不一样(表 5-3-7 和表 5-3-8),齿槽转矩就不一样,12 槽 10 极的 K_L 小,齿槽转矩应该明显优于 12 槽 8 极。

表 5-3-7　12 槽 8 极 K_L 计算

12 槽 8 极			
槽数	极数	最小公倍数	最大公约数
12	8	24	4
总错位角度(°)	相当槽数	槽数/最小公倍数 K_L	极数/最大公约数
15	0.50	0.50	2

表 5-3-8　12 槽 10 极 K_L 计算

12 槽 10 极			
槽数	极数	最小公倍数	最大公约数
12	10	60	2
总错位角度(°)	相当槽数	槽数/最小公倍数 K_L	极数/最大公约数
6	0.20	0.20	5

例如,直极同心圆磁钢,电机定子数据不变,仅把转子极数从 8 极改为 10 极(图 5-3-60),电机的齿槽转矩就小了一半,电机性能没有大的改变。

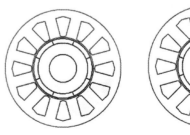

图 5-3-60　12 槽 8 极、12 槽 10 极电机结构图

表 5-3-9 所列计算是电机定子不变,仅是转子从 12 槽 8 极改为 12 槽 10 极,可以看出,电机的齿槽转矩减小是较大的。

表 5 - 3 - 9　两种不同极数配合的电机齿槽转矩和性能计算

GENERAL DATA	12 槽 8 极	12 槽 10 极
Rated Output Power(kW)	0.4	0.4
Rated Voltage(V)	121	121
Number of Poles	**8**	**10**
Number of Stator Slots	12	12
Cogging Torque(N·m)	**0.005 76**	**0.002 87**
FULL-LOAD DATA		
Maximum Line Induced Voltage(V)	178.79	167.682
Root-Mean-Square Line Current(A)	2.182 39	2.228 45
Armature Current Density(A/mm²)	9.621 55	9.824 62
Output Power(W)	400.175	400.138
Input Power(W)	459.995	459.484
Efficiency(%)	86.995 5	87.084 2
Power Factor	0.988 342	0.966 091

当 12 槽 8 极电机已经采取了磁钢不等厚、直极多段直极错位等措施,完全可以把电机的齿槽转矩降到最低,那么就没有必要把 8 极改为 10 极,避免工艺上增加不必要的麻烦。

图 5 - 3 - 61 所示是机座号为 130 的 12 槽 8 极永磁同步电机转子,转子磁钢偏心加直极 2 段错位,电机的齿槽转矩相当小,用手拧动电机轴很是平稳,旋转轻松,感觉不到卡滞现象,电机齿槽转矩得到了很好的抑制。

图 5 - 3 - 61　12 槽 8 极转子偏心圆磁钢 2 段直极错位

如果 12 槽 10 极用不等厚直极磁钢不直极错位就能达到 12 槽 8 极不等厚直极错位磁钢的齿槽转矩,那么用 12 槽 10 极也是一个不错的选择。这些都可以通过用 Maxwell、MotorSolve、MotorCAD 电机设计软件进行非常简单的电机齿槽转矩计算和判断。

5.3.9　集中绕组和分布绕组的齿槽转矩

电机槽数 Z 和极数 $2P$ 对电机齿槽转矩有相当大的影响,国外学者提出定子槽数 Z 和极数 $2P$ 组合的评价因子 C_T 的公式,并认为评价因子越小,齿槽转矩的峰值就越低,即电机的齿槽转矩就越小。C_T 与电机齿、极的关系如下

$$C_T = \frac{2PZ}{N_C} \qquad (5 - 3 - 8)$$

式中：N_C 是电机齿、极的最小公倍数。

所以电机的齿数和极数的乘积越大,它们的最小公倍数越大,评价因子 C_T 越小,则电机的齿槽转矩就越小。

整数槽的评价因子

$$C_T = 2P \qquad (5 - 3 - 9)$$

分数槽的评价因子

$$C_T = GCD(Z, 2P) \qquad (5 - 3 - 10)$$

式中：$GCD(Z, 2P)$ 是电机齿、极的最大公约数。

可以看出,分数槽集中绕组电机的齿、极数的最大公约数肯定小于 $2P$,因此分数槽电机的齿槽转矩总会小于整数槽电机的齿槽转矩,而且小得多。

12 槽 8 极的评价因子是 4,12 槽 10 极的评价因子是 2,可见,12 槽 10 极的齿槽转矩比 12 槽 8 极的齿槽转矩要小。

24 槽 8 极的评价因子是 8,远远大于 12 槽 10 极的评价因子 2,因此电机分数槽集中绕组的齿槽转矩要比 24 槽 8 极的齿槽转矩的评价因子要小得多。因此定子选用分数槽集中绕组的形式比选用分布绕组形式的齿槽转矩要小。

在功率较大的永磁同步电机中,电机绕组线径大,有时要用很多股导线并绕,对于整块冲片的集中绕组,绕组既不能机绕,单齿的手工嵌线很是困难,因此用和三相感应电机相同的绕组下线工艺就显得成熟了,这样用分布绕组形式反而工艺上容易达到,电机的齿槽转矩可以用定子斜槽来解决,如果定子是方形的,那么可以用转子磁钢不等厚和分段直极错位的方法来削弱电机的齿槽转矩。24 槽 8 极是单层绕组(图 5 - 3 - 62),这样不存在槽内相间绝缘问题,而且这种形式的绕组系数为 1,比 12 槽 8 极的绕组系数

0.866 要高(图5-3-63)。在设计前要分析一下,最终选取适合的绕组形式。

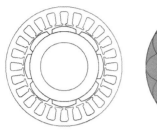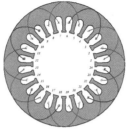

图5-3-62 24槽8极绕组分布图

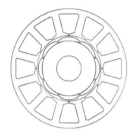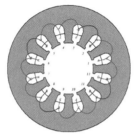

图5-3-63 12槽8极绕组分布图

5.3.10 定子齿开槽对齿槽转矩的影响

可以看到,有一些永磁同步电机的定子齿上开了小槽,这些开槽都是为了降低电机的齿槽转矩而特意设计的。

由式(5-3-8)可知,电机的齿数越多,电机的评价因子就越小,则电机的齿槽转矩也就越小。因此定子齿开槽有利于减小电机的齿槽转矩。

齿上槽形分矩形、半圆形、三角形等,以矩形居多,有文献分析显示,矩形槽对电机齿槽转矩的消除功效最大。

齿上的附加槽深些、宽些,就更能够体现定子齿上小齿的独立性,因此电机的齿槽转矩能有效减小。槽开太宽也不行,这样减少了定子齿上

圆周的实际齿面积,使磁钢产生的磁力线进入定子齿导致齿磁通密度增高,影响电机的性能。图5-3-64和图5-3-65所示是两种齿上开槽的冲片,这些冲片都是电机厂的实际产品。

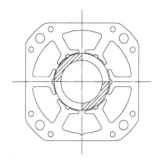

图5-3-64 齿上开一个槽

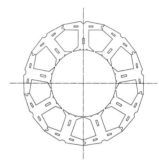

图5-3-65 齿上开两个槽

电机齿只有那么大,一个齿上不可能都开满小槽。那么电机定子齿上开一个还是两个槽,齿上开槽是否一定意味着增加虚拟齿数,开槽后的电机波形如何,这是电机设计工作者在设计定子齿开槽时面临选择的问题。现在用典型的几种槽形,对定子齿上开一个和两个槽用MotorSolve软件进行齿槽转矩的分析,有一个理性认识,作为电机设计齿开槽时的参考。

1) 6-4j 开槽齿槽转矩分析 如图5-3-66和图5-3-67所示。

Prototype Design 1　　　　Prototype Design 2　　　　Prototype Design 3

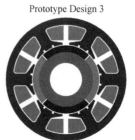

图5-3-66 6槽4极齿上开小槽结构比较

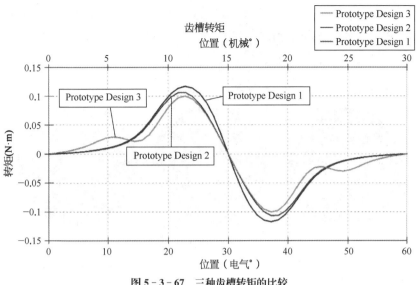

图 5 - 3 - 67　三种齿槽转矩的比较

2）12 - 8j 开槽齿槽转矩分析　如图 5 - 3 - 68　和图 5 - 3 - 69 所示。

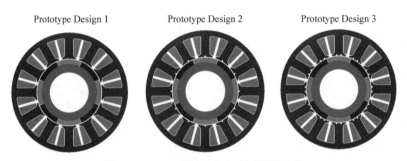

图 5 - 3 - 68　12 槽 8 极齿上开小槽结构比较

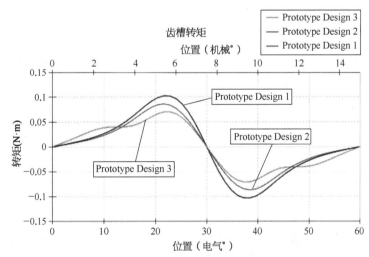

图 5 - 3 - 69　三种齿有开小槽的齿槽转矩曲线比较

由此可见,齿上开小槽,若槽宽不大,对电机的齿槽转矩影响不大,并没有体现有些论文中说的虚拟槽数增加的情况,齿上开一个齿的齿槽转矩比不开槽还要高些。齿上开两个槽,齿槽转矩会有所降低。

如果齿上开相当宽度的槽，那么情况就有了变化。

3）6－4j 槽口小的齿槽转矩分析　如图 5－3－70 和图 5－3－71 所示。

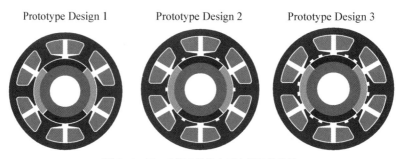

Prototype Design 1
Prototype Design 2
Prototype Design 3

图 5－3－70　6 槽 4 极齿上开大槽结构比较

Prototype Design 3
Prototype Design 2
Prototype Design 1
齿槽转矩
位置（机械°）
0
5
10
15
20
25
30
0.2
0.15
0.1
0.05
0
−0.05
−0.1
−0.15
−0.2
转矩(N·m)
Prototype Design 2
Prototype Design 3
Prototype Design 1
0
10
20
30
40
50
60
位置（电气°）

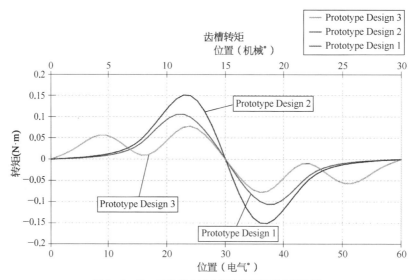

图 5－3－71　三种齿上开大槽的齿槽转矩曲线比较

可以明显看出，定子齿上开槽，当槽宽达到一定的宽度，在开了两个齿时，电机虚拟齿数才会增加，而且电机的齿槽转矩明显下降，齿槽转矩才得到有效抑制。

由图 5－3－71 可以看出，齿上开一个槽的齿槽转矩反而比不开槽的大了，不管齿上开小槽或大槽，电机的齿槽转矩没有得到改善，反而有加大的趋势，只有开两个大槽的齿槽转矩才有改善。

总之，辅助槽后要使总的槽数和极数的最小公倍数增加，而不能不变或减小，否则会适得其反。

如 6 槽 4 极，仅开一个槽，那么增加辅助槽后是 12 槽，这样最小公倍数没有增加，起不到减小电机齿槽转矩的作用（图 5－3－72），12 槽 8 极同样如此。

=LCM(C2:D2)

A	B	C	D	E
槽数	辅助槽	总槽数	极数	最小公倍数
6	0	6	4	12
6	6	12	4	12
6	12	18	4	36
12	0	12	8	24
12	12	24	8	24
12	24	36	8	72

图 5－3－72　辅助槽最小公倍数的求取

因此上面两种工厂加工的冲片都有待商榷，第一张冲片是开一个槽，这样齿槽转矩不会得到很好的改善，第二张冲片齿上开的槽太小了些，

没有起到开槽减小电机齿槽转矩的作用。

如果对开的槽进行倒角(图 5-3-73),使磁通在齿靴部的磁通密度不致太高,则电机的齿槽转矩没有多大变化,如图 5-3-74 所示。

图 5-3-71 和图 5-3-74 相比,齿上槽倒角,齿槽转矩和形状没有变化。倒角和开槽对电机的齿磁通密度影响不大。如 6 槽 4 极,用 MotorSolve 对齿上不开小槽、开一个槽、开两个槽进行了场分析(因为篇幅关系分析过程、图略),结果见表 5-3-10。

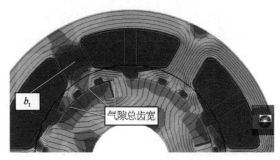

图 5-3-73　齿宽和气隙总齿宽

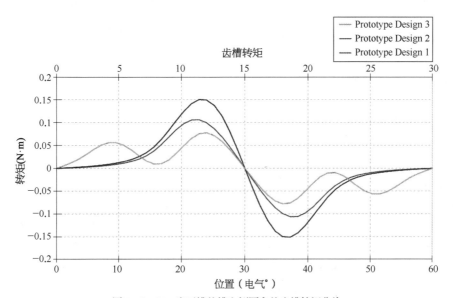

图 5-3-74　齿开槽的槽上倒圆角的齿槽转矩曲线

表 5-3-10　6 槽 4 极齿上开槽的磁钢变化分析

6 槽 4 极	齿磁通密度(T)		轭磁通密度(T)	
	最大	最小	最大	最小
不开槽口	0.959 6	0.001 2	1.132 2	0.067 8
一个槽口倒角	0.959 6	0.001 2	1.209 9	0.002 6
两个槽口倒角	0.959 6	0.001 2	1.645 1	0.003 5

说明如果电机定子齿磁通密度不饱和,齿上开槽仅对齿靴的磁通有影响,而对电机齿磁通密度影响不大,因此对电机的机械特性影响不大,但是能够减小电机的齿槽转矩,因此齿上开槽还是可以被采用的。

齿上开小槽较复杂,不是一个简单公式和分析就能解决齿槽转矩的减小问题。槽极的配合、小槽数量和形状,对齿槽转矩影响很大,有时结

论完全相反,务必用软件进行分析。

5.3.11　气隙、气隙磁通密度和齿磁通密度对齿槽转矩的影响

在转子磁钢相同的情况下,从理论上讲,电机气隙增大,气隙磁阻增加,气隙磁通密度降低,齿磁通密度减小,电机工作磁通减小,电机性能下降,电机的齿槽转矩相应减小。

从实践中得知,永磁同步电机一般都用高性能磁钢,如烧结钕铁硼磁钢、黏结钕铁硼磁钢等高矫顽力的磁钢,磁钢的相对磁导率与空气相近,因此气隙大小对电机性能的影响,没有交流感应电机、步进电机、磁阻电机那样敏感。电机气隙长度在一定范围内变化,对电机性能的影响不是很大。增大电机气隙长度确会减小电机的齿槽转矩。

在气隙较小时,电机的齿槽转矩特别大,这里还有电机转子偏心引起的偏心转矩,转子偏心引起的对定子不均匀的吸力与气隙的平方成反比。因此气隙越小,偏心吸力就越大,如果转子轴的刚性和强度不够,还会引起"擦铁心""敲鼓"等不正常现象,甚至会使电机启动困难。因此有必要适当增大电机的气隙来解决电机的齿槽转矩和偏心转矩。

钕铁硼磁钢的相对磁导率与空气接近,气隙大小改变对电机的气隙磁通影响不大,只是因为气隙大后气隙磁阻大,气隙磁路的走向也会改变,最终也会影响电机的齿磁通和工作磁通,间接影响了电机的性能(表5-3-11)。为使电机克服较大的齿槽转矩和偏心转矩,增大电机的气隙还是有必要的。

表 5-3-11　电机气隙改变对电机性能影响比较

气隙(mm)	0.250	0.50	0.75	**1.00**	1.25	1.50	1.75	2.00	2.25	2.50	2.75	3.00	3.25	3.50
齿磁通密度(T)	2.015	1.98	1.94	1.89	1.84	1.79	1.74	1.68	1.62	1.56	1.50	1.44	1.39	1.34
气隙磁通密度(T)	0.875	0.86	0.83	0.81	0.79	0.76	0.74	0.71	0.68	0.65	0.63	0.60	0.58	0.56
轭磁通密度(T)	0.935	0.93	0.91	0.90	0.88	0.87	0.85	0.83	0.80	0.78	0.76	0.74	0.72	0.70
齿槽转矩(N·m)	0.907	1.05	1.00	**0.93**	0.88	0.83	0.77	0.70	0.63	0.57	0.51	0.46	0.42	0.38
反电动势(V)	573	562	549	535	520	504	486	467.	448	430	412	395	378	362
线电流(A)	19.60	17.9	16.4	**15.6**	15.7	16.9	19.2	22.8	26.9	31.3	36.0	40.8	45.7	50.4
电流密度(A/mm²)	10.271	9.38	8.63	8.19	8.23	8.86	10.1	11.9	14.1	16.4	18.9	21.4	23.9	26.4
效率(%)	94.306	94.70	95.05	95.3	95.4	95.4	95.2	94.7	93.9	93.0	91.8	90.5	88.9	87.3
功率因数	0.798	0.87	0.94	**0.99**	0.99	0.92	0.81	0.69	0.59	0.51	0.45	0.41	0.37	0.34

在用钕铁硼磁钢的永磁同步电机中,电机的气隙可以做得较大,气隙大,气隙磁通密度、齿磁通密度、齿槽转矩、感应电动势、效率、功率因数均相应减小,线电流、电流密度则增加。气隙加大一切都从不利的因素转化,只有气隙增大会减小电机的齿槽转矩是好事。气隙从小至大增加,电流有个拐点,这个拐点的功率因数、效率应该较高(该例应该在气隙1~1.25附近),在不影响电机性能和工艺条件下可以选取适当的气隙,求得电机较小的齿槽转矩。

一般永磁同步电机的气隙均在0.5 mm以上,气隙再小,电机工艺性不好。气隙小的话,电机的磁偏心很显著,电机磁偏心不能用校动平衡来消除,只有增大一些气隙长度来减小电机的磁偏心引起的偏心转矩,消除电机运行时的震动、噪声。有的大电机的气隙选取2 mm以上。有的是电机环境和工艺需要,电机的气隙也选取较大,如有一个60电机,6槽4极,转子注塑,单边气隙达1.9 mm,齿槽转矩很小,性能也不差。

总之,增大电机气隙,能使电机的齿槽转矩减小,带来了其他参数的改变,为了减小齿槽转矩而增大电机的气隙长度,那么设计电机时必须郑重考虑。

5.3.12 机械不平衡和磁不平衡对齿槽转矩的影响

机械不平衡和磁不平衡在电机运行时会致使电机产生震动、噪声、敲内缸、擦铁心、电流大、电机性能下降等一系列问题。

机械不平衡包括转子偏心、转子质量偏,常用的解决办法是校转子平衡,转子校平衡包括静平衡和动平衡,一般电机转子是校动平衡。

如果一个转子质量偏心了,校平衡只能使转子平衡运行,并不能使转子内在的各处质量对称均布。

在永磁同步电机中,有各种原因会使转子的质量不均布,如转子安装偏心、转子轴发生弯曲、磁钢大小、质量有差异、磁钢黏胶时的不均匀、冲片中磁钢胶接面与转子轴心距不一等。目前作者也没有看到解决质量不均布问题的较好办法。质量不均布会造成电机的磁不平衡。

造成电机磁不平衡的因素还有各块磁钢的材质和性能有差异、转子铁心顺一个压延方向冲制叠压、定子每个齿分布不均匀等。电机转子的磁不平衡会造成电机运行时的磁偏心距。而从定子角度看,每个定子绕组线圈的差异,绕组△接法的三个绕组电压的不均匀性等,从而产生与电机齿槽转矩类似的含有脉动的附加转矩,其中也包含了增加的齿槽转矩。齿槽转矩、轴承摩擦转矩、磁不平衡转矩三者合成了电机最终的定位转矩。

电机的定位转矩具体反映是电机不通电、定子绕组不短接时,旋转转子轴,感觉有一种脉冲阻尼,这种定位转矩有时很大,以致连手都不能使轴转动。

对电机分析是可以计算电机的齿槽转矩,电机制成后,齿槽转矩就包含在电机的定位转矩内,定位转矩对电机性能起到影响作用。专门测量电机齿槽转矩的仪器可以测出电机的定位转矩并从定位转矩中分离出电机的齿槽转矩。

5.3.13　齿槽转矩的综合削弱法

上述常用的齿槽转矩削弱的方法中,电机设计工作者如何采用某些方法用于永磁同步电机的设计中,主要是看这些方法对削弱电机齿槽转矩、改善电机气隙磁通密度波形、感应电动势波形和电机加工工艺的简单和繁复来决定的。

一些电机不需要特意削弱齿槽转矩,如微电机、极数多的电机等,极数和槽数的最小公倍数很大,错槽角度很小,齿槽转矩的评价因子很小,那么不必采取消除齿槽转矩的措施。

对于削弱电机的齿槽转矩而言,电机定子斜槽是最好的方法,电机计算的错位槽角度会使电机的齿槽转矩为零,电机感应电动势也会接近于正弦波,和定子斜一个槽相比,齿槽转矩都为零,电机气隙磁通不变,齿磁通密度不变,但是电机感应电动势波形没有计算的错位槽角度波形好。

对于某些电机来说,定子斜槽是消除电机齿槽转矩的最佳方案,如定子冲片是圆形的、适合手工下线的大功率集中绕组或分布绕组的电机,定子斜槽加工工艺简单,仅是把定子错一个角度,手工下线与直槽定子工艺的繁复程度没有多大的差别,这样就解决了电机的齿槽转矩。

如果定子是方形的,可以用转子单片磁钢斜极来解决电机的齿槽转矩。单片磁钢斜极的加工工艺较繁,材料成本和加工成本增加,现在有多极充磁圆柱形钕铁硼磁钢,这样的直径大的、斜极充磁的圆环厚度相对薄的圆柱体钕铁硼磁钢加工相当困难,运输、存放、安装过程中一碰就碎,如电动自行车的几十个极的多极磁钢,直径200 mm 多,磁钢厚度仅 3 mm,如果用上述方法做成一个薄形大磁环就几乎不可能。如果电机磁性能要求不高,转子体积不大,那么可以选取黏结钕铁硼磁钢,并斜极充磁。

在一些驱动用的电机中,或者电机较小、电机的齿槽转矩影响不大的话,那么可以用直极磁钢。或者进一步把磁钢做成不等厚的偏心圆磁钢,以改善电机的齿槽转矩和感应电动势波形。

如机床加工、机器人、自动控制场合对定位精度要求高的永磁同步电机,那就需要齿槽转矩小,感应电动势波形好,可以用转子用偏心圆磁钢并分段直极错位。这种形式不论电机转子大小都是不难实现的,并且削弱齿槽转矩的效果理想,电机的感应电动势波形也好。

采用 T 形镶块式定子,可以把定子槽口做得很小,这样大大削弱了电机的齿槽转矩,如果转子再进一步采取分段错位、磁钢偏心等措施,那么电机的齿槽转矩会做得很小,电机感应电动势的波形完全是平滑的正弦波,而且电机绕组的槽占有率比任何一种定子形式的都要高,绕组绕线又很方便,是一种永磁同步电机结构的不错选择。如果 T 形定子是定子斜极,转子不要进行斜极处理,电机性能更好,工艺更简单,材料成本更经济。

5.3.14　Maxwell 和 MotorSolve 对齿槽转矩的计算

大型电机设计软件都有计算电机齿槽转矩的功能,Maxwell 和 MotorSolve 也不例外。

Maxwell 中,可以在 RMxprt 中用路分析方法对电机各种形状磁钢的直槽、斜槽进行齿槽转矩的计算,也可以用 2D 场分析计算方法对各种形状磁钢的直槽、斜槽和多段直极错位进行齿槽转矩的计算。

MotorSolve 可以对电机各种形状磁钢的直槽、斜极、槽用 2D 场分析、计算电机的齿槽转矩。

电机设计软件是一种电机设计工具,学会这种工具的使用方法,熟练使用,就觉得求取电机的齿槽转矩也不是那么难。

现在有了大型电机设计软件,能够进行很高级的电机设计、分析和计算,但是这些软件是各个时期的人编的,其对电机齿槽转矩认识的角度不同,采用的计算方法不同,所以不同的软件计算同一个电机的齿槽转矩会有差距,有时相差很大。即使是同一个软件,版本不同,计算的部分数据也会发生较大的差异,有时接近 20%。

但是软件计算,比手工计算强得多,完成了以前手工计算几乎不能完成的分析、计算工作,给电机设计、生产带来重大的革新和帮助。不必拘泥于哪个软件算得准,哪个软件好,只要计算方法是合理的,那么计算出的数据有一定的误差应该可以被理解的。

电机的齿槽转矩也是一样,用电机设计软件进行了各种减弱齿槽转矩方案的分析计算,选取较佳的减弱齿槽转矩的方案,然后进行试制。在试制中,按照削弱齿槽转矩的方法和趋向进行一些调整,达到最佳的减弱齿槽转矩的方法和结构,用于电机的设计。

但是对于电机设计软件公司和编程者,应该考虑到电机设计软件的设计符合率,以利电机行业的设计应用。对于电机设计工作者,只要会熟练应用这些软件进行电机齿槽转矩的分析、计算,知道计算出的齿槽转矩与实际生产的齿槽转矩的误差和误差方向,进行设计控制和修正,便能提高电机设计符合率和设计效率。

以一个 60 直径电机的两种软件分析电机的齿槽转矩为例,图 5-3-75 是 RMxprt 进行计算的不斜槽磁钢的齿槽转矩,图 5-3-76 是用 Maxwell-2D 分析计算 2 段相差 0.01°错位的转子的齿槽转矩(相当于没有错位),图 5-3-77 是 MotorSolve 用场分析计算不斜槽磁钢的齿槽转矩。三者相差有些大,无法判别哪个是对的,哪个更准确一些。同一个电机,用两个不同的软件,都是用场分析计算的,数值和波形却有较大的不同。

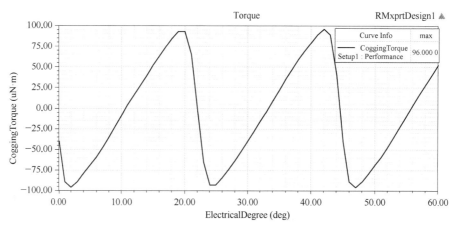

图 5-3-75　RMxprt 求取的齿槽转矩

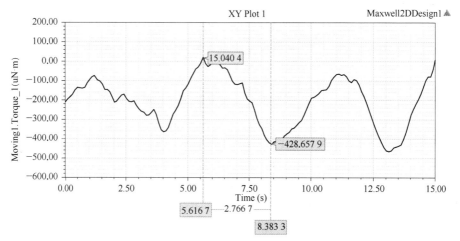

图 5-3-76　Maxwell-2D 求取的齿槽转矩

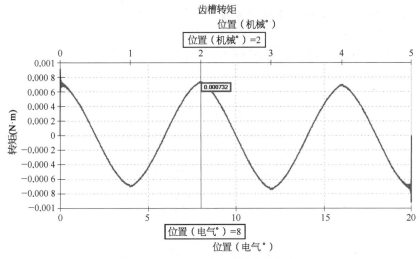

图 5 - 3 - 77　MotorSolve 求取的齿槽转矩

1) RMxprt 可以从路的角度求取电机的齿槽转矩　方法如下:

(1) 对电机设置后,点击 ✍ ,查看是否报错,如果报错,修改参数,如果通过就是全为绿勾,然后才能"Analyze All"计算会显示通过,如图 5 - 3 - 78 所示。

(2) 用 RMxprt 进行计算。点击" Analyze All",软件进行计算,如果电机设置基本合理,则会计算通过,呈现彩色 ⊵ ,如图 5 - 3 - 79 所示。

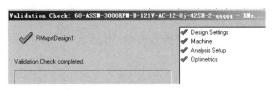

图 5 - 3 - 78　求取齿槽转矩步骤 1

双击"CoggingTorque"即可显示电机的齿槽转矩,并可以用鼠标点到曲线上,右击,求取曲线的最大值和有效值(均方根值),如图 5 - 3 - 80 所示。

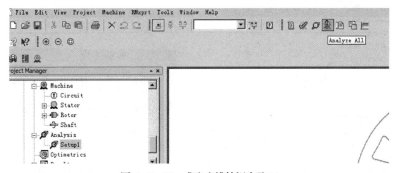

图 5 - 3 - 79　求取齿槽转矩步骤 21

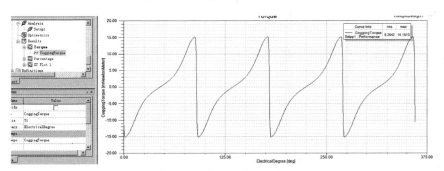

图 5 - 3 - 80　求取齿槽转矩步骤 3

2) Maxwell-2D 计算永磁同步电机的齿槽转矩　步骤也很简单,具体如下:

(1) 对 12 槽 8 极永磁同步电机进行 RMxprt 计算,计算完毕后,对电机模型进行 2D 场分析。

软件开始计算,最后出现图 5-3-81。

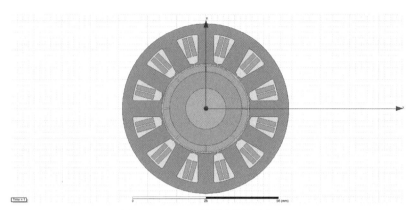

图 5-3-81　2D 计算齿槽转矩步骤 1

(2) 设置 2D 模式参数,如图 5-3-82 所示。双击"MotionSetup1",出现图 5-3-83 所示页面。点击"Data",将 7.5(图 5-3-84)更改为 $ther(图 5-3-85),然后确定。就在该页面点击"Mechanical",出现如图 5-3-86 所示页面。改为 1,单位为 deg_per_sec(图 5-3-87),并确定。

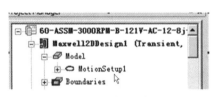

图 5-3-82　2D 计算齿槽转矩步骤 2

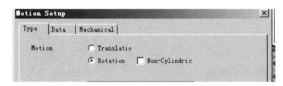

图 5-3-83　2D 计算齿槽转矩步骤 3

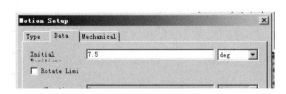

图 5-3-84　2D 计算齿槽转矩步骤 4

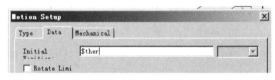

图 5-3-85　2D 计算齿槽转矩步骤 5

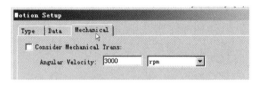

图 5-3-86　2D 计算齿槽转矩步骤 6

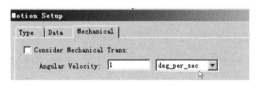

图 5-3-87　2D 计算齿槽转矩步骤 7

(3) 设置三相线圈参数 Excitations,如图 5-3-88 所示。

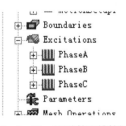

图 5-3-88　2D 计算齿槽转矩步骤 8

双击"PhaseA",出现如图 5 - 3 - 89 所示页面,把 Type 激励源改为"Current"(电流源),并设置电流值为"0",并确认,并用同样方法改 PhaseB、PhaseC,分别确认。

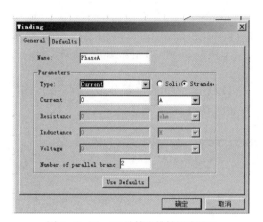

图 5 - 3 - 89　2D 计算齿槽转矩步骤 9

(4) 对 Analysis 进行设置,如图 5 - 3 - 90 所示。

图 5 - 3 - 90　2D 计算齿槽转矩步骤 10

双击 Analysis 的"Setup1",把停止时间(Stop time)改长,可以改为 15 s 或 30 s,停止时间越长,曲线显示越长。把时间步长(Time step)改为 0.1 s,时间步长越小,分析次数越多,计算时间越长。设置完成后,点击"确定",如图 5 - 3 - 91 所示。

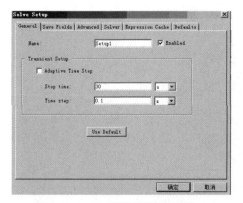

图 5 - 3 - 91　2D 计算齿槽转矩步骤 11

(5) 对 Optimetrics 进行设置,如图 5 - 3 - 92 所示。

图 5 - 3 - 92　2D 计算齿槽转矩步骤 12

右击"Optimetrics",选择"Add"目录下"Parametric",并点击,如图 5 - 3 - 93 所示,则出现图 5 - 3 - 94 所示页面。

图 5 - 3 - 93　2D 计算齿槽转矩步骤 13

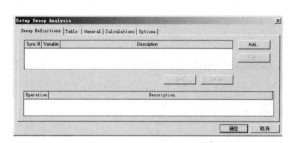

图 5 - 3 - 94　2D 计算齿槽转矩步骤 14

点击"Add",在弹出的对话框中选择"$ther",如图 5 - 3 - 95 所示。

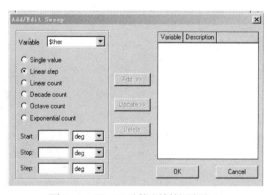

图 5 - 3 - 95　2D 计算齿槽转矩步骤 15

在"Start"填入 0 作为起始点,"Stop"填入分段的总移位角度,"Step"填入两段之间夹角。

点击"Add",使数据输入右边框;并点击"OK"确定。

这里选择了12槽8极,分2段错位,具体计算见表5-3-12。

表5-3-12　磁钢直极分段错位计算

转子直极错位分段计算		
槽数	极数	最小公倍数
12	8	24
总错位角度(°)	相当槽数	
15	0.50	
直极错位分段计算		
段数	总错位角度(°)	两段间错位角度（机械角度)(°)
2	7.500 0	7.500 0

因此选择 Start 0, Stop 7.5, Step 7.5,点击"Add",把设置数据输入右框,并点击"OK",如图5-3-96 所示,出现图5-3-97 所示页面。

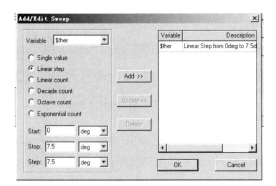

图5-3-96　2D 计算齿槽转矩步骤16

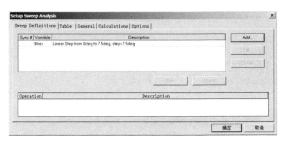

图5-3-97　2D 计算齿槽转矩步骤17

可以点击"Table",看分段情况,并点击"确定",如图5-3-98 所示。

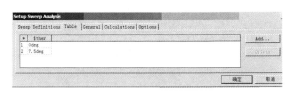

图5-3-98　2D 计算齿槽转矩步骤18

(6) 右击"Optimetrics"选择"Analyze"下面的"All"并点击,程序立即进行计算,如图5-3-99 所示。

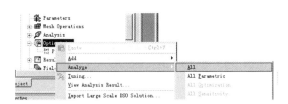

图5-3-99　2D 计算齿槽转矩步骤19

2 段错位,程序是分2段的错开位置角度分别进行计算,红色光带会在中间停一下,然后再进行第二段的计算,如图5-3-100 所示。

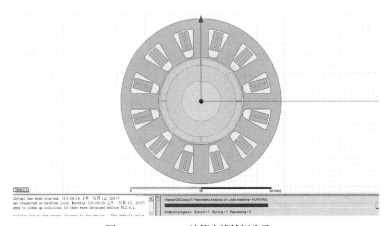

图5-3-100　2D 计算齿槽转矩步骤20

程序运行完毕后,进入下一个项目 Results,右击"Results",如图 5 - 3 - 101 所示,点击"Rectangular Plot",出现图 5 - 3 - 102 所示页面,选择"Torque—Moving1. Torque"。

图 5 - 3 - 101　2D 计算齿槽转矩步骤 21

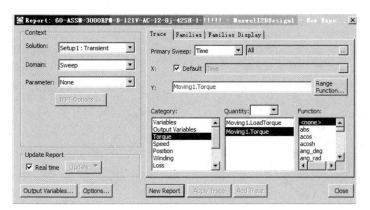

图 5 - 3 - 102　2D 计算齿槽转矩步骤 22

点击"New Report",出现图 5 - 3 - 103 所示 页面;如果点击"Close",则出现图 5 - 3 - 104。

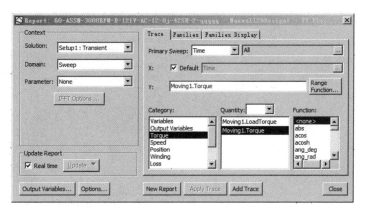

图 5 - 3 - 103　2D 计算齿槽转矩步骤 23

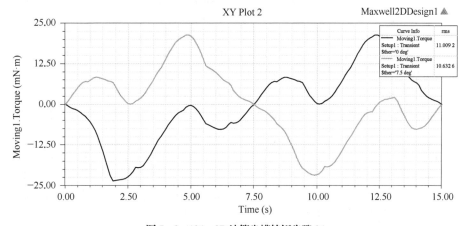

图 5 - 3 - 104　2D 计算齿槽转矩步骤 24

用路计算的齿槽转矩和用 2D 计算的齿槽转矩数值有些不同,应该 2D 计算的更为准确一些吧。

返回图 5-3-102 所示页面,点击"Families

Display",勾选"Statist"然后勾选"Avg",点击"Add Trace",再点击"Close",出现的曲线即为电机 2 段错位的齿槽转矩合成曲线(图 5-3-105 和图 5-3-106)。

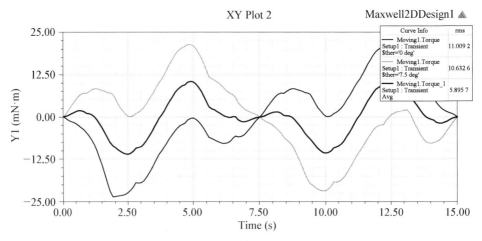

图 5-3-105   2D 计算齿槽转矩步骤 25

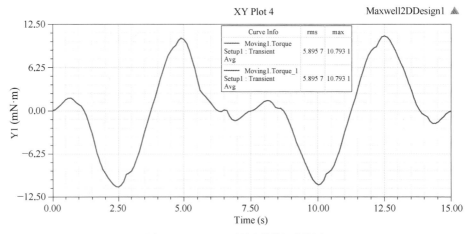

图 5-3-106   2D 计算齿槽转矩曲线图

3) MotorSolve 计算电机的齿槽转矩 除了初始计算电机结构时用了磁路法,以后的性能计算均是用 2D 计算,输入电机各种数据,形成电机结构图后,点击结果后,呈现的页面上点齿槽转矩项、填入适当的数据点数目(100),如图 5-3-107 所示。

点击"查看结果",程序立即运行,计算 100 个点后,显示电机齿槽转矩,如图 5-3-108 所示。这和 Maxwell 路或者 2D 的计算,数值和波形上有较大的差别(图 5-3-109 和图 5-3-110)。

用 Maxwell 在同心圆直极磁钢的计算中,路和场的波形和计算数值非常接近。

Maxwell 既可以很方便地用 RMxprt 计算单极直槽和斜槽齿槽转矩,又可以用 2D 计算磁钢分段错位的齿槽转矩,还能看波形的各种数值,功能更多一些,便于分析,因此采用 Maxwell 计算电机齿槽转矩可以作为首选。

用 Maxwell-2D 计算磁钢 3 段直极错位,那么总错位角为 15°,相邻两段之间夹角 5°,见表 5-3-13。

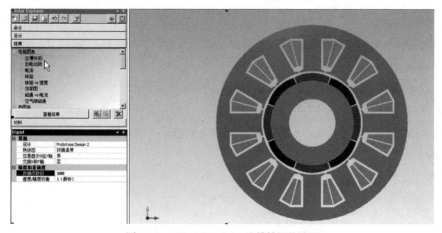

图 5 - 3 - 107　MotorSolve 齿槽转矩的设置

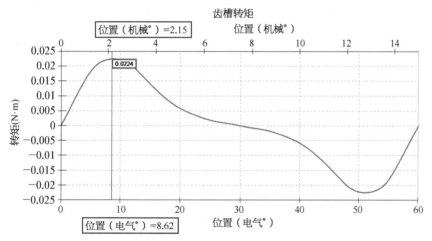

图 5 - 3 - 108　MotorSolve 齿槽转矩曲线

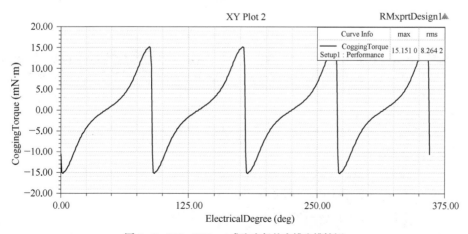

图 5 - 3 - 109　RMxprt 求取电机的直槽齿槽转矩

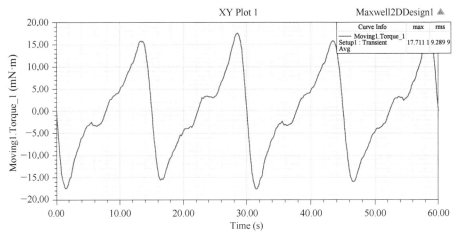

图 5 - 3 - 110　Maxwell - 2D 求取电机的直槽齿槽转矩

表 5 - 3 - 13　转子磁钢 3 段直极错位计算

转子直极错位分段计算			
槽数	极数	最小公倍数	最大公约数
12	8	24	4
总错位角度(°)	相当槽数	槽数/最小公倍数	极数/最大公约数
15	0.50	0.50	2
直极错位分段计算			
段数	总错位角度(°)	两段间错位角度(机械角度)(°)	
2	7.500 0	7.500 0	
3	10.000 0	5.000 0	

　　这里用 Maxwell - 2D 两种方法计算 3 段磁钢直极错位的齿槽转矩(图 5 - 3 - 111～图 5 - 3 - 114),计算结果齿槽转矩不管是幅值还是有效值两者基本相同,只是第二种方法只能算奇数段错位的齿槽转矩。

　　可以看出,用 Maxwell - 2D 这两种方法计算电机齿槽转矩的数值是比较接近的。

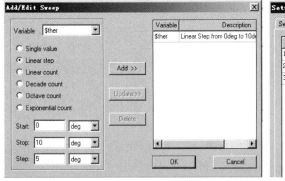
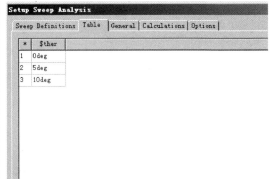

图 5 - 3 - 111　Maxwell - 2D 计算齿槽转矩分段方法 1

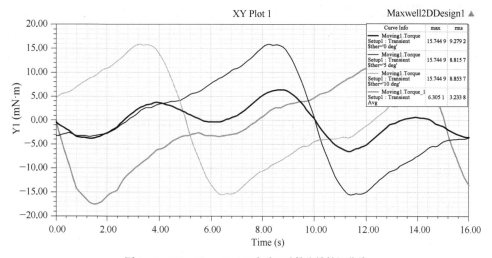

图 5 - 3 - 112　Maxwell - 2D 方法 1 计算齿槽转矩曲线

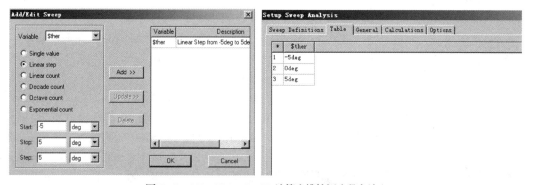

图 5 - 3 - 113　Maxwell - 2D 计算齿槽转矩分段方法 2

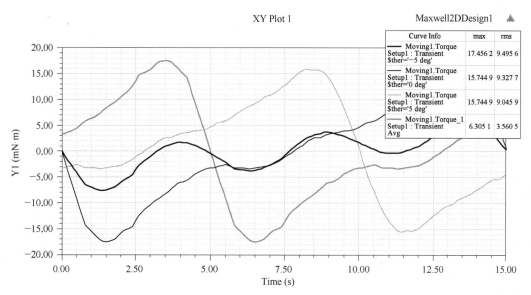

图 5 - 3 - 114　Maxwell - 2D 方法 2 计算齿槽转矩曲线

5.4 电机自定义的设置

在 RMxprt 计算中,有一个自定义数据模块(User Defined Data),这个模块增加了电机设置功能。

这个功能的操作(图 5-4-1)如下:①点击"RMxprt/Design Settings";②点击"User Defined Data"选中"Enable"框;③图框中填写自定义数据。

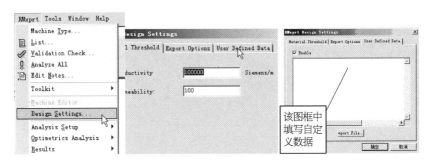

图 5-4-1 打开自定义框步骤

有关永磁同步电机的主要自定义数据:

SpeedAdjustMode   0   //0—None;1—L Mode;2—T Mode;3—T Aux

Fractions   0   //0—Minimun Mode;1—Full Mode;2—Half Mode;3—Third Mode...

WireResistivity   0   //0—Use Default Value Of 0.0217ohm.mm^2/m

WireDensity   0   //0—Use Default Value Of 8900 KG/m^3

ArcBottom   0   //0—Line Bottom;1—Arc Bottom For Slot Types 3&4

5.4.1 模型的周期数

如图 5-4-2 所示,这里有必要进行解释:

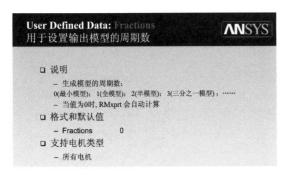

图 5-4-2 输出模型的周期

(1)输出模型的周期数即输出电机全部或者部分模型。Fractions 0 是根据电机情况自动输出最小部分电机模型用于电机计算分析,Fractions 1 是输出全部电机模型,Fractions 2 是输出 1/2 电机模型,以此类推。

但是该模块能绝对按照设置数对电机模型进行分块后输出。如 12 槽 8 极电机,如果设置 Fractions 3 或 Fractions 5,那么按理 User Defined Data 会输出 1/3 或 1/5 电机模块,但实际输出了整个电机计算模块(图 5-4-3)。如果设置了 Fractions 6,实际却输出了 1/2 的电机计算模块(图 5-4-4)。

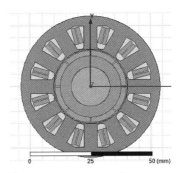

图 5-4-3 Fractions 3 或 Fractions 5

实际上 Fractions(分数)值不是随意设置的,是根据单元电机的概念去分析问题的。

陶文俊参加了本节的编写。

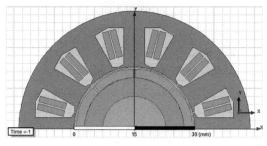

图 5 - 4 - 4　Fractions 6

电机每极每相的槽数为

$$q = \frac{Z}{2mP} = \frac{Z_0 t}{2mP_0 t} = \frac{Z_0}{2mP_0}\ (5-4-1)$$

式中：m 为相数；Z 为槽数；P 为极对数；Z_0 为单元电机齿数；P_0 为单元电机极对数；t 为单元电机数（Z 和 P 的最大公约数）。

例：12 槽 8 极，其单元电机数 $q = \frac{Z}{2mP} = \frac{1}{2 \times 3} \times \frac{12}{4} = \frac{1}{6} \times \frac{3 \times 4}{1 \times 4}$，其 $t = 4$，4 的最大公约数为 4、2、1，因此 Fractions（分数）值的设置只能为 4、2、1（图 5 - 4 - 5），如果设置其他数，则 User Defined Data 模块显示会发生错误，但不影响电机的 2D 分析计算。

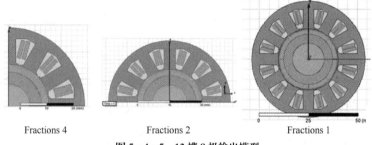

| Fractions 4 | Fractions 2 | Fractions 1 |

图 5 - 4 - 5　12 槽 8 极输出模型

例：12 槽 10 极，其单元电机数 $t = 2$，2 的最大公约数为 2、1，因此 Fractions（分数）值的设置只能为 2、1（图 5 - 4 - 6），如果设置其他数，则 User Defined Data 模块显示会发生错误。

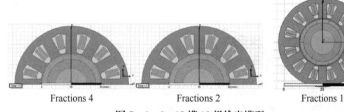

| Fractions 4 | Fractions 2 | Fractions 1 |

图 5 - 4 - 6　12 槽 10 极输出模型

同样是 12 槽，因为电机极数不同，电机的分区数不同，如果超出单元电机的最大公约数进行电机计算模块的剖分，那么结果是会有问题的。电机的 1/4 剖分不可能会是 1/2 的剖分结果。因此 User Defined Data 电机计算模块的剖分不是按电机冲片图形剖分的，而是按照单元电机的概念进行设置和剖分的，否则显示会有错误。

（2）如果按电机的单元电机数设置电机计算模块的剖分，那么该电机计算模块的剖分是能代表电机特征的最小剖分，这样可以大大节省电机 2D、3D 分析和计算的时间。

（3）如果设置了电机的自定义计算模块 User Defined Data 的输出模型周期，在 RMxprt 中显示的电机结构还是整个结构。

5.4.2　槽形弧底

如图 5 - 4 - 7 所示对于 RMxprt 中设置的 4 个槽形中，除了两个槽底为半圆槽外，槽形 3、4

的平底槽均可设置成与定子外径同圆心的圆弧槽。

图 5-4-7 圆底槽设置

在 RMxprt 中设置圆底槽也比较方便,但是设置后,在 RMxprt 的计算单中定子齿宽值的显示略为发生变化,从理性上看不太完美。但是用电机的 2D 分析,或用自定义计算模块 User Defined Data 设置圆弧槽,其结果齿宽不发生变化。

5.4.3 导线电阻率和导线密度

一般的电机都是用的铜导线,RMxprt 自动设置了绕组是铜导线。如图 5-4-8 所示软件默认设置了铜导线的电阻率为 $0.0217\,\Omega \cdot \mathrm{mm}^2/\mathrm{m}$,但没有标明该数值是 20 ℃,还是 75 ℃的导线电阻率。

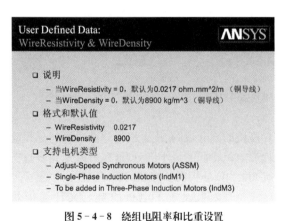

图 5-4-8 绕组电阻率和比重设置

5.4.4 铜导线的电阻率

铜线的电阻率应该为 $0.01785\,\Omega \cdot \mathrm{mm}^2/\mathrm{m}$。在 RMxprt 的计算单中仅显示了绕组电阻率为

$0.0217\,\Omega \cdot \mathrm{mm}^2/\mathrm{m}$,铜线在 75 ℃时的电阻率是 $0.0217\,\Omega \cdot \mathrm{mm}^2/\mathrm{m}$,现在证明 RMxprt 默认的电阻率是否是 75 ℃时的铜线电阻率。

电机采用 80 永磁同步电机(图 5-4-9),设置工作温度为 20 ℃(图 5-4-10),进行计算,绕组部分相关数据如下:

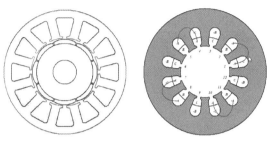

图 5-4-9 80 永磁同步电机结构和绕组图

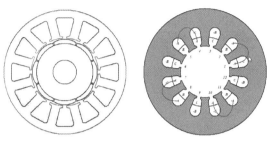

图 5-4-10 电机额定工作点的温度输入

Operating Temperature(℃):20

Number of Stator Slots:12

Number of Poles:8

Number of Parallel Branches:1

Number of Conductors per Slot:28

Number of Wires per Conductor:2

Wire Diameter(mm):0.8

Coil Half-Turn Length(mm):41.186 2

Wire Resistivity($\Omega \cdot \mathrm{mm}^2/\mathrm{m}$):0.0217

Armature Phase Resistance R1(Ω):0.081 904 5

Armature Phase Resistance at 20 ℃(Ω):0.081 904 5

电机电阻率的核算:设置电机工作温度 20 ℃,不用自定义模块设置电阻率,则 RMxprt 会默认铜线 75 ℃的电阻率 $0.0217\,\Omega \cdot \mathrm{mm}^2/\mathrm{m}$ 作为绕组电阻率计算 20 ℃的电阻率的参考值。

根据计算单可知:$R = 0.081\,904\,5\,\Omega$,半匝长 $l = 41.186\,2$ mm。

总长

$$L = WK \times 2l = 14 \times 4 \times (2 \times 41.186\ 2)/1\ 000$$
$$= 4.612\ 854\ 4(\text{m})$$

导线截面积

$$S = aa'\pi d^2/4 = 1 \times 2 \times \pi \times 0.8^2/4$$
$$= 1.005\ 3(\text{mm}^2)$$

导线电阻率(20 ℃)

$$\rho = RS/L = 0.081\ 904\ 5 \times 1.005\ 3/4.612\ 854\ 4$$
$$= 0.017\ 85(\Omega \cdot \text{mm}^2/\text{m})$$

说明如果 RMxprt 计算设置工作温度为 20 ℃时,RMxprt 软件计算会根据铜线 75 ℃的电阻率折算到 20 ℃的电阻率为 0.017 85 $\Omega \cdot \text{mm}^2/\text{m}$进行绕组电阻的计算。

RMxprt 设定了把铜线在 75 ℃的电阻率 0.021 7 $\Omega \cdot \text{mm}^2/\text{m}$作为绕组在 75 ℃时的参考数值,如果设定的工作温度不在 75 ℃,那么 RMxprt 会把该材质 75 ℃的电阻率转换到设定温度的电阻率进行电机绕组电阻的计算。因此 RMxprt 计算时设置电机的工作温度直接影响电机的绕组电阻,从而影响电机的性能参数。

RMxprt 的自定义设置绕组材料的电阻率也是该材料 75 ℃时的电阻率。如铝在 20 ℃的电阻率为 0.028 38 $\Omega \cdot \text{mm}^2/\text{m}$,铝线 75 ℃的电阻率可以由图 5 - 4 - 11 求出。

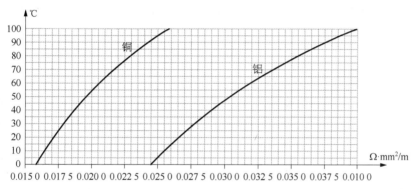

图 5 - 4 - 11　铜线和铝线电阻率和温度变化曲线

可以看出,铝线 75 ℃时的电阻率为 0.034 5 $\Omega \cdot \text{mm}^2/\text{m}$,密度为 2 700 kg/m^3,因此把这个铝导线设置输入图 5 - 4 - 12 所示自定义框。

图 5 - 4 - 12　铝线自定义框数据输入

因此 RMxprt 把自定义输入的电阻率作为电机 75 ℃的电阻率。铝 75 ℃时的电阻率为 0.034 5 $\Omega \cdot \text{mm}^2/\text{m}$作为铝绕组 75 ℃电阻率的设计参考值,输入自定义框中,如果铝绕组电机运行在其他工作温度,RMxprt 会以该工作温度的电阻率计算电机的绕组电阻。如铝线电机工作在 20 ℃,RMxprt 则会以依据 75 ℃的电阻率换算到 20 ℃的电阻率计算电机绕组的电阻。

一般电机材质 20 ℃的电阻率较容易在资料上找到,但是 75 ℃的电阻率不会去刻意研究,有时找不到,求取比较麻烦。好在电机绕组一般都是用铜线或铝线,铝线在 75 ℃的电阻率本书已经求出,为 0.034 5 $\Omega \cdot \text{mm}^2/\text{m}$,读者在用 RMxprt 自定义模块设置铝线的电阻率务必用 WireResistivity 0.0345,WireDensity 2700 填入,这样计算才会准确。

80 永磁同步电机用不同材料,设置不同的电机工作温度计算出的绕组在该运行温度下的电阻,RMxprt 运用公式计算绕组导线电阻是非常精准的(表 5 - 4 - 1)。

表 5-4-1　80 电机材料、温度不同的电阻

80 电机电阻率分析	设置 75 ℃—Cu	设置 20 ℃—Cu	设置 20 ℃—Al
RMxprt 计算电阻（Ω）	0.099 570 2	0.081 904 5	0.130 217
每组线圈匝数（匝）	14	14	14
每相线圈个数（个）	4	4	4
RM 计算半匝长（mm）	41.186 2	41.186 2	41.185 2
裸线径（mm²）	0.8	0.8	0.8
并联支路数	1	1	1
绕组并联根数	2	2	2
总长（m）	4.612 854 4	4.612 854 4	4.612 742 4
导线截面（mm²）	1.005 309 649	1.005 309 649	1.005 309 649
该温度的导线电阻率	0.021 700	0.017 850	0.028 380

如果图框内无设置（图 5-4-13），则电阻率默认为 75 ℃时铜线的电阻率。

图 5-4-13　自定义框不输入数据

5.5　电机的转矩波动

电机的转矩波动是永磁同步电机运行时转矩波动的综合反映。电机的转矩波动使电机运行时不平稳，从而产生电机震动、噪声等现象。

产生永磁同步电机转矩波动的原因很多，可以分为电机外界原因和电机自身原因。

1）转矩波动的外界原因　如果输入电机的电源电压发生波动、电源电流谐波、逆变器死区时间和开关管和导通管电压压降等原因，那么电机的输出转矩相应发生波动；另外，如果电机的负载发生波动，那么电机输出的转矩也会发生波动，这是电机外因致使电机的转矩产生的波动，这是电机不可抗力的转矩波动因素，只有把电机电源和电机负载的不平稳性降到很低，那么电机相应的转矩波动也会随之降低。

2）转矩波动的电机自身原因　影响电机转矩波动的电机自身原因比较多，主要分为电机制造原因和电机结构设计原因。

（1）电机制造原因：①电机的转子轴中心与定子圆柱体中心不重合，引起偏心，从而引起电机转矩波动；②定子内圆不圆度大，特别是 T 形拼块式定子，在定子拼接时如果工艺不合理，造成定子内孔的失圆，从而造成电机气隙的不均匀，这样引起电机转矩波动；③电机转子磁钢黏结圆周不对称或轴向黏结不一致，引起电机转矩波动；④电机转子各块磁钢磁性能不一致，引起电机转矩波动；⑤电机定子每个绕组的匝数不同，引起电机转矩波动；⑥电机定子的冲片没有采用无取向冲片材料，或采用了有取向冲片但没有采取消除有压延方向措施，引起了电机转矩波动；⑦电机冲裁造成的应力，以及扣片造成的变形也有一定的影响。

（2）电机结构设计原因。在电机结构设计中会影响电机转矩波动的主要因素有：电机的齿槽转矩、电机气隙磁场的波形、电机谐波的影响等。

陈小华参加了本节的编写。

5.5.1　电机齿槽转矩和气隙磁通对转矩波动的影响

齿槽转矩的存在使电机转子表面的气隙磁导不均匀,产生磁阻转矩,引起电机输出转矩的脉动,在定子不通电的情况下依旧存在。齿槽转矩会引起电机的震动和噪声,电机气隙磁通密度的波形对电机的转矩波动也有很大的影响。

图 5 - 5 - 1 所示是 12 槽 8 极的一个转子同心圆磁钢的永磁同步电机。

该电机在路分析的 RMxprt 中的转矩为 4.966 03 N·m(2 500 r/min),反映不出电机转矩有什么波动。

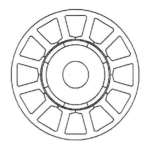

图 5 - 5 - 1　12 槽 8 极电机结构

电机结构设计原因产生的转矩波动可以在电机 Maxwell‑2D 瞬态场分析中看出,如图 5 - 5 - 2 所示。RMxprt 计算的气隙磁通密度如图 5 - 5 - 3 所示,齿轮转矩如图 5 - 5 - 4 所示。

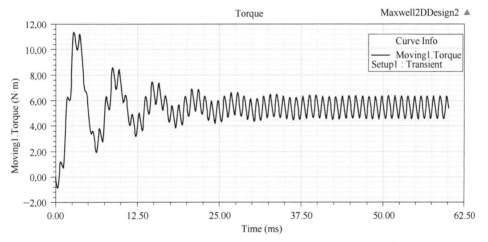

图 5 - 5 - 2　电机 2D 瞬态转矩曲线

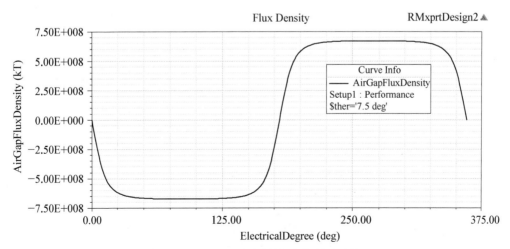

图 5 - 5 - 3　RMxprt 计算的气隙磁通密度曲线

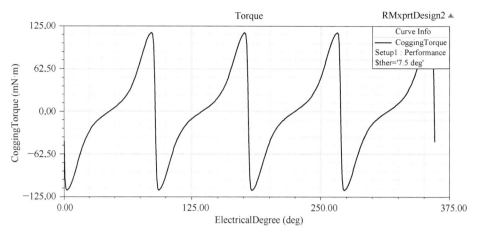

图 5 - 5 - 4   RMxprt 计算的齿槽转矩

如果把电机定子斜 0.5 槽后,电机的齿槽转矩为 0(图 5 - 5 - 5),电机的气隙磁通的波形类似方波(图 5 - 5 - 6),电机的转矩波动仍然很大(图 5 - 5 - 7)。

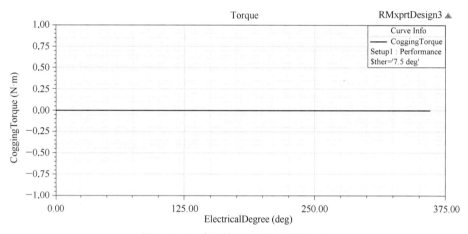

图 5 - 5 - 5   定子斜 0.5 槽后的齿槽转矩

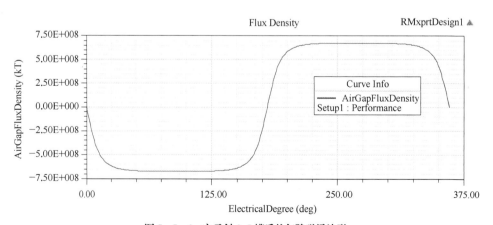

图 5 - 5 - 6   定子斜 0.5 槽后的气隙磁通波形

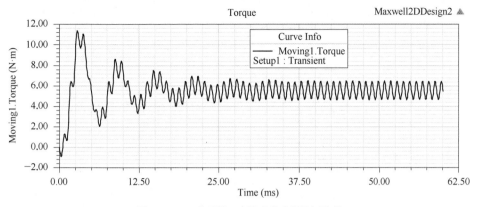

图 5 - 5 - 7　定子斜 0.5 槽后的瞬态转矩波形

如果该电机定子不斜槽,电机的磁钢做成消除齿槽转矩的偏心圆磁钢(图 5 - 5 - 8)后,电机的齿槽转矩仍存在(图 5 - 5 - 9),气隙磁通的波形为类似正弦波(图 5 - 5 - 10),但电机的转矩波动明显降低(图 5 - 5 - 11)。

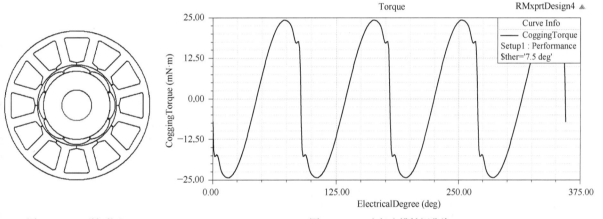

图 5 - 5 - 8　磁钢偏心　　　　　　　图 5 - 5 - 9　电机齿槽转矩曲线

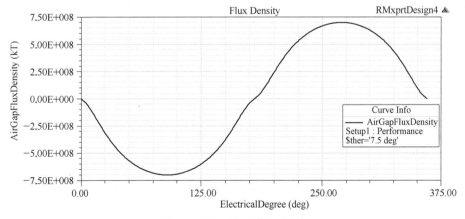

图 5 - 5 - 10　电机气隙磁通曲线

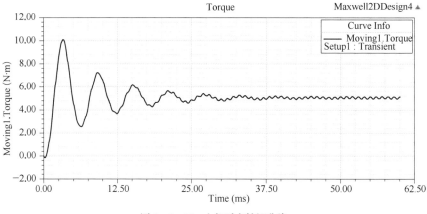

图 5 - 5 - 11   电机瞬态转矩曲线

如果把偏心圆磁钢再进行定子斜槽或转子斜槽(12 槽 8 极斜 0.5 定子槽),电机的气隙磁通密度呈正弦分布(图 5 - 5 - 12),电机的齿槽转矩和转矩波动会减到最小,如图 5 - 5 - 13 和图 5 - 5 - 14 所示。

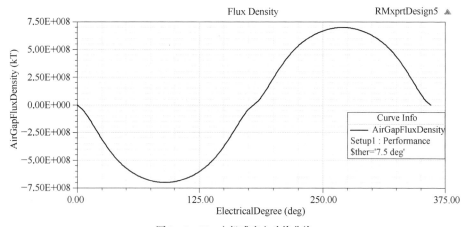

图 5 - 5 - 12   电机感应电动势曲线

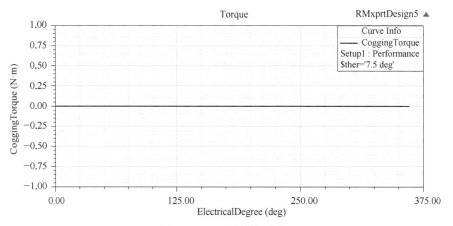

图 5 - 5 - 13   齿槽转矩曲线

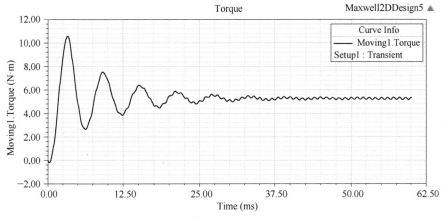

图 5 - 5 - 14　电机瞬态转矩曲线

因此,在电机设计时,既要考虑电机的齿槽转矩,又要考虑电机的转矩波动,那么设计成偏心圆磁钢和定子(转子)斜槽的措施是必要的。

电机气隙波形的改善对电机转矩波动的贡献比电机齿槽转矩的改善要大。所以要改善电机的转矩波动,必须改善电机气隙磁通密度的波形。

在 RMxprt 中的计算结果与不偏心磁钢的转矩相同:

Synchronous Speed(r/min): 2 500

Rated Torque(N•m): 4. 967 63

可以看出 RMxprt 计算中不显示出电机的转矩波动,分析电机自身原因的转矩波动必须用 Maxwell-2D 瞬态场分析。

同样性能的电机,齿数和极数发生了改变,如果采用同心圆磁钢,气隙磁通密度仍是矩形波(图 5 - 5 - 15),那么电机转矩波动仍是大的(图 5 - 5 - 16)。

如果磁钢改成偏心圆(定子或转子没有进行斜槽或斜极),只要使磁钢形成的气隙磁通密度近似正弦波(图 5 - 5 - 17),那么电机的转矩波动就会减弱到很小(图 5 - 5 - 18)。

从这个例子看,电机的气隙磁通密度的形状与电机的转矩波动大小有很大的关系。

也可以从另外一个思路来理解减少电机转矩脉动的方法:如果永磁同步电机的定子槽数和极数都增加到相当多程度,那么电机的转矩脉动是会减小的。图 5 - 5 - 19 所示是 27 槽 30 极 DDR 电机,转矩脉动值仅为电机转矩值的 2.5%。

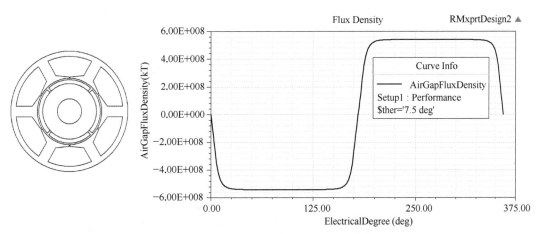

图 5 - 5 - 15　同心圆磁钢的气隙磁通密度曲线

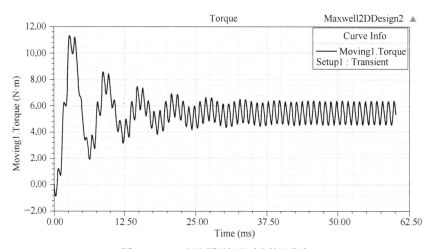

图 5 - 5 - 16　同心圆磁钢的瞬态转矩曲线

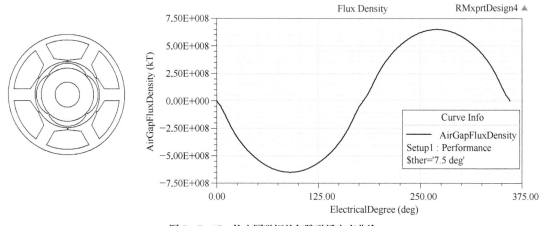

图 5 - 5 - 17　偏心圆磁钢的气隙磁通密度曲线

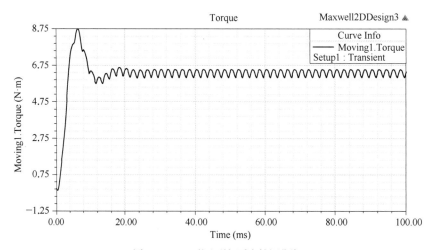

图 5 - 5 - 18　偏心磁钢瞬态转矩曲线

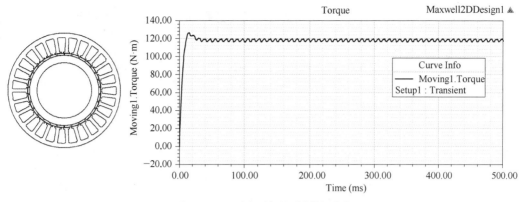

图 5 - 5 - 19　多极磁钢的瞬态转矩曲线

电机的转矩波动不可能减小到零,但是经过设计者的努力可以减至很小,只要在设计中选择适当的槽数和极数,掌握电机气隙磁通密度的波形,减弱电机的齿槽转矩,再进行电机 2D 的转矩瞬态分析。实践证明这样的电机的手感非常好,电机的定位转矩和运行转矩的脉动非常小。

5.5.2　永磁同步电机的谐波对转矩波动的影响

一个标准的正弦波电压或电流,如果该电压或电流发生了畸变,可以用一个标准的正弦波电压和多个不同频次的标准正弦波电压来表示,它们的电压合成就是这个畸变了的正弦波电压。这个标准的正弦波电压称为基波,其他不同频次的电压或电流产生的波形称为谐波。图 5 - 5 - 20 所示的电流波形,通过傅里叶级数分解,可以认为该波形被两个谐波替代,实际上波形仍只是一个电机电流梯形波,功能上可以认为是三个正弦波形的共同作用与这个梯形波作用相同。

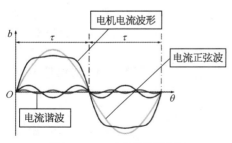

图 5 - 5 - 20　电机的波形分解

基波频率与原波形的频率相同,谐波频率与基波频率的比值称为谐波次数。其频率比基波频率高,是基波频率的整数倍,所以谐波是一种高次波。

永磁同步电机一般采用正弦控制的三相电源,理论上电机输入的电压和电流应该是理想的正弦波。但是由于各种原因引起输入永磁同步电机的电压和电流发生了畸变,含有大量的高次谐波。另外,引起永磁同步电机谐波的因素很多,从电机方面分析,如电机气隙磁场的畸变、电机转速的变化、电机的齿槽转矩等原因产生了电机的谐波。

谐波会对电机运行产生严重影响,使电机运行时产生震动和噪声,电机温度升高。因此削弱电机的谐波是非常重要的。

图 5 - 5 - 21 所示是一个 60 机座号的交流永磁同步电机,电机转子是半径相同的等厚磁钢。要分析该电机的谐波,用 MotorSolve 来分析该电机各种参数的谐波非常简单,图像显示也非常清楚:在分析图表中点击"PWM 分析",在"Input"中,显示方法选择:"谐波分量幅值",要分析和显示的参数可以是很多的,这里结果量选择显示了"电流"项,如图 5 - 5 - 21 所示。

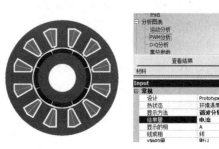

图 5 - 5 - 21　MotorSolve 分析谐波设置

点击查看结果,就可以看出电机的电流通过傅　里叶变换后的基波与谐波的幅值(图5-5-22)。

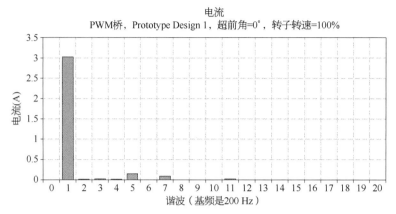

图5-5-22　同半径磁钢的电机电流的谐波

由图5-5-22看出,电机存在3、5、7、11、13等次谐波,特别是5、7次谐波明显。

如果把磁钢进行偏心设置后,电机的谐波基本削弱为0(图5-5-23),这样电机转矩波动会很小。

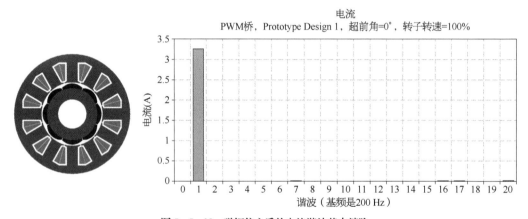

图5-5-23　磁钢偏心后的电流谐波基本消除

MotorSolve也可以选择求取其他参数的谐波,或选取多个参数,或多个电机相同或不或参数显示在同一个图表上,这对电机对比分析有较大的方便。图5-5-24所示为磁钢偏心后的单个反电动势的谐波。

另外,电机的谐波与电机转速有关,电机转速越高,谐波越大。电机高次谐波对电机转矩没有影响,但高次谐波电流会使电机有效值增加,相对而言电机的损耗就大,因此减少电机的高次谐波对电机性能有很大的好处。

如果某一电机的气隙磁通密度波形是正弦波,电机的控制器比较优良,产生的电流谐波较少,设计时注意电机的感应电动势波形,电机绕组导体的电压波形,减小电机的齿槽转矩,那么电机的谐波就能够减到很小,特别是5、7次高次谐波,那么电机的转矩波动、噪声、温升就会得到较大的改善。

在Maxwell中用FFT(离散傅里叶变换快速方法)也能求出电机各种参数下的谐波,以60电机同心式磁钢为例,如图5-5-25所示。

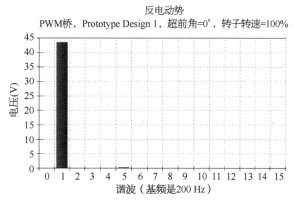

图 5-5-24 磁钢偏心后的反电势谐波基本消除

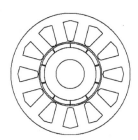

图 5-5-25 60 电机同心式磁钢的结构图

Maxwell-2D-FFT 感应电动势谐波分析操作介绍：

2D 场分析后,软件自动显示电机转矩(图 5-5-26)和电流瞬态曲线。因没有显示电机感应电动势瞬态曲线,于是要求取电机感应电动势瞬态曲线,具体步骤如图 5-5-27 和图 5-5-28 所示。

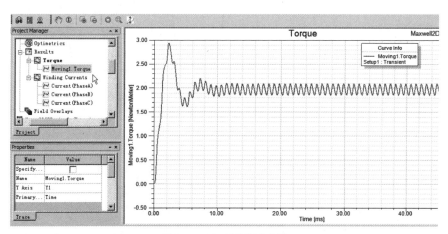

图 5-5-26 转矩瞬态曲线

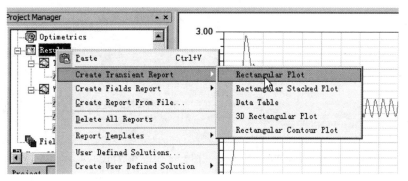

图 5-5-27 步骤 1

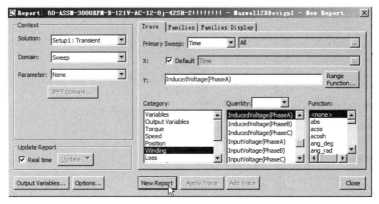

图 5 - 5 - 28   步骤 2，选取电机相感应电动势

显示如图 5 - 5 - 29 所示电机相感应电动势瞬态曲线。点击"Perform FFT on Report"（图 5 - 5 - 30），选取相感应电动势项"XY Plot 1"及 "mag"项，并点击"OK"，如图 5 - 5 - 31 所示，则显示如图 5 - 5 - 32 所示 Maxwell - 2D - FFT 感应电动势谐波分析曲线。

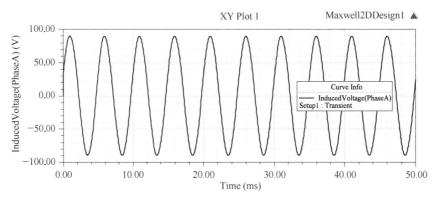

图 5 - 5 - 29   2D 相感应电动势曲线

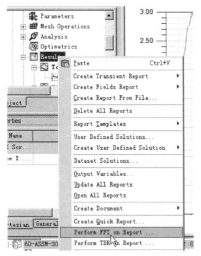

图 5 - 5 - 30   点击"Perform FFT on Report"

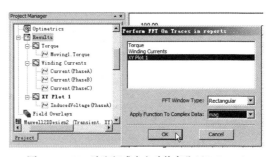

图 5 - 5 - 31   选取相感应电动势名称（XY Plot 1）

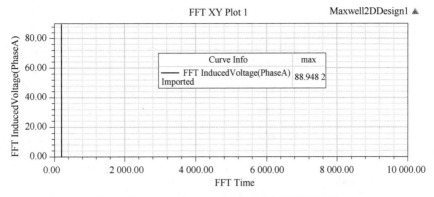

图 5 - 5 - 32　Maxwell - 2D - FFT 感应电动势谐波曲线

求取电机电流、转矩的步骤更复杂些,因为电机瞬态电流、瞬态转矩在初始时至稳态要有一个过程,如图 5 - 5 - 33 和图 5 - 5 - 34 所示,因此要截取稳态时的电流或转矩曲线再进行谐波分析。

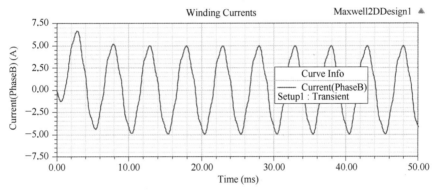

图 5 - 5 - 33　瞬态电流曲线

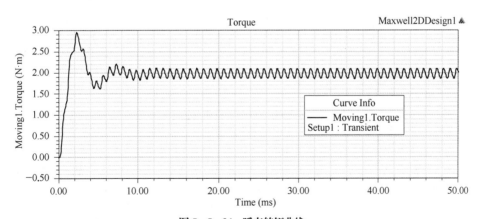

图 5 - 5 - 34　瞬态转矩曲线

用 Maxwell - 2D - FFT 分析电机转矩谐波图:在图 5 - 5 - 30 中,转矩在 30～50 ms 区间睢是比较稳定的。双击"Moving1. Troque"(图 5 - 5 - 35),出现图 5 - 5 - 36 所示页面。

点击箭头所指处,选择"Specify range",改初始时间为 0.04,终止时间为 0.05,点击"New Report",如图 5 - 5 - 37 所示,出现 XY Plot 2 曲线(截取是转矩曲线)图,如图 5 - 5 - 38 所示。

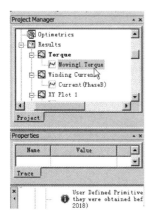

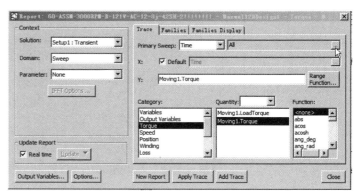

图 5-5-35 截取一段转矩曲线步骤 1   图 5-5-36 截取一段转矩曲线步骤 2

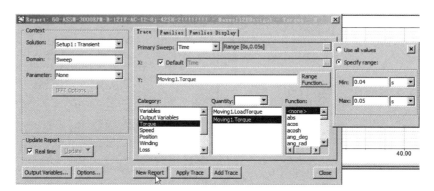

图 5-5-37 截取一段转矩曲线步骤 3

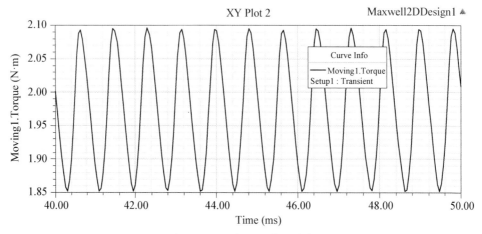

图 5-5-38 截取一段转矩曲线

再按 Maxwell-2D-FFT 方法求取 XY Plot 2 曲线的瞬态转矩的谐波,如图 5-5-39 所示。

这里要说明,如果截取转矩成倍周期的波形较为正确,但只要截取的时间段是转矩平稳区间的较多周期,那么结果相差不大,本方法是截取了转矩平稳区间的较多周期区间,因此精度是足够说明问题的。

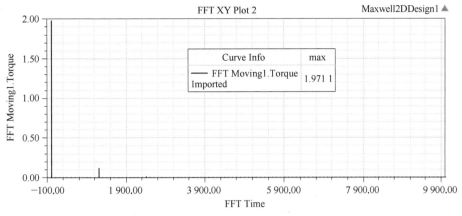

图 5 - 5 - 39 Maxwell - 2D - FFT 转矩谐波曲线

5.6 电机的参数化分析和优化

5.6.1 电机的参数化分析

RMxprt 可以进行参数化分析,电机的参数化分析比较简捷、直观,能够根据电机的某一些性能、特征快速地进行比较、分析和评价,用户可以在电机众多可行方案中找出一个最优解,从而实现电机参数的优化。

所谓参数化分析,就是把电机某些参数(如电机转速 n)的固定值(如 3 000 r/min)变为一个变量参数(n),赋予该参数一个数值范围(如 2 000~4 500 r/min),并给定计算步长(如 500 r/min),对电机进行不同步长值(参数值)的电机性能计算(图 5 - 6 - 1),并可以显示所要了解的由于变量参数(转速 n)变化对电机的某些参数(如电机的感应电动势)相应的变化,并用同一坐标系的图表曲线、数据表格表示出来(图 5 - 6 - 2 和图 5 - 6 - 3),甚至可以表示各种不同步长参数下的整个电机性能。

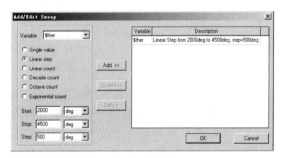

图 5 - 6 - 1 参数化分析的步长设置例

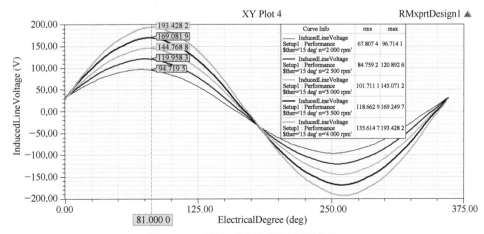

图 5 - 6 - 2 转速-感应电动势分析形式例 1

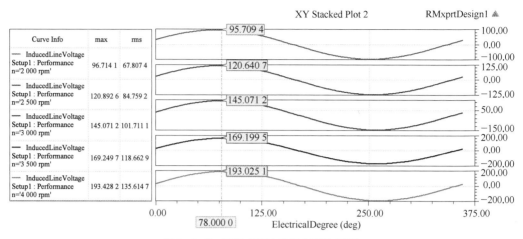

图 5-6-3　转速-感应电动势分析形式例 2

这是一种单一的参数化分析,替代了人工多次用计算机重复操作计算,并把要分析的其他参数曲线在同一图表中表达出来,给电机设计和分析带来了极大的便利。特别要指出的是,电机参数化分析可以看出某一参数的变化会给电机哪些参数带来变化,特别是可以清楚地看出这些参数变化的趋向,从而给电机某些参数的优化带来极大的便利。

电机中许多参数变化与其他参数之间关系并不是很复杂,例如电机转速与感应电动势、电机长度与工作磁通、电机绕组匝数与转矩常数等,这些参数与相应参数成比例关系,由一个参数求取另外一个参数很方便,不一定要用参数化分析。但是有些参数不是单单数量上对电机产生影响,而且在某些方面对电机产生影响较大,改变一个参数,其相应的参数变化较大,例如定子的斜槽,不同的斜槽不但会产生不同大小的齿槽转矩,而且不同的齿槽转矩的波形不尽相同,因此用参数化分析,在同一图表中进行比较、分析是非常直观、简捷和重要的,这是 RMxprt 非常强大的功能。

现在电机设计采用参数化分析越来越多,参数化分析的优点尤为显现。正确应用电机的参数化分析,使参数化分析作为电机设计的一项分析工具,会对电机设计带来非常大的方便。

RMxprt 中的参数化方法有多种,都是通过 RMxprt 求解器从 RMxprt 界面接收输入参数和设计参数,并返回输出参数(或简称为参数)给

RMxprt 界面。下面通过永磁同步电机的斜槽的参数化分析从而了解 RMxprt 参数化分析的使用方法。

5.6.2　RMxprt 参数化操作

1)设置参数变量(例斜槽)　这是一个 12 槽 8 极的永磁同步电机,结构如图 5-6-4 所示。

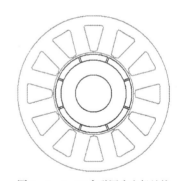

图 5-6-4　60 永磁同步电机结构

在 RMxprt 中定子斜槽的设置如图 5-6-5 所示。

在"Skew Width"中填入一个斜槽数进行计算,如分别输入 0、1,那么电机的齿槽转矩如图 5-6-6 和图 5-6-7 所示。

但是,不知道定子斜槽在 0～1 槽的齿槽转矩的变化过程,可以分别填入各种不同的斜槽数,求得各种不同的齿槽转矩图表,把这些图表进行对比分析。这样比较麻烦且不直观,而 RMxprt 参数化分析就很方便。

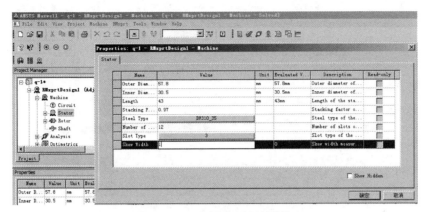

图 5 - 6 - 5　电机设置定子斜槽数

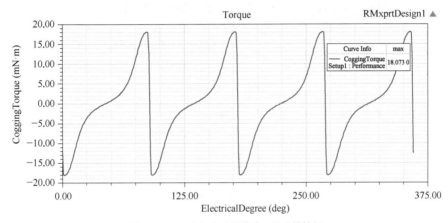

图 5 - 6 - 6　电机定子斜槽为 0 的齿槽转矩

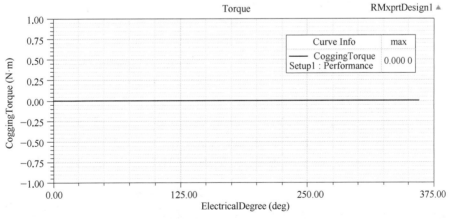

图 5 - 6 - 7　电机定子斜槽为 1 的齿槽转矩

2）参数化方法

（1）在整个电机参数设置完成并计算通过后,设置定子斜槽变量参数,并设定其变量参数符号（任意设定,本例设为 Skew）,并"确定",如图 5 - 6 - 8 所示,出现图 5 - 6 - 9 所示页面,并点

"OK"后,再点击"确定"。

（2）找到 Optimetrics 求解器,右键点击,并点击"Parametric",如图 5 - 6 - 10 所示,出现图 5 - 6 - 11 所示页面,点击"Add"后再点击"确定",则出现图 5 - 6 - 12 所示页面。

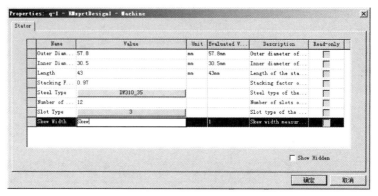

图 5 - 6 - 8　定子斜槽的参数化分析操作 1

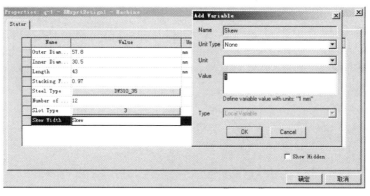

图 5 - 6 - 9　定子斜槽的参数化分析操作 2

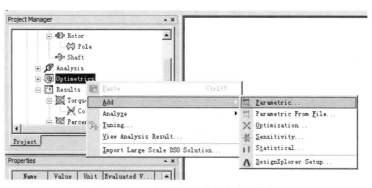

图 5 - 6 - 10　定子斜槽的参数化分析操作 3

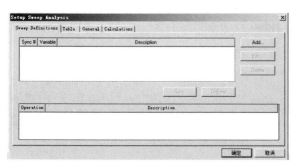

图 5 - 6 - 11　定子斜槽的参数化分析操作 4

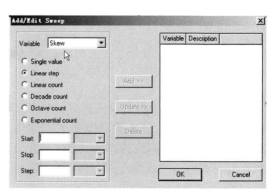

图 5 - 6 - 12　定子斜槽的参数化分析操作 5

必须注意,"Variable"中,必须是设置的斜槽参数变量符号。并设置参数变量起始点和终点数值,并设置计算步长,点击"Add"把设置数据传送到求解器数据框,并点击"OK"确认,如图5-6-13所示。

确认后会出现图5-6-14所示页面,并点击"确定",这样参数化分析设置完成。

(3) 接着运行求解器,右键点击"ParametrieSetup1",并点击"Analyze"对 setup1 模块进行参数化分析,如图5-6-15和图5-6-16所示。

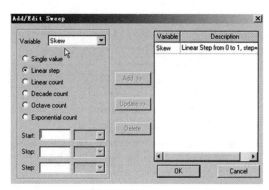

图5-6-13　定子斜槽的参数化分析操作6

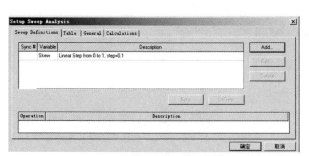

图5-6-14　定子斜槽的参数化分析操作7

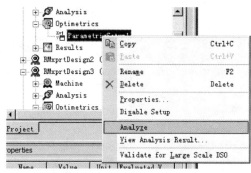

图5-6-15　定子斜槽的参数化分析操作8

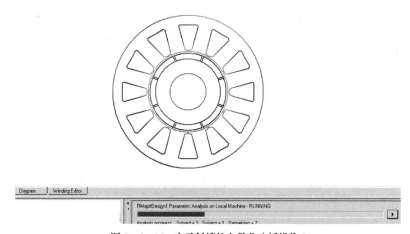

图5-6-16　定子斜槽的参数化分析操作9

5.6.3　参数化分析输出曲线

1) 方法1　如图5-6-17所示,点击"Rectangular Plot",出现图5-6-18所示页面,如果要参数化分析斜槽对齿槽转矩影响,则可按图设置参数。

点击"Families",显示图5-6-19所示页面。点击图中 ，显示图5-6-20所示页面,如果要看从0至1共11个斜槽的齿槽转矩,则可按"Select All"选择全部。

点击"New Report",则显示全部参数化分析齿槽转矩的曲线簇图(图5-6-21)。

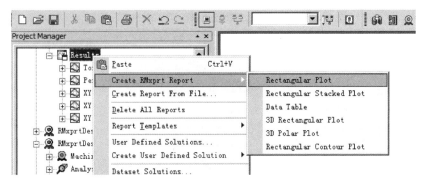

图 5 - 6 - 17　定子斜槽的参数化分析输出曲线操作 1(方法 1)

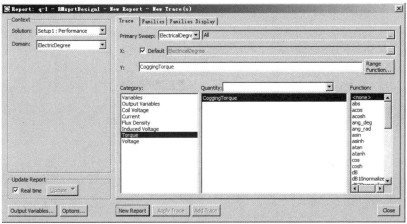

图 5 - 6 - 18　定子斜槽的参数化分析输出曲线操作 2(方法 1)

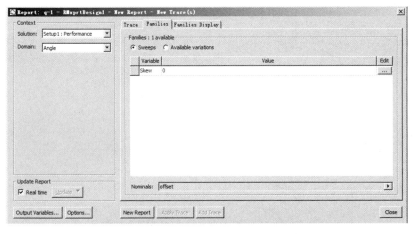

图 5 - 6 - 19　定子斜槽的参数化分析输出曲线操作 3(方法 1)

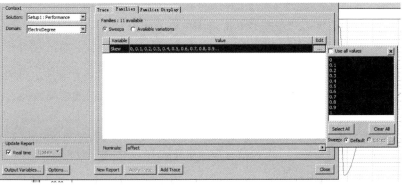

图 5 - 6 - 20　定子斜槽的参数化分析输出曲线操作 4(方法 1)

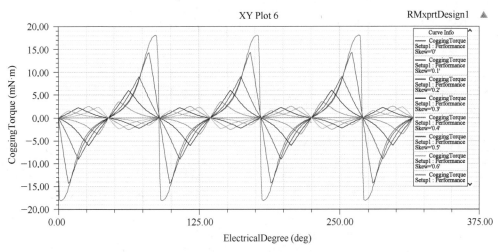

图 5‐6‐21　定子斜槽‐齿槽转矩的参数化分析曲线形式 1

　　如果只要看部分斜槽的齿槽转矩，则可以部分选择，如图 5‐6‐22 所示。点击"New Report"，则显示部分参数化分析齿槽转矩的曲线簇图（图 5‐6‐23）。

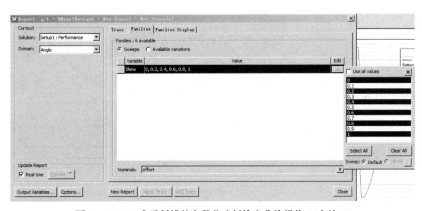

图 5‐6‐22　定子斜槽的参数化分析输出曲线操作 5（方法 1）

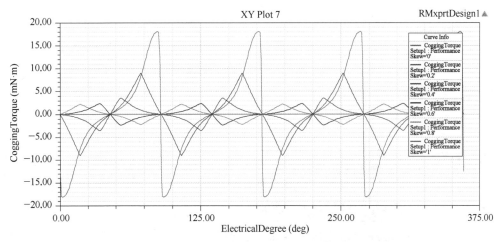

图 5‐6‐23　定子斜槽‐齿槽转矩的参数化分析曲线形式 2

此外,还可以看通过参数化分析的电机整个特性曲线报告,操作如下:点击▤ ,并点击▣ 左边的三小点的按钮 ▯▣ ,出现图5-6-24。

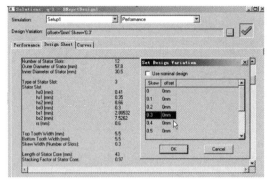

图5-6-24 定子斜槽的参数化分析输出曲线操作6(方法1)

选择 Set Design Variation 图框中 Skew 列中的斜槽数,如0.3,则该电机性能计算单就是定子斜槽0.3个槽为的计算单。

2)**方法2** 如图5-6-25所示,点击"Rectangular Stacked Plot",其余操作同方法1,选取4种斜槽形式,那么齿槽转矩的参数化分析曲线显示如图5-6-26所示。

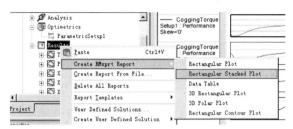

图5-6-25 定子斜槽的参数化分析输出曲线操作(方法2)

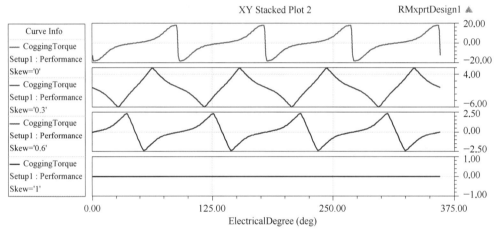

图5-6-26 定子斜槽的参数化分析输出曲线

3)**方法3** 还有一种参数化分析方法:就是在求解器中直接导出参数化分析曲线,方法如下:

(1)求解器对模块参数化运行(图5-6-27)。

图5-6-27 定子斜槽的参数化分析输出曲线操作1(方法3)

(2)在电机模块参数化分析框中点击运算按钮"Calculations"(图5-6-28)。

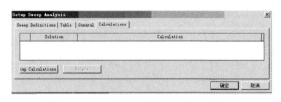

图5-6-28 定子斜槽的参数化分析输出曲线操作2(方法3)

(3)点击左下角按钮"Setup Calculations",出现图5-6-29所示页面。

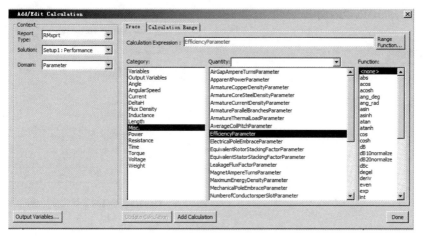

图 5 - 6 - 29　定子斜槽的参数化分析输出曲线操作 3(方法 3)

（4）右侧选择想要计算的参数，如点"Misc."后"Efficiency Parameter"（效率参数）等，选择后点最下一行的"Add Calculation"，每选择一次点一次"Add Calculation"，最后点右下角的"Done"。

（5）如点"Torque"（转矩参数），操作如图 5 - 6 - 30 所示。

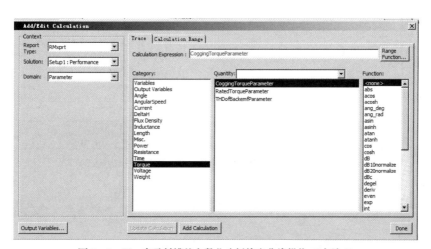

图 5 - 6 - 30　定子斜槽的参数化分析输出曲线操作 4(方法 3)

（6）显示图 5 - 6 - 31 并点击"确定"。

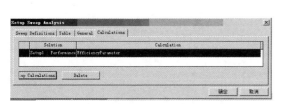

**图 5 - 6 - 31　定子斜槽的参数化分析输出
曲线操作 5(方法 3)**

（7）再对该项目进行一次分析，如图 5 - 6 - 32 所示。

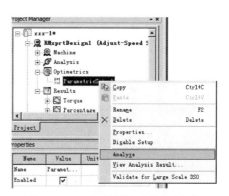

**图 5 - 6 - 32　定子斜槽的参数化分析输出
曲线操作 6(方法 3)**

（8）结束后，即可以观看分析结果，如图 5 - 6 - 33 所示。

（9）结果如图 5 - 6 - 34 所示。

（10）右键点击坐标图，可以导出参数化分析图至 Word 文档中，如图 5 - 6 - 35 和图 5 - 6 - 36 所示。

用同样方法可以查看斜槽对应其他参数的参数化分析结果，如图 5 - 6 - 37 所示。

图 5 - 6 - 38 所示是用同样方法对斜槽所对应的齿槽转矩趋向进行参数化分析，该图显示的

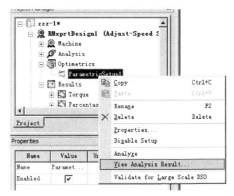

图 5 - 6 - 33　定子斜槽的参数化分析输出曲线操作 7（方法 3）

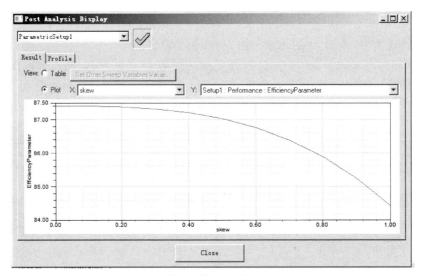

图 5 - 6 - 34　定子斜槽的参数化分析输出曲线操作 8（方法 3）

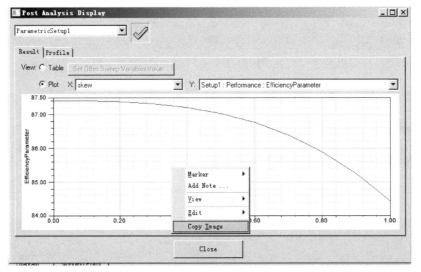

图 5 - 6 - 35　定子斜槽的参数化分析输出曲线操作 9（方法 3）

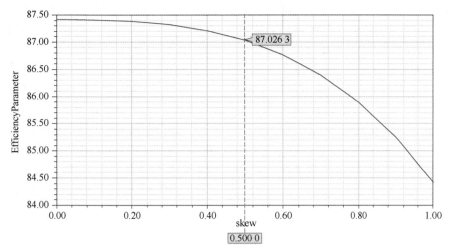

图 5 - 6 - 36　定子斜槽的参数化分析输出曲线 1（方法 3）

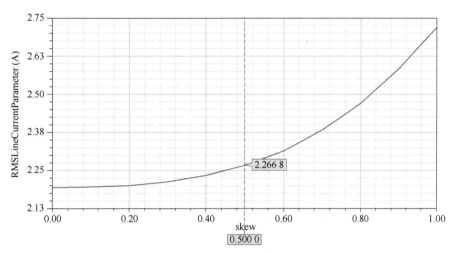

图 5 - 6 - 37　定子斜槽的参数化分析输出曲线 2（方法 3）

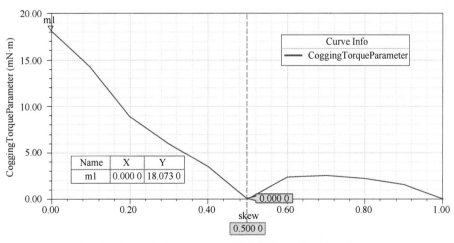

图 5 - 6 - 38　定子斜槽的参数化分析输出曲线 3（方法 3）

是电机不同斜槽所对应的齿槽转矩值的曲线图,不同于上面的方法能把每一根齿槽转矩曲线都显示出来。但是这种方法比较电机不同斜槽的齿槽转矩的趋向更清楚,图 5-6-39 可以清楚地看出电机斜槽从 0 至 1 槽,电机的齿槽转矩 18.073 0～0 mN·m 的过程,其中斜 0.5 槽和 1 槽时电机的齿槽转矩均为 0,从斜 0 至 0.5 槽时的齿槽转矩变化速率较快,从 0.5 至 1 槽的齿槽转矩值较小,变化也比较平稳。但是从上图齿槽转矩对应的线电流看,从 0.5 至 1 槽的线电流上升较快,因此,通过齿槽转矩的参数化分析可以分析出:12 槽 8 极电机在斜槽消除齿槽转矩时应该选用斜 0.5 槽,而不应该斜 1 个槽。

相比第一种方法,是电角度对应的齿槽转矩,看波形对比应该用第一种方法(图 5-6-38),如果看斜槽对应的齿槽转矩趋向,那应该用第二种方法比较直观(图 5-6-39)。两种方法分析计算数值是一样的,第一种方法是波形比较,第二种方法是数值比较,各有侧重。

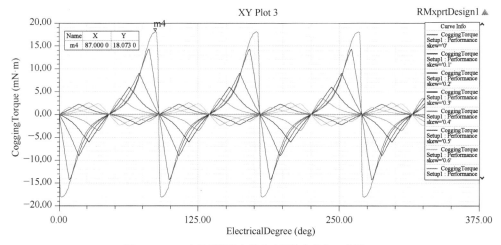

图 5-6-39　定子斜槽的参数化分析输出曲线 4(方法 3)

5.6.4　电机的参数化综合分析和优化

许多时候,电机的参数化分析可以看出一些电机设计的规律,可以在电机设计前进行一些综合分析,得出一些结论,便于电机设计时参考。

作者对 103-24 槽 8 极电机(图 5-6-40)进行了多项参数化分析,把各项电机结构与电机性能进行参数化分析,得出各类图表,并进行汇总,做成 Excel 表格(表 5-6-1),把表格与各种图表超链接,便于查看。

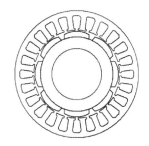

图 5-6-40　24 槽 8 极永磁同步电机结构

表 5-6-1　电机各种结构参数的参数化分析表

	齿槽转矩	齿磁通密度	线电流	效率	功率因数	输入功率	最大输出功率	电极弧系数	额定转矩	输出功率	感应电动势
齿宽	有关	有关	有关	有关	有关	有关	有关	无关	几乎无关	几乎无关	几乎无关
定转子斜槽	有关	无关	有关	几乎无关	几乎无关	有关	无关	无关	几乎无关	几乎无关	有关
定子长	有关线性	几乎无关	有关	有关	有关	有关	有关	无关	几乎无关	几乎无关	有关
槽口宽	有关	有关	有关	几乎无关	几乎无关	有关	无关	无关	几乎无关	几乎无关	有关

（续表）

	齿槽转矩	齿磁通密度	线电流	效率	功率因数	输入功率	最大输出功率	电极弧系数	额定转矩	输出功率	感应电动势
转速	无关	无关	有关	有关	无关	有关	有关	无关	几乎无关	几乎无关	有关
磁钢厚度	有关	有关	有关	有关	有关	几乎无关	有关	有关	几乎无关	几乎无关	有关
磁钢偏心	有关	有关	有关	有关	有关	有关	有关	有关	几乎无关	几乎无关	有关
磁钢极弧系数	有关	有关	有关	有关	有关	有关	有关	有关	几乎无关	几乎无关	有关

如表 5-6-1 中显示齿宽与线电流有关,如何有关,只要点击相对应的"有关"二字,就可以显示电机齿宽与线电流有关的曲线(图 5-6-41)。

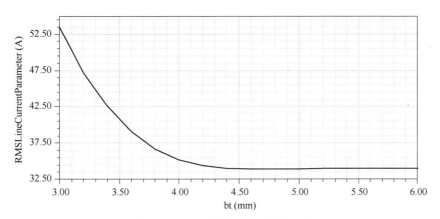

图 5-6-41 齿宽与线电流参数化分析

从图表中看电机的齿宽大于 4.5 mm,那么电机线电流就趋向稳定。

如电机齿宽与齿槽转矩也有关系,如图 5-6-42 所示。说明电机齿宽越大,电机的齿槽转矩就越大,如果电机齿宽、线电流与齿槽转矩综合分析,则电机齿宽选择在 4.25 mm 左右是比较合适的。

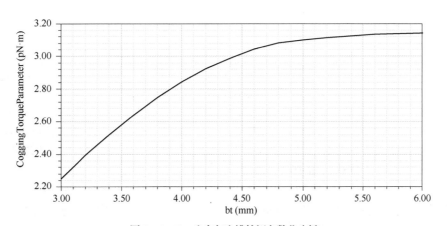

图 5-6-42 齿宽与齿槽转矩参数化分析

再有看电机的磁钢厚度与额定转矩和电机输出功率无关,但是与效率、电机最大输出功率和功率因数有关,如图 5-6-43～图 5-6-45 所示。

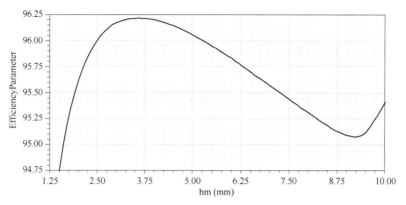

图 5 - 6 - 43　磁钢厚度与效率参数化分析

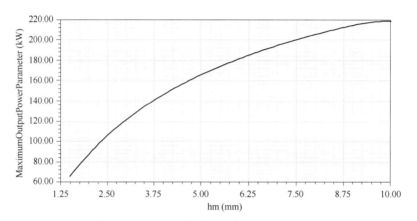

图 5 - 6 - 44　磁钢厚度与最大输出功率参数化分析

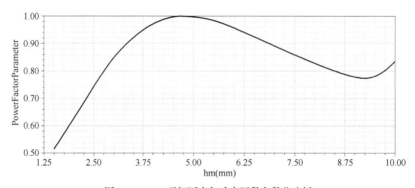

图 5 - 6 - 45　磁钢厚度与功率因数参数化分析

　　这样可以综合电机最大效率点时的磁钢厚度,看电机的最大输出功率是否达到设计要求,如果最大输出功率尚小,则适当增加磁钢厚度,兼顾电机的功率因数,使电机的最大输出功率加大,从三个图看,电机的磁钢厚度对效率的影响小于对电机的最大输出功率和功率因数的贡献,所以在设计时应该考虑磁钢对电机最大输出功率和功率因数的影响,兼顾考虑磁钢对电机效率的影响。选择好电机厚度后,再看一下这样的磁钢厚度的退磁情况,那么磁钢的厚度就确定了。

　　如电机的结构已经确定后要求电机最大输出功率在 160 kW,则电机磁钢厚度可以确定为 5 mm,则电机的效率达 96%,功率因数接近 1。这样的电机参数化分析是非常方便和直观的,对电机的优化起到重大的帮助。

第6章

永磁同步电机快速设计方法和技巧

6.1 永磁同步电机快速设计思路

电机设计是一门应用学科,对电机工程计算而言,电机设计的方法就应该越简单、越方便越好,设计的精度不必无限精确,只要达到应用精度就行。永磁同步电机的快速设计是以电机实用设计为目的,能够在较短的时间内,用较简捷的方法计算出具有一定精度并符合技术要求的永磁同步电机。

永磁同步电机的快速设计可以分两大部分:

(1) 快速建立电机设计模块,该模块的各种参数要与目标参数越接近越好。本书将介绍永磁同步电机的磁链常数设计法、实用目标推算法、实验测试设计法、软件简捷设计等多种方法,能在最短的时间内建立基本符合永磁同步电机目标参数的电机初始计算模块,这样对电机后续的核算减少。避免花费大量的优化设计时间去建立一个电机初始计算模块。

(2) 对建立的电机设计模块用电机设计软件进行"路、场"电机性能的必要核算,并对电机核算值与目标值对比,然后进行快速修改,最终达到设计要求。

由于电机设计人员的经历不同,电机生产企业的环境不同,电机设计人员会遇到如下情况:

(1) 不大会设计电机,只会按样仿造,电机要求略有改变就无所适从。

(2) 能设计电机但把握不大,设计出的电机要多次反复仍达不到要求。

(3) 有电机设计软件,但不能很快地设计出一台符合要求的电机。

这三种情况是电机设计工作者会遇到的,不管哪种情况,电机设计师必须要做到:

(1) 要能够设计电机。

(2) 要能够在极短时间内提交电机设计方案。

(3) 设计的电机样机必须与目标电机参数基本相符。

(4) 要有电机参数快速调整能力和方法。

电机设计时会遇到三种情况,可以用三种设计方法应付,见表6-1-1。

表6-1-1 电机设计环境和相应的设计方法

设 计 环 境	设计方法
没有设计软件、参照电机	目标设计法
没有设计软件,有某种相似或近似的电机	实用目标推算法
有电机设计软件,或有参照电机	软件快速设计

6.2 电机的设计符合率和容错性

电机的设计符合率和容错性是电机设计中的两个重要概念,电机设计必须讲究设计符合率,电机设计和生产时要看电机的容错性。

不考虑电机设计符合率,设计结果和设计目标要求势必大相径庭,但是很多电机设计书中并没有涉及电机设计符合率的问题。在电机设计中也不谈及电机设计的参数对电机性能要求容错问题,这样电机设计时对各种参数不分巨细,对不影响电机主要性能的参数花了许多功夫,对主要影响电机性能的参数研究则泛泛而谈。

还有电机设计软件应该也有一个设计符合率的问题。早期三相感应电机设计编程是按"路"的思路形成一系列的计算公式来计算电机,但是每个程序计算的结果必定与实际生产的电机有差异,在各个典型生产厂进行设计验证,经历多次修正,用许多修正的常数、系数使电机设计结果与制造结果相吻合。

对于电机设计工作者，应用的软件要考虑其设计符合率，设计电机时应顾及电机的设计符合率和容错性。

6.2.1　电机的设计精度和设计符合率

电机设计方法和程序要讲究电机设计计算的精度和符合率，只讲电机设计的方法，不讨论电机设计计算精度和设计符合率，这样的设计和实际生产实践间有一定差距。

电机设计计算精度是相对的，要适应电机的生产，设计计算精度太低，设计符合率不高，工厂按照电机设计人员设计的电机数据生产出来的电机误差很大，还需重新设计，多次修整，这样电机设计的盲目性较大，电机的设计、生产成本陡增。如果设计计算精度太高，大大增加了电机设计计算成本，某些数据计算精度非常高，但是电机设计中某些需要确定的数据还是技术人员人为给予的，因此一些大型电机设计软件应该研究和介绍该软件的设计计算精度和电机设计符合率。

电机设计精度的考核应该看这个设计精度是否影响永磁同步电机的主要考核技术指标。如果某个参数两者相差很大，但是对电机的主要技术指标影响并不是很大，那么严格地控制该参数的设计精度是完全不必要的。特别是永磁同步电机，许多参数的变化对电机最终的主要技术指标影响并不是很大，对这些指标设计精度的控制就可以放宽，有的甚至可以不理会。只有电机主要指标的设计、计算结果是设计者应该看重的。

电机设计符合率是指按照电机的主要技术指标进行设计，设计出电机的主要参数和按照电机设计数据做出的电机测试数据的符合程度。特别要考核的是电机的一次设计符合率。电机的一次设计符合率越高，重复设计的次数就越少，甚至一次设计就可以达到要求。

在许多电机标准中有"容差"的概念，是指在电压、转矩、输出功率为额定值(标准值)时，电机的转速、电流和效率等参数的"容差"。就是实际产品和标准电机技术参数之间差值的百分比，其中包括了电机设计和制造的共同差值。电机的"容差"是指出厂电机的技术指标与标准指标间

的误差，这是最终的。而电机设计符合率可以比容差大，因为设计、制造出的电机如果不符合电机标准，还是可以进行修正的。特别是电机设计工作者必须将永磁同步电机的电流密度、槽满率、感应电动势等参数作为电机设计制造的考核参数，进行设计符合率的考核。如果这些参数的符合率小于容差，那么这个电机设计就是一次成功了。永磁同步电机的容差可以分几种状况，可以把内部参数如电流密度、效率、感应电动势、槽满率等分别给予上、下容差，对于永磁同步电机的机械外特性可以给予一个较小的容差，以保证出厂电机性能的统一性。

容差是电机技术指标对应的制造成本上的判断依据，合理的容差能够使电机制造成本降到最合理的程度，这是从电机设计的角度去考查性价比问题，但是许多电机的标准上没有容差要求，这是有欠缺的。

电机设计计算精度和符合率同样如此，它综合了电机设计和制造从经济角度的判断。因此不需要很高或很低的电机设计精度和符合率，只要能够符合电机设计的容差即可。

6.2.2　永磁同步电机的容错性

1）电机使用的容错性

（1）同一电机的容错性。电机受到小于最大转矩负载的不同转矩，电机的转速始终恒定，只是电机的电流随着负载的增大而变大。如果设计时把永磁同步电机最大输出功率设计大一些，那么同一电机就能够看作各种额定功率的电机，因为永磁同步电机的效率平台大，一台功率较大的电机在小功率和在大功率应用时其效率基本相同，转速相同，只是电流密度有些差异。永磁同步电机的大功率电机机械特性上完全能适应不同额定工作点的机械特性。不像永磁直流有刷和无刷电机，所以永磁同步电机使用有相当大的容错性。有时永磁同步电机设计时有意把电机的最大功率选择大些，这样电机额定工作点的机械特性完全能得到保证。因此如果是一台功率较大的电机(如 3 kW)，可以不改变电机内部任何结构和绕组，看作小一些的系列电机(如 2 kW、1 kW)。因此电机额定工作范围可以放得很宽，做成一种宽负载电机，这是永磁同步电机的一大特点，特别适合应用于伺服、车辆等

方面。

　　永磁同步电机要实现曲线上某个点的性能是非常容易的,例如 130 永磁同步电机 12 槽 8 极,2 500 r/min 额定点,只要控制器的电源频率为 166.66 Hz,输入合适的永磁同步电机中,电

机轴上加一个负载转矩 4.967 6 N·m,基本上电机会运行在 2 500 r/min,电机的电源电压、匝数、结构、转子变化均不会对电机转速产生影响(表 6-2-1)。除非该电机太小,该转矩大于电机的牵出转矩从而被牵出同步运行。

表 6-2-1　电机改动结构后的容错性分析

	原样机	齿改窄	齿改窄匝数改	齿改窄、匝数、电压改
Rated Output Power(kW)	1.3	1.3	1.3	1.3
Rated Voltage(V)	176	176	176	100
Top Tooth Width(mm)	7.5	5.482 63	5.482 63	5.482 63
Number of Conductors per Slot	572	572	300	300
Root. Mean. Square Line Current(A)	4.823 46	5.077 3	9.675 2	9.793 38
Efficiency(%)	88.180 4	87.771 2	44.565 4	86.238 5
Synchronous Speed(r/min)	2 500	2 500	2 500	2 500
Rated Torque(N·m)	4.967 62	4.966 64	4.967 1	4.968 67

　　换句话说,永磁同步电机要实现某指定转矩和转速是非常容易的,不管电机设计得如何,一般都能使电机在指定的转矩下按指定的转速运行。

　　(2) 不同电机和不同输入参数的容错性。如果永磁同步电机的功率相同,电机的效率相差

不大,故电机的电流变化不大,那么若电机在结构和绕组上有些差异,电机达到额定点的性能完全能一致,而 n-T 曲线非常相似。

　　按图 6-2-1 所示 n-T 曲线来设计永磁同步电机是不能控制电机各项指标的,因为该曲线与电机各项指标的关联太少。

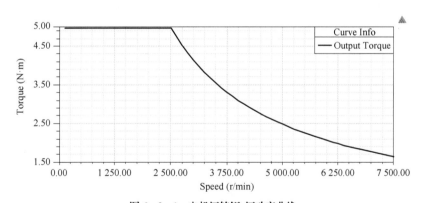

图 6-2-1　电机恒转矩-恒功率曲线

　　2) 电机设计的容错性　永磁同步电机设计略有偏差的话,不会像其他电机一样,使电机的外特性发生很大改变。永磁同步电机机械外特性的设计符合率比其他电机设计更好,更可靠。

　　RMxprt 设置的绕组铜线 75 ℃的电阻率为

0.021 7 Ω·mm²/m,铜线 20 ℃的电阻率为 0.017 85 Ω·mm²/m。如果铜线在 75 ℃的电阻率设置特地降到 0.017 85 Ω·mm²/m,电阻率变化达 21.5%,但是永磁同步电机外部性能几乎没有变化(表 6-2-2),说明永磁同步电机的容错性是比较大的。

表 6-2-2　绕组铜线电阻率容错性分析

永磁同步电机的绕组铜线电阻率容错性分析	20 ℃（工作）设置	20 ℃（工作）标准	相对误差
电阻率（RMxprt 设定 75 ℃）	**0.021 7**	**0.017 85**	0.215
Armature Phase Resistance R1(Ω)(75 ℃)	0.379 70	0.312 34	0.215
Armature Phase Resistance at 20 ℃(Ω)	0.312 34	0.256 92	0.215
性能计算结果			
Armature Current Density(A/mm²)	5.585 54	5.587 54	0
Input Power(W)	1 087.58	1 081.18	0.005 9
Efficiency(%)	91.989 3	92.529 3	0.005 8
Power Factor	0.974 89	0.968 73	0.006 35
Synchronous Speed(r/min)	3 000	3 000	0
Rated Torque(N·m)	6.184 55	6.184 41	0.000 04
Torque Angle(°)	12.797 7	12.755	0.003 3
Maximum Output Power(W)	3 952.67	4 077.51	0.03

3）电机结构的容错性　图 6-2-2 所示是 130 永磁同步电机，电机输入参数不变，定子参数不变，转子从表贴式磁钢结构改成内嵌式磁钢结构。

电机把转子改变成内嵌式，转子结构变化很大，电机的气隙磁通减少，引起电机内部齿磁通密度、轭磁通密度、感应电动势减小，这些参数改变在 14% 左右，电机内部特征变化为 4% 左右，电机外部特征的变化仅为 0.05%，即永磁同步电机的输出性能几乎不变（表 6-2-3），可见永磁同步电机的结构容错性是很大的。

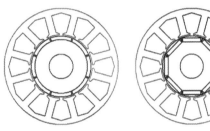

图 6-2-2　两种不同磁钢形式的转子结构

表 6-2-3　两种不同磁钢形式的转子结构容错性考核

	表贴式	内嵌式	相对误差
Stator. Teeth Flux Density(T)	1.747 22	1.558 1	0.121 4
Stator. Yoke Flux Density(T)	1.583 64	1.388 56	0.140 5
Maximum Line Induced Voltage(V)	261.549	237.144	0.102 9
内部特征			
Root. Mean. Square Line Current(A)	4.725 71	4.940 35	0.043
Armature Current Density(A/mm²)	6.016 96	6.290 24	0.043
Power Factor	0.999 69	0.959 8	0.041 5
外部特征			
Output Power(W)	1 300.45	1 299.79	0.000 5
Input Power(W)	1 464.47	1 464.52	0.000 3
Efficiency(%)	88.799 9	88.751 6	0.000 5
Synchronous Speed(r/min)	2 500	2 500	0
Rated Torque(N·m)	4.967 35	4.964 82	0.000 2

从永磁同步电机使用的容错性、电机设计的容错性、电机结构的容错性分析看,永磁同步电机在使用、设计、结构、材料上等,由于种种原因发生设计结果参数与目标设计参数初衷不一的话,电机不会和其他电机一样出现性能发生很大变化的状况,电机性能依然会保持与设计目标非常接近。永磁同步电机的容错能力非常强,这是与其他电机的最大区别。

另外,由于永磁同步电机的容错能力非常强,电机设计并不需要计较电机某一参数计算误差的大小,这样可以用路的设计方法去设计永磁同步电机也能达到工程设计的要求,这样设计变得快捷、简便。

电机设计初学者不要担心永磁同步电机设计会失败,只要掌握好永磁同步电机设计的一些关键设计点,永磁同步电机设计不是很复杂,而是"非常简单"的。电机设计的"正确率""成功率"非常高。

4) 永磁同步电机容错性强的原因分析　在永磁同步电机设计论述中,永磁同步电机容错性强的问题,许多电机设计著作中没有作为一个重要特性来论述,其实这点是永磁同步电机区别于其他电机的最大特点之一。由于永磁同步电机是恒转速控制和运行的,只要输入电源的运行频率不变,同步电机的转速便不受电机负载的影响。给予电机一定负载,电机就会在确定的转速下运行,所以转速不受负载的任何影响。电机的负载(转矩)是人为确定的(电机的输出功率相应确定),电机的转速由控制器给定,电机就会产生相应的转速、电流、效率、输出功率。永磁同步电机的效率平台很大,结构相差不太大的永磁同步电机的效率相差不大,所以同一负载加在大小不一的永磁同步电机上只是电机的转矩角大小相差有些大,只有电机最大输出功率比会相差较大,永磁同步电机的效率相差不大,那么两台电机的工作电流也相差不大。这样就会产生不同大小形状的永磁同步电机在电源频率相同的情况下,接受同一的负载,那么电机输出的该工作点的机械特性(输出转速、功率、电流、效率)就基本相同。即使两台电机的效率平台不同、效率不同,那么两电机在输出的该工作点的转速、功率应该相同,只是两台电机的效率和电流略有不

同,但相差不大。这就是永磁同步电机容错性强的基本原因。

这样不同的电机结构,给予电机容量相差不是太大,同一个负载参数,电机输出的机械特性非常相近。就是说,电机容量相差不是太大的永磁同步电机,机械结构就是有些不同,给予同一个负载参数,电机输出的机械特性非常相近。电机设计工作者在设计永磁同步电机时,只要控制合适的电机体积,即使电机结构在设计中有较大的差异,做出的电机在该负载点输出的机械特性还是会符合设计要求的。这一点在永磁同步电机设计思路中是很重要的。永磁同步电机只要求符合电机额定工作点的设计不是很难,不是很"高、大、上",比其他电机设计要容易得多。

6.3　永磁同步电机的目标设计法

永磁同步电机在许多场合可以用电机基本电磁理论关系进行电机设计,主要是如何理顺永磁同步电机内外各种参数之间的关系,找出求解永磁同步电机主要参数的这条红线,找出电机主要参数和设计目标参数之间的根本关系式,从电机简单参数之间的关系式,求解永磁同步电机。这样的求解,电机的目标明确、计算简捷,能很快地建立永磁同步电机的模块,计算误差不大,非常适合一些没有大型电机设计软件的电机企业的技术人员。

本节介绍如何通过非常简单的电机磁链常数的基本理论,建立一套较为完整的永磁同步电机实用目标设计的思想和方法。

(1) 首先把 $T' = N\Phi I/2\pi$ 公式转换成转矩常数形式: $K_T = \dfrac{N\Phi}{2\pi}$,使电机内部特征的磁链仅与转矩常数有关。提出了一系列正确认识和求取 K_T、K_E 理论计算和实用计算方法。

(2) 提出了 N 是永磁同步电机的通电导体有效根数的概念,并与绕组匝数的关系,计算中去除了绕组系数的概念。

(3) 确定电机结构:外转子和内转子,定子槽数和转子极数,分数槽和整数槽集中绕组,绕组排列和接线,表贴式与内嵌式,确定电机的选

定值、目标值、求取值。

（4）确定电机定子冲片。利用现有冲片

$$b_t = \frac{\pi D_i}{Z} \frac{B_r \alpha_i}{B_Z K_{FE}} \qquad (6-3-1)$$

根据齿磁通密度原理进行冲片开槽设计；根据现有电机，按转矩不同进行等比例缩放。

（5）对电机磁链 $N\Phi$ 进行了研究分析，提出了齿磁通 Φ 是电机工作磁通的概念，提出气隙槽齿宽比的常数概念，提出了齿磁通密度和齿磁通相应的计算方法

$$B_Z = \alpha_i B_r \left(1 + \frac{S_t}{b_t}\right), \quad \Phi = \pi D_i B_r \alpha_i L \times 10^{-4},$$

$$\Phi = Z B_Z b_t L K_{FE} \times 10^{-4}$$

（6）基于 $K_T = \dfrac{N\Phi}{2\pi}$ 公式，可以求出满足永磁同步电机机械特性的有效通电导体数 N

$$N = \frac{2\pi K_T}{\Phi} \qquad (6-3-2)$$

（7）提出了槽利用率 K_{SF} 的概念，提出了排除线负荷和热负荷参与电机计算的思想，通过 K_T 的概念，推导出电机气隙体积截面的求取公式

$$D_i L = \frac{3 T'_N \times 10^4}{B_r \alpha_i K_{FE} Z A_S K_{SF} j} \qquad (6-3-3)$$

这个公式体现了确保电机工艺性的电机内部和外部之间的正确关系。可以求取电机的定子长

$$L = \frac{3 T'_N \times 10^4}{B_r \alpha_i D_i Z A_S K_{SF} j} \qquad (6-3-4)$$

$$L = \frac{3\pi T'_N \times 10^4}{Z B_Z b_t K_{FE} j Z A_S K_{SF}} \qquad (6-3-5)$$

这样实现了电机长度的目标设计。

（8）把电机气隙体积截面公式中的任意一项放在左边，其余放在右边，这就成为该电机某一项的目标设计。确定了其他目标参数，也可以求出其中一个目标参数。

槽利用率

$$K_{SF} = \frac{3 T'_N \times 10^4}{B_r \alpha_i Z A_S D_i L j} \qquad (6-3-6)$$

磁钢参数

$$B_r \alpha_i = \frac{3 T'_N \times 10^4}{Z A_S D_i L K_{FE} K_{SF} j} \qquad (6-3-7)$$

（9）电机有效导体根数的求法。

① 利用槽利用率的概念可以推导出电机通电导体数，把 $K_{SF} = \dfrac{3 N q_{Cu}}{2 Z A_S}$ 代入 $K_{SF} = \dfrac{3 T'_N \times 10^4}{B_r \alpha_i Z A_S D_i L j}$，因此电机的有效导体数为

$$N = \frac{2 T'_N \times 10^4}{B_r \alpha_i D_i L j q_{Cu}} \qquad (6-3-8)$$

因为 $q_{Cu} = \dfrac{\pi d^2}{4}$，故

$$N = \frac{2.546 T'_N \times 10^4}{B_r \alpha_i D_i L j d^2} \qquad (6-3-9)$$

② 可以从另一个角度推出这个公式。

$$N = \frac{2\pi K_T}{\Phi}$$

$$\Phi = Z B_Z b_t L K_{FE} \times 10^{-4}$$

$$\Phi = B_r \alpha_i \pi D_i L \times 10^{-4}$$

$$N = \frac{2\pi K_T}{\Phi} = \frac{2\pi K_T \times 10^4}{Z B_Z b_t L K_{FE}} = \frac{2 K_T \times 10^4}{B_r \alpha_i D_i L}$$

$$(6-3-10)$$

③ 根据 K_T、K_E 和磁通 Φ 直接求取。

$$N = \frac{2\pi K_T}{\Phi}$$

$$N = \frac{60 K_E}{\Phi}$$

④ 根据通用公式法求取。

$$N = \frac{60 U \sqrt{\eta_{max}}}{\Phi n_\eta}$$

这样给永磁同步电机的绕组有效导体根数和电机基本目标参数即和磁钢、转矩和电机主要尺寸，电磁数据等目标参数之间找到了简单的关系公式。

⑤ 根据实验修正法求取。

K_T 调整法

$$N_{调整后} = \frac{K_{T调整后}}{K_{T调整前}} \times N_{调整前} \quad (6-3-11)$$

电压调整法

$$N_{调整后} = \frac{U_{调整后}}{U_{调整前}} \times N_{调整前} \quad (6-3-12)$$

电机调整后的线径

$$d_{调整后} = \sqrt{\frac{N_{调整前}}{N_{调整后}}} \times d_{调整前}$$

$$(6-3-13)$$

⑥ 根据电机比例常数 K 推算法求取。

$$N_2 = \frac{N_1 U_1 n_1}{K^2 U_1 n_2} \quad (6-3-14)$$

⑦ 同一冲片的求取。

$$N_2 = N_1 \frac{a_2}{a_1} \frac{T_2}{T_1} \frac{K_{E1}}{K_{E2}} \frac{j_2}{j_1} \quad (6-3-15)$$

$$N_2 = \frac{P_1}{P_2} \frac{j_1}{j_2} N_1 \quad (6-3-16)$$

(10) 计算达到目标电机的 K_T、K_E 方法。

① 客户提供。

② 从电机机械特性曲线中求取。

$$K_T = \frac{T'}{I} = \cot\alpha = \frac{\Delta T}{\Delta I} = \frac{T' - T_0}{I - I_0} = \frac{T}{I - I_0}$$

$$(6-3-17)$$

$$K_E = K_T / 9.5493$$

③ 从发电机法求取。

$$K_E = \frac{E}{n}$$

6.4　永磁同步电机的目标推算法

电机设计最根本的是求取一个和电机目标参数相符的电机模型,从现在的各种设计程序看,大多数都是电机核算程序,因此必须有一个电机初始模型,才能对这个模型进行电机核算,如果电机初始模型与电机设计最终模型相差甚远,那么以这个模型进行电机设计程序的核算就比较勉强,核算结果的电机参数会与电机最终的目标模型参数相差很大,甚至连一个结果都计算不出。因此求取一个与电机最终目标参数的模型非常接近的电机初始模型对于电机快速设计

来说非常重要。

本节介绍一种比较直观、实用的电机目标推算法。这里的目标推算不是简单的按比例调整一下电机某个参数,而是根据某一个电机进行综合分析后,可以设计出一只和现有电机在性能、外形尺寸上完全不一样的电机,而且设计不是那么繁复,简单实用,计算准确度比较高。

目标推算是根据两个或两类对象有部分属性相同的判断为前提,从而推出它们的其他属性也相同的推理。通过推算思维,在推算中联想,由此及彼的过程,这是技术工程设计中最常运用的一种解决问题的方法。

电机的目标推算法,实质就是从一个已有电机推算出所需要设计的目标电机的设计方法,必须有一个已有电机,而且是设计人员对其主要机械性能和结构性能要有所了解的基础上把这个电机作为推算的参照电机。

永磁同步电机的机械特性由以下因素决定,因此分析和设计电机就是要主要抓住电机这些要素:

(1) 电机机械特性外部三特征:额定工作电压 U、电机转矩 T、电机转速 n。

(2) 电机机械特性两常数:电机转矩常数 K_T、电机电动势常数 K_E。

(3) 机械特性曲线上重要点:最大输出效率点 η_{max}、最大输出功率点 P_{max}。

(4) 电机机械特性内部特征:电机的有效工作磁通 Φ,电机的有效总导体根数 N,永磁同步电机的一切性能与电机的 K_T、K_E 有关。

6.4.1　电机之间的主要关系

要进行很好的推算,必须知道参照电机与目标电机两者之间的关系。下面介绍两电机之间的主要参数关系,这些结论在《永磁直流无刷电机实用设计及应用技术》相关章节中都做了详细推导与题解,这里把两电机的主要参数之间关系总结一下,以便电机初始模型的推算。

1) 永磁同步电机放大 K 倍后(结构相同的大电动机和小电动机的结构尺寸比例是 K)

(1) 其转矩放大 K^4 倍,即

$$T'_{N2} = K^4 T'_{N1} \quad (6-4-1)$$

(2) 电机的感应电动势常数是原电机的 K^2

倍,即

$$K_{E2} = K^2 K_{E1} \qquad (6-4-2)$$

(3) 电机的齿磁通密度相等,即

$$B_{Z2} = B_{Z1} \qquad (6-4-3)$$

(4) 如果槽内匝数 N 不变,线径变为原先的 K 倍,即

$$d_2 = K d_1 \qquad (6-4-4)$$

(5) 电机的工作磁通是原电机的 K^2 倍,即

$$\Phi_2 = K^2 \Phi_1 \qquad (6-4-5)$$

2) 两个不同电机之间关系(包括电机放大)

(1) 电流、转矩、感应电动势之间关系。

$$\frac{I_1}{I_2} = \frac{T_1}{T_2} \frac{K_{E2}}{K_{E1}} \qquad (6-4-6)$$

(2) 电机之间关系。

$$\frac{K_{T1}}{K_{T2}} = \frac{K_{E1}}{K_{E2}}$$

$$= \frac{B_{r1} \alpha_{i1} \left(1 + \dfrac{S_{t1}}{b_{t1}}\right) b_{t1} Z_1 L_1 K_{FE1} K_{SF1} A_{S1} j_1 I_2}{B_{r2} \alpha_{i2} \left(1 + \dfrac{S_{t2}}{b_{t2}}\right) b_{t2} Z_2 L_2 K_{FE2} K_{SF2} A_{S2} j_2 I_1}$$

$$(6-4-7)$$

以上公式参数比较多,可以编一个软件求取推算电机的主要参数其中一项。如果设计电机的 B_r 和 α_i、S_t/b_t、K_{FE}、K_{SF}、j 与参照电机相同,那么上式就变得更简单,电机的冲片设计和电机主要参数的求取是非常容易和准确的,这完全避免了求取电机工作磁通的不精确性的问题。

$$\frac{K_{T1}}{K_{T2}} = \frac{b_{t1} Z_1 L_1 A_{S1} I_2}{b_{t2} Z_2 L_2 A_{S2} I_1} \qquad (6-4-8)$$

这样可以根据电机的要求确定冲片齿数 Z_2、电机的气隙圆直径大小 D_{i2},根据气隙槽宽与齿宽之比 S_t/b_t 确定电机的齿宽 b_{t2},确定冲片外径 D_2,那么电机冲片的槽面积 A_{S2} 就确定了,I_2 是设计电机的基本技术要求,这是已知的,因此就可以方便地求出电机的叠厚 L_2,这样可以综合考虑合适的电机定子气隙圆直径、定子外径和定子叠厚,使电机的 $D^2 L$ 最小,电机用料最少。

3) 相同冲片的槽中电流、电流密度、匝数、定子长、感应电动势常数等之间关系

$$\frac{I_1}{I_2} = \frac{W_1 j_2}{W_2 j_1} \qquad (6-4-9)$$

$$W_2 = W_1 \frac{a_2}{a_1} \frac{T_2}{T_1} \frac{K_{E1}}{K_{E2}} \frac{j_2}{j_1} \qquad (6-4-10)$$

$$L_2 = L_1 \frac{K_{E2}}{K_{E1}} \frac{W_1}{W_2} \frac{a_2}{a_1} \qquad (6-4-11)$$

找出了两电机主要参数之间的关系,电机初始模块的建立就非常容易,在《永磁直流无刷电机实用设计及应用技术》一书中已经进行了较为详细的讲解,限于篇幅,这里不再详细讲解。

6.4.2　同步系列电机三步推算法

根据电机的"体积"和参数的关系

$$D_i L = \frac{3 T'_N \times 10^4}{B_r \alpha_i K_{FE} Z A_S K_{SF} j}$$

可以推导出冲片相同的系列电机推算法。

1) 求电机长度

$$L_2 = \frac{T_{N2} B_{r1} \alpha_{i1} K_{SF1} j_1}{T_{N1} B_{r2} \alpha_{i2} K_{SF2} j_2} L_1 \qquad (6-4-12)$$

2) 绕组匝数(电机槽内绕组根数)

$$N_2 = \frac{U_2 n_1 B_{r1} \alpha_{i1} L_1}{U_1 n_2 B_{r2} \alpha_{i2} L_2} N_1 \qquad (6-4-13)$$

3) 绕组线径(在确保不同转矩 T 和转矩常数 K_T、相同电流密度 j 下的线径)　电机绕组导体单根直径为

$$d_2 = \sqrt{\frac{T_{N2} a_1 a'_1 j_1}{T_{N1} a_2 a'_2 j_2} \frac{N_1 B_{r1} \alpha_{i1} L_1}{N_2 B_{r2} \alpha_{i2} L_2}} \, d_1$$

$$(6-4-14)$$

6.5　永磁同步电机的实验测试设计法

6.5.1　电机实验测试设计法介绍

永磁同步电机的机械特性是由电机这几方面决定的:电机的磁链 $N\Phi$ 决定了电机的电流与转矩关系 $K_T = \dfrac{N\Phi}{2\pi} = \dfrac{T'}{I}$,同也决定了电机转速与感应电动势之间关系 $K_E = \dfrac{N\Phi}{60} = \dfrac{E}{n}$,由于输

入永磁同步电机的电源频率 f 决定了永磁同步电机的转速 n，$n=\dfrac{60f}{P}$，E 与输入电机的线电压有关。这样永磁同步电机的性能就基本上确定了。

实际电机的工作磁通 Φ 是受到电机各种参数影响的，如电机槽口尺寸，磁钢形状，磁钢充磁程度、状态，定、转子材料，气隙大小，定、转子斜槽的程度，转子磁钢的结构等。这些参数都对 α_i 产生一定的影响，所以电机工作磁通的正确求取就比较困难，现在电机"路""场"的计算都是为了正确地求取电机的工作磁通 Φ。

因此在电机设计中，可以对电机的工作磁通 Φ 进行实验测试求出，所求出的电机实际工作磁通则是非常正确的，这是综合了电机各种参数影响的实际工作磁通，比软件分析要准确。

6.5.2　电机实验测试设计法的实施

（1）在被测试永磁同步电机上绕测试线圈绕组匝数 $W_{测试}$，则导体根数为 $N_{测试}=2W_{测试}$。

（2）拖动永磁同步电机作发电机空载运行，转速 $n_{测试}$，测试中电机产生反电动势 $E_{测试}$。

（3）$K_{E测试}=\dfrac{N_{测试}\Phi}{60}=\dfrac{E_{测试}}{n_{测试}}$，从而可以求出电机的实际工作磁通 $\Phi=60E_{测试}/n_{测试}N_{测试}$，这样就求出了电机真正的工作磁通 Φ。

（4）在电机设计时，应该知道输入电机线电压的峰值 U_{SF}，设计师有多种选择：$E=U_{SF}$；$E<U_{SF}$；一般电机技术要求中有 K_E，根据技术要求的 K_E 求出电机的 E，$E=nK_E$。

（5）反过来，通过电机的线电压 U_S，求出设计电机的反电动势 E。

（6）用 $E=\dfrac{nN\Phi}{2\pi}$ 求出电机的有效导体根数 N：$N=2\pi E/n\Phi$。

（7）求出绕组匝数：$W=\dfrac{3}{2}\times 2N=3N$。

（8）根据电机的槽满率 K_{SF} 和电流密度 j 要求调整槽内导体根数，相应调整电机定转子的叠长。

这是用实验方法求出的电机真实的工作磁通替代用计算法计算出的电机工作磁通的方法，是一种非常正确可靠、实施简单、设计精度高的电机设计方法。

6.6　永磁直流同步电机软件快速设计和技巧

RMxprt 是一个用磁路理论支撑的电机核算软件，是一个功能非常强大的电机设计软件，虽然 RMxprt 主要用于电机的核算，但其能自动求取电机冲片槽形、自动求取电机的绕组总导体根数、能对电机进行许多参数的参数化分析等，这为永磁同步电机的快速建模起到非常重要的作用。

虽然 RMxprt 功能强大，但是毕竟由人来操控，所以用 RMxprt 进行快速建模的方法和步骤是非常重要的。作者通过对 RMxprt 的设计、使用发现可以使用一条较简捷的路径，用 RMxprt 对永磁同步电机进行快速设计，在建模的同时也完成了整个永磁同步电机的设计。

永磁同步电机 RMxprt 快速设计步骤如下：

（1）电机定、转子磁通密度优化设计（确定电机的冲片和磁钢，调整冲片的齿磁通密度和轭磁通密度和其他尺寸）。

（2）电机绕组导体根数的自动设计（确定槽满率，初定电机长度，用 AC 模式计算电机，线径，用 RMxprt 自动设计绕组匝数、自动计算出满足槽满率的绕组匝数和线径，电机匝数与磁通，RMxprt 会使电机感应电动势值与输入电压幅值相近，电机性能初算）。

（3）电机电流密度设计（调整电机定子长度，达到设定电流密度）。（注：RMxprt 自动电机匝数，为了满足设置的槽满率，RMxprt 自动调整线径，电流密度相应改变，达到设置的电流密度目标值。）

用 RMxprt，仅用三步就能快速完成永磁同步电机设计计算，这就是永磁同步电机的"三步目标快速设计法"，其设计目的性明确、设计计算快速、设计符合率高。

下面是一个永磁同步电机设计算例验证所介绍的"三步目标快速设计法"。

确定目标电机主要技术要求：1 300 W，176 V AC，2 500 r/min，12 槽 8 极，要求槽满率 65% 之内，电流密度 5 A/mm² 左右，电机外径 122 mm，内径 67 mm，齿磁通密度 1.8 T，轭磁通密度 1.2 T 左右。

图 6-6-1 是取用一个 12 槽 8 极的永磁同

步电机的初始模块,在这个模块上进行求取目标电机的初始模块和性能计算。

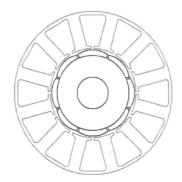

图 6-6-1　12 槽 8 极永磁同步电机结构

电机性能输入(图 6-6-2),并用恒功率设置计算。电机输入设计要素,并计算。

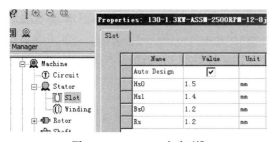

图 6-6-2　电机额定点性能输入

1) 电机定、转子磁通密度优化设计,自动设计冲片

(1) 选用原定子内、外径和转子结构,设置 Auto Design,确定冲片槽口及槽底倒角尺寸后,使 RMxprt 自动开槽(图 6-6-3)。确定转子参数(图 6-6-4),进行计算,得出冲片槽形尺寸数据(图 6-6-5)。计算得出冲片齿磁通密度和其他磁通密度(图 6-6-6),设磁钢参数不变。

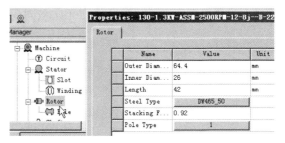

图 6-6-4　确定转子参数

Type of Stator Slot:	3
Stator Slot	
hs0 (mm):	1.5
hs1 (mm):	1.5
hs2 (mm):	19.4002
bs0 (mm):	1.2
bs1 (mm):	10.0712
bs2 (mm):	20.4677
rs (mm):	1.2
Top Tooth Width (mm):	9.16298
Bottom Tooth Width (mm):	9.16298

图 6-6-5　计算出冲片槽尺寸

NO-LOAD MAGNETIC DATA	
Stator-Teeth Flux Density (Tesla):	1.35519
Stator-Yoke Flux Density (Tesla):	1.6706
Rotor-Yoke Flux Density (Tesla):	0.455979
Air-Gap Flux Density (Tesla):	0.715358
Magnet Flux Density (Tesla):	0.826544

图 6-6-6　计算出冲片齿磁通密度和其他磁通密度

(2) 调整齿磁通密度和轭磁通密度,$b_t = 9.16298$ mm,$B_Z = 1.35510$ T,调整齿磁通密度到齿磁通密度为 1.8 T 的方法,减小齿宽,逐步逼近(图 6-6-7)。

$$b_{t2} = \frac{1.36}{1.8} \times 9.16 = 6.92 \text{(mm)},计算:B_Z = 1.75713 \text{ T}$$

$$b_{t3} = \frac{1.75713}{1.8} \times 6.92 = 6.76 \text{(mm)},计算:B_Z = 1.78678 \text{ T}$$

$$b_{t4} = \frac{1.78678}{1.8} \times 6.76 = 6.71 \text{(mm)},计算:B_Z = 1.79528 \text{ T}$$

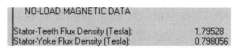

NO-LOAD MAGNETIC DATA	
Stator-Teeth Flux Density (Tesla):	1.79528
Stator-Yoke Flux Density (Tesla):	0.798056

图 6-6-7　调整后的齿磁通密度数据

(3) 轭宽调整到 1.2 T 的方法:原 $B_j = 0.798056$ T,分步调整槽高到 $H_{S2} = 17.8$ mm,使 $B_j = 1.20602$ T(图 6-6-8)。

图 6-6-3　RMxprt 自动开槽

NO-LOAD MAGNETIC DATA

Stator-Teeth Flux Density (Tesla):	1.78747
Stator-Yoke Flux Density (Tesla):	1.20602

图 6 - 6 - 8 调整后的轭磁通密度数据

（4）现电机结构，这个冲片结构已经确保了电机磁通密度分布的合理性（图 6 - 6 - 9）。

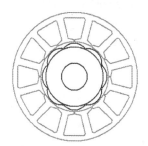

图 6 - 6 - 9 调整好磁通密度后的定子冲片结构

2）电机绕组导体根数的自动设计 设置线圈 $N = 0$（Conductors per Slot），$d = 0$（Wire Size），任意设置电机长度［设置 $L = 30$，如果设置长度小后，RMxprt 计算会提示："电机不能输出额定输出功率"（This motor cannot offer the given rated output power），这样要增加长度］，如图 6 - 6 - 10 所示。

Winding | End/Insulation |

Name	Value	Un
Winding La...	2	
Winding Type	Whole-Coiled	
Parallel B...	1	
Conductors...	0	
Coil Pitch	1	
Number of ...	1	
Wire Wrap	0	mm
Wire Size	Diameter: 0mm	

图 6 - 6 - 10 电机绕组参数自动设置

设置槽满率＝0.65（槽满率设置后，RMxprt 自动计算导体根数时会确保在设定的槽满率之内），其他参数可以根据设计要求填入（图 6 - 6 - 11）。

Winding | End/Insulation |

Name	Value	Unit
Input Half-turn Length	☑	
Half Turn Length	0	mm
Base Inner Radius	0	mm
Tip Inner Diameter	0	mm
End Clearance	0	mm
Slot Liner	0	mm
Wedge Thickness	0	mm
Layer Insulation	0	mm
Limited Fill Factor	0.65	

图 6 - 6 - 11 槽满率设置

恒功率进行计算（RMxprt 在永磁同步电机中只能进行恒功率设置），计算结果部分显示：

Limited Slot Fill Factor（%）：65
Armature Current Density（A/mm²）：6.794 4
Length of Stator Core（mm）：60

3）调整电机长度，满足电流密度要求 当电机定子、转子长度调整到 48 mm 时，电机电流密度为 4.9 A/mm²（图 6 - 6 - 12）。

FULL-LOAD DATA

Maximum Line Induced Voltage (V):	242.556
Root-Mean-Square Line Current (A):	4.83239
Root-Mean-Square Phase Current (A):	4.83239
Armature Thermal Load (A^2/mm^3):	179.045
Specific Electric Loading (A/mm):	36.5028
Armature Current Density (A/mm^2):	4.90497

图 6 - 6 - 12 长度调整后的电流密度数据

这样该电机的额定点在电机的最大效率点，如图 6 - 6 - 13 所示。

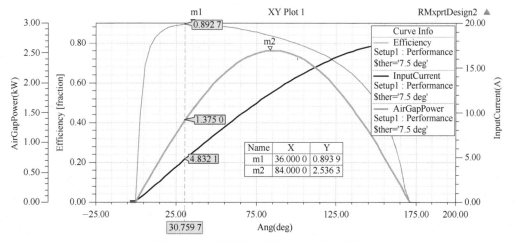

图 6 - 6 - 13 调整结束后的电机机械特性曲线

计算的额定点的效率与电机最大效率点的相对误差为

$$\Delta\eta_{max} = \left| \frac{0.892\,7 - 0.893\,9}{0.893\,9} \right| = 0.001\,34$$

对该快速建模电机进行计算,计算结果如下:

GENERAL DATA

Rated Output Power(kW): 1.3

Rated Voltage(V): 176

Number of Poles: 8

Frequency(Hz): 166.667

Frictional Loss(W): 75

Windage Loss(W): 0

Rotor Position: Inner

Type of Circuit: Y3

Type of Source: Sine

Domain: Frequency

Operating Temperature(℃): 75

STATOR DATA

Number of Stator Slots: 12

Outer Diameter of Stator(mm): 122

Inner Diameter of Stator(mm): 67

Type of Stator Slot: 3

Stator Slot

hs0(mm): 1.5

hs1(mm): 1.5

hs2(mm): 17.8

bs0(mm): 1.2

bs1(mm): 12.610 7

bs2(mm): 22.149 7

rs(mm): 1.2

Top Tooth Width(mm): 6.71

Bottom Tooth Width(mm): 6.71

Skew Width(Number of Slots): 0.3

Length of Stator Core(mm): 48

Type of Steel: DW465_50

Number of Parallel Branches: 4

Number of Conductors per Slot: 530

Type of Coils: 21

Average Coil Pitch: 1

Number of Wires per Conductor: 1

Wire Diameter(mm): 0.56

Wire Wrap Thickness(mm): 0.07

Slot Area(mm^2): 347.487

Net Slot Area(mm^2): 325.051

Limited Slot Fill Factor(%): 65

Stator Slot Fill Factor(%): 64.715(<65)

Wire Resistivity(Ω·mm^2/m): 0.021 7

ROTOR DATA

Minimum Air Gap(mm): 1.3

Inner Diameter(mm): 26

Length of Rotor(mm): 48

Stacking Factor of Iron Core: 0.92

Type of Steel: DW465_50

Polar Arc Radius(mm): 14.2

Mechanical Pole Embrace: 0.95

Electrical Pole Embrace: 0.653 692

Max. Thickness of Magnet(mm): 6.9

Width of Magnet(mm): 22.570 4

Type of Magnet: NdFe30

Type of Rotor: 1

Magnetic Shaft: Yes

STEADY STATE PARAMETERS

Stator Winding Factor: 0.866 025

D. Axis Reactive Reactance Xad(Ω): 2.344 09

Q. Axis Reactive Reactance Xaq(Ω): 2.344 09

Armature Phase Resistance R1(Ω): 0.869 913

Armature Phase Resistance at 20℃(Ω): 0.715 574

NO. LOAD MAGNETIC DATA

Stator. Teeth Flux Density(T): 1.790 17(Δ=0.005 46)

Stator. Yoke Flux Density(T): 1.207 84(Δ=0.006 53)

Rotor. Yoke Flux Density(T): 0.441 09

Air. Gap Flux Density(T): 0.684 888

Magnet Flux Density(T): 0.799 554

No. Load Line Current(A): 0.291 309

No. Load Input Power(W): 95.453 4

Cogging Torque(N·m): 0.014 342

FULL. LOAD DATA

Maximum Line Induced Voltage(V)：242. 556

Root. Mean. Square Line Current(A)：4. 832 39

Armature Current Density(A/mm^2)：4. 904 97(<5)

Output Power(W)：1 300. 42

Input Power(W)：1 456. 49

Efficiency(%)：89. 284 2

Power Factor：0. 975 097

Synchronous Speed(r/min)：2 500

Rated Torque(N • m)：4. 967 23

Torque Angle(°)：30. 759 7

Maximum Output Power(W)：2 461. 2

相对误差为

$$\Delta \eta = \left| \frac{0.892\ 7 - 0.893\ 9}{0.893\ 9} \right| = 0.001\ 34$$

$$\Delta K_{SF} = \left| \frac{64.715 - 65}{65} \right| = 0.003\ 9$$

$$\Delta B_z = \left| \frac{1.790\ 17 - 1.8}{1.8} \right| = 0.005\ 5$$

$$\Delta B_j = \left| \frac{1.207\ 84 - 1.2}{1.2} \right| = 0.006\ 5$$

$$\Delta j = \left| \frac{4.904\ 97 - 5}{5} \right| = 0.019$$

　　这是一种用 RMxprt 进行目标参数快速建模和计算的永磁同步电机设计方法,只要三步就可以完成并达到电机目标参数要求的电机模块建模和设计,所以称永磁同步电机的"三步目标快速设计法",所用时间非常少,熟练一点的仅10 数分钟就可以完成,而且设计符合率非常高,这种设计的计算值与目标参数值非常接近,一般不需要进行反复计算。这是符合电机目标参数要求的比较合理的设计方案。读者可以细细体会,只要按照这三个设计步骤,永磁同步电机的快速建模和设计就会一环套一环,达到快速设计的目的。所以有了电机设计软件还是要讲究电机设计方法的。

第 7 章

永磁同步电机设计实例

7.1 永磁同步电机冲片系列设计

7.1.1 系列永磁同步电机

由第 6 章永磁同步电机快速设计内容可知，电机设计要从电机定子转子结构开始，具体而言要从定子冲片、转子磁钢结构设计开始，使电机中的磁路走向和磁通密度分布比较合理，其次才考虑电机绕组等设计，使各项设计参数达到目标设计要求。

小型永磁同步电机转子磁钢经常采用表贴式和内嵌式两种形式，主要是这两种转子形式结构比较简单，工艺也比较成熟。所以在小型永磁同步电机中形成了两种转子形式的系列。这仅是从转子结构上分出的系列，电机的机座号和电机外径、内径都是相同的，甚至两种系列电机的定子冲片也相同。

也有从电机定子槽数和转子磁钢数的配合，加上定、转子结构的不同把永磁同步电机分成不同的系列。

还有按照定子加工工艺，如拼块式定子冲片，形成特殊的永磁同步电机冲片系列。

下面把一些系列电机设计问题分析如下：

1) 关于电机外径 小型永磁同步电机机座号有 42、57、60、80、110、130 等多种，这几乎和现有的步进电机机座号相同。这是电机的外部尺寸，因此电机定子外径比机座号小些。可以把电机定子外径与机座号相对应。电机外径和定子外径之间就是机壳的厚度，要考虑电机机壳的强度确定电机定子外径。可以参照同机座号步进电机的定子外径作为永磁同步电机系列冲片的

外径。

2) 关于电机转子磁钢形式 先把转子磁钢形式定为表贴式，表贴式的优点是结构简单，如果内嵌式转子外径与表贴式相同，则表贴式磁钢的电机气隙磁通密度要比内嵌式的高出许多，即电机的齿磁通密度高，要达到同样的电机转矩常数 K_T，则表贴式结构的绕组导体数可以少些，槽满率相应要小，绕线就会好些。最重要的是，一般无刷电机不大适合做成内嵌式磁钢，如果把永磁同步电机的转子磁钢做成表贴式，那么两种电机的结构可以通用。表贴式磁钢的 X_{ad} 和 X_{aq} 相等，弱磁扩速作用不是太大，但是表贴式电机可以使永磁同步电机的额定输入线电压小于控制器能输出的最大交流线电压，从而起到增速作用。

3) 关于永磁同步电机极、槽的配合 42、57、60 电机的定子直径较小，如果电机槽数较多，那么电机的槽就很小，槽内绕不了多少线，加上转子磁钢数多的话，磁钢就很小，加工工艺较为麻烦，就采用槽数和极数较少的配合，130 的机座号大，采用了两种槽、极配合是合适的（表 7-1-1）。

表 7-1-1 机座号与电机槽、极数的配合

机座号	42	57、60	80、110	130
槽与极的配合	6 槽 4 极	9 槽 6 极	12 槽 8 极、12 槽 10 极	12 槽 8 极、12 槽 10 极

有许多工厂把机座号如 42、57、60 的电机设计成 12 槽 8 极或 12 槽 10 极，主要看电机用在什么地方以及考虑加工成本和电机加工工艺。

4) 关于磁钢的选用 分块表贴式磁钢的极

本节技术资料由常州御马精密冲压件有限公司提供。
马春旺参加了本节的编写。

弧角度不能太大,如果磁钢相对薄了,就容易破碎,而且磁性能不能得到充分利用,为此 42 电机可以采用黏结钕铁硼磁钢 GPM10 - 1,其余的均可以采用烧结钕铁硼磁钢,磁钢材料可以采用 38SH 等烧结钕铁硼材料。

5) 关于定子冲片材料牌号　42、57、60 电机因为电机本身小,考虑到损耗,冲片材料可选用 300 - 35,80、110、130 电机均可用 450 - 50 材料。

6) 关于电机齿磁通密度　除了 42 电机,电机齿磁通密度选定 1.7 T 左右,最好不要超过 1.8 T。

7.1.2　电机冲片设计

现在对系列电机中的机座号 80 的永磁同步电机冲片,用 RMxprt 进行电机设计。

电机设计技术要求:机座号 80、定子外径 76 mm、定子内径 41.8 mm、12 槽 8 极、表贴式磁钢,磁钢允许偏心、牌号 38SH(1.23 T)、齿磁通密度 1.7 T 左右、轭磁通密度小于齿磁通密度(大于 1 T)。

由于电机冲片磁路与电机负载外特性无关,因此如果用 RMxprt 软件设计,电机建模不一定要从零开始,可以用 RMxprt 里面的样板模块,如 ASSM - 1(图 7 - 1 - 1),这是一个计算已经通过的模块,因此设置上没有问题,要计算电机的冲片,只要把该模块相关电机相关尺寸的参数修改就行。

按照第 6 章的电机快速建模步骤,电机输入设计要素,输入转子极数,控制形式用 AC,其他不要改动(图 7 - 1 - 2)。

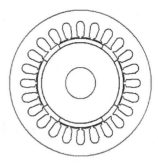

图 7 - 1 - 1　ASSM - 1 电机模块

Machine				
	Name	Value	Unit	Eva...
	Machine Type	Adjust-Speed Sync...		
	Number of ...	4		
	Rotor Posi...	Inner Rotor		
	Frictional...	12	W	12W
	Windage Loss	0	W	0W
	Reference ...	3000	rpm	
	Control Type	AC		
	Circuit Type	Y3		

图 7 - 1 - 2　输入电机参数

输入定子尺寸、槽形、槽数和材料,其他不必改动(图 7 - 1 - 3)。

Stator			
	Name	Value	Unit
	Outer Diam...	76	mm
	Inner Diam...	41.8	mm
	Length	65	mm
	Stacking F...	0.95	
	Steel Type	DW465_50	
	Number of ...	24	
	Slot Type	3	
	Skew Width	0	

图 7 - 1 - 3　输入定子参数

定子材料从 RMxprt 中选取,如图 7 - 1 - 4 所示。

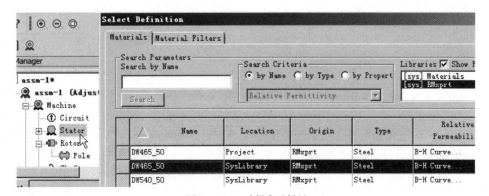

图 7 - 1 - 4　选择定子材料

点击"Slot",设置槽形自动设计和平行齿,并"确定"(图7-1-5),再次点击"Slot",设置槽口尺寸,并"确定"(图7-1-6)。

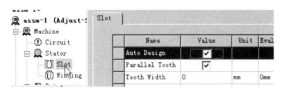

图7-1-5　设置槽形自动设计

Slot		
Name	Value	Unit
Auto Design	☑	
Hs0	0.9	mm
Hs1	0.35	mm
Bs0	1.5	mm
Rs	0	mm

图7-1-6　设置槽口尺寸

输入转子数据,转子内、外径和转子冲片材料,其他可以不变(图7-1-7),输入转子磁钢参数(图7-1-8)。

Rotor		
Name	Value	Unit
Outer Diameter	406	mm
Inner Diameter	15	mm
Length	85	mm
Steel Type	DW465_50	
Stacking Factor	0.95	
Pole Type	1	

图7-1-7　输入转子数据

Pole		
Name	Value	Unit
Embrace	0.95	
Offset	8	mm
Magnet Type	NdFe35	
Magnet Thi...	2.6	

图7-1-8　输入转子磁钢数据

设置线圈参数,把每槽导体数、线径和导线绝缘层厚设置为自动设计,并"确定"(图7-1-9)。

Winding	End/Insulation		
Name	Value	Unit
Winding Layers	2	
Winding Type	Whole-Coiled	
Parallel Branches	1	
Conductors per Slot	0	
Coil Pitch	1	
Number of Strands	1	
Wire Wrap	0	mm
Wire Size	Diameter: 0mm	

图7-1-9　设置线圈参数为自动设计

运行电机模块,如通过,查看定子冲片尺寸。四项操作通过的表示如图7-1-10所示。ASSM-1模块计算书中查看定子自动设计槽尺寸(图7-1-11)。取消"Auto Design"的打钩,把定子尺寸全部重新输入电机定子尺寸中,取$R_s=1.2$(图7-1-12)。

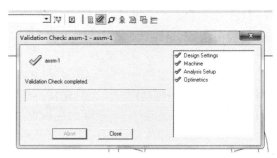

图7-1-10　电机模块四项操作运行通过

Type of Stator Slot:	3
Stator Slot	
hs0 (mm):	0.9
hs1 (mm):	0.35
hs2 (mm):	12.9965
bs0 (mm):	1.6
bs1 (mm):	5.95339
bs2 (mm):	12.9182
rs (mm):	0
Top Tooth Width (mm):	5.70723
Bottom Tooth Width (mm):	5.70723

图7-1-11　查看计算书中自动设计的槽尺寸数据

看一下电机结构,并进行计算,查看电机定子齿、轭磁通密度(图7-1-13),定子齿磁通密度太低,轭磁通密度太高,调整齿宽及槽高,把齿宽从5.7 mm改成5.47 mm,槽高改小到10 mm(图7-1-14),查看电机结构图和计算模块并查看定子磁通密度(图7-1-15)。

电机定子齿磁通密度和轭磁通密度均达到要求,这样 80 伺服电机系列冲片设计即完成。也可以用 2D 场分析,查看一下电机磁通密度状况,磁通和磁通密度分布如图 7 - 1 - 16 和图 7 - 1 - 17 所示。

Slot		
Name	Value	Unit
Auto Design	☐	
Parallel T...	☑	
Tooth Width	5.7	mm
Hs0	0.9	mm
Hs1	0.35	mm
Hs2	12.9965	mm
Bs0	1.5	mm
Rs	1.2	mm

图 7 - 1 - 12 把槽尺寸数据输入定子槽输入参数中

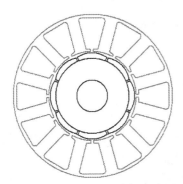

NO-LOAD MAGNETIC DATA

Stator-Teeth Flux Density (Tesla): 1.35002
Stator-Yoke Flux Density (Tesla): 2.27347
Rotor-Yoke Flux Density (Tesla): 0.457702
Air-Gap Flux Density (Tesla): 0.696582
Magnet Flux Density (Tesla): 0.780386

图 7 - 1 - 13 生成的电机结构和空载磁通密度

Slot		
Name	Value	Unit
Auto Design	☐	
Parallel T...	☑	
Tooth Width	5.7	mm
Hs0	0.9	mm
Hs1	0.35	mm
Hs2	10	mm
Bs0	1.6	mm
Rs	1.2	mm

图 7 - 1 - 14 调整槽形尺寸齿宽和轭高

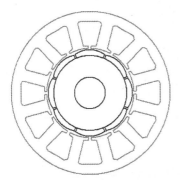

NO-LOAD MAGNETIC DATA

Stator-Teeth Flux Density (Tesla): 1.73077
Stator-Yoke Flux Density (Tesla): 1.13738
Rotor-Yoke Flux Density (Tesla): 0.563112
Air-Gap Flux Density (Tesla): 0.857007
Magnet Flux Density (Tesla): 0.960112

图 7 - 1 - 15 调整槽形尺寸后的电机结构和空载磁通密度

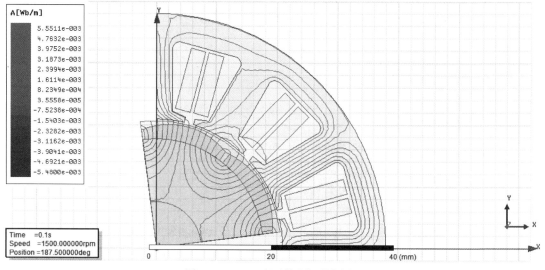

图 7 - 1 - 16   2D 场计算电机磁通分布

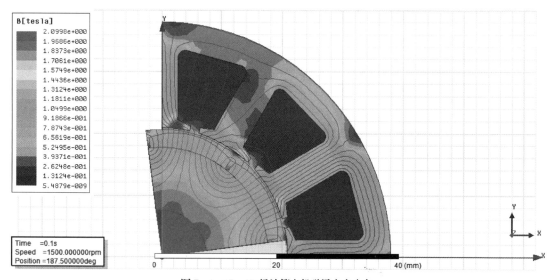

图 7 - 1 - 17   2D 场计算电机磁通密度分布

从磁通密度 2D 场分析看,定子齿部最大磁通密度只有 1.8 T 左右,所以该槽形的磁路设计还是合理的。

画出该冲片的 CAD 图,如图 7 - 1 - 18 所示。

7.1.3   用 80 冲片设计永磁同步电机

该电机设计技术要求:机座号 80、定子外径 76 mm、定子内径 41.8 mm、12 槽 8 极、表贴式磁钢,磁钢允许偏心、牌号 38SH(1.23 T)、齿磁通密度 1.7 T 左右、轭磁通密度小于齿磁密(1~1.2 T)。

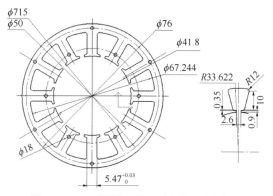

图 7 - 1 - 18   磁通密度符合要求的定子冲片图

电机额定点要求：额定输出功率 138 W，额定线电压 17 V AC，额定转速 3 000 r/min，要求槽满率小于 60%，电流密度在 5 A/mm² 左右。

ASSM－1 电机模块的额定点参数输入如图 7－1－19 所示。

General | ASSM

Name	Value	Unit
Name	Setup1	
Enabled	☑	
Operation Type	Motor	
Load Type	Const Power	
Rated Output Power	138	W
Rated Voltage	17	V
Rated Speed	3000	rpm
Operating Temperature	75	cel

图 7－1－19　输入电机额定点参数

把绕组设置为自动设计（因为该电机电压较低，电流会较大，因此设计为 4 并联支路绕组以降低每组绕组电流），如图 7－1－20 所示，槽满率设置为 0.6（其他设置略）（图 7－1－21）。

Winding | End/Insulation

Name	Value	Unit
Winding Layers	2	
Winding Type	Whole-Coiled	
Parallel Branches	4	
Conductors per Slot	0	
Coil Pitch	1	
Number of Strands	1	
Wire Wrap	0	mm
Wire Size	Diameter: 0mm	

图 7－1－20　绕组设置为自动设计

Winding | End/Insulation

Name	Value	Unit
Input Half-turn Length	☐	
End Extension	0	mm
Base Inner Radius	0	mm
Tip Inner Diameter	0	mm
End Clearance	0	mm
Slot Liner	0.3	mm
Wedge Thickness	0	mm
Layer Insulation	0	mm
Limited Fill Factor	0.6	

图 7－1－21　槽满率设置为 0.6

调整电机长度，使电流密度在 5 A/mm² 左右，得电机额定点主要数据性能：

GENERAL DATA
Rated Output Power(kW)：0.138
Rated Voltage(V)：17
Number of Poles：8
Frequency(Hz)：200
Frictional Loss(W)：12
Windage Loss(W)：0
Rotor Position：Inner
Type of Circuit：Y3
Type of Source：Sine
Domain：Frequency
Operating Temperature(℃)：75

STATOR DATA
Number of Stator Slots：12
Outer Diameter of Stator(mm)：76
Inner Diameter of Stator(mm)：41.8
Type of Stator Slot：3
Stator Slot
　　hs0(mm)：0.9
　　hs1(mm)：0.35
　　hs2(mm)：10
　　bs0(mm)：1.6
　　bs1(mm)：6.198 98
　　bs2(mm)：11.558
　　rs(mm)：1.2
Top Tooth Width(mm)：5.47
Bottom Tooth Width(mm)：5.47
Number of Parallel Branches：4
Number of Conductors per Slot：122
Type of Coils：22
Average Coil Pitch：1
Number of Wires per Conductor：1
Wire Diameter(mm)：0.643 8
Limited Slot Fill Factor(%)：60
Stator Slot Fill Factor(%)：58.974 2

NO-LOAD MAGNETIC DATA
Stator-Teeth Flux Density(T)：1.741 6
Stator-Yoke Flux Density(T)：1.144 4

FULL-LOAD DATA
Maximum Line Induced Voltage(V)：24.512 4

Root-Mean-Square Line Current(A)：5. 403 31

Armature Current Density(A/mm²)：4. 149 62

Output Power(W)：138. 18

Input Power(W)：161. 287

Efficiency(%)：85. 673 1

Power Factor：0. 983 389

Synchronous Speed(r/min)：3 000

Rated Torque(N・m)：0. 439 84

Torque Angle(°)：7. 282 44

Maximum Output Power(W)：848. 617

　　电机机械特性曲线如图 7 - 1 - 22 所示。该电机绕组排列如图 7 - 1 - 23 所示。

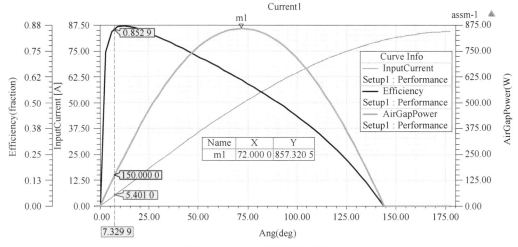

图 7 - 1 - 22　电机机械特性曲线

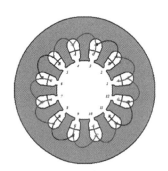

图 7 - 1 - 23　电机绕组排列

　　这样很快把永磁同步电机设计出来了。表 7 - 1 - 2 是某公司提供的永磁同步电机的全套系列冲片设计数据,提供读者设计和使用参考。

　　这套系列冲片是精密级进模冲制的,冲制精度高,既可以用于系列永磁同步电机,也可以用于系列无刷电机,现在已经大批提供给国内外永磁同步电机和无刷电机用户。读者可以根据自身的需要采用该系列冲片,很快便能设计和生产出优异的永磁同步电机和无刷电机。

表 7 - 1 - 2　系列冲片参数表

ASSM	Z	p	D	D_i	D_i/D	b_t	s_t	s_t/b_t	B_r	α_i	B_z	牌号	h_m	δ
42 方	6	4	40.54	22	0.543	3.6	7.92	2.20	0.68	0.63	1.371	GPM10	3	0.5
42 圆	6	4	40	22	0.550	3.6	7.92	2.20	0.68	0.63	1.371	GPM10	3	0.5
57 方	9	6	56.2	30.25	0.538	5.28	5.28	1.00	1.23	0.72	1.771	38SH	2.5	0.6
57 圆	9	6	55	30.25	0.550	5.28	5.28	1.00	1.23	0.72	1.771	38SH	2.5	0.6
60 方	9	6	58	30.25	0.522	5.28	5.28	1.00	1.23	0.72	1.771	38SH	2.5	0.6
60 圆	9	6	55	30.25	0.550	5.28	5.28	1.00	1.23	0.72	1.771	38SH	2.5	0.6
80 方	12	8	76	41.8	0.550	5.47	5.47	1.00	1.23	0.72	1.771	38SH	2.6	0.6
80 圆	12	8	76	41.8	0.550	5.47	5.47	1.00	1.23	0.72	1.771	38SH	2.6	0.6

（续表）

ASSM	Z	p	D	D_i	D_i/D	b_t	s_t	s_t/b_t	B_r	α_i	B_z	牌号	h_m	δ
86 方	12	8	83	45.65	0.550	5.97	5.97	1.00	1.23	0.72	1.771	38SH	2.8	0.6
86 圆	12	8	83	45.65	0.550	5.97	5.97	1.00	1.23	0.72	1.771	38SH	2.8	0.6
110 圆	12	8	102	56	0.549	7.33	7.33	1.00	1.23	0.72	1.771	38SH	3.5	0.6
110 圆多槽	24	8	102	62.7	0.615	4.37	3.8	0.87	1.23	0.72	1.656	38SH	3.5	0.6
130 圆	12	8	122	67	0.549	8.77	8.77	1.00	1.23	0.72	1.771	38SH	4	0.6
130 圆多槽	24	8	122	75	0.615	5.23	4.56	0.87	1.23	0.72	1.658	38SH	4	0.6

7.1.4　相同冲片的系列电机设计

如果有了如 80 - ASSM - 1 冲片的永磁同步电机计算模块，计算相同 80 冲片系列电机也非常方便。

如果电机额定点要求改为：额定输出功率 1 000 W，额定线电压 60 V AC，额定转速 2 500 r/min，要求槽满率小于 60%，电流密度在 5 A/mm^2 左右。

用 80 - ASSM - 1 模块，额定点改为图 7 - 1 - 24 所示参数。

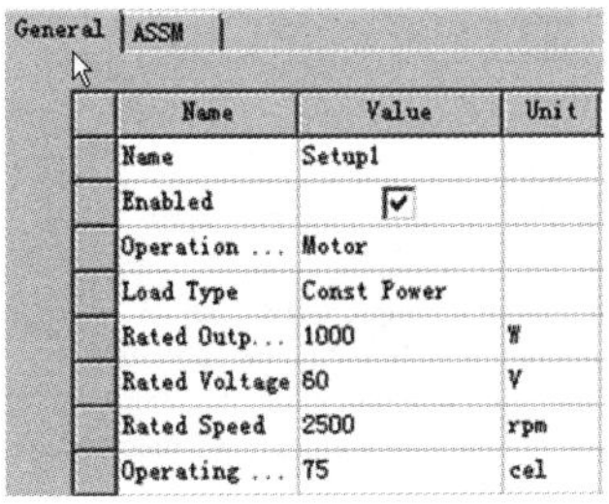

Name	Value	Unit
Name	Setup1	
Enabled	☑	
Operation ...	Motor	
Load Type	Const Power	
Rated Outp...	1000	W
Rated Voltage	60	V
Rated Speed	2500	rpm
Operating ...	75	cel

图 7 - 1 - 24　额定参数输入

进行计算：在定子长度 20 mm 的条件下，电机最大输出功率为 557.379 W(图 7 - 1 - 25)。

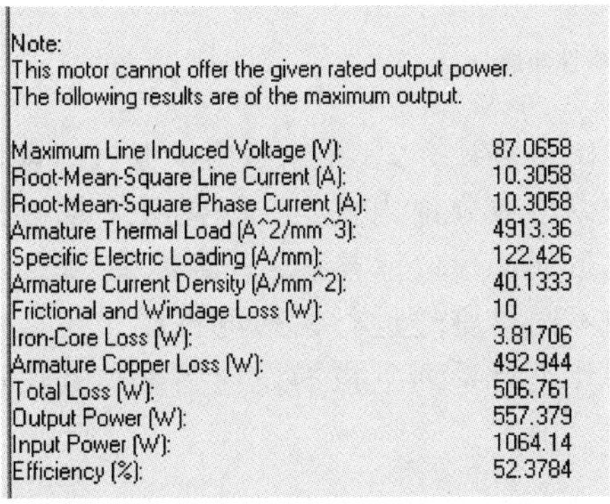

Note:
This motor cannot offer the given rated output power.
The following results are of the maximum output.

Maximum Line Induced Voltage (V):	87.0658
Root-Mean-Square Line Current (A):	10.3058
Root-Mean-Square Phase Current (A):	10.3058
Armature Thermal Load (A^2/mm^3):	4913.36
Specific Electric Loading (A/mm):	122.426
Armature Current Density (A/mm^2):	40.1333
Frictional and Windage Loss (W):	10
Iron-Core Loss (W):	3.81706
Armature Copper Loss (W):	492.944
Total Loss (W):	506.761
Output Power (W):	557.379
Input Power (W):	1064.14
Efficiency (%):	52.3784

图 7 - 1 - 25　电机长度 20 mm 时的电机性能

因此要达到 1 000 W 额定输出功率，又要考虑到最大输出功率必须为额定功率的数倍（如 2.5 倍）以上，因此电机长度

$$L = \frac{2.5 \times 1\,000}{557} \times 20 = 90(\mathrm{mm})$$

在计算模块中，把电机定子、转子长都改为 90 mm，计算单中看电机的电流密度为 8.033 46 A/mm^2（图 7 - 1 - 26），用电机的定子、转子长度再进行调整（在设置的槽满率条件下，RMxprt 自动调整绕组匝数和线径）。

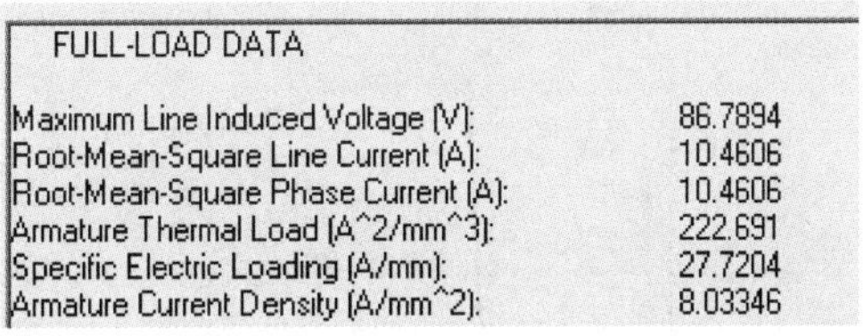

FULL-LOAD DATA

Maximum Line Induced Voltage (V):	86.7894
Root-Mean-Square Line Current (A):	10.4606
Root-Mean-Square Phase Current (A):	10.4606
Armature Thermal Load (A^2/mm^3):	222.691
Specific Electric Loading (A/mm):	27.7204
Armature Current Density (A/mm^2):	8.03346

图 7 - 1 - 26　电机长度改为 90 mm 的电机额定点性能

$$L = \frac{8}{5} \times 90 = 144(\mathrm{mm})$$

计算结果，见计算单主要参数摘录：

GENERAL DATA

Rated Output Power(kW)：1

Rated Voltage(V)：60

Number of Poles：8

Frequency(Hz)：166.667

Frictional Loss(W)：10

Windage Loss(W)：0

Rotor Position：Inner

Type of Circuit：Y3

Type of Source：Sine

Domain：Frequency

Operating Temperature(℃)：75

STATOR DATA

Length of Stator Core(mm)：144
Number of Parallel Branches：4
Number of Conductors per Slot：72
Average Coil Pitch：1
Number of Wires per Conductor：1
Wire Diameter(mm)：0.811 8
Limited Slot Fill Factor(%)：60
Stator Slot Fill Factor(%)：55.338 9(＜60)

ROTOR DATA

Length of Rotor(mm)：144

NO-LOAD MAGNETIC DATA

Stator-Teeth Flux Density(T)：1.728 07

$$\left(\Delta B_z = \left| \frac{1.728\ 07 - 1.8}{1.8} \right| = 0.039\right)$$

多次调整齿宽可使此误差更小)
Stator-Yoke Flux Density(T)：1.135 6

FULL-LOAD DATA

Maximum Line Induced Voltage(V)：86.123 4
Root-Mean-Square Line Current(A)：10.130 6
Armature Current Density(A/mm²)：4.893 14(＜5)
Output Power(W)：1 000.97
Input Power(W)：1 075.02
Efficiency(%)：93.111 9
Power Factor：0.995 447
Synchronous Speed(r/min)：2 500
Rated Torque(N·m)：3.823 42
Torque Angle(°)：7.795 03
Maximum Output Power(W)：5 689.02
电机机械特性曲线如图7-1-27所示。

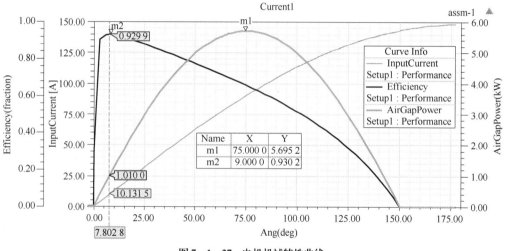

图7-1-27　电机机械特性曲线

$$\Delta\eta_{\max} = \left| \frac{0.929\ 9 - 0.930\ 2}{0.930\ 2} \right| = 0.000\ 322\ 5$$

电机所有要求均符合永磁同步电机的设计目标要求,效率和功率因数达到了最好。可见有了一个冲片的模块,利用RMxprt按电机的三步目标快速设计法进行永磁同步电机设计是非常方便、快速和准确的,完全不需要进行多次重复计算,一个永磁同步电机的设计方案可以在数分钟内搞定。因此有了永磁同步电机系列冲片设计方案和计算模块,那么不管是用不同机座号进行系列电机设计还是用同一冲片进行系列电机的设计都是极其快速简便的。

7.2　拼块式冲片永磁同步电机设计

拼块式冲片由于其槽满率可以做得很高，电机体积相应大大缩小，而且绕组下线工艺非常简单，因此这种形式的永磁同步电机逐渐被电机界所认识，特别是在分数槽集中绕组的中、小型永磁同步电机中被大量采用，并被做成系列永磁同步电机。本节主要介绍拼块式永磁同步电机冲片系列设计。

7.2.1　交流永磁同步电机简介

交流永磁同步电机用于各种控制、驱动场合，使用相当广泛。交流伺服电机的型号、结构非常复杂，本节不赘述，读者可以查看网上发布的电机技术参数。永磁同步电机基本上分两种系列：一种转子磁钢是表贴式的；另一种转子磁钢是内嵌式的，但是定子全部采用拼块式冲片。这里主要介绍如何来分析、设计某厂交流伺服电机（图 7 - 2 - 1）。

图 7 - 2 - 1　交流伺服电机

该厂电机是以电机输出功率区分，有 0.05～5 kW，电机额定转速设定在 3 000 r/min，见表 7 - 2 - 1。

表 7 - 2 - 1　A5 电机参数一览表

电机	低惯量			中惯量		高惯量	
	MSMD（小型）	MSME（小型）	MSME（大型）	MDME	MGME（低速大转矩）	MHMD	MHME
额定输出容量(kW)	0.05　0.1　0.2　0.4　0.75	0.05　0.1　0.2　0.4　0.75	1.0　1.5　2.0　3.0　4.0　5.0	1.0　1.5　2.0　3.0　4.0　5.0	0.9　2.0　3.0	0.2　0.4　0.75	1.0　1.5　2.0　3.0　4.0　5.0
额定转速（最高转速）(r/min)	3 000(5 000)　750 W 为 3 000(4 500)	3 000(6 000)	3 000(5 000)　4.0 kW 和 5.0 kW 为 3 000(4 500)	2 000(3 000)	1 000(2 000)	3 000(5 000)　750 W 为 3 000(4 500)	2 000(3 000)

图 7 - 2 - 2 所示是系列电机部分铭牌，其输出功率分别为 0.1 kW、0.2 kW、0.4 kW、0.75 kW。电机规格及参数见表 7 - 2 - 2，电机外形尺寸如图 7 - 2 - 3 所示。

以 0.4 kW A5 系列永磁同步电机为例，电机的铭牌上（图 7 - 2 - 2c）标明了电机的额定值和相关的技术数据：

输入电机数据：三相交流线电压 106 V AC、电流 2.6 A(AC)、电机型号：MSMD042G1V。

电机输出数据：额定输出功率 0.4 kW、额定频率 200 Hz、额定转速 3 000 r/min、额定转矩 1.3 N·m[感应电动势测出为 92 V/(3 000 r/min) AC r/s]。

电机的另外一些技术要求在电机的规格书中会列出，如图 7 - 2 - 4 所示。

本节技术资料由常州御马精密冲压件有限公司、江苏开璇智能科技有限公司提供。

(a)　　　　　　　(b)　　　　　　　(c)　　　　　　　(d)

图 7-2-2　四种典型电机的铭牌

表 7-2-2　电机规格、参数表

电机型号　　MSMD		AC200 V 用		AC200 V 用		AC200 V 用		AC200 V 用	
		012G1□	012S1□	022G1□	022S1□	042G1□	042S1□	082G1□	082S1□
适用驱动器	型号　A5 系列	MADHT1505		MADHT1507		MBDHT2510		MCDHT3520	
	A5E 系列	MADHT1505E		MADHT1507E		MBDHT2510E		MCDHT3520E	
外形符号		A 型		A 型		B 型		C 型	
电源设备容量(kV・A)		0.5		0.5		0.9		1.3	
额定输出功率(W)		100		200		400		750	
额定转矩(N・m)		0.32		0.64		1.3		2.4	
瞬时最大转矩(N・m)		0.95		1.91		3.8		7.1	
额定电流(A　rms)		1.1		1.6		2.6		4.0	
瞬时最大电流(A　o-p)		4.7		6.9		11.0		17.0	
再生制动频率(次/min)	无可选择	无限制		无限制		无限制		无限制	
	DVOP4281	无限制		无限制		无限制		无限制	
额定转速(r/min)		3 000		3 000		3 000		3 000	
最高转速(r/min)		5 000		5 000		5 000		5 000	
转子转动惯量(万 kg・㎡)	无制动器	0.051		0.14		0.26		0.87	
	有制动器	0.054		0.16		0.28		0.97	
对应转子转动惯量的推荐负载转动惯量比		30 倍以下		30 倍以下		30 倍以下		20 倍以下	
旋转编码器规格		20 位增量式	17 位绝对值	20 位增量式	17 位绝对值	20 位增量式	17 位绝对值	20 位增量式	17 位绝对值
	每 1 转的分辨率	1 048 576	131 072	1 048 576	131 072	1 048 576	131 072	1 043 576	131 072

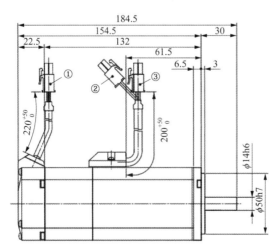
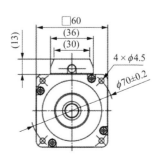

① 编码器连接器
② 制动器连接器
③ 电机连接器

图 7-2-3　电机外形尺寸示意图(有制动器)

规格			
			AC200V用
电机型号	MSMD		042G1□　042S1□
适用驱动器	型号	A5系列	MBDHT2510
		A5E系列	MBDHT2510E
		外形符号	B型
电源设备容量	(kV·A)		0.9
额定输出功率	(W)		400
额定转矩	(N·m)		1.3
瞬时最大转矩	(N·m)		3.8
额定电流	(A(rms))		2.6
瞬时最大电流	(A(o-p))		11.0
再生制动频率	无可选择		无限制(注2)
(次/min)	DVOP4283		无限制(注2)
额定转速	(r/min)		3000
最高转速	(r/min)		5000
转子转动惯量	无制动器		0.26
(10^{-4} kg·m^2)	有制动器		0.28
对应转子转动惯量的推荐负载转动惯量比			30倍以下

$$最大转矩比：\frac{3.8}{1.3}=2.92$$

$$最大电流比：\frac{11}{2.6\sqrt{2}}=2.99$$

MSMD	012G1	022G1	042G1	082G1
额定功率	100W	200W	400W	750W
最大转矩比	2.97	2.96	2.92	2.96
最大电流比	3	3.05	2.99	3

可见最大转矩和最大电流是人为设置的

图 7 - 2 - 4　电机性能参数及分析

该技术要求中列出了电机的额定转速为 3 000 r/min，电机最高转速均设定为 5 000 r/min，说明电机最高转速也是人为设定的。该电机没有列出感应电动势常数 K_E 和转矩常数 K_T，有的电机技术要求中则列出了电机的电动势常数和转矩常数。

要设计、分析一个电机除了产品和技术要求中可以获取各种数据，还有电机的电流密度 j、槽满率 K_{SF}、感应电动势 E，电机的额定输入线电压 U_{SLX}，这是电机设计时的重要输入目标参数，这样才能对该电机进行正确的仿制设计。这些数据有些无法在电机铭牌和技术要求中得到，因此必须对样机进行测试或拆检。

7.2.2　电机仿制的具体操作

1) 电机额定电流密度的求取　在电机铭牌中或技术要求中查出该电机的额定电流，必要时还得测电机的实际额定工作电流值，因为有时电机铭牌中的数值留有一定的裕量。在永磁同步电机中，如果绕组是 Y 接法，那么电机的线电流就是绕组的相电流，就是电机的额定工作电流。正确地获取电机的额定工作电流，实测电机定子绕组导线的线径，如果不去漆量粗的话，查一下漆包线的规格书，查出导线裸线直径，最好是用去漆剂把绕组某一段漆包线的漆去掉，测出绕组导线实际的裸线线径。

这样就可以用公式 $j=I/q_{Cu}$ 求出电机的电流密度。在一定工况下，电机的电流密度和电机的工况是相对应的。如果相差很大，那么就要考虑该电机的绕组是否是 △ 连接，或者是否有并联支路。严谨的厂家会把绕组连接方式标注在电机铭牌上。如 0.4 kW 电机铭牌中"CONNECTION人"就表明了电机绕组为 Y 接法，这样如果电流密度相差太大，则该电机绕组应该有并联支路。

知道了电机的电流密度，那么在设计时要参考这个电流密度值作为电机电流密度的设计目标值。经过拆检，该电机的绕组线径为 0.26 mm，这样其导线截面积为

$$q_{Cu}=\pi d^2/4=\pi\times 0.26^2/4=0.053\,09(mm^2)$$

电机的电流密度为

$$j=I/q_{Cu}=2.6/0.053\,09=49(A/mm^2)$$

该电机是自然散热的，电流密度不可能这么高，只有一种可能，电机绕组的并联支路数不是 1。该电机是 12 槽 8 极，绕组的并联支路数可以有 $a=1$、$a=2$、$a=4$ 三种情况。可以把定子绕组细心拆检，画出绕组接线图，判别电机绕组并联支路数，从而求出该样机的电流密度。或者数出电机绕组在每槽的导体数，电机的各种参数分析结束后，对电机按并联支路数 1、2、4 进行核算，求出电机性能结果，与铭牌机械特性相符的那种电机并联支路数的电流密度就是该电机绕组正

确接线方式下的电流密度。

2）电机槽满率的分析　测绘电机定子冲片，绘出电机定子槽形，根据拆检出的绕组线径、槽内导体数，求出电机的槽满率。使用 RMxprt 的槽满率时，读者请参看本书电机的槽满率和槽利用率内容，把电机的正确槽满率求出，按该节的方法求出在 RMxprt 计算时设置的槽满率值。

3）电机感应电动势的分析　感应电动势常数 K_E 决定了电机的机械性能，$K_E = \dfrac{N\Phi}{2\pi} = \dfrac{E}{n}$。在永磁同步电机的额定转速 n 确定后，感应电动势的大小就表征着电机磁链 $N\Phi$ 的大小，N 是一个机械量，设计者在仿制电机时很容易得到和控制，但是电机的工作磁通 Φ 不是实体的物理量，它与磁钢的形状、质量、定子形状、材料、气隙大小等因素有关，每个因素有所变化，电机的 Φ 就会变化，这样电机的感应电动势就相应变化，电机的 K_E 也随着变化，电机的性能就会变化。因此测出了样机的感应电动势，控制好电机的感应电动势常数，那么在电机全仿设计中，控制好电机的感应电动势 E 是非常重要的。

另外在永磁同步电机中，电机的感应电动势 E 与输入电机的线电压 U 的比值和电机的功率因数 $\cos\varphi$、电机的非弱磁提速的程度有非常大的关系，因此要全仿一台电机，要达到样机的全部性能，那么设计前就必须知道电机的感应电动势 E，严格地说，电机厂家应该告知该电机感应电动势常数的数值，而电机仿制技术人员必须知道电机的感应电动势。如该电机测出 92 V/（3 000 r/min），那么该感应电动势为

$$E = 92 \text{ V（有效值），} 200 \text{ V}/92 \text{ V} = 2.17$$
$$3\,000 \times 2.17 = 6\,510(\text{r/min})$$

因此，该样机的不弱磁提速的最高转速完全可以达到 5 000 r/min。

测试样机的感应电动势是仿制电机或者电机做成后判断电机性能的重要步骤和方法。

4）额定输入电机线电压分析　在永磁同步电机中，额定点的电压和转速维持不变，只有电压、转速和给定的转矩一定，才有相应的额定点技术参数相对应。因此要求电机输出额定点的特性，那么电机额定线电压必须确定。这是和额定点性能相对应的唯一的输入线电压数值。

在仿制电机时，必须知道电机在额定点时的线电压值，电机铭牌中明确给出了该电机的三相线电压为 106 V AC。但是有许多厂生产的永磁同步电机的铭牌或技术要求中不注明输入电机的电压值，只注明了输入电压值，到底是输入控制器的电压还是输入永磁同步电机的电压，给电机设计带来了某些不确切的因素。往往同一永磁同步电机，由于控制器的不同，电机测试出来的性能相差很大。因此标注输入永磁同步电机的三相交流线电压，设计、生产检验和产品测试中用规定的电压的标准三相交流电作为统一的技术方案还是非常合理的。这样对一永磁同步电机而言，该电机就是三相交流伺服电机，用不同的控制器配置，那么就成了所谓的直流永磁同步电机。当然，用 PWM、DC、AC 模式对电机进行控制，要得到相同的额定点机械特性，三者的输入电压形式和数值是不同的，这点在前面章节已经详细讲述了。

从上面分析看，用确定输入永磁同步电机三相交流线电压作为设计、测试时输入电机的参数是完全必要的。在仿制过程中，有必要知道电机在额定负载运行时的输入电机三相线电压，如果生产厂家没有提供，有必要对电机进行测试，求取电机输入的三相线电压值。

综上所述，要对一电机进行全面仿制，电机的电流密度 j、槽满率 K_{SF}、感应电动势 E、电机的额定输入线电压 U 必须要了解清楚，这些都是电机设计的重要目标参数。

同一机座号，冲片相同的电机，电机的电流密度对应了电机气隙体积大小，电机槽满率对应了电机的绕线工艺，输入电机的线电压和感应电动势控制了电机的功率因数和不弱磁的提速程度，并且关系到电机瞬时最大输出的程度，如果这四项与参照样机有所区别，那么两个电机的性能就不会一样，甚至相差很大。因此在设计电机中，特别是仿制电机的设计中，把这四项参数作为电机设计的重要目标参数和考核参数是必

要的。

5) 电机的冲片　电机定子冲片是永磁同步电机的关键元件,冲片的设计合理与否直接影响电机的性能和体积。电机冲片设计要点就是使定子磁路合理,这与转子磁钢形状、性能相关。因此设计定子冲片必须先确定电机定、转子结构,再看在这种结构下的定子齿、轭磁通密度是否合理。

某厂电机功率为 100～1 000 W,机座号为 60～130,均采用 12 槽 8 极或 12 槽 10 极,磁钢分别采用表贴式和内嵌式。其中 60 交流伺服电机(MSMD042G1V)是一种 12 槽 8 极表贴式磁钢的永磁同步电机,其结构如图 7－2－5 所示。电机定子是由 12 块 T 形拼块式冲片拼制而成的。T 形拼块式定子的槽满率可以做得很高,这样与槽满率较低的电机相比,电机的体积就可以减小,而且 T 形拼块式定子的绕组制作比较简单,这两大优点的优势很大。

30°
R28.9
5.5
9.55
R17.43
R15.25
120°

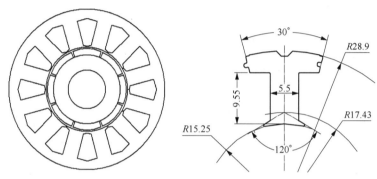

图 7－2－5　电机结构和 T 形冲片结构尺寸图

为了方便读者日后设计与工作接轨,作者采用了 60 T 形拼块式冲片技术数据对这次设计进行讲解。

7.2.3　电机主要技术指标的确定和分析

图 7－2－6 所示电机铭牌中清楚地标明了该交流伺服电机额定工作点的电机三相线电压、工作频率、电机输出功率、电机额定转速、电机额定转矩、绕组接线形式等技术参数,这个铭牌数据是可信的,可以作为电机设计依据。

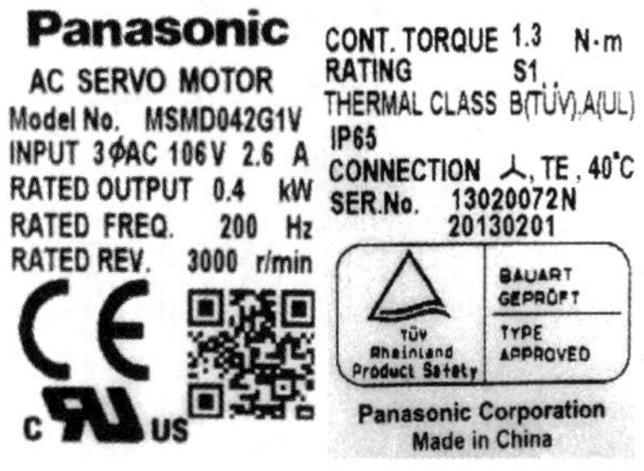

Panasonic
AC SERVO MOTOR
Model No. MSMD042G1V
INPUT 3ΦAC 106V 2.6 A
RATED OUTPUT 0.4 kW
RATED FREQ. 200 Hz
RATED REV. 3000 r/min
CONT. TORQUE 1.3 N·m
RATING S1
THERMAL CLASS B(TÜV),A(UL)
IP65
CONNECTION 人, TE, 40°C
SER.No. 13020072N
20130201
BAUART GEPRÜFT
TYPE APPROVED
TÜV Rheinland Product Safety
Panasonic Corporation
Made in China
US

图 7－2－6　60 伺服电机铭牌

1) 电机额定点的选取　伺服电机功率为 400 W,转速为 3 000 r/min,转矩为 1.3 N·m(1.27 N·m 更接近 400 W),国内好多厂家都选取同一标准。

2) 电机额定工作电压的选取　该 60 伺服电机各厂设计理念的不同,选取的电机工作电压也不同,铭牌上规定了输入电机的三相交流电压为 106 V AC。

电机转子取用了表贴式磁钢,q、d 轴的电抗相等,弱磁扩速功能较差,如果取用与控制器输入相同的电压,那么扩速余地较小,输入电机最大线电压可以达到 200 V AC,设置电机线电压为 106 V AC,控制永磁同步电机控制器的输入电机的最高电压与电机的感应电动势之比,能够使最高转速达到 5 000 r/min,功率因数也不会很低,使最大转矩、电流倍数相应提高。因此选取 106 V AC 作为电机的额定电压与铭牌电压要求相同(日本用 200 V AC 输入)。

7.2.4　电机转子结构的选取

1) 电机极数的选取　12 槽电机经常选用分数槽集中绕组,绕组节矩为 1,最常用的是 12 槽 8 极、12 槽 10 极、12 槽 4 极。

同样的定子,转子外径相同,若用 12 槽 4

极,电机的齿磁通密度较低,如果要实现同样的槽满率,那么电机额定点的功率因数就比较低,而且电机磁钢的圆弧比较大,操作时,钕铁硼磁

钢容易破碎。可以选用 12 槽 8 极或 12 槽 10 极作为电机转子结构,本设计取用 12 槽 8 极(图 7 - 2 - 7)。

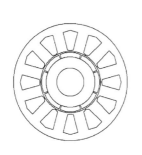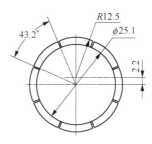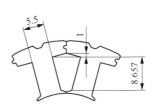

图 7 - 2 - 7　电机结构和定子冲片

2) 电机极数对电机的影响　12 槽 8 极的齿磁通密度比 12 槽 10 极高些,但是电机的定位转矩要略大。12 槽 10 极的分区相线圈是偶数,因此绕组接线比 12 槽 8 极的要复杂,特别是并联支路数为 2 时更麻烦,如图 7 - 2 - 8～图 7 - 2 - 12 所示。

因此为了简化电机绕组制作工艺,这次选用 12 槽 8 极进行设计。

3) 12 槽 8 极齿槽转矩的消除　12 槽 8 极,定子外径 60 mm,其定子叠厚长,因此转子可以用分 2 段错 0.5 定子槽宽来消除电机的齿槽转矩,见表 7 - 2 - 3。

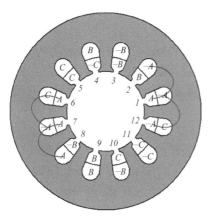

图 7 - 2 - 8　12 槽 10 极绕组分布图

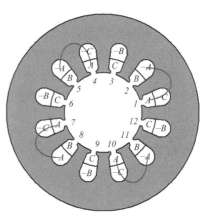

图 7 - 2 - 9　12 槽 8 极绕组分布图

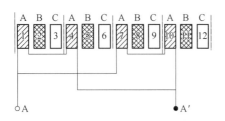

图 7 - 2 - 10　12 槽 8 极一相绕组 2 串 2 并绕组图

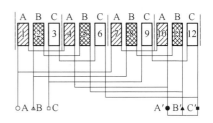

图 7 - 2 - 11　12 槽 8 极三相 2 串 2 并绕组图

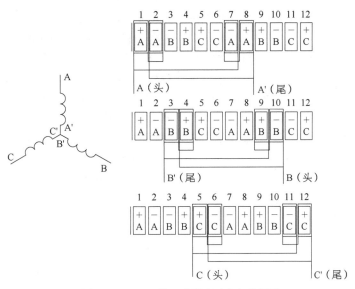

图 7 - 2 - 12 12 槽 10 极绕组分布与接线图

表 7 - 2 - 3 12 槽 8 极转子直极错位计算

槽数	极数	最小公倍数	最大公约数
12	8	24	4
总错位角度(°)	相当槽数	槽数/最小公倍数	极数/最大公约数
15	0.50	0.50	2

4）磁钢的偏心设置思想 12 槽 8 极（60 定子）的磁钢偏心 2.2 mm，这样磁钢厚度也为 2.2 mm，因此磁钢加工废料就少，成本降低。

5）关于电机气隙的选取

（1）选用不导磁不锈钢套包在转子外面，厚度取 0.18～0.2 mm。

（2）气隙取 0.5 mm，去掉不锈钢厚 0.2 mm，余 0.3 mm 工艺气隙应该够了。

（3）不锈钢套不要全部套住，这样对电机性能要好些。

6）转子轴和转子轭的问题 一般的转子轭用硅钢片或者低碳钢，由于 60 的转子外径比较小，直接采用磁钢贴在轴上，对性能影响不是很大。

7）关于电机的电流密度 伺服电机的电流密度应该与工作要求有关，某厂 60 伺服电机的电流密度较大，电机的电流为 2.6 A，线径为 0.26 mm，$q_{Cu} = \pi 0.26^2/4 = 0.053\,09 (mm^2)$，当电机并联支路数为 4，绕组导线并联概数为 1 时，

电机的电流密度 $j = \dfrac{I}{aa'q_{Cu}} = \dfrac{2.6}{4 \times 1 \times 0.053\,09} = 12.24(A/mm^2)$，12 槽 8 极电机最多是 4 分区，即电机的并联支路数最多是 4，这个电流密度是 3 种并联支路数方案中最小的，因此可以认为该电机的并联支路数应该为 4，这个电流密度应该算高了。

8）关于定子的槽满率 拼块式定子的槽满率一般较高，可以达到 88%～90%，本设计的槽满率应该小于原样机，设计值：Stator Slot Fill Factor(%)：72.264。

9）电机的功率因数 电机设计的功率因数在电机额定点兼顾电机是容性或感性阻抗，尽量接近 1，因为要考虑到不弱磁提速，所以感应电动势幅值小于输入线电压幅值，该功率因数为 0.941\,879，尚可满意。

10）电机的线感应电动势 在电机功率因数接近 1 时，电机的线感应电动势峰值应该为输入电机线电压的 $\sqrt{2}$ 倍左右，考虑到调速，因此这次功率因数和感应电动势设计均有所保留。电机实测感应电动势为 92 V AC(3\,000 r/min)。

11）关于电机设计方案、设计方法 本设计做了多种方案，但是最终还是选用了御马公司提供的拼块式 60 定子方案。本电机用 RMxprt 设计，做了一些 2D 场的电机分析，设计结果和样机铭牌参数非常接近。

12) 电机确定结构和绕组参数　定子外径 57.8 mm,内径 30.5 mm,齿宽 5.5 mm,铁心长 43 mm;转子外径 30 mm,铁心长 45 mm,磁钢厚 2.2 mm,磁钢偏心 2.2 mm;绕组线径 0.26 mm (裸线),184 匝(并联支路数 4,绕组导线并联根数 1)。

13) 电机性能计算　计算书主要计算数据如下:

GENERAL DATA

Rated Output Power(kW): 0.4
Rated Voltage(V): 106
Number of Poles: 8
Frequency(Hz): 200
Frictional Loss(W): 15
Windage Loss(W): 0
Rotor Position: Inner
Type of Circuit: Y3
Type of Source: Sine
Domain: Frequency
Operating Temperature(℃): 75

STATOR DATA

Number of Stator Slots: 12
Outer Diameter of Stator(mm): 57.8
Inner Diameter of Stator(mm): 30.5
Type of Stator Slot: Edited
Symmetric Slot

	Type Info	(mm)
1	End Width: 0.3	
	Line Edge: 0	
2	Height: 0.414	
	Parallel Slot Width: 0	
2	Height: 0.346	
	End Width: 2.885 32	
2	Height: 8.657	
	Parallel Tooth Width: 0	
6	Radius: 0	
2	Height: 1	
	End Width: 0	

Top Tooth Width(mm): 5.526 41
Bottom Tooth Width(mm): 5.526 41
Skew Width(Number of Slots): 0.5

Length of Stator Core(mm): 43
Stacking Factor of Stator Core: 0.97
Type of Steel: DW315_50
Number of Parallel Branches: 4
Number of Conductors per Slot: 368
Average Coil Pitch: 1
Number of Wires per Conductor: 1
Wire Diameter(mm): 0.26
Wire Wrap Thickness(mm): 0.025
Slot Area(mm^2): 49.496 9
Net Slot Area(mm^2): 41.363 3
Limited Slot Fill Factor(%): 80
Stator Slot Fill Factor(%): 72.264
Coil Half-Turn Length(mm): 54.871 9
Wire Resistivity($\Omega \cdot mm^2/m$): 0.021 7

ROTOR DATA

Minimum Air Gap(mm): 0.5
Inner Diameter(mm): 10
Length of Rotor(mm): 45
Stacking Factor of Iron Core: 0.97
Type of Steel: DW310_35
Polar Arc Radius(mm): 12.55
Mechanical Pole Embrace: 0.95
Electrical Pole Embrace: 0.848 669
Max. Thickness of Magnet(mm): 2.2
Width of Magnet(mm): 10.184 7
Type of Magnet: N42SH
Type of Rotor: 1
Magnetic Shaft: Yes

PERMANENT MAGNET DATA

Residual Flux Density(Tesla): 1.29
Coercive Force(kA/m): 955

MATERIAL CONSUMPTION

Armature Wire Density(kg/m^3): 8 900
Permanent Magnet Density(kg/m^3): 7 600

STEADY STATE PARAMETERS

Stator Winding Factor: 0.866 025
D-Axis Reactive Reactance Xad(Ω): 1.045 2

Q-Axis Reactive Reactance Xaq(Ω)：1. 045 2

D-Axis Reactance X1 + Xad(Ω)：8. 058 83

Q-Axis Reactance X1 + Xaq(Ω)：8. 058 83

Armature Phase Resistance R1(Ω)：2. 063 29

Armature Phase Resistance at 20 ℃ (Ω)：1. 697 22

NO-LOAD MAGNETIC DATA

Stator-Teeth Flux Density(T)：1. 440 62

Stator-Yoke Flux Density(T)：1. 407 5

Rotor-Yoke Flux Density(T)：0. 648 767

Air-Gap Flux Density(T)：0. 956 092

Magnet Flux Density(T)：1. 044 42

No-Load Line Current(A)：1. 097 74

No-Load Input Power(W)：29. 005 6

Cogging Torque(N·m)：2. 295 3e-013

FULL-LOAD DATA

Maximum Line Induced Voltage(V)：131. 166

Root-Mean-Square Line Current(A)：2. 652 53

Root-Mean-Square Phase Current(A)：2. 652 53

Armature Current Density(A/mm²)：12. 490 1

Output Power(W)：400. 121

Input Power(W)：465. 131

Efficiency(%)：86. 023 3

Power Factor：0. 941 879

Synchronous Speed(r/min)：3 000

Rated Torque(N·m)：1. 273 62

Torque Angle(°)：20. 513 1

Maximum Output Power(W)：893. 272

　　从计算书看电机的主要技术数据都达到了铭牌标的要求,电机的齿、轭磁通密度较低,电流密度较高,这是和原样机一致的。适当提高定子齿、轭磁通密度,扩大槽形面积,增大绕组线径,可以适当降低电机的电流密度。

　　该电机的机械特性曲线、电压、电流、齿槽转矩、磁通等曲线如图 7 - 2 - 13～图 7 - 2 - 19 所示。

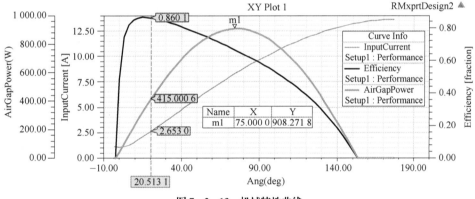

图 7 - 2 - 13　机械特性曲线

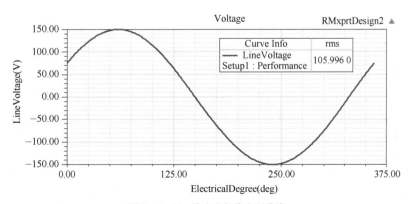

图 7 - 2 - 14　输入电机线电压曲线

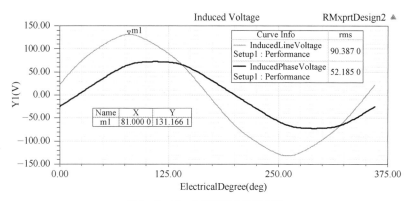

图 7 - 2 - 15　电机感应电动势曲线

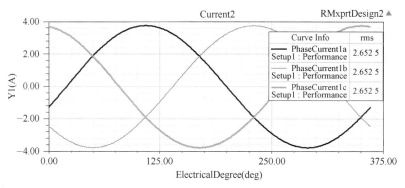

图 7 - 2 - 16　电机三相电流曲线

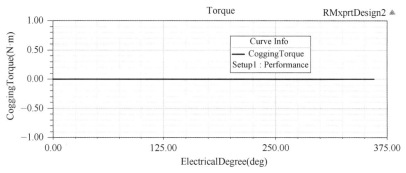

图 7 - 2 - 17　电机齿槽转矩曲线

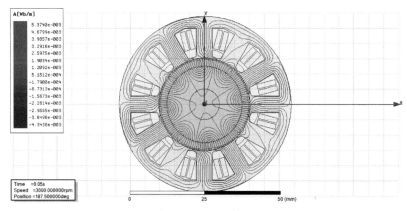

图 7 - 2 - 18　磁通场图

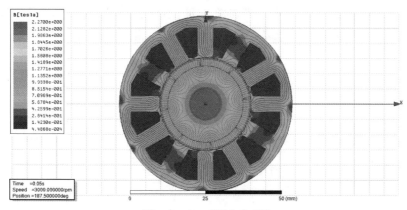

图 7 - 2 - 19　磁通密度云图

7.2.5　最大转矩和最大电流的设置和计算分析

求电机的最大转矩和最大电流电机性能,计算时只要提高输入电机工作点的线电压及额定输入功率即可,该电机的转矩、电流的额定值和瞬时最大值见表 7 - 2 - 4。

表 7 - 2 - 4　额定点和最大点参数

额定转矩(N·m)	1.3	额定电流(A rms)	2.6
瞬时最大转矩 (N·m)	3.8	瞬时最大电流 (A o-p)	11.0

$$最大转矩比 = \frac{3.8}{1.3} = 2.92$$

$$最大电流比 = \frac{11/\sqrt{2}}{2.6} = 2.99(这里是假设电$$
流波形是正弦波)

可以看出,电机的瞬时值设置为额定值的 3 倍。

由于电机输入控制器的电压为 200 V AC,输入电机线电压为 106 V AC,电机转速不变,要使电机转矩提高到 3 倍,要求电机的输出功率提高 3 倍,即 1 200 W。而且电机的工作线电压必须提高,电机的输出功率才能提高,把电机的输入线电压提高到控制器能输出的最高电压 200 V AC,计算结果如图 7 - 2 - 20 所示。

由计算结果可以看出,3 倍的转矩达到了,在 1 200 W、转矩 3.82 N·m 时,电机的电流超出了额定点的电流,因为电机的输入线电压提高,电机的转速没有改变,电机的感应电动势不

Name	Value	Unit
Name	Setup1	
Enabled	☑	
Operation Type	Motor	
Load Type	Const Power	
Rated Output Power	1200	W
Rated Voltage	200	V
Rated Speed	3000	rpm
Operating Temperature	75	cel

Root-Mean-Square Line Current (A)
8. 835 55
Output Power (W)：1 200. 39
Synchronous Speed (r/min)：3 000
Rated Torque (N·m)：3. 820 97
瞬时最大转矩比:3. 820 7/1. 273 62 = 2. 999 87
瞬时最大电流比:8. 835 55/2. 6 = 3. 39

图 7 - 2 - 20　电机额定参数要求和计算结果

变,这样输入电压与感应电动势之比加大,使电机的工况恶化,电机的效率、功率因数都大大下降,导致电机输入电流超出了 3 倍的关系,超出也并不是太大。

在这个瞬时点,电机的电流密度会很高($41.604\ 2\ A/mm^2$),这是电机的瞬时值,不能在这个运行点长期工作。

许多永磁同步电机在设计时,输入电机的线电压等于控制器输出的最大电压,不可能再提高输入电机的线电压来实现电机瞬时最大转矩与额定转矩之比达到 3。要实现这个比值,有以下两个办法:

(1) 增加电机的长度:789. 938 6/415 = 1. 9,3/1. 9 = 1. 579,因此电机长度约为 43 ×

1.578＝67.9 mm,考虑到损耗,设定子长增加为 72 mm,电机的最大值这样设计,要达到在额定转速条件下,要求电机的最大输出功率大,电机的体积相应就大。其缺点是要增加电机的长度,不符合在确定电机体积后的最大转矩的提高(图 7-2-21)。

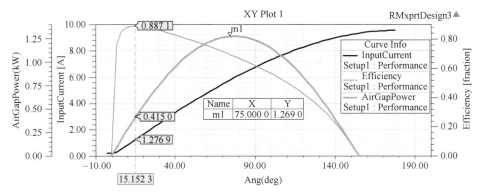

图 7-2-21　电机机械特性曲线

在设计时可以考虑这种方案,一款 6 kW 电动汽车电机的最大输出功率就远远大于额定点的输出功率,超出了 10 倍的关系,只要控制器容量足够,电机瞬时能输出很大的转矩(图 7-2-22)。

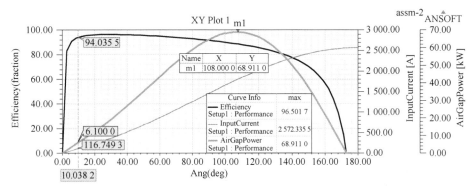

图 7-2-22　6 kW 电机的机械特性曲线

(2) 在永磁同步电机中,电机的输入参数(电压、转速)不变,那么电机的 K_E、K_T 是不变的,电机的电流随转矩正比例增加。因此如果额定转矩的电流为 2.6 A,那么 3 倍的额定转矩的电流就是 7.8 A。如果该电机提高了输入电压,那么电机的转矩常数 K_T 会减小(按 RMxprt 计算的 K_T 计算值),为此同样的转矩,电机的输入电流会增大,因此输入 3 倍的转矩,输入电流(8.8 A)要大于额定电流的 3 倍。

该电机的最大输出功率为 893.272 W,额定输出功率为 400 W,两者之比仅为 893.272/400＝2.233 18,说明在电压不变的条件下,该电机不可能输出 3 倍的最大输出功率、转矩和电流。电压变化后,电机的最大电流又超过 3 倍的额定电流,要保证电机 3 倍的瞬时最大转矩,又要求有瞬时 3 倍的最大电流,不可能用改变电压来解决。

在额定点的其他输入参数不变时,可以用降低电机的转速来解决这个问题,这样电机瞬时的转矩和电流都会达到技术要求。如转速降为 1 000 r/min,则计算结果如下:

Root-Mean-Square Line Current(A): 6.161 88(＜7.8)

Output Power(W): 400.102

Synchronous Speed(r/min)：1 000

Rated Torque(N·m)：3.820 7　（3 倍的额定转矩）

　　这样在输出功率不变的情况下，不要求电机恒转速的场合，降低额定转速，可以达到电机的瞬时最大输出转矩和小于 3 倍额定电流的要求。所以电机的瞬时值和控制器的控制方法有很大的关系。

7.2.6　电机设计几个问题的讨论

　　1）RMxprt 冲片槽形从一般的平底槽改为 T 形槽后齿宽变化的讨论　这个问题在前面章节已经讲了，这种现象在永磁同步电机的冲片形状转换中相差不算大（图 7-2-23）。

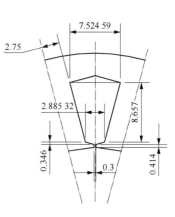

Name	Value	Unit
Auto Design	☐	
Parallel Tooth	☑	
Tooth Width	5.5	mm
Hs0	0.414	mm
Hs1	0.346	mm
Hs2	8.657	mm
Bs0	0.3	mm
Rs	0	mm

Type of Stator Slot:　3
Stator Slot
hs0 (mm)：　0.414
hs1 (mm)：　0.346
hs2 (mm)：　8.657
bs0 (mm)：　0.3
bs1 (mm)：　2.88532
bs2 (mm)：　7.52459
rs (mm)：　0

Top Tooth Width (mm)：　5.5
Bottom Tooth Width (mm)：　5.5

图 7-2-23　电机冲片齿形参数

　　如果使用 RMxprt 中改成的使用定义槽设置(Use Defined Slot)（图 7-2-24），同样设置的槽数据，一切没有变，再进行计算，得出的齿宽就变了（图 7-2-25）。

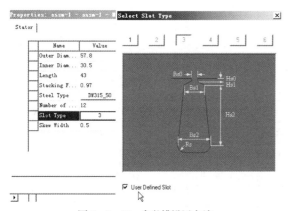

图 7-2-24　定义槽设置方法

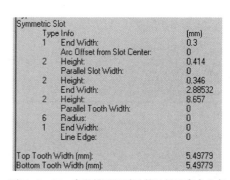

Symmetric Slot
	Type Info	[mm]
1	End Width:	0.3
	Arc Offset from Slot Center:	0
2	Height:	0.414
	Parallel Slot Width:	0
2	Height:	0.346
	End Width:	2.88532
2	Height:	8.657
	Parallel Tooth Width:	0
6	Radius:	0
1	End Width:	0
	Line Edge:	0

Top Tooth Width (mm): 5.49779
Bottom Tooth Width (mm): 5.49779

图 7-2-25　定义槽设置后计算结果齿宽会改变

　　就是说在槽定义设置时，RMxprt 的槽形内部尺寸数据转换时，不知道哪个环节出了问题，使冲片的数据发生了变化，原齿宽是 5.5 mm，齿宽发生了变化为 5.497 79 mm。有的冲片尺寸变化会更大，主要是冲片齿宽尺寸发生了改变，计算单中是依发生改变的齿宽进行计算的。

　　2）由于在自定义槽形时，转换数据发生了差异，因此要弄清一些问题

　　（1）用槽自定义方法把电机冲片改成 T 形槽后，齿宽发生了很大变化，但是 2D 建模后导出的电机定子齿宽没有变化，是计算单显示齿宽问题，还是按照变化的齿宽计算电机性能的？

　　作者把图 7-2-26 模块 a 的齿宽 8 mm，改为 8.414 53 mm 的模块 c，进行计算，计算结果和模块 a 结果完全相同（槽面积不同引起的数据不同除外）。说明 RMxprt 用槽自定义设置后的计算是以槽形发生改变后的槽形尺寸为依据的。

　　（2）RMxprt 的槽自定义的数据误差对永磁同步电机的性能计算影响多大？

　　从表 7-2-5 可以看出，电机的齿宽发生改

变,电机的齿磁通密度发生了改变,但是电机的气隙磁通密度没有变化,四种形式电机的主要性能几乎没有变化,唯一变化较大的是电机的槽满率。因此用 RMxprt 对永磁同步电机槽进行自定义设置,电机性能计算后,如果齿宽发生一点变化,不影响电机的计算性能。因此可以认为 RMxprt 的计算值是有价值的。

图 7-2-26 所示是一个 6 槽 8 极电机四种模块的参数计算比较:模块 a 为原电机;模块 b 在原电机模块 a 上仅进行槽自定义设置,冲片数据不做改动;模块 c 在原电机模块 a 上进行槽自定义设置,把底改为 T 形槽;模块 d 把原电机模块 a 的齿宽改为模块 c 的齿宽。把 a、b、c、d 四种模块进行计算,并做对比,结果见表 7-2-5。

模块a   模块b   模块c   模块d

图 7-2-26 四种不同槽形

表 7-2-5 四种模块电机的参数计算比较

STATOR DATA	模块 a	模块 b	模块 c	模块 d
Top Tooth Width(mm)	8	7.829 15	8.414 53	8.414 53
Bottom Tooth Width(mm)	8	7.829 15	8.414 53	8.414 53
Skew Width(Number of Slots)	0.5	0.5	0.5	0.5
Number of Conductors per Slot	362	362	362	362
Average Coil Pitch	1	1	1	1
Number of Wires per Conductor	1	1	1	1
Wire Diameter(mm)	0.38	0.38	0.38	0.38
Slot Area(mm^2)	105.542	105.542	121.799	102.144
Limited Slot Fill Factor(%)	75	75	75	75
Stator Slot Fill Factor(%)	69.471 8	69.494 9	58.559 4	71.908
NO-LOAD MAGNETIC DATA				
Stator-Teeth Flux Density(T)	0.922 33	0.942 45	0.876 75	0.876 89
Stator-Yoke Flux Density(T)	1.137 12	1.005 88	1.274 36	1.114 89
Rotor-Yoke Flux Density(T)	0.858 233	0.858 233	0.858 099	0.858 233
Air-Gap Flux Density(T)	0.891 65	0.891 65	0.891 52	0.891 65
Magnet Flux Density(T)	1.012 77	1.012 77	1.012 62	1.012 77
FULL-LOAD DATA				
Maximum Line Induced Voltage(V)	137.423	137.423	137.401	137.423
Root-Mean-Square Line Current(A)	2.439 44	2.439 55	2.438 95	2.439 24
Root-Mean-Square Phase Current(A)	2.439 44	2.439 55	2.438 95	2.439 24
Armature Current Density(A/mm^2)	10.754 8	10.755 3	10.752 7	10.753 9

（续表）

STATOR DATA	模块 a	模块 b	模块 c	模块 d
Armature Copper Loss(W)	52.267 4	52.166 4	52.502 7	52.050 3
Output Power(W)	400.233	400.232	400.241	400.239
Input Power(W)	476.92	476.512	477.717	476.57
Efficiency(%)	83.920 4	83.992 1	83.782	83.983 3
Power Factor	0.924 24	0.924	0.924 9	0.923 91
Synchronous Speed(r/min)	3 000	3 000	3 000	3 000
Rated Torque(N·m)	1.273 98	1.273 98	1.274 01	1.274
Torque Angle(°)	19.180 6	19.170 6	19.481 8	19.328 5
Maximum Output Power(W)	892.885	893.726	883.952	890.359

注：本表直接从 Maxwell 计算结果中复制，仅规范了单位。

7.2.7　T 形拼块式电机的快速设计

T 形拼块式电机使用越来越广泛，但是 RMxprt 设计中使用槽自定义设置会带来麻烦，在槽自定义设置后，齿宽的误差变化是不可控的，而且有的槽形，齿宽变化太大。作者建议用 RMxprt 自带的槽形，如平底槽形。特别是设计电机冲片，主要是控制齿宽和齿磁通密度，这样在设计中就可以根据磁通密度随意改变齿宽，不像用了槽形自定义设置后，齿宽改变就比较麻烦。等冲片磁路设计比较合理后，齿宽不变，确保 T 形冲片槽的面积与设计时的冲片面积相同即可。

7.2.8　T 形拼块式表贴式电机的设计

在某厂同一 60 机座号，有 12 槽 8 极和 12 槽 10 极，两种电机由于极数不同，部分性能会有所区别。其中 12 槽 10 极的电机铭牌如图 7-2-27 所示。

图 7-2-27　铭牌和数据

输入线电压 121 V AC、额定输出功率 400 W、额定转速 3 000 r/min、额定转矩 1.27 N·m、额定电流 2.4 A、定子外径 77 mm、内径 40 mm、定子叠厚 43，12 槽 10 极，表贴式磁钢。

如果电机的定子或转子不斜槽或斜极，12 槽 10 极电机的定位转矩比 12 槽 8 极要好得多。

用 12 槽 8 极的模块改成 12 槽 10 极，非常快捷，步骤如下：

（1）输入电压改为 121 V（图 7-2-28）。

图 7-2-28　输入额定参数

（2）转子由 8 极改为 10 极（图 7-2-29）。

（3）绕组槽内导体数和导线线径设置为 0，即 RMxprt 自动设计绕组匝数，并联支路数设置为 2（图 7-2-30）。

（4）计算电机性能。

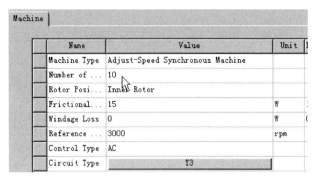

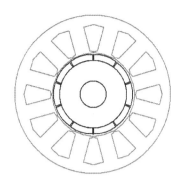

图 7 - 2 - 29　8 极改为 10 极

图 7 - 2 - 30　设置绕组自动设计

（5）查看 RMxprt 计算书，12 槽 8 极与 12 槽 10 极主要性能对比见表 7 - 2 - 6。

（6）两种电机性能分析：①在定子或转子不斜槽时，12 槽 10 极的定位转矩更好；②同样的定子和转子参数下，只是磁钢极数从 8 极改为 10 极，电机 K_T 增大，绕组是自动设计，因为两种电机的气隙磁通密度相同，只有电机有效导体数大后才会使 K_T 增大，电机的电流减小（2.550 44 A、2.256 99 A）；③可以适当增加转子长度，减少绕组匝数，线径适当增加，使电机槽满率和电流密

表 7 - 2 - 6　电机主要性能对比

性能参数	12 槽 8 极	12 槽 10 极 匝数自动设计	12 槽 10 极 部分参数改进
Rated Output Power(kW)	0.4	0.4	0.4
Rated Voltage(V)	106	121	121
Number of Poles	8	10	10
Skew Width(Number of Slots)	0	0	0
Length of Stator Core(mm)	43	43	43
Length of Rotor(mm)	45	45	48
Number of Parallel Branches	4	2	2
Number of Conductors per Slot	368	252	220
Wire Diameter(mm)	0.26	0.33	0.35
Stator Slot Fill Factor(%)	72.264	76.778 9	74.794 5
Stator-Teeth Flux Density(T)	1.440 62	1.38	1.451 62
Stator-Yoke Flux Density(T)	1.407 5	1.114 2	1.172 02
Air-Gap Flux Density(T)	0.956 092	0.957 822	1.007 53
Magnet Flux Density(T)	1.044 42	1.046 31	1.031 83
Cogging Torque(N · m)	0.012 7	0.007 103	0.007 859 81
Maximum Line Induced Voltage(V)	140.094	169.767	155.901
Root-Mean-Square Line Current(A)	2.550 44	2.256 99	2.244 48

（续表）

性能参数	12 槽 8 极	12 槽 10 极匝数自动设计	12 槽 10 极部分参数改进
Armature Current Density(A/mm²)	12.009 3	13.194 1	11.664 3
Output Power(W)	400.197	400.089	400.106
Input Power(W)	461.919	475.439	463.71
Efficiency(%)	86.637 9	84.151 5	86.283 6
Power Factor	0.972 724	0.990 928	0.972 29
Synchronous Speed(r/min)	3 000	3 000	3 000
Rated Torque(N·m)	1.273 87	1.273 52	1.273 52
Maximum Output Power(W)	924.084	613.342	752.967

注：本表直接从 Maxwell 计算结果中复制，仅规范了单位。

度降低，电机性能得到提高；④两种电机的性能相差不大，做成 12 槽 10 极，绕组接线和制造工艺相对复杂。

7.2.9　T 形拼块式内嵌式电机的设计

内嵌式转子有许多优点，例如磁钢内嵌，不需要像表贴式磁钢在磁钢表面要用不锈钢套、树脂套、玻璃纤维布套进行保护，不至在转子高速时由于离心力把磁钢甩出。内嵌式的优点是 d、q 轴的电抗不等，弱磁性能好，因此在需要弱磁提速的永磁同步电机中就采用了内嵌式磁钢结构。

用上例 12 槽 10 极表贴式磁钢永磁同步电机模块作为基本模块，定子不变，转子改为 10 极内嵌式磁钢，性能仍要求达到图 7 - 2 - 27 铭牌所列要求。

输入线电压 121 V AC、额定输出功率 400 W、额定转速 3 000 r/min、额定转矩 1.27 N·m、额定电流 2.4 A、定子外径 77 mm、内径 40 mm、定子叠厚 45，12 槽 10 极，表贴式磁钢。

用 12 槽 10 极表贴式转子的模块改成 12 槽

10 极内嵌式转子磁钢电机，非常快捷，步骤如下：

（1）电机原输入参数不变、定子结构参数不变。

（2）改变转子外径，从气隙 0.5 mm 改成 0.25 mm，原因是内嵌式转子不需要钢套，因此气隙减小，增加气隙磁通密度，从而提高定子齿磁通密度（图 7 - 2 - 31）。

Rotor			
	Name	Value	Unit
	Outer Diameter	30	mm
	Inner Diameter	10	mm
	Length	48	mm
	Steel Type	DW310_35	
	Stacking Factor	0.97	
	Pole Type	5	

图 7 - 2 - 31　改变转子外径，增加气隙

（3）调整转子参数，内嵌式转子结构如图 7 - 2 - 32 所示。

Pole				
	Name	Value	Unit	Evaluated V..
	Embrace	0.85		0.85
	Bridge	0.4	mm	0.4mm
	Rib	0.4	mm	0.4mm
	Magnet Type	N42SH		
	Magnet Width	7.2	mm	7.2mm
	Magnet Thi...	2	mm	2mm

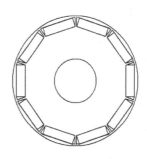

图 7 - 2 - 32　调整转子磁钢参数

（4）运行 RMxprt，电机的磁路情况如下：

NO-LOAD MAGNETIC DATA

Stator-Teeth Flux Density(T)：1. 394 86

Stator-Yoke Flux Density(T)：1. 043 12

Rotor-Yoke Flux Density(T)：0. 340 325

Air-Gap Flux Density(T)：0. 916 011

电机的齿磁通密度还是低了些，电机的工作磁通会降低，导致绕组导体数增加，因为冲片形状已经选定，因此只有适当增加定、转子长度或者提高磁钢牌号才能提高电机工作磁通。

（5）把磁钢牌号从 42SH 提高到 45SH（图7 - 2 - 33）。

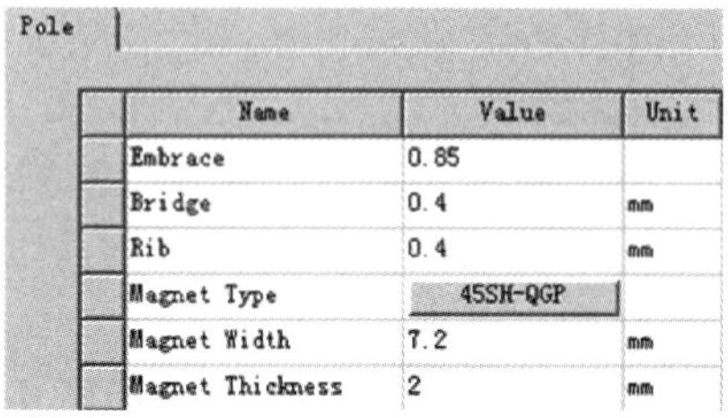

图 7 - 2 - 33 改变磁钢牌号

定子磁通密度：

NO-LOAD MAGNETIC DATA

Stator-Teeth Flux Density(T)：1. 460 1

Stator-Yoke Flux Density(T)：1. 090 25

Rotor-Yoke Flux Density(T)：0. 355 702

（6）两种电机 RMxprt 主要性能计算见表 7 - 2 - 7。

表 7 - 2 - 7　两种不同结构转子主要性能对比

性能参数	12 - 10j 表贴	12 - 10j 内嵌
Rated Output Power(kW)	0.4	0.4
Rated Voltage(V)	121	121
Number of Parallel Branches	2	2
Number of Conductors per Slot	220	220
Average Coil Pitch	1	1
Number of Wires per Conductor	1	1
Wire Diameter(mm)	0.35	0.35
Stator Slot Fill Factor(%)	74.794 5	74.794 5
Minimum Air Gap(mm)	0.5	0.25

（续表）

性能参数	12 - 10j 表贴	12 - 10j 内嵌
Width of Magnet(mm)	N42SH	45SH
Residual Flux Density(T)	1.29	1.34
Coercive Force(kA/m)	955	995
Stator-Teeth Flux Density (T)	1.451 62	1.460 1
Stator-Yoke Flux Density (T)	1.172 02	1.090 25
No-Load Line Current(A)	0.428 83	0.397 306
No-Load Input Power(W)	23.964 8	23.423 4
Cogging Torque(N·m)	0.007 859 81	0.002 592 59
Maximum Line Induced Voltage(V)	155.901	153.459
Root-Mean-Square Line Current(A)	2.244 48	2.343 96
Armature Current Density (A/mm²)	11.664 3	12.181 3
Output Power(W)	400.106	400.076
Input Power(W)	463.71	467.083
Efficiency(%)	86.283 6	85.654
Synchronous Speed (r/min)	3 000	3 000
Rated Torque(N·m)	1.273 58	1.273 48
Torque Angle(°)	27.512 5	55.032 2
Maximum Output Power (W)	743.059	560.933
Torque Constant KT(N·m/A)	0.588 7	0.563 672

注：本表直接从 Maxwell 计算结果中复制，仅规范了单位。

（7）内嵌式 12 槽 10 极电机的齿槽转矩小，是额定转矩的 2‰ 左右，不进行定子斜槽或转子分段错位的定位转矩也很好。其性能可以做到与表贴式相近，因为一字形内嵌式磁钢的磁通面积要小于表贴式，把磁钢牌号相应提高或增加电机定、转子叠长，变成 V 形内嵌式磁钢等方法可以弥补磁通减小的弱点。

（8）内嵌式电机的凸极率大，这对电机弱磁是非常有利的。

D-Axis Reactive Reactance Xad(Ω)：2. 203 38

Q-Axis Reactive Reactance Xaq(Ω)：10. 296 6

（9）内嵌式电机的转子结构可靠、稳定。

7.3　永磁同步电机全新设计与系列电机的推算

国内许多厂家都在生产永磁同步电机,而且是系列生产,如 60、80、90、110、130、150、220、260 等机座号电机。

在永磁同步电机某一机座号中又可以分成多种不同规格的同一机座号系列电机。厂家要生产系列规格的永磁同步电机要花许多功夫。基本上是先设计、试制某一两个品种电机,在这个电机上取得设计、生产经验后再逐步推广,形成一个永磁同步电机品种的系列电机。因此先设计某一系列中的某一个电机是非常重要的。本书已经谈及了电机机座号分类原则和选取,本节主要介绍如何全新设计某一机座号的电机,如何把该机座号电机系列化,又如何从该电机着手,推算出其他机座号的系列电机,这样很快就形成了永磁同步电机的多种系列电机。

7.3.1　永磁同步电机的分析

以 130 系列的交流永磁同步电机 130ST-M05025 分析设计着手,电机参数见表 7-3-1。

表 7-3-1　130 系列伺服电机参数表

电机型号	130ST-M04025	130ST-M05025	130ST-M06025	130ST-M07725	130ST-M10010	130ST-M10015	130ST-M10025	130ST-M15015	130ST-M15025
额定功率(kW)	1.0	**1.3**	1.5	2.0	1.0	1.5	2.6	2.3	3.8
额定线电压(V)	220	**220**	220	220	220	220	220	220	220
额定线电流(A)	4.0	**5.0**	6.0	7.5	4.5	6.0	10	9.5	13.5
额定转速(r/min)	2 500	**2 500**	2 500	2 500	1 000	1 500	2 500	1 500	2 500
额定力矩(N·m)	4	**5.0**	6	7.7	10	10	10	15	15
峰值力矩(N·m)	12	**15**	18	22	20	25	25	30	30
反电势(V/1 000 r/min)	72	**68**	65	68	140	103	70	114	67
力矩系数(N·m/A)	1.0	**1.0**	1.0	1.03	2.2	1.67	1.0	1.58	1.11
转子惯量(kg·m²)	0.85×10^{-3}	**1.06×10^{-3}**	1.26×10^{-3}	1.53×10^{-3}	1.94×10^{-3}	1.94×10^{-3}	1.94×10^{-3}	2.77×10^{-3}	2.77×10^{-3}
绕组(线间)电阻(Ω)	2.76	**1.84**	1.21	1.01	2.7	1.29	0.73	1.1	0.49
绕组(线间)电感(mH)	6.42	**4.9**	3.87	2.94	8.8	5.07	2.45	4.45	1.68
电气时间常数(ms)	2.32	**2.66**	3.26	3.80	3.26	3.93	3.36	4.05	3.43

(1) 考虑到机壳厚度,设厚 4 mm,所以电机定子外径定为 122 mm,定子内径定为 73 mm,$D_i/D = 73/122 = 0.6$,这样做成中惯量电机。

(2) 电机结构考虑:电机取用 12 槽 8 极,T 形拼块式定子结构,磁钢取用表贴式,偏心结构,常用 35SH(1.2 T,868 kA/m)钕铁硼烧结磁钢。

(3) 定、转子冲片材料取用 460-50 硅钢片。

(4) 电机气隙用 1 mm,去掉不锈钢钢套 0.2 mm,实际工艺气隙还有 0.8 mm,气隙大,齿槽转矩要小些,反电动势波形与正弦波相近。

(5) 按 220 V 线电压看,这应该是输入控制器的母线电压,如果考虑到非弱磁提速,输入电机的额定线电压按 176 V AC 计算。

(6) 设计时槽形先按 RMxprt 中槽形 3 进行设计,当设计到最后转换成 T 形槽。

7.3.2　永磁同步电机全新设计

(1) 60-12 槽 8 极作基本模块的基础上进行设置(图 7-3-1)。

本节技术资料由常州富山智能科技有限公司提供。
李敏、赵子航参加了本节的编写。

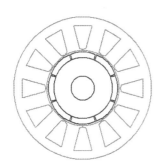

General	ASSM			
Name	Value	Unit	Evaluated V...	
Name	Setup1			
Enabled	☑			
Operation ...	Motor			
Load Type	Const Power			
Rated Outp...	1.3	kW	1.3kW	
Rated Voltage	176	V	176V	
Rated Speed	2500	rpm	2500rpm	
Operating ...	75	cel	75cel	

图 7-3-1 以 60-12 槽 8 极电机作基础电机,输入电机额定参数

（2）设置电机损耗（图 7-3-2）。

Machine				
Name	Value	Unit	Evaluated V...	
Machine Type	Adjust-Speed ...			
Number of Poles	8			
Rotor Position	Inner Rotor			
Frictional Loss	32	W	32W	
Windage Loss	0	W	0W	
Reference Speed	2500	rpm		
Control Type	AC			
Circuit Type	Y3			

图 7-3-2 输入电机参数

（3）电机定子设置（图 7-3-3）。

Stator			
Name	Value	Unit	
Outer Diam...	122	mm	
Inner Diam...	73	mm	
Length	43	mm	
Stacking F...	0.97		
Steel Type	DW465_50		
Number of ...	12		
Slot Type	3		
Skew Width	0.5		

图 7-3-3 设定定子参数

（4）转子尺寸设置（图 7-3-4）。

Rotor			
Name	Value	Unit	
Outer Diameter	71	mm	
Inner Diameter	15	mm	
Length	45	mm	
Steel Type	DW465_50		
Stacking Factor	0.95		
Pole Type	1		

图 7-3-4 转子尺寸设置

（5）设置磁钢牌号性能（图 7-3-5）。

Material Name
35SH-QGP

Properties of the Material

Name	Type	Value	Units
Relative Permeability	Simple	1	
Bulk Conductivity	Simple	0	siemens/m
Magnetic Coercivity	Vector		
· Magnitude	Vector Mag	0	A_per_meter
Core Loss Type	None		w/m^3
Mass Density	Simple	0	kg/m^3

View/Edit Material for
○ Active Design
○ This Product
○ All Products

Properties for Permanent Magnet

☐ Mu	1.10014937621126	
☑ Hc	-868	kA_per_meter
☑ Br/Mp		
○ Br	1.2	tesla
○ Mp	954929.658551372	A_per_meter

OK   Cancel

图 7-3-5 设置磁钢性能及取名

（6）把绕组设置为自动设计,槽满率设置为 0.8（图 7-3-6）。

（7）调整定子齿宽和轭宽,使齿磁通密度为 1.7 T 左右,轭磁通密度为 1.4 T 左右（图 7-3-7）。

Winding	End/Insulation	
Name	Value	
Winding Layers	2	
Winding Type	Whole-Coiled	
Parallel Branches	4	
Conductors per Slot	0	
Coil Pitch	1	
Number of Strands	1	
Wire Wrap	0	
Wire Size	Diameter: 0mm	

Winding	End/Insulation		
	Name	Value	Unit
	Input Half-turn Length	☑	
	Half Turn Length	0	mm
	Base Inner Radius	0	mm
	Tip Inner Diameter	0	mm
	End Clearance	0	mm
	Slot Liner	0	mm
	Wedge Thickness	2.5	mm
	Layer Insulation	0	mm
	Limited Fill Factor	0.8	

图 7 - 3 - 6　设置绕组自动设计和设置槽满率

Slot			
	Name	Value	Unit
	Auto Design	☐	
	Parallel T...	☑	
	Tooth Width	9	mm
	Hs0	1	mm
	Hs1	1	mm
	Hs2	15	mm
	Bs0	0.5	mm
	Rs	0	mm

NO-LOAD MAGNETIC DATA

Stator-Teeth Flux Density (Tesla):	1.74461
Stator-Yoke Flux Density (Tesla):	1.41149
Rotor-Yoke Flux Density (Tesla):	0.372832
Air-Gap Flux Density (Tesla):	0.825081
Magnet Flux Density (Tesla):	0.89231

图 7 - 3 - 7　调整齿宽和轭宽从而调整磁通密度

（8）查看电机结构（图 7 - 3 - 8）。

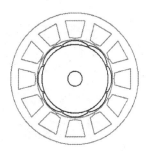

图 7 - 3 - 8　计算后电机结构

（9）查看主要电机性能，电机机械特性曲线如图 7 - 3 - 9 所示。

Stator Slot Fill Factor（%）：78.846 9

Stator-Teeth Flux Density（T）：1.744 61

Stator-Yoke Flux Density（T）：1.411 49

Air-Gap Flux Density（T）：0.825 081

Maximum Line Induced Voltage（V）：237.969

Root-Mean-Square Line Current（A）：7.654 44

Output Power（W）：1 300.46

Efficiency（%）：92.943 4

Power Factor：0.969 39

Synchronous Speed（r/min）：2 500

Rated Torque（N·m）：7.967 38

Torque Angle（°）：23.075 6

Maximum Output Power（W）：3 146.42

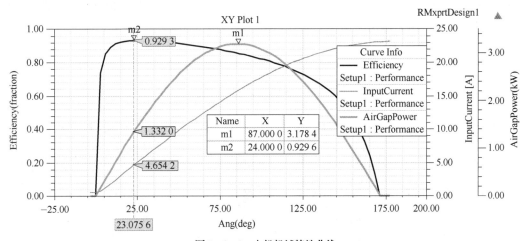

图 7 - 3 - 9　电机机械特性曲线

用 RMxprt 计算，结果基本上达到设计目标值。

7.3.3　永磁同步电机槽自定义设计

（1）选择槽自定义（Use Defined Slot）（图 7 - 3 - 10）。

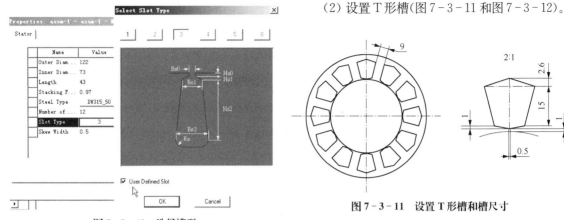

图 7-3-10 选择槽型

（2）设置 T 形槽（图 7-3-11 和图 7-3-12）。

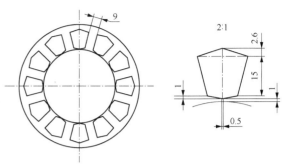

图 7-3-11 设置 T 形槽和槽尺寸

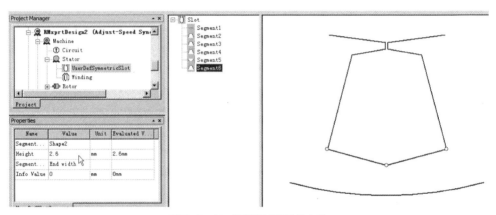

图 7-3-12 设置槽底形状的方法

（3）自定义设置后的定子结构并计算电机性能（图 7-3-13～图 7-3-20），其中图 7-3-16 所示是 Maxwell-16 计算的气隙磁通密度曲线，其单位显示有问题，在 ANSYS-18.1 中对此已修正，同一模块计算也有一定差距，如图 7-3-17 所示。

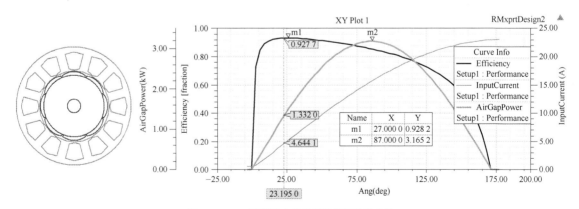

图 7-3-13 计算后电机结构及机械特性曲线

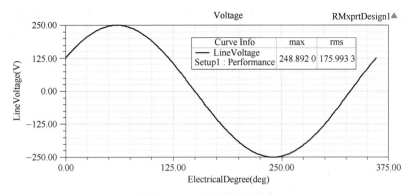

图 7 - 3 - 14　电机线电压曲线

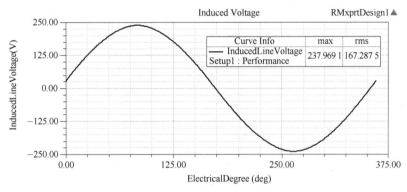

图 7 - 3 - 15　感应电动势曲线

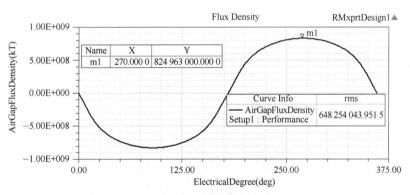

图 7 - 3 - 16　气隙磁通密度曲线

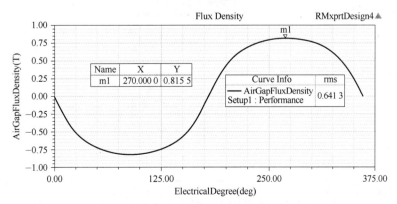

图 7 - 3 - 17　高版本气隙磁通密度曲线

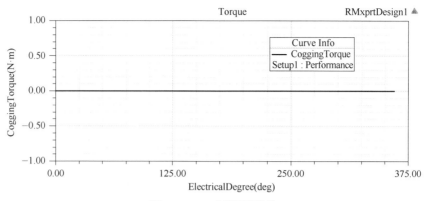

图 7 - 3 - 18　齿槽转矩曲线

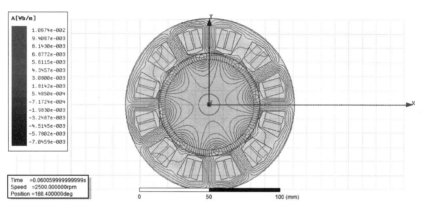

图 7 - 3 - 19　场磁通密度

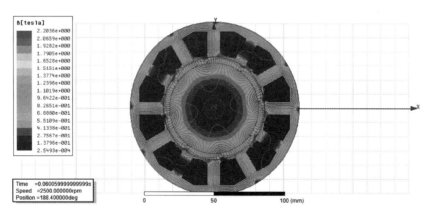

图 7 - 3 - 20　磁通密度云图

（4）改变为 T 形槽结构后，两种电机性能对　比见表 7 - 3 - 2。

表 7 - 3 - 2　槽形不同电机性能对比

电机数据	平底槽	T 形槽
Top Tooth Width(mm)	9	9.393 96
Bottom Tooth Width(mm)	9	9.393 96
Skew Width(Number of Slots)	0.5	0.5

(续表)

电机数据	平底槽	T 形槽
Number of Parallel Branches	4	4
Number of Conductors per Slot	422	422
Wire Diameter(mm)	0.56	0.56
Wire Wrap Thickness(mm)	0.07	0.07
Slot Area(mm^2)	236.408	261.566
Net Slot Area(mm^2)	212.426	237.585
Limited Slot Fill Factor(%)	80	80
Stator Slot Fill Factor(%)	78.846 9	70.497 7
性能计算		
D-Axis Reactive Reactance Xad(Ω)	1.816 06	1.816 06
Q-Axis Reactive Reactance Xaq(Ω)	1.816 06	1.816 06
Stator-Teeth Flux Density(T)	1.744 61	1.678 03
Stator-Yoke Flux Density(T)	1.411 49	1.587 42
No-Load Line Current(A)	0.589 616	0.541 701
No-Load Input Power(W)	56.555 6	58.769
Cogging Torque(N·m)	6.40E−13	6.45E−13
Maximum Line Induced Voltage(V)	237.969	238.907
Root-Mean-Square Line Current(A)	4.654 44	4.644 25
Root-Mean-Square Phase Current(A)	4.654 44	4.644 25
Armature Current Density(A/mm^2)	4.724 35	**4.714**
Total Loss(W)	98.734 9	101.1
Output Power(W)	1 300.46	1 300.42
Input Power(W)	1 399.19	1 401.52
Efficiency(%)	92.943 4	92.786 4
Power Factor	0.969 39	0.971 526
Synchronous Speed(r/min)	2 500	2 500
Rated Torque(N·m)	4.967 38	4.967 24
Torque Angle(°)	23.075 6	23.195
Maximum Output Power(W)	3 146.42	3 133.18

注：本表直接从 Maxwell 计算结果中复制，仅规范了单位。

从上面看，冲片改变成 T 形槽后，齿变宽了，所以齿磁通密度降低，但是电机的气隙磁通密度不变，因此两种电机最终的性能没有变化。但是在 RMxprt 的齿自定义设置中，只改动了一下底边，却会使定子齿宽发生改变，这是美中不足。

可以用定子齿宽作为设计计算数据，或者设计时先把齿设计窄一些，改成 T 形定子槽形后达到要求的齿宽尺寸。

7.3.4 同机座号系列电机的设计方法

如果在同一机座号的系列电机中有一个电机已经设计制作完成，并认为各方面技术指标、工艺指标比较成功，用该电机冲片做成不同输出功率、转矩的电机，这样的设计非常方便。在有

RMxprt 电机设计软件时可以用软件计算一下，设计时与电机推算法相结合，计算速度和效果是比较好的。如果某些单位没有电机设计软件，完全可以靠电机基本原理进行电机推算，计算出的电机也是可以的。

现用已经算好 130ST-M05025 模块，推算同冲片系列 130ST-M15015 电机，两种电机功率、转矩、转速、电流、电机体积都不同（表7-3-3）。

表7-3-3　两种电机性能表

米格	电压(V)	转矩 T(N·m)	额定转速(r/min)	电流控制(A)	输出功率(kW)	L(mm)
130ST-M05025	220	5	2 500	5	1.31	42
130ST-M15015	220	15	1 500	9.5	2.36	110

1）用 RMxprt 设计

（1）进行电机性能设置（图7-3-21）。

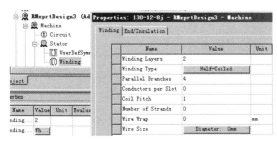

图7-3-21　电机性能设置

（2）电机绕组设置为自动设计（图7-3-22）。

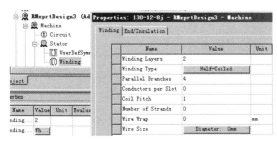

图7-3-22　绕组自动设置

（3）进行电机计算，计算电机结构如图7-3-23所示。

2）计算额定数据　如图7-3-24所示，计算显示电机不能输出需要的功率，电流密度太大。

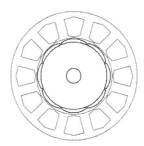

图7-3-23　电机结构

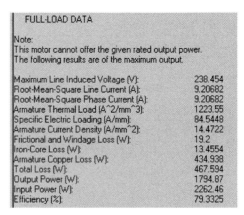

图7-3-24　计算额定数据

3）把电机长度按电流密度比例加长

$$k = \frac{14.472\ 2}{4.714} \times 45 = 138(\text{mm})$$

4）修改电机定、转子长为 138 mm 并计算结果如图7-3-25所示，输出功率已经达到，电流密度稍小。

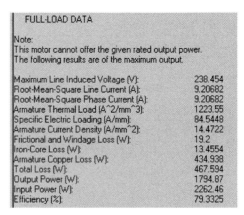

图7-3-25　电机长度修正后的额定数据

5）经过迭代，以 120 mm 为电机定、转子长代入 RMxprt 计算　结果如图7-3-26所示，电机性能完全达到 130ST-M15015 电机要求。

6）电机主要性能计算参数

GENERAL DATA

Rated Output Power(kW)：2.36

```
FULL-LOAD DATA

Maximum Line Induced Voltage (V):        238.745
Root-Mean-Square Line Current [A]:       8.38417
Root-Mean-Square Phase Current [A]:      8.38417
Armature Thermal Load [A^2/mm^3]:        135.289
Specific Electric Loading (A/mm):        28.515
Armature Current Density [A/mm^2]:       4.74447
Frictional and Windage Loss [W]:         19.2
Iron-Core Loss [W]:                      35.2347
Armature Copper Loss [W]:                99.9338
Total Loss [W]:                          154.369
Output Power [W]:                        2360.56
Input Power [W]:                         2514.93
Efficiency [%]:                          93.8619

Power Factor:                            0.970252
IPF Angle [degree]:                      -12.4548
NOTE: IPF Angle is Internal Power Factor Angle.

Synchronous Speed (rpm):                 1500
Rated Torque [N.m]:                      15.0278
Torque Angle [degree]:                   26.4651

Maximum Output Power [W]:                4952.43
```

图 7 - 3 - 26   120 mm 最终电机性能计算结果

Rated Voltage(V): 176
Number of Poles: 8

STATOR DATA

Number of Stator Slots: 12

Outer Diameter of Stator(mm): 122

Inner Diameter of Stator(mm): 73

Type of Steel: DW465_50

Type of Stator Slot: Edited

Top Tooth Width(mm): 9.393 96

Bottom Tooth Width(mm): 9.393 96

Number of Parallel Branches: 4

Number of Conductors per Slot: 260

Type of Coils: 22

Average Coil Pitch: 1

Number of Wires per Conductor: 1

Wire Diameter(mm): 0.75

Stator Slot Fill Factor(%): 77.217

ROTOR DATA

Minimum Air Gap(mm): 1

Inner Diameter(mm): 15

Length of Rotor(mm): 120

Type of Steel: DW465_50

Residual Flux Density(T): 1.2

Coercive Force(kA/m): 868

STEADY STATE PARAMETERS

Stator Winding Factor: 0.866 025

D-Axis Reactive Reactance $X_{ad}(\Omega)$: 1.121 38

Q-Axis Reactive Reactance $X_{aq}(\Omega)$: 1.121 38

Armature Phase Resistance $R1(\Omega)$: 0.473 892

Armature Phase Resistance at 20℃ (Ω): 0.389 814

NO-LOAD MAGNETIC DATA

Stator-Teeth Flux Density(T): 1.625 47

Stator-Yoke Flux Density(T): 1.537 7

Rotor-Yoke Flux Density(T): 0.379 442

Air-Gap Flux Density(T): 0.825 943

Magnet Flux Density(T): 0.908 13

No-Load Line Current(A): 0.865 739

No-Load Input Power(W): 55.505 1

Cogging Torque(N・m): $1.739\ 12 \times 10^{-12}$

FULL-LOAD DATA

Maximum Line Induced Voltage(V): 238.745

Root-Mean-Square Line Current(A): 8.384 17

Armature Current Density(A/mm²): 7.744 47

Output Power(W): 2 360.56

Input Power(W): 2 517.93

Efficiency(%): 93.861 9

Power Factor: 0.970 252

Synchronous Speed(r/min): 1 500

Rated Torque(N・m): 15.027 8

Torque Angle(°): 26.465 1

Maximum Output Power(W): 4 952.43

因此用推算法结合 RMxprt 设计、计算同一机座号的系列电机非常方便。用这种方法的电机额定点的效率与电机最大效率点非常相近,其他参数非常接近设计目标参数,电机设计方便快捷,只需几步即可完成。

电机机械特性曲线如图 7 - 3 - 27 所示,效率与电机最大效率点相对误差为

$$\Delta\eta_{max} = \left| \frac{0.938\ 6 - 0.941\ 9}{0.941\ 9} \right| = 0.003\ 5$$

说明用这种方法能使设计的电机的效率非常接近最大效率点。

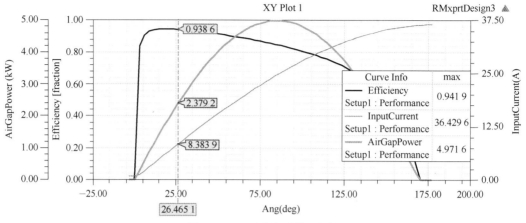

图 7 - 3 - 27 电机机械特性曲线

7.3.5 不同机座号电机的推算方法

7.3.5.1 推算方法 1

从米格电机说明书中,归纳电机机座号与功

率和转矩对照见表 7 - 3 - 4。

现要用 130 原电机模型,设计 80 机座号中某一电机,其技术数据见表 7 - 3 - 5。

表 7 - 3 - 4 不同机座号功率和转矩

机座号	60	80	90	110	130	150	180
输出功率(kW)	0.2~0.6	0.4~1	0.75~1	0.6~1.8	**1~3.8**	3.8~5.5	2.7~2.9
转矩(N·m)	0.64~1.9	1.27~4	2.4~4	2~6	**4~15**	15~27	17.2~27

表 7 - 3 - 5 目标电机和参照电机的技术数据

	型号	电压 (V)	转矩 T (N·m)	额定转速 (r/min)	电流控制 (A)	输出功率 (kW)
目标电机 80	80ST - M02430	220	2.4	3 000	3	0.75
参照电机 130	130ST - M05025	220	5	2 500	5	1.31

电机是 80 机座号,比 130 模型电机外径小,因此定子外径应该考虑到机壳厚度,设厚度为 2.5 mm,所以定子外径可以取 75 mm。要求电机槽满率不变,电流密度为 8 A/mm²。因此可以把 130 冲片按比例缩小,做成 80 机座号冲片。设计步骤如下:

(1) 求电机直径缩小比。

$$k = 80/130 = 0.615\,4$$

(2) 输入电机额定参数(图 7 - 3 - 28)。

(3) 设置损耗。

(4) 把电机定子、转子、磁钢即电机各参数按 0.615 4 比例缩小。

(5) 把绕组设置为自动设计。

(6) 计算电机,改变电机定、转子长度,使电

Machine		
Name	**Value**	**Unit**
Machine Type	Adjust-Speed Synchronous Machine	
Number of Poles	8	
Rotor Position	Inner Rotor	
Frictional Loss	25	W
Windage Loss	0	W
Reference Speed	3000	rpm
Control Type	AC	
Circuit Type	Y3	

图 7 - 3 - 28 输入电机额定参数

机电流密度为 8 A/mm² 左右。结果如下:

GENERAL DATA

Rated Output Power(kW): 0.75

Rated Voltage(V): 176

Number of Poles: 8

Frequency(Hz): 200

STATOR DATA

Number of Stator Slots：12

Outer Diameter of Stator(mm)：75

Inner Diameter of Stator(mm)：45

Type of Stator Slot：Edited

Symmetric Slot

	Type Info　(mm)
1	End Width：0.3
	Arc Offset from Slot Center：0
2	Height：0.615 4
	Parallel Slot Width：0
2	Height：0.615 4
	End Width：6.98
2	Height：9.23
	Parallel Tooth Width：0
6	Radius：0
2	Height：1.6
	End Width：0

Top Tooth Width(mm)：5.784 91

Bottom Tooth Width(mm)：5.784 91

Skew Width(Number of Slots)：0.5

Length of Stator Core(mm)：60

Type of Steel：DW465_50

Number of Parallel Branches：4

Number of Conductors per Slot：424

Average Coil Pitch：1

Number of Wires per Conductor：1

Wire Diameter(mm)：0.33

Stator Slot Fill Factor(%)：77.992 8

ROTOR DATA

Minimum Air Gap(mm)：0.65

Inner Diameter(mm)：10

Length of Rotor(mm)：60

Stacking Factor of Iron Core：0.95

Type of Steel：DW465_50

Polar Arc Radius(mm)：12.62

Mechanical Pole Embrace：0.95

Electrical Pole Embrace：0.734 262

Max. Thickness of Magnet(mm)：2.2

Width of Magnet(mm)：15.482 2

Type of Magnet：35SH-QGP

Magnetic Shaft：Yes

Residual Flux Density(T)：1.2

Coercive Force(kA/m)：868

STEADY STATE PARAMETERS

Stator Winding Factor：0.866 025

D-Axis Reactive Reactance Xad(Ω)：2.903 89

Q-Axis Reactive Reactance Xaq(Ω)：2.903 89

Armature Phase Resistance R1(Ω)：2.106 72

Armature Phase Resistance at 20 ℃ (Ω)：1.732 95

NO-LOAD MAGNETIC DATA

Stator-Teeth Flux Density(T)：1.616 01

Stator-Yoke Flux Density(T)：1.562 46

No-Load Line Current(A)：0.322 553

No-Load Input Power(W)：42.121

Cogging Torque(N·m)：$3.845\ 88 \times 10^{-13}$

FULL-LOAD DATA

Maximum Line Induced Voltage(V)：238.299

Root-Mean-Square Line Current(A)：2.747 5

Armature Current Density(A/mm^2)：8.030 81

Output Power(W)：750.119

Input Power(W)：839.246

Efficiency(%)：89.380 1

Power Factor：0.982 469

Synchronous Speed(r/min)：3 000

Rated Torque(N·m)：2.387 7

Torque Angle(°)：27.272 1

Maximum Output Power(W)：1 651.42

电机机械特性曲线如图 7-3-29 所示。

从计算书看用 130 电机冲片做 80 机座号电机的推算法设计永磁同步电机是非常成功的。

现在这个 80 外径的电机铁心长 60 mm。如果在该 80 电机模块基础上，提高齿磁通密度、减小气隙宽，则电机长会缩短很多。

7.3.5.2　推算方法 2

推算方法 1 是利用 130 电机推算 80 机座号电机，求取电机冲片及电机性能参数的，可以看出 130 和 80 电机的细长比相差很大。所以选用 80 机座号，定子外径为 75 mm 并不合适。如果

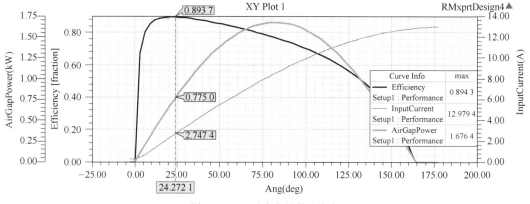

图 7 - 3 - 29   电机机械特性曲线

只有一种电机,而要设计另外一种转矩、转速不同的永磁同步电机,选取电机外径一方面可以参照一些资料,作者统计了某厂生产的永磁同步电机,不同机座号电机性能见表 7 - 3 - 6。

表 7 - 3 - 6   不同机座号电机性能

机座号	60	80	90	110	130	150	180
输出功率(kW)	0.2~0.6	0.4~1	0.75~1	0.6~1.8	1~3.8	3.8~5.5	2.7~2.9
转矩(N·m)	0.64~1.9	1.27~4	2.4~4	2~6	**4~15**	15~27	17.2~27
转矩中值(N·m)	1.27	**2.64**	3.2	4	**9.5**	21	22.1

另一方面,可以用电机推算法决定电机的定子外径,如 130 机座号电机转矩中值为 9.5 N·m,而要设计的 80ST - M02430 电机转矩为 2.64,因此其相似比为

$$k = \sqrt[4]{\frac{T_2}{T_1}} = \sqrt[4]{\frac{2.64}{9.5}} = 0.726$$

因此 80 电机的外径为

$D = 0.726 \times 122 = 88.5 (\text{mm})(122 \text{ mm} 为 130 电机外径)$

也就是说,这样的电机性能用 90 机座号比较合适,考虑机壳厚 2 mm,因此 80ST - M02430 电机定子外径应该选用 86 mm。机壳用 90 方形,技术数据控制见表 7 - 3 - 5。

那么两种电机定子外径比

$$k = 86/122 = 0.705$$

(1)输入电机额定参数(图 7 - 3 - 30)。

(2)设置损耗(图 7 - 3 - 31)。

(3)把电机定子、转子、磁钢即电机各参数按 0.705 比例缩小。

(4)把绕组设置为自动设计。

General	ASSM			
Name	Value	Unit	Evaluated V.	
Name	Setup1			
Enabled	✔			
Operation ...	Motor			
Load Type	Const Power			
Rated Outp...	0.75	kW	0.75kW	
Rated Voltage	176	V	176V	
Rated Speed	3000	rpm	3000rpm	
Operating ...	75	cel	75cel	

图 7 - 3 - 30   输入电机额定参数

Machine		
Name	Value	Unit
Machine Type	Adjust-Speed Synchronous Machine	
Number of Poles	8	
Rotor Position	Inner Rotor	
Frictional Loss	25	W
Windage Loss	0	W
Reference Speed	3000	rpm
Control Type	AC	
Circuit Type	Y3	

图 7 - 3 - 31   设置损耗

(5)计算电机,改变电机定、转子长度,使电机电流密度为 8 A/mm² 左右。结果如下:

80ST - M02430

Rated Output Power(kW)：0.75

Rated Voltage(V)：176

Number of Poles：8

Frequency(Hz)：200

STATOR DATA

Number of Stator Slots：12

Outer Diameter of Stator(mm)：86

Inner Diameter of Stator(mm)：51.5

Type of Stator Slot：Edited

Symmetric Slot

Type Info　(mm)

1　End Width：0.35

Line Edge：0

2　Height：0.705

Parallel Slot Width：0

2　Height：0.705

End Width：7.97

2　Height：10.5

Parallel Tooth Width：0

6　Radius：0

2　Height：1.833

End Width：0

Top Tooth Width(mm)：6.639 16

Bottom Tooth Width(mm)：6.639 16

Skew Width(Number of Slots)：0.5

Length of Stator Core(mm)：40

Stacking Factor of Stator Core：0.97

Type of Steel：DW465_50

Number of Parallel Branches：4

Number of Conductors per Slot：556

Average Coil Pitch：1

Number of Wires per Conductor：1

Wire Diameter(mm)：0.33

Stator Slot Fill Factor(%)：76.519

ROTOR DATA

Minimum Air Gap(mm)：0.75

Inner Diameter(mm)：15

Length of Rotor(mm)：40

Stacking Factor of Iron Core：0.95

Type of Steel：DW465_50

Polar Arc Radius(mm)：17.5

Mechanical Pole Embrace：0.95

Electrical Pole Embrace：0.734 974

Max. Thickness of Magnet(mm)：2.5

Width of Magnet(mm)：17.720 5

Type of Magnet：35SH - QGP

PERMANENT MAGNET DATA

Residual Flux Density(T)：1.2

Coercive Force(kA/m)：868

NO-LOAD MAGNETIC DATA

Stator-Teeth Flux Density(T)：1.614 71

Stator-Yoke Flux Density(T)：1.512 54

Air-Gap Flux Density(T)：0.804 456

Magnet Flux Density(T)：0.904 907

No-Load Line Current(A)：0.273 888

No-Load Input Power(W)：39.636 7

Cogging Torque(N · m)：$3.348\,43 \times 10^{-13}$

FULL-LOAD DATA

Maximum Line Induced Voltage(V)：238.959

Root-Mean-Square Line Current(A)：2.765 58

Armature Current Density(A/mm²)：8.083 67

Output Power(W)：750.224

Input Power(W)：838.423

Efficiency(%)：89.480 4

Power Factor：0.977 811

Synchronous Speed(r/min)：3 000

Rated Torque(N · m)：2.388 04

Torque Angle(°)：27.623 2

Maximum Output Power(W)：1 487.83

电机机械特性曲线如图 7 - 3 - 32 所示。

$$\Delta\eta_{max} = \left| \frac{0.894\,7 - 0.895\,2}{0.895\,2} \right| = 0.000\,56$$

(0.895 2 是图 7 - 3 - 32 中电机的最大效率)

这种推算方法,电机设计、计算非常简单、快捷。可以看出,电机的性能非常好,各项指标都达到目标设计要求。电机叠长从 60 mm 减小到

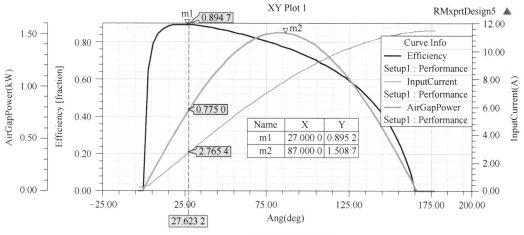

图 7 - 3 - 32   电机机械特性曲线

40 mm,其长细比 $k=40/86=0.465$,原电机长细比 $k=60/75=0.8$,所以长细比也有改观。电机的体积 D^2L 也有所缩小,可以较大节约电机的材料成本($295.840\ cm^3/337.500\ cm^3=0.877$)。根据这个思路可以设计出整个电机的系列机座号冲片和电机。

7.3.6　冲片相同电机的快速推算法

许多场合,电机冲片相同,要做成不同转矩、转速的永磁同步电机是在工厂中经常发生的。即利用现有的定、转子,改变电机绕组,最多再改变电机的叠厚,做成另外一只电机。这种情况还要求对电机绕组参数和电机叠长要技术人员很快提供数据,以便试制。

现在用 130ST - M05025 作为样本电机,快速推算目标电机 130ST - M10010,两个电机数据见表 7 - 3 - 7。

表 7 - 3 - 7　样本电机和目标电机参数

	型号	电压(V)	转矩 T(N·m)	额定转速(r/min)	电流控制(A)	输出功率(kW)
样本电机	130ST - M05025	220	5	2 500	5	1.3
目标电机	130ST - M10010	220	10	1 000	7.5	1.0

冲片相同系列同步电机推算如下:

样本电机:220 V、1.3 kW、5 N·m、2 500 r/min、(422/2)匝、0.56 线径、$L=43$ mm。

目标电机:220 V、1 kW、10 N·m、1 000 r/min,求:电机匝数、线径、电机叠长。

冲片相同,求绕组定子长度、绕组匝数和线径。

电机的体积和参数的关系为

$$D_i^2 L = \frac{3T'_N D_i \times 10^4}{B_r \alpha_i K_{FE} Z A_S K_{SF} j} \quad (7-3-1)$$

如果电机定子和转子尺寸不变,则

$$DZA_S K_{SF} j B_r \alpha_i K_{FE} = \frac{3T'_{N1} \times 10^4}{L}$$

这样利用电机冲片,电机的转矩不同,要达到同样的电流密度 j 和槽满率 K_{SF},那么电机长度必须相应改变。

1)求电机长度　冲片相同,电机转矩与长度成正比,即

$$\frac{L_2}{L_1} = \frac{T_2 K_{SF1} j_1}{T_1 K_{SF2} j_2} \quad (7-3-2)$$

冲片相同,电流密度 j 和槽满率相同,电机转矩与长度成正比,即

$$L_2 = \frac{T_2}{T_1} L_1 \quad (7-3-3)$$

$$L_2 = \frac{10}{5} \times 43 = 86 (mm)$$

2）求绕组匝数　永磁同步电机，感应电动势常数

$$K_E = \frac{U}{n_1} = \frac{N_1 \Phi_1}{60}, \quad U = \frac{N\Phi n}{60}, \quad N_1 = \frac{60U}{n_1 \Phi}$$

可以推导出

$$\frac{W_2}{W_1} = \frac{n_1 L_1 U_2}{n_2 L_2 U_1} \qquad (7-3-4)$$

电压相同时

$$W_2 = \frac{n_1 L_1}{n_2 L_2} W_1 \qquad (7-3-5)$$

$$W_2 = \frac{n_1 L_1}{n_2 L_2} W_1 = \frac{2\,500 \times 43}{1\,000 \times 86} \times 211 = 264(\text{匝})$$

电压不同时

$$W_2 = \frac{n_1 L_1 U_2}{n_2 L_2 U_1} W_1 \qquad (7-3-6)$$

3）求绕组线径　在确保不同转矩 T 和转矩常数 K_T、相同电流密度 j 下的线径如下

$$K_T = \frac{N\Phi}{2\pi} \propto NL \propto \frac{T}{I}, \quad NL \propto \frac{T}{I}, \quad I \propto \frac{T}{NL}$$

$$j = \frac{4I}{\pi d^2}, \quad a_2 a_2' d_2^2 = \frac{4I_2}{\pi j}, \quad d_2^2 = \frac{4T_2}{a_2 a_2' \pi j N_2 L_2}$$
$$(7-3-7)$$

$$\frac{d_2^2}{d_1^2} = \frac{I_2}{I_1} = \frac{a_1 a_1' T_2 N_1 L_1}{a_2 a_2' T_1 N_2 L_2}$$

$$d_2 = \sqrt{\frac{a_1 a_1' T_2 W_1 L_1}{a_2 a_2' T_1 W_2 L_2}} d_1 \qquad (7-3-8)$$

$$d_2 = \sqrt{\frac{a_1 a_1' T_2 W_1 L_1}{a_2 a_2' T_1 W_2 L_2}} d_1$$
$$= \sqrt{\frac{4 \times 1 \times 10 \times 211 \times 43}{4 \times 1 \times 5 \times 264 \times 86}} \times 0.56$$
$$= 0.5(\text{mm})$$

4）判别绕组槽满率　如果电机体积、槽满率不变，槽内可以放的最大线径为

$$d_2 = \sqrt{\frac{W_1}{W_2}} d_1 \qquad (7-3-9)$$

$$d_2 = \sqrt{\frac{W_1}{W_2}} d_1 = \sqrt{\frac{211}{264}} \times 0.56 = 0.5(\text{mm})$$

推算结果：①定、转子长 86 mm；②绕组匝数（每齿）264 匝（每槽 528 根）；③绕组线径 0.5 mm（裸线）。

这种方法纯粹是通过电机基本电磁关系进行推算，不用电机设计软件，避免了求电流、磁通带来的不确切因素。用了 4 个公式就可以计算出达到设计目标值的新电机主要结构参数，把推算数据导入 RMxprt 进行核算：

130ST-M10010 设计单主要参数（计算书中括号内是 130ST-M05025 的数据）如下：

GENERAL DATA

Rated Output Power(kW)：1

Rated Voltage(V)：176

Number of Poles：8

Frequency(Hz)：66.666 7

STATOR DATA

Number of Parallel Branches：4

Length of Stator(mm)：86

Number of Conductors per Slot：528

Average Coil Pitch：1

Number of Wires per Conductor：1

Wire Diameter(mm)：0.5

Stator Slot Fill Factor(%)：69.693 3(70.497 7)

ROTOR DATA

Minimum Air Gap(mm)：1

Inner Diameter(mm)：15

Length of Rotor(mm)：86

Type of Steel：DW465_50

Type of Magnet：35SH-QGP

PERMANENT MAGNET DATA

Residual Flux Density(T)：1.2

Coercive Force(kA/m)：868

NO-LOAD MAGNETIC DATA

Stator-Teeth Flux Density(T)：1.627 31

Stator-Yoke Flux Density(T)：1.539 44

Air-Gap Flux Density(T)：0.821 551

FULL-LOAD DATA

Maximum Line Induced Voltage(V)：231. 905

Root-Mean-Square Line Current(A)：3. 639 18

Armature Current Density(A/mm^2)：7. 633 54(7. 714)

Output Power(W)：1 000. 45

Input Power(W)：1 097. 51

Efficiency(%)：91. 406　(92. 786 4)

Power Factor：0. 973 182　(0. 971 526)

Synchronous Speed(r/min)：1 000

Rated Torque(N·m)：9. 553 55

Torque Angle(°)：22. 864 3

Maximum Output Power(W)：2 257. 65

从计算书可以看出,用快速推算法,仅用 4 个计算公式,推算出的电机模块的性能便达到了电机设计的目标要求,电机的控制参数如槽满率、电流密度、效率、功率因数和样本电机基本相同,仅花费数分钟的时间。电机机械特性曲线如图 7 - 3 - 33 所示。

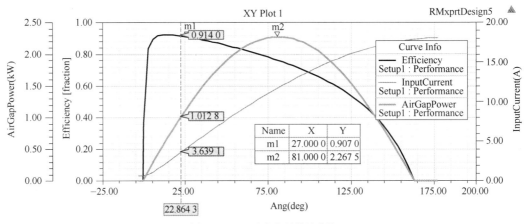

图 7 - 3 - 33　电机机械特性曲线

从上面计算看,这种推算法既达到了目标电机的参数要求,主要电气和工艺指标又和样本电机相同,推算极其简单,不失为一种快速设计永磁同步电机的方法。应该说,用这种永磁同步电机快速推算法计算出的电机性能与 RMxprt 计算的性能相一致。

根据推算原理,作者编了个 Excel(图 7 - 3 - 34),用推算法更加方便,特别是一种电机某个参数改动后的结果立即可以知道,读者可以根据作者提供的计算公式,编制电机快速推算程序。参数一经填好,计算结果立即呈现,非常简便、快捷。该表上也列出了计算公式,读者自己编这个程序就可以计算了。

永磁同步电机的设计中,电机的快速推算法既可以快速、准确计算出与目标电机非常相近的电机模块的各种结构和参数,又可以把这种快速

	A	B	C	D	E	F	G	H	I	J	K	L
1	永磁同步电机-冲片相同系列电机的推算法(求取长度、匝数、线径)											
2	U1	T1	n1	Br1	ALF1	Ksf1	j1	a1	a1'	L1	W1	d1
3	176	5	2500	1.23	0.72	0.58	4.63354	4	1	43	211	0.56
4	U2	T2	n2	Br2	ALF2	Ksf2	j2	a2	a2'	L2	W2	d2
5	176	10	1000	1.23	0.72	0.58	4.63354	4	1	86.00	263.75	0.50
6												
7	L2=B5*D3*E3*F3*G3*J3/B3/D5/E5/F5/G5											
8	w2=A5*C3*D3*E3*J3*K3/A3/C5/D5/E5/J5											
9	d2===SQRT(B5*H3*I3*G3*K3*D3*E3*J3/B3/H5/I5/G5/K5/D5/E5/J5)*L3											

图 7 - 3 - 34　用 Excel 推算法程序介绍

注：如果两种电机某一参数(磁钢、槽满率、电流密度)要求相同,则不要刻意填入准确的参数值;如果不同,则要求填入准确数值。

推算法用于永磁同步电机设计模块的快速建模,避免了电机设计中许多不确切因素的控制和设置,这比 MotorSolve 的"尺寸设计"生成的电机初始模块要快速、准确,读者不妨做个比较。因此不要因为有了电机设计软件而小瞧了一些非常简捷、方便、准确的电机设计的基本手段和方法。实际永磁同步电机设计不一定要"大动干戈",有些永磁同步电机设计真的是"分分秒秒"就可以搞定,这种方法特别适用于一线的电机工程技术设计人员。

7.4　电动汽车永磁同步电机设计

永磁同步电机具有单位体积输出功率较大、控制方便、效率高、效率平台宽等优点,因此广泛应用于电动车中。

电动车中的永磁同步电机设计考虑的问题比其他电机要多,是非常具有研究性的课题,但毕竟是永磁同步电机,所以在电机运行、设计原则方面和永磁同步电机设计相同,一些电机基本磁、电性能都适用于电动车用永磁同步电机,为此也可以用一些基本方法进行电机快速设计。

7.4.1　3 kW 电动车电机的设计、分析

游览车在大型公园中是很常见的,以前游览车中的电机大多是用有刷的直流串励或并励电机,现在大多数用永磁同步电机来替代,游览车电机的功率大小不一,本小节对 3 kW 永磁同步电机进行分析、设计计算。

基本参数:额定功率 3 kW、额定电压 48 V DC(蓄电池)、额定转速 2 800 r/min、峰值功率 6.5 kW、最大转矩 48 N·m、最高转速 4 000 r/min。

1) 对电机参数进行分析并提出设置方案

(1) 因为在技术参数中已经提出了额定功率和额定转速,因此额定转矩为

$$T_N = 9.549\ 3P_2/n$$
$$= 9.549\ 3 \times 3\ 000/2\ 800$$
$$= 10.23(N \cdot m)$$

该电机的最大转矩与额定转矩之比较大 (48/10.23＝4.69),如果要保证在 2 800 r/min 时能输出 48 N·m 转矩,那么电机的最大输出功率应该大于

$$P_{max} = 3\ 000 \times 4.69 = 14\ 070(W) = 14(kW)$$

这种电机最大输出功率时的电流和电流密度较大,这种电动游览车最高运行状况(爬坡或加速)不应该是长时间的,例如运行时间只能在 1～2 min,如需电机长时间工作,则需附加冷却系统。

(2) 因为电机是用蓄电池供电,电压又很低,不可能设计时再降低电压作为工作电压,因此只能将额定电压设置为工作电压,提速则靠电机弱磁进行,考虑到电机供电电压太低,因此控制器控制用 SVPWM,用 AC 模式计算,选用电压 31.85 V AC,见表 7-4-1。

表 7-4-1　求取 AC 模式的输入电压值

U_d 输入逆变器电压直流电压(V)	K(考虑滤波负载和压降)单相 $K = 0.95$ ～0.97	PWM (V)	DC (V)	AC (V)	AC(SVPWM) 相电压,有效值(V)
48	1.00	48.00	33.94	27.70	31.85

(3) 电机定子外壳为 171 mm,每边厚 8 mm,因此定子外径选用 155 mm,定子内径选 100 mm,"裂比"为 100/155＝0.645。

(4) 选用 12 槽 10 极配合,这样齿槽转矩比 12 槽 8 极的要小。

(5) 齿磁通密度取用 1.5～1.6 T,轭磁通密度取为 1 T 左右。

(6) 用人工下线,槽满率限制在 60% 之内。

(7) 考虑到电机经常会在最高点工作,所以额定点电流密度设置在 3 A/mm² 之内。

(8) 为了弱磁,磁钢用一字形内嵌式。

(9) 磁钢用 30SH(1.1 T,838 kA/m,按该电机设计时钕铁硼生产水平)。

(10) 冲片用 310-50。

(11) 12 槽 10 极,绕组并联支路数最大为

本节技术资料由常州御马精密冲压件有限公司提供。

2,这样绕组每分区每相线圈个数为偶数,绕组排列、接线应该注意,前面已经讲述过。

（12）转子不分段斜极,根据计算结果,如果定位转矩大,则考虑定子斜槽。

2）用 RMxprt 电机快速设计

（1）额定数据输入（图 7-4-1）。

	Name	Value	Unit	Evaluated V...
	Name	Setup1		
	Enabled	☑		
	Operation ...	Motor		
	Load Type	Const Power		
	Rated Outp...	3	kW	3kW
	Rated Voltage	31.85	V	31.85V
	Rated Speed	2800	rpm	2800rpm
	Operating ...	75	cel	75cel

图 7-4-1　输入额定参数

（2）设置极数与风摩耗（图 7-4-2）。

	Name	Value	Unit	Evaluated V...
	Machine Type	Adjust-Speed Syn...		
	Number of ...	10		
	Rotor Posi...	Inner Rotor		
	Frictional...	45	W	45W
	Windage Loss	0	W	0W
	Reference ...	2800	rpm	
	Control Type	AC		
	Circuit Type	Y3		

图 7-4-2　设置损耗

（3）设置定子参数、槽形自动设计（图 7-4-3），设置槽满率限值 0.6（图 7-4-4）。

	Name	Value	Unit
	Outer Diam...	98	mm
	Inner Diam...	30	mm
	Length	60	mm
	Steel Type	DW315_50	
	Stacking F...	0.95	
	Pole Type	5	

	Name	Value	Unit
	Auto Design	☑	
	Hs0	1.2	mm
	Hs1	0.1	mm
	Bs0	4	mm
	Rs	1	mm

图 7-4-3　设置定子参数、设置槽形自动设计

Winding	End/Insulation	

	Name	Value	Unit
	Input Half-turn Length	☐	
	End Extension	0	mm
	Base Inner Radius	0	mm
	Tip Inner Diameter	0	mm
	End Clearance	0	mm
	Slot Liner	0.25	mm
	Wedge Thickness	0	mm
	Layer Insulation	0	mm
	Limited Fill Factor	0.6	

图 7-4-4　设置电机槽满率限值

（4）设置定子、转子及磁钢形式（图 7-4-5）。

Name	Value	Unit
Outer Diam...	154.9	mm
Inner Diam...	100	mm
Length	82	mm
Stacking F...	0.97	
Steel Type	DW315_50	
Number of ...	12	
Slot Type	3	
Skew Width	0	

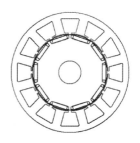

图 7-4-5　设置转子参数及磁钢形式

（5）磁钢设置（图 7-4-6）。

	Name	Value	Unit
	Embrace	0.7	
	Bridge	0.7	mm
	Rib	3.5	mm
	Magnet Type	NdFe30	
	Magnet Width	20	mm
	Magnet Thi...	4.5	mm

图 7-4-6　磁钢设置

（6）调整槽形（图 7-4-7）,使齿磁通密度达 1.5～1.6 T,轭磁通密度达 1 T 左右（图 7-4-8）。

Name	Value	Unit	Evaluated V...
Auto Design	☐		
Parallel T...	☑		
Tooth Width	11.5	mm	11.5mm
Hs0	1.2	mm	1.2mm
Hs1	0.1	mm	0.1mm
Hs2	16.9	mm	16.9mm
Bs0	4	mm	4mm
Rs	1	mm	1mm

图 7-4-7　调整槽形

NO-LOAD MAGNETIC DATA

Stator-Teeth Flux Density (Tesla):	1.54173
Stator-Yoke Flux Density (Tesla):	0.968224
Rotor-Yoke Flux Density (Tesla):	0.233149
Air-Gap Flux Density (Tesla):	0.688426
Magnet Flux Density (Tesla):	0.912683

图 7-4-8　计算磁通密度

（7）查看电流密度（图 7-4-9）。

FULL-LOAD DATA

Maximum Line Induced Voltage (V):	42.7744
Root-Mean-Square Line Current (A):	59.4933
Root-Mean-Square Phase Current (A):	59.4933
Armature Thermal Load (A^2/mm^3):	80.6899
Specific Electric Loading (A/mm):	20.4523
Armature Current Density (A/mm^2):	3.94527

图 7-4-9　查看电流密度

电流密度为 3.945 27 A/mm², 超过了 3 A/mm², 增加电机长到 82 mm, 使电流密度达 3 A/mm²（图 7-4-10）。

FULL-LOAD DATA

Maximum Line Induced Voltage (V):	45.414
Root-Mean-Square Line Current (A):	56.9173
Root-Mean-Square Phase Current (A):	56.9173
Armature Thermal Load (A^2/mm^3):	45.3487
Specific Electric Loading (A/mm):	15.2186
Armature Current Density (A/mm^2):	2.97983
Maximum Output Power (W):	16023.7

图 7-4-10　查看电流密度和最大输出功率

这时电机最大输出功率超过了 14 kW, 以 14 kW 为输入点, 求取该功率的电流密度（图 7-4-11）。电流密度为 15.796 4 A/mm², 这样的电流密度电机在常温下可以在较短时间工作, 并要求电机有较高的绝缘等级, 否则电机的运行寿命不长。

FULL-LOAD DATA

Maximum Line Induced Voltage (V):	45.414
Root-Mean-Square Line Current (A):	301.726
Root-Mean-Square Phase Current (A):	301.726
Armature Thermal Load (A^2/mm^3):	1274.39
Specific Electric Loading (A/mm):	80.6756
Armature Current Density (A/mm^2):	15.7964

图 7-4-11　查看最大功率时的电流密度

（8）绕组情况（图 7-4-12 和图 7-4-13）。

Number of Parallel Branches:	2
Number of Conductors per Slot:	14
Type of Coils:	21
Average Coil Pitch:	1
Number of Wires per Conductor:	19
Wire Diameter (mm):	0.8
Wire Wrap Thickness (mm):	0.09
Slot Area (mm^2):	369.539
Net Slot Area (mm^2):	335.891
Limited Slot Fill Factor (%):	65
Stator Slot Fill Factor (%):	62.7282

图 7-4-12　查看电机绕组参数

注: 该样本电机绕组就是 7 匝, 0.8 线 19 根并绕。

绕线参数

导线牌号	QZY-2/180
裸导线直径	0.80
元件数	2
并绕根数	19
每元件匝数	7
20℃时线电阻（Ω）	0.006 7±0.000 6

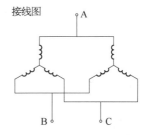

图 7-4-13　绕组参数和接线

（9）RMxprt 电机设计计算。初算电机齿槽转矩与额定转矩比, $K = 0.397 802/16.543 8 = 0.024$, 在 2% 左右, 可以不斜槽或分段错位, 暂不进行齿槽转矩减弱。

GENERAL DATA

Rated Output Power(kW): 3

Rated Voltage(V): 31.85

Number of Poles: 10
Frequency(Hz): 233. 333
Frictional Loss(W): 93. 333 3
Windage Loss(W): 0
Rotor Position: Inner
Type of Circuit: Y3
Type of Source: Sine
Domain: Time
Operating Temperature(℃): 75

STATOR DATA

Number of Stator Slots: 12
Outer Diameter of Stator(mm): 154. 9
Inner Diameter of Stator(mm): 100
Type of Stator Slot: 3
 Stator Slot
 hs0(mm): 1. 2
 hs1(mm): 0. 1
 hs2(mm): 16. 9
 bs0(mm): 4
 bs1(mm): 15. 564 5
 bs2(mm): 24. 621 1
 rs(mm): 1
Top Tooth Width(mm): 11. 5
Bottom Tooth Width(mm): 11. 5
Skew Width(Number of Slots): 0
Length of Stator Core(mm): 82
Stacking Factor of Stator Core: 0. 97
Type of Steel: DW315_50
Designed Wedge Thickness(mm): 0. 1
Slot Insulation Thickness(mm): 0. 25
Layer Insulation Thickness(mm): 0. 25
End Length Adjustment(mm): 0
Number of Parallel Branches: 2
Number of Conductors per Slot: 14
Type of Coils: 21
Average Coil Pitch: 1
Number of Wires per Conductor: 19
Wire Diameter(mm): 0. 8
Wire Wrap Thickness(mm): 0. 09
Slot Area(mm^2): 369. 539
Net Slot Area(mm^2): 335. 891

Limited Slot Fill Factor(%): 65
Stator Slot Fill Factor(%): 62. 728 2
Coil Half-Turn Length(mm): 117. 949
Wire Resistivity($\Omega \cdot mm^2/m$)0. 021 7

ROTOR DATA

Minimum Air Gap(mm): 1
Inner Diameter(mm): 30
Length of Rotor(mm): 82
Stacking Factor of Iron Core: 0. 97
Type of Steel: steel_1 010
Bridge(mm): 0. 7
Rib(mm): 3. 5
Mechanical Pole Embrace: 0. 7
Electrical Pole Embrace: 0. 742 106
Max. Thickness of Magnet(mm): 4. 5
Width of Magnet(mm): 20
Type of Magnet: NdFe30
Type of Rotor: 5
Magnetic Shaft: Yes

PER MANENT MAGNET DATA
Residual Flux Density(T): 1. 1
Coercive Force(kA/m): 838

STEADY STATE PARAMETERS
Stator Winding Factor: 0. 933 013
D-Axis Reactive Reactance Xad(Ω): 0. 020 173 3
Q-Axis Reactive Reactance Xaq(Ω): 0. 056 740 4

NO-LOAD MAGNETIC DATA
Stator-Teeth Flux Density(T): 1. 539 91
Stator-Yoke Flux Density(T): 0. 967 085
Rotor-Yoke Flux Density(T): 0. 232 874
Air-Gap Flux Density(T): 0. 693 619
Magnet Flux Density(T): 0. 911 609
No-Load Line Current(A): 2. 863 55
No-Load Input Power(W): 147. 982
Cogging Torque(N · m): 0. 430 427

FULL-LOAD DATA
Maximum Line Induced Voltage(V): 45. 414

Root-Mean-Square Line Current(A)56. 917 3

Armature Current Density(A/mm²)：2. 979 83

Output Power(W)：2 999. 39

Input Power(W)：3 183. 73

Efficiency(%)：94. 21

Synchronous Speed(r/min)：2 800

Rated Torque(N • m)：10. 229 3

Torque Angle(°)：16. 688 2

Maximum Output Power(W)：16 023. 7

Torque Constant KT(N • m/A)：0. 185 315

计算电机结构和绕组排列如图 7 - 4 - 14 所示，其性能曲线如图 7 - 4 - 15～图 7 - 4 - 22 所示，电机性能测试数据见表 7 - 4 - 2。

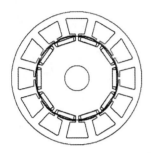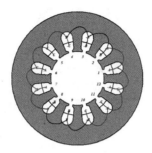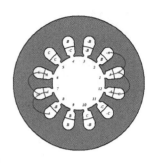

图 7 - 4 - 14　电机结构和绕组排列

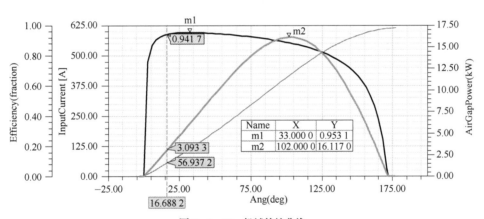

图 7 - 4 - 15　机械特性曲线

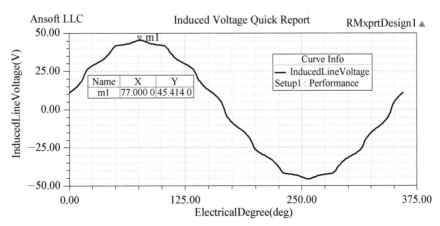

图 7 - 4 - 16　感应电动势曲线

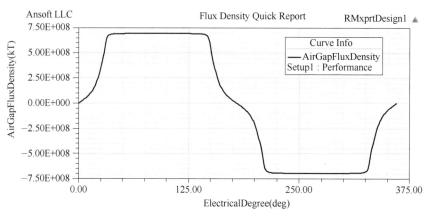

图 7 - 4 - 17　气隙磁通密度曲线

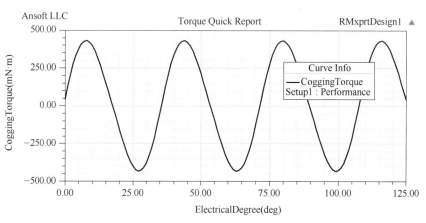

图 7 - 4 - 18　齿槽转矩曲线

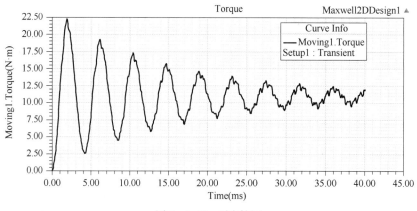

图 7 - 4 - 19　瞬态转矩

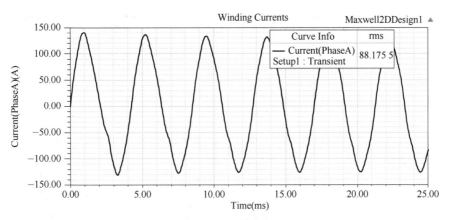

图 7 - 4 - 20　相电流

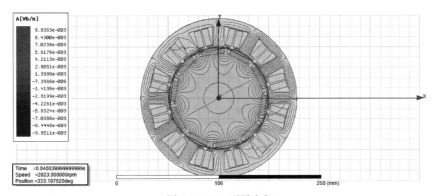

图 7 - 4 - 21　磁通分布

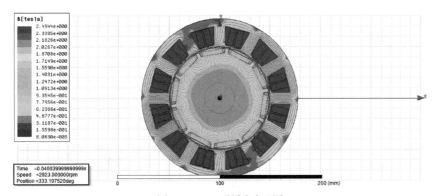

图 7 - 4 - 22　磁通密度云图

表 7 - 4 - 2　电机性能测试数据

设定转速 （r/min）	电机转速 （r/min）	输出转矩 （N·m）	输出功率 （kW）	电机输入 电压（V）	电机输入 电流（A）	电机输入 功率（kW）	电机效率 （%）
500	517	10.1	0.55	16.5	66.9	0.65	84.4
1 000	1 012	10.0	1.06	22.0	68.8	1.18	89.7

（续表）

设定转速 （r/min）	电机转速 （r/min）	输出转矩 （N·m）	输出功率 （kW）	电机输入 电压（V）	电机输入 电流（A）	电机输入 功率（kW）	电机效率 （%）
1 500	1 536	11.3	1.81	27.0	77.9	2.03	89.3
2 000	2 017	10.7	2.26	30.3	72.1	2.38	94.9
2 500	2 547	10.8	2.89	33.6	75.9	3.18	91.1
2 800	**2 823**	**10.6**	**3.13**	**32.4**	**83.5**	**3.54**	**88.5**
3 000	3 021	9.0	2.85	31.3	83.8	3.21	88.7
3 500	3 524	8.7	3.20	28.6	114.4	3.62	88.3
4 000	4 042	7.0	2.95	31.5	151.7	4.20	70.3

（10）对电机的参数改进。

① 如果电机斜槽 0.2 槽，那么电机的感应电动势波形就非常平滑。电机的感应电动势波形为平滑的正弦波时，控制器精密控制会控制得比较好（图 7-4-23），电机的齿槽转矩减小（图 7-4-24）。

较大的电机定子斜 0.2 槽比转子分段错位工艺处理上要容易些，总之斜槽比不斜槽好。

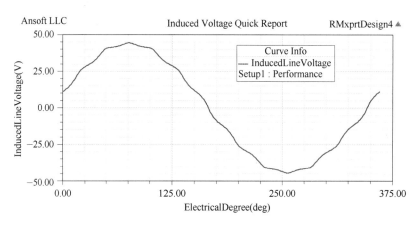

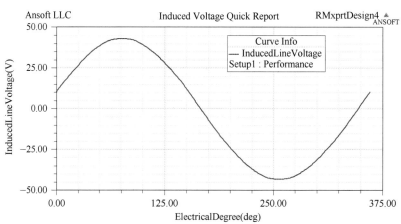

图 7-4-23　两种波形比较

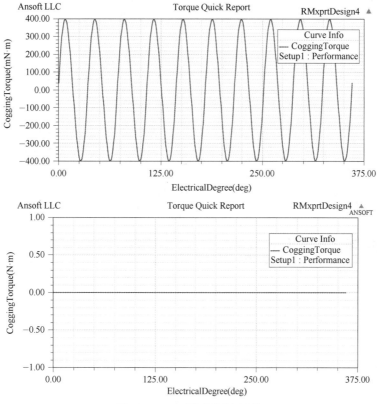

图 7 - 4 - 24 两种齿槽转矩比较

② 齿斜肩似乎窄了些,齿磁通密度最多在
2.0 左右,一般电机的齿斜肩磁通密度确实要高
些(图 7 - 4 - 25)。

③ 电机的最高转速 4 000 r/min 应该用弱磁
控制,这和控制器有很大的关系,从 2 800 r/min
提升到 4 000 r/min,一般内嵌式永磁同步电机在
和控制器配合的情况下弱磁提速是能够达到的,
电机运行在恒功率区,弱磁时电机的电流会较
大,必须保证控制器能输出这些电流(图 7 - 4 - 26
和图 7 - 4 - 27)。

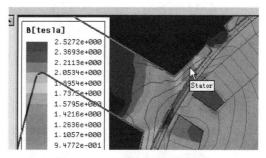

图 7 - 4 - 25 查看齿斜肩磁通密度

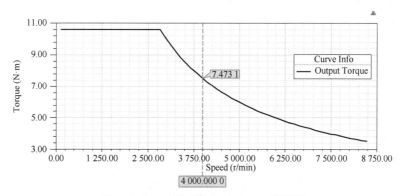

图 7 - 4 - 26 查看电机 4 000 r/min 时的转矩

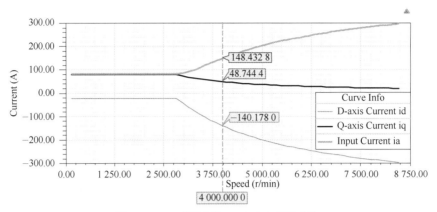

图 7 - 4 - 27　查看电机 4 000 r/min 时的电流

7.4.2　MotorSolve 电机的设计、分析

MotorSolve 按照上例 3 kW 电机 RMxprt 计算的模块进行计算性能比较。

1）MotorSolve 建模　建模电机结构如图 7 - 4 - 28 所示,建模步骤如图 7 - 4 - 29～图 7 - 4 - 37 所示。

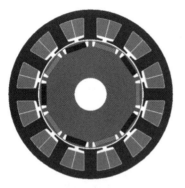

图 7 - 4 - 28　MotorSolve 建模电机结构

45 V 是 3 kW 电机用 RMxprt 计算输入电机三相线电压 31.85 V 的峰值,为了在两种算法的输出功率相等的条件下进行比较,在输入 MotorSolve 电机电流时,电流 57.78 A 略高于 RMxprt 计算电流 56.913 7 A,这样两个电机的输出功率相等。

MotorSolve 软件计算输入主要参数与 RMxprt 不尽相同,MotorSolve 在电机模块计算时,首先必须先输入电机在该额定点的工作电流,但是电机的额定电流是在电机设计计算前无法精确求得的,在使用 MotorSolve 软件设计计算时,先确定输入电机额定的精确工作电流是不太能理解且非常棘手的,因为输入的电流肯定是盲目的,这与实际电机的电流有较大的差距,会影响整个电机计算参数结果的准确性,有时会相差很大,简直成了两个电机。如果输入 MotorSolve

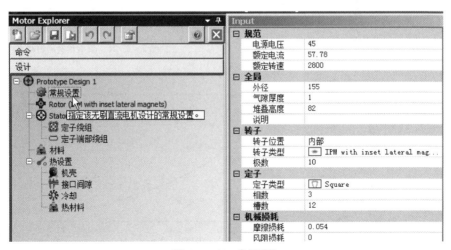

图 7 - 4 - 29　常规设置

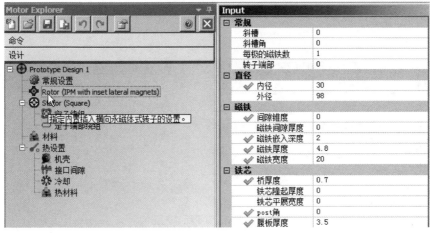

图 7 - 4 - 30　转子、磁钢设置

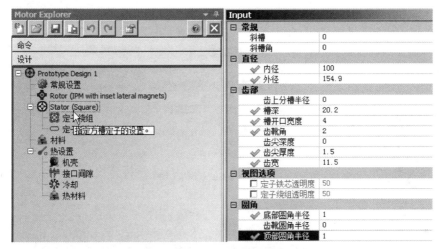

图 7 - 4 - 31　定子设置

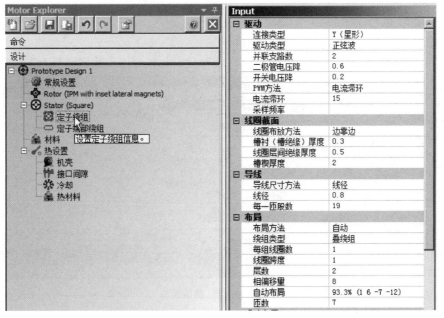

图 7 - 4 - 32　定子绕组设置

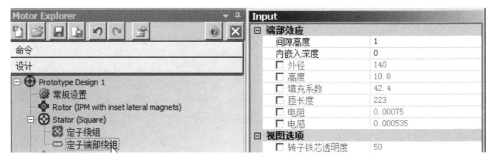

图 7 - 4 - 33　定子端部绕组

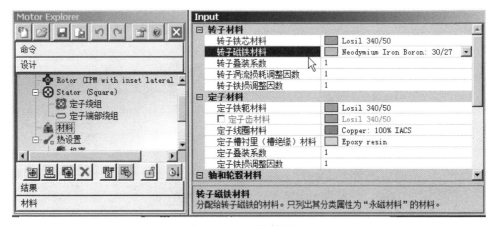

图 7 - 4 - 34　磁钢材料设置

图 7 - 4 - 35　热设置

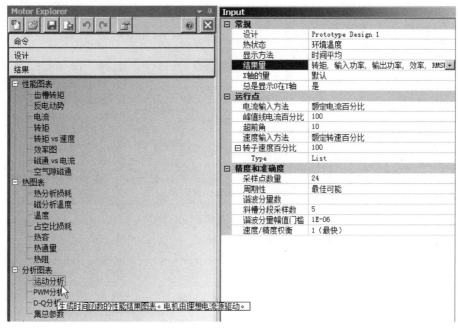

图 7 - 4 - 36　设置运动分析项(相当 AC 模式计算)

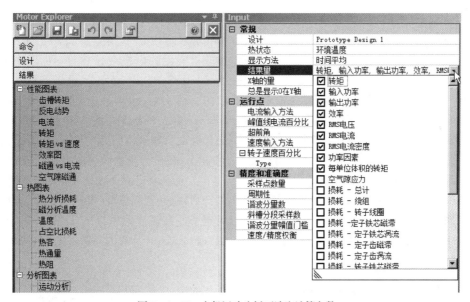

图 7 - 4 - 37　电机运动分析项选取计算参数

软件正确的电流值,那么 MotorSolve 软件计算出的电机性能也很准确。为此,作者用 MotorSolve 软件设计计算时先用 RMxprt 对电机进行计算,算出电机的额定工作电流,再输入 MotorSolve 软件中进行电机设计计算,这样两个软件计算的结果相差不大。MotorSolve 软件最大优点是设计计算是 2D 场计算,而且方便、简捷、直观、精准,功能强大,许多分析一键就能

完成。利用 MotorSolve 软件对电机进行"场"的各种计算、分析功能强大,有些功能是一些软件不具备的,因此是一款相当不错的电机设计软件。

转子磁铁材料:30/27 钕铁硼,剩磁:1.13 T,矫顽力:240.7 kJ/m^3。

2) 运动分析　结果如图 7 - 4 - 38 和图 7 - 4 - 39 所示。

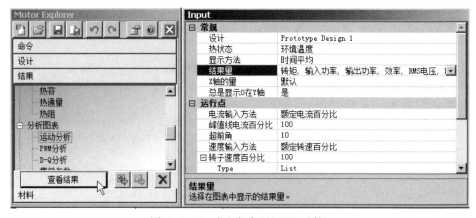

图7-4-38 点取查看结果(运行计算)

	Prototype Design 1
转矩 (N·m)	10.2
输入功率 (kW)	3.12
输出功率 (kW)	2.99
效率 (%)	95.7
RMS电压 (V)	31.7
RMS电流	57.8
RMS电流密度 (A/mm²)	6.05
功率因数	0.98
每单位体积的转矩 (N·m/mm³)	1.65E-05

图7-4-39 显示各项参数值

MotorSolve 中的电流密度计算显示上有些问题,MotorSolve 电流密度只是把总电流除以单个绕组导线截面,没有考虑绕组并联支路数,因此只要绕组有并联支路数,MotorSolve 计算出的电流密度是实际电流密度的 a(并联支路数)倍,3 kW 电机的绕组并联支路数为 2,因此,该电机的电流密度是 6.05/2=3.025(A/mm²),读者务必注意。

3) 性能比较 两种软件计算性能数据见表7-4-3。

表7-4-3 两种软件计算性能数据比较

	RMxprt	MotorSolve	相对误差
输入电压(V)	31.85 AC	45 DC	$\sqrt{2} \times 31.85$ $= 45$
额定转矩(N·m)	10.586 1	10.2	0.037
输入功率(kW)	3.183	3.12	0.020
输出功率(kW)	2.999 39	2.99	0.003
输入电流(A)	56.917 3	57.8	0.015
电流密度(A/mm²)	2.979 83	(6.05/2) = 3.025	0.015

(续表)

	RMxprt	MotorSolve	相对误差
额定效率(%)	94.34	95.7	0.014
功率因数	0.99	0.98	0.010

这里可以看出用 RMxprt 路计算和 MotorSolve 场计算误差不大,MotorSolve 是一种非常实用的电机设计软件,使用面也相当广泛,MotorSolve 是一种以场分析计算电机的设计软件,RMxprt 计算永磁同步电机的结果与 MotorSolve 计算结果相差不大。RMxprt 计算结果和电机测试数据又相差不大,因此更证明了用 RMxprt 设计永磁同步电机是可行的。

4) 电机磁通密度场分析的比较 用 Maxwell 进行 2D 磁通密度分析(图7-4-40),可以看出此时定子最高齿磁通密度为 1.293 1 T(图7-4-41),而 RMxprt 计算的磁通密度为 1.539 91 T。

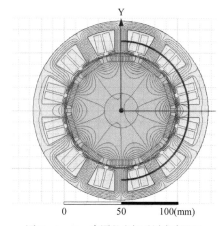

图7-4-40 半圆段齿部磁通密度设置

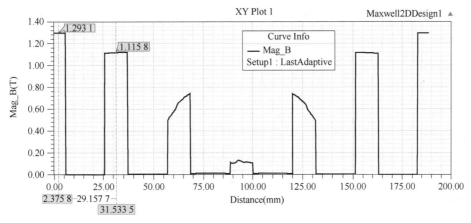

图 7 - 4 - 41　RMxprt 求取齿部磁通密度

用 Maxwell 进行 2D 磁通密度分析的磁通密度数值是否正确,可用 MotorSolve 进行磁通密度分析,如图 7 - 4 - 42 和图 7 - 4 - 43 所示。

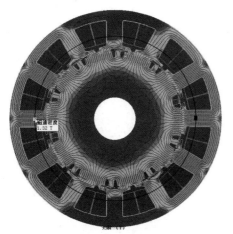

图 7 - 4 - 42　MotorSolve 指定圆位置的磁通密度设置

同一电机用两种软件进行 2D 磁场强度分析,数值基本相同(1.293 1 T, 1.32 T),这样用场分析的磁通密度基本可信。

RMxprt 是"路"观点计算齿磁通密度的,齿磁通密度是用电机气隙磁通密度均分到各个齿上得来的:

Stator-Teeth Flux Density(T): 1.539 91

Air-Gap Flux Density(T): 0.693 619

分析出 RMxprt 的齿磁通密度是以气隙磁通密度分摊到各个齿上的,齿磁通密度

$$B_Z = \frac{B_\delta \pi (D_i - 2\delta)}{Z b_t} \qquad (7 - 4 - 1)$$

$$B_Z = \frac{B_\delta \pi (D_i - 2\delta)}{Z b_t}$$

$$= \frac{0.693\,619 \times \pi \times (100 - 2 \times 1)}{12 \times 11.5} = 1.547\,4(T)$$

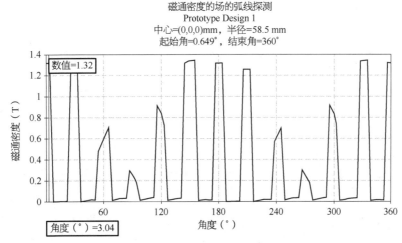

图 7 - 4 - 43　定子冲片指定圆上的磁通密度

$$\Delta B_z = \left| \frac{1.547\,4 - 1.539\,91}{1.539\,91} \right| = 0.004\,86$$

RMxprt 计算电机工作磁通的观点和方法不是用齿磁通密度考量的,而是以气隙磁通密度为依据,因此齿磁通密度的大小不与电机的工作磁通有直接关联,总的齿磁通之和才是电机的工作磁通,齿磁通密度只是判断该齿的磁通密度是否饱和,只是选取齿宽的一个依据,若齿磁通密度不饱和,气隙磁通都能从齿通过,这与齿宽相差一些关系不算大。从 3 kW 电机的设计和测试

数据看,RMxprt 的设计符合率很好,不能因为齿磁通密度的计算与场分析数值不同而认为其计算没有价值或计算不准。齿磁通密度数值是用气隙磁通密度均分到各个齿上得来的观点被大量电机设计实践证明是不错的,在设计电机工作中,可以作为判断齿磁通密度的依据。

5)电机齿槽转矩的比较　RMxprt 计算的齿槽转矩为 0.43 N·m(图 7 - 4 - 44),而 MotorSolve 计算的齿槽转矩仅为 0.044 N·m (图 7 - 4 - 45),相差了 10 倍。

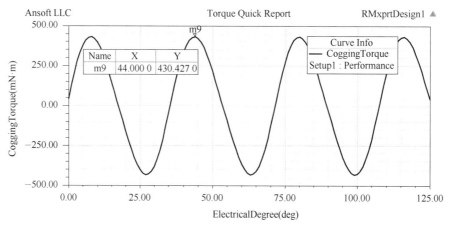

图 7 - 4 - 44　RMxprt 求取齿槽转矩

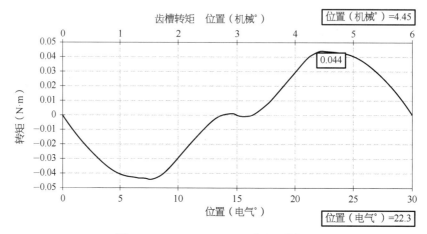

图 7 - 4 - 45　MotorSolve - 2D 求取齿槽转矩

用 Maxwell - 2D 计算电机齿槽转矩为 0.2 N·m 左右(峰值),估计 RMxprt 的齿槽转矩算大了。设计时,如果要选择斜槽或不斜槽,有必要对电机的齿槽转矩进行 2D 分析,Maxwell 分析时间较长,用 MotorSolve 计算电机

齿槽转矩是比较快的。但是两个软件计算的齿槽转矩相差还是大的,甚至同一模块,版本不一数据都会有所变化。经验表明,电机的齿槽转矩用 MotorSolve 计算还是方便、正确的。

图 7 - 4 - 46～图 7 - 4 - 49 所示是 Maxwell

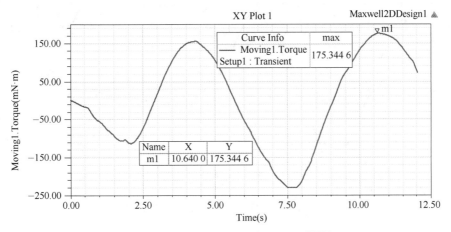

图 7－4－46　Maxwell－V16 版本求取的齿槽转矩

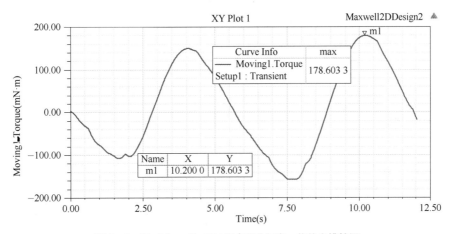

图 7－4－47　Maxwell－V16 版本剖分加密一倍的齿槽转矩

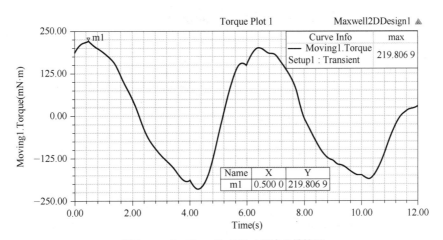

图 7－4－48　Maxwell－V18.1 版本齿槽转矩

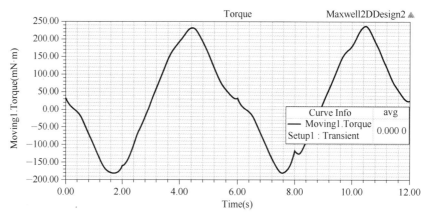

图 7 - 4 - 49   Maxwell - V18.1 网格剖分有所变化的齿槽转矩

不同版本的齿槽转矩 2D 分析的结果，数值略为不同。
6）电机感应电动势的比较   RMxprt 和

MotorSolve 计算的感应电动势分别如图 7 - 4 - 50 和图 7 - 4 - 51 所示。

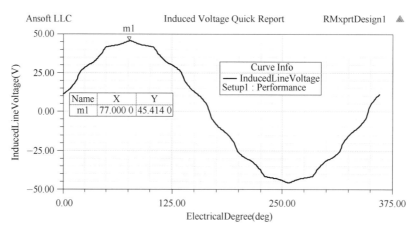

图 7 - 4 - 50   RMxprt 求取感应电动势

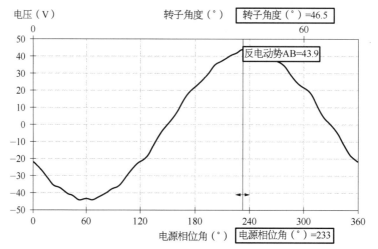

图 7 - 4 - 51   MotorSolve 求取感应电动势

由图可见,两者的感应电动势相差不大,RMxprt 计算的数据还是可以信赖的。

7) MotorSolve 磁钢厚度和退磁的分析　在电机设计中,运用 MotorSolve 选择磁钢的厚度和分析磁钢退磁的操作非常方便、简捷、直观。

从 MotorSolve 中可以看出,设定稳态工作温度 100 ℃后,设定磁钢厚度 4.5 mm,电机电流是额定电流的 600%,磁钢仍不退磁(图7-4-52)。说明内嵌式磁钢退磁不是问题。

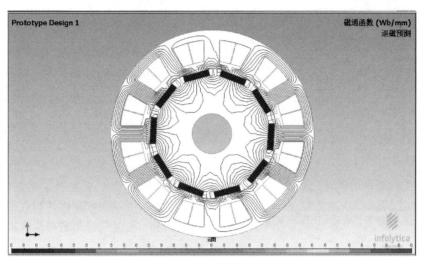

图7-4-52　磁钢退磁分析

把磁钢厚度减薄到 2 mm,设定稳态工作温度 100 ℃,电机仍没有退磁(图7-4-53)。

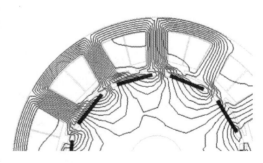

图7-4-53　磁钢减薄后的退磁图

从这个磁钢厚度与退磁关系看,内嵌式磁钢是不易退磁的。这样磁钢的厚度成为可以优化的参数。磁钢减薄会使电机的齿磁通密度下降,气隙磁通密度也会下降,电流和电流密度会有所上升,但上升幅度不是很大,电机主要额定指标变化不太大,主要是电机的最大输出功率(最大转矩)减少太多,这对有瞬时运行要求的电机而言是不利的。另外,从弱磁角度看增加磁钢厚度有利于电机的弱磁,而且不容易退磁,磁钢厚度不宜太薄,所以磁钢的厚度选取需要多方面考虑。

电机磁钢厚度从 4.5 mm 减小到 2.5 mm,电机性能的变化见表7-4-4。

表7-4-4　磁钢厚薄变化的性能分析

Max. Thickness of Magnet(mm)	4.5	2.5
Stator-Teeth Flux Density(T)	1.539 91	1.340 86
Stator-Yoke Flux Density(T)	0.967 085	0.842 103

（续表）

Rotor-Yoke Flux Density(T)	0.232 874	0.202 779
Air-Gap Flux Density(T)	0.693 619	0.603 962
Magnet Flux Density(T)	0.911 609	0.815 735
Maximum Line Induced Voltage(V)	45.414	45.228 9
Root-Mean-Square Line Current(A)	56.917 3	57.607 3
Specific Electric Loading(A/mm)	15.218 6	17.603 5
Armature Current Density(A/mm²)	2.979 83	3.370 76
Output Power(W)	2 999.39	3 000.18
Input Power(W)	3 183.73	3 182.58
Efficiency(%)	94.21	94.268 8
Synchronous Speed(r/min)	2 800	2 800
Rated Torque(N·m)	10.229 3	10.232
Torque Angle(°)	16.688 2	22.898 3
Maximum Output Power(W)	16 023.7	9 896.35
Torque Constant KT(N·m/A)	0.185 315	0.183 142

注：本表直接从 Maxwell 计算结果中复制，仅规范了单位。

可看，磁钢变薄后影响的主要是电机的输出最大功率，因此有些电机的输出最大功率不够时，可以考虑增加电机磁钢厚度来解决。

8) MotorSolve 转矩-转速曲线　RMxprt 转速-转矩曲线基点的额定功率应该是 3 000 W，如图 7 - 4 - 54 所示，有

$$P_2 = 2\ 800 \times 10.229\ 2/9.549\ 3 = 2\ 999.36(\text{W})$$

MotorSolve 转速-转矩曲线基点的额定功率也应该是 3 000 W，如图 7 - 4 - 55 所示，有

$$P_2 = 2\ 803 \times 10.1/9.549\ 3 = 2\ 964.65(\text{W})$$

即这两种设计曲线基点左边的是一条恒转矩曲线。对电机加一个以额定转矩 T_N，电机电压 U 不变，电压频率从 0 开始升高，直至升到 233.333 Hz(2 800 r/min)，这无数个调频点的运行点的集合是一条水平恒转矩直线，直至基点的额定转速。这是一个永磁同步电机定转矩、定转

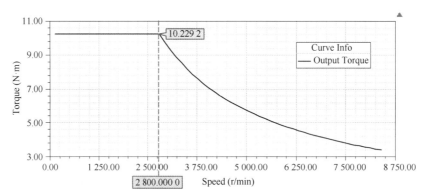

图 7 - 4 - 54　Maxwell 的转速-转矩曲线

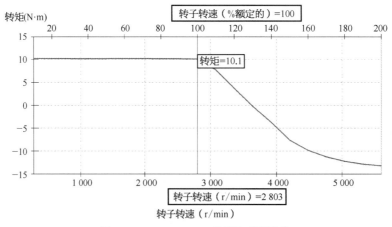

图 7 - 4 - 55　MotorSolve 的转速-转矩曲线

速时的调频(调速)过程,这是控制器很容易做到的事。

(1) 在 RMxprt 上可以求出电机额定转矩:$T_N = 9.5493\,P_2/n$,从这点就可以画出电机的恒转矩水平直线。

(2) 在恒转矩区求直线上各点的性能,只要把所需的恒转矩曲线上某运行点的转速乘以此恒转矩再除以 9.549 3,即得电机该转速功率,把所得的电机该点的电压 U、功率 P、转速 n 的数据值输入 RMxprt,就可以求出额定点左边恒转矩点的各种数据。

RMxprt 和 MotorSolve 计算电机性能时输入额定数据是不同的,见表 7 - 4 - 5。

表 7 - 4 - 5　**RMxprt 和 MotorSolve 输入参数区别**

	功率	电压	转速	电流
RMxprt	★	★线电压(AC 模式)	★	
MotorSolve		★U_d 线(电压幅值 DC)	★	★

MotorSolve 计算电机性能是用电流控制的,是指该电机结构已经确定的情况下,如果电机转速确定,限定了电机的工作电流,那么可以计算出电机的输入线电压、转矩和电机在该工作电流下的电机性能。但是这样对输入电压和感应电动势相关控制就比较困难。

在没有详细计算恒转矩曲线上的各个点时,电机在各个点的精确电流不可能知道。如果假定在恒转矩曲线运行点上,设定了电机运行的转速 n,虽然可以知道 U_d,但该点的电流不可能预先知道,因此无法用 MotorSolve 计算出该指定速度点电机的性能。虽然 MotorSolve 有设定电流是额定电流百分比的设置项,预定的电流设定值并不一定是对应转速下的电流值。

当某一型号电机的技术指标确定后,电机的控制值就确定了,控制器的 U_d 知道,设定控制器输出电源的频率,控制输入电机的电流,就可以知道电机在这个条件下所能产生的转矩是否达到电机的技术要求。如果测出电机的转矩小,说明电机的力能指标没有达标,必须予以调整。这与 MotorSolve 的设计思路是相对应的。

当 MotorSolve 在设计计算电机某工作点时设置的电机电流值正确,电机计算的性能是非常正确的。3 kW 电动车电机就是一个很好的例子,说明 MotorSolve 磁场方面的分析、计算是非常正确的,并且很方便。例如查看电机的磁路分布,分析磁钢的厚度和退磁都是非常实用、简捷和方便的。

两种软件,都是转速-转矩曲线,形状都差不多,特别在基点右边,是一条弧线,对于 RMxprt,这条弧线是电机在弱磁时的等功率曲线(图 7 - 4 - 56)。

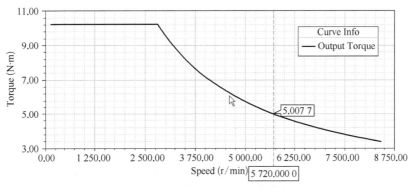

图 7 - 4 - 56　RMxprt 的等功率曲线

$P_2 = 5.0077 \times 5720/9.5493 = 3000\,(W)$

对于 MotorSolve,从图 7 - 4 - 57 计算看,在 5 N·m 时,电机的功率仅为 1 613.9 W,因此这条弧线不是一条等功率曲线。

在 MotorSolve 的图像中,在拐点($P_2 = 3000$ W)右边取曲线上一点,其功率仅为

$P_2 = 4.97 \times 3101/9.5493 = 1613.9\,(W)$

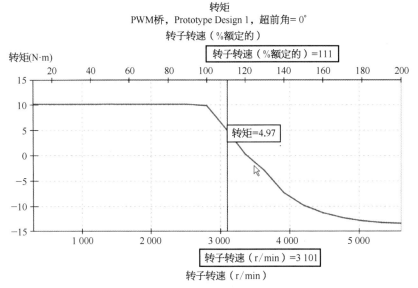

图 7 - 4 - 57　MotorSolve 的非等功率曲线

所以这条曲线不是恒功率曲线,这条弧线由电机允许的不同工作电流形成的运行基点所组成。

(3) 分析 MotorSolve 的转速-转矩曲线,当转矩为 0 时,其转速是否为电机的最大转速。如图 7 - 4 - 58 所示,当电机转矩接近 0 时,电机的转速为 3 419 r/min,这是否是电机的最大转速呢?

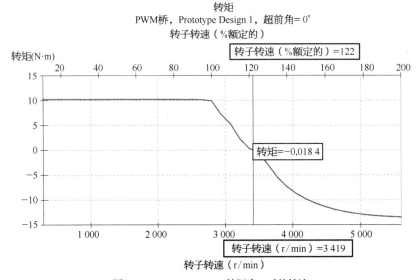

图 7 - 4 - 58　MotorSolve 转矩为 0 时的转速

要分析转速在 3 419 r/min 时的感应电动势,看其幅值是否超出 U_d。如图 7 - 4 - 59 所示,设置电流为 2.89 A(电流不影响感应电动势),转速为 3 419 r/min,求取电机的感应电动势的幅

值为 53.6 V,已经超出了 U_d =45 V 的限值。

事实上,如果某一电机在额定点(基点)的感应电动势幅值已经和 U_d 相等,那么要想提高电机的最高转速是不太可能的。这时电机虽然显

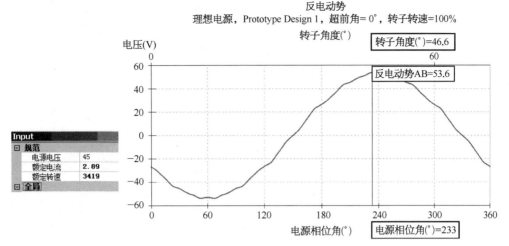

图 7 - 4 - 59　电机的感应电动势幅值(3 419 r/min)

示出了这条弧线,但是这条弧线上所有点的感应电动势幅值均超过了 U_d,因此 3 419 r/min 不可以认为是该电机的最高转速,要想扩速必须进行弱磁。

在 RMxprt 中,已经表明,如果控制器与电机配合较好,控制器能有足够的容量(大于

106.347 1 A),那么用弱磁方法能够达到 4 000 r/min。这时电机输出功率仍为 3 kW,转矩为 7.162 6 N·m,转矩角为 15.469 9。

电机弱磁 4 000 r/min 时工作点的曲线如图 7 - 4 - 60～图 7 - 4 - 63 所示。

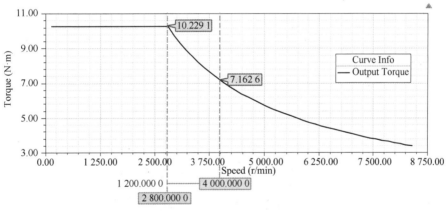

图 7 - 4 - 60　转速-转矩曲线

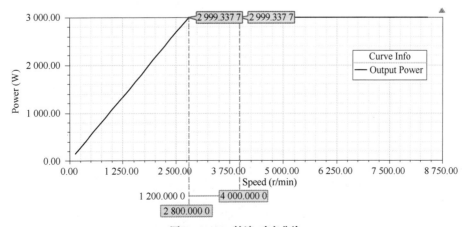

图 7 - 4 - 61　转速-功率曲线

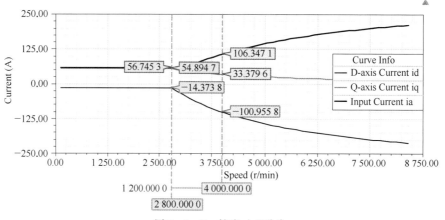

图 7 - 4 - 62   转速-电流曲线

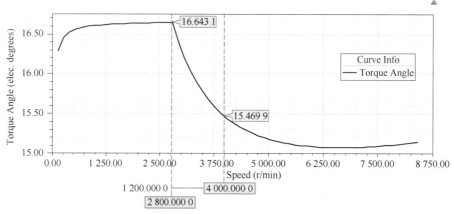

图 7 - 4 - 63   转速-转矩角曲线

7.4.3   38 kW 混合动力汽车电机的设计、分析

38 kW 混合动力汽车电机功率比较大,用户提供了电机的参数,电机定、转子冲片(图 7 - 4 - 64),并要求冲片叠厚不大于 40 mm,具体见表 7 - 4 - 6。

表 7 - 4 - 6   38 kW 电机参数

工作电压(V)	350
额定功率(kW)	18
峰值功率(kW)	38
额定转矩(N·m)	65
峰值转矩(N·m)	200
额定转速(r/min)	3 000
峰值转速(r/min)	7 000

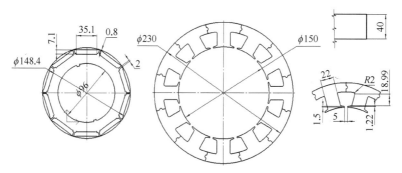

图 7 - 4 - 64   要求按该冲片设计 38 kW 电机

1) 电机性能参数分析 见表 7-4-7。

表 7-4-7 对电机参数分析

工作电压 (V)	350			峰值与额定值比
额定功率 (kW)	18	峰值功率 (kW)	38	2.11
额定转矩 (N·m)	65	峰值转矩 (N·m)	200	3.08
额定转速 (r/min)	3 000	峰值转速 (r/min)	7 000	2.33

电机定子外径 230 mm,定子叠厚要求做到 40 mm。电机磁钢牌号、电机的散热情况、电机电流密度和绕组槽满率、电机峰值电流、电机感应电动势常数均未提供,也没有提供样机,要求根据用户提出的技术要求进行电机设计,这样给电机设计带来很大的困难,设计条件分析如下:

(1) 350 V 应该是直流电压,是蓄电池供电。

(2) 从转子冲片看,磁钢尺寸应该是 35 mm× 7 mm×40 mm,磁钢暂定钕铁硼 42SH,待计算后根据齿磁通密度调整。

(3) 因为是 T 形拼块式定子,槽满率初定 80%~85%。

(4) 根据电机自动计算结果,再决定电流密度。

(5) 峰值功率认定电机输出最大功率。

(6) 用 AC 模式计算,取 SVPWM 控制,线电压取 230 V AC(表 7-4-8)。

表 7-4-8 计算输入电机线电压值

U_d 整流滤波后输入逆变器直流电压(最大幅值)(V)	K(考虑滤波负载和压降)单相 K = 0.95 ～ 0.97	PWM 计算电压(V)	DC 计算电压(V)	AC 输入电机线电压,有效值(V)	AC(SVPWM)线电压,有效值(V)
350	1.00	350	247.49	201.95	232.24

(7) 输入电机线电压幅值,先设置和感应电动势相等。

(8) 用 RMxprt 进行建模、试算,计算结果如下:

FULL-LOAD DATA

Maximum Line Induced Voltage(V):314.441

Root-Mean-Square Line Current(A):48.692 2

Armature Current Density(A/mm^2):9.196 16

Output Power(W):18 002.5

Input Power(W):18 648.6

Efficiency(%):96.535 5

Power Factor:0.956 326

Synchronous Speed(r/min):3 000

Rated Torque(N·m):57.303 7

Torque Angle(°):78.506 2

Maximum Output Power(W):22 851.4

2) 问题分析

(1) 如果该电机是常温冷却,电机的电流密度高了(9.196 16 A/mm^2)。

(2) 电机输出最大功率 22.85 kW,小于 38 kW 的要求,为了达到 38 kW,增加定子长:$\frac{38}{22.85} \times 40 = 66.5$(mm),定子长取用 68 mm 代

入 RMxprt 进行计算,结果如下:

FULL-LOAD DATA

Maximum Line Induced Voltage(V):318.013

Root-Mean-Square Line Current(A):45.964 6

Armature Thermal Load(A^2/mm^3):170.701

Armature Current Density(A/mm^2):5.208 61

Output Power(W):17 999

Input Power(W):18 420.7

Number of Parallel Branches:2

Number of Conductors per Slot:56

Average Coil Pitch:1

Number of Wires per Conductor:5

Wire Diameter(mm):1.06

Wire Wrap Thickness(mm):0.09

Efficiency(%):97.710 9

Power Factor:0.996 871

Synchronous Speed(r/min):3 000

Rated Torque(N·m):57.292 8

Torque Angle(°):51.222 8

Maximum Output Power(W):39 277

Slot Area(mm^2):533.009

Net Slot Area(mm²)：497.752

Limited Slot Fill Factor(%)：82

Stator Slot Fill Factor(%)：74.394 5

FULL-LOAD DATA(39.28 kW 时)

Maximum Line Induced Voltage(V)：318.013

Root-Mean-Square Line Current(A)：129.464

Armature Current Density(A/mm²)：14.670 5

Frictional and Windage Loss(W)：45

Iron-Core Loss(W)：167.88

Output Power(W)：39 275.1

Input Power(W)：41 144.4

Efficiency(%)：95.456 8

Power Factor：0.794 547

Synchronous Speed(r/min)：3 000

Rated Torque(N·m)：125.017

Torque Angle(°)：110.801

Maximum Output Power(W)：39 277.7

（3）分析：在这个最大点，最大输出功率大于 38 kW，电流密度 14.67 A/mm²，这样的电流

密度，电机在风冷却条件下是不能长期工作的，电机的转矩仍小于 200 N·m。

如果电机是油冷却，则最大输出功率时的电流密度应该可以，不必再增加电机的长度，只要考虑使电机能输出最大转矩。电动车输出转矩有两种情况，其中一种是电动车爬坡，爬坡时电机的转矩增加，但是转速减小。主要考虑电动车在常速下增速或爬坡，那么电机速度负载加大，转速不降。所以必须考虑电机在额定转速下能输出最大转矩。电机必须再增加体积，这次增加体积的目的是达到电机在额定转速下的最大转矩，有

$$\frac{200}{125.017} \times 68 = 108.8(mm) \approx 110(mm)$$

把电机加长到 110 mm，设计一个 18 kW 永磁同步电机，电压 230 V，转速为 3 000 r/min，这个电机的最大输出功率为 65 976.9 W，转矩达到 200 N·m，在这种电机上取 18 kW 和 200 N·m 的两个点，分析电机的电流密度，见表 7-4-9 和图 7-4-65。

表 7-4-9   同一电机(L=110 mm)不同工作点的机械特性曲线

File: Setup1.res	18 kW	38 kW	200 N·m
GENERAL DATA			
Rated Output Power(kW)	18	38	64
Rated Voltage(V)	230	230	230
Number of Poles	10	10	10
Frequency(Hz)	250	250	250
STATOR DATA			
Number of Stator Slots	12	12	12
Outer Diameter of Stator(mm)	230	230	230
Inner Diameter of Stator(mm)	150	150	150
Type of Stator Slot	3	3	3
Stator Slot			
hs0(mm)	1.5	1.5	1.5
hs1(mm)	1.22	1.22	1.22
hs2(mm)	18.99	18.99	18.99
bs0(mm)	5	5	5
bs1(mm)	18.851 6	18.851 6	18.851 6
bs2(mm)	29.028 3	29.028 3	29.028 3
rs(mm)	2	2	2

(续表)

File: Setup1. res	18 kW	38 kW	200 N·m
Top Tooth Width(mm)	22	22	22
Bottom Tooth Width(mm)	22	22	22
Skew Width(Number of Slots)	0.2	0.2	0.2
Length of Stator Core(mm)	**110**	**110**	**110**
Stacking Factor of Stator Core	0.92	0.92	0.92
Type of Steel	DW310_35	DW310_35	DW310_35
Number of Parallel Branches	2	2	2
Number of Conductors per Slot	**34**	**34**	**34**
Type of Coils	21	21	21
Average Coil Pitch	1	1	1
Number of Wires per Conductor	**7**	**7**	**7**
Wire Diameter(mm)	**1.18**	**1.18**	**1.18**
Stator Slot Fill Factor(%)	77.1208	77.1208	77.1208
Coil Half-Turn Length(mm)	161.612	161.612	161.612
ROTOR DATA			
Minimum Air Gap(mm)	0.8	0.8	0.8
Inner Diameter(mm)	96	96	96
Length of Rotor(mm)	110	110	110
Stacking Factor of Iron Core	0.92	0.92	0.92
Type of Steel	DW310_35	DW310_35	DW310_35
Bridge(mm)	0.8	0.8	0.8
Rib(mm)	2	2	2
Mechanical Pole Embrace	0.944	0.944	0.944
Electrical Pole Embrace	0.856156	0.856156	0.856156
Max. Thickness of Magnet(mm)	7	7	7
Width of Magnet(mm)	35	35	35
Type of Magnet	42SH	42SH	42SH
Type of Rotor	5	5	5
Magnetic Shaft	Yes	Yes	Yes
PERMANENT MAGNET DATA			
Residual Flux Density(T)	1.31	1.31	1.31
Coercive Force(kA/m)	954.93	954.93	954.93
STEADY STATE PARAMETERS			
Stator Winding Factor	0.933013	0.933013	0.933013
D-Axis Reactive Reactance Xad(Ω)	0.25065	0.25065	0.25065
Q-Axis Reactive Reactance Xaq(Ω)	1.3611	1.3611	1.3611
NO-LOAD MAGNETIC DATA			
Stator-Teeth Flux Density(T)	1.78211	1.78211	1.78211

（续表）

File：Setup1. res	18 kW	38 kW	200 N·m
Stator-Yoke Flux Density(T)	1. 164 96	1. 164 96	1. 164 96
FULL-LOAD DATA			
Maximum Line Induced Voltage(V)	312. 16	312. 16	312. 16
Root-Mean-Square Line Current(A)	45. 664 7	97. 985 6	192. 561
Armature Current Density(A/mm²)	**2. 982 62**	**6. 400 01**	**12. 577 3**
Output Power(W)	17 990. 5	37 998. 8	64 028. 6
Input Power(W)	18 404. 2	38 763. 7	66 077. 5
Efficiency(%)	97. 752 1	98. 026 7	96. 899 2
Power Factor	0. 996 827	0. 986 16	0. 857 89
Synchronous Speed(r/min)	3 000	3 000	3 000
Rated Torque(N·m)	**57. 265 5**	**120. 954**	**203. 809**
Torque Angle(°)	34. 913 5	61. 613 1	100. 714
Maximum Output Power(W)	**65 976. 9**	**65 976. 9**	**65 976. 9**

注：本表直接从 Maxwell 计算结果中复制，仅规范了单位。

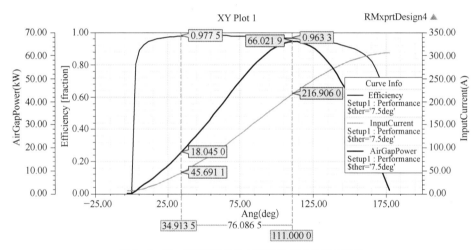

图 7 - 4 - 65   机械特性曲线中额定点、最大输出功率点

（4）计算分析：

① 按这样的方法计算，在 18 kW 时，电机电流密度约为 3 A/mm²，和 3 kW 电动车永磁同步电机的电流密度相当；在 38 kW 时，电机的电流密度为 6.4 A/mm²，这样的电流密度在常温和 B 级绝缘等级下电机可以连续工作，在电机 3 000 r/min 的条件下，转矩要达到 200 N·m，电流密度为 12.57 A/mm²，这样的电流密度只适合短时运行，如果电机需要在 200 N·m 长期运行（汽车会发生这种情况），那么电机要改变冷却方式，如水冷、油冷等。

② 要求电机的功率为 38 kW，用户要求电机叠长 40 mm（现在计算要 110 mm 长度），是否是用户要求太高了？用一个 6 kW 电动汽车永磁同步电机作为基本电机进行推算，如果和 6 kW 电机条件一样，那么 18 kW 电机的体积尺寸应该多大？

奇瑞 6/12 kW 电动汽车电机的资料如图 7 - 4 - 66 和图 7 - 4 - 67 所示。

这是永磁同步电机，直流供电采用蓄电池，

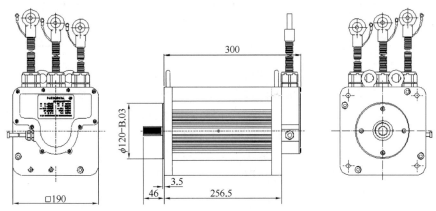

图 7 - 4 - 66　6 kW 电动汽车永磁同步电机

190ZWS010型永磁同步电机

额定电压: 60 V DC	峰值功率: 12 kW
额定转矩: 44 N·m	峰值转矩: 72 N·m
额定转速: 1300 r/min	最高转速: 5300 r/min
冷却方式: 自然冷	绝缘等级: H级
防护等级: IP55	工作制: S9

图 7 - 4 - 67　铭牌数据

电压为 60 V DC,是一种微型电动汽车用永磁同步电机。从电机额定功率和额定转速中求出电机的额定转矩

$$T = 6\,000 \times 9.549\,3/1\,300 = 44(\text{N} \cdot \text{m})$$

与铭牌示值相同,定子铁心长 165 mm,电机结构如图 7 - 4 - 68 所示。

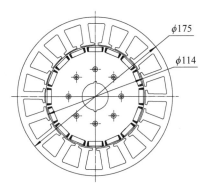

图 7 - 4 - 68　电机结构图

如果用推算法把 6 kW 电机比例放大为 18 kW 电机,则:

从转矩求直径比: $\sqrt[4]{\dfrac{57.2}{44}} = 1.07$

求 18 kW 外径: $D = 175 \times 1.07 = 187(\text{mm})$

长: $L = 165 \times 1.07 = 176.5(\text{mm})$

现在 18 kW 电机定子外径为 230 mm,根据电机转矩与转子体积比例关系:$187^2 \times 176.5 = 230^2 \times L_2$,$L_2 = 116.7$ mm,即用 6 kW 电机体积推算 18 kW 电机体积直径 230 mm,长度应该为 116.7 mm,与用 RMxprt 计算的用 110 mm 叠长相近,因此要想用 230 mm 直径、长仅 40 mm 做 18 kW 乃至 38 kW 的电机是不大可能的了,因为一般车床上的 3 kW 三相交流感应电机体积就相当大,18 kW 的电机要比 3 kW 电机体积还要小,这是不现实的。

例如,一个典型三相交流感应电机 Y2 - 160M1 - 2,11 kW,2 极,定子外径 260 mm,内径 150 mm,电机定子长 115 mm,电机同步转速是 3 000 r/min,电机效率 0.893 4,电流密度 4.47 A/mm²,这些参数和 18 kW 电机相仿,但电机功率小,其体积反而大,因此参考三相异步电机的体积,要求 18 kW,而且要求 38 kW(提供的技术参数标明是混动 38 kW),叠长在 40 mm 要正常运行是不大可能的,就算是 18 kW,要求的电机体积太小了。

18 kW 汽车电机要求体积、设计体积和 11 kW 三相异步电机的体积比较见表 7 - 4 - 10。

表 7 - 4 - 10　各种电机体积比较

名称	18 kW 电机要求体积	18 kW 电机设计体积	11 kW 三相交流电机体积
体积(mm³)	$230^2 \times 40 = 2\,116\,000$	$230^2 \times 110 = 5\,819\,000$	$260^2 \times 115 = 7\,774\,000$

　　从表看,18 kW 永磁同步电机的正常体积应该在 $6\,000\sim7\,000\ \mathrm{cm^3}$,而用户要求电机体积在 $2\,116\ \mathrm{cm^3}$,体积要求悬殊。

　　如果电机是用水冷却,电机的电流密度就能上去,槽内导体数就能多一些,这样是不是就可以减小电机长度?如果电机只考虑额定点,那么电机的工作点就可以往最大输出功率点靠,这样电机的电流密度加大,定子长度相应可以缩短,电机体积就可以减小。如果要考虑电机的最大输出功率和最大转矩,那么减小电机体积,电机的最大输出功率就会降低,与额定功率之比就会减小,所以不是只要增加电流密度、增加绕组匝数、减小体积、提升冷却等级就能够提高电机的功率。

　　③ 电机的最高转速与控制器有关,一字形内嵌式磁钢在弱磁条件下,提速 1 倍是完全可能的,弱磁控制下 7 000 r/min 的各种电机技术参数如图 7 - 4 - 69～图 7 - 4 - 72 所示。

　　④ 后来看到了已经被拆散的 18 kW 汽车电机的真实样机,但是仅取样到定、转子冲片(图 7 - 4 - 73 和图 7 - 4 - 74)。

　　电机实际测绘的数据:定子外径 280 mm,内径 201.7 mm(内径 R182.4 mm 是不等隙气隙),叠厚 56 mm。电压为 350 V DC,24 槽 16 极,绕组 49 匝,1.5 mm 线径(连漆层),至于绕组连接方式不明,只能计算后推定。

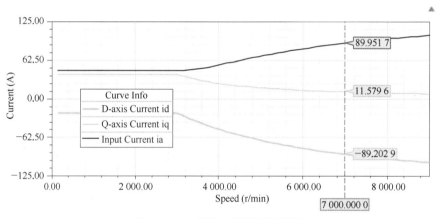

图 7 - 4 - 69　转速-电流曲线的弱磁点

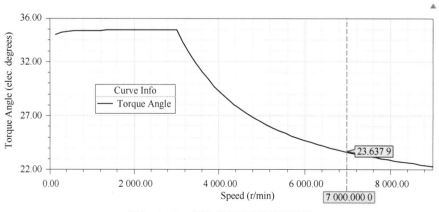

图 7 - 4 - 70　转速-转矩角曲线的弱磁点

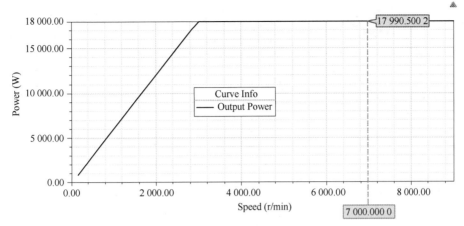

图 7 - 4 - 71 转速-功率曲线的弱磁点

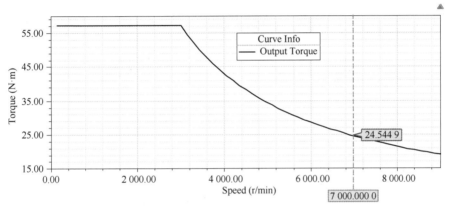

图 7 - 4 - 72 转速-转矩曲线的弱磁点

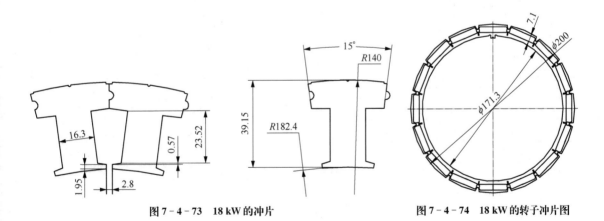

图 7 - 4 - 73 18 kW 的冲片   图 7 - 4 - 74 18 kW 的转子冲片图

该电机实际定子外径 280 mm,定子内径 200 mm,长 56 mm,其

$$D_i^2 L = 28^2 \times 5.6 = 4\,390\,(\mathrm{cm}^3)$$

但是厂方现在对电机设计的要求是:定子外径 230 mm,定子内径 150 mm,长 40 mm。其

$$D_i^2 L = 23^2 \times 4 = 2\,116\,(\mathrm{cm}^3)$$

$\dfrac{2\,116}{4\,390} = 0.482$,连真实样机的一半体积都不到,所以没有办法达到客户的要求。

把该冲片对用户给定的同样技术要求进行

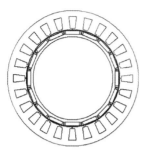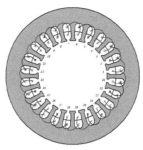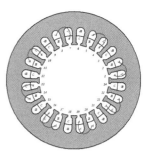

图 7 - 4 - 75 18 kW 电机结构、绕组图

计算,其结构、绕组如图 7 - 4 - 75 所示。

用该冲片设计额定 18 kW 的电机,再看在 38 kW 的运行状况和在该电机在最高输出功率

点是否达到输出 200 N · m 要求。

进行 RMxprt 设计计算,计算单见表 7 - 4 - 11。电机性能如图 7 - 4 - 76~图 7 - 4 - 80 所示。

表 7 - 4 - 11 18 kW 设计参数和不同工作点参数

GENERAL DATA	额定点	最高转矩点 (最大输出功率点)	要求最大 输出功率点
Rated Output Power(kW)	18	92	38
Rated Voltage(V)	225	225	225
NO-LOAD MAGNETIC DATA			
Stator-Teeth Flux Density(T)	1.735 8	1.735 8	1.735 8
Stator-Yoke Flux Density(T)	1.327 09	1.327 09	1.327 09
Rotor-Yoke Flux Density(T)	1.187 11	1.187 11	1.187 11
Air-Gap Flux Density(T)	0.941 163	0.941 163	0.941 163
Magnet Flux Density(T)	1.173 65	1.173 65	1.173 65
No-Load Line Current(A)	7.823 88	7.823 88	7.823 88
No-Load Input Power(W)	413.052	413.052	413.052
Cogging Torque(N · m)	4.382 19	4.382 19	4.382 19
FULL-LOAD DATA			
Maximum Line Induced Voltage(V)	333.195	333.195	333.195
Root-Mean-Square Line Current(A)	46.712 9	296.513	99.012 8
Armature Current Density(A/mm²)	3.793 16	24.077 3	8.039 99
Total Loss(W)	511.106	4 474.09	863.384
Output Power(W)	17 997.3	92 045.1	37 997.8
Input Power(W)	18 508.4	96 519.2	38 861.2
Efficiency(%)	97.238 5	95.364 6	97.778 3
Power Factor	0.996 675	0.832 147	0.997 701
Synchronous Speed(r/min)	3 000	3 000	3 000
Rated Torque(N · m)	57.287 2	292.989	120.951
Torque Angle(°)	26.849 2	106.175	48.157 7
Maximum Output Power(W)	92 760.3	92 760.3	92 760.3

注:本表直接从 RMxprt 计算结果中复制,仅规范了单位。

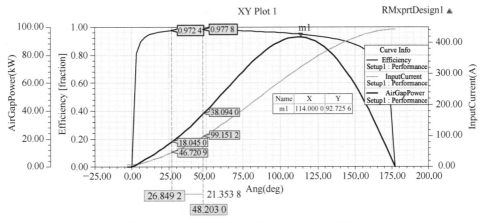

图 7 - 4 - 76 机械特性曲线和最大输出功率点数据

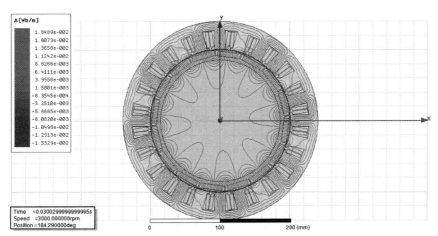

图 7 - 4 - 77 磁通分布图

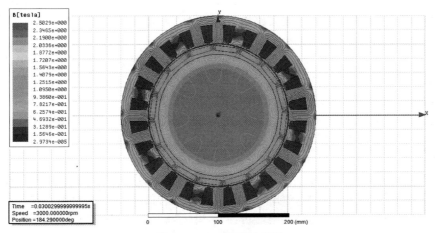

图 7 - 4 - 78 磁通密度云图

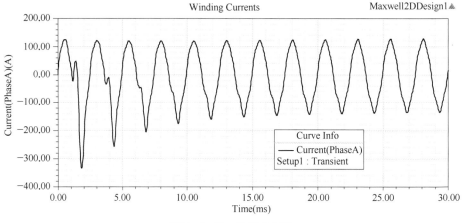

图 7-4-79　2D 瞬态电流

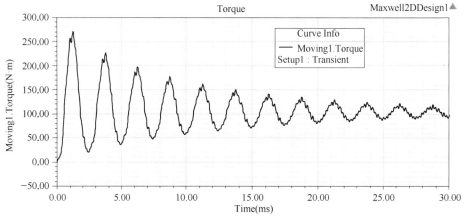

图 7-4-80　2D 瞬态转矩曲线

定子外径 280 mm 电机的说明和分析：

（1）该电机是 24 槽 16 极，其分区为 8（24－16＝8），这是大功率电机，功率大，电流大，如果每相绕组导体是串联，那么导线的线径就很大，机械绕线很不容易，这次用绕组并联支路数为 8，把 8 个 A 相绕组并联，那么绕组每匝导线截面仅为原有截面的 1/8，经计算，绕组只要单根裸线 1.4 mm 线径就可以了。

（2）不知原样机磁钢牌号，用了 45SH，使电机定子齿磁通密度略小于 1.8 T，实际齿部的磁通密度没有 1.8 T，这已经分析过，这里不再重复。电机电流密度 18 kW 时为 3.8 A/mm²，在 38 kW 时仅 8 A/mm²，汽车风冷就可以长期在该电流下工作，所以可以号称 38 kW，这时电机的最大电流是 99 A，估计控制器的最大限流可在 100 A 或者 120 A。在 200 N·m 时，电流密度 24.077 3 A/mm²，这样的电流密度电机在水冷

条件下可以较长时间运行。为了保证电动汽车电机在各种条件下运行，可以把这个方案加上水冷却设计即可。

（3）实际该电机的最大输出功率在 92.72 kW，只要控制器输出功率足够大，那么该电机就能瞬时输出这么大的功率。

（4）电机的最大输出功率比是比较大的，92.72/18＝5.15，这是汽车运行的需要，不是设计者的问题，不是把电机的功率余量放大了。做一切事情必须理性考虑，为了节约成本，要求把定子外径 280 mm、叠厚 56 mm 电机做成定子外径 230 mm、仅 40 mm 厚的电机，要用在原有汽车上，还要按 280 电机性能来考核，要求技术人员设计出这样的电机，不合道理。不是说减小电机体积，提高电机的功率密度不可能，要这样做，要减小电机体积就要增加其他方面的结构和材料成本，不可能样样都兼顾。像原来 280 mm 直径 18 kW 的

电机要做到 230 mm 直径,也是可以的,长度还是要加长到 80 mm 左右,还只是满足了电机部分要求,绝不能各个参数都和 280 电机一样。

（5）从这个电机设计可以看出汽车电机设计者的一些思路,许多地方是值得借鉴的。

（6）对于电机设计技术人员,要理性对待用户提出的技术要求,要认真分析用户提出的电机要求,不是用户提出的所有技术要求都是合理的。

7.4.4　120 kW 汽车电机的设计、分析

1）分析并设计电动汽车永磁同步电机（宝马 i3）电机要求如图 7-4-81 和图 7-4-82 所示。

Machine type:	PM-Motor (HSM)
Maximum torque M_{max}:	250 N·m
Maximum speed n_{max}:	11 400 r/min
Voltage range:	250~400 V
Max. phase current I_{leff}:	400 A
Number of pole pairs p:	6
Weight:	appr. 65 kg
Cooling:	Liquid

图 7-4-81　电动汽车电机性能

图 7-4-82　电机性能曲线

（1）说明该电机的基点是 250 N·m,4 500 r/min。该点的输出功率为

$$P_2 = \frac{Tn}{9.55} = \frac{250 \times 4\,500}{9.55}$$
$$= 117\,801(\text{W}) = 117.8(\text{kW})$$

（2）如果基点认为是额定点的话,那么该电机的最大转速倍数为

$$k = \frac{11\,400}{4\,500} = 2.533$$

（3）电压范围 250~400 V,这个电压应该是输入控制器的直流电压 U_d,这意味着该电机最高转速的反电动势幅值不应大于 400 V,低速时应该在 250 V。

（4）如果认为基点为恒转矩、恒功率的转折点,那么电机以基点为额定功率点,基点功率应该为 117.8 kW,转速为 4 500 r/min,转矩为 250 N·m,输入控制器电压为 400 V DC。

（5）$U_d = 400$ V DC,那么用 SPVWM 模式,RMxprt 用 AC 模式计算,输入电机的线电压应为 257 V AC（表 7-4-12）。

粗估一下电机的电流,$P_2 = \sqrt{3}UI\cos\varphi\eta$,设 $\cos\varphi = 0.97$,$\eta = 0.97$,则

$$I = \frac{117\,800}{\sqrt{3} \times 257 \times 0.97 \times 0.97} = 281(\text{A})$$

用 MotorSolve 软件计算该算例用了 240 A（图 7-4-83）。

表 7-4-12　求取输入电机线电压（用 AC, SVPWM 模式）

U_d 整流滤波后输入逆变器直流电压（最大幅值）(V)	K（考虑滤波负载和压降）单相 K = 0.95~0.97	PWM 计算电压(V)	DC 计算电压(V)	AC 输入电机线电压,有效值(V)	AC(SVPWM)线电压,有效值(V)
400	0.97	388	274.36	223.88	257.46

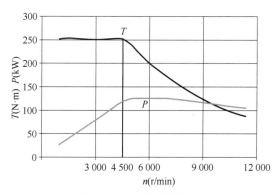

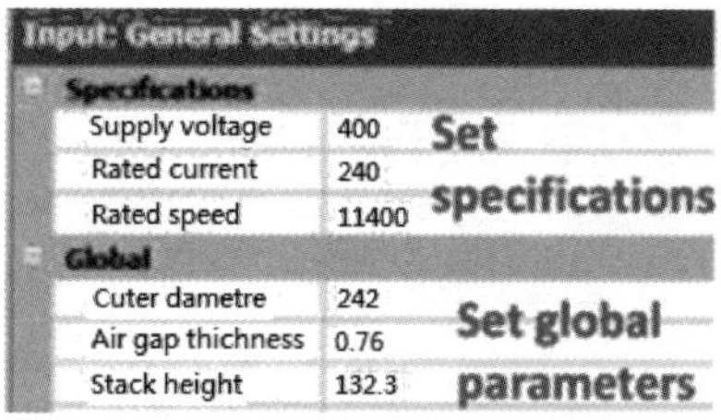

图 7-4-83　输入额定设置数据

图 7-4-83 中电压 400 V、电流 240 A 都可以理解,但是额定转速为 11 400 r/min 就不容易理解,因为这样变成了 11 400 r/min 一点是基点,就说明 11 400 r/min 不弱磁,此时的反电动势应该最大,与输入电压幅值持平(400 V),如果这样在 4 500 r/min 时电机的感应电动势应该降低,仅为

$$E_{峰值}=400\times\frac{4\ 500}{11\ 400}=157.89(\text{V})$$

但是电机要求输入电压 200～400 V,电机最低电压为 200 V,反电动势为 157.89 V,这样电机的功率因数和效率会较差。

如图 7-4-84 所示,还是选择基点(转折点)为 117.8 kW,转速为 4 500 r/min,转矩为 250 N·m,输入控制器电压为 400 V DC。转速在 4 500 r/min 以下,反电动势小于 400 V,电机输入电压、功率也随转速下降。在基点右边,进行弱磁控制:随着电机转速提高,电机转矩下降,可以用恒功率控制,也可以不恒功率控制。

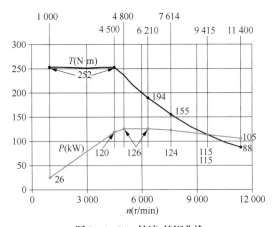

图 7-4-84　转速-转矩曲线

(6) 为了简单说明对该电机的设计思路,设置一个电机,电机的定、转子尺寸与要求相同(表 7-4-13),电机结构变得简单一些,但是电机的效率和功率因数应该相差不大,因此设置电机的电流应该是可靠的。

表 7-4-13　电机结构、绕组参数表

参数	型号 BMW I3	参数	型号 BMW I3
定子外径(cm)	24.2	定子槽数	72
定子内径(cm)	18.0	定子每槽绕组(匝)	9
定子叠厚(cm)	13.2	并联支路数	6

2) 用国内一字形内嵌式汽车电机的冲片形式　用 RMxprt 对该汽车电机进行设计(图 7-4-85),设计思路:使电机磁通密度合理,槽满率合理,绕组自动设计,性能达到电机技术要求。

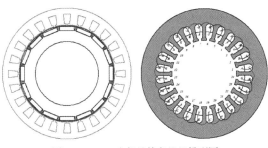

图 7-4-85　电机结构和绕组排列图

(1) 性能计算:

GENERAL DATA

Rated Output Power(kW):117.8

Rated Voltage(V):257

Number of Poles:16

Frequency(Hz):600

Frictional Loss(W):67.5

Windage Loss(W):0

Rotor Position:Inner

Type of Circuit:Y3

Type of Source:Sine

Domain:Frequency

Operating Temperature(℃):75

STATOR DATA

Number of Stator Slots:24

Outer Diameter of Stator(mm):242

Inner Diameter of Stator(mm):180

Type of Stator Slot:3

Stator Slot

　　hs0(mm):1.95

　　hs1(mm):0.57

　　hs2(mm):17

　　bs0(mm):2.8

　　bs1(mm):10.237 3

　　bs2(mm):14.713 5

　　rs(mm):0

Top Tooth Width(mm):14

Bottom Tooth Width(mm): 14

Type of Steel: DW310_35

Number of Parallel Branches: 8

Number of Conductors per Slot: 38

Type of Coils: 21

Average Coil Pitch: 1

Number of Wires per Conductor: 2

Wire Diameter(mm): 1. 12

Wire Wrap Thickness(mm): 0. 11

Slot Area(mm²): 221. 257

Net Slot Area(mm²): 203. 906

Limited Slot Fill Factor(%): 75

Stator Slot Fill Factor(%): 56. 388 9

Coil Half-Turn Length(mm): 162. 081

Wire Resistivity(Ω·mm²/m): 0. 021 7

ROTOR DATA

Minimum Air Gap(mm): 1

Inner Diameter(mm): 120

Length of Rotor(mm): 132

Stacking Factor of Iron Core: 0. 92

Type of Steel: DW310_35

Bridge(mm): 1

Rib(mm): 2

Mechanical Pole Embrace: 0. 9

Electrical Pole Embrace: 0. 852 532

Max. Thickness of Magnet(mm): 7

Width of Magnet(mm): 28

Type of Magnet: 45SH - QGP

Type of Rotor: 5

Magnetic Shaft: Yes

PERMANENT MAGNET DATA

Residual Flux Density(T): 1. 34

Coercive Force(kA/m): 995

NO-LOAD MAGNETIC DATA

Stator-Teeth Flux Density(T): 1. 762 26

Stator-Yoke Flux Density(T): 1. 362 12

Cogging Torque(N·m): 10. 305

FULL-LOAD DATA

Maximum Line Induced Voltage(V): 400. 432

Root-Mean-Square Line Current(A): 268. 883

Armature Current Density(A/mm²): 17. 057 6

Output Power(W): 117 776

Input Power(W): 120 714

Efficiency(%): 97. 566 9

Power Factor: 0. 999 99

Synchronous Speed(r/min): 4 500

Rated Torque(N·m): 249. 929

Torque Angle(°): 46. 155 2

Maximum Output Power(W): 2 733

（2）性能分析：该设计的电流密度为 17. 057 6 A/mm²，这种电流密度大的电机要用液体进行冷却才合理。

用恒功率弱磁，11 400 r/min 的转矩在 98. 676 2 N·m（图 7 - 4 - 86），电机电流在 408. 943 6 A（图 7 - 4 - 87）。

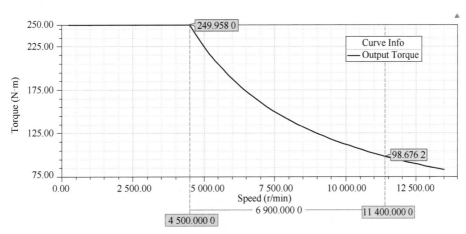

图 7 - 4 - 86 额定点和弱磁点

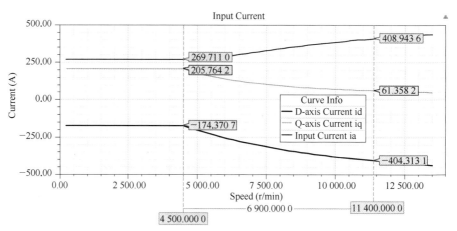

图 7 - 4 - 87　额定点和弱磁点电流

（3）弱磁分析：这是一种以额定点为基点的设计思路，如果要提速，用额定点功率恒功率弱磁。还可以电机额定点的绕组数据求出后，把电机的弱磁恒功率调到 105 kW，再计算 11 400 r/min 的弱磁提速功率（图 7 - 4 - 88）。

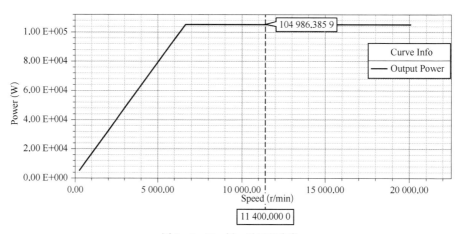

图 7 - 4 - 88　另一种弱磁曲线

电机弱磁提速后电流如图 7 - 4 - 89 所示。

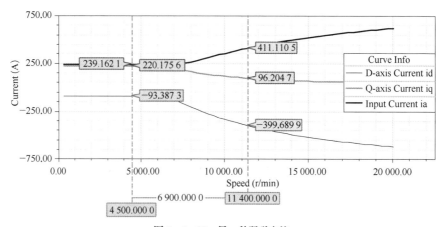

图 7 - 4 - 89　另一种弱磁电流

这样 11 400 r/min 点的电流、功率要求均达到电机技术要求。

电机弱磁的最高转速与电机额定转速之比较大：$k=\dfrac{11\,400}{4\,500}=2.53$，最大优点是其额定工作点电流小。

(4) 另外一种弱磁方法：额定点设置在基点左边，在恒转矩曲线上，转矩不变，而该恒转矩曲线上越向左的点，转速越高，输出功率相应提高。在恒转矩最左的拐点，可以使该点的感应电动势幅值等于输入线电压的幅值。这时的转速是不弱磁的最高转速。操作方法如下：

① 以额定点 117.8 kW、转速为 4 500 r/min、转矩为 250 N・m，用 RMxprt 计算永磁同步电机，自动设置绕组匝数，设置电压调整到电机电流达 400 A。查看电机额定点电流是否超过规定最大电流(该电机最大电流为 400 A)，如果不满足，则调整电机输入电压，该点在 RMxprt 计算时的最终输入数据如图 7－4－90 所示。

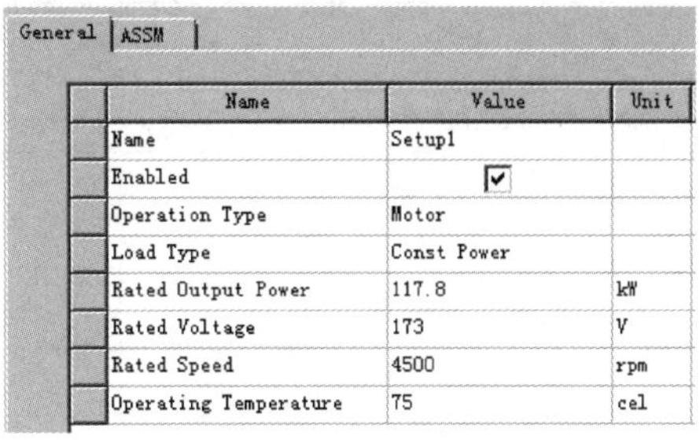
General | ASSM

Name	Value	Unit
Name	Setup1	
Enabled	☑	
Operation Type	Motor	
Load Type	Const Power	
Rated Output Power	117.8	kW
Rated Voltage	173	V
Rated Speed	4500	rpm
Operating Temperature	75	cel

图 7－4－90　输入电机参数

② 以输入电机的最高电压(257 V)除以额定点电压(173 V)，$k=257/173=1.485\,5$，拐点转速：$n=k\times 4\,500=6\,685$(r/min)，那么 6 685 r/min 是该电机不弱磁的最高转速。所以该电机不弱磁无法提速到 11 400 r/min。这种电机结构，用恒功率设计，弱磁提速 11 400/6 685＝1.7 倍还是可以的。电机通过弱磁在转矩 146.597 4 N・m时，电机转速达 11 400 r/min。

这种设计思想降低了电机弱磁提速比，但是电机的额定电流提高，因为额定点的电压降低了，电机输出功率相同，输入功率没有增大，电机的电流密度没有增大，对整个电机性能没有影响。

③ 对三种电机状态用 RMxprt 计算比较，见表 7－4－14。

表 7－4－14　不同运行点的电机性能分析

	额定点为拐点	拐点左边电流 400 A	拐点
	4 500 r/min	**4 500 r/min**	**6 685 r/min**
GENERAL DATA			
Rated Output Power(kW)	**117.8**	**117.8**	**175**
Rated Voltage(V)	**257**	**173**	**257**
Number of Poles	16	16	16
Frequency(Hz)	**600**	**600**	**891.333**
Frictional Loss(W)	67.5	67.5	100.275
Windage Loss(W)	0	0	0
Rotor Position	Inner	Inner	Inner
Type of Circuit	Y3	Y3	Y3
Type of Source	Sine	Sine	Sine
Domain	Frequency	Frequency	Frequency
Operating Temperature(℃)	75	75	75
STATOR DATA			
Number of Stator Slots	24	24	24
Outer Diameter of Stator(mm)	242	242	242

(续表)

	额定点为拐点	拐点左边电流 400 A	拐点
Inner Diameter of Stator(mm)	180	180	180
Type of Stator Slot	3	3	3
Stator Slot			
hs0(mm)	1.95	1.95	1.95
hs1(mm)	0.57	0.57	0.57
hs2(mm)	17	17	17
bs0(mm)	2.8	2.8	2.8
bs1(mm)	10.237 3	10.237 3	10.237 3
bs2(mm)	14.713 5	14.713 5	14.713 5
rs(mm)	0	0	0
Top Tooth Width(mm)	14	14	14
Bottom Tooth Width(mm)	14	14	14
Skew Width(Number of Slots)	0	0	0
Length of Stator Core(mm)	132	132	132
Stacking Factor of Stator Core	0.92	0.92	0.92
Type of Steel	DW310_35	DW310_35	DW310_35
Designed Wedge Thickness(mm)	0.570 005	0.570 005	0.570 005
Slot Insulation Thickness(mm)	0.1	0.1	0.1
Layer Insulation Thickness(mm)	0.1	0.1	0.1
End Length Adjustment(mm)	0	0	0
Number of Parallel Branches	8	8	8
Number of Conductors per Slot	36	24	24
Type of Coils	21	21	21
Average Coil Pitch	1	1	1
Number of Wires per Conductor	**2**	**3**	**3**
Wire Diameter(mm)	1.12	1.12	1.12
Wire Wrap Thickness(mm)	0.11	0.11	0.11
Slot Area(mm^2)	221.257	221.257	221.257
Net Slot Area(mm^2)	203.906	203.906	203.906
Limited Slot Fill Factor(%)	75	75	75
Stator Slot Fill Factor(%)	**53.421 1**	**53.421 1**	**53.421 1**
Coil Half-Turn Length(mm)	162.081	162.081	162.081
Wire Resistivity($\Omega \cdot mm^2/m$)	0.021 7	0.021 7	0.021 7
ROTOR DATA			
Minimum Air Gap(mm)	1	1	1
Inner Diameter(mm)	120	120	120
Length of Rotor(mm)	132	132	132

（续表）

	额定点为拐点	拐点左边电流 400 A	拐点
Stacking Factor of Iron Core	0.92	0.92	0.92
Type of Steel	DW310_35	DW310_35	DW310_35
Bridge(mm)	1	1	1
Rib(mm)	2	2	2
Mechanical Pole Embrace	0.9	0.9	0.9
Electrical Pole Embrace	0.852 532	0.852 532	0.852 532
Max. Thickness of Magnet(mm)	7	7	7
Width of Magnet(mm)	28	28	28
Type of Magnet	45SH	45SH	45SH
Type of Rotor	5	5	5
Magnetic Shaft	Yes	Yes	Yes
PERMANENT MAGNET DATA			
Residual Flux Density(T)	1.34	1.34	1.34
Coercive Force(kA/m)	995	995	995
STEADY STATE PARAMETERS			
Stator Winding Factor	0.866 025	0.866 025	0.866 025
D-Axis Reactive Reactance Xad(Ω)	0.077 498	0.034 444	0.051 168
Q-Axis Reactive Reactance Xaq(Ω)	0.354 766	0.157 674	0.234 233
Armature Leakage Reactance X1(Ω)	0.159 886	0.071 06	0.105 564
Zero-Sequence Reactance X0(Ω)	0.063 049	0.028 022	0.041 628
Armature Phase Resistance R1(Ω)	0.008 032	0.003 57	0.003 57
Armature Phase Resistance at 20 ℃(Ω)	0.006 607	0.002 937	0.002 937
NO-LOAD MAGNETIC DATA			
Stator-Teeth Flux Density(T)	**1.762 26**	**1.762 26**	**1.762 26**
Stator-Yoke Flux Density(T)	1.362 12	1.362 12	1.362 12
Rotor-Yoke Flux Density(T)	0.528 129	0.528 129	0.528 129
Air-Gap Flux Density(T)	0.933 401	0.933 401	0.933 401
Magnet Flux Density(T)	1.158 6	1.158 6	1.158 6
No-Load Line Current(A)	19.296 9	38.143 7	38.142 6
No-Load Input Power(W)	1 107.22	1 113.87	1 840.1
Cogging Torque(N・m)	10.305	10.305	10.305
FULL-LOAD DATA			
Maximum Line Induced Voltage(V)	379.357	252.904	375.704
Root-Mean-Square Line Current(A)	**269.736**	**401.267**	**399.732**
Root-Mean-Square Phase Current(A)	269.736	401.267	399.732
Armature Current Density(A/mm^2)	17.111 7	6.970 5	16.905 7
Output Power(W)	**117 790**	**117 795**	**174 995**

（续表）

	额定点为拐点	拐点左边电流 400 A	拐点
Input Power(W)	**120 641**	**120 618**	**178 530**
Efficiency(%)	97.636 5	97.659 9	98.019 5
Power Factor	0.996 228	0.994 637	0.993 7
IPF Angle(°)	−40.281 5	−39.179 8	−38.644 6
Synchronous Speed(r/min)	**4 500**	**4 500**	**6 685**
Rated Torque(N·m)	**249.958**	**249.969**	**249.974**
Torque Angle(°)	45.259 7	45.116 1	45.079 3
Maximum Output Power(W)	291 010	294 434	443 856

注：本表直接从 RMxprt 计算结果中复制，仅规范了单位。

为什么要把电机的额定点放到拐点左边，而不用额定点直接作为基点，主要是电机的弱磁、控制器和电机的结构有关，事实上电机弱磁提速的倍数不能无限增大，这与电机的驱动器、电机结构有关，现在的水平比拐点的转速提高 2 倍左右还是可以的，如果额定转速较低，最高转速又很高，那么电机的结构和控制器的控制方法就会复杂，如果要把额定转速设置在拐点左边，而弱磁点和拐点的转速比就不会很高，尽量在 2 左右。

从 $k=\dfrac{11\,400}{4\,500}=2.533$ 降为 $k=\dfrac{11\,400}{6\,685}=1.7$，电机设计和控制器的设计都得到了改观。这是一种把电机的额定点设置在拐点左边，降低了弱磁时的提速比的设计思路。

电机的电流密度较大，不能无限提高绕组和电机绝缘等级，要做成水冷或油冷，否则电机体积要加大，温升才不会太高，但是绕组和电机的绝缘等级都要提高。

把电机提速到指定某速度，加某转矩，那么功率就可以算出，把这个弱磁点的功率作为该电机的额定点（基点）的功率再进行计算，那么会显示一条转矩-转速曲线（图 7-4-91），该曲线上的弱磁区有一点即为要求取的电机提速的工作点。这是一种较好的设计方法。

把电机转速 6 300 r/min、输出功率 105 kW 作为基点（拐点）进行计算，在弱磁区的 11 400 r/min 时的转矩正好是 88 N·m。

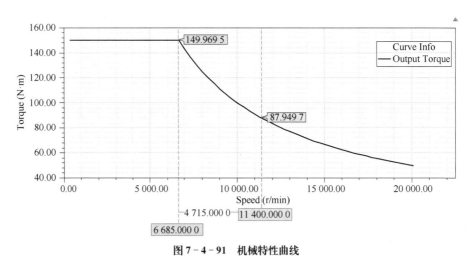

图 7-4-91 机械特性曲线

此时 11 400 r/min 的电流就在 400 A 左右（图 7-4-92，Δ=0.03，功率参数稍做调整即可在 400 A 之内），非常理想。

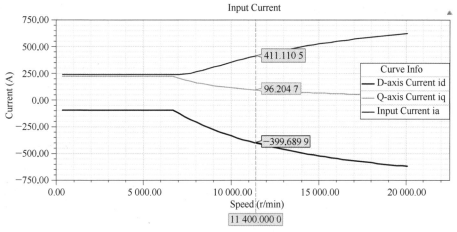

图 7-4-92　弱磁提速电流

本节介绍了多种汽车电机的设计思路和设计方法,主要还是要看电机的技术要求,根据电机的技术要求提出相应的设计方案。

7.5　DDR 永磁同步电机设计

永磁同步电机有区别于其他类型电机的特点,它可以做成输出转矩比较大,转速比较慢,不用齿轮减速或减速机构,直接驱动运行。这种不用齿轮箱的低速、大转矩电机就是直驱电机(direct drive rotary,DDR 电机)。直驱的特点是转矩大,转速慢,运行稳定,其外形如图 7-5-1 所示。

图 7-5-1　DDR 电机图片

DDR 电机多用于旋转平台,如大型云台上,机床平台上应用直驱电机的也很多,这种电机往往设计成直径大、扁圆形。DDR 电机的转矩可以做得非常大(20 000 N·m 以上),直径可以达 3 m。当然,这种电机也可以做成小型的力矩电

机,总之省去了变速机构,增加了转矩,减慢了转速,特别是消除了因齿轮减速机构产生的回程误差,因此许多控制系统都在广泛采用。

特别指出,在现在的许多大转矩的电机包括步进电机上是加了齿轮箱,齿轮箱的 backlash 在齿轮箱和齿轮电机行业中有的称背隙,有的称回程误差(简称回差)。回程误差体现了齿轮箱能否完全和电机转动精确地按减速比的倍率转动的问题。如果齿轮箱电机的回程太大,这在某些反复精确定位的场合不适用。某些机床、加工中心、冶金、电子精密绣花机、各种扫描机构、精密云台(监控器)、控制系统、高精度机床、雷达、机械手、机器人等都需要回程误差小的齿轮箱电机,但是只要有齿轮箱的地方,不可避免有回程误差,为了避免回程误差,许多场合舍弃了齿轮箱减速而采用了直驱电机。

另外,一些大转矩电机如果用齿轮减速,齿轮加工和齿轮机械强度要求较高,齿轮磨损会给电机的稳定性和运行精度带来非常大的影响,因此去掉齿轮减速,采用电机直接驱动的大转矩电机也是非常必要的,像印刷、注塑、炼钢机械、电力发电设备、电梯等场合都需要采用 DDR 电机。日常生活中的滚筒式洗衣机电机、电动自行车轮毂电机、微型轿车中外转子两轮或四轮直接驱动的轮毂式电机都是 DDR 电机。

随着科学技术的发展,越来越多的场合广泛

本节技术资料由常州富山智能科技有限公司提供。

采用 DDR 电机,特别是永磁同步电机的应用把 DDR 电机性能做得非常完美。直驱无刷电机的大转矩、高效率、低转速、高精度、零维护、低噪声、长寿命等优点,都是其他电机不能比拟的。

7.5.1　DDR260 永磁同步电机的设计

DDR 旋转平台用永磁同步电机的技术条件见表 7-5-1。

表 7-5-1　DDR260 电机参数

电机持续电流(A)	4	转矩常数(N·m/A)	25
电机峰值电流(A)	12	电机电阻(Ω)	3.1
电机最大转速(r/min)	200	电机电感(mH)	44
极数	30	转子惯量(kg·m²)	0.023

用户未告之控制器输入电压,没有表明电机的额定输出功率、额定电流、额定转速和额定转矩,唯一知道的是电机额定点持续电流为 4 A,电机转矩常数 25 N·m/A。因此要通过这些已知参数来求出比较接近电机参数的 DDR 电机。

生产厂家要求:电机输出功率 724 W,电机定子外径 247 mm,定子内径 162 mm,定子叠厚 125~130 mm,规定槽与极的配合,用 36 槽 30 极或者 27 槽 30 极。厂家要求转子表贴式磁钢。

1) 关于电机的电压问题　用户要求,该电机取用 220 V AC 单相电源供电(表 7-5-2)。

表 7-5-2　求取输入电机交流电压

U_1 输入交流电压(V)	U_2 整流后的脉冲直流(平均值)(V)	U_d 整流滤波后直流电压(最大幅值)(V)	K(考虑滤波负载和压降)单相 $K=0.95\sim0.97$	PWM 计算电压(V)	DC 计算电压(V)	AC 输入电机线电压,有效值(V)	AC(SVPWM)线电压,有效值(V)
220	198.00	311.13	0.97	301.79	213.40	174.13	200.25

如果用 SVPWM 控制,那么永磁同步电机设计取用 AC 模式计算,采用 SVPWM 控制形式,输入电机线电压可以设定为 200 V AC。

2) 电机的转矩常数和电机额定工作点的确定　电机的转矩常数 25 N·m/A,转矩常数有以下含义:① $K_T = \dfrac{T}{I}$;② $K_T = \dfrac{T}{I - I_0}$;③ $K_T = \dfrac{T'}{I}$。应该讲②、③两种概念才是真正的转矩常数的表达。

如果这是真正的转矩常数,那么电机的感应电动势常数就可以求出

$$K_E = K_T/9.5493 = 25/9.5493 \\ = 2.618[V/(r/min)]$$

当输入电压峰值和感应电动势峰值相等,电机的不弱磁的最高转速就可以求出,即

$$n = E/K_E = 200\sqrt{2}/2.618 = 108(r/min)$$

电机应该有一定的空载电流,假设空载电流为 0,那么可以算出电机的转矩和输出功率,即

$$T' = K_T I = 25 \times 4 = 100(N·m)$$
$$P_2 = Tn/9.5493 \approx 100 \times 108/9.5493 = 1\,131(W)$$

表贴式磁钢,用 RMxprt 进行试算(图 7-5-2)。

Name	Value	Unit
Name	Setup1	
Enabled	✓	
Operation ...	Motor	
Load Type	Const Power	
Rated Outp...	1131	W
Rated Voltage	200	V
Rated Speed	108	rpm

图 7-5-2　输入电机主要参数

计算结果:

FULL-LOAD DATA

Maximum Line Induced Voltage(V):280.678

Root-Mean-Square Line Current(A):3.751 54

Armature Current Density(A/mm²):2.987 81

Synchronous Speed(r/min):108

Rated Torque(N·m):100.054

Torque Constant KT(N·m/A):26.924 6

这样与电机参数相近,所以厂方提供的电机输出功率 724 W 与计算不符。电机额定输出功率应该在 1 131 W。

3) 电机最高转速的确定　在 108 r/min 时,电机的感应电动势幅值为 280. 678 V,这样与电机的输入线电压 200 V 的幅值 $\sqrt{2} \times 200$ V $= 282.84$ V 相近。再要提高转速,必须弱磁。但是厂方要求电机的转子是表贴式磁钢,表贴式磁钢弱磁能力低于内嵌式磁钢,先用内嵌式转子结构进行设计(图 7-5-3)。

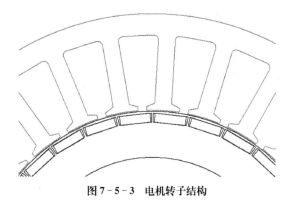

图 7-5-3　电机转子结构

电机输入参数如图 7-5-2 所示。

电机设计结果主要参数:

FULL-LOAD DATA

Maximum Line Induced Voltage(V): 276. 479

Root-Mean-Square Line Current(A): 4. 027 85

$\Delta = 0.006\ 8$

Armature Current Density(A/mm²): 3. 207 87

Output Power(W): 1 131. 26

Input Power(W): 1 352

Efficiency(%): 83. 673 6

Synchronous Speed(r/min): 108

Rated Torque(N·m): 100. 026

Torque Angle(°): 59. 174 5

Maximum Output Power(W): 1 363. 05

Power Factor: 0. 974 203

Torque Constant KT(N·m/A): 25. 070 6　$\Delta = 0.002\ 8$

这样与电机参数非常相近。

D-Axis Reactive Reactance Xad(Ω): 3. 414 53

Q-Axis Reactive Reactance Xaq(Ω): 11. 289 8

这样完全可以用弱磁方式把电机转速从 108 r/min 提速到 200 r/min,电机控制器电流可以控制在 4 A 之内。200/108＝1.85,内嵌式磁钢形式,电机的最高转速比在 2 之内,弱磁能够达到。

图 7-5-4 所示是弱磁的电机性能,电机弱磁后,电机的电流略为增加。

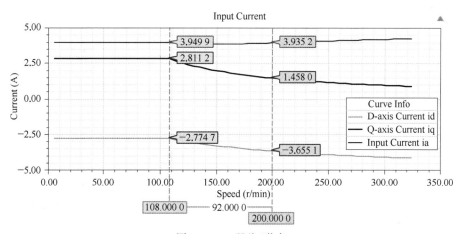

图 7-5-4　弱磁工作点

如图 7-5-5 所示,电机转速小于基点,转速与输出功率成正比;转速大于基点,电机在恒功率区,转速变化,但功率恒定。

如图 7-5-6 所示,电机的转速小于基点,转矩是恒定的;转速大于基点,其转速越高,转矩越小,但不成比例,输出功率恒定

$$P_2 = Tn/9.549\ 3 = 100 \times 108/9.549\ 3$$
$$= 54 \times 200/9.549\ 3 = 1\ 131(W)$$

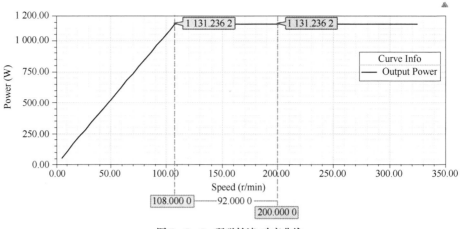

图 7-5-5　弱磁转速-功率曲线

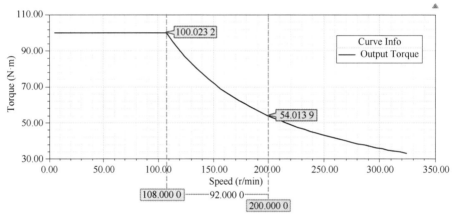

图 7-5-6　弱磁转速-转矩曲线

如图 7-5-7 所示,电机转速小于基点时,电机转速应与电机相(线)电压成正比;电机转速大于基点时,在恒功率区,电机输入线电压与基点相同,这是计算电机各点性能的电机转速与输入电机线电压的关系,在设计时务必注意。有的厂家在电机低速时,输入电机的线电压仍不变,形成了电机性能变差、电流增加、发热等现象。

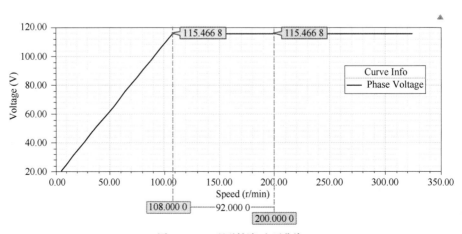

图 7-5-7　弱磁转速-电压曲线

该电机的性能计算单如下：

GENERAL DATA

Rated Output Power(kW)：1. 131

Rated Voltage(V)：200

Number of Poles：30

Frequency(Hz)：27

Frictional Loss(W)：10. 8

Windage Loss(W)：0

Rotor Position：Inner

Type of Circuit：Y3

Type of Source：Sine

Domain：Frequency

Operating Temperature(℃)：75

STATOR DATA

Number of Stator Slots：27

Outer Diameter of Stator(mm)：247

Inner Diameter of Stator(mm)：162

Type of Stator Slot：3

Stator Slot

$hs0$(mm)：1. 501

$hs1$(mm)：1. 357

$hs2$(mm)：28

$bs0$(mm)：4

$bs1$(mm)：12. 046 4

$bs2$(mm)：18. 591 8

rs(mm)：2

Top Tooth Width(mm)：7. 5

Bottom Tooth Width(mm)：7. 5

Skew Width(Number of Slots)：0

Length of Stator Core(mm)：126

Stacking Factor of Stator Core：0. 95

Type of Steel：DW465_50

Designed Wedge Thickness(mm)：1. 357 02

Slot Insulation Thickness(mm)：0

Layer Insulation Thickness(mm)：0

End Length Adjustment(mm)：0

Number of Parallel Branches：1

Number of Conductors per Slot：172

Type of Coils：21

Average Coil Pitch：1

Number of Wires per Conductor：3

Wire Diameter(mm)：0. 73

Wire Wrap Thickness(mm)：0

Slot Area(mm^2)：481. 293

Net Slot Area(mm^2)：464. 401

Limited Slot Fill Factor(%)：50

Stator Slot Fill Factor(%)：59. 211

Coil Half-Turn Length(mm)：152. 422

Wire Resistivity(Ω • mm^2/m)：0. 021 7

ROTOR DATA

Minimum Air Gap(mm)：0. 65

Inner Diameter(mm)：120

Length of Rotor(mm)：126

Stacking Factor of Iron Core：0. 95

Type of Steel：DW465_50

Bridge(mm)：0. 8

Rib(mm)：0. 8

Mechanical Pole Embrace：0. 85

Electrical Pole Embrace：0. 861 629

Max. Thickness of Magnet(mm)：4

Width of Magnet(mm)：14

Type of Magnet：NdFe35

Type of Rotor：5

Magnetic Shaft：Yes

PERMANENT MAGNET DATA

Residual Flux Density(T)：1. 23

Coercive Force(kA/m)：890

Recoil Residual Flux Density(T)：1. 23

Recoil Coercive Force(kA/m)：890

STEADY STATE PARAMETERS

Stator Winding Factor：0. 945 214

D-Axis Reactive Reactance Xad(Ω)：3. 414 53

Q-Axis Reactive Reactance Xaq(Ω)：11. 289 8

Armature Phase Resistance R1(Ω)：4. 077 77

Armature Phase Resistance at 20 ℃ (Ω)：3. 354 29

NO-LOAD MAGNETIC DATA

Stator-Teeth Flux Density(T)：1. 625 43

Stator-Yoke Flux Density(T)：0. 559 986

Rotor-Yoke Flux Density(T)：0. 283 671

Air-Gap Flux Density(T)：0. 767 263

Magnet Flux Density(T)：1. 037 06

No-Load Line Current(A)：0. 055 966 6

No-Load Input Power(W)：22. 320 5

Cogging Torque(N・m)：0. 119 186

FULL-LOAD DATA

Maximum Line Induced Voltage(V)：276. 479

Root-Mean-Square Line Current(A)：3. 949 77

Armature Current Density(A/mm²)：3. 145 68

Output Power(W)：1 131. 24

Input Power(W)：1 344. 35

Efficiency(%)：84. 147 8

Power Factor：0. 974 203

Synchronous Speed(r/min)：108

Rated Torque(N・m)：100. 023

Torque Angle(°)：57. 666 7

Maximum Output Power(W)：1 410. 07

Torque Constant KT(N・m/A)：25. 070 6

电机性能曲线如图 7 - 5 - 8~图 7 - 5 - 15 所示。

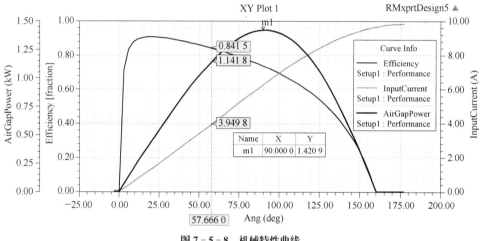

图 7 - 5 - 8　机械特性曲线

机械特性曲线(图 7 - 5 - 8)中,电机的额定点与电机的最大输出功率点较近,因为技术要求中没有要求电机输出最大转矩,所以电机设计时最大转矩倍数没有考虑。

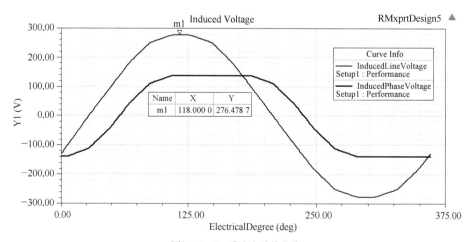

图 7 - 5 - 9　感应电动势曲线

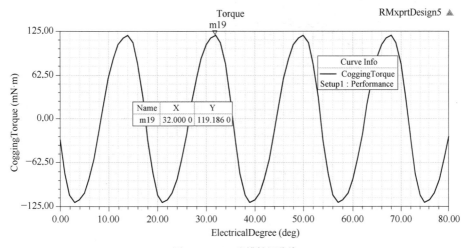

图 7 - 5 - 10　齿槽转矩曲线

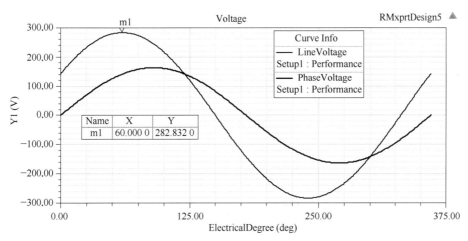

图 7 - 5 - 11　输入线电压

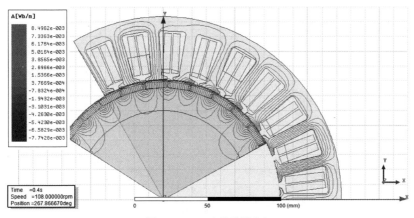

图 7 - 5 - 12　电机磁通分布

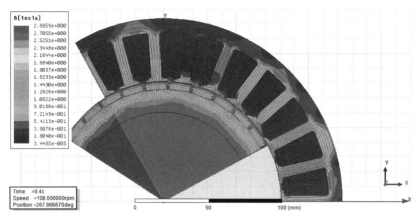

图 7 - 5 - 13   磁通密度云图

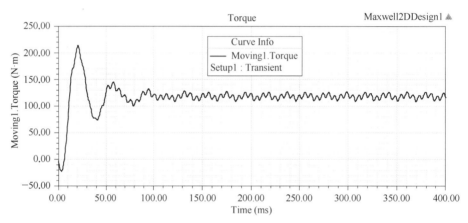

图 7 - 5 - 14   瞬态转矩曲线

注：该瞬态转矩是电磁转矩，要比电机输出做功转矩稍大。

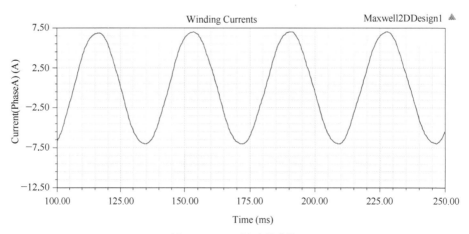

图 7 - 5 - 15   瞬态电流曲线

7.5.2 D102A 电机的设计

运用现有冲片,设计一些 DDR 电机还是可行的。美国科尔摩根网站上的一些资料(表 7-5-3),可以查到 D102A 电机的最大转速为 200 r/min,连续转矩为 63.4 N·m,峰值转矩为 227 N·m,说明峰值转矩是短时工作。电机机壳外径为 284.2 mm(图 7-5-16),这和现有 DDR 电机定子外径 247 mm 相配,机壳厚 18.6 mm,所以可以用现有电机冲片设计 D102A 电机。

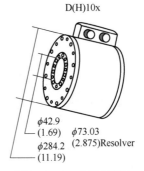

图 7-5-16 电机外形图

表 7-5-3 科尔摩根 DDR 电机数据

			AKD 伺服驱动器			性能					
			AKD-0060X	AKD-0120X	AKD-0240X	连续转矩		峰值转矩		最大转速	
						N·m	lb·ft	N·m	lb·ft	r/min	
DDR 电机	240 V 系统	D061	x			5.3	3.9	16.9	12.5	500	
		D062	x			9.8	7.2	33.5	24.7	500	
		D063	x			17.7	13.1	64.4	47.5	500	
		D081	x			15.9	11.7	45.0	33.2	500	
		D082	x			25.9	19.1	92.2	68.0	300	
		D083	x			50.4	37.2	160	118	250	
		D101	x			34.6	25.5	129	95.0	300	
		D102	x			63.4	46.7	227	167	200	
		D103		x		115	85.0	501	370	120	
		D141		x		108	80.0	367	271	200	
		D142		x		183	135	519	383	120	

电机部分性能见表 7-5-4,转速-转矩曲线   如图 7-5-17 所示。

表 7-5-4 电机部分性能表(220 V AC)

系统性能		符号	单位	D101A/D101M	D102A/D102M	D103A/D103M
峰值转矩		Tp	lb·ft (N·m)	95.0 (129)	167 (227)	370 (501)
连续转矩 40 ℃	正弦编码器	Tc	lb·ft (N·m)	25.5 (34.6)	46.8 (63.4)	85.0 (115)
	旋转变压器	Tc	lb·ft (N·m)	30.0 (40.7)	55.0 (74.6)	100 (136)
最大操作速度		Nmax	r/min (r/s)	300 (5.0)	200 (3.3)	120 (2.0)
机械 质量		Wt	lb (kg)	69.5 (31.5)	96.5 (43.8)	134 (60.8)

（续表）

系统性能	符号	单位	D101A/D101M	D102A/D102M	D103A/D103M
转子惯量	Jm	lb·ft·s (kg·m)	0.051 1 (0.069 3)	0.073 2 (0.099 2)	0.129 (0.175)
轴封部件增加的静态摩擦转矩	Tf	lb·ft (N·m)	2.6 (3.5)	2.6 (3.5)	2.6 (3.5)

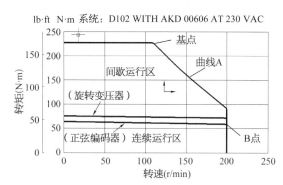

图 7-5-17 电机转速-转矩曲线

1）机械特性曲线图的分析　从图表看，电机的恒转矩在 227 N·m，电机的基点在 110 r/min 左右。电机最高转速在 200 r/min。200 r/min 是在电机的连续运行区，这时电机的转矩在 63.4 N·m（正弦编码器），连续运行区大小与电机使用旋转变压器和正弦编码器有关。从电机外形结构看，没有特殊冷却系统而是常温下工作，这样 200 r/min 时，电机的电流密度不应该很高。

再看基点右边曲线 A 是否是恒功率曲线，基点的输出功率为

$$P_2 = Tn/9.549\,3 = 227 \times 110/9.549\,3$$
$$= 2\,614.9(\text{W}) \approx 2.615(\text{kW})$$

而在曲线 A 最右边 B 点的输出功率是

$$P_2 = Tn/9.549\,3 = 63.4 \times 200/9.549\,3$$
$$= 1\,327.8(\text{W}) = 1.328(\text{kW})$$

基点和 B 点虽都在曲线 A 上，但两者输出功率不一样，显然曲线 A 不是一条恒功率曲线，基点和 B 点是一个电机两个不同条件的运行点。

从科尔摩根提供的资料看，并未提供电机的

工作电流和峰值电流。

根据科尔摩根提供的资料，参照 DDR 旋转平台电机技术要求，把科尔摩根的 DDR 电机的技术要求进行归纳，见表 7-5-5。

表 7-5-5　D102A 电机主要参数

电机机型	D102A
输入电压（V）	230
电机持续电流（A）	4
电机最大转速（r/min）	200
额定转矩（N·m）	63.4
峰值转矩（N·m）	227

为了设计更具目的性，这里补上了电机的额定电流 4 A，是参考了上一个的类似功率大小的 DDR 电机。

可以设计一个 DDR 电机：输入线电压在 200 V AC，恒转矩 63.4 N·m 运行，基点为 200 r/min，即输出功率在 1.33 kW，建立一个电机模型，求出电机性能首先要满足以上技术参数，如果满足，再把该电机运行在线电压 200 V AC、转矩 227 N·m、转速 110 r/min，即输出功率在 2.615 kW 下，求出该点的电流密度，看该点是否可以间歇运行。

230 V AC 可以认为是输入控制器的电压，为了在国内可以应用，该 DDR 电机的控制器输入电机的线电压仍以 200 V AC 供电模式计算。

从以上机械特性图看，不可以沿用常规的电机恒转矩、恒功率曲线图，应用这个电机的基点作为永磁同步电机额定工作点设计。

2）性能计算　RMxprt 计算科尔摩根 D102A 的 DDR 电机基点的性能。按上面要求，输入数据（图 7-5-18）。

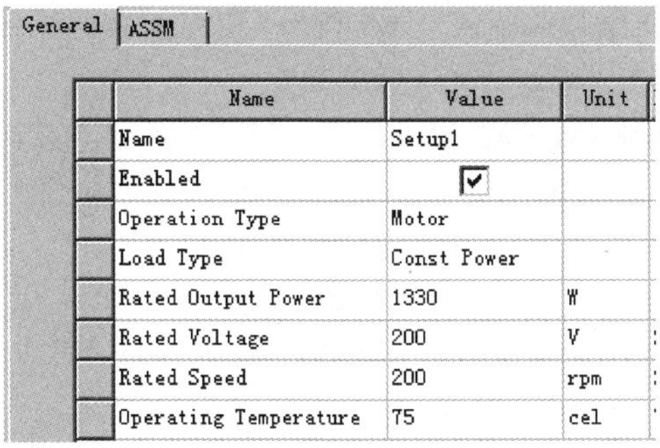

General | ASSM

Name	Value	Unit
Name	Setup1	
Enabled	☑	
Operation Type	Motor	
Load Type	Const Power	
Rated Output Power	1330	W
Rated Voltage	200	V
Rated Speed	200	rpm
Operating Temperature	75	cel

图 7-5-18　输入电机主要参数(绕组匝数自动设计)

计算结果：

GENERAL DATA

Rated Output Power(kW)：1. 33

Rated Voltage(V)：200

Number of Poles：30

Frequency(Hz)：50

Frictional Loss(W)：20

Windage Loss(W)：0

Rotor Position：Inner

Type of Circuit：Y3

Type of Source：Sine

Domain：Time

Operating Temperature(℃)：75

STATOR DATA

Number of Stator Slots：27

Outer Diameter of Stator(mm)：247

Inner Diameter of Stator(mm)：162

Type of Stator Slot：3

Stator Slot

hs0(mm)：1. 501

hs1(mm)：1. 357

hs2(mm)：28

bs0(mm)：4

bs1(mm)：12. 046 4

bs2(mm)：18. 591 8

rs(mm)：2

Top Tooth Width(mm)：7. 5

Bottom Tooth Width(mm)：7. 5

Skew Width(Number of Slots)：0

Length of Stator Core(mm)：124

Stacking Factor of Stator Core：0. 95

Type of Steel：DW465_50

Designed Wedge Thickness(mm)：1. 357 02

Number of Parallel Branches：1

Number of Conductors per Slot：80

Average Coil Pitch：1

Number of Wires per Conductor：1

Wire Diameter(mm)：1. 628

Slot Area(mm^2)：481. 293

Net Slot Area(mm^2)：464. 401

Limited Slot Fill Factor(%)：50

Stator Slot Fill Factor(%)：45. 656 8

ROTOR DATA

Minimum Air Gap(mm)：0. 65

Inner Diameter(mm)：120

Length of Rotor(mm)：124

Stacking Factor of Iron Core：0. 95

Type of Steel：DW465_50

Polar Arc Radius(mm)：75. 5

Mechanical Pole Embrace：0. 85

Electrical Pole Embrace：0. 820 556

Max. Thickness of Magnet(mm)：4

Width of Magnet(mm)：13. 948 1

Type of Magnet：NdFe35

Type of Rotor：1

Magnetic Shaft：Yes

PERMANENT MAGNET DATA

Residual Flux Density(T)：1. 23

Coercive Force(kA/m)：890

STEADY STATE PARAMETERS

Stator Winding Factor：0. 945 214

D-Axis Reactive Reactance Xad(Ω)：0. 846 337

Q-Axis Reactive Reactance Xaq(Ω)：0. 846 337

Armature Phase Resistance R1(Ω)：1. 129 03

Armature Phase Resistance at 20 ℃ (Ω)：0. 928 7

NO-LOAD MAGNETIC DATA

Stator-Teeth Flux Density(T)：1. 794 15

Stator-Yoke Flux Density(T)：0. 654 984

Rotor-Yoke Flux Density(T)：0.412 967
Air-Gap Flux Density(T)：0.912 023
Magnet Flux Density(T)：0.952 755
No-Load Line Current(A)：0.576 936
No-Load Input Power(W)：52.334 8
Cogging Torque(N·m)：0.125 688

FULL-LOAD DATA
Maximum Line Induced Voltage(V)：272.179
Root-Mean-Square Line Current(A)：4.082 13
Armature Current Density(A/mm²)：1.961 05

Frictional and Windage Loss(W)：20
Output Power(W)：1 330.76
Input Power(W)：1 438.32
Efficiency(%)：92.522
Synchronous Speed(r/min)：200
Rated Torque(N·m)：63.539 3
Torque Angle(°)：12.828 8
Maximum Output Power(W)：4 793.41
Torque Constant KT(N·m/A)：15.799 2

电机性能曲线如图 7-5-19～图 7-5-26 所示。

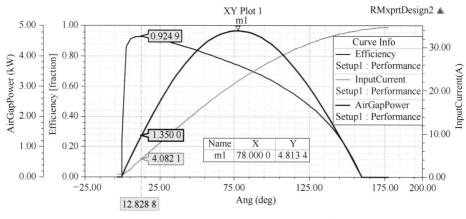

图 7-5-19　电机机械特性曲线

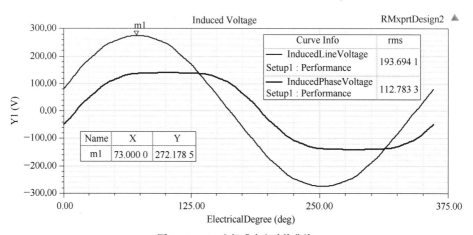

图 7-5-20　电机感应电动势曲线

3）电机间歇运行点的计算　输入功率在 2 615 W 时的电机性能如图 7-5-27 所示。

电机分析：通过以上计算，可以看到满足 D102A 的 DDR 电机运行点的主要性能，电流密度为 8.096 67 A/mm²（表 7-5-6）。这样的电流密度可以满足电机间歇运行要求。

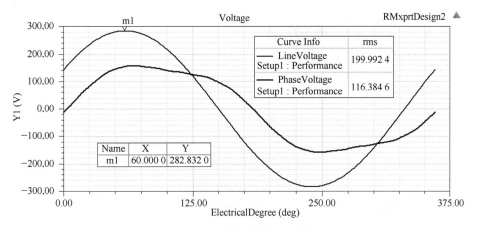

图 7-5-21 输入电机线电压曲线

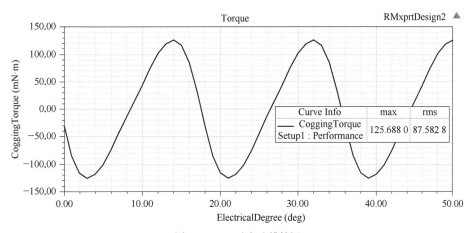

图 7-5-22 电机齿槽转矩

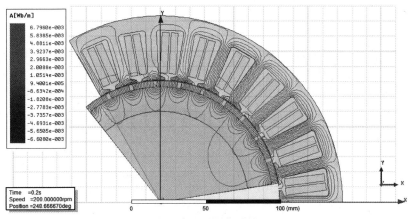

图 7-5-23 磁通密度

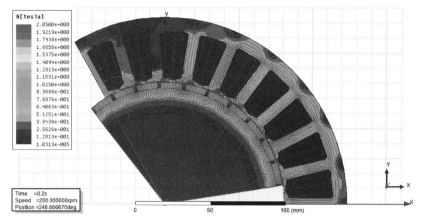

图 7 - 5 - 24　磁通密度云图

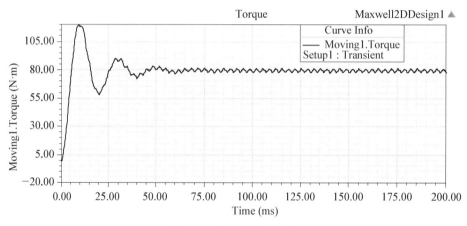

图 7 - 5 - 25　转矩瞬态曲线

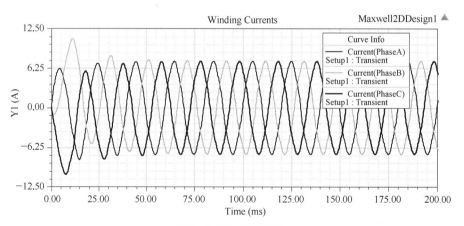

图 7 - 5 - 26　绕组电流

Name	Value	Unit	Evaluated V...
Name	Setup1		
Enabled	☑		
Operation ...	Motor		
Load Type	Const Power		
Rated Outp...	2615	W	2615W
Rated Voltage	200	V	200V
Rated Speed	110	rpm	110rpm
Operating ...	75	cel	75cel

Maximum Line Induced Voltage (V):149.698

Root-Mean-Square Line Current (A):16.8541

Armature Current Density (A/mm^2):8.09667

Output Power (W): 2616.16

Input Power (W): 3603.6

Efficiency (%): 72.5985

Synchronous Speed (rpm): 110

Rated Torque (N.m): 227.114

Torque Angle (degree): 19.0182

Torque Constant KT (Nm/A): 13.5324

图 7 - 5 - 27　输入要求参数及计算结果

表 7 - 5 - 6　设计符合率对比表

电机机型 DDR260	要求参数	设计结果	相对误差
电机持续电流(A)	4	4.082 13	$\Delta = 0.02$
电机最大转速(r/min)	200	200	$\Delta = 0$
额定转矩(N·m)	63.4	63.539 3	$\Delta = 0.002$
峰值转矩(N·m)	227	227.14	$\Delta = 0.000\ 6$
额定电流密度(A/mm^2)		1.961 05	
峰值电流密度(A/mm^2)		8.096 67	

7.5.3　30 极 27 槽和 36 槽电机的分析

同样一个 30 个极的电机可以做成 27 槽和 36 槽的配合,上面的算例均用了 30 极 27 槽,相比 30 极 36 槽的极数和槽数都少一些。

下面就这两种 DDR 永磁同步电机进行一些分析,以便加深对永磁同步电机的印象,加强对永磁同步电机设计的熟练程度。

为了两个电机可以比较,特地设计了一个 30 极 36 槽电机,现在有 30 极 27 槽的作为参照电机,把该电机作为计算的电机模块,仅将槽数改动一下,改动齿宽和轭宽,使电机的齿磁通密度和轭磁通密度与 30 极 27 槽的相同,绕组自动设计,保证两电机的感应电动势、电流密度不变,两种电机性能基本相同(表 7 - 5 - 7、图 7 - 5 - 28 和图 7 - 5 - 29)。这个过程非常简单,但槽满率还是略高的。

表 7 - 5 - 7　27 槽和 36 槽性能计算

GENERAL DATA	27 槽	36 槽
Rated Output Power(kW)	1.33	1.33
Rated Voltage(V)	200	200

(续表)

GENERAL DATA	27 槽	36 槽
Number of Poles	30	30
Frequency(Hz)	50	50
Frictional Loss(W)	20	20
Windage Loss(W)	0	0
Rotor Position	Inner	Inner
Type of Circuit	Y3	Y3
Type of Source	Sine	Sine
Domain	Time	Time
Operating Temperature(℃)	75	75
STATOR DATA		
Number of Stator Slots	27	36
Outer Diameter of Stator(mm)	247	247
Inner Diameter of Stator(mm)	162	162
Type of Stator Slot	3	3
Stator Slot		
hs0(mm)	1.501	1.501
hs1(mm)	1.357	1.357
hs2(mm)	28	29.85
bs0(mm)	4.3	4.3
bs1(mm)	12.045 5	7.541 13
bs2(mm)	18.590 9	12.764 2
rs(mm)	1.5	1.5
Top Tooth Width(mm)	**7.5**	**7.1**
Bottom Tooth Width(mm)	7.5	7.1
Skew Width(Number of Slots)	0	0
Length of Stator Core(mm)	124	124
Stacking Factor of Stator Core	0.95	0.95
Type of Steel	DW465_50	DW465_50

（续表）

GENERAL DATA	27 槽	36 槽
Designed Wedge Thickness(mm)	1.357 02	1.357
Slot Insulation Thickness(mm)	0	0
Layer Insulation Thickness(mm)	0	0
End Length Adjustment(mm)	0	0
Number of Parallel Branches	1	1
Number of Conductors per Slot	80	64
Type of Coils	21	21
Average Coil Pitch	1	1
Number of Wires per Conductor	1	1
Wire Diameter(mm)	1.628	1.628
Wire Wrap Thickness(mm)	0	0
Slot Area(mm^2)	473.375	335.726
Net Slot Area(mm^2)	455.83	321.238
Limited Slot Fill Factor(%)	50	60
Stator Slot Fill Factor(%)	**46.515 3**	**52.803 4**
Coil Half-Turn Length(mm)	150.421	142.946
Wire Resistivity($\Omega \cdot mm^2/m$)	0.021 7	0.021 7
ROTOR DATA		
Minimum Air Gap(mm)	0.65	0.65
Inner Diameter(mm)	120	120
Length of Rotor(mm)	124	124
Stacking Factor of Iron Core	0.95	0.95
Type of Steel	DW465_50	DW465_50
Polar Arc Radius(mm)	75.5	75.5
Mechanical Pole Embrace	0.85	0.85
Electrical Pole Embrace	0.820 556	0.820 556
Max. Thickness of Magnet(mm)	4	4
Width of Magnet(mm)	13.948 1	13.948 1
Type of Magnet	NdFe35	NdFe35
Type of Rotor	1	1
Magnetic Shaft	Yes	Yes
STEADY STATE PARAMETERS		
Stator Winding Factor	0.945 214	0.933 013
D-Axis Reactive Reactance Xad(Ω)	0.843 321	0.923 116
Q-Axis Reactive Reactance Xaq(Ω)	0.843 321	0.923 116
D-Axis Reactance X1+Xad(Ω)	6.087 87	5.924 28
Q-Axis Reactance X1+Xaq(Ω)	6.087 87	5.924 28

（续表）

GENERAL DATA	27 槽	36 槽
Armature Leakage Reactance X1(Ω)	5.244 55	5.001 16
Zero-Sequence Reactance X0(Ω)	4.269	3.296 16
Armature Phase Resistance R1(Ω)	1.129 02	1.144 44
Armature Phase Resistance at 20 ℃(Ω)	0.928 711	0.941 394
NO-LOAD MAGNETIC DATA		
Stator-Teeth Flux Density(T)	1.791 32	1.797 16
Stator-Yoke Flux Density(T)	0.633 469	0.749 34
Rotor-Yoke Flux Density(T)	0.412 317	0.475 679
Air-Gap Flux Density(T)	0.910 585	0.889 889
Magnet Flux Density(T)	0.951 253	0.929 632
No-Load Line Current(A)	0.619 623	0.117 121
No-Load Input Power(W)	52.136 9	60.781
Cogging Torque(N·m)	0.158 301	0.835 256
FULL-LOAD DATA		
Maximum Line Induced Voltage (V)	271.75	282.018
Root-Mean-Square Line Current (A)	4.082 4	4.075 05
Root-Mean-Square Phase Current (A)	4.082 4	4.075 05
Armature Current Density (A/mm^2)	1.961 18	1.957 65
Frictional and Windage Loss(W)	20	20
Iron-Core Loss(W)	30.724 2	40.657 9
Armature Copper Loss(W)	56.448 6	57.013 7
Total Loss(W)	107.173	117.672
Output Power(W)	1 330.57	1 330.18
Input Power(W)	1 437.74	1 447.85
Efficiency(%)	92.545 7	91.872 7
Synchronous Speed(r/min)	200	200
Rated Torque(N·m)	63.529 8	63.511 6
Torque Angle(°)	12.523 3	12.134 2
Maximum Output Power(W)	4 874.09	5 045.62
Torque Constant KT(N·m/A)	15.795 8	15.819 8

注：本表直接从 Maxwell 计算结果中复制，仅规范了单位。

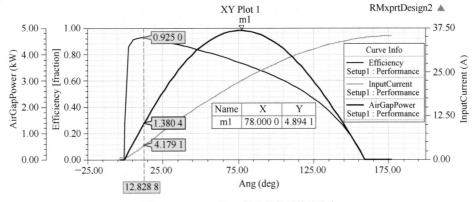

图 7 - 5 - 28　30 极 27 槽电机机械特性曲线

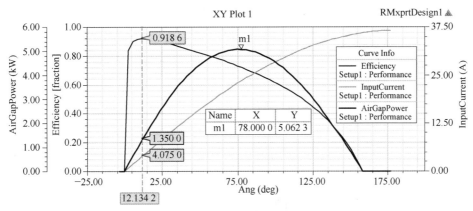

图 7 - 5 - 29　30 极 36 槽电机机械特性曲线

1）电机的分区和绕组排列　30 极 27 槽的分区数是 3，30 极 36 槽的分区数是 6，在同样的电机中，分区数多就意味着电机绕组的并联支路数多，如绕组导体并联根数均为 1 时，分区数大的比分区数小的绕组单根导体的电流要小，如相

同的电流，那么并联支路数多的线径可以小很多，线径小，定子下线方便，工艺性好。

分区数不同绕组接线有难有易。如图 7 - 5 - 30 和图 7 - 5 - 31 所示，30 极 27 槽接线比 30 极 36 槽接线容易，工艺性好。

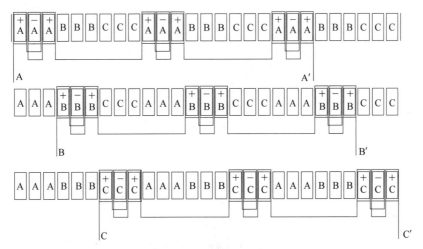

图 7 - 5 - 30　30 极 27 槽绕组排列和接线

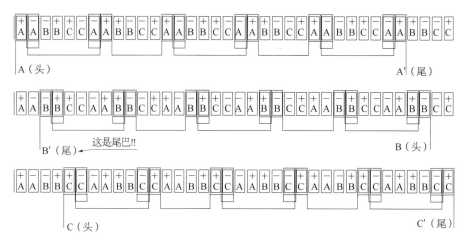

图 7 - 5 - 31   30 极 36 槽绕组排列和接线

30 极 27 槽一相 3 组线圈,每组线圈绕向都是正-反-正绕法,极有规律。

30 极 36 槽一相 6 组线圈,每组线圈绕向却是正-反、反-正、……绕法,绕组个数又多,极易搞错,另外 B 相起头线圈的极性和其他两相起头线圈的极性相反,为了三相线圈绕法相同,B 相绕组起头线要作为尾巴,这是分区中每相线圈个数为偶数的特殊性。特别是在数十槽或上百槽的槽数多的 DDR 电机应该用分区法绕组排列。要注意分区中每相线圈个数为偶数的绕组绕法和绕组接线,避免搞错。水平较高的电机设计人员在遇到这种形式的绕组排列时,有时也会不知所措,排错绕组法和接线,造成电机无法正常运行,甚至根本转不起来,所以说 30 极 36 槽绕组排列工艺不如 30 极 27 槽。

2) 电机的齿槽转矩

$$3 \mid \underline{27 \quad 30} \qquad 3 \mid \underline{36 \quad 30}$$
$$\qquad 9 \quad 10 \qquad\quad 2 \mid \underline{12 \quad 10}$$
$$\qquad\qquad\qquad\qquad\qquad\quad 6 \quad 5$$

最大公约数:30 极 27 槽 GCD=3;30 极 36 槽 GCD=6。

30 极 27 槽的基波齿槽转矩周期数为

$$2 N_P = 2\gamma/Z = 4P/GCD(Z, 2P) = 60/3 = 20$$

30 极 36 槽的基波齿槽转矩周期数为

$$2 N_P = 2\gamma/Z = 4P/GCD(Z, 2P) = 60/6 = 10$$

在一个运行周期中,电机齿槽转矩脉冲数多,有效值小,那么电机运行就平稳,如图 7 - 5 - 32 和图 7 - 5 - 33 所示,30 极 27 槽比 30 极 36 槽

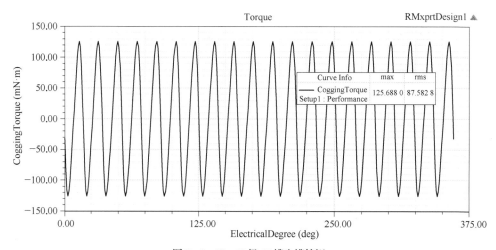

图 7 - 5 - 32   30 极 27 槽齿槽转矩

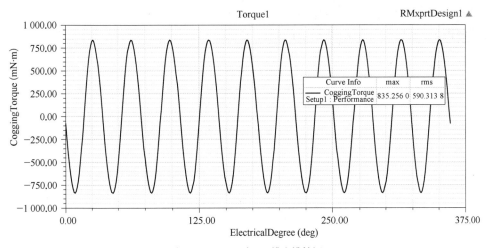

图7-5-33 30极36槽齿槽转矩

运行要平稳,因此电机不是齿数多,极数多其齿槽转矩就小。

如果一个电机能够斜槽或斜极,那么电机的齿槽转矩就基本上能够解决,一般DDR电机如果是扁平电机,槽数太多的电机不考虑斜槽或斜极,因此选用合理的槽数和极数的配合来减小电机的齿槽转矩还是有必要的。

在槽数、极数多时,扁平电机的斜槽是很难做到位的(表7-5-8)。

表7-5-8 求取斜槽数据

槽数	极数	最小公倍数	最大公约数
27	30	270	3
总错位角度(°)	相当槽数	槽数/最小公倍数	极数/最大公约数
1.333 333 33	0.10	0.10	10
槽数	极数	最小公倍数	最大公约数
36	30	180	6
总错位角度(°)	相当槽数	槽数/最小公倍数	极数/最大公约数
2	0.20	0.20	5

要用斜槽解决电机齿槽转矩斜槽角度极小,这里斜槽仅0.1、0.2槽,许多时候工艺上也控制不了。有的设计人员和工厂认为电机只要斜1槽,电机的齿槽转矩为0,实际上斜一个槽即使电机的齿槽转矩为0,但是电机的性能会变得很

差,就算30极36槽在斜一个极的前提下计算电机绕组,电机的性能也不能达到最佳状态(表7-5-9)。

表7-5-9 不同斜槽性能对比

Skew Width(Number of Slots)斜槽数	0.2	0	1
Cogging Torque(N·m)	6.94×10⁻¹¹	0.835 26	6.31×10⁻¹²
Maximum Line Induced Voltage(V)	278.366	282.018	208.357
Root-Mean-Square Line Current(A)	4.069 39	4.075 05	6.404 93
Armature Current Density(A/mm²)	1.954 93	1.957 65	3.076 91
Output Power(W)	1 330.19	1 330.18	1 330.74
Input Power(W)	1 447.7	1 447.85	1 532.24
Efficiency(%)	91.882 8	91.872 7	86.849 1
Synchronous Speed(r/min)	200	200	200
Rated Torque(N·m)	63.511 9	63.511 6	63.538 1
Torque Angle(°)	12.14	12.134 2	13.377 9
Maximum Output Power(W)	5 003.62	5 045.62	3 996
Torque Constant KT(N·m/A)	15.841 9	15.819 8	10.069 3

从表7-5-9看,电机斜槽1槽,虽然电机的齿槽转矩都能消除,但是电机的效率、最大输

出功率和转矩常数都变得很差。

3）电机感应电动势的比较　两个电机在都不斜槽的前提下，电机的感应电动势的波形是不一样的，显然 30 极 27 槽的感应电动势波形比 30 极 36 槽的波形要平滑得多，更趋向正弦波（图 7 - 5 - 34 和图 7 - 5 - 35）。

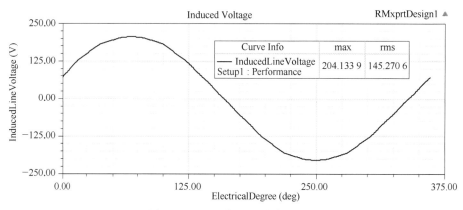

图 7 - 5 - 34　30 极 27 槽感应电动势

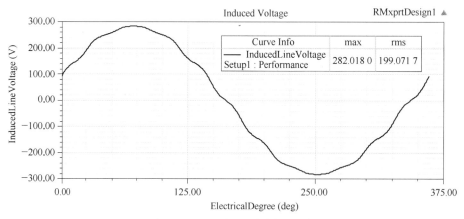

图 7 - 5 - 35　30 极 36 槽感应电动势

因此，设计一个电机不仅要看其是否满足电机的主要机械特性，有时还要兼顾电机的其他特性。

7.6　谐波减速永磁同步电机设计

现在工业自动化程度越来越高，各种工业设施都配备了机械手、机器人来替代人工作业。永磁同步电机在机器人领域得到广泛应用，电机通常与减速器配套应用于机器人系统中，减速器把电机高速运转动力通过输入轴小齿轮啮合输出轴大齿轮来实现减速，并传递更大的转矩。机器人减速器主要有谐波减速器和 RV 减速器。近年来，国产减速器发展迅猛，国内逐渐生产了各类型的谐波减速器，有些将谐波减速器和永磁同步电机做成一体化驱动单元，显著减小体积、提高转矩密度、降低震动噪声、提高传动效率、实现更高的定位精度。

7.6.1　谐波减速器工作原理

1）谐波减速器结构　如图 7 - 6 - 1 所示，谐波传动装置主要由三个基本零部件构成：波发生器、柔轮和刚轮。

本节由江苏开璇智能科技有限公司提供技术资料。
王刚参加了本节的编写。

（1）波发生器：由柔性轴承与椭圆形凸轮组成。波发生器通常安装在减速器输入端,柔性轴承内圈固定在凸轮上,外圈通过滚珠实现弹性变形呈椭圆形。

（2）柔轮：带有外齿圈的柔性薄壁弹性体零件,通常安装在减速器输出端。

（3）刚轮：带有内齿圈的刚性圆环状零件,一般比柔轮多两个轮齿,通常固定在减速器机体上。

图 7-6-1　谐波减速器结构图

2）谐波减速原理　谐波减速器使用时,通常采用波发生器主动、刚轮固定、柔轮输出形式。

当波发生器装入柔轮内圆时,迫使柔轮产生弹性变形而呈椭圆状,使其长轴处柔轮轮齿插入刚轮的轮齿槽内,成为完全啮合状态;而其短轴处两轮轮齿完全不接触,处于脱开状态。由啮合到脱开的过程之间则处于啮出或啮入状态。

如图 7-6-2 所示,当波发生器连续转动时,迫使柔轮不断产生变形,使两轮轮齿在进行啮入、啮合、啮出、脱开的过程中不断改变各自的工作状态,产生了所谓的错齿运动,从而实现了主动波发生器与柔轮的运动传递。由于柔轮比刚轮少 2 齿,所以当波发生器转动一周时,柔轮向相反方向转过两个齿的角度,从而实现了大的减速比。

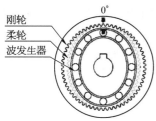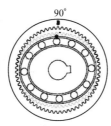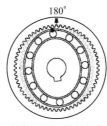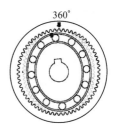

柔轮波发生器弯曲成椭圆状,因此在长轴部分刚轮和柔轮啮合,在短轴部分,则完全脱开状态

固定刚轮,使波发生器按顺时针方向转动后,柔轮发生弹性变形,与刚轮啮合位置顺次移动

旋转 180°,柔轮仅向逆时针方向移动一齿

波发生器旋转一周（360°）后,由于柔轮比刚轮少 2 齿,因此柔轮向逆时针方向移动 2 齿

图 7-6-2　谐波减速器运行原理图

3）谐波传动特点

（1）精度高：多齿在两个 180°对称位置同时啮合,因此齿轮齿距误差和累积齿距误差对旋转精度的影响较为平均,可得到极高的位置精度和旋转精度。

（2）传动比大：单级谐波齿轮传动的传动比可达 30～500,且结构简单,三个在同轴上的基本零部件就可实现高减速比。

（3）承载能力高：谐波传动中,齿与齿的啮合是面接触,加上同时啮合齿数比较多,因而单位面积载荷小,承载能力较其他传动形式高。

（4）体积小、重量轻：相比普通齿轮装置,体积和重量可以大幅降低,实现小型化、轻量化。

（5）传动效率高、寿命长、传动平稳、无冲击、噪声低。

谐波减速器柔轮常采用 30CrMnSiA、35CrMnSiA 或 40Cr、60Si2 等金属材料制造,硬度 32～36HBS,杯壁较薄,富有弹性,杯形柔轮内壁没有受外力波发生器作用时为圆形,内壁受波发生器撑开后为一椭圆形,其长轴的两个端部与刚轮一个齿正啮合,其短轴外部尺寸略小于刚轮内径（齿顶圆）。

4）谐波减速器传动比　当刚轮固定、柔轮从动,其速比 k_j 为

$$k_j = \frac{z_R}{z_R - z_G} \qquad (7\text{-}6\text{-}1)$$

当柔轮固定、刚轮从动,其速比 k_z 为

$$k_z = \frac{z_G}{z_G - z_R} \qquad (7-6-2)$$

式中：z_G 为刚轮齿数；z_R 为柔轮齿数。

即一个谐波齿轮传动器只要改变从动与被动就可以把传动器从减速变为增速。

5) 谐波齿轮几何尺寸计算　谐波齿轮啮合是内啮合齿轮副，柔轮为外齿轮，刚轮为内齿轮，齿形一般用渐开线。齿形也可以用圆弧齿轮设计，这样啮合和受力等方面强度要比渐开线齿形的强。

刚轮就是一个内齿轮，所以直接用内齿轮计算即可，柔轮在运行时成为椭圆形，柔轮齿数比刚轮少，如果波发生器是椭圆凸轮，那么柔轮要比刚轮少2齿，这样，柔轮在圆形时的齿顶圆比刚轮齿顶圆小，所以柔轮在运行时被椭圆凸轮撑开，形成椭圆形，才能两长轴部位与刚轮啮合，短轴部位完全与刚轮不相接触，柔轮尺寸计算时还是用圆形外齿轮计算。

柔轮齿数比刚轮少是谐波齿轮的重要特点，如果柔轮和刚轮齿数相同，那么就成了一个联轴器，不能进行齿轮减速。谐波减速是一种较新型的减速方法，在很多机械设计手册和齿轮设计手册上略为提及，并未列出尺寸计算公式，有的齿轮手册中甚至没有提及谐波齿轮。

谐波齿轮的几何尺寸计算还是以渐开线齿轮计算为基础，以模数 m 为计算基础，所以对有一些齿轮设计知识的电机设计人员来说，齿轮计算并不是一件困难的事。这里仅列出计算谐波齿轮结构尺寸主要计算公式，以便读者能估算出谐波减速器的主要尺寸、大小，以便配置相应的永磁同步电机。

谐波齿轮主要尺寸计算公式如下：

柔轮分度圆直径 $d_R = m z_R$　　(7-6-3)

刚轮分度圆直径 $d_G = m z_G$　　(7-6-4)

柔轮齿顶圆直径 $d_{aR} = m(z_R + 2h_{aR}^* + 2x_R)$
$$\qquad (7-6-5)$$

刚轮齿顶圆直径 $d_{aG} = m(z_G - 2h_{aG}^* - 2x_G)$
$$\qquad (7-6-6)$$

柔轮齿根圆直径 $d_{fR} = m(z_G - 2h_{fR}^* - 2x_R)$
$$\qquad (7-6-7)$$

刚轮齿根圆直径 $d_{fG} = m(z_G + 2h_{fG}^* + 2x_G)$
$$\qquad (7-6-8)$$

式中：m 为齿轮模数；z_R 为柔轮齿数；z_G 为刚轮齿数；h_{aR}^* 为柔轮齿高系数；h_{aG}^* 为刚轮齿高系数；x_R 为柔轮变位系数；x_G 为刚轮变位系数。

通俗地讲，齿形大小的比例常数就是模数 m，因此，减速器齿数相同，模数大小不同，就形成了大小不同的减速器。齿轮模数 m 应该有统一的标准，谐波减速器的模数一般用标准模数，这样方便齿轮加工。

通过研究发现谐波啮合实际上是非共轭啮合，为此专利发明了一种独特的谐波啮合 P 形齿形，如图 7-6-3 所示，用 P 形齿的谐波减速器，可以大幅度提高使用寿命，提高谐波减速器输出的效率和扭矩承受能力。

P 形齿与国外同类产品齿形比较有以下显著优点：①齿高较低，不需要很深的啮合距离就可以获得较大的啮合量，可承受较大的扭矩；②齿宽较大，齿根弧度增大，减少发生断裂失效的风险；③由于所需柔轮变形量较小，可使柔轮的寿命得到极大提高；④多达 20%～30% 的齿参与啮合，齿面比压较小。

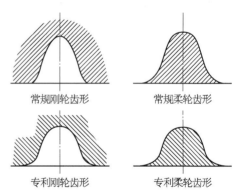

常规刚轮齿形　　　　　常规柔轮齿形

专利刚轮齿形　　　　　专利柔轮齿形

图 7-6-3　常规齿轮和专利齿轮的区别

6) 谐波减速器选型　图 7-6-4 所示是一种高扭矩谐波减速器，型号为 LCSG-1。

图 7-6-4　LCSG-1 谐波减速器

LCSG-1 系列柔轮为杯形标准筒结构,输入轴直接与波发生器内孔配合,通过平键连接。既可采用刚轮端固定、柔轮端输出的连接方式;也可采用柔轮端固定、刚轮端输出的连接方式,但扭矩承载能力比 LCS 系列提升 30%。

LCSG-1 系列高扭矩谐波减速器性能见表7-6-1,从表中看,谐波减速器有多个重要指标,特别是减速器的减速比、平均负载的容许最大转矩、容许平均输入转速决定了永磁同步电机额定工作点的范围。至于表中提及的减速器回程误差和设计寿命是该减速器设计和加工水平的体现。减速器回程误差小即回程小,那么伺服控制精度就可以提高,设计寿命长,体现了该生产厂家对谐波减速器的设计水平和加工水平,当

表 7-6-1 LCSG-1 谐波减速器性能参数表

参数 型号	减速比	2 000 r/min 输入时的 额定转矩 (N·m)	启动、停止 时容许最 大转矩 (N·m)	平均负载的 容许最大 转矩 (N·m)	瞬间容许 最大转矩 (N·m)	容许最高 输入转速 (r/min)	容许平均 输入转速 (r/min)	回程 误差 (arc sec)	质量 (kg)	设计 寿命 (h)
14	50	6.6	23	8.6	43	8 000	3 500	≤10	0.51	10 000
	80	9.6	29	13.5	57			≤10		15 000
	100	9.6	34	13.5	66			≤10		15 000
17	50	19.8	42	32.5	86	7 000	3 500	≤10	0.68	10 000
	80	27.5	53	33.5	108			≤10		15 000
	100	30	66	48.5	134			≤10		15 000
	120	300	66	48.5	107			≤10		15 000
20	50	32	69	42	121	6 000	3 500	≤10	0.98	10 000
	80	42	91	58	158			≤10		15 000
	100	50	102	61	182			≤10		15 000
	120	50	108	61	182			≤10		15 000
	160	50	113	61	182			≤10		15 000
25	50	48	121	68.5	230	5 500	3 500	≤10	1.47	10 000
	80	78	169	107.5	315			≤10		15 000
	100	84	194	133	351			≤10		15 000
	120	84	207	133	376			≤10		15 000
	160	84	217	133	388			≤10		15 000
32	50	94	267	133	472	4 500	3 500	≤10	3.19	10 000
	80	146	376	206	702			≤10		15 000
	100	169	411	267	800			≤10		15 000
	120	169	436	267	848			≤10		15 000
	160	169	459	267	848			≤10		15 000
40	50	169	497	242	847	4 000	3 000	≤10	5.0	10 000
	80	255	641	351	1 210			≤10		15 000
	100	328	702	460	1 334			≤10		15 000
	120	363	762	557	1 458			≤10		15 000
	160	363	800	557	1 458			≤10		15 000

然对于使用者而言,减速器的回程误差小,设计寿命长最为理想,LCSG-1谐波减速器设计寿命能够达到 15 000 h,已经达到国际水平。

7.6.2 谐波减速永磁同步电机的设计

谐波减速永磁同步电机的设计可以分谐波减速器选型和永磁同步电机设计两个部分。对于电机设计工作者,必须熟悉和掌握谐波减速原理、结构、性能等要素,要懂得对谐波减速器的选型,不必苛求电机设计工作者都会谐波减速器的精确设计,但需清楚什么样的谐波减速器和电机与之配合才能组成所需要的谐波减速电机。本小节根据一个谐波减速器的说明书技术条件,从中分析、推算出该谐波减速器的结构和电机的技术要求,并设计该永磁同步电机,从而得到谐波减速电机的设计知识。

采用一体化设计、加工及装配技术,融合高精度谐波减速器、高功率密度伺服电机、高分辨率多圈绝对值编码器、制动器、智能传感器等于一体,实现高转矩输出及高转矩密度。

1) KAS-25C 谐波减速电机的性能分析

(1) 取 KAS-25C 谐波减速器作为分析计算对象,该减速电机(图 7-6-5)的技术要求为:220 V AC,减速器减速比 100,最大转速 55 r/min,额定转速 30 r/min,额定转矩 133 N·m,最大转矩 194 N·m,额定电流 3.39 A,最大电流 6.93 A,转矩常数 39.21 N·m/A,相电阻 3.217 Ω,相电感 5.269 mH。

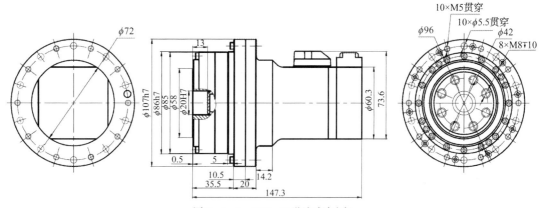

图 7-6-5 KAS-25 谐波减速电机

谐波减速电机的性能参数见表 7-6-2。

表 7-6-2 谐波减速电机性能参数

型号	KAS-25A	KAS-25B	**KAS-25C**	KAS-25D	KAS-25D
减速比	1:50	1:80	1:100	1:120	1:160
启动和停止时转矩最大值(N·m)	121	169	194	207	217
平均负载转矩容许最大值(N·m)	68.5	107.5	133	133	133
最大转速(r/min)	110	68.75	55	45.83	34.38
额定转速(r/min)	60	37.5	30	25	18.75
最大电流(A rms)	4.34	3.45	3.48	3.09	2.61
额定电流(A rms)	1.72	1.59	1.53	1.25	1.05
转矩常数(N·m/A rms)	27.91	49.06	54.94	67.25	80.02
电机相电阻(Ω)	3.217				
电机相电感(mH)	5.269				

（续表）

输出轴 1 次旋转分辨率	$2^{23}(8\,388\,608)$				
输出轴多次旋转计数器	$2^{16}(65\,536)$				
单向定位精度(arc sec)	50	40	40	40	40
转动惯量(kg·m^2)	0.42	1.05	1.64	2.42	4.26
电机极数	10				
耐热等级	F(155 ℃)				
防护等级	IP65				

对以上性能进行分析,首先说明 KAS-25C 减速电机的电压是交流电压 220 V,这里有两种可能:①说明书中没有提到控制器,可以认为输入电机的交流电压是 220 V,那么输入电机电压就没有再调高的可能,要实现电机提速(最大转速 55 r/min,)必须进行弱磁控制;②如果交流电压 220 V 是输入控制器的单相电压,那么必须有控制器与谐波减速器定向配套,这样才能确保该谐波减速器的性能稳定。

因为国内经常在永磁同步电机铭牌上标注电压 220 V,驱动器要求录入的永磁同步电机参数也是输入控制器的电源电压,所以暂且认为是输入控制器电压,待设计计算电机性能后再推算是何种输入形式。作者认为该齿轮电机最高转速为 55 r/min,额定转速为 30 r/min,则最高转速比仅为 55/30 = 1.83,可以按前几节介绍的方法设置电机输入电压,完全可以不用弱磁进行提速。

(2) 齿轮电机和电机输出功率的分析。齿轮电机的输出功率 $P_{2Z} = Tn/9.55 = 133 \times 30/9.549\,3 = 417.8(\text{W})$,因为一般电机的额定输出功率都是较完整的数值,考虑到减速器的效率,可以估计电机的输出功率在 $417.8 \sim 450$ W。如果生产厂家能够提供减速器的效率,那么就能准确地求取电机的额定输出功率。

一般永磁同步电机的额定输出功率的正规标准为 100 W、200 W、400 W、750 W 等,因此有可能该永磁同步电机取用了额定输出 400 W 的电机,把电机的额定输出功率往最大输出功率方向移,因此电机的最大转矩倍数 $K_{Tmax} = 194/133 = 1.459$,连一般最大转矩倍数 2 倍都不到,这样名义 400 W 的永磁同步电机用在 450 W 上,其额定点的电流相应要大,如果电机体积不

增大,该电机的电流密度会比其他电机要大些。

(3) 减速器的效率、电机效率、输出功率的分析。谐波齿轮箱的效率可达 $0.8 \sim 0.95$,假设谐波齿轮箱的效率为 85%,由此可以推算出电机的输出功率 $P_{2\text{电机}} = P_{1\text{齿轮电机}}/\eta_{\text{齿轮箱}} = 417.8/0.85 = 492(\text{W})$。考虑到机械手是伺服工作,并非一直工作在该输出功率,所以设计时取用 450 W 作为额定输出功率。

(4) 谐波减速器、齿轮电机转矩常数的分析。转矩常数在一般电机工厂认为是 $K_T = T/I$,因此该谐波减速电机的转矩常数 $K_T = T/I = 133/3.39 = 39.23(\text{N·m/A})$,这和技术条件中转矩常数 39.21 N·m/A 相同,所以这个转矩常数是谐波减速电机的转矩常数,不是电机的转矩常数,电机的转矩常数 $K_{T\text{电机}} = T/(Ii) = 133/(3.39 \times 100) = 0.392\,3(\text{N·m/A})$。

因为电机的真正转矩常数是以电机的电磁转矩 T' 计算的,所以电机的电磁转矩 $K_T = \dfrac{T'}{(Ii)}$,因此电机的转矩常数会大于 0.392 3 N·m/A。

(5) 电机的相电阻和相电感可以在设计永磁同步电机中验证。

2) 谐波减速器结构尺寸的计算　谐波齿轮的减速比为 100,那么

$$k_j = \frac{z_R}{z_R - z_G} = \frac{200}{200 - 202} = -100$$

也就是说,刚轮的齿数要在 202,齿轮的模数是按刀具加工的,双波滚刀其波高系列有 0.4 mm、0.6 mm、1.0 mm、1.5 mm、2.0 mm、2.5 mm、2.75 mm 等,模数是波高的一半。

刚轮分度圆直径 $d_G = mz_G$,从谐波齿轮的结构图看,刚轮的齿顶圆直径应小于 86 mm,考虑

到内齿轮的齿圈,设齿圈厚 10 mm,则刚轮的齿顶圆只能在 66 mm 之内,$m = 66/200 = 0.33$ mm,因此该谐波减速齿轮的模数估计在 0.3 mm。

刚轮分度圆直径 $d_G = m z_G = 202 \times 0.3 = 60.6$(mm)

柔轮分度圆直径 $d_R = m z_R = 200 \times 0.3 = 60$(mm)

谐波齿轮是短齿结构,因此系数和一般圆柱齿轮不同,如果不考虑变位系数,则

刚轮齿顶圆直径 $d_{aG} = m(z_G - 2h_{aG}^*) = 0.3 \times (202 - 2 \times 0.875) = 60.075$(mm)

柔轮齿顶圆直径 $d_{aR} = m(z_R + 2h_{aR}^*) = 0.3 \times (200 + 2 \times 0.875) = 60.525$(mm)

这样基本上可以估算出齿轮减速器刚轮和柔轮大尺寸。还可以算下去,限于篇幅,和电机设计不大相关的齿轮设计计算内容不在此多做介绍。但是电机设计工作者应该熟悉和了解齿轮设计和机械设计的其他内容。

3) 谐波减速器的选型设计　谐波减速器的主要参数有减速比、平均负载容许最大转矩、容许平均输入转速、回程误差、工作寿命等。

减速器的转速、转矩关系是

$$T_{减速器输出转矩} = T_{电机输出转矩} \cdot i\eta_{减速器}$$
$$(7 - 6 - 9)$$

转速通过减速器,转速降低 i 倍,和减速器效率无关。转矩通过减速器转矩增大 $i\eta$ 倍,和减速器效率有关。

选择电机与减速器的配合必须先从减速电机系统的负载考虑需要多少转速、转矩,这样减速器输出功率就可以求出。减速器在传递功率时有能量损耗,即减速器效率,但是许多减速器厂家都不标注减速器的效率。特别要提出的是,最好减速器生产厂家能够提供减速箱的效率,这样在电机设计时对精准确定电机的额定转矩有很大的帮助。另外,减速器的噪声大小差别很大,是考核减速器加工、装配的重要依据,在有些使用场合,就要求低噪声的齿轮电机,因此有必要提供减速器的噪声指标。

谐波减速器的效率不太容易测量,所以减速器厂家就不标注了。实际上谐波减速器的效率是可以测量出来的,作者介绍用 K_T 测试法对谐波减速器求取其效率,谐波减速器的效率为

$$\eta_2 = \frac{K_{T1}}{K_{T2}} i \qquad (7 - 6 - 10)$$

因此一个谐波减速电机只要分别知道或测量出永磁同步电机转矩常数 K_{T1}、谐波减速齿轮电机的转矩常数 K_{T2} 和减速器的传动比 i,减速器的效率 η 即可求出。电机的力矩常数在测量正确时是非常精确的,减速器的传动比 i 不会变,所以式(7 - 6 - 10)还是很有用的。故选择 LCSG - 25 减速器(图 7 - 6 - 6),和 KAS - 25C 减速电机相配。

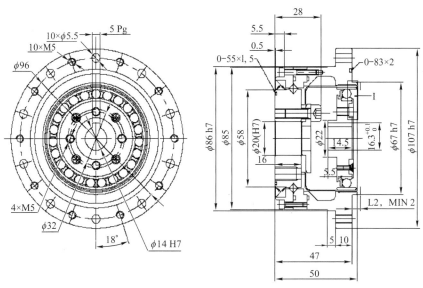

图 7 - 6 - 6　LCSG - 25 谐波减速器

4) 永磁同步电机的参数确定　从图 7 - 6 - 5 可以看出,电机的外径在 60.3 mm,这样永磁同步电机是 60 机座号。永磁同步电机的电机定子外径在 60 mm 左右。

电机技术条件为:电机电压 200 V AC,最大转速 5 500 r/min,额定转速 3 000 min,额定转矩 1.445(1.33/η)N·m,最大转矩 2.1(1.94/η)N·m,额定电流小于 3.68(3.39×η)A,最大电流小于 6.93 A,转矩常数大于 0.426 4(0.392 3/η)N·m/A,假设减速器效率为 0.85,则电机转矩常数应该大于

$$K_E = K_T/9.549\ 3 = E/n_N$$
$$E = nK_T/9.549\ 3 = 3\ 000 \times 0.426/9.549\ 3$$
$$= 133.8(V)(幅值)$$

这样,如果设置电机线电压与感应电动势有效值相同,则

$$U_线 = 133.8/\sqrt{2} = 94.6(V)$$

电机的输出功率 $P_{2电机} = 1.33 \times 3\ 000/(9.549\ 3 \times 0.85) = 492(W)$

考虑到机械手是伺服运行,间断工作,并不一直用在该输出功率,所以设计时取用 450 W 作为额定输出功率。

5) RMxprt 电机设计　本电机模块采用 7.2 节中的算例(图 7 - 6 - 7),把 RMxprt 中 Setup1 中的功率由 400 W 改为 450 W, 106 V 改为 95 V(图 7 - 6 - 8),其他不变,进行计算对比。计算结果见表 7 - 6 - 3,机械特性曲线如图 7 - 6 - 9 所示。

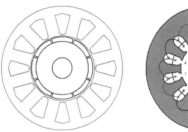

图 7 - 6 - 7　交流伺服电机结构与绕组排列

Name	Value	Unit	Evaluated V...
Name	Setup1		
Enabled	☑		
Operation ...	Motor		
Load Type	Const Power		
Rated Outp...	400	W	400W
Rated Voltage	106	V	106V
Rated Speed	3000	rpm	3000rpm
Operating ...	75	cel	75cel

Name	Value	Unit	Evaluated V...
Name	Setup1		
Enabled	☑		
Operation ...	Motor		
Load Type	Const Power		
Rated Outp...	450	W	450W
Rated Voltage	95	V	95V
Rated Speed	3000	rpm	3000rpm
Operating ...	75	cel	75cel

图 7 - 6 - 8　同一电机两种不同性能输入

表 7 - 6 - 3　同一电机两种不同性能对比

GENERAL DATA	0.4 kW	0.45 kW	Armature Current Density(A/mm²)	12.490 1	**15.244**
Rated Output Power(kW)	0.4	**0.45**	Frictional and Windage Loss(W)	15	15
Rated Voltage(V)	106	**95**	Total Loss(W)	65.009 9	86.332 5
NO-LOAD MAGNETIC DATA			Output Power(W)	400.121	450.215
Stator-Teeth Flux Density(T)	1.440 62	1.440 62	Input Power(W)	465.131	536.548
Stator-Yoke Flux Density(T)	1.407 5	1.407 5	Efficiency(%)	86.023 3	**83.909 6**
Rotor-Yoke Flux Density(T)	0.648 767	0.648 767	Power Factor	0.941 879	0.995 15
Air-Gap Flux Density(T)	0.956 092	0.956 092	Synchronous Speed(r/min)	3 000	3 000
Magnet Flux Density(T)	1.044 42	1.044 42	Rated Torque(N·m)	1.273 62	**1.433 08**
FULL-LOAD DATA			Torque Angle(°)	20.513 1	**28.994 5**
Maximum Line Induced Voltage(V)	131.166	**131.166**	Maximum Output Power(W)	893.272	773.721
Root-Mean-Square Line Current(A)	2.652 53	**3.237 4**	Torque Constant KT(N·m/A)	0.498 009	**0.455 204**

注:本表直接从 RMxprt 计算结果中复制,仅规范了单位。

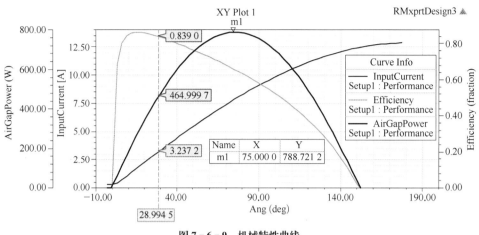

图 7 - 6 - 9　机械特性曲线

7.6.3　谐波减速永磁同步电机驱动器的控制

永磁同步电机驱动器的主要功能和最终目的是把直流电流转换成可调频调幅的三相正弦波交流电,供永磁同步电机作驱动电源用。

随着对永磁同步电机驱动器研究的深入,有许多方法能把直流电变成能调频调幅的三相交流电,对永磁同步电机的控制方法也很多。控制器功能的好坏直接影响永磁同步电机的运行,如果把驱动器和永磁同步电机作为一个系统来设计永磁同步电机,那么既要考虑控制器控制方式、输出工况,又要根据驱动器的性能设计永磁同步电机,因为驱动器状况不一,同一永磁同步电机的性能相差很大,这样给永磁同步电机设计带来相当大的困难。

本书 2.4 节分析了永磁同步电机的控制器、驱动形式以及与永磁同步电机的关系,提出了用 AC 模式来计算永磁同步电机,驱动器输出的电源相当于标准的调频调幅三相正弦波交流电源,这样电机设计有了一个有统一规范的标准电源,这样大大方便了永磁同步电机的设计。事实上,松下永磁同步伺服电机就称为交流伺服电机,并在铭牌上直接标明了输入电机三相交流线电压值。这样就排除了驱动器的各种不确切因素,设定了一个规范的标准输入电源和电压数值,这样该永磁同步电机不管在什么场合,只要是用规范的标准输入电源和电压数值进行测试,那么电机的性能就会达到铭牌上标注的各

项指标值。实践证明,用 AC 模式设计永磁同步电机,弄清用 AC 模式的输入电压与 PWM、SVPMW、DC 模式输入电压的关系,加上永磁同步电机有相当好的容错性,永磁同步电机从十数瓦到数百千瓦,计算结果与实测结果的符合率相当好。这样电机设计工作者就可以用心把永磁同步电机设计好,设计永磁同步电机也就相当自在了。

现在的问题是驱动器和永磁同步电机之间有一个通信、配合的问题,一般驱动器是按照永磁同步电机来设计的,标准的驱动器也有对新建电机进行电机参数的录入,才能相互配合,使永磁同步电机很好地运行,如果对驱动器没有提供相应的电机参数,那么永磁同步电机就有可能无法正常转动起来。

控制器要和永磁同步电机很好地配合,要求用户提供永磁同步电机的相关参数。控制器厂家要求输入电机参数不一定相同,但是主要的几个参数是必须录入的。总结起来要录入的数据有:额定功率、额定电流、额定转矩、额定电压、额定转速、极对数、电阻、电感、转矩常数、转子转动惯量。

有的驱动器厂家只要知道永磁同步电机的峰值参数,额定电流、线电阻、线电感、电机极数、转矩常数和转子转动惯量就好了。

特别要指出的是,这里的电压是指输入控制器的电源电压,那么这个控制器是以电流控制进行控制的。随着电机负载的变化,控制器输入电

机的电压是变化的，这和 MotorSolve 电机设计软件相对应。在测试电机时，可以限定电机的工作电流，给电机加以负载，测试电机能否达到预期的输出功率。

驱动器也能进行电压控制，确定电压后放开电流（电流也控制峰值电流），这个理念和 RMxprt 电机设计软件相对应。从设计角度看，规定输入电机的线电压，然后设计电机，计算电机各项性能，包括电机额定电流、峰值电流，如果电机电流超出目标设计值，再进行调整设计。在测试电机时，可以给定电机的工作电压，给电机加以负载，测试电机能否达到预期的输出功率，并检验电机电流是否超差。

电机的电阻、电感对各种控制器要求来讲不尽相同，有的要求线电阻、线电感，有的要求相电阻、相电感，还有的要求 D、Q 电感。电机设计工作者只要根据控制器厂家要求，提供给厂家进行录入数据，或者对新建永磁同步电机把电机参数录入就行。

驱动器要求录入相关的电机参数，本书已经较详细地讲述了参数的设计计算方法和电机的参数测试方法，读者可以参阅相关章节。

控制器的录入方法有简有繁。相信永磁同步电机的控制器性能会越来越好，使用方法越来越人性化，更方便操作。

控制器中有详细介绍如何操作。如新建电机导向步骤如图 7 - 6 - 10～图 7 - 6 - 14 所示。

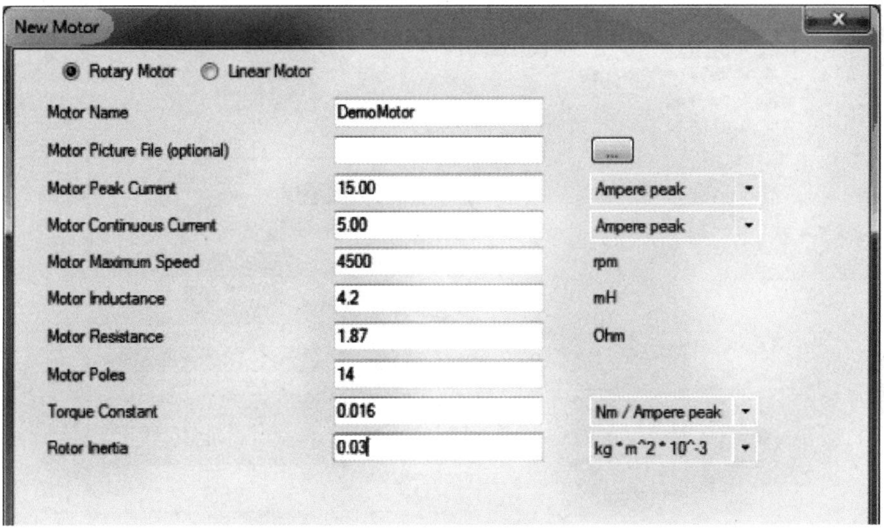

图 7 - 6 - 10　输入电机参数

数据名称	驱动器变量名
Motor Peak Current 电机峰值电流	MIPEAK
Motor Continuous Current 电机连续电流	MICONT
Motor Maximum Speed 电机最大速度	MSPEED
Motor Inductance 电机线-线电感	ML
Motor Resistance 电机线-线电阻	MR
Motor Poles 电机极数	MPOLES
Torque Constant 电机转矩常数	MKT
Rotor Inertia 电机转动惯量	MJ

图 7 - 6 - 11　电机参数名称和驱动器变量名

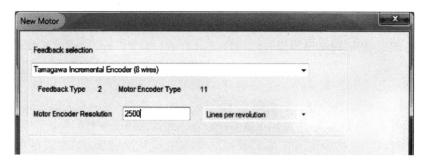

图 7 - 6 - 12   设定反馈数据

数据名称	驱动器变量名
Motor Over-Temperature Mode 电机过温保护模式	THERMODE

图 7 - 6 - 13   电机参数名称和驱动器变量名

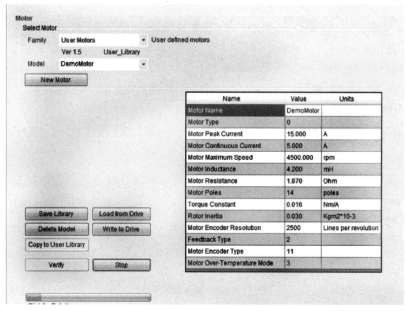

图 7 - 6 - 14   新建电机验证参数

电机和控制器的通信操作比较简单,只要电机设计人员输入电机相关的正确参数,那么永磁同步电机控制器和电机的配合会非常顺利。

谐波减速永磁同步电机要选一个好的谐波减速器、一个好的驱动器,设计一个与谐波减速器很好配合的永磁同步电机,做好控制器和谐波减速器的配合、通信工作,正确录入电机相关参数,这是做好谐波减速永磁同步电机的关键。

7.6.4　编码器的调整

1) 角度传感器的种类　光栅编码器是永磁同步电机中一个重要的传感器,只有永磁同步电机装了传感器后,驱动器和电机才能形成一个真正的伺服系统。伺服电机通过位置传感器将电机的位置信息和速度信息反馈给驱动器,以实现闭环控制。传感器种类很多,如光栅编码器、旋转变压器、磁性编码器等。用于交流伺服系统位置检测的传感器主要有旋转变压器、感应同步器、光电编码器、磁性编码器。

(1) 旋转变压器。旋转变压器是一种利用电磁感应原理将机械转角或直线位移精度转换成电信号的精密检测和控制元件。其功能是以转角或直线位移的一定函数的电气输入或输出来提供转角或直线位移的机械指令;或者远距离传输与复现一个角度,实现机械上不固联的两轴或多轴之间的同步旋转,即所谓的角度跟踪和伺服控制等。

旋转变压器有多种分类方法,若按有无电刷来分,可分为有刷和无刷;若按极对数来分,可分为单对极和多对极;若按用途来分,可分为计算用旋转变压器和数据传输用旋转变压器;若按输出电压与转子转角间的函数关系来分,可分为正余弦旋转变压器、线性旋转变压器、比例式旋转变压器以及特殊函数旋转变压器四类;若按工作原理来分,可分为电磁式旋转变压器和磁阻式旋转变压器。

图 7-6-15 所示是各种旋转变压器,能用于永磁同步电机控制系统中。

图 7-6-15　各种旋转变压器

(2) 光电编码器。光电编码器又称光电角位置传感器,是一种集光、机、电于一体的数字式角度/速度传感器,它采用光电技术将轴角信息转换成数字信号,与计算机和显示装置连接后可实现动态测量和实时控制。它包括光学技术、精密加工技术、电子处理技术等,其技术环节直接影响编码器的综合性能。与其他同类用途的传感器相比,它具有精度高、测量范围广、体积小、质量轻、使用可靠、易于维护等优点,广泛应用于交流伺服电机的速度和位置检测。

典型的光电编码器结构由轴系、光栅副、光源及光电接收元件组成。当主轴旋转时,与主轴相连的主光栅和指示光栅相重叠形成莫尔条纹,通过光电转换后输出与转角相对应的光电位移信号,经过电子学处理,并与计算机和显示装置

连接后,便可实现角位置的实时控制与测量。光电编码器从测角原理可分为几何光学式、激光干涉式及光纤式等;从结构形式可分为直线式和旋转式;按照代码形成方式可分为增量式、绝对式、准绝对式和混合式。

图 7-6-16 所示是典型的用于永磁同步电机的光电编码器。

图 7-6-16　各种光电编码器

(3) 磁性编码器(图 7-6-17)。在数字式传感器中,磁性编码器是近年发展起来的一种新型电磁敏感元件,是随着光学编码器的发展而发展起来的。光学编码器的主要缺点是对潮湿气体和污染敏感,可靠性差,而磁性编码器不易受尘埃和结露影响,同时其结构简单紧凑,可高速运转,响应速度快达 $500 \sim 700\ \mathrm{kHz}$,体积比光学编码器小,而成本更低,且易将多个元件精确地排列组合,比用光学元件盒半导体磁敏元件更容易构成新功能器件和多功能器件。此外,采用双层布线工艺,还能使磁性编码器不仅具有一般编码器的增量信号和指数信号输出功能,还具有绝对信号输出功能。所以,尽管目前约 90% 的编码器均为光学编码器,但毫无疑问,在未来的运动控制系统中,磁性编码器的应用将越来越广。

图 7-6-17　磁性编码器

2）永磁同步电机位置传感器的调零　伺服电机是采用矢量控制原理来进行控制和驱动的，所以必须确定编码器在电机轴上的安装角度，称为调零。不同系列的伺服电机角度值是不一样的，伺服电机的零点如果误差太大，轻者驱动器加到电机电流增大，电机转矩并未随电流的增大而增大，电机输出转矩不足（无力），重者电机出现运行卡顿、飞车等现象。

编码器有增量式编码器和绝对式编码器，其相位对齐方式也不尽相同，调零方法有简有繁。因为编码的调零工作比较麻烦，因此产生了自带调零功能的伺服驱动器，这样解决了因驱动器程序算法电角度不一样，同一生产厂家不同型号的驱动器电角度也不一样的调零问题。现在有的伺服驱动器配有学习调零技术不需要调整伺服电机编码器位置，驱动器通过自带测试功能识别电机零位，自动调整内部参数进行匹配。

如果一个生产永磁同步电机的厂家购买了某厂的编码器，那么厂家的技术人员会把编码器调试方法毫无保留地教给厂家相关技术人员，因此电机设计人员无须担心编码器与永磁同步电机的调零工作。

（1）增量式编码器的相位对齐方式（调零）。增量式编码器的输出为方波信号，又可以分为带换相信号的增量式编码器和普通的增量式编码器，普通的增量式编码器具备两相正交方波脉冲输出信号 A 和 B，以及零位信号 Z；带换相信号的增量式编码器除具备 A/B/Z 输出信号外，还具备互差 120° 的电子换相信号 U/V/W，U/V/W 各自的每转周期数与电机转子的磁极对数一致。

带换相信号的增量式编码器的 U/V/W 电子换相信号的相位与转子磁极相位，电角度相位之间的对齐方法如下：

① 用一个直流电源（交流伺服 5～8 V，低压直流 2～5 V）给电机的 U/V 绕组通以小于额定电流的直流电，V 相入，U 相出，将电机轴定向至一个平衡位置。

② 编码器上电，用示波器观察编码器的 U 相信号和 Z 信号。

③ 调整编码器转轴与电机轴的相对位置。

④ 一边调整，一边观察编码器 U 相信号跳

变沿和 Z 信号，直至 Z 信号稳定在高电平（在此默认 Z 信号的常态为低电平），锁定编码器与电机的相对位置关系。

⑤ 来回扭转电机轴，撒手后，若电机轴每次自由回复到平衡位置时，Z 信号都能稳定在高电平上，则对齐有效。

撤掉直流电源后，验证方法如下：

① 用示波器观察编码器的 U 相信号和电机的 U/V 线反电势波形。

② 逆时针转动电机轴，编码器的 U 相信号上升沿与电机的 U/V 线反电势波形由低到高的过零点重合，编码器的 Z 信号也出现在这个过零点上。

上述验证方法，也可以用作对齐方法。需要注意的是，此时增量式编码器的 U 相信号的相位零点与电机 U/V 线反电势的相位零点对齐，由于电机的 U 相反电势与 U/V 线反电势之间相差 30°，因而这样对齐后，增量式编码器的 U 相信号相位零点与电机 U 相反电势的 -30° 相位点对齐，而电机电角度相位与 U 相反电势波形的相位一致，所以此时增量式编码器的 U 相信号的相位零点与电机电角度相位的 -30° 点对齐。

（2）绝对式编码器的相位对齐方式（调零）。绝对式编码器的相位对齐对于单圈和多圈而言差别不大，其实都是在一圈内对齐编码器的检测相位与电机电角度的相位。早期的绝对式编码器会以单独的引脚给出单圈相位的最高位的电平，利用此电平的 0 和 1 翻转，也可以实现编码器和电机的相位对齐。

这类绝对式编码器目前已经被专用串行协议的新型绝对式编码器广泛取代，因而最高位信号就不复存在，此时对齐编码器和电机相位的方法也有所变化，其中一种非常实用的方法是利用编码器内部的 EEPROM，存储编码器随机安装在电机轴上后实测的相位，具体方法如下：

① 将编码器随机安装在电机上，即固定编码器转轴与电机轴，以及编码器外壳与电机外壳。

② 用一个直流电源给电机的 U/V 绕组通以小于额定电流的直流电，V 相入，U 相出，将电机轴定向至一个平衡位置。

③ 用伺服驱动器读取绝对编码器的单圈位置值,并存入编码器内部记录电机电角度初始相位的 EEPROM 中。

④ 对齐过程结束。

由于此时电机轴已定向于电角度相位的 $-30°$ 方向,因此存入的编码器内部 EEPROM 的位置检测值就对应电机电角度的 $-30°$ 相位。此后,驱动器将任意时刻的单圈位置检测数据与这个存储值做差,并根据电机极对数进行必要的换算,再加上 $-30°$,就可以得到该时刻的电机电角度相位。

这种对齐方式需要编码器和伺服驱动器的支持和配合方能实现,这种对齐方法的一大好处是,只需向电机绕组提供确定相序和方向的转子定向电流,无须调整编码器和电机轴之间的角度关系,因而编码器可以以任意初始角度直接安装在电机上,且无须精细,甚至简单地调整过程,操作简单,工艺性好。

3) 永磁同步电机编码器调零实例　为了读者能熟悉编码器的调零,这里介绍永磁同步电机编码器调零具体操作,KMC 系列伺服电机及与之配套的 KDE 系列伺服驱动器进行调零举例说明(图 7-6-18)。

图 7-6-18　KMC 系列伺服电机及 KDE 系列伺服驱动器

(1) 绝对值编码器调零。

① 将 KMC 系列伺服电机(安装绝对值编码器)UVW 动力线以及编码器线正确连接至 KDE 系列伺服驱动器。

② 通过设定伺服驱动器 Pn002 参数为 50(Pn002=50),使得驱动器数码管显示编码器当前位置,此时正向(正对转子轴逆时针)旋转电机转子 360°机械角度,编码器位置显示在 0~99 999 范围内递增(所有位数的编码器均以 0~99 999 范围显示),保证编码器线连接正确,驱动器能够正确读取编码器位置。

③ 通过设定 Pn007 参数为 1(Pn007=1)将驱动器控制模式设为调零模式,按下使能开关,伺服电机此时以异步方式旋转,直至转子定位在绝对零位(若伺服驱动器出现过电流错误代码 Er001 或 Er006,则适当降低 Pn110 参数值。若定位时转子仍然松动,则适当增大 Pn110 参数值)。此时迅速按下确认键,驱动器数码管上的编码器位置显示立刻变为 0,即驱动器设定当前转子位置为零位,随后需立即关闭使能。

④ 为了检验调零是否正确,关闭使能开关后再重新打开,电机转子定位不动后,观察数码管显示的编码器位置值,若电机为 4 对极,则每次使能定位后编码器显示位置为 0(99 999), 25 000,50 000,75 000 这 4 个值中任意一个以 ±20 以内上下浮动即可,即(0, 20)、(24 980, 25 020)、(49 980, 50 020)、(74 980, 75 020)、(99 980, 99 999)区间内,多试几次。

⑤ 同理,若电机为 8 对极,则每次使能定位后编码器显示位置为 0(99 999), 15 000, 25 000, 37 500, 50 000, 62 500, 75 000, 87 500 这 8 个值中任意一个以 ±20 以内上下浮动即可,其余极对数电机以此类推。调零结束后,关闭使能开关,恢复 Pn007 参数为 0(Pn007=0),伺服驱动器退出调零模式。

(2) 增量式编码器调零。

① 将 KMC 系列伺服电机(安装增量式编码器)UVW 动力线以及编码器线正确连接至 KDE 系列伺服驱动器。

② 通过设定 Pn002 参数为 50(Pn002=50)使得驱动器数码管显示编码器当前位置,此时正向(正对转子轴逆时针)旋转电机转子 360°机械角度,驱动器数码管最左一位(编码器 UVW 信号线的组合值)应以 6, 2, 3, 1, 5, 4 的顺序依次显示,若不对,需重新调整编码器 UVW 信号线接线顺序;驱动器数码管后四位编码器位置显示在 0~9 999 范围内递减(所有线数的编码器均以 0~9 999 范围显示),保证编码器线连接正确,驱动器能够正确读取编码器位置。

③ 通过设定 Pn007 参数为 1(Pn007=1)将驱动器控制模式设为调零模式,按下使能开关,伺服电机此时以异步方式旋转,直至转子定位在绝对零位[此时,若伺服驱动器出现过电流错误

（Er001、Er006），则适当降低 Pn110 参数值；若定位时转子仍然松动，则适当增大 Pn110 参数值〕。以 4 对极电机为例，此时，手动调整编码器转轴与电机轴的相对位置，直至驱动器数码管上的编码器位置显示变为 0(9 999)，2 500，5 000，7 500 中任意一个以 ±20 以内上下浮动即可，即 (0, 20)、(2 480, 2 520)、(4 980, 5 020)、(7 480, 7 520)、(9 980, 9 999) 区间内，此时拧紧编码器，随后需立即关闭使能。

④ 为了检验调零是否正确，关闭使能开关后再重新打开，电机转子定位不动后，观察数码管显示的编码器位置值，若每次使能定位后编码器显示位置为 0(9 999)，2 500，5 000，7 500 中任意一个以 ±20 以内上下浮动即可。多试几次，其余极对数电机以此类推。调零结束后，关闭使能开关，恢复 Pn007 参数为 0(Pn007＝0)，伺服驱动器退出调零模式。

7.7　永磁同步电机不同控制模式的计算

7.7.1　永磁同步电机的控制模式

永磁同步电机设计现在基本上用两种计算模式：PWM 模式和 AC 模式，很少用 DC 模式计算。用 AC 模式计算永磁同步电机无须考虑驱动器对电机性能的影响，计算比较方便，设计符合率也不错，所以很多电机设计工作者会采用 AC 模式计算永磁同步电机。用 PWM 控制模式也可以很好地设计出永磁同步电机，只是输入的电源电压不同，另外还要设置电机的正弦波与三角载波的幅值比和三角载波与正弦波的频率比。

本节主要通过一个大功率、比较复杂的永磁同步电机的设计证明用 RMxprt 能够计算大型的永磁同步电机，还要验证用 AC、PWM 模式计算永磁同步电机的设计同一性，该设计涉及永磁同步电机设计的方方面面，内容比较复杂。

7.7.2　永磁同步电机快速设计控制模式的选取

如果把输入控制器交流电 U（有效值）用 PWM 方式转换成三相交流电，输入永磁同步电

机的电压则为 $0.816U$。因为永磁同步电机的控制器是调频调幅的，因此 $0.816U$ 作为输入永磁同步电机线电压的最高限值。

如电源是单相 220 V，那么计算永磁同步电机可以用 AC 控制模式，输入永磁同步电机的最高三相交流线电压为 $0.816 \times 220 = 179.5$(V AC)（没有考虑控制器电压降），这样就把计算永磁同步电机模式简化到计算一个纯交流永磁同步电机模式。

RMxprt 提供了永磁同步电机设计时的三种运行模式：AC、DC、PWM。永磁同步电机是用 PWM 模式进行控制和运行的，所以用 PWM 模式设计并不错。

永磁同步电机在 RMxprt 中如果使用 PWM 模式，那么涉及调制比 M 的设置（图 7 - 7 - 1）。

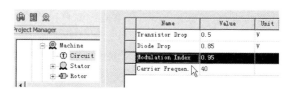

图 7 - 7 - 1　调制比 M 的设置

在 RMxprt 的永磁同步电机设计中，调制比 M 在 $0 < M < 1$ 区间设定，设定 M 的大小对电机的电流和性能起到很大的影响，所以对电机设计工作者而言用 PWM 设计永磁同步电机时正确确定调制比 M 是非常重要的，而调制比 M 的设置没有一定的规范和程序，使许多电机设计工作者觉得为难。如果随便选取一个，则计算的电机数据是不恰当的。

可以用如下方法设置调制比：AC 模式求取电机性能，求出电机的电流：

FULL-LOAD DATA

Maximum Line Induced Voltage(V)：240. 615

Root-Mean-Square Line Current(A)：3. 064 9

Root-Mean-Square Phase Current(A)：3. 064 9

再换用 PWM 模式计算，选取合适的调制比 M，使电机的相电流与 AC 模式的相电流相近即可（图 7 - 7 - 2）。

王增元参加了本节的编写。

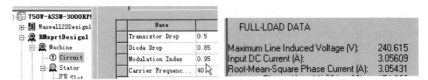

图 7 - 7 - 2　选择合适的调制比使电流与 AC 模式的相近

或者采用公式计算

$$U_{AC} = \left(\frac{U_d}{2}\frac{1}{\sqrt{2}}\right) \times \sqrt{3}\,M$$

$$M = 1.633\frac{U_{AC}}{U_d} \qquad (7-7-1)$$

设三相线电压是 380 V，$U_d = 538$ V DC，

$U_{AC} = 310$ V　AC(rms)，则

$$M = 1.633\frac{U_{AC}}{U_d} = 1.633 \times \frac{310}{538} = 0.94$$

PWM 和 AC 两种控制模式的额定点性能对比见表 7 - 7 - 1。

表 7 - 7 - 1　PWM 模式与 AC 模式求取合适的调制比 M 性能对比

FULL-LOAD DATA	PWM	AC	FULL-LOAD DATA	PWM	AC
Maximum Line Induced Voltage(V)	240.615	240.615	Efficiency(%)	81.36	81.721 6
Root-Mean-Square Line Current(A)	3.056 09	3.064 9	Synchronous Speed(r/min)	3 000	3 000
Root-Mean-Square Phase Current(A)	3.054 31	3.064 9	Rated Torque(N · m)	2.389 96	2.389 83
Armature Current Density(A/mm²)	7.190 94	7.215 89	Torque Angle(°)	10.030 6	9.744 01
Output Power(W)	750.829	750.786	Maximum Output Power(W)	3 207.87	3 181.82
Input Power(W)	922.847	918.712	Torque Constant KT(N · m/A)	0.896 604	0.893 983

RMxprt 中提供了 DC 模式设计永磁同步电机，虽然 DC 模式可以计算永磁同步电机，但是其计算的永磁同步电机的电压波形不是正弦波，是与无刷电机相类似的六步波，有时波形也不是很规则，如图 7 - 7 - 3 和图 7 - 7 - 4 所示。

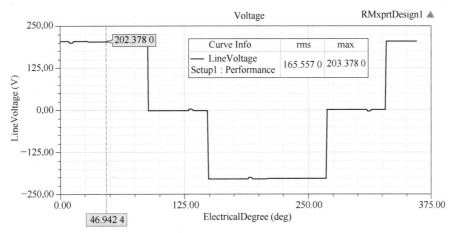

图 7 - 7 - 3　DC 模式的电压曲线 1

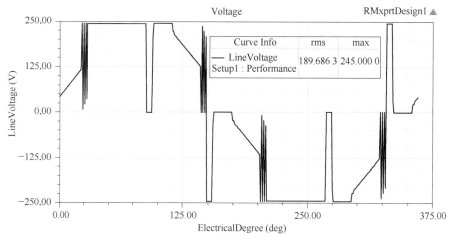

图7-7-4　DC模式的电压曲线2

将永磁直流无刷电机进一步改进为永磁直流同步电机驱动的主要优点是驱动电机的电流波形从 T 形的六步波改为三相正弦波驱动,并显示了永磁同步电机的运行平稳和良好的伺服性能,用 T 形的六步波驱动永磁同步电机还不如就用无刷电机驱动。因此用 DC 模式设计永磁同步电机是没有必要的。

在 MotorSolve 设计软件中,设计永磁同步电机也是用 PWM 驱动和"理想电流源驱动"两种形式(图7-7-5和图7-7-6),并没有采用 DC 模式。"理想电流源驱动"相当 RMxprt 中的 AC 模式。

图7-7-5　MotorSolve 的 PWM 分析注释

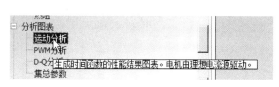

图7-7-6　MotorSolve 的运动分析注释

为此本书永磁同步电机的设计不采用 DC 模式。

7.7.3　永磁同步电机不同控制模式计算实例

1) 实例1:90-750W-220V-18-8j 电机

这是一种用途比较广泛的交流永磁同步电机(图7-7-7),该电机用单相交流电源,采用 PWM 控制模式,其技术参数见表7-7-2,电机

定子和转子数据如图7-7-8所示,绕组排列如图7-7-9和图7-7-10所示。

图7-7-7　90-750W-220V-18-8j
永磁同步电机

表 7 - 7 - 2　90 - 750W - 220V - 18 - 8j 电机技术参数

电机名称	交流伺服电机	电机型号	90 - 750W - 220V - 18 - 8j
额定电压	220 V AC	额定功率	750 W
额定转矩	2.39 N·m	额定转速	3 000 r/min
绕组参数	2×0.52×34 T　QZ - 2/180		
定子要求	冲片材料为宝钢 310 材料,片厚 0.5 mm,18 槽,直槽,厚 60 mm		
转子要求	冲片材料为武钢 600 材料,片厚 0.5 mm		
磁钢要求	磁性材料 42SH,$2p = 8$		

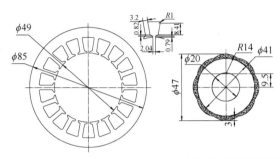

图 7 - 7 - 8　90 - 750W - 220V - 18 - 8j 电机定子和转子数据

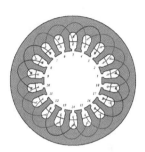

图 7 - 7 - 9　绕组排列图

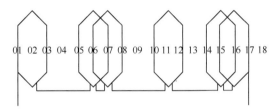

图 7 - 7 - 10　一相绕组排线图

可以用三种不同的计算模式对该永磁同步电机进行计算,只要按不同的控制模式正确取用三种不同输入电机电压,那么电机的性能基本相同(表 7 - 7 - 3)。

表 7 - 7 - 3　三种模式逆变电压关系

单相电源输入					三种通电形式的等效电压 其电机性能基本相同			
U_1 输入交流电压(V)	U_2 整流后的脉冲直流(平均值)(V)	U_d 整流滤波后直流电压(最大幅值)(V)	K(考虑滤波负载和压降)单相 $K = 0.95 \sim 0.97$	PWM 计算电压(V)	DC 计算电压(V)	AC 输入电机线电压,有效值(V)	AC(SVPWM)线电压,有效值(V)
220	198.00	311.13	0.97	301.79	213.40	174.13	200.25

输入 RMxprt 的电压为

$$U_{PWM} = K\sqrt{2} \times U_1 = 0.97 \times \sqrt{2} \times 220$$
$$= 301.79(V)$$

$$U_{DC} = U_{PWM}/\sqrt{2} = 301.97/\sqrt{2} = 213.40(V)$$

$$U_{AC} = 0.816 \times U_{DC} = 0.816 \times 213.4 = 174.13(V)$$

式中:K 为控制器降压系数;U_1 为输入控制器的电源电压(V　AC)。

求取调制比 M

$$M = 1.633 \frac{U_{AC}}{U_d} = 1.633 \times \frac{174.13}{301.97} = 0.942\,2$$

PWM 和 AC 控制模式的计算见表 7 - 7 - 4,两者的误差分析见表 7 - 7 - 5。

表 7 - 7 - 4　PWM 和 AC 控制模式的计算

GENERAL DATA	**PWM**	**AC**
Rated Output Power(kW)	0.75	0.75
Rated Voltage(V)	**301.79**	**174.13**

（续表）

GENERAL DATA	PWM	AC
Number of Poles	8	8
Frequency(Hz)	200	200
Frictional Loss(W)	80	80
Windage Loss(W)	30	30
Rotor Position	Inner	Inner
Type of Circuit	Y3	Y3
Type of Source	PWM	Sine
Modulation Index	**0.942 2**	Time
Carrier Frequency Times	40	
One-Transistor Voltage Drop(V)	0.5	
One-Diode Voltage Drop(V)	0.85	
Operating Temperature(℃)	75	75
STATOR DATA		
Number of Stator Slots	18	18
Outer Diameter of Stator(mm)	85	85
Inner Diameter of Stator(mm)	49	49
Type of Stator Slot	3	3
Stator Slot		
hs0(mm)	0.79	0.79
hs1(mm)	0.82	0.82
hs2(mm)	8.41	8.41
bs0(mm)	2.04	2.04
bs1(mm)	5.950 94	5.950 94
bs2(mm)	8.916 76	8.916 76
rs(mm)	1	1
Top Tooth Width(mm)	3.2	3.2
Bottom Tooth Width(mm)	3.2	3.2
Skew Width(Number of Slots)	0	0
Length of Stator Core(mm)	60	60
Stacking Factor of Stator Core	0.97	0.97
Type of Steel	B50A310	B50A310
Designed Wedge Thickness(mm)	1	1
Slot Insulation Thickness(mm)	0.35	0.35
Layer Insulation Thickness(mm)	0.35	0.35
End Length Adjustment(mm)	0	0
Number of Parallel Branches	1	1
Number of Conductors per Slot	68	68

（续表）

GENERAL DATA	PWM	AC
Type of Coils	22	22
Average Coil Pitch	2	2
Number of Wires per Conductor	2	2
Wire Diameter(mm)	0.52	0.52
Wire Wrap Thickness(mm)	0.06	0.06
Slot Area(mm^2)	75.894 1	75.894 1
Net Slot Area(mm^2)	53.992 1	53.992 1
Limited Slot Fill Factor(%)	75	75
Stator Slot Fill Factor(%)	84.735 4	84.735 4
Wire Resistivity(Ω·mm^2/m)	0.021 7	0.021 7
ROTOR DATA		
Minimum Air Gap(mm)	1	1
Inner Diameter(mm)	20	20
Length of Rotor(mm)	60	60
Stacking Factor of Iron Core	0.97	0.97
Type of Steel	50WW600	50WW600
Polar Arc Radius(mm)	14	14
Mechanical Pole Embrace	0.96	0.96
Electrical Pole Embrace	0.745 331	0.745 331
Max. Thickness of Magnet(mm)	3	3
Width of Magnet(mm)	16.587 6	16.587 6
Type of Magnet	42SH – QGP	42SH – QGP
Type of Rotor	1	1
Magnetic Shaft	Yes	Yes
PERMANENT MAGNET DATA		
Residual Flux Density(T)	1.31	1.31
Coercive Force(kA/m)	954.93	954.93
STEADY STATE PARAMETERS		
Stator Winding Factor	0.831 207	0.831 207
D-Axis Reactive Reactance Xad (Ω)	1.796 58	1.796 58
Q-Axis Reactive Reactance Xaq (Ω)	1.796 58	1.796 58
D-Axis Reactance X1 + Xad (Ω)	5.363 71	5.363 71
Q-Axis Reactance X1 + Xaq (Ω)	5.363 71	5.363 71
Armature Leakage Reactance X1(Ω)	3.567 13	3.567 13

（续表）

GENERAL DATA	PWM	AC
Zero-Sequence Reactance X0 (Ω)	0.838 678	0.838 678
Armature Phase Resistance R1 (Ω)	2.055 46	2.055 46
Armature Phase Resistance at 20 ℃ (Ω)	1.690 78	1.690 78
NO-LOAD MAGNETIC DATA		
Stator-Teeth Flux Density(T)	2.157 31	2.157 31
Stator-Yoke Flux Density(T)	0.798 705	0.798 705
Rotor-Yoke Flux Density(T)	0.556 304	0.556 304
Air-Gap Flux Density(T)	0.764 641	0.764 641
No-Load DC Current(A)	0.371 76	0.565 362
No-Load Input Power(W)	112.193	112.505
Cogging Torque(N·m)	0.074 074 5	0.074 075
FULL-LOAD DATA		
Maximum Line Induced Voltage(V)	240.615	240.615
Input DC Current(A)	3.064 93	3.068 16
Root-Mean-Square Phase Current(A)	3.104 58	3.068 16
Armature Current Density(A/mm²)	7.309 3	7.223 56
Frictional and Windage Loss (W)	110	110
Iron-Core Loss(W)	0.001 536 71	0.001 537
Armature Copper Loss(W)	59.433 9	58.047 7
Transistor Loss(W)	3.628 09	
Diode Loss(W)	0.950 883	
Total Loss(W)	174.014	168.049
Output Power(W)	750.95	750.798
Input Power(W)	924.964	918.847
Efficiency(%)	81.186 9	81.710 9
Synchronous Speed(r/min)	3 000	3 000
Rated Torque(N·m)	2.390 35	2.389 86
Torque Angle(°)	10.355 6	9.763 99
Maximum Output Power(W)	3 162.83	3 178.89
Torque Constant KT(N·m/A)	0.894 145	0.893 045

注：本表直接从 RMxprt 计算结果中复制，仅规范了单位。

表 7 - 7 - 5　不同控制模式软件计算误差对比分析

控制模式	PWM(DC)	AC(AC)	对比相对误差 Δ
输入电压(V) (220 V AC)	301.79	174.13	
感应电动势常数 [V/(r/min)]	240.615	240.615	0
电流(A)	3.064 93	3.068 16	0.001 05
输出功率(W)	750.95	750.798	0.000 2
效率(%)	81.186 9	81.710 9	0.006 45
转速(r/min)	3 000	3 000	0
额定转矩(N·m)	2.390 35	2.389 86	0.000 2
转矩常数(N·m/A)	0.894 145	0.893 045	0.001 2

从两种计算模式看，各项参数的数值几乎相同，说明用不同模式计算永磁同步电机，根据计算模式，选择不同模式的电压和调制比 M，求出的电机性能是相同的。

从两种不同运行模式的机械特性曲线（图 7 - 7 - 11 和图 7 - 7 - 12）看，PWM 和 AC 模式的机械特性曲线非常相似，永磁同步电机一般采用 PWM 模式运行，但可以用 PWM、AC 模式进行设计，用 AC 模式进行计算，简化了设计，设计性能与 PWM 模式相当。

2）实例 2：520 - 260kW - 380VAC - 72 - 4j 电机

（1）用户提供的技术参数。

电机性能：额定电压 380 V AC、额定电流 417 A、额定功率 260 kW、功率因数 0.97、额定转速 1 400 r/min、额定频率 46.6 Hz。

电机尺寸：机座号 315L、定子外径 520 mm（图 7 - 7 - 13）、定子铁心长 440 mm、定转子冲片材料 50W470、定子内径 350 mm、定子槽数 72、转子内径 110 mm、转子铁心长 440 mm、极数 4、磁钢 38SH，$B_r = 1.23$ T，$H_c = 11.4$ kOe、定子线规直径 1.3 mm、绝缘后线规直径 1.37 mm。

大功率永磁同步电机的槽数比较多，电机采用三相交流感应电机 Y2 - 135M1 - 4 定子冲片，绕组排列非常烦琐，采用交叠法嵌线。

绕组连接方式 Y，每槽导体数 6，并联支路数 4，并绕根数 21，绕组形式双层叠绕，绕组节距 15。

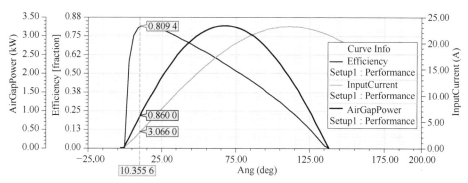

图 7 - 7 - 11　PWM 模式机械特性曲线

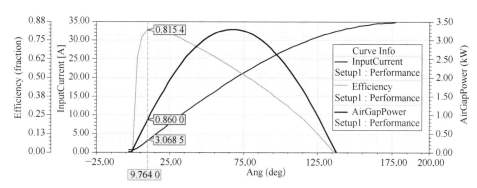

图 7 - 7 - 12　AC 模式机械特性曲线

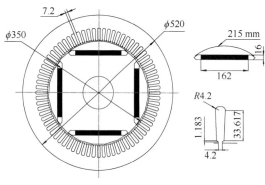

图 7 - 7 - 13　520 - 260kW - 380VAC - 72 - 4j
定子和转子数据图

A 相：

1：1 - 16，2 - 17，3 - 18，4 - 19，5 - 20，6 - 21

2：19 - 34，20 - 35，21 - 36，22 - 37，23 - 38，24 - 39

3：37 - 52，38 - 53，39 - 54，40 - 55，41 - 56，42 - 57

4：55 - 70，56 - 71，57 - 72，58 - 1，59 - 2，60 - 3

B 相、C 相沿电机圆周相隔 120°与 A 相绕法形式相同排列下线，如图 7 - 7 - 14 和图 7 - 7 - 15 所示。

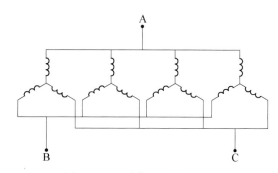

图 7 - 7 - 14　电机绕组形式示意图

这是一台三相交流永磁同步电机，电机定子沿用三相异步感应电机 Y2 - 135M1 - 4 冲片形式，仅是转子换成 4 极内嵌式永磁体结构。电波波形完全是正弦波波形，基本没有畸变。

（2）K_E 实用设计法求电机的匝数。

① 求 B_r。

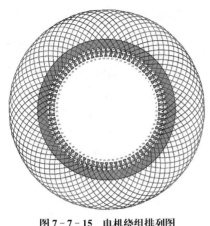

图 7 - 7 - 15　电机绕组排列图

$$B_r = \frac{162}{215} B_r = 0.753\,5 \times 1.23$$

$$= 0.926\,8\,(\text{T})\,(162、215\ 尺寸见图\ 7 - 7 - 13)$$

② 该电机是双层绕组,电机有 72 槽就有 72 个线圈。

③ 电机的电压峰值为

$$E = \sqrt{2} \times 380 = 537.4\,(\text{V})$$

④ 电机转矩为

$$T = P_2 \times 9.549\,3/1\,400 = 1\,773.38\,(\text{N} \cdot \text{m})$$

⑤ K_E 实用设计法求电机每个线圈匝数(表 7 - 7 - 6)。

表 7 - 7 - 6　永磁同步电机 K_E 实用计算

永磁同步电机 K_E 实用计算			520 - 260kW - 380VAC - 72 - 4j	
$B_r(\text{T})$	α_i	$b_t(\text{cm})$	$D_i(\text{cm})$	总有效系数 α
0.926 8	0.73	0.72	35	0.73
Z	定子 $L_1(\text{cm})$	磁钢长 $L_2(\text{cm})$	K_{FE}	n
72	44	44	0.95	1 400
$U_峰(\text{V})$	U_d 有效(V)			
537	379.720			
槽气隙宽 $S_t = (\pi D_i / Z) - b_t$			0.807 2	cm
齿磁通密度 $B_z(\text{T}) = B_r \alpha_i [1 + (S_t / B_t)]$			1.435 0	T
工作磁通 $\Phi = Z B_z b_t L K_{FE} / 10\,000$			0.311 0	Wb
电机理想反电动势常数 $K_E = U/n$			0.383 6	V/(r/min)
通电导体有效总根数 $N = 60 K_E / \Phi$			74.010 7	根
每个线圈匝数 $W = 3N/4Z$			0.770 9	匝

⑥ 因为电机线圈匝数不到 1,因此必须用线圈并联支路来解决,该电机的并联支路数 $a = 4$,因此每个线圈匝数

$$W = 0.770\,9 \times 4 = 3.083\,6\,(\text{匝}),取\ 3\ 匝$$

260 kW 功率的永磁同步电机,仅用几个简单的算法就能较准确地求出电机绕组匝数。

⑦ 求电机的线电流,直接用三相电机的电流求法,即

$$I = \frac{P_2}{\sqrt{3}\,\eta U \cos\varphi} = \frac{260\,000}{\sqrt{3} \times 0.98 \times 380 \times 0.96}$$

$$= 419.89\,(\text{A})$$

(3) 考核设计符合率。

$$\Delta W = \left| \frac{3.083\,6 - 3}{3} \right| = 0.028$$

$$\Delta I = \left| \frac{419.89 - 417}{417} \right| = 0.007$$

可以根据电机的槽利用率和电流密度求解电机的线径,因为这些工作在无刷电机的实用设计中均多次讲过,限于篇幅,这里不再讲述。

(4) 用 RMxprt 的 AC 模式进行核算。该电机是 2 对极,1 400 r/min,频率不是 50 Hz,不能直接用 380 V 工频电源,应该通过逆变器用

PWM 方式进行调速。该电机功率很大,控制器的控制方法很有讲究,如果用纯 AC 模式进行 RMxprt 核算,该控制器是 SVPWM 模式输入永磁同步电机,可以直接用输入永磁同步电机的电压 380 V 进行计算,计算结果如下:

GENERAL DATA

Rated Output Power(kW): 260

Rated Voltage(V): 380

Number of Poles: 4

Frequency(Hz): 46. 666 7

Frictional Loss(W): 420

Windage Loss(W): 203. 259

Rotor Position: Inner

Type of Circuit: Y3

Type of Source: Sine

Domain: Frequency

Operating Temperature(℃): 75

STATOR DATA

Number of Stator Slots: 72

Outer Diameter of Stator(mm): 520

Inner Diameter of Stator(mm): 350

Type of Stator Slot: 2

Stator Slot

hs0(mm): 1. 5

hs1(mm): 1. 183

hs2(mm): 33. 617

bs0(mm): 4. 2

bs1(mm): 8. 3

bs2(mm): 11. 2

Top Tooth Width(mm): 7. 207 65

Bottom Tooth Width(mm): 7. 243 11

Skew Width(Number of Slots): 0

Length of Stator Core(mm): 350

Stacking Factor of Stator Core: 0. 95

Type of Steel: DW465_50

Slot Insulation Thickness(mm): 0. 3

Layer Insulation Thickness(mm): 0. 3

End Length Adjustment(mm): 25

Number of Parallel Branches: 4

Number of Conductors per Slot: 6

Type of Coils: 21

Average Coil Pitch: 15

Number of Wires per Conductor: 21

Wire Diameter(mm): 1. 37

Wire Wrap Thickness(mm): 0. 072

Slot Area(mm^2): 390. 72

Net Slot Area(mm^2): 339. 035

Limited Slot Fill Factor(%): 75

Stator Slot Fill Factor(%): 77. 278 1

Coil Half-Turn Length(mm): 731. 478

Wire Resistivity($\Omega \cdot mm^2/m$): 0. 021 7

ROTOR DATA

Minimum Air Gap(mm): 3

Inner Diameter(mm): 110

Length of Rotor(mm): 350

Stacking Factor of Iron Core: 0. 95

Type of Steel: DW465_50

Bridge(mm): 2. 5

Rib(mm): 40

Mechanical Pole Embrace: 0. 72

Electrical Pole Embrace: 0. 747 694

Max. Thickness of Magnet(mm): 16

Width of Magnet(mm): 162

Type of Magnet: NdFe35

Type of Rotor: 5

Magnetic Shaft: Yes

PERMANENT MAGNET DATA

Residual Flux Density(T): 1. 23

Recoil Coercive Force(kA/m): 890

NO-LOAD MAGNETIC DATA

Stator-Teeth Flux Density(T): 1. 969 15

Stator-Yoke Flux Density(T): 1. 696 76

Rotor-Yoke Flux Density(T): 0. 652 118

Air-Gap Flux Density(T): 0. 725 128

FULL-LOAD DATA

Maximum Line Induced Voltage(V): 445. 946

Root-Mean-Square Line Current(A)：415. 265

Root-Mean-Square Phase Current(A)：415. 265

Armature Thermal Load(A^2/mm^3)：136. 785

Specific Electric Loading(A/mm)：40. 787 1

Armature Current Density(A/mm^2)：3. 353 63

Frictional and Windage Loss(W)：623. 259

Output Power(W)：259 857

Input Power(W)：263 806

Efficiency(%)：98. 503 1

Power Factor：0. 961 806

Synchronous Speed(r/min)：1 400

Rated Torque(N·m)：1 772. 46

Torque Angle(°)：49. 921 4

Maximum Output Power(W)：761 614

这个计算数据和电机实际数据非常相近。

（5）用 PWM 模式进行计算并对比。如果用 RMxprt SPWM 模式进行计算，要用 AC 计算模式与 PWM 计算模式的性能进行对比，则 AC 电压必须用 0.8×380 V＝304 V 进行计算，见表 7-7-7。

用 $M=1.633\times\dfrac{U_{AC}}{U_d}=1.633\times\dfrac{304}{537}=0.924\,4$

设置 PWM 中的调制比，进行计算，并与 AC 模式计算值进行对比。

表7-7-7　用 PWM 和 AC 模式计算同一
永磁同步电机性能比较

GENERAL DATA	PWM	AC
Rated Output Power(kW)	260	260
Rated Voltage(V)	**537**	**304**
Number of Poles	4	4
Frequency(Hz)	46. 666 7	46. 666 7
Frictional Loss(W)	450	420
Windage Loss(W)	250	203. 259
Rotor Position	Inner	Inner
Type of Circuit	Y3	Y3
Type of Source	**PWM**	**Sine**
Modulation Index	**0. 924 4**	**Time**
Carrier Frequency Times	40	
One-Transistor Voltage Drop(V)	0	
One-Diode Voltage Drop(V)	0	

（续表）

GENERAL DATA	PWM	AC
Operating Temperature(℃)	75	75
STATOR DATA		
Number of Stator Slots	72	72
Outer Diameter of Stator(mm)	520	520
Inner Diameter of Stator(mm)	350	350
Type of Stator Slot	2	2
Stator Slot		
hs0(mm)	1. 5	1. 5
hs1(mm)	1. 183	1. 183
hs2(mm)	33. 617	33. 617
bs0(mm)	4. 2	4. 2
bs1(mm)	8. 3	8. 3
bs2(mm)	11. 2	11. 2
Top Tooth Width(mm)	7. 207 65	7. 207 65
Bottom Tooth Width(mm)	7. 243 11	7. 243 11
Skew Width(Number of Slots)	0	0
Length of Stator Core(mm)	423	423
Stacking Factor of Stator Core	0. 95	0. 95
Type of Steel	DW465_50	DW465_50
Designed Wedge Thickness(mm)	1. 8	1. 8
Slot Insulation Thickness(mm)	0. 3	0. 3
Layer Insulation Thickness(mm)	0. 3	0. 3
End Length Adjustment(mm)	25	25
Number of Parallel Branches	4	4
Number of Conductors per Slot	6	6
Type of Coils	21	21
Average Coil Pitch	15	15
Number of Wires per Conductor	21	21
Wire Diameter(mm)	1. 37	1. 37
Wire Wrap Thickness(mm)	0. 072	0. 072
Slot Area(mm^2)	390. 72	390. 72
Net Slot Area(mm^2)	339. 035	339. 035
Limited Slot Fill Factor(%)	75	75
Stator Slot Fill Factor(%)	77. 278 1	77. 278 1
ROTOR DATA		
Minimum Air Gap(mm)	3	3
Inner Diameter(mm)	110	110

GENERAL DATA	PWM	AC
Length of Rotor(mm)	423	423
Stacking Factor of Iron Core	0.95	0.95
Type of Steel	DW465_50	DW465_50
Bridge(mm)	2.5	2.5
Rib(mm)	40	40
Mechanical Pole Embrace	0.72	0.72
Electrical Pole Embrace	0.747 694	0.747 694
Max. Thickness of Magnet(mm)	16	16
Width of Magnet(mm)	162	162
Type of Magnet	NdFe35	NdFe35
Type of Rotor	5	5
Magnetic Shaft	Yes	Yes
PERMANENT MAGNET DATA		
Residual Flux Density(T)	1.23	1.23
Coercive Force(kA/m)	890	890
Maximum Energy Density(kJ/m^3)	273.675	273.675
Relative Recoil Permeability	1.099 81	1.099 81
Demagnetized Flux Density(T)	0	0
Recoil Residual Flux Density(T)	1.23	1.23
Recoil Coercive Force(kA/m)	890	890
STEADY STATE PARAMETERS		
Stator Winding Factor	0.923 563	0.923 563
D-Axis Reactive Reactance Xad(Ω)	0.214 675	0.214 675
Q-Axis Reactive Reactance Xaq(Ω)	0.621 494	0.621 494
D-Axis Reactance X1 + Xad(Ω)	0.239 795	0.239 795
Q-Axis Reactance X1 + Xaq(Ω)	0.646 613	0.646 613
Armature Leakage Reactance X1(Ω)	0.025 119 8	0.025 119 8
Zero-Sequence Reactance X0(Ω)	0.018 806 4	0.018 806 4
Armature Phase Resistance R1(Ω)	0.005 075 35	0.005 075 35

GENERAL DATA	PWM	AC
Armature Phase Resistance at 20 ℃(Ω)	0.004 174 88	0.004 174 88
NO-LOAD MAGNETIC DATA		
Stator-Teeth Flux Density(T)	**1.968 54**	**1.968 54**
Stator-Yoke Flux Density(T)	1.696 24	1.696 24
Rotor-Yoke Flux Density(T)	0.651 915	0.651 915
Air-Gap Flux Density(T)	0.727 017	0.727 017
Magnet Flux Density(T)	0.964 091	0.964 091
No-Load DC Current(A)	4.381 95	203.475
No-Load Input Power(W)	2 353.11	2 385.68
Cogging Torque(N·m)	7.527	7.527
FULL-LOAD DATA		
Maximum Line Induced Voltage (V)	**538.79**	**538.79**
Input DC Current(A)	495.158	525.963
Root-Mean-Square Phase Current (A)	**522.778**	**525.963**
Armature Thermal Load(A^2/mm^3)	216.786	219.431
Specific Electric Loading(A/mm)	51.348	51.659 8
Armature Current Density (A/mm^2)	**4.221 89**	**4.247 61**
Frictional and Windage Loss(W)	700	623.259
Iron-Core Loss(W)	1 133.42	1 133.42
Armature Copper Loss(W)	4 161.24	4 212.01
Transistor Loss(W)	0	
Diode Loss(W)	0	
Total Loss(W)	5 994.66	5 968.69
Output Power(W)	**259 905**	**259 990**
Input Power(W)	265 900	265 958
Efficiency(%)	**97.745 5**	**97.755 8**
Synchronous Speed(r/min)	**1 400**	**1 400**
Rated Torque(N·m)	1 772.79	1 773.37
Torque Angle(°)	49.713 4	48.223 9
Maximum Output Power(W)	560 585	562 653
Torque Constant KT(N·m/A)	3.589 9	0.006 496 19

注：本表直接从 RMxprt 计算结果中复制，仅规范了单位。

（6）核算 SPWM 和折算到 AC 电压值 304 V 两种计算性能的同一性比较。

$$\Delta P_2 = \left| \frac{259\,905 - 259\,990}{259\,990} \right| = 0.000\,327$$

$$\Delta P_1 = \left| \frac{265\,900 - 265\,958}{265\,958} \right| = 0.000\,2$$

$$\Delta I = \left| \frac{522.778 - 525.963}{525.963} \right| = 0.006$$

$$\Delta \eta = \left| \frac{97.745\,5 - 97.755\,8}{97.755\,8} \right| = 0.000\,11$$

可以看出，用调制比 $M = 0.924\,4$ 进行 537V-SPWM 模式计算与折算到 304V - AC 模式计算该永磁同步电机的性能相当，计算误差相当小。

但是这些计算数据与实际 SVPWM 模式计算数据相比，输入电机电压都偏低，因此造成计算出的电流与电机实际电流相比偏大，但是其他电机主要参数计算偏差不大。如果永磁同步电机的驱动用 SVPWM 模式，电机功率较大，用电源电压作为电机输入电压计算也是可行的。实际上，用 SVPWM 模式驱动，输入该永磁同步电机的线电压也无法达到 380 V，电源电压整流到滤波的折算系数 $K = 0.98$，那么输入永磁同步电机的线电压 $U = 380 \times 0.98$ V $= 372.4$ V。计算结果为：

Rated Voltage(V)：372.4

Maximum Line Induced Voltage(V)：538.79

Root-Mean-Square Line Current(A)：410.672

Root-Mean-Square Phase Current(A)：410.672

Armature Thermal Load(A^2/mm^3)：133.776

Specific Electric Loading(A/mm)：40.335 9

Armature Current Density(A/mm^2)：3.316 53

Frictional and Windage Loss(W)：623.259

Iron-Core Loss(W)：1 133.42

Armature Copper Loss(W)：2 567.84

Total Loss(W)：4 324.52

Output Power(W)：259 986

Input Power(W)：264 310

Efficiency(%)：98.363 8

因此用 Maxwell 核算永磁同步电机，必须要先弄清驱动器用的是什么模式，然后选择用何种控制模式进行计算，如用 PWM 模式计算，用 0.816 倍 AC 电源电压，用 0.938 倍 AC 电源电压作为线输入电机的线电压，正确选择驱动器的控制模式，这样电机核算才会准确。

永磁同步电机的实用设计计算求取电机匝数是假设输入电机的线电压等于电源电压（$\sqrt{2}U = E$）来计算的，求取的匝数误差不会太大。最好在实用设计前，能够测出输入电机的线电压的具体数值，然后以该电压进行实用计算，那么就不需要弄清驱动模式，计算更准确。

电机机械特性曲线（SPWM 模式 380 V AC 输入）如图 7 - 7 - 16 所示，磁通密度云图如图 7 - 7 - 17 所示。

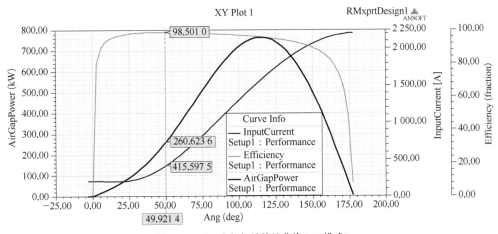

图 7 - 7 - 16　电机机械特性曲线（AC 模式）

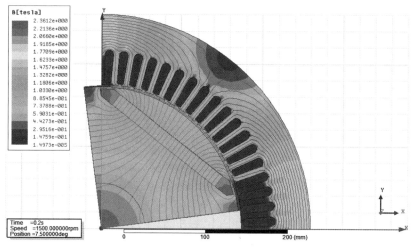

图 7-7-17　电机磁通密度云图

（7）齿磁通密度计算数值的分析。用实用设计法计算的齿磁通密度为

$$B_Z = B_r\alpha\left[1 + (S_t/b_t)\right] = 1.435\,0\,(\text{T})$$

用 Maxwell 计算的齿磁通密度为：

Stator-Teeth Flux Density(T)：1.968 54

上面两种计算方法的磁通密度数值上相差太大，但是用实用设计法计算的是电机的"计算磁通密度"，而 Maxwell 计算的是电机齿的"最大磁通密度"。主要是内嵌式磁钢的原因，两者差一个机械极弧系数，因此要计算电机实际齿磁通密度时必须考虑。

从图 7-7-17 看，14 个齿通磁力线，但是两个齿的磁力线为一半，因此相当于 13 齿。电机磁钢的机械极弧系数为

$$\alpha_j = \frac{13}{Z/4} = \frac{13}{72/4} = 0.722\,2$$

齿实际磁密 $B_Z = 1.435\,0/0.722\,2 = 1.986\,9\,(\text{T})$

$$\Delta B_Z = \left|\frac{1.986\,9 - 1.968\,5}{1.968\,5}\right| = 0.009\,35$$

结论：实用设计和 Maxwell 的两种电机 AC、PWM 设计模式计算的实际齿磁通密度是一致的。

从表 7-7-7 看，电机的感应电动势大了些，功率因数小了些，适当减少电机的长度能够使电机感应电动势减小，功率因数增加，电机性能得到改善。如果 $L = 350$ mm，额定性能如下：

Rated Voltage(V)：304
Maximum Line Induced Voltage(V)：445.946
Root-Mean-Square Line Current(A)：502.548
Root-Mean-Square Phase Current(A)：502.548
Specific Electric Loading(A/mm)：49.36
Armature Current Density(A/mm²)：4.058 51
Output Power(W)：259 942
Input Power(W)：265 000
Efficiency(%)：98.091 3
Power Factor：0.997 962
Synchronous Speed(r/min)：1 400
Rated Torque(N·m)：1 773.04
Torque Angle(°)：52.189 8
Maximum Output Power(W)：742 446

7.7.4　永磁同步电机不同控制模式设计电压的分析

前面讲了永磁同步电机用 RMxprt 不同运行模式时要使电机性能保持一致，那么输入电压必须相应改变，它们之间的关系是：

输入 RMxprt 的电压

$$U_{\text{PWM}} = K\sqrt{2}U_1$$
$$U_{\text{DC}} = U_{\text{PWM}}/\sqrt{2}$$
$$U_{\text{AC}} = 0.816U_{\text{DC}}$$

因此 $U_{\text{AC}} = 0.816U_{\text{DC}} = 0.816U_{\text{PWM}}/\sqrt{2} = 0.577U_{\text{PWM}}$

式中：K 为控制器降压系数；U_1 为输入控制器的电源电压（V　AC）。

当一个永磁同步电机按不同的控制模式，用上面的公式计算输入 RMxprt 的电压，那么计算出的电机性能基本上是相同的。

但是会出现两种情况：

（1）如果用 PWM 设计电机的匝数，设计时如果设置额定转速时的感应电动势 E（幅值）和 U_{PWM} 相等，求出电机绕组匝数。如果电机绕组不变，用 RMxprt 对电机取用 DC 模式重新计算，要求性能和 PWM 运行时一样，则必须满足 $U_{\text{DC}} = U_{\text{PWM}}/\sqrt{2}$。DC 模式在 RMxprt 中设置了电机的感应电动势 E 不能大于输入电压的一个控制项，PWM、AC 模式没有设置，U_{DC} 小于 U_{PWM}，这样在相同转速下，势必电机的感应电动势 E 大

于输入电压 U_{DC}，使 RMxprt 无法运行下去，会提示感应电动势太高，必须去掉部分绕组数再计算。（软件提示：🔴 assm.exe: Too high induced voltage. Reduce number of turns by 19% and try again.）直到输入电压相当于 PWM 时的输入电压 U_{PWM} 时，计算才会通过。这时用电机的 DC 模式计算出的电机性能就和 PWM 运行时有些性能会有较大差异。如果把电机绕组减少到 DC 模式的感应电动势 E 小于输入 DC 的直流电压，则用三种模式运行的性能基本上是一样的。

例 130 电机，把绕组减少使电机感应电动势 E 小于 DC 的输入控制器电压，则进行三种模式的运行，其计算电机的结果基本相同（表 7-7-8 和表 7-7-9）。

表 7-7-8　用 PWM、DC 和 AC 模式输入电压计算表

单相电源输入				三种通电形式的等效电压 其电机性能基本相同			
U_1 输入交流电压(V)	U_2 整流后的脉冲直流(平均值)(V)	U_d 整流滤波后直流电压(最大幅值)(V)	K(考虑滤波负载和压降)单相 $K=0.95\sim0.97$	PWM 计算电压(V)	DC 计算电压(V)	AC 输入电机线电压,有效值(V)	AC(SVPWM)线电压,有效值(V)
220	198.00	311.13	1.00	311.13	220.00	179.52	206.45

表 7-7-9　PWM、DC 和 AC 模式输入不同电压的性能对比

GENERAL DATA	PWM	DC	Sine
Rated Output Power(kW)	1.3	1.3	1.3
Rated Voltage(V)	**311.13**	**220**	**179.52**
Number of Poles	8	8	8
Frequency(Hz)	166.667	166.667	166.667
Frictional Loss(W)	75	75	75
Windage Loss(W)	0	0	0
Rotor Position	Inner	Inner	Inner
Type of Circuit	Y3	Y3	Y3
Type of Source	PWM	DC	Sine
Modulation Index	**0.94**	**120— Trigger Pulse Width**	**Time — Domain**
Carrier Frequency Times	39	0	
One-Transistor Voltage Drop(V)	0	0	
One-Diode Voltage Drop(V)	0	0	
Operating Temperature(℃)	75	75	75
FULL-LOAD DATA			
Maximum Line Induced Voltage(V)	**189.674**	**189.674**	**189.674**

（续表）

GENERAL DATA	PWM	DC	Sine
Input DC Current(A)	4.819 31	6.789 83	6.636 63
Root-Mean-Square Phase Current(A)	**6.625 19**	**6.463 02**	**6.636 63**
Armature Thermal Load(A^2/mm^3)	337.73	321.399	338.897
Specific Electric Loading(A/mm)	40.037	39.056 9	40.106 1
Armature Current Density(A/mm^2)	**8.435 46**	**8.228 98**	**8.450 02**
Frictional and Windage Loss(W)	75	75	75
Iron-Core Loss(W)	18.819 6	18.819 6	18.819 6
Armature Copper Loss(W)	105.033	99.953 9	105.396
Transistor Loss(W)	0	0	
Diode Loss(W)	0	0	
Total Loss(W)	198.852	193.774	199.216
Output Power(W)	**1 300.58**	**1 299.99**	**1 300.44**
Input Power(W)	1 499.43	1 493.76	1 499.66
Efficiency(%)	**86.738 2**	**87.027 8**	**86.715 9**
Synchronous Speed(r/min)	2 500	2 500	2 500
Rated Torque(N·m)	4.967 85	4.965 59	4.967 32

注：本表直接从 RMxprt 计算结果中复制，仅规范了单位。

（2）在用 RMxprt 的 AC 模式计算时，输入永磁同步电机的电源纯粹是三相正弦波交流电源，如果绕组设计设置的是自动设计，那么 RMxprt 会给出电机绕组的数值，该绕组是确保运行时的感应电动势 E（幅值）等于输入永磁同步电机线电压的峰值，如果使 PWM 和 AC 计算模式性能一致，那么输入电机的线电压仅为输入控制器的交流电压的 0.816 倍，那么电机的感应电动势峰值最多是电机 U_d 的 0.816 倍。即设计时保证电机感应电动势 E 与输入电机线电压幅值相等的条件下，则电机的感应电动势 E（幅值）仅为电机 U_d 的 0.816 倍，电机的感应电动势（幅值）不应超过输入电机线电压幅值，用控制器 PWM 进行控制，PWM 的峰值就是 U_d，比 AC 模式在额定转速时的感应电动势幅值 E 要大 $1/0.816=1.225$ 倍，因此在 RMxprt 的 AC 模式计算中，

① 控制器至少还可以再调高输入电机的 1.225 倍电压，电机可以进行不弱磁提速至少是额定转速的 1.225 倍。

② 电机在设计中，如果可以使电机的感应电动势 E（峰值）超过输入电压 U_{AC} 的峰值，这是没有关系的，只要不超过控制器所给定的 U_d 值。

7.8 永磁同步电机和无刷电机对等性设计

7.8.1 永磁同步电机相当无刷电机

作者提出"永磁同步电机相当无刷电机"的概念，即把永磁同步电机看作一个"相当的无刷电机"，因此同一个无刷电机在额定工作点运行和该电机用作永磁同步电机运行，两者在额定点上的性能相差不大。

这样就可以用永磁直流同步电机直接替代永磁直流无刷电机，同一个电机只是改动了控制方式。这样电机的电流和损耗会减小，效率会提高，效率平台会变得很宽，永磁同步电机的优点在应用中更能体现出来。

下面简单介绍把永磁同步电机和无刷电机

裘嘉成参加了本节的编写。

相当的分析观点：

（1）把永磁同步电机的控制器和电机结合起来，成为一个带有控制器的永磁同步电机的一体电机，形成了一种"没有控制器的永磁同步电机"（图 7-8-1）。这种电机的电源是直流电源，当直流电输入"没有控制器的永磁同步电机"后，电机即表现出永磁同步电机的性能特点，电机输出转矩和产生相应的转速。若该电机是自控式永磁同步电机，那么永磁直流同步电机指定工作点的机械特性和永磁无刷电机的机械特性相当。

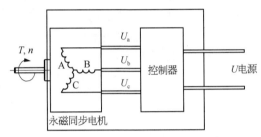

图 7-8-1　没有控制器的永磁同步电机

无刷电机直流电流 I 和自控式永磁同步电机交流电流 $I_{有功} = I\cos\varphi$ 相当，无刷直流电机的转矩公式 $T' = N\Phi I/(2\pi)$ 和永磁同步电机转矩公式 $T' = N\Phi I\cos\varphi/(2\pi)$ 相当。

（2）相同结构的永磁同步电机磁场和永磁直流无刷电机的磁场完全一致，电机的齿磁通密度、工作磁通也完全一样。因此永磁直流同步电机和永磁无刷电机的磁场分布和电机齿磁通密度、工作磁通相当。

（3）永磁同步电机与无刷直流电机相比，在电机运行全过程中，无刷电机通常采用 120° 导通型的逆变器，电机供电电压是直流矩形波，无刷电机绕组 Y 接法的绕组通电形式是"二二通电"，绕组内流过的是接近矩形波的断续电流。而自控式永磁同步电机常采用 180° 导通型的逆变器，电机的供电电压为三相正弦脉宽调制波形，三相绕组同时导通，并流过三相对称的形状接近正弦的连续电流。这些都是从两种电机运行全过程而言的，这两种电机的供电状态和运行状态并不相同。但这两种电机运行时在某一细分的时间段或在某一瞬间时刻来分析，两者运行状态的实质区别不大。三相永磁同步电机的运

行状态，可以看作在 360° 一个周期中，也和永磁无刷电机一样可以分成 6 个区域，即六状态运行，在每个区域中，绕组电流都是一进两出或反向两进一出。某一相电流均是另外两相电流之和。这相当于无刷电机在两相通电工作时，有一相绕组只有一根导体，而另外一相绕组由两根导体并联工作，因为是脉宽调制波形，电机每相绕组电压幅值应该是相等的，因此永磁直流同步电机的通电运行方式和永磁无刷电机的通电运行方式相当。

（4）永磁同步电机是一种变流型"方波"工作电机，是一种 180° 导通，基波是直流方波进行 PWM 调制控制电流工作的电机。其基波直流方波的幅值也是直流有效值。通过 PWM 方式把一种恒方波工作直流电压在工作时进行变流，该变流电流的有效值是通过 PWM 控制成为一种正弦波形（当然可以通过 PWM 把电流有效值变为其他形状的波形）。从 PWM 变流角度看，电机工作电压仍是输入的直流电压幅值（图 7-8-2），通过电机绕组的电流是通过控制器进行 PWM "变流"的直流电流，电机绕组工作时间段的电流大小受永磁同步电机控制器的控制，电流在一个区间的值不遵循 $U = RI$ 规律，这是和永磁无刷电机的区别所在，因此自控式永磁同步电机是一种"可控式变流型方波工作"电机。而自控式永磁同步电机的做功应该还是受到公式 $P = IU$ 的控制，这是不可能改变的，这样看，电机的工作电流是变量，电机电压应该是恒量，即电机的电源输入的是直流电压的幅值。

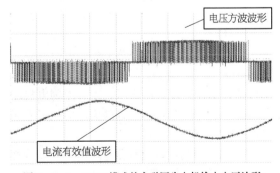

图 7-8-2　PWM 模式的永磁同步电机输入电压波形

在电机工作的某一区域内，若电流取有效值，那么电机的功率为

$$P_{方波} = UI_{有效}$$

如果电流波形是正弦波,那么输入电机的功率为

$$P_{正弦波} = U\frac{I_{幅值}}{\sqrt{2}} = UI_{有效}$$

自控式永磁同步电机和永磁直流无刷电机的做功都是以电机工作电压和工作电流来考核的,因此是一样的,所以永磁直流同步电机的通电工作方式完全和永磁无刷电机的通电工作方式相当。

(5) 从(3)中可以看出,电机绕组 Y 接法的永磁同步电机的有效导体数应该是一相导体数和另外两相并联导体数的一半之和,即永磁无刷电机的有效导体数是电机总导体数的 2/3,因此永磁同步电机的有效导体数应该和永磁无刷电机的有效导体数相等,那么永磁同步电机设计模型的"有效导体数"的计算方法应该和永磁无刷电机的有效导体数的计算方法相当。

(6) 相同结构的永磁同步电机和永磁直流无刷电机的工作磁通 Φ 和绕组"有效导体数"N 相同,因此两种电机的 K_T 和 K_E 相同,该电机在工作点的转矩常数符合无刷电机转矩常数的计算规律,那么永磁同步电机设计模型的转矩常数和反电动势常数应该和永磁无刷电机的转矩常数和反电动势常数相当。

(7) 由于永磁同步电机通电时三相同时通电,有两相可以看作并联工作,电机的工作绕组的电阻要小于相同结构的永磁直流无刷电机,同步电机的电阻损耗比无刷电机的损耗小,因此永磁同步电机的电阻较小,效率较高,电流、电流密度要小,特性较硬。

综上所述,永磁同步电机的相当电机是一个效率略高的相同结构的无刷电机,因此永磁同步电机的实用设计大致可以用相当的无刷电机的实用设计方法设计计算,这样就大大简化了永磁同步电机的设计计算。

7.8.2　永磁同步电机和无刷电机的对等性设计

因为永磁同步电机和无刷电机相比有许多优点,现在用永磁同步电机替代无刷电机的场合非常多,非常广。用永磁同步电机来替代无刷电

机非常方便,就是说整个无刷电机的定、转子结构参数、绕组、磁钢均不变,即不需改变整个无刷电机的整体结构,只要改换电机的控制器,并输入该电机相应的 PWM 调制的交流正弦波线电压,那么两种电机的额定点的性能基本相同。下面用一个无刷电机改为永磁同步电机运行,对比两种电机的性能。

在计算两种电机时,最大的区别是永磁直流无刷电机计算时,输入的是直流电源电压(DC),而永磁同步电机计算时输入电机的是三相交流电压(AC),如果无刷电机用的是 48 V DC,则该电机所有数据不变,对于永磁同步电机计算,输入控制器的电压与无刷电机电压相同,用 RMxprt AC 模式计算,可先用 31.85 V AC (SVPWM)作为输入永磁同步电机线电压(表 7-8-1)。

表 7-8-1　求取输入永磁同步电机线电压

U_d 输入逆变器电压直流电压(V)	K(考虑滤波负载和压降) $K = 0.95 \sim 0.97$	AC 计算电压(V)	AC(SVPWM)相电压,有效值(V)
48	1.00	27.70	31.85

先用 RMxprt 计算无刷电机性能,求出无刷电机额定点的输出功率(0.584 9 kW)与转速 (5 850 r/min)(注:电机设计参数没有修正到 0.65 kW),然后以 31.85 V AC(SVPWM)线电压计算输出功率为 0.584 9 kW,转速为 5 850 r/min 时的额定点的永磁同步电机参数。

下面用 60 无刷电机进行分析比较,电机结构和绕组排列如图 7-8-3 所示,60 无刷电机的所有技术参数可以从表 7-8-2 求取,两者的主要性能比较见表 7-8-3。

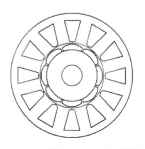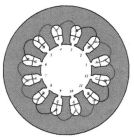

图 7-8-3　60 无刷电机结构与绕组排列图

表 7 - 8 - 2　无刷电机和永磁同步电机对等性的电机性能计算和对比

60 无刷电机性能		原 60 无刷电机用永磁同步电机计算性能	
Rated Output Power(kW)	**0.65**	Rated Output Power(kW)	**0.584 984**
		以 60 无刷电机计算出的输出功率作为额定功率	
Rated Voltage(V)	**48**	Rated Voltage(V)	**31.85**
Number of Poles	8	Number of Poles	8
Given Rated Speed(r/min)	6 500	Frequency(Hz)	390
Frictional Loss(W)	14.338 2	Frictional Loss(W)	13.5
Windage Loss(W)	0	Windage Loss(W)	0
Rotor Position	Inner	Rotor Position	Inner
Type of Load	Constant Torque	Type of Circuit	Y3
Type of Circuit	Y3	Type of Source	Sine
Lead Angle of Trigger in Elec. Degrees	0	Domain	Time
Trigger Pulse Width in Elec. Degrees	120		
One-Transistor Voltage Drop(V)	0		
One-Diode Voltage Drop(V)	0		
Operating Temperature(℃)	75	Operating Temperature(℃)	75
Maximum Current for CCC(A)	0		
Minimum Current for CCC(A)	0		
STATOR DATA			
Number of Stator Slots	12	Number of Stator Slots	12
Outer Diameter of Stator(mm)	57.8	Outer Diameter of Stator(mm)	57.8
Inner Diameter of Stator(mm)	30.5	Inner Diameter of Stator(mm)	30.5
Type of Stator Slot	3	Type of Stator Slot	3
Stator Slot		Stator Slot	
hs0(mm)	0.414	hs0(mm)	0.414
hs1(mm)	0.346	hs1(mm)	0.346
hs2(mm)	9.36	hs2(mm)	9.36
bs0(mm)	0.3	bs0(mm)	0.3
bs1(mm)	2.885 32	bs1(mm)	2.885 32
bs2(mm)	7.901 33	bs2(mm)	7.901 33
rs(mm)	0	rs(mm)	0
Top Tooth Width(mm)	5.5	Top Tooth Width(mm)	5.5
Bottom Tooth Width(mm)	5.5	Bottom Tooth Width(mm)	5.5
Skew Width(Number of Slots)	0	Skew Width(Number of Slots)	0
Length of Stator Core(mm)	70	Length of Stator Core(mm)	70
Stacking Factor of Stator Core	0.95	Stacking Factor of Stator Core	0.95
Type of Steel	DW310_35	Type of Steel	DW310_35

（续表）

60 无刷电机性能		原 60 无刷电机用永磁同步电机计算性能	
Designed Wedge Thickness(mm)	2. 333 96	Designed Wedge Thickness(mm)	2. 333 96
Slot Insulation Thickness(mm)	0. 5	Slot Insulation Thickness(mm)	0. 5
Layer Insulation Thickness(mm)	0. 5	Layer Insulation Thickness(mm)	0. 5
End Length Adjustment(mm)	1. 5	End Length Adjustment(mm)	0
Number of Parallel Branches	4	Number of Parallel Branches	4
Number of Conductors per Slot	44	Number of Conductors per Slot	44
Type of Coils	21	Type of Coils	21
Average Coil Pitch	1	Average Coil Pitch	1
Number of Wires per Conductor	1	Number of Wires per Conductor	1
Wire Diameter(mm)	0. 65	Wire Diameter(mm)	0. 65
Wire Wrap Thickness(mm)	0. 08	Wire Wrap Thickness(mm)	0. 08
Slot Area(mm^2)	51. 156 8	Slot Area(mm^2)	51. 156 8
Net Slot Area(mm^2)	25. 956 6	Net Slot Area(mm^2)	25. 956 6
Limited Slot Fill Factor(%)	75	Limited Slot Fill Factor(%)	73
Stator Slot Fill Factor(%)	90. 334	Stator Slot Fill Factor(%)	90. 334
Coil Half-Turn Length(mm)	84. 705 7	Coil Half-Turn Length(mm)	81. 705 7
		Wire Resistivity(Ω · mm^2/m)	0. 021 7
ROTOR DATA			
Minimum Air Gap(mm)	0. 6	Minimum Air Gap(mm)	0. 6
Inner Diameter(mm)	10	Inner Diameter(mm)	10
Length of Rotor(mm)	70	Length of Rotor(mm)	70
Stacking Factor of Iron Core	0. 95	Stacking Factor of Iron Core	0. 95
Type of Steel	DW310_35	Type of Steel	DW310_35
Polar Arc Radius(mm)	6. 95	Polar Arc Radius(mm)	6. 95
Mechanical Pole Embrace	0. 95	Mechanical Pole Embrace	0. 92
Electrical Pole Embrace	0. 691 717	Electrical Pole Embrace	0. 689 98
Max. Thickness of Magnet(mm)	2. 5	Max. Thickness of Magnet(mm)	2. 5
Width of Magnet(mm)	9. 998 12	Width of Magnet(mm)	9. 682 39
Type of Magnet	42SH	Type of Magnet	N42SH
Type of Rotor	1	Type of Rotor	1
Magnetic Shaft	Yes	Magnetic Shaft	Yes
PERMANENT MAGNET DATA			
Residual Flux Density(T)	1. 29	Residual Flux Density(T)	1. 29
Coercive Force(kA/m)	955	Coercive Force(kA/m)	955
NO-LOAD MAGNETIC DATA			
Stator-Teeth Flux Density(T)	1. 260 43	Stator-Teeth Flux Density(T)	1. 259 39
Stator-Yoke Flux Density(T)	1. 244 41	Stator-Yoke Flux Density(T)	1. 241 29

（续表）

60 无刷电机性能		原 60 无刷电机用永磁同步电机计算性能	
Rotor-Yoke Flux Density(T)	0.561 285	Rotor-Yoke Flux Density(T)	0.559 875
Air-Gap Flux Density(T)	0.904 841	Air-Gap Flux Density(T)	0.904 841
Magnet Flux Density(T)	1.047 42	Magnet Flux Density(T)	1.047 42
FULL-LOAD DATA			
		Maximum Line Induced Voltage(V)	42.311 4
Average Input Current(A)	13.969	Root-Mean-Square Line Current(A)	11.659 5
Root-Mean-Square Armature Current(A)	12.162 7	Root-Mean-Square Phase Current(A)	11.659 5
Armature Thermal Load(A^2/mm^3)	153.535	Armature Thermal Load(A^2/mm^3)	141.093
Specific Electric Loading(A/mm)	16.755 4	Specific Electric Loading(A/mm)	16.062 2
Armature Current Density(A/mm^2)	9.163 32	Armature Current Density(A/mm^2)	8.784 21
Frictional and Windage Loss(W)	12.905 7	Frictional and Windage Loss(W)	13.5
Iron-Core Loss(W)	45.582 6	Iron-Core Loss(W)	18.172 9
Armature Copper Loss(W)	27.041 4	Armature Copper Loss(W)	23.97
Transistor Loss(W)	0		
Diode Loss(W)	0		
Total Loss(W)	85.529 7	Total Loss(W)	55.643
Output Power(W)	**584.984**	Output Power(W)	585.254
Input Power(W)	670.514	Input Power(W)	640.897
Efficiency(%)	87.244 2	Efficiency(%)	91.318
Rated Speed(r/min)	5 850.59	Synchronous Speed(r/min)	5 850
Rated Torque(N·m)	0.954 807	Rated Torque(N·m)	0.955 344

注：本表直接从 RMxprt 计算结果中复制,仅规范了单位。

表 7-8-3　主要性能比较

	电流(A)	电流密度(A/mm^2)	输出功率(W)	效率(%)	额定转速(r/min)	额定转矩(N·m)
无刷电机	12.162 7	9.163 32	584.984	87.244 2	5 850.59	0.954 807
永磁同步电机	11.659 5	8.784 21	585.254	91.318	5 850	0.955 344
相对误差 Δ	0.041 3	0.041 4	0.000 46	0.046 7	0.000 1	0.000 56

从额定性能对比看,两种电机的额定转速、额定转矩、输出功率相差很小,永磁同步电机的电流和电流密度降低了,效率有所提高,这是永磁同步电机比无刷电机优越的地方,也是设计需要的结果。永磁同步电机各方面的性能比无刷电机优越,限于篇幅,此处就不一一分析比较了。

从上面的计算可以看出,一个无刷电机,用永磁同步电机方式运行,那么在额定点,电机的主要技术性能基本与无刷电机相同,并降低了电机运行电流,提高了电机的效率。因此无刷电机与永磁同步电机是对等电机。虽然一个电机用两种驱动方式运行,电机额定工作点的性能相差不大,但是在电机各个方面,永磁同步电机要比无刷电机好得多,永磁同步电机可以替代无刷电机,反过来,无刷电机替代同步电机就有些问题,这点读者应该注意。

7.9 弱磁提速永磁同步电机的设计

在永磁同步电机设计中,有时为了应用的需要,电机的最大转矩、最大电流和最高转速是要考核的。永磁同步电机的最高转速除了用不弱磁方法进行提速外,大部分是要依靠电机的弱磁提速。虽然在第 3 章已经讲述了电机的弱磁提速,永磁同步电机的弱磁提速是一个综合性问题,值得进行较为详细的论述。因为要较好地论述永磁同步电机的弱磁提速,所以用设计例子进行阐述,这样易于读者理解和接受。本节着重介绍弱磁提速永磁同步电机设计的相关内容。

7.9.1 永磁同步电机的弱磁提速

永磁同步电机的提速有不弱磁提速和弱磁提速,电机一般有如下情况就需要弱磁提速:在电机额定点的工作线电压 U_{AB} 峰值等于或接近输入控制器的直流电压值 U_d,电机的感应电动势 E 与线电压 U_{AB} 相近,那么电机的额定点就是电机的基点(拐点),不能用提高电机输入电压 U_{AB} 来提高电机的转速,因此必须进行弱磁恒功率提速。

永磁同步电机的"弱磁"就是把电机的工作磁通减弱,$K_E = \dfrac{E}{n} = \dfrac{N\Phi}{60}$,要保证电机的 $\dfrac{E}{n} = \dfrac{N\Phi}{60}$ 的分数值不变,电机的磁通 Φ 减弱,那么电机的转速 n 可以相应提高,Φ 减弱得越多,则电机的提速越大,这时 K_E 值相应就变小。$K_E = \dfrac{K_T}{9.549\,3} = \dfrac{T'}{I}$,$K_E$ 减小,K_T 成正比减小,这时如果给予电机同样的转矩 T',那么电机需要的电流 I 就要增加,电机的电流密度就会成比例增加,电流密度的提高与电机提速的大小成正比,如果电机在额定点的电流密度已经是允许电流密度的限值,那么电机在弱磁提速时的电流密度就会超出电机的限值,绕组就会发热,甚至烧毁。

电机在有些场合经常运行在额定工作点上,但是又经常要短时进行超速运行,那么永磁同步

电机的弱磁提速还是可以考虑的,最典型的就是电动汽车电机。

7.9.2 弱磁提速永磁同步电机设计分析

为了说明永磁同步电机弱磁提速的设计分析,其中关系到电机设计的方方面面,包括电机瞬时最大转速的考虑和求取,因此用一个电机进行设计分析。

任意确定一个 10 kW 的永磁同步电机,提出电机的主要技术要求:额定输出功率 10 kW、额定电压 60 V DC、额定转速 4 000 r/min、额定转矩 23.8 N·m、峰值功率 22 kW、最大转矩 100 N·m、最高转速 6 000 r/min。

1) 对电机技术参数进行分析

电机峰值功率与额定功率之比为 22/10 = 2.2。

电机峰值转矩与额定转矩之比为 100/23.8 = 4.2。

电机最高转速与额定转速之比为 6 000/4 000 = 1.5。

2) 电机定子外径的选取 在本书 7.4 节有一个 3 kW 电动汽车实例,其电机转矩为 10.23 N·m,定子外径为 155 mm,内径为 100 mm,长度为 60 mm。作为 10 kW 电机的外径推算

$$k = \sqrt[4]{\frac{T_2}{T_1}} = \sqrt[4]{\frac{23.8}{10.23}} = 1.235$$

所以 10 kW 电机的定子外径 $D = k \times 155 = 1.235 \times 155 = 191.425(\text{mm})$,取电机外径为 190 mm。电机定子内径 $D_i = 1.235 \times 100 = 123.5(\text{mm})$,取电机内径为 125 mm。

这样电机的裂比为 125/190 = 0.658。应该讲,电机这样的裂比较大,这样电机最大输出功率与额定功率比要大些。

3) 电机定、转子叠厚的选取

$$L_2 = \frac{T_{N2} B_{r1} \alpha_{i1} K_{SF1} j_1}{T_{N1} B_{r2} \alpha_{i2} K_{SF2} j_2} L_1$$

如果电机的电流密度相同,磁钢材料和结构相同,则

刘婧燕参加了本节的编写。

$$L_2 = \frac{T_{N2} K_{SF1}}{T_{N1} K_{SF2}} L_1 = \frac{23.8 \times 0.65}{10.23 \times 0.8} \times 60$$

$$= 113.4 \text{(mm)}, \text{取 } L_2 = 120 \text{ mm}$$

如果两个电机槽满率相同，那么 10 kW 电机的定子叠厚还要长些，因为用了拼块式定子，因此电机的槽满率可以提高，为了电机磁链 $N\Phi$ 不变，所以电机长度可以减小，相应电机的体积缩小，这样会使电机的单位热损耗功率增加，从而使电机的温升增加。电机温升增加的大小要看电机的使用状态和冷却方式，如果确定了电机工作点的冷却状态，那么对电机的温升必须进行考核。总之，增加电机绕组匝数，缩小电机的体积，这会带来电机的温升、损耗的提高，电机的效率下降。本例先确定 10 kW 电机定子 $L_2 = 120$ mm，计算后再进行温升分析，希望读者知道控制电机的温升的方法。

4）电机温升的核算　电机的温升不但与电机的电流密度有关，主要与电机单位体积的热损耗功率有关。用 4.3 节电机单位体积的热损耗功率观点分析这样的体积电机大致的温升（图 7-9-1）。

电机温升计算												
电机型号	电机输出功率	电机效率	D (mm)	L (mm)	比热	比热系数	热损功率	D~2*L (dm^3)	电机重 (kg)	温升 (K)	单位损耗功率 (W/dm^3)	电机实测温升
永磁同步电机	10000	0.94	190.0	120.0	460	1.0	450.00	4.332	34.09	103.30	103.9	

计算电机定子长度												
电机型号	电机输出功率	电机效率	D (mm)	比热	比热系数	设置温升 (K)	热损功率 (W)	L (mm)	D~2*L (dm^3)	电机重 (kg)	单位损耗功率 (W/dm^3)	电机实测温升
永磁同步电机	10000	0.94	190.0	460	1.0	100.00	450.00	123.96	4.475	35.22	100.6	

计算电机定子外径												
电机型号	电机输出功率	电机效率	L (mm)	比热	比热系数	设置温升 (K)	热损功率 (W)	D (mm)	D~2*L (dm^3)	电机重 (kg)	单位损耗功率 (W/dm^3)	电机实测温升
永磁同步电机	10000	0.94	120.0	460	1.0	100.00	450.00	193.11	4.5	35.2	100.6	

比热系数：封闭电机常温 1，通孔电机常温 1.2-1.3，封闭电机风扇 1.5，通孔电机风扇 1.7，电机风扇10000rpm以上 2，水冷 3.3

图 7-9-1　电机温升的核算

通过计算，该电机如果是全封闭、自然冷却，电机温升在 104 ℃左右。加上 40 ℃的室温，那么电机绕组内部温度会在 150 ℃左右。这样的电机体积必须考虑电机的冷却问题，必须选用合适的冷却方式，否则需增加电机的体积。现先用这样的电机体积计算电机的性能，查看这样的体积设计结果后用电机设计软件分析电机会有多大的温升。

5）电机定子槽数和极数的考虑　电机取用分数槽集中绕组形式，用拼块式定子，这样电机绕组容易绕制，电机槽满率可以做得比较高。取用 12 槽 10 极电机，这样槽数较少，绕组绕制次数少些，工艺性好些。

6）转子结构形状的考虑　永磁同步电机的转子磁钢有表贴式和内嵌式，大功率内嵌式电机磁钢固持能力较好，要可靠并考虑到电机弱磁，因此决定取用一字形内嵌式磁钢结构。

7）电机线电压的考虑　电机只有 60 V DC，电压比较低，电机功率大，如果进行不弱磁提速，那么输入电机的线电压就更低，电机的电流就更大，因此取用电机额定点即基点的设计，电机提速采用弱磁提速。为了使线电压高些，采用 SVPWM 驱动模式，输入电机的线电压为 38.62 V，取用 37 V 作为电机的额定计算电压。用 AC 模式计算（表 7-9-1）。

表 7-9-1　输入电压对照表

U_d 输入逆变器电压直流电压（V）	K（考虑滤波负载和压降）单相 $K = 0.95 \sim 0.97$	PWM (V)	DC (V)	AC (V)	AC(SVPWM) 相电压，有效值（V）
60	0.97	58.20	41.15	33.58	38.62

8）磁钢的选用　电动汽车电机磁钢一般用烧结钕铁硼，现在都选用 38SH 以上牌号，牌号越高则 B_r 越大，暂时选用 38SH，$B_r = 1.23$ T（相当于 Maxwell 中的 NdFe35），如果性能上尚

需提高,再考虑提升磁钢牌号。

9) 冲片的选用 定子和转子冲片可以考虑用损耗小一些的冲片,可选 DW310_35 冲片。

10) 额定电流密度的选用 电机电流密度在额定点选用 3.5 A/mm² 以下,电流密度应该取小些,这样当电机运行在最大输出功率时,电流密度不至于很高。

11) 齿磁通密度的确定 电机齿磁通密度不应很高,磁通密度高了,损耗就大,所以该电机选取 1.6～1.7 T,尽量小些,设计时选用 1.6 T。轭磁通密度选用 1.4～1.5 T。

12) 电机槽满率的选取 用了拼块式定子,电机槽满率可以高些,取用 75% 左右,作为计算槽满率。但是尽量小些,使绕组绕制工艺简化。

13) 电机最高转速的求取 该电机要提速,必须用弱磁的方案,一般内嵌式转子永磁同步电机的弱磁提升额定转速一倍是比较容易的。可以先按技术要求设计永磁同步电机,在永磁同步电机结构方面,尽可能把电机方面的弱磁提速能力提高,然后设计电机。再利用电机设计软件进

行电机最高转速计算,本电机最高转速比为 1.5,因此 6 000 r/min 转速一般还是能够达到的,因此用一字形内嵌式磁钢转子就足够了。

14) 电机冷却形式的设置 本电机采用自然风冷,因为电流密度设置为 3.5 A/mm²,虽然峰值转矩与额定转矩比为 4.2,但是峰值转矩是瞬时转矩,对电机绕组发热影响不大。

7.9.3 弱磁提速永磁同步电机设计实例

1) 电机结构建模和设计 用 RMxprt 对该电机建模(图 7 - 9 - 2),并设计,计算结果如下:

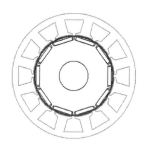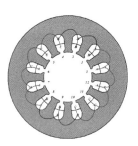

图 7 - 9 - 2 电机结构和绕组图

ADJUSTABLE-SPEED PERMANENT MAGNET SYNCHRONOUS MOTOR DESIGN

GENERAL DATA

Rated Output Power(kW): 10

Rated Voltage(V): 37

Number of Poles: 10

Frequency(Hz): 333.333

Frictional Loss(W): 250

Windage Loss(W): 0

Rotor Position: Inner

Type of Circuit: Y3

Type of Source: Sine

Domain: Time

Operating Temperature(℃): 75

STATOR DATA

Number of Stator Slots: 12

Outer Diameter of Stator(mm): 190

Inner Diameter of Stator(mm): 125

Type of Stator Slot: 3

Stator Slot

hs0(mm): 1.58

hs1(mm): 2

hs2(mm): 19

bs0(mm): 5.7

bs1(mm): 19.848 2

bs2(mm): 30.030 3

rs(mm): 0

Top Tooth Width(mm): 15

Bottom Tooth Width(mm): 15

Skew Width(Number of Slots): 0

Length of Stator Core(mm): 120

Stacking Factor of Stator Core: 0.95

Type of Steel: DW310_35

Designed Wedge Thickness(mm): 2

Slot Insulation Thickness(mm): 1

Layer Insulation Thickness(mm): 1

End Length Adjustment(mm): 0

Number of Parallel Branches: 2

Number of Conductors per Slot: 6

Type of Coils: 21

Average Coil Pitch: 1

Number of Wires per Conductor：42

Wire Diameter(mm)：1

Wire Wrap Thickness(mm)：0

Slot Area(mm²)：508. 399

Net Slot Area(mm²)：341. 839

Limited Slot Fill Factor(％)：75

Stator Slot Fill Factor(％)：73. 719

Coil Half-Turn Length(mm)：166. 177

Wire Resistivity(Ω·mm²/m)：0. 021 7

ROTOR DATA

Minimum Air Gap(mm)：1. 5

Inner Diameter(mm)：45

Length of Rotor(mm)：120

Stacking Factor of Iron Core：0. 95

Type of Steel：DW310_35

Bridge(mm)：1

Rib(mm)：3

Mechanical Pole Embrace：0. 9

Electrical Pole Embrace：0. 861 685

Max. Thickness of Magnet(mm)：5. 2

Width of Magnet(mm)：29

Type of Magnet：NdFe35

Type of Rotor：5

Magnetic Shaft：Yes

PERMANENT MAGNET DATA

Residual Flux Density(T)：1. 23

Coercive Force(kA/m)：890

STEADY STATE PARAMETERS

Stator Winding Factor：0. 933 013

D-Axis Reactive Reactance Xad(Ω)：0. 009 792 06

Q-Axis Reactive Reactance Xaq(Ω)：0. 026 341 4

D-Axis Reactance X1＋Xad(Ω)：0. 027 057 2

Q-Axis Reactance X1＋Xaq(Ω)：0. 043 606 5

Armature Leakage Reactance X1(Ω)：0. 017 265 2

Zero-Sequence Reactance X0(Ω)：0. 014 151 7

Armature Phase Resistance R1(Ω)：0. 000 655 909

Armature Phase Resistance at 20 ℃(Ω)：0. 000 539 538

NO-LOAD MAGNETIC DATA

Stator-Teeth Flux Density(T)：1. 609 12

Stator-Yoke Flux Density(T)：1. 401 31

Rotor-Yoke Flux Density(T)：0. 315 539

Air-Gap Flux Density(T)：0. 675 334

Magnet Flux Density(T)：0. 967 994

No-Load Line Current(A)：5. 865 54

No-Load Input Power(W)：518. 323

Cogging Torque(N·m)：0. 867 397

FULL-LOAD DATA

Maximum Line Induced Voltage(V)：52. 107 4

Root-Mean-Square Line Current(A)：161. 126

Root-Mean-Square Phase Current(A)：161. 126

Armature Current Density(A/mm²)：2. 442 29

Frictional and Windage Loss(W)：250

Iron-Core Loss(W)：268. 314

Armature Copper Loss(W)：51. 084 6

Total Loss(W)：569. 398

Output Power(W)：9 998. 98

Input Power(W)：10 568. 4

Efficiency(％)：94. 612 2

Synchronous Speed(r/min)：4 000

Rated Torque(N·m)：23. 870 8

Torque Angle(°)：18. 381

Maximum Output Power(W)：52 087. 2

Torque Constant KT(N·m/A)：0. 150 323

　　从以上的计算书中可以看到,电机设计参数完全达到了设计要求。电机各性能曲线如图 7-9-3～图 7-9-12 所示。

　　2) 电机自定义槽形对电机的影响　用 RMxprt 计算永磁同步电机,常规的槽形只有 4 种,把 10 kW 电机定子做成拼块式结构,只有用电机自定义槽形的方法,但是在电机冲片自定义的过程中,会产生定子冲片齿宽改变,需计算这种改变对 10 kW 永磁同步电机性能的影响。

　　从槽形 3 改变为 T 形槽(图 7-9-13～图 7-9-16),作者进行了计算,计算结果显示电机性能没有发生大的影响(表 7-9-2),因此在 10 kW 永磁同步电机的设计计算上三种槽形几乎是等价的。

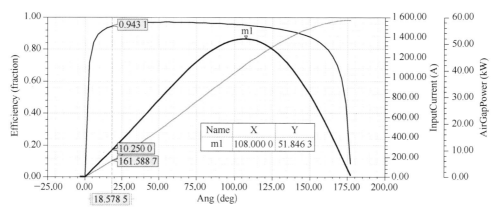

图 7 - 9 - 3　电机机械特性曲线

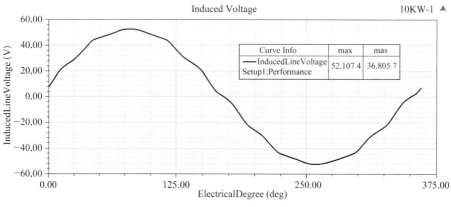

图 7 - 9 - 4　感应电动势曲线

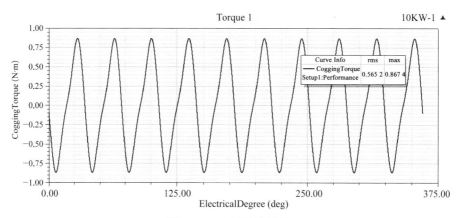

图 7 - 9 - 5　齿槽转矩曲线

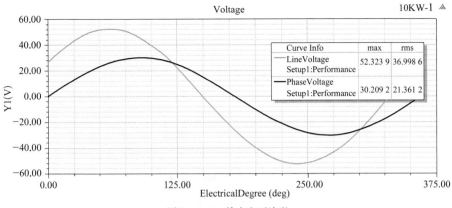

图 7 - 9 - 6　输入电压波形

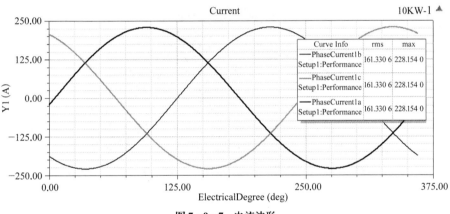

图 7 - 9 - 7　电流波形

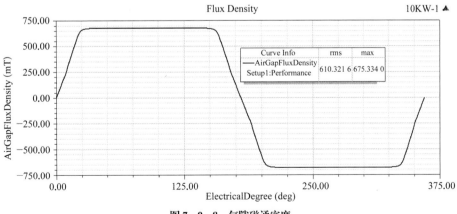

图 7 - 9 - 8　气隙磁通密度

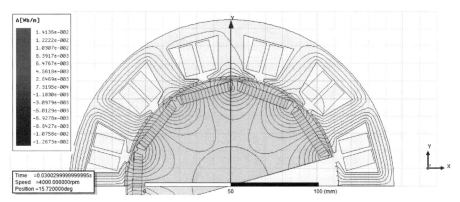

图 7-9-9　磁通分布

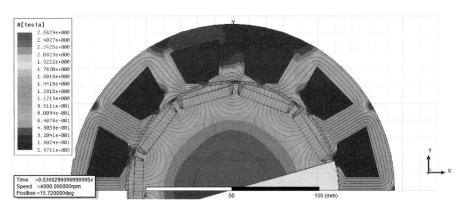

图 7-9-10　磁通密度云图

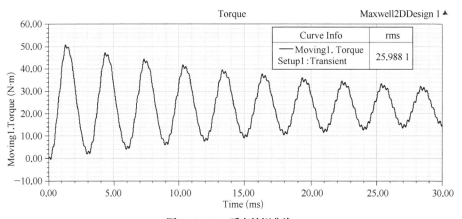

图 7-9-11　瞬态转矩曲线

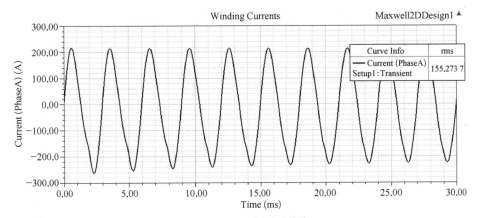

图 7 - 9 - 12　相瞬态电流曲线

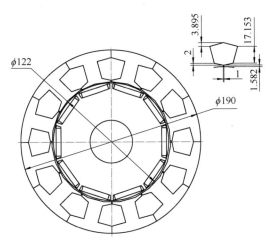

图 7 - 9 - 13　T 形槽冲片电机结构图

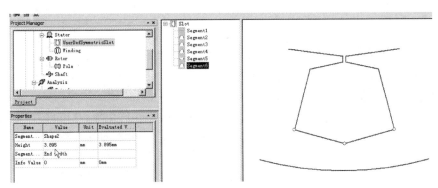

图 7 - 9 - 14　自定义 T 形槽的设置

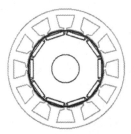

图 7 - 9 - 15　原设计槽

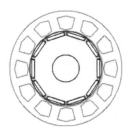

图 7 - 9 - 16　T 形槽

表 7-9-2　槽形变化后齿宽变化的两种电机的性能对比

GENERAL DATA	原设计槽	T 形槽	GENERAL DATA	原设计槽	T 形槽
Rated Output Power(kW)	10	10	Stator-Yoke Flux Density(T)	1.401 31	1.289 54
Rated Voltage(V)	37	37	FULL-LOAD DATA		
STATOR DATA			Maximum Line Induced Voltage(V)	52.107 4	52.430 7
Number of Stator Slots	12	12	Root-Mean-Square Line Current(A)	161.126	160.863
Outer Diameter of Stator(mm)	190	190	Armature Current Density(A/mm^2)	2.442 29	2.438 3
Inner Diameter of Stator(mm)	125	125	Output Power(W)	9 998.98	9 999.15
Top Tooth Width(mm)	15	15.746 7	Input Power(W)	10 568.4	10 558.2
Bottom Tooth Width(mm)	15	15.746 7	Efficiency(%)	94.612 2	94.705 3
Slot Area(mm^2)	508.399	510.404	Power Factor	0.997 543	0.999 2
Stator Slot Fill Factor(%)	73.719	72.007 9	Synchronous Speed(r/min)	4 000	4 000
Armature Phase Resistance R1(Ω)	0.000 655 9	0.000 658 9	Rated Torque(N·m)	23.870 8	23.871 2
Armature Phase Resistance at 20℃(Ω)	0.000 539 5	0.000 542	Torque Angle(°)	18.381	18.314 3
NO-LOAD MAGNETIC DATA			Maximum Output Power(W)	52 087.2	52 181.7
Stator-Teeth Flux Density(T)	1.609 12	1.542 33			

注：本表直接从 Maxwell 计算结果中复制，仅规范了单位。

所以可以用 RMxprt 的槽形进行设计，设计完成后，再把槽形改成 T 形槽，只要使两种冲片的槽面积相等，那么电机的性能几乎相同。

7.9.4　电机弱磁最高转速的计算

1）用 RMxprt 恒功率计算电机弱磁性能

点击"Setup1"，设置 Domain 为 Frequency，进行计算（图 7-9-17）。

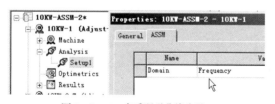

图 7-9-17　查看弱磁曲线步骤 1

计算并查阅计算曲线（图 7-9-18），点开相关曲线，求出电机弱磁 6 000 r/min 时的性能：图 7-9-19 所示为电机的恒转矩-恒功率曲线，基点在 4 000 r/min，6 000 r/min 为电机弱磁提速的电机最大转速点。电机的弱磁时的电流为 297.1 A（图 7-9-20），电机的转矩角为 16.153 3°（图 7-9-21），电机的输出功率为 9 998.983 3 W（图 7-9-22），如图 7-9-23 所示，电机的线电压为

$$U_{AB} = \sqrt{3}U_A = \sqrt{3} \times 21.361\,4 = 37(V)$$

电机弱磁的最高转速受到电机最大电流的控制，电机在 6 000 r/min 时，电机电流为 297.1 A，因此用恒功率模式（10 kW）进行弱磁提速到 6 000 r/min，控制器的输出电流必须大于 300 A。

6 000 r/min 的电流密度的计算

$$j = \frac{i}{aa'q_{Cu}} = \frac{297.1}{42 \times 2 \times \frac{\pi \times 1^2}{4}} = 4.5(A/mm^2)$$

所以电机弱磁必须考核：从控制器看，要能输出 297.1 A 的电流；从电机看，电机绕组应能承受 4.5 A/mm^2 的电流密度。

2）用 MotorSolve 超前角计算电机弱磁性能

MotorSolve 是一种用控制输入电机电流求取输入电机电压的电机设计软件，是用电机电流超前角的大小进行弱磁的，超前角定义为转子 q 轴到相绕组中心的角度。

用 MotorSolve 计算电机的弱磁，可以限定电机最高转速的电流 i_{lim}，分别用不同的超前角计算电机需要的最大转速时电机性能。

这种用超前角模式进行弱磁不是恒功率弱磁。这种超前角弱磁的电流可以小于 RMxprt

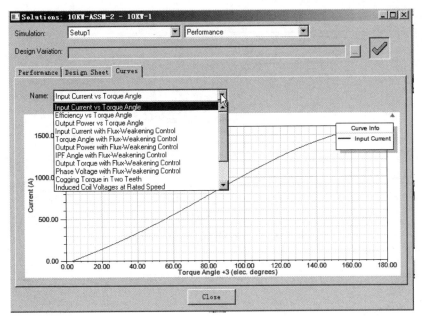

图 7-9-18　查看弱磁曲线步骤 2

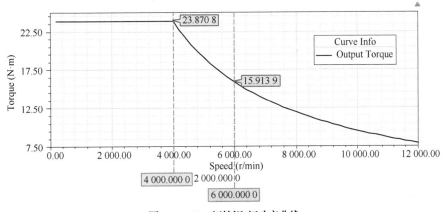

图 7-9-19　恒转矩-恒功率曲线

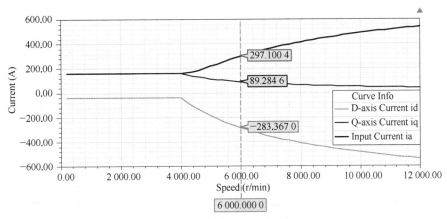

图 7-9-20　最高转速弱磁电流的求取

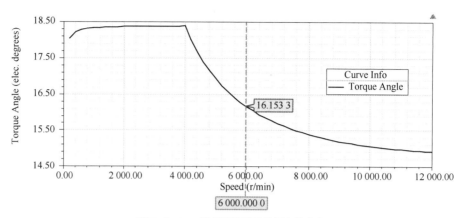

图 7 - 9 - 21 最高转速弱磁转矩角的求取

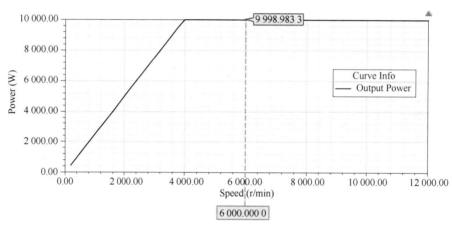

图 7 - 9 - 22 最高转速弱磁功率

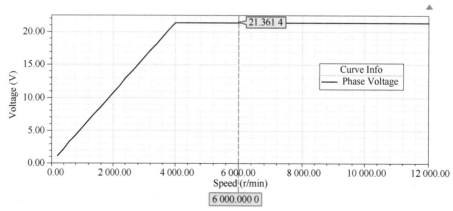

图 7 - 9 - 23 最高转速弱磁输入相电压

恒功率曲线中的电流,因此其功率会小于电机基点功率。当然也可以设置电流大于恒功率电流。这样的设置是比较灵活的。

(1) 对 10 kW 电机用 MotorSolve 进行建模(建模略,图 7 - 9 - 24),用超前角(图 7 - 9 - 25)求取电机弱磁的转速-转矩曲线簇(图 7 - 9 - 26)。

图 7 - 9 - 24　MotorSolve 建模结构图

图 7 - 9 - 25　电机超前角的设置

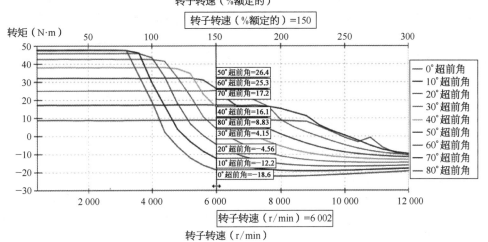

图 7 - 9 - 26　电机不同超前角的转速-转矩曲线簇

可以看出在 6 000 r/min 的垂线相交的是 70°的超前角时,其转矩与 15.9 N·m 相近。选取超前角 70°对电机进行分析,见图 7 - 9 - 26 中鼠标箭头所指的交点。

(2) 对该 70°超前角进行该点的运动分析(图 7 - 9 - 27)。

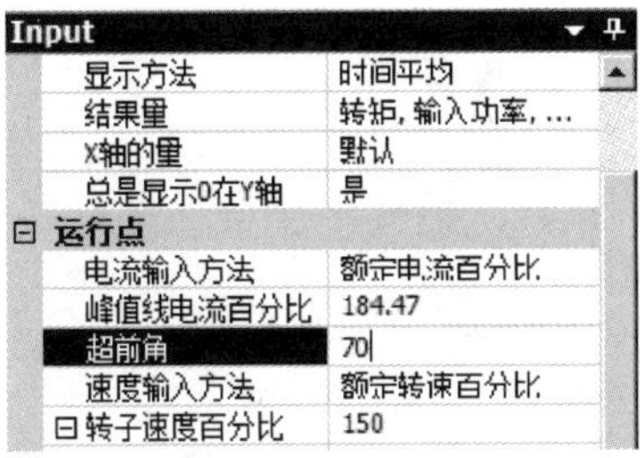

运动分析

	Prototype Design 1
转矩 (N·m)	15.9
输入功率 (kW)	10.8
输出功率 (kW)	10
效率 (%)	92.7
RMS电压 (V)	29.4
RMS电流 (A)	297
RMS电流密度 (A/mm²)	9
功率因素	0.674

图 7 - 9 - 27　超前角为 70°弱磁的电机性能(运动分析)

注:MotorSolve 计算的电流密度 9 A/mm² 应该再除以绕组的并联支路数 $a=2$ 才对,$j=9/2=4.5$ A/mm² 才和 RMxprt 计算相同。

这样用 MotorSolve 和 RMxprt 计算的弱磁控制达到 6 000 r/min 时的技术数据基本相同,说明用两种方法计算电机的弱磁最高转速是可行的。

7.9.5　输出功率大于或小于基点的弱磁方法

在永磁同步电机中,不一定要用基点的功率进行恒功率弱磁,可以用小于或大于基点的功率进行弱磁提速。

在 RMxprt 中,只要在"Setup1"中的"Rated Output Power"的数值框中输入小于或大于基点的功率,即可进行恒功率弱磁提速计算。

在 MotorSolve 中,只要设置与 RMxprt 相同新的基点,求出新基点的工作电流和转矩,根据 RMxprt 新的弱磁电流,在 MotorSolve 的"查看结果"计算项,选取性能图表中的"转矩 vs 速度"计算项,在"设置点线电流百分比"数值框中输入"新基点的线电流百分比",用超前角进行弱磁提

速分析,求出新的弱磁转速和转矩相应的超前角,方法与 7.9.4 节介绍的方法相同,限于篇幅,这里不拓展讲解。

7.9.6　电机弱磁最高转速的磁钢去磁分析

电机峰值转矩与额定转矩之比为 $100/23.8=4.2$,因此电机的最大电流是额定电流的 4.2 倍 (420%),高于电机弱磁电流 I_d。电机最大转矩时的电流 $I_{max}=161\times4.2=676(A)$,电机的电流密度 $j=4.2\times2.44=10.2(A/mm^2)$,电机最大转矩时的电流密度略高,没有散热措施,电机长时间工作温度会很高。电动汽车不会在最大转矩长时间工作的,因此这个电流密度还是合适的。

用 MotorSolve 分析磁钢的去磁,如图 7-9-28 和图 7-9-29 所示。

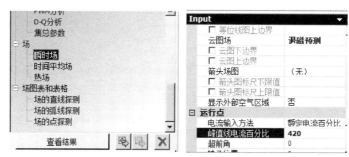

图 7-9-28　电机瞬时场退磁预测设置

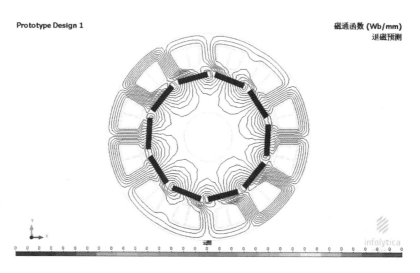

图 7-9-29　电机瞬时场退磁预测图

从图 7-9-29 看,在 4.2 倍额定电流时,磁钢没有去磁的迹象,因此磁钢用 5.2 mm 已足够。

7.9.7　电机定、转子模型 DXF 导入和导出

RMxprt 有自定义槽形,可以把一般槽形改为 T 形槽,在 MotorSolve 中则没有自定义槽形

功能。可以用电机的定、转子模型 DXF 导入和导出把定子槽形改为 T 形槽。另外在电机设计软件中,不一定能包含所有槽形和转子的磁钢结构模式,或者设计的槽形和磁钢结构与软件提供的定、转子结构模块有差异,因此有必要对定、转子图样进行导入或导出,这样可以较正确地计算所需要的电机模块。

MotorSolve 定、转子模型 DXF 导入和导出方法如下:

1) T 形槽的 DXF 导入　MotorSolve 中没有 T 形槽的标准槽形模块。如果想精确计算 T 形槽永磁同步电机,那么可以进行槽形的导入。在 MotorSolve 中,图形是以 DXF 文件形式传递的。在图形中的线条必须是封闭的,没有重复的线条,没有封闭图形内外多余线条,图形要以原点为中心,注意定子图样为 Y 轴边界的半个定子冲片的图形。如果要导入转子,那么要导入转子磁极图样 Y 轴边界的半个转子磁极的图形。

应该先用 MotorSolve 建立一个定子内、外径,齿数设计要求相符的电机冲片,槽形与 T 形槽相似。最好把初始建模的电机冲片(图 7-9-30)用 DXF 导出,再在该冲片基础上修改槽形(图 7-9-31),修改完成后再导入 MotorSolve,

这样差错发生率会小些。

(1) 导出现有定子冲片 DXF 文件(图 7-9-32)。

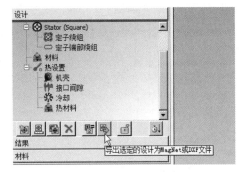

图 7-9-32　DXF 文件导出步骤 1

(2) 设置 DXF 文件导出位置,本例导出在桌面上(图 7-9-33)。

图 7-9-33　DXF 文件导出步骤 2

(3) 打开 DXF 文件,并修改槽形(图 7-9-34 和图 7-9-35)。

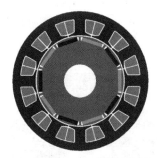

图 7-9-30　电机初始模块图

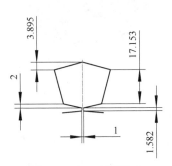

图 7-9-31　T 形槽尺寸

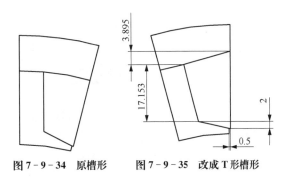

图 7-9-34　原槽形　　图 7-9-35　改成 T 形槽形

（4）最终修改后的 DXF 图形,注意图形要以原点为中心,定子以 Y 轴为边界形成半个定子冲片图形,并以 DXF 形式储存(图 7-9-36)。

图 7-9-36　DXF 图槽尺寸标注位置图

（5）点击图 7-9-37,选择"Import stator from DXF"。

图 7-9-37　输入 DXF 文件步骤 1

（6）打开已经修改好的 DXF 文件(图 7-9-38 和图 7-9-39)。

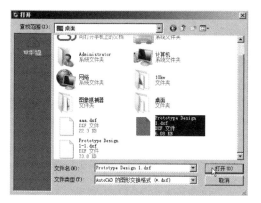

图 7-9-38　输入 DXF 文件步骤 2

（7）分别对部件进行定义,需要定义块呈黄色(图 7-9-40)。

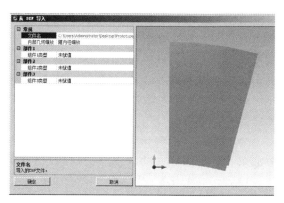

图 7-9-39　输入 DXF 文件步骤 3

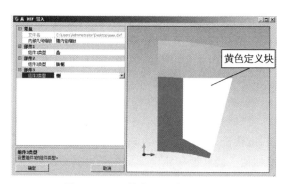

图 7-9-40　输入 DXF 文件步骤 4

（8）待全部部件定义完后,点击"确定"键,即完成定子设置,电机定子模块即会改成修改后的 T 形槽,如图 7-9-41 所示。

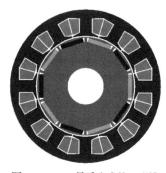

图 7-9-41　最后生成的 T 形槽

2）转子结构图形 DXF 导入　转子结构图形 DXF 导入与定子 DXF 导入相同,只是部件中有磁钢,还必须对磁钢部件进行定义。

如图 7-9-42 所示,部件 3 是空气(黄色定义块),只要定义为"无"即可。

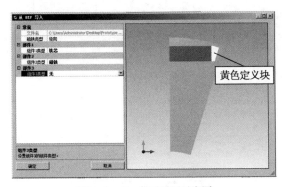

图 7 - 9 - 42　转子设置示意图

综上所述，MotorSolve 电机定、转子形状的导出和导入是非常方便的。

7.9.8　电机的谐波分析

用 MotorSolve 可以分析电机的转矩、感应电动势谐波，如图 7 - 9 - 43 和图 7 - 9 - 44 所示。

在 MotorCAD 中求取电机的各种谐波也是非常方便的，电机通过电磁计算后，点击"图表"（图 7 - 9 - 45 中鼠标箭头所指），再点击下面一

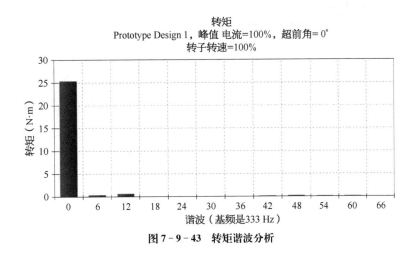

转矩
Prototype Design 1，峰值 电流=100%，超前角= 0°
转子转速=100%

图 7 - 9 - 43　转矩谐波分析

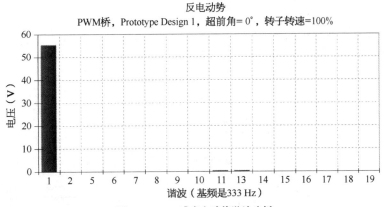

反电动势
PWM桥，Prototype Design 1，超前角= 0°，转子转速=100%

图 7 - 9 - 44　感应电动势谐波分析

行中的"谐波"，分别选择"转矩"和"反电势"，则会显示 10 kW 电机的转矩、感应电动势的谐波分析条块。

根据以上两种软件对 10 kW 永磁同步电机的谐波分析，数值基本上相同，3 次、5 次谐波数值较小。

7.9.9　电机的发热分析

（1）用电机单位体积的热损耗功率的观点对电机进行运行发热程度的估算，按 4.3 节介绍的观点和方法求取电机的温升。

电机功率 10 000 W，电机效率 94%，而热损耗功率为

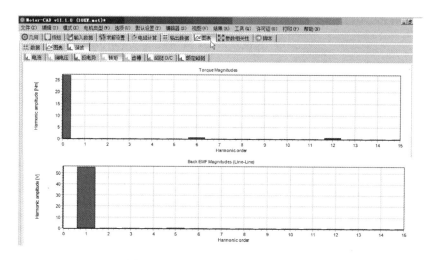

图 7 - 9 - 45 转矩、感应电动势谐波分析

$$P_{hw} = P_2 \times (1 - \eta) \times (3/4)$$
$$= 10\ 000 \times (1 - 0.94) \times 3/4 = 450(W)$$

电机 $D = 190$ mm，$L = 120$ mm，设电机均为铁，其质量为

$$W_{FE} = D^2 L \times 7.87/1\ 000\ 000$$
$$= 190^2 \times 120 \times 7.87/1\ 000\ 000 = 34.09(kg)$$

$$K = \frac{P_{hw} 3\ 600}{460 W_{FE}} = \frac{450 \times 3\ 600}{460 \times 34.09} = 103.3(K)$$

这表明：热损耗功率为 450 W 的电机温升达 103.3 K。

这个电机的单位发热损耗功率为

$$\frac{P_{hw}}{D^2 L} = \frac{450}{1.9^2 \times 1.2} = 103.8(W/dm^2)$$

这个电机的单位热损耗功率在 10 000 W 时温升达 103.3 K 左右。如果室温最高为 40 ℃，电机绕组内部温度估计会达到 143 ℃ 左右，这是一种电机温升的估算方法，有助于电机设计人员建立电机初始模块时应用。

可以用 MotorSolve 或 MotorCAD 的"热场"来比较好地分析电机的发热情况，这是现在电机界常用的办法。这是以软件场分析为优势，对在电机额定工作点连续运行可以全方位地分析计算电机温度。

（2）用 MotorSolve 进行额定工作点的热分析（图 7 - 9 - 46），电机最高温度在定子线圈、槽、齿中，温度在 175 ℃。

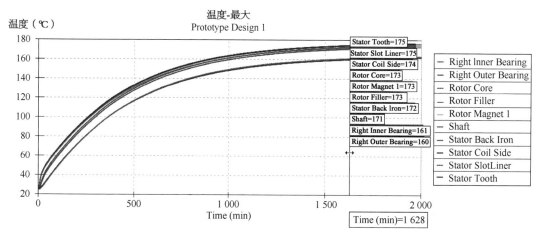

图 7 - 9 - 46 MotorSolve 的电机温升分析

（3）用 MotorCAD 分析电机的温度，电机最　高温度在 170 ℃（图 7 - 9 - 47）。

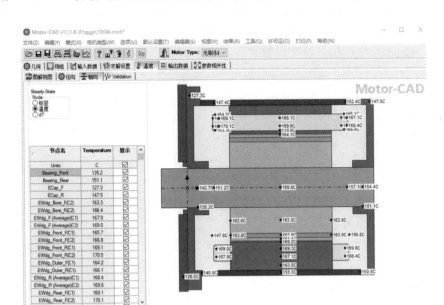

图 7 - 9 - 47　MotorCAD 的电机温升分析

因此一种估算法和两种软件分析电机运行时的温度相差不大。电机这样的温度，必须进行冷却，因为在弱磁工作下，电机的转速更高、电流更大，电机的温升相应提高。如用了机壳风冷后电机线圈的温度下降到 145 ℃（图 7 - 9 - 48）。

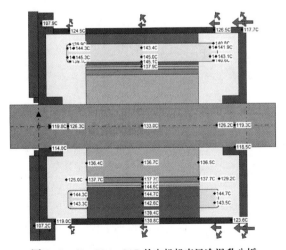

图 7 - 9 - 48　MotorCAD 的电机机壳风冷温升分析

如果电机可以在机壳上加通风孔，则电机的温升会降得更多，在绕组中部温度仅 75 ℃（图 7 - 9 - 49）。

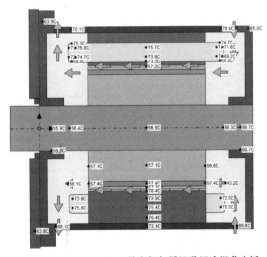

图 7 - 9 - 49　MotorCAD 的电机加通风孔风冷温升分析

因此电机的散热方法对电机的温升起着很大的作用。

单位体积的热损耗功率法在电机设计前就可以求出和确定达到温升要求的电机体积，再进行电机性能计算，这是一种温升的目标设计法。

用 MotorSolve、MotorCAD 是在电机设计结束后对电机温升的分析和验算，这是一种电机温升的核算法。如果温升过高，则在电机设计时应该增加电机的体积,反之要减小电机的体积,进行反复多次电机结构尺寸调整和性能设计计算。

本例电机的额定工作点在自然冷却的状态下体积就显得太小,电机的温升过高。如果一定要这样大的体积,则可以用各种电机冷却方式来降低电机的温升。

第8章

永磁同步电机机械特性测量与调整

8.1 永磁同步电机性能参数的分析

永磁同步电机性能测量,可以按照 GB/T 22669—2008《三相永磁同步电动机试验方法》进行电机相应的试验。

表征永磁同步电机的是电机的特性,其中包括电机的运行特性和内部特性。电机的运行特性与施加于电机的电源参数和电机的外部参数有关。

(1)永磁同步电机基本参数在铭牌上应该标明的有:①输入电机数据:电压、电流;②电机输出数据:额定输出功率、额定频率、额定转速、额定转矩。

(2)为了考核电机的输出能力,在电机的规格书中还标明了如下参数:瞬时最大转矩、瞬时最大电流、最高转速、转矩常数、反电动势常数、转动惯量。

(3)为了永磁同步电机的控制器能与电机很好地配合,需要录入正确的电机参数,控制器厂家要求输入电机主要参数,包括:额定电压、额定功率、额定电流、额定转矩、额定转速、最大转速、电机极数、电机线(相)电感(或 d 轴、q 轴电感)、线电阻、转矩常数、转子转动惯量。

(4)为了使永磁同步电机能够正常运行和有较合理的加工工艺,电机要考核:电流密度、槽满率、温升。

以上参数作者在本书的相关章节中已经不同程度地加以阐述和分析,在本书的电机设计实例中也进行了相关参数的介绍。

但是,当一个永磁同步电机加工完成后,或者拿到一个永磁同步电机的样机后,如何测定这些参数。

大部分参数都可以在电机稳态性能参数测试中求得,如:电压、电流、额定输出功率、额定频率、额定转速、额定转矩、瞬时最大转矩、瞬时最大电流、最高转速、反电动势常数、转矩常数。余下的有:电阻、电感、槽满率、电流密度、温升、电机极数。

因此本章介绍电机稳态性能参数测试,电机电阻、电感,感应电动势的三种测试方法即可。至于槽满率、温升这些常规的参数测试方法,在相关的电机书中经常讲到,本书相关章节也已经讲述,电机电流密度、极数可以拆检或用示波器查出。

电机测量是一种专业技术,有专门的著述,在大学有相关的专业课程,因此可以讲得非常细致、透彻。本书是一本电机设计书,限于篇幅,只介绍永磁同步电机性能测量的基本方法,有利电机设计工作者在设计、制造电机过程中带来方便。

只要对永磁同步电机这些重要参数进行测试,取得正确的数据,对电机设计的参数调整有着重大意义。

8.2 永磁同步电机的稳态机械特性的测量

图 8-2-1 所示是中小型永磁同步电机稳态性能测试仪示意图。

当单相电源经过整流进入永磁同步电机的控制器进行控制,然后生成三相调频调幅电源,控制器产生不同频率的电压和控制器限制的最大供给电机的电流对永磁同步电机供电。转矩仪对永磁同步电机加以一定的负载转矩,在一定

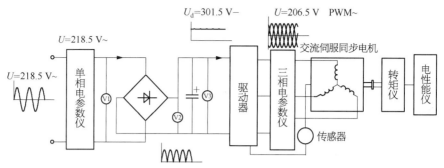

图 8-2-1　稳态性能测试仪示意图

频率的电压下,电机接受控制器给予的电流,产生该频率转速下的相对应转矩,完成电能和机械能的转换。

如对 3 kW 永磁同步电机稳态性能测试报告进行讲述(7.4.1 节　3 kW 电动车电机的设计):这是对永磁同步电机稳态测试比较全面的一种测试,读者可以在对永磁同步电机测试时作为参考样板。

基本参数:额定功率 3 kW、额定电压 48 V DC(蓄电池)、额定转速 2 800 r/min、峰值功率 6.5 kW、最大转矩 48 N·m、最高转速 4 000 r/min。

3 kW 电动车永磁同步电机稳态测试报告见表 8-2-1 和表 8-2-2(环境温度 25 ℃、环境湿度 50%)。

表 8-2-1　电动状态额定转矩和额定功率(48 V DC)

				电机				
序号	设定转速 (r/min)	电机转速 (r/min)	输出转矩 (N·m)	输出功率 (kW)	电机输入 电压(V)	电机输入 电流(A)	电机输入 功率(kW)	电机效率 (%)
1	500	517	10.1	0.55	16.5	66.9	0.65	84.4
2	1 000	1 012	10.0	1.06	22.0	68.8	1.18	89.7
3	1 500	1 536	11.3	1.81	27.0	77.9	2.03	89.3
4	2 000	2 017	10.7	2.26	30.3	72.1	2.38	94.9
5	2 500	2 547	10.8	2.89	33.6	78.9	3.18	91.1
6	2 800	2 823	10.6	3.13	32.4	83.5	3.54	88.5
7	3 000	3 021	9.0	2.85	31.1	83.8	3.21	88.7
8	3 500	3 524	8.7	3.20	28.6	114.4	3.62	88.3
9	4 000	4 042	7.0	2.95	31.5	151.7	4.20	70.3

	控制器				系统
序号	控制器输入电压(V)	输入电流(A)	输入功率(kW)	控制器效率(%)	系统效率(%)
1	47.3	16.7	0.79	82.1	69.3
2	47.2	27.4	1.29	91.4	82.0
3	46.6	48.9	2.14	94.7	84.6
4	46.6	58.2	2.57	92.4	87.7
5	46.3	70.8	3.28	97.0	88.4
6	46.2	78.8	3.64	97.2	86.0
7	46.1	72.9	3.37	98.3	84.6
8	48.8	82.7	3.78	98.7	84.5
9	48.3	101.8	4.36	96.3	71.4

表 8 - 2 - 2　电动状态峰值转矩和峰值功率(48 VDC)

					电机			
序号	设定转速 (r/min)	电机转速 (r/min)	输出转矩 (N·m)	输出功率 (kW)	电机输入 电压(V)	电机输入 电流(A)	电机输入 功率(kW)	电机效率 (%)
1	500	536	49.3	2.77	20.7	307.5	4.20	68.8
2	1 000	1 014	48.6	8.17	26.4	310.5	6.69	77.2
3	1 500	1 526	44.8	7.16	30.8	287.4	8.56	83.7
4	2 000	2 041	31.0	6.62	33.0	199.3	7.43	89.1
5	2 500	2 522	28.6	6.76	33.0	177.8	7.43	90.9
6	2 800	2 816	23.6	6.96	32.7	188.3	7.82	89.1
7	3 000	3 026	22.5	7.12	32.2	192.4	7.94	89.7
8	3 500	3 520	17.9	6.59	31.3	197.0	7.56	87.2
9	4 000	4 027	14.4	6.09	30.0	199.2	7.16	88.0

		控制器			系统
序号	控制器输入电压(V)	输入电流(A)	输入功率(kW)	控制器效率(%)	系统效率(%)
1	44.5	118.6	8.15	81.6	53.7
2	43.4	176.9	7.67	87.3	67.4
3	42.3	222.6	9.42	90.8	76.0
4	43.8	180.1	7.89	94.4	84.0
5	44.2	177.2	7.83	98.0	86.3
6	43.7	191.4	8.36	93.5	83.3
7	43.3	193.0	8.35	98.0	88.3
8	43.6	183.4	8.00	94.5	82.4
9	42.0	179.9	7.55	94.8	80.6

注：设定转速—控制器信号给定的转速；电机转速—电机轴实际输出转速；输出转矩—电机轴实际输出转矩；输出功率—电机轴实际输出功率，输出功率＝(电机转速×输出转矩)/9.55；电机输入电压—控制器输入电机的峰值电压(即输入电机的交流电压的幅值)；电机输入电流—控制器输入电机的峰值电流；电机输入功率—控制器输入电机的功率(测试系统中自行计算)；电机效率—电机效率＝(输出功率/输入功率)×100%(注：输出功率为电机轴实际输出功率)；控制器输入电压—供电电源为控制器提供的电压，一般称为母线电压；输入电流—供电电源输入控制器的电流，一般称为母线电流；输入功率—供电电源为控制器提供的功率，输入功率＝控制器输入电压×输入电流；控制器效率—控制器效率＝(电机输入功率/控制器输入功率)×100%(注：控制器输入功率即供电电源为控制器提供的功率)；系统效率—电机及其控制器系统的整体效率，系统效率＝(输出功率/输入功率)×100%(注：输出功率指电机输出功率，输入功率指控制器输入功率)。

8.2.1　对测试报告恒转矩、恒功率测试的解读

(1) 该电机的测试系统应如图 8 - 2 - 1 所示。

(2) 测试系统中应该有两个电参数仪：一个测试系统参数，一个测试电机参数，否则就求不出控制器效率和系统效率。如果仅在控制器前设置了电参数仪，那么求出的效率只是系统效率，电机效率应该比系统效率高。

(3) 外电源经过整流产生 U_d 直流电压，输入驱动器的电压 U_d 是固定的。U_d 通过驱动器以 PWM 产生可以调频调幅的三相正弦波交流电。

(4) 对永磁同步电机机械特性的测试既可以定点测试，也可以多点测试，本例是对电机进行不同转速时电机性能的考核。

(5) 电机转速是由驱动器送给电机电源频率所控制，电机的转速严格按照频率产生：$n = \dfrac{60 \times f}{P}$ (f 为驱动器供给电机电源频率，Hz；P 为

电机极对数),本电机转子为 5 对极(10 极),如果要求电机运行在 500 r/min,则 $f = \dfrac{nP}{60} = \dfrac{500 \times 5}{60} = 41.67(\text{Hz})$,测试报告中电机转速与设定转速不符,原因有:驱动器设定转速与输出频率没有绝对对应或者仪器计算转速有误差。

(6) 电机输出转矩是由转矩仪人为给定的,

给电机一个额定转矩(10.229 2 N·m),转速从 0 开始直至 2 800 r/min(本例在 500~2 800 r/min 分 6 点),电机基点是 2 800 r/min(图 8 - 2 - 2),测试报告在基点左边是按照电机恒转矩测试的,测试了 6 个点(这里额定点给予的转矩应该是 10.229 2 N·m,测试时给多了,给了 10.6 N·m,因此电机输出功率大了,在 3.13 kW)。

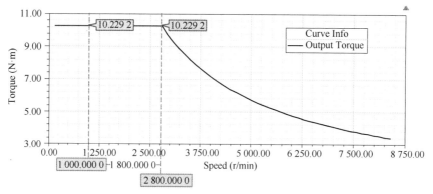

图 8 - 2 - 2   恒转矩机械特性曲线

(7) 电机在基点右边的恒功率,采用了弱磁控制,功率与基点功率相等(3.13 kW),转速点设置了 3 000 r/min、3 500 r/min、4 000 r/min 三点进行了测试(图 8 - 2 - 3)。

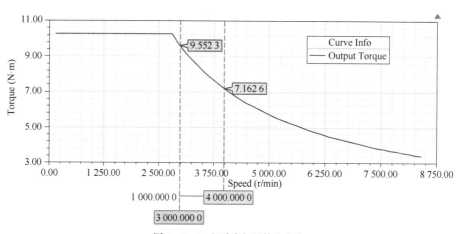

图 8 - 2 - 3   恒功率机械特性曲线

8.2.2   电机峰值转矩和峰值功率测试的解读

永磁同步电机的峰值功率受控制器和电机的限制,因此是人为设定的,要考虑到驱动器功率管输出电流的能力,以及电机绕组在短时运行所能承受的电流密度等因素,其峰值功率会远远小于永磁同步电机的最大输出功率。如果不考虑驱动器的功率限制,不考虑电机绕组电流密度等因素,那么永磁同步电机的峰值功率就是该电机额定转速下的最大输出功率。图 8 - 2 - 4 所示是 3 kW 电机额定转速 2 800 r/min 时的机械特性曲线。

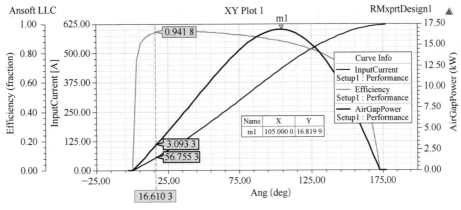

图 8-2-4　机械特性曲线

从图看,3 kW、2 800 r/min 永磁同步电机的最大峰值功率可达 16.819 9 kW,从这个性能测试看,该电机的峰值功率设定的是 7 kW。

一般电机的峰值功率与额定输出功率之比在 2~3 倍甚至更大些。本电机峰值功率与额定输出功率之比 $k = 7/3 = 2.33$。电机的峰值转矩 $T_{\max} = 9.549\ 3P_2/n = 9.549\ 3 \times 7\ 000/2\ 800 = 23.87(\text{N} \cdot \text{m})$。

因为该电机是调速永磁同步电机,因此在一定转速范围内的工作点要看在该点时的峰值转矩和峰值功率。

8.2.3　大功率永磁同步电机的测试

大功率永磁同步电机测试和小型永磁同步电机测试有些不同,测试时需要考虑的问题要多得多。

主要试验内容如下:①电压波动;②电机转速、转矩、效率特性试验;③电机及控制器过载能力试验;④堵转转矩、堵转电流试验;⑤再生能量回馈试验;⑥最高工作转速;⑦超速试验;⑧温升;⑨电机控制器的保护功能;⑩耐久性试验;⑪电机控制器控制策略开发验证试验;⑫电机工况模拟实验。

永磁同步电机的测试平台比较复杂,不同的制造厂生产的测试平台有所不同,图 8-2-5 所示是一种永磁同步电机四象限测功系统。专一的永磁同步电机测试系统牵涉的面非常广,包括电机制动的能量回收等一系列技术问题,读者可以参看相关资料或与有关生产厂家商洽,求得这方面的知识。

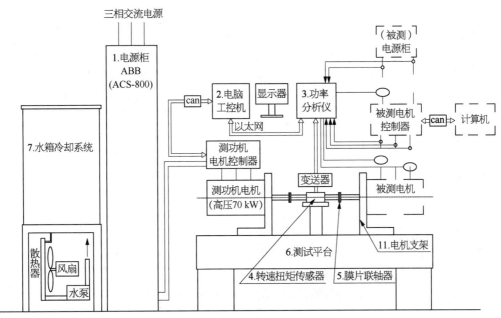

图 8-2-5　永磁同步电机四象限测功系统

本系统主要由以下三部分组成：

（1）机械台架部分：主要设备有测试平台，电机安装支架，转速转矩传感器及支架，联轴器，水冷系统等。

（2）测功系统与数据调理：主要设备有双向电源柜，测功机电机及控制器，功率分析仪，各种电信号采集器件。

（3）计算机及监控部分：主要设备有工业控制计算机、各种数据采集和控制卡（包括电机测试系统的所有测试参数的采集、计算等），测功机测试、控制软件。

系统中能量流动的说明如下：

（1）四象限测功系统有四种工况：测功机和被测电机都有电动工况和发电工况两种。由于本方案采用独立供电结构，即测功机系统与被测电机系统分别由各自的电源柜供电，这就要求两个电源都能够双向处理能量流动：从电网吸收能量或者向电网输送能量。

在测功机这一侧，电机及控制器系统的直流母线电压采用"固定电压"驱动（530 V左右），因此，可以采用ABB公司的ACS.800双向馈电电源柜。当测功机在发电时，母线电压升高，逆变器可以把"升高部分的电压"能量逆变成交流电，然后并网发电。

（2）在被测电机这一侧，由于直流母线的电压是不确定的，因而无法采用逆变的办法并网发电。尤其是当直流电压低于300 V时，逆变并网的难度更大，它首先需要升压，直到与电网电压相等后才能并网发电。

（3）被测电机一侧的能量处理方案：被测电机这一侧的能量，从电网流向被测系统时，它可以采用直流电源装置，300 V、100 A的模块四个，两个并联后变成300 V、200 A，然后再用这样的两个模块串联起来，变成600 V、200 A，总功率达到120 kW。

当被测电机发电时，可以采用两种办法：消耗法和储藏法。

（4）消耗法，就是把多余的能量消耗掉。首先，要确定被测电机的电压，如320 V。然后配置320 V的制动器，制动器的输出端，连接（配置）约60 kW的电阻箱，把高于320 V电压的能量由制动器输送到电阻箱，变成热量消耗掉。特点是：有多少种被测电机电压，就需要配置多少种该种电压的制动器，每次测试时，根据不同的母线电压，连接不同的制动器。建议不要同时使用两种不同电压的制动器（并联在母线上）。

（5）储藏法，就是把发电时的能量储存起来。首先，确定被测电机的电压，如被测电机系统是72 V的，则蓄电池组应该是6节串联成一组（72/12＝6）。如果被测电机系统是320 V的，则需要27（320/12＝26.66）节电池串联成一组。使用前，先把直流电源柜输出电压调整到接近蓄电池组的电压，并且比蓄电池组的电压稍高一点，然后关闭直流电源柜，把蓄电池组并联到母线上（直流输出端）。测试时，先测试被测电机的"电动工况"，尽量把蓄电池组里的电能用掉。接下来，测试"发电工况"，就能把高于母线电压部分的能量再储存到蓄电池组里。

（6）如果采用铅酸电池作为储存电能的装置，则使用时要非常小心。铅酸电池是目前所有电池中最娇弱的电池（因为它是用稀硫酸作为导电介质的）。每次测试时，要根据被测电机系统电压的不同，改变蓄电池组的电压（改变串联蓄电池的数量），以适应测试需要。由于成品蓄电池永远有电，因此，在操作时只能带电操作，非常危险。

8.2.4　负载转矩的间接测量

在某些设备和仪器中，负载并不是很容易测量和计算的，很多仪器设备上的负载是不知道的，也不可能拆下电机带回来分析其运行时需要的转矩，这样给电机设计带来了很大的困难。

可以用间接的方法对仪器或设备进行测量：

（1）在原设备上如果是永磁同步电机，在设置额定运行点，测出永磁同步电机的线电压、线电流、电机转速和输入功率（三相电参数仪测试）。把原设备电机取下，选用一只类似大小功率的试样电机，其工作电压与设备电机相似，加给试样电机相同的输入电压，加设备负载到额定运行点，使试样电机的输出功率相同，如有不同，则调节试样电机电压，在三相电参数仪上测出电机的转速、电流。

（2）$P_{21} = \dfrac{T_1 n_1}{9.549\,3}$，$P_{22} = \dfrac{T_2 n_2}{9.549\,3}$，$P_{21} = P_{22}$，则$T_1 n_1 = T_2 n_2$，因为两次是同一个设备负

载,当两次测试时使两个电机的负载转速相同$(n_1 = n_2)$,所以 $T_1 = T_2$,所以这时试样电机的负载转矩即是设备电机的负载转矩,这样这个设备或仪器的负载转速和力矩就知道了。

接下来就是按照客户要求的电机工作电压和测出的电机工作转速和转矩来设计电机。

8.3　永磁同步电机电阻、电感、感应电动势的测试

8.3.1　电阻测试方法

永磁同步电机绕组电阻有许多测试方法:电流电压法、平衡电桥法、三相绕组同时加压法等。

电流电压法:试验时,将电压稳定、容量足够的信号源直接连接在被试电机绕组出线端上,施加的电流不超过绕组额定电流的 10%,通电时间不超过 1 min。在电参量测量仪表指示稳定后,同时读取并记录电流及电压值,将电流和电压换算为电阻值,并且折算到 20 ℃时的定子线电阻。

Maxwell、MotorSolve 等电机设计软件,计算绕组电阻是应用电阻基本公式 $R = \rho L / s$ 求取的。因此用高精度低电阻表直接测量永磁同步电机的线电阻或相电阻是比较方便且正确的。如果当时测量电阻温度不是 20 ℃,则可换算到 20 ℃的电阻值,即

铜线:$r_{20} = (255 r_1)/(235 + c_1)$　(8-3-1)

铝线:$r_{20} = (248 r_1)/(228 + c_1)$　(8-3-2)

式中:c_1 是实测电机电阻温度;r_1 是当时温度下的实测电阻值;r_{20} 是 20 ℃时的电阻值。

更具体内容可以查看 GB/T 3956—2008/IEC 60288:2004《电缆的导体》。

8.3.2　线电感测试方法

如图 8-3-1 所示,被试电机定子绕组两端加以 1 000 Hz 的正弦交流电源,调整电压,使电流达到产品专用技术条件规定的数值,测量有功功率,缓慢地转动转子,分别找出最大电感值和最小电感值的位置,按下式计算出每两相线间最大电感值 L_{max} 和最小电感值 L_{min},并依次求出平均电感值 L_{av}。

$$L = \frac{1}{2\pi f} \frac{\sqrt{(UI)^2 - P^2}}{I^2} \times 10^{-3}$$
$$(8-3-3)$$

式中:U 为绕组两端施加的电压;P 为实测有功功率;I 为实测电流;L 为线间电感。

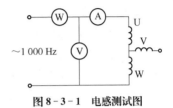

图 8-3-1　电感测试图

8.3.3　交、直轴电感测试方法

对于表贴式转子,线电感 L_{AB} 没有最大最小之分,数值是唯一的。直轴电感 L_d 与交轴电感 L_q 是相等的,因此

$$L_d = L_q = L_{AB}/2$$

对于内嵌式、嵌入式转子,直轴电感 L_d 与交轴电感 L_q 是不等的,有

$$L_d = \frac{\min(L_{AB})}{2} \qquad (8-3-4)$$

$$L_q = \frac{\max(L_{AB})}{2} \qquad (8-3-5)$$

在永磁同步电机设计时,可以用 MotorSolve 电机设计软件一键求出电机相关的 L_A、L_B、L_{AB}、L_d 和 L_q。在 Maxwell 中读者可以按照本节介绍的方法求取电机的 L_{AB} 从而计算出 L_d 和 L_q。

8.3.4　道尔顿法求电机电感

使用 LCR 电桥分别对电机绕组的 AB、BC、CA 相进行测试,能够得到三组电感值,记为 X、Y、Z。定义

$$K_L = \frac{X + Y + Z}{3}$$

$$M_L = \sqrt{(Y - K_L)^2 + \frac{(Z - X)^2}{3}}$$

则

$$L_d = \frac{K_L - M_L}{2} \qquad (8-3-6)$$

$$L_q = \frac{K_L + M_L}{2} \qquad (8-3-7)$$

8.3.5　感应电动势测试

1) 用普通万用表测量永磁同步电机的线感应电动势　可用转速精确可调的伺服电机或同步电机作为拖动电机,图 8-3-2 所示是用一个伺服电机作为拖动电机,其转速设定为 1 000 r/min,被拖动的永磁同步电机转子以 1 000 r/min 的速度旋转,永磁同步电机线圈是 Y 接法,图中电机输出的两相线感应电动势用万用表交流挡测量输出的交流电压为 5.427 V,这是感应电动势 E 的有效值。

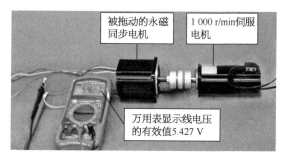

图 8-3-2　用万用表测试对拖法电机的感应电动势

电压波形峰值 E 一般万用表可以通过整流后测量,如图 8-3-3 和图 8-3-4 所示。

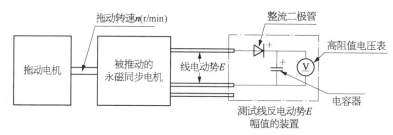

图 8-3-3　对拖法测量永磁同步电机原理图

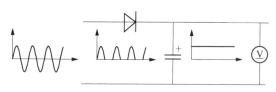

图 8-3-4　通过整流后测试发电电机的电压

2) 用示波器测量感应电动势 E 的波形,求出感应电动势 E 的幅值　用示波器测出发电电机的电动势波形(图 8-3-5),这个波形是比较好测量的,永磁同步电机作为发电机,发出的是交流电,不论交流电的波形是严格的正弦波或是其他形状的交流波形,其波形的幅值是可以测量出来的,直接用示波器测量永磁同步电机线圈的输出波形,该波形的幅值 E 就是永磁同步电机在 n(r/min)转速时的感应电动势值。图 8-3-6 所示是某一永磁同步电机的感应电动势峰-峰值为 17.5 V,那么该永磁同步电机的感应电动

势 $E = 17.5$ V/2 = 8.75 V, 8.75 V 是波形的幅值。该波形不是正规的正弦波,整个波形面积小于正弦波波形面积,如果是正规的正弦波,那么该波形的有效值为 8.75 V/$\sqrt{2}$ = 6.187 V,但是现在该电动势的有效值为 5.537 V,用普通万用表的电压挡测量,其电压为 5.427 V,因此和示波器测量基本相同,但万用表无法测量出电动势的幅值。

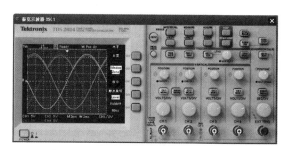

图 8-3-5　测试发电电机电动势的示波器

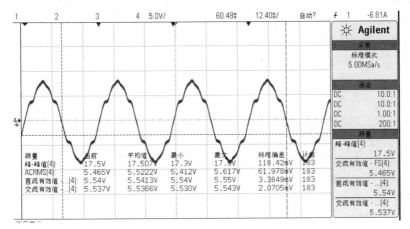

图 8-3-6　电机感应电动势的波形图

8.4　永磁同步电机性能调整

电机性能调整和电机全新设计是有区别的，通过对一个永磁同步电机的性能测试，可以知道该永磁同步电机的性能是否达到预期设定的目标参数，其中有多少项达到了，还有多少项超差了。有些关键的电机参数如果不在电机技术参数的容差范围之内，必须对电机进行调整，以求达到目标电机的参数要求。

电机的调整只是目标电机和测试电机中某些参数进行一些调整。如果设计、制造得好，电机的某些参数和目标电机参数误差不会太大，只要对测试电机的某些参数略做调整即可。如果设计有问题，制造也是粗制滥造，那么制造出的电机的性能和目标电机相差很大，有的甚至连都运行不起来，那么对电机就不能通过某些参数的调整以达到目标电机的参数要求，必须正确测试电机的各项指标，这是判断是否达到设计要求的依据。

一般的永磁同步电机的重要参数有：电机感应电动势 E、感应电动势常数 K_E、电流密度 j、槽满率 K_{SF}、最大输出功率 $P_{\max}$。

8.4.1　感应电动势与感应电动势常数调整

1）感应电动势常数 K_E 和感应电动势 E

永磁同步电机的感应电动势常数 K_E 是表达永磁同步电机性能的关键参数，该参数既表达了电机的内部特性，又表达了电机的机械特性。

$$K_E = \frac{N\Phi}{60}, \quad K_E = \frac{E}{n}$$

因此
$$E = \frac{N\Phi n}{60}$$

永磁同步电机的额定转速 n 是由控制器提供给电机的三相交流电的频率决定的，因此只要控制器给出的频率正确，那么电机不随电机负载大小而改变，可以看出同步电机的感应电动势常数 K_E 与电机磁链成正比。

$K_T = \dfrac{N\Phi}{2\pi}$，所以

$$K_T = 9.549\,3, \quad K_E = \frac{T'}{I}, \quad K_E \propto \frac{T'}{I}$$

即 K_E（磁链 $N\Phi$）又决定了永磁同步电机单位转矩取用电流的程度。

$K_E \propto E$，所以看一个永磁同步电机 E 的数值就可以知道电机单位转矩取用电流的程度。

永磁同步电机的线电压 U 与 E 的设置与电机功率因数、效率有关，如果 $k = \dfrac{E}{U}$，当 $k = 1$ 时，电机的功率因数接近 1，电机的效率接近最大。当 $k = 1$ 时，$K_E = U/n$，所以当永磁同步电机的磁链 $N\Phi$ 确定了，那么要想使电机的功率因数和效率最佳，控制器输入电机的线电压 U 必须符合 $U = nK_E$。

综上，永磁同步电机的感应电动势 E（磁链 $N\Phi$）决定了永磁同步电机的性能，使试制电机的感应电动势 E 与目标样机的 E 相等是保证两个

性能相同的关键。

因此测量目标样机和试制电机的感应电动势 E 和相应的感应电动势常数 K_E 并进行比较、调整,这是确保永磁同步电机性能非常重要的一环。

2)感应电动势的调整

(1)方法一:电机的感应电动势相对于电机的磁链 $N\Phi$,因此调整电机感应电动势就是调整电机的磁链 $N\Phi$,当电机的槽满率有余地调整,那么调整电机感应电动势的较好的方法是增加或减少绕组匝数,同时应该控制电机的槽满率。

(2)方法二:因为电机定、转子叠长 L 与电机磁通 Φ 成正比,在电机槽满率限制的情况下,可以同时调整电机槽内的匝数和电机的叠长,只要使电机的 $N\Phi$ 正比于电机的感应电动势即可。特别是要加大电机的感应电动势时尤为必要。

(3)方法三:可以看出,当一个电机的冲片确定后,电机的磁通仅与电机叠长、磁钢材料(B_r)及形状(α_i)有关,即

$$\Phi = ZB_z b_t K_{FE} L \times 10^{-4} = \alpha_i B_r (\pi D_i) L \times 10^{-4} \text{(Wb)}$$
$$(8-4-1)$$

因此调整被测电机的感应电动势 E,如果调整电机匝数在冲片槽内受到限制,则可调整电机的叠长或转子磁钢牌号 B_r 及转子的形状(极弧系数 α_i)。

总之,一个电机要调整其电机感应电动势 E、感应电动势常数 K_E,只有调整电机的 N、L、B_r、α_i 四个参数。这是容易理解的,调整起来也非常方便。

8.4.2 电机电流密度的调整

电机的电流密度在电机铭牌和主要技术参数中一般都不提及,实际电机的电流密度是电机设计中一个重要的参考量。电机电流密度的取值范围太广,从导线能承受每平方毫米几安到数十安不等,电机的电流密度大小与电流大小、线径大小、电机体积、散热条件有极大的关系。电流密度的大小决定着电机的温升,又成倍地决定电机的体积。因此只给一个电机的技术要求,不告之电机的散热条件(相应的电机安全运行的电流密度),要求技术人员确定电机的体积是有问题的。

在仿制电机中,试制电机各个参数要和目标样机对比,因此电流密度也要和样机相同或低于样机,这样试制的电机温升与目标样机的温升会相仿。

电流密度是

$$j = \frac{I}{q_{Cu}} = \frac{4I}{\pi d^2} \qquad (8-4-2)$$

一般永磁同步电机做好后,即使设计、材料和加工引起电机误差,电机的电流误差不会很大。调整永磁同步电机的电流密度 j,就是调整电机绕组的线径 d,并可以确定求出电机的电流密度。

电机的电流密度可以这样调整:先调整线径 d,使电机的电流密度 j 达到设计要求,这样电机的槽满率 K_{SF} 会与设计要求不符,电机的槽满率 K_{SF} 与电机槽内导体根数 N 成反比,改变槽内导体根数 N,确保槽满率 K_{SF},槽内导体根数 N 的变化由电机的叠长 L 来弥补。

8.4.3 电机最大输出功率的调整

电机的最大输出功率有两种概念,其中一种是永磁同步电机在电流放开的情况下,电机能输出的最大功率。如图 8-4-1 中的 m1 点,由于控制器受电流的限制,所以该 130 永磁同步电机假设最大输出功率为 2.313 2 kW,所以与 2.603 8 kW 还有一段距离,为此一般即使电机制造设计有误差,不至于电机的最大输出功率达不到。

但是有的厂家不是测试电机规定的最大输出功率,而是测试电机能够输出的最大功率(m1功率点),那么如果试制电机达不到目标电机一样的最大输出功率点,那么就得对试制电机进行调整。

可以知道电机的转矩与磁链、电流成正比:$T \propto N\Phi I$,在同样控制电流的情况下,如果试制样机的最大输出功率小些,那么就可以增大电机的磁链 $N\Phi$,在电机冲片不变的条件下,改变电机的导体数 N,改变电机的叠长将会改变电机的最大转矩数值,从而达到电机最大输出功率的调整。

因为永磁同步电机的转速是恒定的,因此电机的输出功率与输出转矩成正比。调整电机最大输出转矩与最大输出功率方法完全一样。

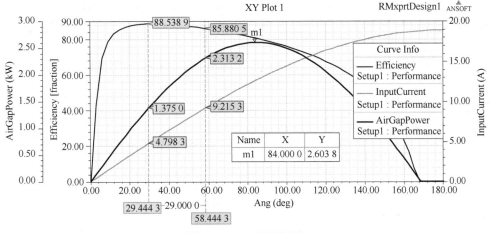

图 8 - 4 - 1　机械特性曲线

8.5　永磁同步电机绕组的温升测量

永磁同步电机的绕组温升测量方法有绕组电阻法、埋置测温头法、温度计法。

绕组电阻法是根据测出电机绕组在常温下的电阻值和温升后的电阻值进行求取电机绕组的温升。这种方法是一种不损伤电机绕组温升测试法,在中、小型永磁同步电机的电机温升检查和测试中经常采取。

埋置测温头法就是要把多个(不少于 6 个)测温头埋置在绕组内,这对小型永磁同步电机而言并不适用,操作起来较麻烦,而且这个电机一旦埋置测温头,势必不可能再作成品出售。这种埋置测温头法只能用于大功率电机的温升测试研究中,大功率电机的绕组电阻很小,较难测量电机的正确电阻值,因此电机的温升较难测量正确,为此用埋置测温头法可以较好地把电机绕组内部的温升测量出来。

温度计法或红外温度测量法一般只能测量电机机壳表面温度,如果真的要用温升计法测量电机内部绕组温升,则需要将电机机壳打孔后把温度计或红外光点深入电机内部进行测试,这样就要破坏电机机壳,这是一种损伤性测试,只能作研究用。

作者经常遇到,平时有些工厂只是用红外测温仪对电机的表面进行测量,测出的温升就作为

电机的温升,这是不太确切的。因为电机表面的温升要比电机绕组内部的温升低,如果只是电机表面的温升达到了电机温升要求,那么电机绕组内部的温升就会超过技术要求很多,以致电机运行后经常烧毁。电机是会达到热平衡的,但是电机达到热平衡后,电机绕组内部的温升会高于电机机壳的温升。这点读者应该注意。

8.5.1　绕组温升的电阻法测量

鉴于以上三种情况,中、小型永磁同步电机的绕组温升还是采用绕组电阻法为好。

永磁同步电机绕组温升的测量应该与三相交流感应电机相似。其中,铜绕组温升计算为

$$\Delta t = \frac{(r_2 - r_1) \times (235 + t_1)}{r_1} - (t_2 - t_1)$$

$$(8 - 5 - 1)$$

铝绕组温升计算为

$$\Delta t = \frac{(r_2 - r_1) \times (225 + t_1)}{r_1} - (t_2 - t_1)$$

$$(8 - 5 - 2)$$

式中:Δt 为电机绕组温升(K);t_1、t_2 为电机试验前后的温度(℃);r_1、r_2 为电机试验前后的绕组电阻值(Ω)。

8.5.2　温升计算程序编制介绍

可以用 Excel 或 VB 编一个简单程序(图 8 - 5 - 1),这个程序可以在两个非标准温度下求取电机温升,而且可以求取电机绕组在 20 ℃温

度下的电阻值,用起来很方便。

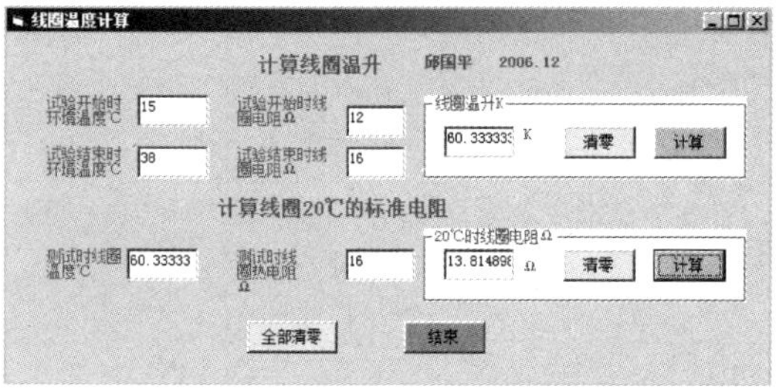

图 8-5-1   计算线圈温度小软件界面

图 8-5-2 所示是 BASIC 编制的小程序,介绍如下:

图 8-5-2   计算线圈温度小软件编程界面

```
Private Sub Command1_Click()
r1 = Val(Text1. Text)
c1 = Val(Text2. Text)
```

$$r20 = (255 * r1)/(235 + c1)$$

```
Text3. Text = Format(r20,"♯0. ♯♯♯♯♯♯♯♯")
End Sub


Private Sub Command2_Click()
c1 = Val(Text4. Text)
c2 = Val(Text5. Text)
r1 = Val(Text6. Text)
r2 = Val(Text7. Text)
```

$$dltc = ((r2. r1) * (235 + c1)/r1). (c2. c1)$$

```
Text8. Text = Format(dltc,"♯0. ♯♯♯♯♯♯♯♯")
End Sub


Private Sub Command3_Click()
Text1. Text = " "
Text2. Text = " "
```

```
Text3. Text = " "
Text2. SetFocus
End Sub


Private Sub Command4_Click()
End
End Sub


Private Sub Command5_Click()
Text4. Text = " "
Text5. Text = " "
Text6. Text = " "
Text7. Text = " "
Text8. Text = " "


Text4. SetFocus
End Sub


Private Sub Command6_Click()
Text1. Text = " "
Text2. Text = " "
Text3. Text = " "
Text4. Text = " "
Text5. Text = " "
Text6. Text = " "
Text7. Text = " "
Text8. Text = " "
End Sub


Private Sub Text2_KeyPress(KeyAscii As Integer)
If KeyAscii = 13 Then
        Text1. SetFocus

    End If
End Sub


Private Sub Text4_KeyPress(KeyAscii As Integer)
If KeyAscii = 13 Then
        Text8. SetFocus

    End If
End Sub
```

```
Private Sub Text5_KeyPress(KeyAscii As Integer)
If KeyAscii = 13 Then
        Text6. SetFocus

    End If
End Sub

Private Sub Text6_KeyPress(KeyAscii As Integer)
If KeyAscii = 13 Then
        Text7. SetFocus

    End If
End Sub
```

图 8 - 5 - 3 所示是 130 电机 75 ℃运行时的 RMxprt 计算电阻,计算单上又折算了 20 ℃的电阻值,用小程序计算,两者计算数值相同。

图 8 - 5 - 3　20 ℃标准电阻软件计算和 RMxprt 计算结果相同

也就是说,平时测量永磁同步电机的两个是非标准温度下求取的电机电阻值,而且可以求取电机绕组在 20 ℃温度下的电阻值,用起来很方便。

8.6　永磁同步电机齿槽转矩的测量

齿槽转矩是永磁电机固有的特征之一,它是在电枢绕组不通电的状态下,由永磁体产生的磁场同电枢铁心的齿槽作用在圆周方向上产生的转矩。它其实是永磁体与电枢齿之间的切向力,使永磁电机的转子有一种沿着某一特定方向与定子对齐的趋势,试图将转子定位在某些位置,由此趋势产生的一种振荡转矩就是齿槽转矩。

在永磁同步电机绕组开路时,用手轻轻转动电机转子,旋转一周,就会觉得有一个周期性大小的力在阻碍旋转电机。并且发现转子有周期性的若干定位点,在自然状态下转子会在这些点

上定位。只有对转子施加一定的转矩,才会改变原有的转子位置,能改变转子定位的最小转矩就是该电机的最大齿槽转矩。转子永磁同步电机的齿槽转矩是永磁同步电机的一个重要参数,齿槽转矩会造成电机中震动、噪声、启动和调速困难。因此永磁同步电机齿槽转矩对电机的稳定运行有很大的影响,有必要对永磁同步电机的齿槽转矩进行测量,以求得一个对齿槽转矩数量上的评判依据。

齿槽转矩是电机绕组开路情况下由电机齿槽效应产生的定位转矩,齿槽转矩不同于步进电机的保持转矩,后者是在电机绕组通电后使转子与定子保持相对位置不变的转矩。

电机的齿槽转矩是一种转矩,永磁同步电机的齿槽转矩测量有很多方法,有简单的,也有比较复杂的,但是测试方法都是从测试齿槽转矩角度出发考虑的。

8.6.1　水平杠杆测量法测量永磁同步电机的齿槽转矩

如图 8 - 6 - 1 所示,被测电机不通电,轴上设置片状杠杆,使杠杆保持水平,电机转子保持齿槽转矩锁定位置,杠杆一端吊加砝码,从最小量逐一增加,直到电机转子转动跌落为止,可以认为在电机静转矩不大时,该转矩即为电机的齿槽转矩幅值(单峰幅值),即

$$T = FL \quad (\text{N} \cdot \text{m})$$

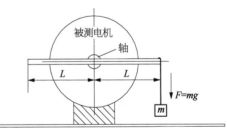

图 8 - 6 - 1　水平杠杆测量齿槽转矩原理图

水平杠杆测量转矩法是一种最基本的方法,如果操作恰当,那么测试电机的齿槽转矩还是比较简单、方便和正确的。

8.6.2　垂直杠杆测量法测量永磁同步电机的齿槽转矩

如图 8 - 6 - 2 所示,被测电机不通电,手动拉动数字测力计,拉到杠杆滑动前瞬间的力的显

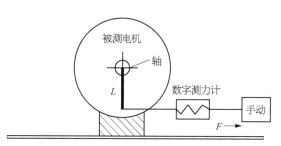

图 8-6-2   垂直杠杆测量齿槽转矩原理图

示值 F_{max}，乘以力臂长 L，就是齿槽转矩幅值（单峰幅值）。

$$T = FL \quad (\text{N} \cdot \text{m}) \qquad (8-6-1)$$

垂直杠杆测量法是一种非常简单、直接、易于实现的测量方法，常在测量要求精度不高或者条件受限时采用。测量时需注意以下几点：

（1）杠杆垂直向下起始测量（杠杆尽量轻）。

（2）手拉时，要尽量保持力 F 与力臂 L 垂直。

（3）手拉要保持缓慢、平稳。

8.6.3   力矩盘测量齿槽转矩

如图 8-6-3 所示，把线从力矩盘内穿孔向外，把线绕力矩盘一周以上，在力矩盘上加砝码，从最小量逐一增加，直到牵动力矩盘时的转矩即为该电机的定位转矩，即

$$T = FR \quad (\text{N} \cdot \text{m}) \qquad (8-6-2)$$

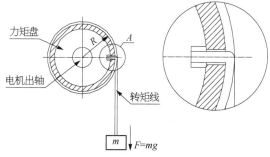

图 8-6-3   力矩盘测量齿槽转矩法

电机的定位转矩与电机的齿槽转矩还是有区别的，电机定位转矩中包含了电机的摩擦转矩，如果把电机的摩擦转矩降到最小，如采取去掉电机轴承密封圈，减小轴承的摩擦力等措施，这样电机的定位转矩与电机的齿槽转矩相近。

8.6.4   定位转矩测试表测量齿槽转矩

用定位转矩测试表（图 8-6-4）也可以相对测出电机的齿槽转矩，方法如下：

图 8-6-4   定位转矩测试表

（1）将力矩测试仪调零后，夹头与电机出轴咬合紧密，夹头端面不得与机壳端面接触；电机引线处于自由状态，线头无任何接触。

（2）一手握住电机不动，一手缓慢拧动仪表上部黄色区域，表头中粗指针将带着细指针移动。

（3）拧动时顺时针看黑色数值，逆时针读取红色数值。

（4）当拧到电机最大定位力矩后，内表盘会自动反方向回旋，粗指针自动归零。

（5）读取细指针数值，即电机实际的定位力矩，为提高读取精度，可多次测试取平均值。

（6）读取的定位力矩单位是 cN·m，如图 8-6-5 所示读取值为 $1.1 \text{ cN} \cdot \text{m}(0.011 \text{ N} \cdot \text{m})$。

图 8-6-5   定位转矩测试表测量电机定位转矩

这种方法实际只能测出电机的定位转矩，当电机的摩擦转矩和偏心转矩较小的时候就当作电机的齿槽转矩。

8.6.5   齿槽转矩测试仪测试电机齿槽转矩

现在有专业生产电机齿槽转矩测试仪，种类较多，测试功率和测试功能有较大区别。电机的齿槽转矩同一性比较好，要在电机设计时就考虑到电机的齿槽转矩，试制后对样机或一批电机抽样测试。

测量齿槽转矩的基本原理就是用测量电机

的转矩方法测量电机的齿槽转矩,用仪器测量原理应该相同的。图 8-6-6 所示是几种类型的齿槽转矩测试仪。

图 8-6-6　各种齿槽转矩测试仪

齿槽转矩测试仪原理如图 8-6-7 所示,被测电机一端与由扭矩测试仪连接,扭矩测试仪另一端与原动机连接。原动机给予扭矩测试仪一定的转速,扭矩测试仪带动被测电机进行慢转速运行,由于电机齿槽转矩的原因,被测电机反馈给扭矩测试仪的转矩是一个脉动的转矩,这个转矩就是电机的齿槽转矩(包括电机的摩擦转矩),扭矩测试仪把脉动的转矩信号传送给计算机进行分析,并用不同方式显示(曲线和数值),如图 8-6-8～图 8-6-10 所示。水平高一些的齿槽转矩测试仪可以把静转矩和齿槽转矩分离,可以纯粹求出电机的齿槽转矩。

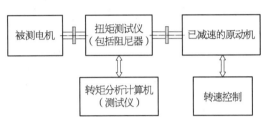

图 8-6-7　齿槽转矩台架架构

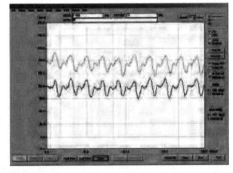

◀ Measurement of torque ripple for the same DC motor in angle-torque mode
RPM set to 10 r/min, torque range to 200 mN·m
Data under changes in voltage displayed overlaid
X axis: angle of rotation 0 to 360°
Y axis: torque -30 to 270 mN·m

图 8-6-8　测试的齿槽转矩曲线

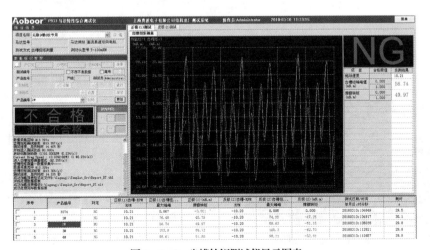

图 8-6-9　齿槽转矩测试仪显示图表

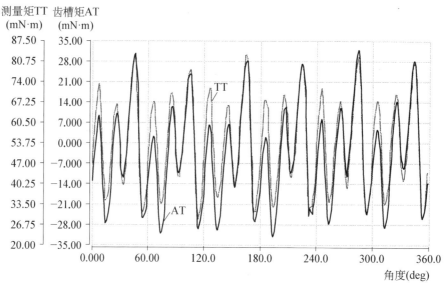

测量矩TT 齿槽矩AT
(mN·m) (mN·m)

图 8 - 6 - 10　测量转矩(TT)与齿槽转矩曲线(AT)

因为一般测量电机一周内的齿槽转矩,原动机通过减速,所以被测电机仅运行数周,就可以把电机的齿槽转矩取样,因此被测电机被带动的转速是很慢的,慢到每分钟数转或更慢。一般的动力电机转速不可能这样慢,因此原动机会取用低速电机进行减速,或者采用步进电机带动。

一般扭矩测试仪主要元件是磁粉阻尼器,一般由于被测电机转速太慢,所以不好用磁滞电机组成。磁粉阻尼器很大的缺点是其随着使用时间关系,阻尼器中的磁粉颗粒会变小、变圆滑,磁粉接触面积相应减少,从而使磁粉阻尼器的阻尼变弱,因此要经常校正磁粉阻尼器的正确度。校正磁粉阻尼器的还是用常规的、最基本的杠杆转矩测试法(图 8 - 6 - 11),给磁粉阻尼器一个电压,在杠杆一端加以重力,直至杠杆转动跌落。

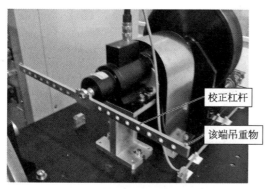

图 8 - 6 - 11　磁粉阻尼器校正杠杆

校正杠杆

该端吊重物

这样施加的重力与杠杆长的乘积即为该状态的磁粉阻尼器的转矩。

8.6.6　齿槽转矩测试仪测试功能

较好的齿槽转矩测试仪具有如下特点:能测试各种电机的齿槽转矩,能精确分离电机的齿槽转矩和摩擦转矩,且齿槽转矩测试结果与电机测试转速及波动无关。较高的测试转速能提高电机测试效率。

齿槽转矩测试仪的主要功能有:①测试齿槽转矩正、负峰值;②显示齿槽转矩的角度分布曲线;③摩擦转矩测试;④可设定测试转速;⑤可设定测试项目的限值并报警,判定合格与否;⑥测试数据可存档及导出;⑦可做齿槽转矩的角度谱分析;⑧可显示绘制摩擦系数/转速曲线。以上功能不一定所有的齿槽转矩测试仪都具备,但是齿槽转矩测试仪都具备了测试出齿槽转矩的功能,其实有这点也就够了。

8.6.7　电机定位转矩、静转矩和齿槽转矩的关系

在齿槽转矩测试仪中能够测量出电机的定位转矩曲线,那么定位转矩曲线的对称线就是电机的静转矩直线,把定位转矩曲线的对称线连同定位转矩曲线上移到 X 轴线,则该曲线即是电机的齿槽转矩曲线(图 8 - 6 - 12),但是该齿槽转矩曲线中包含了电机的偏心转矩,会使齿槽转矩曲线呈周期性的不规则。这个周期性的不规则

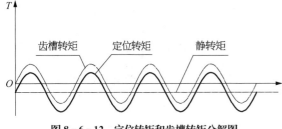

图 8 - 6 - 12　定位转矩和齿槽转矩分解图

就是电机偏心矩所造成的。

8.7　永磁同步电机齿轮箱效率的测量

齿轮电机在电机中是常见的,可以用高速电机经过齿轮箱减速,把较小的输出转矩的高速电机经过齿轮箱减速变为一个输出转矩很大的体积较小的电机,因为电机体积与电机转矩成正比,如果不用齿轮箱,那么要得到同样大的转矩,电机体积就要很大。所以齿轮电机是电机中一种不可缺失的重要品种。齿轮箱的效率关系到电机设计和应用,但是关系齿轮箱的效率测试提及不多,为此本书简单介绍齿轮箱效率的测试方法,供读者参考。

8.7.1　齿轮箱减速的传动比

理论上讲,齿轮传动机构是一个恒功率传递机构(不考虑传动机构的损耗),是一种转矩改变器,如果输出功率不变,齿轮传动机构可以把电机的一种转矩改变成另一种转矩,其方法仅只要改变一下其传动齿数比 k。

减速器是把高转速减低为低转速的传动机构,这样速度有了降低,因此用减速电机的减速比(传动比)的概念

$$减速比 \ i = \frac{输入速度 \ n_1}{输出速度 \ n_2} \quad (8-7-1)$$

因此减速器的减速比应该大于 1,如电机输入减速器转速 $n_1 = 3\,000$ r/min,减速器输出转速 $n_2 = 100$ r/min,则减速器的减速比 $i = 30$。

减速器的转速 n、转矩 T、减速器效率 η 与减速器减速比 i 的关系是

$$n_2 = \frac{n_1}{i} \quad (8-7-2)$$

$$T_2 = T_1 i \eta_2 \quad (8-7-3)$$

式中:n_2 为减速器输出转速;n_1 为电机转速;T_2 为减速器输出转矩;T_1 为电机输出转矩;η_2 为减速器效率。

因此减速器的减速比 i 越大,则齿轮箱对电机的减速越明显,电机通过减速器减速后,减速器输出的转速越慢,输出的转矩越大。

齿轮箱的减速比 i 与齿轮箱的齿数比 k 有关,如果把齿轮箱传动齿数比 k 定义为

$$k = \frac{Z_2}{Z_1} \frac{Z_4}{Z_3} \frac{Z_6}{Z_5} \cdots \frac{Z_N}{Z_{N-1}} \quad (8-7-4)$$

式中:$Z_2,\cdots,Z_N$ 为减速器各级齿轮;Z_1 为电机输入齿轮箱齿轮。

如电机出轴齿轮齿数 Z_1 为 10,啮合齿轮齿数 Z_2 为 20,则一级减速为 $\frac{20}{10}$,因此一级减速比 $i_1 = 20/10 = 2$。连续用三级齿数比为 $k_3 = i_1 i_2 i_3 = \frac{20 \times 20 \times 20}{10 \times 10 \times 10} = 8$。

这样减速器的齿数比 k 相当于减速器的传动比 i,方便记忆。也有减速器标注为减速比:1:8,实际减速器的传动比 i 为 8。就是说,减速器的传动比 i 与齿轮齿数比 k 数值相当。

8.7.2　齿轮箱效率的功率测试法

永磁直流电机和无刷电机的减速齿轮箱的效率可以用功率测试法,其原理是:

电机的输入功率 $P_1 = UI$
电机的输出功率 $P_2 = Tn/9.549\,3$
电机的效率 $\eta = P_2/P_1$

因此电机的效率 $\eta_{电机} = \dfrac{T_1 n_2}{9.549\,3UI}$

$$(8-7-5)$$

齿轮电机的效率 $\eta_{齿轮电机} = \dfrac{T_2 n_2}{9.549\,3UI}$

$$(8-7-6)$$

三效率间关系为

$$\eta_{齿轮电机} = \eta_{电机} \eta_{齿轮箱}$$

因此齿轮箱效率 $\eta_{齿轮箱} = \dfrac{\eta_{齿轮电机}}{\eta_{电机}}$ $\quad(8-7-7)$

齿轮箱效率测试方法如下:

(1) 先测试单个电机的效率。在额定电压 U 下,把电机加负载 T 到额定电流 I,记录电机

的转速 n、输入电压 U 和电流 I，求出电机效率。

（2）把齿轮箱装到电机上，测试齿轮电机的效率。电源电压 U 与电机测试电压 U 相同，给齿轮电机加负载 T_2，使齿轮电机的输入电流 I 与测试电机时的电流 I 相同，测出该时的 T_2、n_2，求出齿轮电机的效率。

（3）数学求解齿轮箱的效率。

8.7.3 齿轮箱效率的转矩常数测试法

永磁同步电机由于控制器比较复杂，会较大地影响电机的各项参数，所以不能用功率测试法很好地测出齿轮箱的效率，作者提出用转矩常数测试法来测试齿轮箱的效率，这是一种新的齿轮箱效率的测试方法。

推导如下：

1）转矩常数法求取齿轮箱效率的原理　一个电机制作完成后，电机的空载电流 I_0 和力矩常数 K_{T1} 是常量。如果该电机加了齿轮箱，相当于给了电机一个负载 T_1，因此电流变为 I_1。

齿轮电机 $T_1 = K_{T1}(I_1 - I_0)$

设该齿轮电机的齿数比为 k，如果给该齿轮电机加负载 T_2，电机产生电流为 I_2，作为动力电机的出轴上受到的力有两个：T_1 和 T_3。T_3 是加给齿轮电机的减速箱上 T_2 转矩后，经齿轮箱转矩变换，转换到加在电机轴上的转矩。

因此电机上受到两个转矩：一个是齿轮箱给电机的阻力矩 T_1；另一个是齿轮箱承受的转矩 T_2 转换到电机轴上的转矩 T_3。

设减速器的效率为 η_2，则

$$T_3 = \frac{T_2 \eta_2}{k} \qquad (8-7-8)$$

电机的转矩常数值是不变的，所以该电机的

力矩常数为

$$K_{T1} = \frac{T_1 + T_3}{I_2 - I_0} \qquad (8-7-9)$$

对于又加了转矩 T_3 的电机，电机的转矩常数为

$$\frac{T_2 \eta_2}{k} + T_1 = K_{T1}(I_2 - I_0)$$

整理，得

$$\begin{aligned}\frac{T_2 \eta_2}{k} &= K_{T1}(I_2 - I_0) - T_1 \\ &= K_{T1}(I_2 - I_0) - K_{T1}(I_1 - I_0) \\ &= K_{T1}(I_2 - I_1)\end{aligned}$$

故

$$\eta_2 = \frac{K_{T1}(I_2 - I_1)}{T_2}k \qquad (8-7-10)$$

当齿轮电机作为一个电机时，其空载电流即为 I_1，负载电流即为 I_2，故电机的转矩常数为

$$K_{T2} = \frac{T_2}{I_2 - I_1} \qquad (8-7-11)$$

上面两个公式合并、简化，因此齿轮箱的效率为

$$\eta_2 = \frac{K_{T1}}{K_{T2}}k \qquad (8-7-12)$$

2）转矩常数法测量齿轮箱效率的算例　如齿轮电机中把电机单独测试，测出电机的转矩常数 $K_{T1} = 1.56 \text{ N} \cdot \text{m/A}$，齿轮箱齿数比 $k = 100$（传动比 i），测得齿轮电机的转矩常数 $K_{T2} = 164.2 \text{ N} \cdot \text{m/A}$，则齿轮箱的效率为

$$\eta_2 = \frac{K_{T1}}{K_{T2}}k = \frac{1.56 \times 100}{164.2} = 0.95$$

参考文献

［1］许实章.电机学［M］.北京：机械工业出版社,1980.

［2］叶尔穆林.小功率电机［M］.北京：机械工业出版社,1965.

［3］王宗培.永磁直流微电机［M］.南京：东南大学出版社,1992.

［4］李铁才,杜坤梅.电机控制技术［M］.哈尔滨：哈尔滨工业大学出版社,2000.

［5］邱国平,邱明.永磁直流电机实用设计及应用技术［M］.北京：机械工业出版社,2009.

［6］邱国平,丁旭红.永磁直流无刷电机实用设计及应用技术［M］.上海：上海科学技术出版社,2015.

［7］胡岩,武建文,李德成,等.小型电动机现代实用设计技术［M］.北京：机械工业出版社,2008.

［8］R. Krishnan(美).永磁无刷电机及驱动技术［M］.北京：机械工业出版社,2012.

［9］张燕宾.SPWM 变频调速应用技术［M］.北京：机械工业出版社,2009.

［10］电子工业部 21 研究所.微特电机设计手册［M］.上海：上海科学技术出版社,1997.